재료물성 및 분석

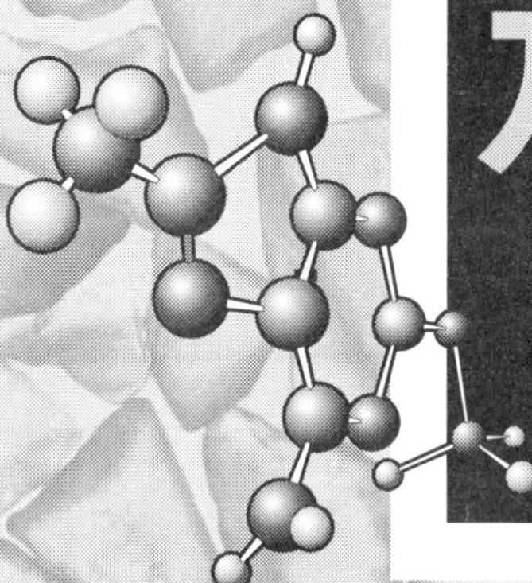

김종일 • 김창교 • 이명의 공저

GS인터비전

머리말

재료 공학의 근간이 되는 재료의 물성에 대한 연구에는 확실한 물성론적 고찰과 보다 전문적인 지식들이 요구된다. 오늘날의 눈부신 과학기술 발전에 기계공학, 신소재공학, 전기 · 전자재료공학과 반도체 공학이 기여하고 있는 것은 아무리 강조하여도 지나침이 없다. 재료공학 기술이 발전함에 따라 보다 다양한 신소재들이 속속 출현하고 있으며 이들에 의한 새로운 소자들이 개발되고 있다. 따라서 재료공학 분야를 전공하는 학부생이나 대학원생, 더 나아가 기업체의 연구원들이 연구 중에 있는 여러 형태의 신소재나 소자들에 대한 물성론적 지식을 알기 쉽고 체계적으로 습득할 필요가 있겠다는 생각에서 본 책을 저술하게 되었다. 이 책에서는 물성의 이론적 이해를 돕고자 기초적인 양자역학과 고체 유전체 현상론인 반도체 소자와 그 내부에서 일어나는 물리적 거동 현상, 그리고 재료의 분석방법과 기본원리에 대해서도 자세하게 언급하였다. 재료 물성론은 비단 전기계에 종사하는 사람들에게만 필요한 것이 아니라 반도체나 유전체 등의 재료과학 또는 IC용 박막 등을 취급하는 재료물성공학에 관심 있는 분들을 포함하여 정보통신 분야에서 종사하는 분들에까지도 유용한 학문이라 생각한다.

본서는 총 11장으로 구성되어 있으며, 제1장에서는 원자모델의 양자역학적 기초 물성론에 중점을 두어 서술하였고, 제2장에서는 유전체 현상론의 기초를 제공하는 슈뢰딩거의 파동방정식과 그의 몇 가지 해에 대하여, 그리고 제3장에서는 통계역학의 기초부터 측정불확도, 그리고 각종 에너지 분포에 대한 확률 · 통계 역학적 접근에 관하여, 제4장과 5장에서는 각각 고체 결정의 상태와 구조에 관하여 기본원리부터 재료결정의 상태 분석방법까지 심도 깊게 다루었다. 제6장에서부터 8장까지는 재료의 기본 물성인 전기적 성질과 광학적 성질, 자기적 성질, 열적 성질, 그리고 기계적 성질 등에 대하여 중요 내용들을 기술하였으며, 제9장에서는 고체(반도체) 유전체에 있어서의 전기전도나 전자 및 이온의 거동에 대하여, 그리고 제10장에서는 고체 반도체 소자에 대하여 전자회로적인 측면까지 논의하였고, 끝으로 제11장에서는 물리적 거동 현상에 기초한 재료의 각종 분석방법과 그 기본원리에 대해서 본 저자의 분석경험을 십분 살려, 보다 상세하게 기술하였다. 그리고 최근의 각종 연구논문 및 국제학술회의 자료, 그리고 본인이 직접 연구한 데이터를 활용하여 정리하였으며, 또 전문기술자나 대학의 학생들을 위하여 가능한 한 수식의 유도에 있어서 자세한 수학적 전개로서 서술하였으므로 독자들의 연구 욕구에 큰 도움이 될 것이라 확신한다.

끝으로 본서의 출판을 위해 도움을 아끼지 않은 (재)충남테크노파크 디스플레이센터 양성준 선임연구원, 유수호 선임연구원, 김택중 선임연구원, 이종택 주임연구원, 김슬기 주임연구원, 이준열 연구원, 이노을 주임, 그리고 도서출판 GS인터비젼의 여러 임직원 여러분께 깊이 감사의 말씀을 드린다.

2009년 저 자

차 례

1장 ◆ 기초 양자론

2장 ◆ 슈뢰딩거 파동방정식과 그해

3장 · 확률 · 통계역학

4장 · 재료결정의 상태

5장 · 재료결정의 구조

6장 · 재료의 전기 · 자기적 성질

7장 · 재료의 광학적 성질

8장 · 재료의 열·기계적 성질

9장 · 반도체 전자론

10장 · 반도체 소자

11장 · 재료의 분석방법과 원리

1 기초 양자론

1.1 Bohr의 원자 모델

물질은 원자들로 구성되어 있으므로 물질의 성질은 이를 구성하고 있는 원자의 종류에 따라서 크게 좌우된다. 원자는 양자와 중성자로 구성된 핵과 그 주위를 돌고 있는 전자로 이루어져 있다. 전자와 양자는 전기적으로 전하(전하량 1.602×10^{-19}C)를 가지고 있으며, 전자는 음전하를 양자는 양전하를, 중성자는 중성을 띠고 있으므로 외부적으로 원자는 전기적 중성을 나타낸다.

각 화학 원소는 핵 내의 양자의 수인 **원자번호**(atomic number, Z)에 의해 분류된다. 특정 원자의 **원자질량**(atomic mass, A)은 핵 내의 양자와 중성자의 질량 합으로 나타낼 수 있다. **원자질량단위**(atomic mass unit; amu)는 원자량을 산출하는데 사용된다. 1 amu는 탄소 동소체 평균질량의 1/12로 정의되며, 탄소는 원자번호 12(^{12}C)이며, 질량은 A=12.00000이다. 원소의 원자량과 화합물의 분자량은 단위 원자당 (또는 분자당)의 amu 또는 재료 1 mol당의 질량으로 표시된다. 물질 1 mol에는 6.023×10^{23}개의 원자나 분자가 존재한다. 원자량을 나타내는 이러한 두 방식은 1 [amu/atom] = 1 [g/mol]의 관계를 갖는다. 일반적으로 [g/mol] 또는 [kg/mol] 단위가 더 많이 사용되고 있다.

여러 종류의 원자 중에서 가장 간단한 것이 원자번호 Z가 1인 수소원자이다. 수소의 원자량은 1.0078이고 양자의 수는 Z와 같은 1이므로, A≒Z+N의 관계에서 중성자의 수 N은 0으로 생각된다. 19세기 후반에 들어 고체 내의 전자와 관련된 여러 현상은 고전 역학적으로 설명할 수 없음이 밝혀졌다. 따라서 **양자역학**(quantum mechanic)이라 불리는 일련의 새로운 원리와 법칙이 정립되었다.

양자역학의 기초개념은 간단한 **보어 원자 모델**(Bohr atomic model)에서부터 출발하였다. 1913년 Bohr는 원자 모델을 전개시키기 위하여 다음과 같은 몇 가지 가정을 하였다.

1) 핵외 전자는 일반적인 역학 및 정전기학의 법칙을 따르면서 원자핵 주위의 수개의 궤도상을 정상적으로 계속 운행한다. 이 가정은, 궤도전자가 고전적인 전자기 이론에서 보통 각가속도(角加速度)를 받는 전하에 대하여 생기는 것과 같은 복사는 방출되지 않는다는 것을 암시하는 것으로써, 그렇지 않으면 전자는 그 궤도에서 안정될 수 없으며 그것이 복사로 에너지를 잃음에 따라 원자핵으로 선회하여 들어갈 것이다.

2) 궤도에 있는 전자의 각운동량(p_θ)을 그의 정상궤도에 따라 1회전하여 적분한 값은 플랑크(Planck)의 상수 h의 양의 정수배(n배)가 된다. 이것을 **양자조건**(quantum condition)이라 하고 양의 n를 **주 양자수**(principal quantum number)라 한다.

$$\oint p_\theta dq = nh, \quad n = 1, 2, 3, 4, \cdots \tag{1.1}$$

여기서, h는 **플랑크 상수**로써 h=6.626×10^{-34}[J-sec]이며, h를 2π로 나눈값이 $\hbar$ = 1.055×10^{-34}[J-sec]이다.

3) 전자는 그림 1.1과 같이 보다 높거나 낮은 에너지의 궤도로 옮겨져 갈 수(轉移) 있으며, 이로써 전이 전후의 궤도에 대응하는 준위의 에너지 차($\Delta W = E_2 - E_1 = hv$)만큼의 에너지 변화를 수반하며, 이 과잉의 에너지는 진동수가 ν인 전자파로서 방출되며 이와 반대인 경우에는 에너지를 흡수하게 된다. 이상의 가정1)에서, 수소원자에서 점전하 또는 양자를 궤도전자가 역학 및 정전기학의 법칙에 따라 그림 1.2와 같이 정상적인 회전운동을 행한다면 Coulomb의 흡인력과 역학적 원심력이 균형을 이루게 되므로

$$\frac{e^2}{4\pi\varepsilon_0 r^2} = \frac{m_e v^2}{r} \tag{1.2}$$

로 표시할 수 있다. 여기서, ε_0는 진공중의 유전율로써 8.854×10^{-12}[F/m],

e는 전자의 전하량으로 1.602×10^{-19}[C],
m_e는 전자의 질량으로 9.01×10^{-31}[kg],
r은 핵으로부터 전자가 돌고 있는 궤도까지의 거리[m]이다.

이 상태에서 모든 전자가 갖는 에너지 E와 운동에너지 W_e, 위치에너지 U_e는

$$E = W_e + U_e \tag{1.3}$$

$$W_e = \frac{1}{2} m_e v^2 = \frac{e^2}{8\pi\epsilon_0 r} \tag{1.4}$$

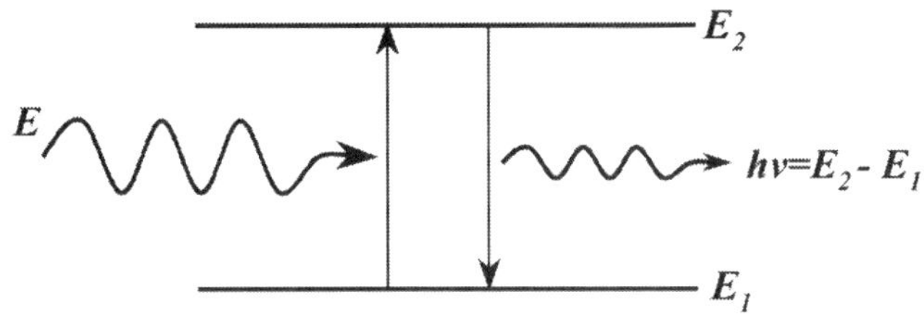

그림 1.1 ▸ 전자의 에너지 준위 변화

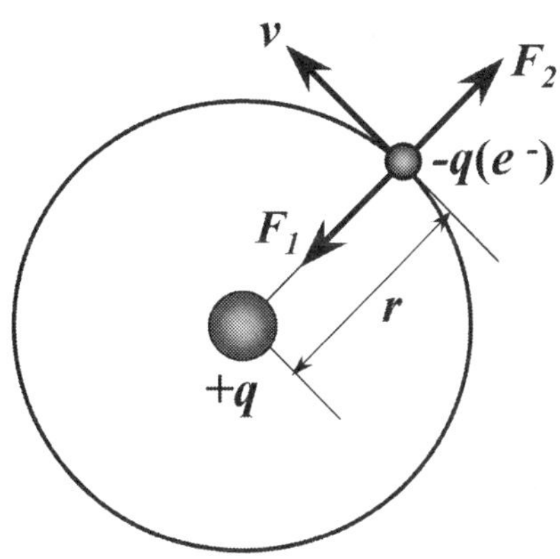

그림 1.2 ▸ 수소원자의 보어 모형에서의 전자궤도

$$U_e = -\int_0^r \frac{e^2}{4\pi\epsilon_0 r^2} dr = -\frac{e^2}{4\pi\epsilon_0 r} \tag{1.5}$$

이 되고, 식(1.4)와 식(1.5)를 식(1.3)에 대입하여 정리하면

$$\begin{aligned} E &= \frac{1}{2} m_e v^2 - \frac{e^2}{4\pi\epsilon_0 r} \\ &= \frac{e^2}{8\pi\epsilon_0 r} - \frac{e^2}{4\pi\epsilon_0 r} \\ &= -\frac{e^2}{8\pi\epsilon_0 r} [J] \end{aligned} \tag{1.6}$$

로 된다.

그러나 식(1.6)에서 r의 값이 ∞이면 전 에너지가 연속적으로 원자의 스펙트럼을 발생하는 실험사실과 불일치하며, 궤도가 불안정하면 전자는 전자파를 방사하여 매우 짧은 시간

(10^{-12} sec)에 궤도 반지름이 축소되어 양자에 접근하게 되는 모순에 빠지게 된다. 따라서 보어는 궤도의 안정성을 유지하기 위해서 두 번째 조건인 양자조건을 가정하였으며, 각운동량인 식(1.1)을 ω=υ/r의 관계식을 이용하여 다시 쓰면

$$m_e vr = n\frac{h}{2\pi} = n\hbar, \ n=1, 2, 3, 4, \cdots \tag{1.7}$$

이 된다. 양자조건의 가정에 따라 전자가 안정하기 위해서는 원궤도의 반지름은 식(1.7)을 만족해야 한다.

식(1.2)와 식(1.7)에서 υ를 소거하여 궤도 반지름 r_n에 대하여 전개하면

$$r_n = \frac{4\pi\epsilon_0\hbar^2}{m_e e^2}n^2 = 0.529\times10^{-10}n^2[m] \tag{1.8}$$

로 된다.

n=1인 경우를 **기저상태**(ground state)라 하고, 궤도의 반지름 r_1=0.529×10^{-10} · 1^2 [m]로써 이 값을 보어의 반경이라 하며 원자사이의 길이의 기본단위로 쓰인다.

n=2, 3, 4…의 상태를 **여기상태**(exited state)라 하고, 여기상태의 반지름은 아래의 식과 같이 보어 반지름의 4배, 9배, 16배, … n^2배로 된다.

$$r_2 = 0.529\times10^{-10}\cdot2^2 = 4\cdot r_1$$
$$r_3 = 0.529\times10^{-10}\cdot3^2 = 9\cdot r_1$$
$$\cdots$$
$$r_n = 0.529\times10^{-10}\cdot n^2 = n^2\cdot r_1$$

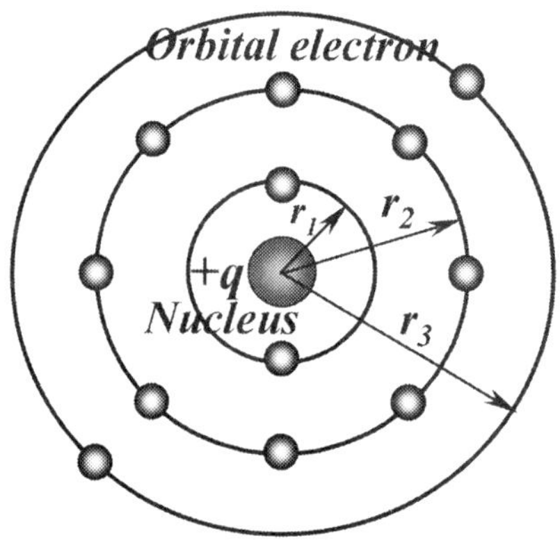

그림 1.3 ▸ 핵외전자의 핵으로부터의 거리

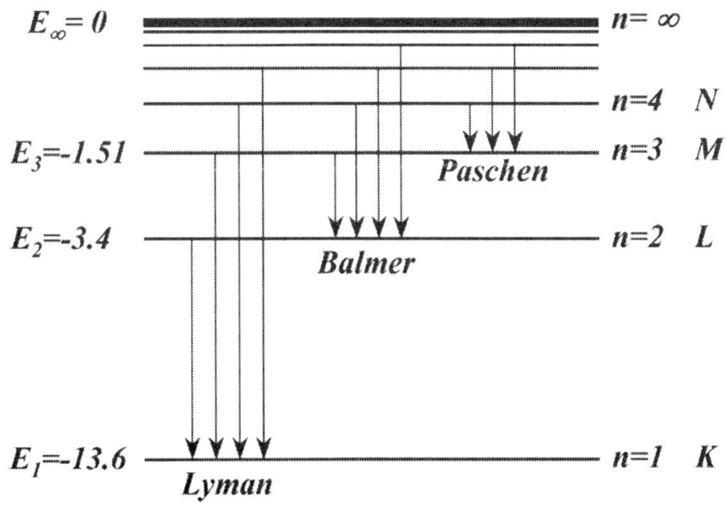

그림 1.4 ▸ 핵외전자의 에너지 준위도

따라서 전자의 궤도 반경은 주양자수 n에 따라 그림 1.3과 같이 정해지며, 그 사이의 궤도는 존재하지 않는다.

전자의 전 에너지를 구하기 위해서는 식(1.8)에서 얻어진 반경을 식(1.6)의 r대신에 대입함으로써 다음과 같이 구할 수 있다.

$$E_n = -\frac{m_e e^4}{32\pi^2\epsilon_0^2\hbar^2}\cdot\frac{1}{n^2} = -13.6\cdot\frac{1}{n^2}\ [eV] \tag{1.9}$$

즉, n=1의 기저상태인 경우의 에너지는 -13.6 [eV]로써 수소원자의 이온화 에너지 -13.6 [eV]와 같아진다.

여기상태인 n=2, 3, 4…일 때의 에너지는 기저상태의 에너지 -13.6 [eV]의 1/4배, 1/9배, 1/16배, … $1/n^2$배로 주 양자수의 증대와 더불어 증대하지만 그 차는 그림 1.4와 같이 점차로 좁아져서 n=∞로 가면 E_∞=0이 된다. 주 양자수가 n→∞에서 궤도의 반지름이 r→∞가 되어 전자가 원자의 속박에서 벗어난 것을 의미한다. 이와 같이 핵외전자가 핵의 구속으로부터 벗어나 이탈하는 현상을 전리라 한다. 전리에 필요한 에너지를 전자볼트로 나타낸 것을 **전리전압**(ionization potential)이라 한다.

그림 1.4와 같이 전자의 에너지 크기를 도시한 것을 **에너지 준위도**(energy level diagram)라고 하며, 물질 중에 있는 전자의 상태를 설명하는 경우에 있어서 기초가 된다. 이와 같은 전자의 에너지는 매우 값이 적으므로 단위를 주울(Joule)로 표시하는 대신 전자볼트(electron volt : eV)로 나타내는 것이 편리하다. 1 [eV]라는 것은 전자가 1 [V]의 전위

차에 의하여 가속되는 경우에 얻는 에너지와 같고 크기는 1.602×10^{-19} [J]이다.

보통의 상태에서 핵외전자는 가장 에너지가 적은 상태에 있으려 한다. 그러나 외부에서 빛 또는 X-선 조사, 전자 또는 이온 등이 충돌한다든지 하는 어떠한 형태의 에너지가 주어지면 핵외전자는 그 에너지를 얻어서 기저상태인 n=1에서 n > 1의 에너지 준위 상태로 전이할 수가 있다. 이와 같은 현상을 여기현상이라 하며, 이와 같은 상태에 있는 원자를 **여기상태**(excited state)에 있다고 한다. 기저상태에서 여기 에너지 준위 상태로 이동시키는데 필요한 에너지를 **여기 에너지**(excitation energy)라 하며, 전자를 여기 시키는데 필요한 값을 **여기전압**(exciting potential)이라고 하며, 그 중의 최소치를 **공진전압**(resonance potential) 또는 **방사전압**(radiation potential)이라고 한다. 여기상태는 불안정한 상태이므로 매우 짧은 시간(평균수명 10^{-8}초 정도)에 원래의 상태로 되돌아간다. Bohr는 E_{n1}, E_{n2}의 에너지 상태 사이의 전이(transition)를 기본으로 하여 어떠한 에너지 준위에서 보다 높은 에너지 준위로 방사 또는 낮은 에너지 준위로 흡수할 때 빛의 주파수 식(1.10)으로 주어진다고 가정하였으며, 이 조건이 바로 **주파수 조건**(frequency condition)이다.

$$\Delta W = |E_{n2} - E_{n1}| = h\nu \tag{1.10}$$

식(1.9)를 식(1.10)에 대입하여 정리하면

$$\nu = \frac{m_e e^4}{64\pi^3\epsilon_0^2 \cdot \hbar^3} \cdot \left| \frac{1}{n_2^2} - \frac{1}{n_1^2} \right| \tag{1.11}$$

가 얻어 진다.

파수(wave number) $1/\lambda$를 구하기 위하여 식(1.11)의 양변을 광속 c로 나누면

$$\frac{1}{\lambda} = \frac{\nu}{c} = \frac{m_e e^4}{64\pi^3\epsilon_0^2 c \cdot \hbar^3} \cdot \left| \frac{1}{n_2^2} - \frac{1}{n_1^2} \right| = R\left| \frac{1}{n_2^2} - \frac{1}{n_1^2} \right| \tag{1.12}$$

가 된다. 여기서, R = 1.09678×10^7 [m^{-1}]로 Rydberg 상수라 부른다.

Rydberg 상수는 양자론 적인 계산값과 실험값이 잘 일치하여 원자의 에너지 값을 나타내는데 자주 쓰이며 식(1.9)를 이 상수로 나타내 쓰면

$$E_n = -Rc \cdot h \cdot \frac{1}{n^2} \tag{1.13}$$

이 된다.

n=1일 때의 에너지 $|E_1| = Rc \cdot \hbar$ = 13.6 [eV]는 Rydberg 에너지로써 원자간의 에너지

단위로 쓰인다. 원자의 에너지 상태를 나타내는 데는 그림 1.4와 같은 에너지 준위도가 사용된다. 종축에 에너지 준위에 대한 파수는

$$\frac{1}{\lambda} = -\frac{E_n}{c \cdot h} = -R \cdot \frac{1}{n^2}$$

로 나타낸다.

이상에서 수소원자를 모델로 하여 에너지 상태와 궤도 반지름에 대하여 살펴 본 바와 마찬가지로 원자번호가 Z인 원자에서의 원자핵 주위를 회전하는 전자에 대한 궤도 반지름은 식(1.8)로부터

$$r_n = \frac{4\pi\epsilon_0\hbar^2}{m_e e^2} \cdot \frac{n^2}{z} = 0.529 \times 10^{-10}\frac{n^2}{z}[m] \tag{1.14}$$

이 얻어지며, 에너지에 대한 표현도 식(1.9)로부터

$$E_n = -\frac{m_e e^4}{32\pi^2\epsilon_0^2 \cdot \hbar^2} \cdot \frac{z^2}{n^2} = -13.6 \cdot \frac{z^2}{n^2}[eV] \tag{1.15}$$

가 얻어진다. 그러나 많은 수의 전자가 1개의 원자핵을 중심으로 회전하는 경우에는 원자핵의 정전하는 내측의 전자에 의해 차폐되므로 실제의 에너지의 표현식은

$$E_n = -13.6 \cdot \frac{(z-\Delta z)^2}{n^2}[eV] \tag{1.16}$$

과 같이 된다. 여기서 Δz를 차폐상수라 한다.

예제 1.1

1[C]의 전하를 만들기 위해선 몇 개의 전자가 필요한지 계산하라.

[풀이] 1[C]의 전하를 만들기 위해선 전자 1개의 전하량이 1.602×10^{-19}[C]이므로 전자의 개수 N은

$$N = \frac{1[C]}{1.602\times10^{-19}[C]} = 6.24\times10^{18}\ [\text{개}]$$

예제 1.2

직경 2[mm]인 동선에 2[A]의 전류가 흐를 때 전자의 평균 이동속도를 구하여라. 동선의 자유전자 밀도 $n=8.2\times10^{23}$[개/cm^2]이다.

[풀이] 동선의 단면적 A는

$$A=\frac{\pi}{4}\times0.2^2=0.0314[cm^2]$$

이고 이 단면을 통과하는 초당 전자수 N은

$$N=\frac{I}{e}=\frac{2}{1.602\times10^{-19}}=1.25\times10^{19}[개/m^2]$$

따라서 전자의 평균이동속도 v는

$$v=\frac{N}{nA}=\frac{1.23\times10^{19}}{0.0314\cdot8.2\times10^{23}}=4.777\times10^{-3}[cm/s]$$

전자의 평균속도는 계산에서도 볼 수 있듯이 대단히 늦지만, 일반적으로 전류의 이동속도라는 것은 전자의 운동속도가 아니라 전자를 이동시키는 힘이 차례로 전해지는 속도를 말한다. 이것은 도선의 재질에 따라 차이가 있으며 동선의 경우 거의 광속도에 가깝다.

예제 1.3

전자의 속도가 v_1에서 v_2로 변화했을 때 운동에너지의 변화는 어떻게 되는지 계산하라.

[풀이] 운동에너지의 변화 $\triangle E$는

$$\triangle E=\frac{1}{2}mv_2^2-\frac{1}{2}mv_1^2=\frac{1}{2}m(v_2^2-v_1^2)$$

이고, 속도의 변화는 $\triangle v=v_2-v_1$이므로 $v_2=v_1+\triangle v$라고 놓고 양변을 제곱하면

$$v_2^2=(v_1+\triangle v)^2=v_1^2+2v_1\triangle v+(\triangle v)^2$$

이 된다. 그러나 $\triangle v\ll v_1$이므로

$$\triangle E\cong\frac{1}{2}m(2v_1\triangle v)=mv_1\triangle v$$

가 된다.
만약 $10^7[cm/\sec]$의 속도로 운동을 하고 있는 전자가 전계에 의해 가속되어 $1[cm/\sec]$ 만큼 증가하였다면 운동에너지의 증가 $\triangle E$는

$$\triangle E = mv_1 \triangle v = 9.109 \times 10^{-31} \cdot 10^5 \cdot 0.01 = 9.109 \times 10^{-28}[J]$$

이 되고, 이 값은 상당히 작으므로 전자 볼트의 단위로 환산하면

$$\triangle E = \frac{9.109 \times 10^{-28}}{1.602 \times 10^{-19}} = 5.67 \times 10^{-9}[eV]$$

이 된다.

예제 1.4

전자의 질량이 정지질량의 1.4배가되는 때의 속도와 에너지의 증가를 계산하라. 속도와 관계하는 전자의 질량과 정지질량과의 관계식은 $m = m_e / \sqrt{1-(v/c)^2}$ 이다. 여기서 m은 전자의 질량, m_e는 전자의 정지질량, v는 전자의 속도, c는 광속이다.

[풀이]

$$1.4\,m_e = m_e / \sqrt{1-(v/c)^2}$$

에서 속도 v를 구하면

$$\therefore\ v = 2.1 \times 10^8[m/s]$$

에너지 증가 $\triangle E$는

$$\triangle E = 1.4 m_e c^2 - m_e c^2 = 0.4 \times 9.01 \times 10^{-31} \times (3 \times 10^8)^2$$
$$= 3.28 \times 10^{-14}[J]$$

1.2 원자의 전자구조와 주기율표

수소원자에 대한 파동함수를 구하려면 쿨롱의 전위전계에 대한 3차원에서의 Schrödinger 방정식을 풀어야 한다. 이 문제는 구대칭형 이기 때문에 그림 1.5와 같은 구 또는 극좌표계를 이용하여 계산한다. 입자의 에너지에 대한 고전적 방정식인

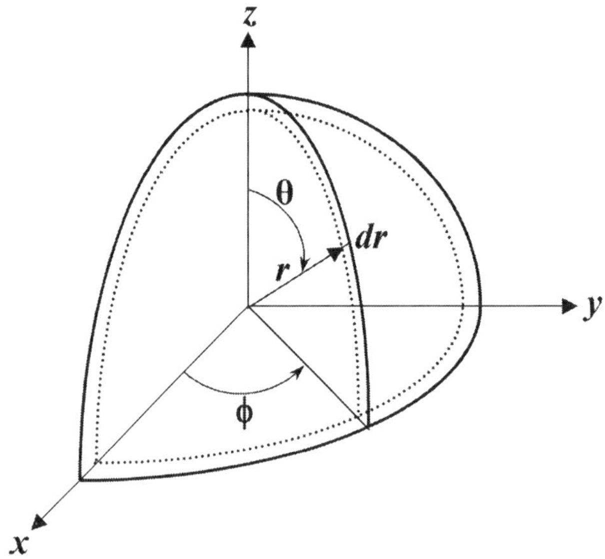

그림 1.5 ▸ 쿨롱전위 계산을 위한 구좌표계

$$\frac{1}{2m}p^2(\text{운동에너지}) + V(\text{퍼텐셜에너지}) = E(\text{총에너지}) \tag{1.17}$$

의 $V(x, y, z)$는 $V(r, \theta, \psi)$로 치환하여야 하는데, 이것은 양성자 근처에 있는 전자의 쿨롱의 전위를 나타낸다. 수소원자에 있어서 이 쿨롱의 전위는 구좌표계를 사용하였기 때문에 r에 의해서만 변화한다.

즉, 전자의 potential 에너지는

$$V(r,\theta,\psi) \fallingdotseq V(r) = -\frac{e^2}{4\pi\epsilon_0 r} \tag{1.18}$$

로 구해지며, 변수분리를 행하면 이 시간에 무관한 방정식은 다음과 같이 쓸 수 있다.

$$\Psi(r,\theta,\psi) = R(r)\Theta(\theta)\Phi(\psi) \tag{1.19}$$

따라서, 세 개의 부분으로 분리된 방정식의 해는 r을 독립변수로 하는 방정식, θ를 독립변수로 하는 방정식과 ψ를 독립변수로 하는 방정식들에 대하여 각각의 방정식을 푼 다음, 전체적인 함수 Ψ의 해는 이들 방정식의 해의 곱으로 얻어진다.

ψ에 종속된 방정식을 예를 들어 보면 ψ를 독립변수로 하는 2계 미분방정식을 다음과

같이 표현할 수 있다.

$$\frac{d^2\Phi}{d\psi^2}+m^2\Phi=0 \tag{1.20}$$

여기서 m은 양자수이다. 이 방정식의 해는

$$\Phi_m(\psi)=Ae^{jm\psi} \tag{1.21}$$

이며, 여기서 상수 A는 확률론적 정규화 조건에 의하여 계산할 수 있다. 즉,

$$\int_0^{2\pi}\Phi_m^*(\psi)\Phi_m(\psi)d\psi=1 \tag{1.22}$$

가 되므로

$$A^2\int_0^{2\pi}e^{-jm\psi}e^{jm\psi}d\psi=A^2\int_0^{2\pi}d\psi=2\pi A^2=1 \tag{1.23}$$

에서 상수 A를 구하면

$$A=\frac{1}{\sqrt{2\pi}} \tag{1.24}$$

이 되고 따라서, 식(1.20)의 파동방정식의 해는 식(1.21)에 식(1.24)를 대입하여

$$\Phi_m(\psi)=\frac{1}{\sqrt{2\pi}}e^{jm\psi} \tag{1.25}$$

와 같이 구할 수 있다. ψ의 값은 2π radian 마다 되풀이되기 때문에 Φ 역시 같은 값이 반복된다. 이것은 m이 0을 포함하여 음의 정수와 양의 정수이면 일어나기 때문에 다음과 같이 양자화가 가능하다.

$$m = \cdots, -4, -3, -2, -1, 0, +1, +2, +3, +4, \cdots \tag{1.26}$$

같은 방법으로 함수 $R(r)$과 함수 $\Theta(\theta)$도 각각 양자화된다. r를 종속변수로 갖는 방정

식에 대한 양자수 n은 0이 아닌 양의 정수일 수 있고, θ를 종속변수로 갖는 방정식에 대한 양자수 l은 0 또는 양의 정수일 수 있어, 이들 양자수를 제한하는 여러 식들 사이에는 다음과 같은 상호관계가 존재한다.

$$n = 1, 2, 3, 4, 5, \cdots \tag{1.27a}$$

$$l = 0, 1, 2, 3, 4, 5, \cdots, (n-1) \tag{1.27b}$$

$$m = -l, \cdots, -4, -3, -2, -1, 0, +1, +2, +3, +4, \cdots, +l \tag{1.27c}$$

상기와 같은 3개의 양자수에 덧붙여 Uhlenbeek과 Goudsmit에 의해 전자 spin의 양자화 조건이 확립되었다. 각 전자에는 상하방향의 **스핀 모멘트**(spin moment)가 존재한다. 전자스핀의 연구에서는 양자역학과 동시에 상대성원리를 쓰기 때문에 전자가 "spin-up" 또는 "spin-down"에 따라 양 또는 음인 반-정수를 갖게 된다. Φ_{nlm}을 갖는 전자의 스핀 조건 s는

$$s = \pm \frac{\hbar}{2} \tag{1.28}$$

이다. 이것은 $\hbar$를 기본단위로 하였을 때 입자의 스핀은 스핀 방향에 따라 다만 반-정수 1/2과 -1/2만을 갖는다.

표 1.1 ▸ n=4까지의 양자수와 수소원자의 전자에 대해 허용할 수 있는 에너지 상태의 수

주양자수, n	주각 기호	부 각	상태의 수	자의 수	
				부각 당	주각 당
1	K	s	1	2	2
2	L	s p	1 3	2 6	8
3	M	s p d	1 3 5	2 6 10	18
4	N	s p d f	1 3 5 7	2 6 10 14	32

원자의 모든 전자는 **양자수**(quantum number)라고 하는 4개의 숫자에 의해 정의된다. 각 원자의 전자에 허용되는 에너지 상태는 유일무이하게 4개의 양자수(n, l, m, s)로 기술

하면 수소원자의 전자가 점유할 수 있는 에너지 상태에서의 **주 양자수**(princial quqntum number) n=1(제1의 Bohr 궤도)의 전자는 식(1.27)에 따라 l=0와 m=0만을 취할 수 있으나, 식(1.28)로부터 허용된 두 개의 스핀상태가 존재한다.

n=2인 경우에는

$$l = 0,\ 1$$
$$m = -1,\ 0,\ +1$$

로 표 1.1에서와 같이 4개의 상태(2s의 상태 하나와 2p의 상태 셋)가 가능하며,

n=3의 경우에는

$$l = 0,\ 1,\ 2$$
$$m = -2,\ -1,\ 0,\ +1,\ +2$$

로 표 1.1에서와 같이 9개의 상태(3s의 상태 하나, 3p의 상태 셋과 3d의 상태 다섯)가 가능하다.

전자의 확률밀도의 크기, 형태, 방향은 이 양자수의 3개에 의해 정의될 수 있다. 또한 Bohr 에너지 준위는 부각(subshell)으로 세분되며, 양자수는 각 부각내에 존재하는 준위를 지칭한다. 전자의 주각(shell)은 주양자수 n으로 표시하며, 1부터 시작하는 정수이다. 이러한 각은 K, L, M, N, O, … 등의 알파벳으로 표시하며, 표 1.1에서와 같이 각각 n=1, 2, 3, 4, 5, …에 해당한다. 또 양자수 l=0, 1, 2, 3, … 은 부각을 나타내며 $s, p, d, f, g, h, i, j, k$, … 와 같이 소문자로 나타내며, 이러한 부각의 수는 n의 수에 의해 제한을 받는다. 이 문자는 광학자들에 의해 창안되었는데, 4개의 spectral group인 뾰쪽한 계열(sharp), 주계열(principle), 엷게 퍼진 계열(diffuse), 기저계열(fundamental)의 알파벳 첫 자이며 이후의 것은 알파벳의 순서 대로이다.

앞에서 검토한 전자에 허용되는 에너지 값 즉, **전자준위**(electron state)에 전자가 채워지는 방식을 이해하기 위해서는, 양자역학의 또 하나의 중요한 개념인 **파울리의 배타 원리** 또는 **파울리의 금제율**(Pauli exclusion principle)이 적용되어야 한다. 이것은 양자이론의 중요한 원리로써 모든 원자의 각 전자에 대한 외각을, 또는 외각에 들어갈 수 있는 전자구조에 대한 기초적인 개념이 담겨져 있다. 파울리의 배타 원리는 하나의 준위에 각각 다른 2개의 전자가 채워질 수 있으며 그 이상의 전자는 수용할 수 없다는 원리이다. 각 부각에 존재하는 에너지 준위들은 세 번째 양자수 m에 의해 정해진다. s부각에 대해 하나의 에너지 준위가 있으나 p, d 및 f부각에는 각각 3, 5, 7개의 준위가 존재하며 이들 부각에는 총 6, 10, 14개의 전자가 채워질 수 있다. 만약 외부에 자기장이 걸리게 되면 부각의 준위는 나누어지며, 약간 다른 에너지를 갖게 된다.

표 1.2 ▸ 원소의 전자배치 구조

원자번호	원소기호	전자배치 구조
1	H	$1s^1$
2	He	$1s^2$
3	Li	$1s^22s^1$
4	Be	$1s^22s^2$
5	B	$1s^22s^22p^1$
6	C	$1s^22s^22p^2$
7	N	$1s^22s^22p^3$
8	O	$1s^22s^22p^4$
9	F	$1s^22s^22p^5$
10	Ne	$1s^22s^22p^6$
11	Na	$1s^22s^22p^63s^1$
12	Mg	$1s^22s^22p^63s^2$
13	Al	$1s^22s^22p^63s^23p^1$
14	Si	$1s^22s^22p^63s^23p^2$
15	P	$1s^22s^22p^63s^23p^3$
16	S	$1s^22s^22p^63s^23p^4$
17	Cl	$1s^22s^22p^63s^23p^5$
18	Ar	$1s^22s^22p^63s^23p^6$
19	K	$s^22s^22p^63s^23p^64s^1$
20	Ca	$1s^22s^22p^63s^23p^64s^2$
21	Sc	$1s^22s^22p^63s^23p^63d^14s^2$
22	Ti	$1s^22s^22p^63s^23p^63d^24s^2$
23	V	$1s^22s^22p^63s^23p^63d^34s^2$
24	Cr	$1s^22s^22p^63s^23p^63d^54s^1$
25	Mn	$1s^22s^22p^63s^23p^63d^54s^2$
26	Fe	$1s^22s^22p^63s^23p^63d^64s^2$
27	Co	$1s^22s^22p^63s^23p^63d^74s^2$
28	Ni	$1s^22s^22p^63s^23p^63d^84s^2$
29	Cu	$1s^22s^22p^63s^23p^63d^{10}4s^1$
30	Zn	$1s^22s^22p^63s^23p^63d^{10}4s^2$
31	Ga	$1s^22s^22p^63s^23p^63d^{10}4s^24p^1$
32	Ge	$1s^22s^22p^63s^23p^63d^{10}4s^24p^2$
33	As	$1s^22s^22p^63s^23p^63d^{10}4s^24p^3$
34	Se	$1s^22s^22p^63s^23p^63d^{10}4s^24p^4$
35	Br	$1s^22s^22p^63s^23p^63d^{10}4s^24p^5$
36	Kr	$1s^22s^22p^63s^23p^63d^{10}4s^24p^6$

물론 원자내의 가능한 모든 준위에 전자가 채워지지 않을 수도 있다. 거의 모든 원자에서 전자는 낮은 에너지를 갖는 주각인 전자각과 부각의 준위로부터 각 준위에 스핀 방향이 다른 두 개의 전자로 채워진다. 모든 전자가 앞에서 논의된 법칙에 의해 가능한 에너지 준위를 모두 채울 때 원자는 **기저상태**(ground state)에 있다고 말한다. 보어도 생각했듯이 전자는 높은 에너지로의 전이(transition)도 가능하다. 원자의 전자구조(electron structure)라 함은 이러한 준위가 채워지는 방식을 나타내는 하나의 양자역학적 용어이다. 전자구조를 나타낼 때는 보편적으로 부각에 존재하는 전자의 개수를 주각-부각 표식의 윗 첨자로 표시한다. 예를 들어 수소와 나트륨의 전자배치는 각각 $1s^1$$1s^2 2s^2 2p^6 3s^1$이다. 주요 원소의 전자배치 구조를 표 1.2에 수록하였다.

헬륨(He), 네온(Ne), 아르곤(Ar), 크립톤(Kr)과 같이 원자의 최외각 혹은 부각이 완전히 채워졌을 때 안정된 전자 배위 구조를 가졌다고 한다. 이러한 원소들은 일반적으로 화학적으로 반응성이 대단히 적은 불활성 기체로 존재한다. 전자가 채워지지 않은 최외각 궤도를 가지고 있는 원자는 전자를 얻거나 버려서, 또는 다른 원자와 전자를 공유함으로써 안정된 전자 구조를 가지려고 한다.

모든 원소를 전자 배위 구조에 의해 나열하면 주기적으로 성질이 유사한 원소들로 분류되는데 이것이 **주기율표**(periodic table)이다. 그림 1.6과 같이 원소는 주기라고 하는 8개의 횡렬에 원자번호 순으로 배치되어 있다.

1 H 1.0080																	2 He 4.0026
3 Li 6.939	4 Be 9.0122											5 B 10.811	6 C 12.011	7 N 14.007	8 O 15.999	9 F 18.998	10 Ne 20.183
11 Na 22.990	12 Mg 24.312											13 Al 26.982	14 Si 28.086	15 P 30.974	16 S 32.064	17 Cl 35.453	18 Ar 39.948
19 K 39.102	20 Ca 40.08	21 Sc 44.956	22 Ti 47.90	23 V 50.942	24 Cr 51.996	25 Mn 54.938	26 Fe 55.847	27 Co 58.933	28 Ni 58.71	29 Cu 63.54	30 Zn 65.37	31 Ga 69.72	32 Ge 72.59	33 As 74.922	34 Se 78.96	35 Br 79.91	36 Kr 83.80
37 Rb 85.47	38 Sr 87.62	39 Y 88.91	40 Zr 91.22	41 Nb 92.91	42 Mo 95.94	43 Tc (99)	44 Ru 101.07	45 Rh 102.91	46 Pd 106.4	47 Ag 107.87	48 Cd 112.40	49 In 114.82	50 Sn 118.69	51 Sb 121.75	52 Te 127.60	53 I 126.90	54 Xe 131.30
55 Cs 132.91	56 Ba 137.34	Rare earth series	72 Hf 178.49	73 Ta 180,95	74 W 183.85	75 Re 186.2	76 Os 190.2	77 Ir 192.2	78 Pt 195.09	79 Au 196.97	80 Hg 200.59	81 Tl 204.37	82 Pb 207.19	83 Bi 208.98	84 Po (210)	85 At (210)	86 Rn (222)
87 Fr (223)	88 Ra (226)	Acti- nide series															

그림 1.6 ▸ 원소의 주기율표

I족의 원자는 알칼리와 알칼리 토금속으로 어느 것이나 안정된 구조보다는 최외각의 전자궤도에 한 개의 전자를 가지고 있다. 여기에 비해 0족에 속해 있는 원소는 최외각 궤도에 전자가 2개 또는 8개로 완전히 채워진 전자각과 안정된 전자 배위를 가지고 있어서 어느 것이나 화학적으로 매우 안정한 상태이다. 이 이외에 II, III, IV, V, VI, VII족에 속하는 원자는 최외각 궤도에 2, 3, 4, 5, 6, 7개의 전자를 가지고 있는 원자들이다. 이러한 최외각 전자를 **가전자**라고도 부르며 화학변화에 매우 예민한 성질을 가진 전자이다. 따라서 주기율표 상의 같은 종렬에 위치한 같은 족의 원소는 같은 최외각 전자구조를 가지므로 비슷한 물리적·화학적 특성을 갖는다.

주기율표 상의 왼쪽에 위치하는 모든 원소는 금속에 속하므로, 이들 원소는 그들의 원자가 전자를 외부로 방출하고 양이온이 되려는 성질이 있다. 이러한 성질을 **전기 양전성**(elecropositive)을 갖는 원소라고 한다. 이와 반대로 주기율표 상의 오른쪽에 위치하는 원소들은 전자를 받아들여 음이온을 형성하거나, 다른 원소와 전자를 공유
하려는 성질이 있으므로 이러한 성질을 **전기 음전성**(electronegative)을 갖는 원소라고 한다.

1.3 고체유전체 내의 화학적 결합

고체유전체 재료의 성질은 원자간을 화학적으로 결합시키는 힘과 결합에너지를 관찰함으로써 이해할 수 있다. 만약 두 개의 원자가 초기에는 고립된 상태로 있다가 무한히 먼 거리에서 점점 서로 가까워지고 있다면, 원자가 서로 무한히 먼 거리에 떨어져 있을 때에 상호작용하는 힘은 아주 미약할 것이고, 원자가 상호 가까워질수록 그 힘은 인력(attractive force)과 척력(repulsive force)의 상반된 힘이 작용하게 되고, 각각의 힘의 크기는 원자간 거리의 함수로 나타나게 되어 그들 상호간의 작용은 원자의 에너지 준위를 분리시킨다.

실제 고체 유전체 재료에서처럼 매우 많은 원자들이 극히 작은 거리에 있을 때, 전자는 자신이 속해 있는 원자핵만이 아니고 인접한 원자핵의 영향도 동시에 받게 되어 에너지 준위는 거의 연속적으로 갈라지게 되어 그림 1.7과 같이 에너지 준위의 확장이 일어나 에너지 띠 모양으로 된다. 그림 중앙의 거리 r_0는 화학적으로 결합된 고체 원자들 사이의 근사적인 평형상태의 결합에너지를 유지하려는 평균거리에 해당되며, 이러한 에너지 띠의 폭은 관련된 파동함수의 중첩에 의한다.

원자의 결합에너지와 원자간의 거리에 따른 에너지의 변화는 유전재료의 종류에 따라 다르며, 원자결합의 종류에 따라서도 다르다. 보통 높은 결합에너지를 갖는 경우는 고체상태로 존재하며, 낮은 결합에너지의 경우는 기체상태로 존재한다. 일반적으로 유전재료의 용융온도와 응집(cohesive) 성질은 결합에너지의 크기를 나타낸다.

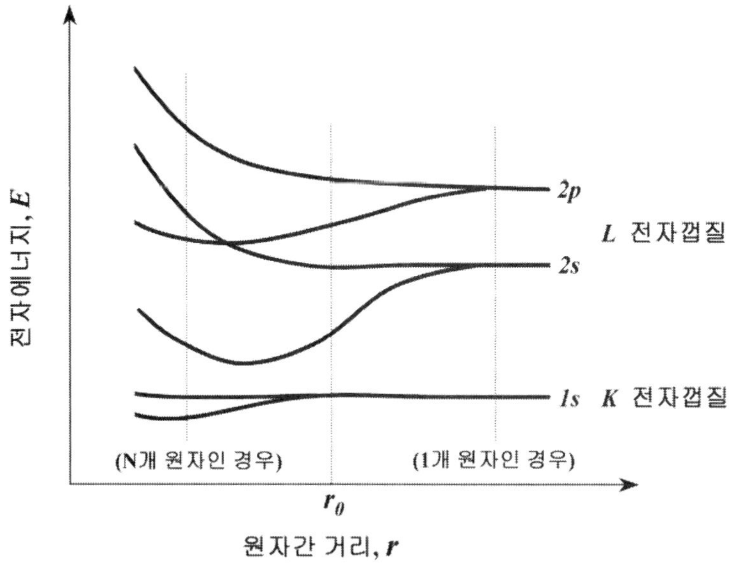

그림 1.7 ▸ 에너지 준위가 확장된 띠

유전재료의 hardness(혹은 modulus) 또한 원자거리의 곡선의 모양에 달려 있으며, 비교적 단단한 재료의 곡선은 연한재료에 비해 매우 가파르고 곡선의 폭도 좁다.

고체 유전체에서는 크게 4종류의 결합이 존재하는데, 그 중에서 이온(ionic), 공유(covalent), 금속(metalic) 결합은 일반적으로 불활성 기체와 같이 최외각 전자가 완전히 채워져 있는 안정된 전자구조를 가지려는 경향에서 기인한다고 볼 수 있다. 원자 단독으로는 불안정한 상태를 유지하며, 원자간 결합에 의하여 비로소 안정한 상태를 유지하게 되기 때문이다. 이러한 3종류의 결합을 혹자는 화학(chemical) 결합 또는 1차(primary) 결합이라고 부르기도 한다. 그에 비해 2차(secondary) 결합이라고 하는 수소결합, 반데르발스 결합(Van der Waals bonding) 즉, 물리적(physical) 결합은 1차 결합인 화학적 결합에 비해 매우 약하나 재료의 물성에 큰 영향을 준다.

1.3.1 이온결합(ionic bonding)

O족 원소인 He, Ne, Ar, Kr 등의 원자들은 화학적으로 매우 안정하고 다른 원자와 화합하지 않는 불활성 가스이다. 그러나 할로겐(halogen) 원소인 F, Cl, Br, I 등의 원자는 최외각층의 전자궤도에 7개의 전자를 가지고 있으므로 외부에서 전자하나를 얻음으로써 O족 원소와 비슷한 안정한 전자배치가 되고, 음이온(F^-, Cl^-, Br^-, I^-)이 되려는 경향이 강하다. 이와 같이 중성원자에 다른 하나의 전자가 달라붙을 때 얻어지는 에너지를 **전자친화도**(electron affinity)라 한다.

또한 알칼리(alkali) 금속인 Li, Na, K 등과 같은 원자는 각각 *2s*, *3s*, *4s*의 최외각측의 전자궤도에 단 한 개의 전자가 돌고있다. 이와 같은 원소는 할로겐 원소의 경우와 반대로 1개의 전자를 잃어버림으로써 O족 원소와 같이 안정된 전자배치가 되고, 양이온(Li^+, Na^+, K^+)이 되려는 경향이 강하다. 이 같이 중성원자로부터 하나의 전자를 떼어내어 양이온이 되는데 드는 에너지를 **이온화 에너지**(ionization energy)라 한다.

이와 같이 한쪽은 음(-)이온이 되고 다른 한쪽은 양(+)이온이 되어 두 이온간에 쿨롱인력으로 결합하여 안정한 상태로 된 분자를 이온결합분자라 하고, 이러한 결합을 **이온결합**(ionic bonding)이라 한다. 이온결합은 상대적으로 낮은 이온화 에너지를 갖는 원소가 상대적으로 큰 전자 친화도를 갖는 원소와 결합할 때 생성된다. 이 결합은 또 금속과 비금속 원소간의 화합물에서 볼 수 있는 결합으로 비금속 원소는 주기율표의 우측부위에 위치하고, 금속원소의 원자는 비금속원소에게 최외각 전자를 쉽게 제공할 수 있다. 이온결합이 방향성이 없다고 하는 것은 결합의 세기가 이온의 모든 방향에 대해 같다는 것을 의미한다. 또한 이온 재료가 안정하기 위해서는 모든 양이온은 3차원적으로 음이온과 최근접 해 있어야한다. 세라믹 고체 유전재료의 주된 결합형태는 이 이온결합이다.

이온결합의 대표적인 예는 NaCl, LiF 등이며 결합에너지는 600~1500 [kJ/mol] (3~8 [eV/원자]) 정도로 높은 용융온도에서 알 수 있듯이 상대적으로 큰 값에 속한다. 결합하여 생성된 이온결합분자의 크기는 분자를 구성하는 원자크기의 합과 거의 일치한다. 이 경우 결합에 요하는 에너지는 기체에서 고체로 되는 경우에 방출되는 열량으로써 표시된다. 즉, 격자에너지(격자를 만들기 위해 필요한 에너지) W는 각각 1 [mol]의 기체가 모여서 결정을 만드는 경우에 발생하는 열량으로써 표시된다.

$$Na^+(\text{기체}) + Cl^-(\text{기체}) = NaCl(\text{결정체}) + W[kcal/mol]$$

이온결합의 결정에서는 아주 큰 에너지(~10 eV)가 공급되지 않으면, 전자가 자유로이 이온사이를 움직일 수 없으므로 이온결합 고체는 전기적으로 부도성을 가진다. 그러나 결정 내에 결함이 존재할 경우, 이온들 자신이 고온에서는 이동이 가능해지며 이는 **이온 전도성**(ionic conduction)을 갖게 하는 원인이 된다. 이온결합 고체의 기본적인 특성은 강한 적외선을 흡수하기 때문에, 저온에서는 절연성이 높지만 고온이 되면 이런 이온특성 때문에 도전성이 증가한다.

1.3.2 공유결합(covalent bonding)

고체유전체에서 결합의 종류는 또 본질적으로 원자간에 전자의 파동함수가 중첩되는 정도에 의하여 구분된다. 하나의 극단적인 예로는 이러한 중첩이 이웃한 원자까지만 제한되는 경우와, 또 다른 예로는 파동함수가 많은 원자들에 걸쳐서 중첩되는 경우이다. 중첩의 정도, 즉 결합의 세기는 이웃한 원자의 거리에만 의존하는 것이 아니라 **결**

합각(bond angle)에도 관계가 있는 특성을 가지고 있다. 즉, 각 원자의 상대적인 위치(방향)는 전자를 공유하는 방향으로 존재한다. 이러한 방향성 결합을 가리켜 **공유결합**(covalent bonding) 또는 **동극결합**이라 한다.

공유결합의 가장 기본적인 형태는 동일한 "가전자"를 갖는 즉, 동일한 **외각전자배치**(outer electronic configuration)를 갖는 몇 개의 원소로 이루어진다. 예로서 수소원자가 가지는 최외각전자는 1개이나 2개일 수도 있다. 수소원자는 1개로써는 불안정하여 단독으로 존재할 수 없으므로 인접한 2개의 수소원자가 각각 1개의 전자를 내어 한 쌍의 전자를 공유하는 원자 또는 원자단체간에 화학적으로 결합하여 안정한 상태로 된다. 따라서 2개의 전자가 서로 접근한 2개의 원자핵을 중심으로 회전하는 상태가 되어 결합하고 있는 형태이다. 공유결합의 또 다른 예는, 그림 1.8에 개략도를 보인 CH_4(메탄) 분자의 공유결합이다. 탄소원자는 4개의 최외각전자를 갖고, 수소원자는 1개의 최외각전자를 갖고 있으므로, 각각의 수소원자는 하나의 전자를 공유함으로써 He의 안정한 전자 배위구조(두 개의 1*s*전자)를 갖게 된다. 탄소는 4개의 최외각전자를 갖고, 각각의 전자는 수소와 공유하여 총 8개의 외각전자를 갖게 되어 Ne의 안정한 전자배위 구조를 갖게 된다. 이러한 공유결합에 의한 결정을 공유결합결정이라 한다.

H_2, O_2, N_2, F_2, Cl_2는 동일원소에 의한 공유결합분자이고, CO_2, CCl_4는 탄소족과 다른 비금속과의 공유결합분자이며, Diamond, Si, Ge 등의 원자는 주위에 있는 4개의 원자와 공유결합 하여 최외각에 전자8개를 공유하는 안정한 전자배치 구조를 가진 1원계 고체이다.

분자의 결합반경은 이온결합과는 다르며, 공유결합의 반경이 이온결합에 비해 짧은 것을 알 수 있다. 이것은 공유결합 때에는 전자의 회전궤도가 양쪽의 원자에 걸쳐있기 때문이며, 결합력 역시 이온결합에 비하여 월등히 강력하기 때문이다.

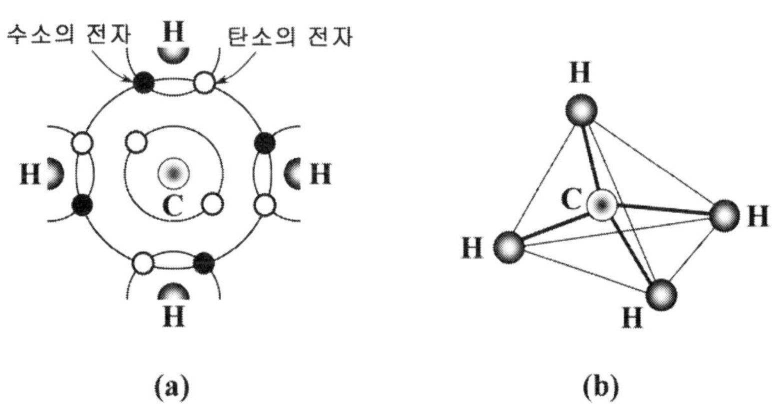

그림 1.8 ▸ 메탄분자의 공유결합 모형

공유결합은 매우 단단하고 높은 용융점(3350 ℃)을 갖는 다이아몬드처럼 매우 강한 결합력을 가지고 있다. 다이아몬드는 C원자가 다른 4개의 C원자와 공유결합을 하는 3차원적 결합구조를 가지고 있다. 다이아몬드의 사면체 결합을 좀더 자세히 들여다보면, 전자배치는 $1s^2$, $2s^2$, $2p^2$이므로, 탄소원자는 두 개의 2p-궤도함수만 하나의 전자로 채워져 있기 때문에 두 개의 공유결합을 갖는 것으로 생각하기 쉽다. 그러나 이러한 원자들이 결정의 한 부분으로 결합할 때에는 4개의 결합이 이루어졌을 때 만큼의 에너지 감소가 발생한다. 전자의 모습을 그려보면, 이 사실을 다음과 같이 단순화시켜 이해할 수 있다: 2s-궤도함수 중 하나의 전자가 비어 있는 2p-궤도함수로 여기한다. 이렇게 해서 3개의 2p-궤도함수와 하나의 2s-궤도함수는 각각 하나씩의 전자들을 가지며, 이러한 전자들이 공유결합에 참여하게 되는 것이다. 최인접한 전자와의 파동함수의 중첩은 원래의 2s, $2p_x$, $2p_y$, $2p_z$-궤도함수의 선형결합에 의하여 4개의 새로운 파동함수들이 만들어질 때 최대가 된다. 이러한 새로운 분자 궤도함수는 sp^3 혼성궤도함수로 알려져 있으며, 이러한 생성을 **혼성화**(hybridization)라고 한다. 이러한 사면체 배위에서 중첩에 의해 발생하는 에너지의 감소는 2s-전자를 2p-궤도함수로 올리는데 요하는 에너지를 상쇄시키기에 충분하다. 다이아몬드 구조로 배열된 탄소원자들은 사면체의 꼭지점에 놓여진 탄소원자들에 의해 둘러쌓이게 되며, sp^3상태에서는 모든 가용한 전자들이 이웃전자들과 공유되어 오직 결합궤도함수만이 채워지게 된다. 이로서 높은 반결합 에너지띠와 에너지 갭(energy gap) 만큼 벌어진, 전자가 완전히 채워진 가전자 띠(valence band)가 만들어진다. 에너지는 전자가 이러한 에너지 갭을 뛰어 넘을 수 있을 정도로 큰 양자(quanta)에 의해서만 공급할 수 있다. 따라서 이러한 공유결합 고체는 낮은 온도에서 부도체가 된다. 만약 에너지 틈이 그다지 크지 않으면 열적인 여기에 의해서 에너지 갭을 뛰어넘게 되어 전도성을 띄게 되고 이경우가 반도체이다.

반면 공유결합은 270 ℃에서 용융하는 비스무트(Bi)와 같이 매우 낮은 결합력을 가진 것도 있다. SiC와 같은 이종원자간의 결합상태는 부분적으로 이온결합과 공유결합의 성질을 모두가진 복잡한 형태로 되어있다. 실제로 극소수의 재료만이 순수한 이온결합이나 공유결합 성분만을 가지고 있다. 화합물에서 결합종류의 정도는 주기율표상에서 구성원소의 상대적인 위치와 연관이 있다. 즉, 주기율표에서 두 원소가 좌측하부에서 우측상부로 멀리 떨어져 위치할수록 이온결합 성분은 커지며, 원소가 가까이 위치할수록 공유결합성분이 증가한다. Diamond의 결합에너지는 170 [kcal/mol] 정도이며 그 결합이 견고한 반면, 수소의 결합에너지는 5~12 [kcal/mol] 정도이다. 공유결합의 가장 두드러진 특징은 간단하고 순수한 물질은 결합력이 강력하여 저온에서 양호한 절연물이 된다는 것이다.

1.3.3 금속결합(metallic bonding)

금속은 원자간 거리가 가까우므로 비교적 약한 구속력을 받으므로 금속원자의 가전자는 근접한 모든 다른 원자에 의하여 영향을 받아 가전자가 원자로부터 분리되어 모든 원자간을 자유롭게 운동한다. 금속은 공유결합과 달리 전자의 파동함수가 원자간의 거리를 훨씬 넘어서까지 펼쳐져 있기 때문에, 공유결합과 같이 가까운 원자간의 결합이 아니고 상호작용을 받는 전체 원자들이 이들사이의 쿨롱의 흡인력에 의해 단단하게 결합하는 것을 **금속결합**(metallic bonding)이라 하고 금속결합에 의한 결정체를 금속결정체라 한다. 금속은 가전자가 적은 원자가 금속결합에 의해 얻어진다. 금속재료는 1개나 2개, 또는 최대 3개까지의 최외각 전자를 가지고 있다. Cu, Al, Ag, Au 등을 보면 이들의 전자궤도 중 최외각궤도에 한 개의 전자가 존재하고 그 내측의 궤도가 전자로 완전히 채워져 있다. 따라서 최외측에 있는 오직 한개의 전자는 떨어져 나가기 쉽고, 외부로부터 미소한 에너지를 받게 되어도 원자핵의 구속을 벗어난 자유전자가 되어 특정한 원자에 독점되는 일이 없이 결정내를 자유롭게 이동할 수 있다. 금속결합이라는 것은 이 자유전자를 풍부하게 가지고 있는 결정체이다. 이러한 전자는 금속전체에 속해 있다고 볼 수 있으며 "전자 바다"나 "전자구름"으로 생각할 수 있다. 남은 비외각 전자와 원자핵은 **이온 코어**(ion core)라고 불리며, 각 원자당의 외각전자와 같은 양의 양전하를 갖는다. 자유전자는 양전하의 이온 코어가 서로 정전기적으로 밀어내는 것을 막아주며, 이온 코어를 서로 뭉치게하는 접착제와 같은 역할을 한다. 실제로 모든 금속은 금속결합을 하고 있다고 말할 수 있으며, 금속결정은 거의가 면심입방격자, 체심입방격자, 최밀입방격자 등의 구조로 되어 있다.

결합 에너지는 수은인 경우 68 [kJ/mol](0.7 eV/원자)을 갖으며, 텅스텐은 850 [kJ/mol](8.8 eV/원자)로 광범위한 에너지 값을 갖는다. 그들의 용융점은 각각 -39와 3410 ℃이다. 철은 저온과 고온에서는 체심입방격자로 되고 중온에서는 면심입방격자로 되며, 결합에너지는 94 [kcal/mol], 금속 나트륨의 결합에너지는 26 [kcal/mol]이다.

금속결합의 특징은 수많은 자유전자의 존재로 높은 전기전도율과 열전도율을 갖는다. 반대로 공유결합이나 이온결합으로 이루어진 재료는 자유전자가 거의 없기 때문에 전기적 열적 부도체이다. 금속은 또 특유한 금속광택, 연성과 전성을 가지고 있다. 또한 금속결합은 결정 전반에 걸친 가전자들의 심한 번짐(smearing out) 때문에 공유결합에서처럼 방향성이 없다는 특성을 가지고 있으며, 이러한 가전자의 파동함수가 넓게 퍼지는 현상 때문에 결합에너지를 이론적으로 예측하는 것이 매우 어렵다.

1.3.4 수소결합(hydrogen bonding)

수소원자는 다른 원자와 공유결합을 하지만, 때로는 2개의 전자로부터 동시에 강하게 끌려서 결합되는 일이 있다. 다른 두 원자 사이에 수소 원자가 들어가 중개역할을 하면서 결합될 경우를 **수소결합**(hydrogen bonding)이라고 한다.

이러한 2차결합은 실제로 모든 원자와 분자사이에 존재하지만, 결합의 효과는 전술한 3가지 화학적 결합인 1차결합이 존재할 때는 가려진다. 2차 결합력은 원자나 분자의 쌍극자(dipole)에서 나온다. 원자나 분자에서 양전하와 음전하가 근접하게 분리 위치할 때는 언제나 전기 쌍극자가 존재한다. 결합은 한 쌍극자의 양전하 끝 부위와 인접한 쌍극자의 음전하 끝 부위 사이에 작용하는 쿨롱 인력에 기인한다. 산소와 공유결합을 일으킬 때, 수소가 갖는 하나의 전자는 그 물질로 옮겨가고, 남은 양성자(proton)는 음이온으로 하전된 다른 원소에 정전기적인 인력을 작용한다. 수소결합의 존재에 대한 관측은 수소진동에 의한 밴드의 심한 이동과 넓어짐을 보여주는 적외선 분광계(infrared spectroscopy)로 가능하다.

수소결합의 예를 들면 보면, DNA 분자에서 이중나선구조를 이루는 두 선의 결합을 담당하는 것이 바로 수소결합이며, 이 결합은 유전적 재생산에 결정적인 역할을 담당한다. 또 무기화학의 영역에서 가장 잘 알려진 예가 물이 얼음의 형태로 존재할 때이다. 그림 1.9와 같이 물의 경우 산소를 중심으로 하여 결합하고 있으나, 산소는 전자를 끌어당기기 쉽고 수소는 동시에 복수의 산소에 끌리게 된다. 즉, 극히 적은 수소 원자가 분자간에 들어가 양분자의 중개역할을 하면서 결합시키는 것이며, 이 결합은 고정적인 것이 아니며, 결합에너지도 매우 작다. 수소결합이 없는 H_2O분자와 비교할 때, 수소결합이 있는 경우가 큰 부피를 가진다. 온도가 올라감에 따라 수소결합된 응집체는 녹게 되고, 이는 밀도의 증가를 야기한다. 결합에너지는 5~12 [kcal/mol] 정도이고, KH_2PO_4의 강유전성에는 수소결합이 큰 역할을 한다. 수소결합은 쌍극자에 의한 극성이 있기 때문에 방향성이 있다.

1.3.5 반데르발스(Van der Waals) 결합

전자교환이 일어나는 분자 내에서의 주 결합이 아니고 전자교환이 없는 분자와 분자 사이에 작용하는 원칙적으로 항상 존재하는 추가적인 2차 결합의 형태이다. 따라서 반데르발스 결합은 닫힌 원자껍질을 갖는 원자들 사이의 경우, 또는 포화된 분자들 사이에서의 경우처럼 다른 형태의 결합이 불가능한 경우에서만 중요하게 된다. 이러한 결합의 물리적 원인은 원자들간의 **전하의 요동**(charge fluctuation)에 기인한다.

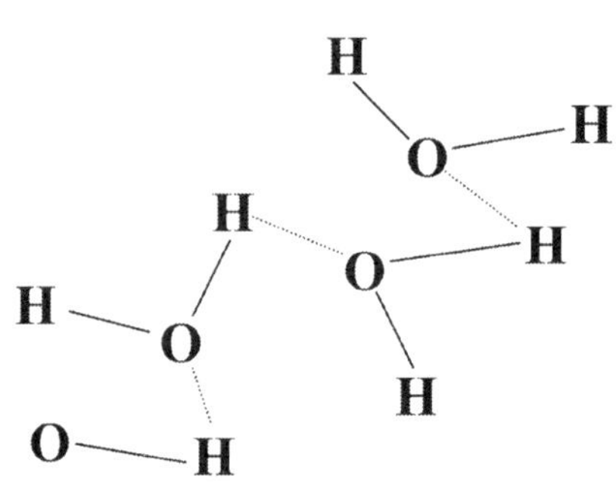

그림 1.9 ▸ 수소결합

반데르발스의 힘은 원자들간의 전하의 요동시의 쌍극자-쌍극자의 상호작용으로 생기는 힘으로, 상호작용 에너지는 분자(또는 원자)간 거리의 r^6에 반비례하므로, 분자 내의 주 결합의 세기에 비하여 매우 약한 결합이다. 이것은 쌍극자 상호작용의 결과로써 쉽게 이해될 수 있다. 순간적인 전하요동으로 형성된 쌍극자 p_1은 r만큼 떨어진 거리에서 $E \approx p_1/r^3$ 만큼의 전계를 형성한다. 편극률이 α이며, 거리가 r만큼 떨어져 있는 두 번째 원자는 이 전계에 의해 분극되며, 이로 인해 얻어지는 이 원자의 쌍극자 모멘트(diploe moment) $p_2 \approx \alpha p_1/r^3$이다. 전계에서 이러한 쌍극자 포텐셜은 E와 p_2에 비례하기 때문에, 반데르발스 힘 중 인력부분은 r^{-6}에 따라 변화하는 것이다.

공유결합하고 있는 분자에서 원자핵과 전자의 분포를 살펴보면, 서로 공유하고 있는 전자는 많은 시간을 두 원자 사이에 존재하므로 분자의 한쪽 끝은 양전하를 띤 영역이 되고 다른 끝은 음전하를 띤 영역이 되어 **영구 쌍극자**(permanent dipole)가 만들어 진다. 이와 같이 분자에 존재하는 영구 쌍극자와 바로 옆의 분자에 형성된 영구 쌍극자의 상호작용에 의해 쌍극자와 쌍극자 사이에 반데르발스 힘이 생겨 결합이 형성된다. Ar, Ne, He 등의 O족 불활성 원소들은 최외각 궤도가 꽉 채워진 안정된 전자 배치 구조를 가지고 있어 전자의 교환이나 전자와 원자핵들간의 상호작용에 의한 결합을 하지 못한다. 또한 원자가 구면 대칭의 전하 분포를 가지고 있으므로 영구 쌍극자도 만들지 못한다. 그러나 충분히 낮은 온도가 되면 액체나 고체로 되는데, 이때 생기는 결합력을 설명할 수 있는 것이 반데르발스의 힘이다.

1.4 Planck의 양자개념과 열흑체방사

1900년 Max Planck는 에너지 분포법칙에 관한 논문 발표에서 열복사에 관해 관측된 성질을 설명하려고 시도하는 과정에서 유명한 플랑크 상수 h를 도입하였다. **열복사**(thermal radiation)란 어떤 물체가 온도를 가짐으로써 그 물체가 방출하는 복사선을 말한다. 모든 물체는 주위환경에 이와 같은 복사선을 방출하게 되고, 또 주위환경으로부터 그와 같은 복사선을 흡수하게 된다. 물체의 온도와 그 물체가 방출하는 복사선의 진동수 스펙트럼 사이의 관계를 이용하여 물체의 고온도를 계측할 수 있는 장치가 **광학적 고온계**(optical pyrometer)이다. 고온체가 방출하는 열복사의 색깔, 즉 열복사의 진동수 배합을 관측함으로써 고온물체의 온도를 측정할 수 있는 간단한 분광계이다.

일반적으로 고온체가 방출하는 열복사선의 스펙트럼 분포 형태는 그 물체를 구성하고 있는 원자구조와 필연적으로 관계가 있다. 그러나 모든 물체의 기준이 되는 아주 보편성을 지닌 열복사 스펙트럼을 방출하는 고온물체의 존재가 필요하다. 이러한 물체를 **흑체**(黑體: blackbodies)라 한다. 흑체는 이것에 투사되는 방사를 전부 흡수하고 반사도 투과도 하지 않는다고 가정하는 가상적 물체이며, 모든 파장에서 최대의 온도방사를 하는 것으로써 이 방사를 **흑체방사**(blackbody radiation)라 한다. 흑체의 한 예로서, 램프의 검댕이나 비스므트의 검댕과 같은 검은 물감을 여러 층으로 증착시킨 임의의 물체를 들을 수 있다. 같은 온도에 있는 모든 흑체는 그 구성의 세부사항과 무관하게 동일한 스펙트럼을 가진 열복사선을 방출한다.

흑체복사의 스펙트럼 분포는 분광분석한 **복사율**(spectral radiancy)이라는 양 $U_T(\nu)$로 규정된다. 이 복사율은 $U_T(\nu)d\nu$가 절대온도 T인 흑체표면의 단위면적으로부터 ν와 $\nu+d\nu$ 사이의 진동수 간격을 가진 복사선 내에 단위시간당 방출되는 에너지와 같다고 정의한다. 모든 v에 걸쳐 분광분석한 복사율 $U_T(\nu)$를 적분한 결과는 온도가 T인 흑체로부터 단위면적당, 단위시간당 방출되는 총 에너지를 나타내는데, 이 총 에너지가 복사율 U_T

$$U_T = \int_0^\infty U_T(\nu)d\nu \tag{1.29}$$

이다. 실제로 이 결과는 1879년에 처음 발표되었다. 이것이 Stefan-Boltzmann의 법칙이며, 식(1.29)의 적분 과정은 차후에 자세히 보일 것이다. 또 온도 T가 상승함에 따라 스펙트럼의 최대 피크치가 높은 진동수 쪽으로 이동해 간다. 이러한 결과를 **빈의 변위법칙**($\nu_{max} \propto T$)이라고 한다. 즉, 온도가 상승함에 따라 열복사의 방출량이 급격히 증가하며, 열복사선의 진동수는 더욱 높아진다는 것이다.

흑체의 또 하나의 중요한 예로 그림 1.10에서와 같이, 외부와는 작은 구멍으로 연결된 공동(空洞)을 포함하는 물체를 고찰할 수 있다. 외부에서 이 작은 구멍을 통하여 동공으로 입사한 복사선은 공동벽에 의해 이리저리 반사되다가, 끝내는 이들 벽에 흡수될 것이다. 구멍의 면적이 동공 내벽의 면적에 비해 매우 작기 때문에 구멍을 통하여 다시 되돌아 나오는 입사 복사선은 무시할 수 있을 만큼 소량이므로, 구멍을 통해 입사한 복사선은 실질적으로 모두 흡수된다. 따라서 이 구멍은 바로 흑체표면의 성질을 지니게 된다. 실험에서 사용되는 흑체는 이러한 계통의 구조를 가지게 된다.

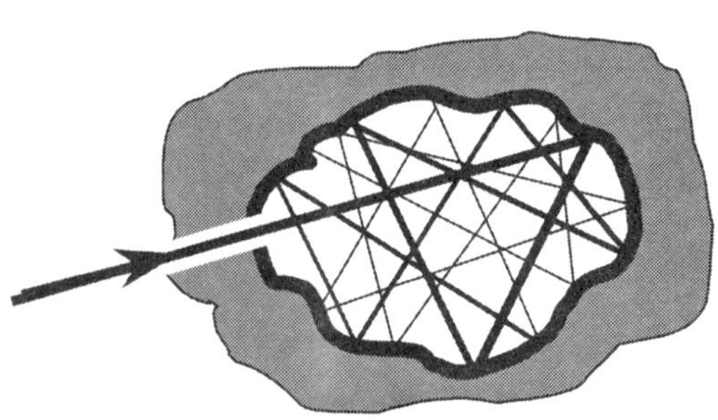

그림 1.10 ▸ 외부와 공동으로 연결된 물체

일반적으로 온도방사에서 방출되는 전자파는 매우 넓은 파장의 영역에서 발생되고 있다. 이 때 발생하는 방사 에너지 밀도 U_ν를 진동수 ν를 따라 측정한 결과를 그림 1.11에 보여주고 있다.

Rayleigh와 Jeans는 모든 운동량이 연속적으로 고전적인 법칙에 입각하여 흑체방사선의 에너지 밀도 U_ν를 진동수 ν와 온도 T의 함수로 주어지는 다음과 같은 식(1.30)을 얻게 되었다.

$$U_\nu(\nu, T) = \frac{8\pi\nu^2}{c^3}kT \tag{1.30}$$

여기서, ν는 진동수, c는 빛의 속도, k는 볼쯔만 상수이며, T는 절대온도이다. 식(1.30)은 두항의 곱인데 하나는 진동수로 표시된 자유도이고, 다른 하나는 kT로 주어진 자유도당 평균 에너지 $\mathbb{E}$이다. 이것은 고전 물리학에서 다음과 같이 얻어진다.

$$\mathbb{E} = \frac{\int_0^\infty E\exp(-E/kT)dE}{\int_0^\infty \exp(-E/kT)dE} = kT \tag{1.31}$$

식(1.30)에서 알 수 있는 바와 같이 복사강도는 진동수의 제곱에 비례하게 되어 그림1.11의 실험곡선과 비슷하게 되지만, U_ν를 모든 진동수에 대하여 적분하면 $U_\nu \to \infty$가

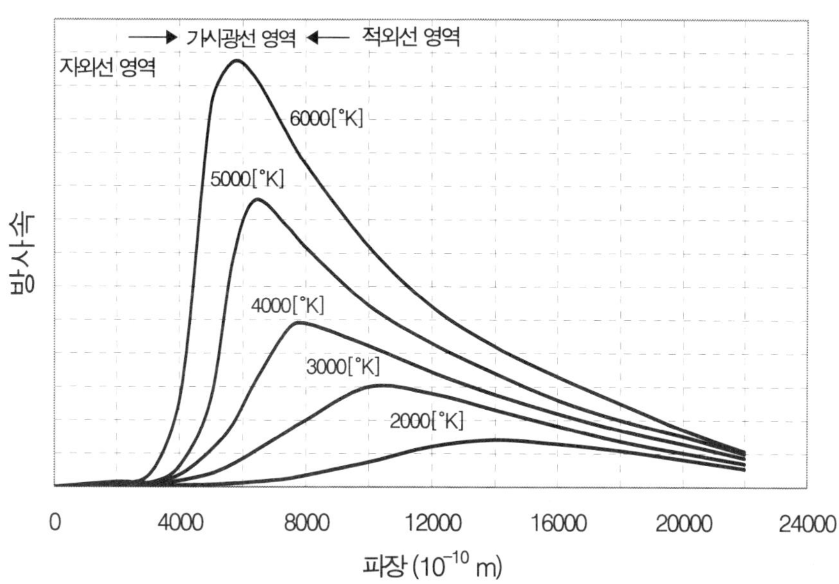

그림 1.11 ▸ 흑체복사선의 에너지분포 곡선

되므로 상식과 동떨어진 파탄을 맞는 소위 "**자외선 파탄**(ultraviolet catastrophe)"이라는 모순을 격게 된다. 식(1.30)은 ν^2에 비례하는 모든 자유도가 에너지 밀도를 항상 kT만큼 증가시키기 때문에 문제가 된다. 그러나 진동자가 0으로부터 ∞사이의 임의의 파장을 가진다면 Rayleigh-Jeans의 식이 틀릴 이유가 없음을 말해주기 때문에 우리는 이와 반대로 진동자가 일정한 정수배의 파장을 갖는다고 가정하자. 즉 진동자가 임의의 에너지를 갖지 못하고 어떤 단위 에너지(E)의 정수배만 갖고 있다는 Planck의 천재적 가정을 도입하면 이 문제는 해결된다. 따라서 양자의 기본에너지가

$$E = h\upsilon \tag{1.32}$$

라면 진동자의 에너지는 E의 정의 배수인 $nE(n=0,\ 1,\ 2,\ 3\ \cdots)$가 되어, 이 진동자는 표 1.3과 같은 불연속적인 에너지 분포를 가질 것이다.

만약 이 진동자의 분포가 Boltzmann의 **에너지 분포법칙**(energy distribution law)을 따른다고 가정하면 Boltzmann의 에너지 분포법칙은 다음과 같이 주어진다.

표 1.3 ▸ 흑체방사 진동자의 에너지 분포

에너지 레벨(E_i)	E_0	E_1	E_2	E_3	E_4	E_5	…
진동자의 에너지	0	E	$2E$	$3E$	$4E$	$5E$	…
진동자의 수	n_0	n_1	n_2	n_3	n_4	n_5	…

$$n_i = n_0 \exp(-E_i/kT) \tag{1.33}$$

여기서, n_i는 에너지 레벨이 E_i인 입자의 수를 나타내고 n_0는 $E_i = 0$일 때의 입자의 수이다. 이때 진동자의 전체 입자의 수 N은

$$N = n_0 + n_1 + n_2 + n_3 + \cdots = \sum_{i=0} n_i \tag{1.34}$$

이다. 식(1.33)과 식(1.34)로부터

$$N = n_0 + n_0 e^{-E/kT} + n_0 e^{-2E/kT} + n_0 e^{-3E/kT} + \cdots \tag{1.35}$$

이다. 만약,

$$x \equiv e^{-E/kT} \tag{1.36}$$

으로 놓으면 식(1.35)는

$$N = n_0(1 + x + x^2 + x^3 + x^4 + \cdots) \tag{1.37}$$

이 된다. 다음과 같은 공식

$$\frac{1}{1-x} = 1 + x + x^2 + x^3 + x^4 + \cdots \tag{1.38}$$

을 이용하여 식(1.37)을 다시 쓰면

$$N = n_0(1 + x + x^2 + x^3 + x^4 + \cdots) = \frac{n_0}{1-x} \tag{1.39}$$

가 된다. 그리고 N개의 진동자의 전체 평균에너지(N$\mathbb{E}$)는

$$\mathrm{N}\mathbb{E} = n_0E_0 + n_1E_1 + n_2E_2 + n_3E_3 + n_4E_4 + \ldots. \tag{1.40}$$

으로 표시할 수 있다. 식(1.40)은 표 1.3에 의하여

$$\mathrm{N}\mathbb{E} = 0 + n_0E \cdot e^{-E/kT} + 2n_0E \cdot e^{-2E/kT} + 3n_0E \cdot e^{-3E/kT} + \cdots \tag{1.41}$$

로 된다. 식(1-41)은 다음 공식

$$\frac{x}{(1-x)^2} = x + 2x^2 + 3x^3 + 4x^4 + \cdots \tag{1.42}$$

을 이용하여 정리하면

$$\mathrm{N}\mathbb{E} = n_0E(x + 2x^2 + 3x^3 + 4x^4 + \cdots) = \frac{n_0E \cdot x}{(1-x)^2} \tag{1.43}$$

으로 되고, 식(1.43)에 식(1.39)을 대입하여 풀면

$$\mathbb{E} = \frac{E \cdot x}{1-x} \tag{1.44}$$

가 된다. 식(1.44)에 식(1.36)의 x값을 대입하면

$$\mathbb{E} = \frac{E \cdot x}{1-x} = \frac{E \cdot e^{-E/kT}}{1-e^{-E/kT}} = \frac{E}{e^{E/kT}-1} \tag{1.45}$$

을 얻는다. 또한 **에너지 등분배법칙**(law of equipartition of energy)인 식(1.31)에 의하여 진동자의 평균에너지는

$$\mathbb{E} \equiv kT \tag{1.46}$$

으로 놓을 수 있다. 식(1.46)을 식(1.30)인 Rayleigh-Jeans의 식에 대입하면

$$U_\nu(\nu, T) = \frac{8\pi\nu^2}{c^3}\,\mathbb{E} \tag{1.47}$$

과 같이 되고, 식(1.45)을 식(1.47)에 대입하면

$$U_\nu(\nu, T) = \frac{8\pi\nu^2}{c^3}\left(\frac{h\nu}{e^{h\nu/kT}-1}\right) \tag{1.48}$$

이 얻어진다.

위와 같은 양자개념을 통해서 식(1.48)에 식(1.32)을 대입하여 Rayleigh-Jeans 공식을 수정하면 그림 1.11과 완전히 일치하는 Planck **복사법칙**인 다음식이 얻어진다.

$$U_\nu(\nu, T) = \frac{8\pi h\nu^3}{c^3}\left(\frac{1}{e^{h\nu/kT}-1}\right) \tag{1.49}$$

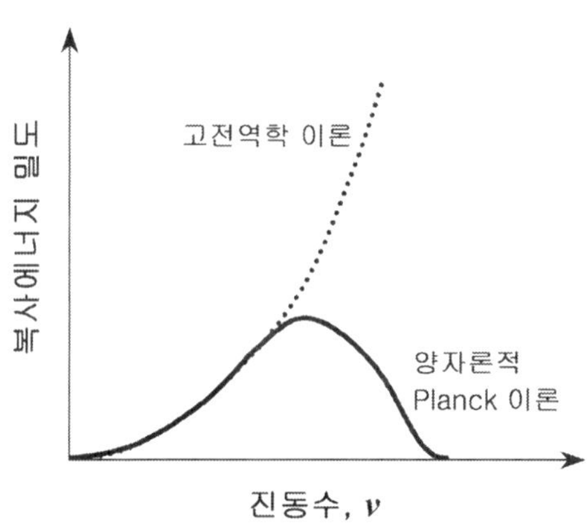

그림 1.12 ▸ 흑체복사 에너지분포곡선의 비교

Planck 복사법칙은 높은 진동수의 기여를 줄여서 실험결과와 잘 맞을 뿐만 아니라 자외선 파탄도 막아준다(그림 1.12). 이를 확인하기 위하여 식(1.49)을 적분하면 총 복사 에너지 U(T)는

$$\begin{aligned} U(T) &= \frac{8\pi h}{c^3}\int_0^\infty \frac{\nu^3}{e^{h\nu/kT}-1}d\nu \\ &= \frac{8\pi h}{c^3}(\frac{kT}{h})^4\int_0^\infty \frac{(h\nu/kT)^3}{e^{h\nu/kT}-1}d(h\nu/kT) \\ &= \frac{8\pi k^4}{h^3c^3}T^4\int_0^\infty \frac{x^3}{e^x-1}dx \end{aligned} \tag{1.50}$$

이 된다.

식(1.50)을 다음의 적분 공식을 이용하여 적분한다.

$$\begin{aligned} \int_0^\infty \frac{x^3}{e^x-1}dx &= \int_0^\infty x^3e^{-x}\sum_{n=0}^\infty e^{-nx}dx \\ &= \sum_{n=0}^\infty \frac{1}{(n+1)^4}\int_0^\infty y^3e^{-y}dy = 6\sum_{n=1}^\infty \frac{1}{n^4} = \frac{\pi^4}{15} \end{aligned} \tag{1.51}$$

따라서

$$U(\mathrm{T}) = aT^4 \tag{1.52}$$

을 얻게 된다. 여기서 비례상수 a는

$$a = \frac{8\pi^5k^4}{15h^3c^3} = 5.67\times10^{-8}[W/m^2-K^4]$$

이다. 이것이 바로 Stenfan-Boltzmann 법칙으로써 총 복사에너지는 절대온도 T의 4승에 비례한다.

식(1.49)의 ν 대신에 c/λ를 대입하여 다시 쓰면

$$U_\lambda = \frac{8\pi h}{\lambda^3}\left(\frac{1}{e^{(h\cdot c/\lambda kT)}-1}\right) \tag{1.53}$$

이 된다. 식(1.53)을 이용하여 그림 1.11의 극대값을 구하여보자. 우선 식(1.53)의 U_λ를 λ에 대해 미분하여 0으로 놓으면

$$\frac{dU_\lambda}{d\lambda} = 8\pi h\left[\frac{0-1\cdot3\lambda^2(e^{h\cdot c/\lambda kT}-1)-\lambda^3(\frac{h\cdot c}{\lambda^2kT})e^{h\cdot c/\lambda kT}}{(\lambda^3\cdot(e^{h\cdot c/\lambda kT}-1))^2}\right] = 0 \tag{1.54}$$

가 된다. 따라서 λ를 소거하고 분자를 0으로 놓으면

$$3\lambda(e^{h\cdot c/\lambda kT}-1)+(\frac{h\cdot c}{kT})e^{h\cdot c/\lambda kT}=0 \tag{1.55}$$

가 된다. $\lambda_{max}\cdot T$에 대해 전개하면

$$\lambda_{max}\cdot T=-\frac{h\cdot c}{3k}\left(\frac{1}{1-e^{-h\cdot c/\lambda kT}}\right) \tag{1.56}$$

이 된다. 이 식을 식(1.38)을 이용하여 다시 쓰면 다음과 같다.

$$\lambda_{max}\cdot T=-\frac{h\cdot c}{3k}(1+e^{-h\cdot c/\lambda kT}+e^{-2h\cdot c/\lambda kT}+\cdots) \tag{1.57}$$

이상에서 흑체 방사선은 어떤 단위 에너지(unit energy)의 정수배를 갖는 진동자의 불연속적인 집합체에서 나오는 방사선이라는 Planck의 양자가정(quantum hypothesis)으로 "자외선 파탄"이라는 모순을 해결할 수 있다. 이러한 논리는 광전효과로부터 양자론의 개념은 더욱 뚜렷해져 수소원자에 대한 Bohr의 모델을 더욱 구체화할 수 있다.

예제 1.5

항성의 표면이 흑체와 같은 성질을 가졌다고 한다면, λ_{max}를 측정해서 그 항성의 표면온도를 정확히 추정할 수 있다. 빈의 상수를 실험으로 결정한 값은 2.898×10^{-3} [m° K]이다. (a) 만약 항성 A의 λ_{max}값이 5,100Å이며, 항성 B의 λ_{max}값은 3,500Å이라면 이들 두 항성의 표면온도는 얼마인지 계산하라. (b) 슈테판-볼쯔만의 법칙을 이용하여 항성체 표면 1 cm^{2}으로부터 복사되는 일률을 구하여라.

[풀이] (a) 빈의 변위 법칙

$$\lambda_{max}T=\text{일정(상수)}$$

으로부터 항성 A의 표면온도는

$$T=\frac{2.898\times10^{-3}[m\,°K]}{5{,}100\times10^{-10}[m]}=5{,}700[°K]$$

항성 B의 표면온도는

$$T=\frac{2.898\times10^{-3}[M°K]}{3{,}500\times10^{-10}[m]}=8{,}300[°K]$$

이다.

(b) 항성 A의 복사율은

$$U(T) = aT^4 = 5.67 \times 10^{-8} \cdot 5{,}700^4 \simeq 6{,}000[W/cm^2]$$

이고, 항성 B의 복사율은

$$U(T) = aT^4 = 5.67 \times 10^{-8} \cdot 8{,}300^4 \simeq 27{,}000[W/cm^2]$$

이다.

1.5 광전효과와 Einstein의 양자이론

두 전극 사이에 전기방전을 발생시키고자 할 때, 음극에 자외선을 조사하여 주면 원래의 방전 전압보다 낮은 전압에서 더욱 쉽게 방전이 발생한다. 이것은 자외선이 음극표면으로부터 전자를 이탈하게 하여 방전이 쉽게 일어나도록 도와주기 때문이다. 이와 같이 어떤 금속을 진공 중에 두고 자외선과 같은 광선을 조사하면 전자가 금속으로부터 튀어나오게 되는데 이 전자를 **광전자**(photoelectron)라 하고, 빛의 작용에 의해 금속 표면으로부터 전자가 튀어나오는 현상을 **광전효과**(photoelectric effect)라고 한다. 광전효과는 태양으로부터 오는 열에너지를 직접 전기 에너지로 변환하려고 개발 중인 태양전지의 기본적인 이론이 되는 중요한 현상이다.

고전물리에 의하면 조사되는 빛의 세기가 충분히 크면 입사광의 진동수와 관계없이 전자는 금속이 갖고 있는 일함수를 극복하고 표면으로부터 방출된다. 그러나 그림 1.13에 나타낸 바와 같이 일정한 진동수 이상의 광선을 조사하여야만 광전자가 방출되고, 광전자의 최대 운동 에너지가 진동수에 비례하여 선형적으로 변화한다. 이와 같이 광전자가 물체로부터 방출하기 시작하는 가장 낮은 진동수를 **한계주파수** 또는 **문턱진동수**(threshold frequency : ν_0)라고 부른다. 따라서 $\nu < \nu_0$ 에서는 어떤 전자도 방출되지 않는다.

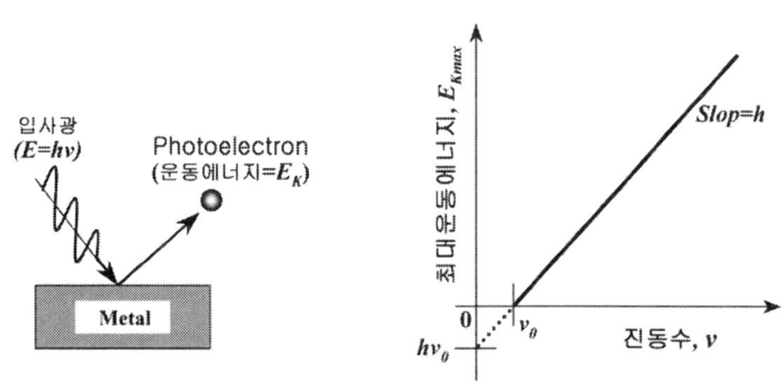

그림 1.13 ▸ 광전효과와 입사광의 주파수에 따른 광전자 에너지

1905년 아인슈타인은 빛에 관한 고전이론에 대하여 이의를 제기하고 새로운 이론을 제안하는 하나의 응용예로 광전효과를 들었다. Planck는 흑체공동의 벽 내에서 복사하는 전자에 대해서만 에너지 양자화라는 개념을 사용하여 전자기 에너지가 복사되면 마치 수면파가 수면을 통해 전파되는 것처럼 **양자**(quanta)라고 부르는 불연속적인 에너지 덩어리가 공간을 통해서 퍼져 간다고 믿었다. 이와 달리, 아인슈타인은 광선은 연속적인 것이 아니라 $h\nu$의 복사 에너지가 양자화되어, 에너지를 갖는 따로따로 떨어진 입자, 즉 뒤에 **광자**(photon)라고 일컫게 되는 에너지의 다발로 된다고 제안했다. 복사선이 방출되고 흡수되는데 대해 아인슈타인이 생각해 냈던 바는, 어느 복사선원 내에서 진동수 ν를 가진 전자기파의 에너지 함량이 $0,\ h\nu,\ 2h\nu,\ \cdots,\ nh\nu,\ \cdots$ 이어야 한다는 Planck의 요구 조건이, 에너지 상태 $nh\nu$로부터 에너지 상태 $(n-1)h\nu$로 가는 과정에서 그 복사선원은 갑자기 에너지 함량 $h\nu$를 가진 전자기 에너지의 띄엄띄엄 떨어진 다발을 방출하게 됨을 의미한다는 것이다. 따라서 충분한 에너지를 가지는 광자는 전자를 재료의 표면으로부터 떼어내어 방출시킬 수 있다. 마치 꼬마들이 오목한 홈에 들어있는 구슬을 다른 구슬로 던져서 쳐 내는 구슬치기 놀이와 같이, 광자가 금속표면의 전자를 충돌해서 떼어내는 현상이라고 설명하고 다음과 같은 식(1.58)을 제안했다.

$$E_{\max} = h\nu - h\nu_0 = \frac{1}{2}mv^2 \tag{1.58}$$

여기서 $h\nu_0$를 **일함수**(work function)라고 부르고 이것은 금속표면과 전자사이의 인력으로 인하여 생기는 전자를 금속에 메어두는 속박에너지(binding energy)를 표시한 것이며, $(1/2)mv^2$은 방출되는 전자의 운동 에너지이다.

광전효과에 대한 Einstein의 설명이 Planck의 양자가정을 더욱 구체화 시켰으므로 식(1.58)을 Planck-Einstein의 식 또는 Einstein의 업적을 더 중히 평가해 Einstein 식이라고 부르기도 한다.

예제 1.6

어떤 특정 파장 7.08 [Å]에 해당하는 광자 에너지를 계산하라.

[풀이] 광자의 에너지는

$$E = h\nu = \frac{hc}{\lambda} = \frac{6.626\times10^{-34}\cdot 3\times10^{8}}{7.08\times10^{-10}} = 2.81\times10^{-16}[J]$$

이다. 전자볼트(eV)로 환산하면

$$E = \frac{2.81\times10^{-16}}{1.602\times10^{-19}} = 1.754\times10^{3}[eV]$$

이다.

예제 1.7

어떤 금속의 경우, 그림 1.13에서 직선이 수평축과 만나는 점이 속박 에너지일 때의 속박 진동수 $\nu_0 = 5.6 \times 10^{14} [s^{-1}]$ 이다. (a) 이 금속에 대한 일함수(속박 에너지)는 얼마인지 계산하라. (b) 파장이 노란색(5,890 Å)인 광자가 가지는 에너지는 얼마인지 계산하라.

[풀이] (a) 일함수 ω_0는

$$\omega_0 = h\nu_0 = 6.626 \times 10^{-34} \cdot 5.6 \times 10^{14}$$
$$= 3.711 \times 10^{-19} \frac{1}{1.602 \times 10^{-19}} = 2.316 [eV]$$

로 계산된다.

(b) 광자가 가지는 에너지 E는

$$E = h\nu = \frac{hc}{\lambda} = \frac{6.626 \times 10^{-34} \cdot 3 \times 10^{8}}{5.89 \times 10^{-7}}$$
$$= 3.375 \times 10^{-19} \frac{1}{1.602 \times 10^{-19}} = 2.107 [eV]$$

이다.

1.6 파동-입자 이중성

광에 관한 이론에서 Planck의 방사이론에 의한 불연속선, 광전효과에서 입자처럼 운동하는 광파동 등은 Compton 효과를 설명하는데 도움이 된다. 1923년 콤프톤은 복사선의 입자성을 입증하는 실험에서 다음과 같이 가정을 하고 실험결과을 해석하였다. 즉, 흑연 표적판에 입사되는 X-선속이 진동수 ν를 가진 파동이 아니라, 각각 에너지 $E = h\nu$를 가진 광자의 집합체이며, 또 이들 광자는 마치 두 당구공 사이의 충돌에서와 같이 산란 표적판 내에서 자유전자와 충돌한다고 가정했다. 따라서 $E = h\nu$를 가진 광자의 집합체들의 충돌로 표적으로부터 출현한 "되튐" 광자가 산란 복사선을 이룬다. 여기에서 주목해야 할 점은 이들의 상호작용이 X-선은 파동이 아니라 입자라고 생각하여야 하며, X-선광자는 산란되는 것이지 흡수되는 것이 아니라는 점이다.

단일개의 광자와 전자의 충돌을 정량적으로 해석해 보자. 진동수가 ν인 복사선일 경우 입사선속 내의 광자 하나가 가지는 에너지는

$$E = h\nu \tag{1.59}$$

이다. 이 광자를 에너지 E와 운동량 p를 가진 하나의 입자라 하고, 그 입자가 가지는 상대론적 총 에너지를 정지질량 m_0와 속도 v로 표현하는 식은

$$m = \frac{m_0}{\sqrt{1-\frac{v^2}{c^2}}} \tag{1.60a}$$

이므로

$$E = \frac{m_0c^2}{\sqrt{1-\frac{v^2}{c^2}}} \tag{1.60b}$$

을 생각하자. 광자의 속도는 c이고, 그 광자가 가지는 에너지 양은 유한하므로, 이 광자의 정지질량은 0이 되어야만 한다. 즉, 광자는 정지질량이 0인 입자라고 생각할 수 있다. 광자의 운동량은 총 상대론적 에너지 E와 운동량 p, 정지질량 m_0 사이의 일반적인 관계식

$$E^2 = c^2p^2 + (m_0c^2)^2 \tag{1.61}$$

로부터 계산할 수 있다. 광자에 대해서는 식(1.61)의 우변 둘째항이 0이므로

$$p = \frac{E}{c} = \frac{h\nu}{c} \tag{1.62}$$

가 된다. ν/c는 $1/\lambda$이므로

$$p = \frac{h}{\lambda} \tag{1.63}$$

이다. 여기서 p는 복사선이 가지는 단위부피당의 운동량을 나타내고, E도 단위부피당의 복사선이 가지는 에너지의 양을 나타낸다. 따라서 Einstein의 광양자설은 광의 입자성을 인정함으로써 광은 식(1.59)의 에너지와 식(1.63)과 같은 운동량을 갖는다는 Compton 효과는 확실한 실험적 근거를 갖게 되었다.

X-선으로부터의 광자와 정지상태에 있는 자유전자와의 충돌에 있어서의 Compton효과를 그림 1.14와 같이 생각해 보자. 이런 충돌문제에 대해 Compton은 운동량 보존과 총 상대론적 에너지 보존 법칙을 적용했다. 광자는 항상 상대론적 속도로 운동하며, 되튀는 전자 역시 항상 상대론적 속도로 운동하므로 상대론적 방정식을 사용했다.

운동량 보존의 조건은

$$p_0 = p_1\cos\theta + p\cos\varphi \tag{1.64a}$$

$$p_1\sin\theta = p\sin\varphi \tag{1.64b}$$

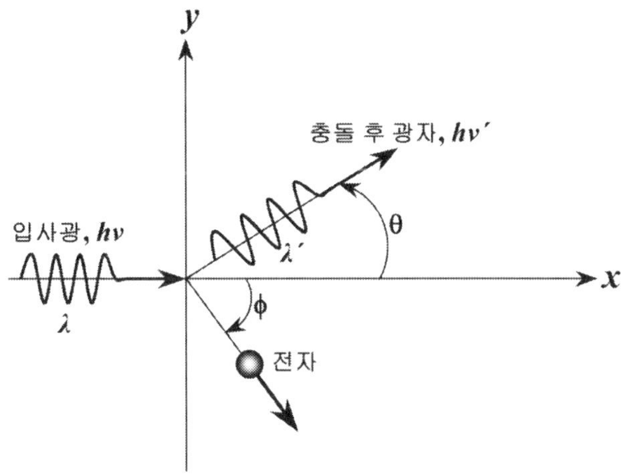

그림 1.14 ▸ Compton 효과의 설명도

이다. 이들 두 방정식을 제곱하면

$$(p_0 - p_1 \cos\theta)^2 = p^2 \cos^2\varphi \tag{1.65a}$$

$$p_1^2 \sin^2\theta = p^2 \sin^2\varphi \tag{1.65b}$$

를 얻는다. 이들을 더하면

$$p_0^2 + p_1^2 - 2p_0 p_1 \cos\theta = p^2 \tag{1.66}$$

을 얻는다. 그리고 총 상대론적 에너지 보존에서는

$$E_0 + m_0 c^2 = E_1 + K + m_0 c^2 \tag{1.67}$$

이 되어야 한다. 즉,

$$E_0 - E_1 = K \tag{1.68}$$

이다. 식(1.62)에 의하면 이 식(1.68)는

$$c(p_0 - p_1) = K \tag{1.69}$$

이 된다. 식(1.61) 내의 E에 대해 $K + m_0 c^2$ 이라고 쓰면

$$(K + m_0 c^2)^2 = c^2 p^2 + (m_0 c^2)^2 \tag{1.70}$$

이 되고, 더 간단하게 하면

$$\frac{K^2}{c^2} + 2Km_0 = p^2 \tag{1.71}$$

가 된다. 식(1.66)로부터 p^2과 식(1.69)으로부터 K를 고려하여 식(1.71)을 계산하면

$$(p_0 - p_1)^2 + 2m_0c(p_0 - p_1) = p_0^2 + p_1^2 - 2p_0p_1\cos\theta \tag{1.72}$$

가 되고,

$$m_0c(p_0 - p_1) = p_0p_1(1 - \cos\theta) \tag{1.73a}$$

$$\frac{1}{p_1} - \frac{1}{p_0} = \frac{1}{m_0c}(1 - \cos\theta) \tag{1.73b}$$

가 된다. 양변에 h를 곱해주고, 또 식(1.63)을 적용하면

$$\Delta\lambda = \lambda_1 - \lambda_0 = \lambda_c(1 - \cos\theta) \tag{1.74}$$

를 얻는데 이 식(1.74)가 Compton **방정식**이다. 여기서,

$$\lambda_c \equiv \frac{h}{m_0c} = 2.43 \times 10^{-12}[m] = 0.0243\,\text{Å} \tag{1.75}$$

을 **콤프톤 파장**(Compton wavelength)이라고 한다. 콤프톤 이동 $\Delta\lambda$는 오직 산란 각 θ에만 의존하지 초기 파장 λ에는 의존하지 않는다. 식(1.74)에서 $\Delta\lambda$가 $\theta = 0°$인 스치는 충돌에서는 0의 값부터 θ=180°인 정면충돌에서는 $2h/m_0c = 0.049\,\text{Å}$의 값까지 변하게 된다.

지금까지는 광자와 충돌하게 되는 전자가 자유전자라고 가정한 경우였다. 전자가 속박전자의 경우일지라도, 이 충돌에서 전자가 얻는 운동에너지가 전자의 결합 에너지보다 훨씬 클 경우에는 이 가정이 정당화될 수 있다. 그러나 전자가 표적 내의 원자에 강하게 구속되어 있는 경우나 입사하는 광자의 에너지가 매우 미약할 경우에는 전자가 그 원자로부터 떨어져 나올 수 없는 경우가 있게 된다. 이러한 충돌과정을 통해 속박된 채로 남는 전자에 의해 산란되는 광자도 있는데, 이러한 광자의 파장은 변하지 않는다. 파장이 변하지 않고 광자를 산란시키는 과정을 **레일리 산란**(Rayleigh scattering)이라고 한다. 콤프톤은 식(1.74)에서 광의 파동성과 입자성의 두 면을 동시에 인정할 수 있는 방법을 고려하게 되었다.

프랑스의 실험 물리학자인 **모리스 드브로이**(Maurice de Broglie)는 1924년 그의 박사학위 논문에서 물질파의 존재를 제안했다. 그 당시 그의 논문은 독창성은 인정받았으나 물리적 현실성을 갖지 못한다고 간주되었다가, 그의 아이디어가 중요하고 타당하다는 것을 인정한 사람은 바로 알버트 아인슈타인이었다. 드브로이의 가정은 파동이 입자와 같

은 거동을 보이므로 입자는 파동 같은 성질을 보일 것으로 예측되어져야 한다고 제안하였다. 물질이 가지는 파동성의 국면이 정확하게 복사선에 대한 경우와 같은 정량적인 방식으로 물질의 입자성의 국면과 관련짓게 된다는 것이다.

만약 전자가 파동이라면 광자와 마찬가지로 식(1.59)와 같이

$$E = h\nu \tag{1.76}$$

로 관련짓게 된다. 그리고 이 대상물이 가지는 운동량 p는 식(1.63)과 같이

$$p = \frac{h}{\lambda} \tag{1.77}$$

로 쓸 수 있다. 여기서 입자적 개념인 에너지 E와 운동량 p는 플랑크 상수를 통해 파동적 개념인 진동수 ν와 파장 λ에 연결되어 있다. 식(1.77)를

$$\lambda = \frac{h}{p} \tag{1.78}$$

의 형태로 쓴 것을 **드브로이**(de Broglie) **관계식**이라 한다. 즉 물질파의 파장은 입자의 운동량에 반비례하며 비례상수는 플랑크 상수이다. 이를 통해 드브로이는 식(1.78)이 전자뿐만 아니라 모든 입자와 물질에도 적용된다고 제안하였다.

자연과학적 가설은 실험적인 뒷받침이 되고서야 비로소 옳은 가설로 인정받는다. de Broglie의 전자파동 개념은 1972년 Davisson-Germer의 실험으로 명쾌하게 증명되었다. 그들은 실험에서 결정에 전자빔을 조사하여 파동의 특성인 회절무늬를 얻었으며 이것으로 보아 분명히 전자빔이 파동처럼 거동함을 알 수 있었다. 그림 1.15에 고전압 방전 플라즈마와 레이저 애블레이션 법으로 제조된 $\beta-C_3N_4$결정에 X-선 빔을 조사(XRD : X-ray Diffraction)하여 얻은 회절 무늬의 예를 보였다.

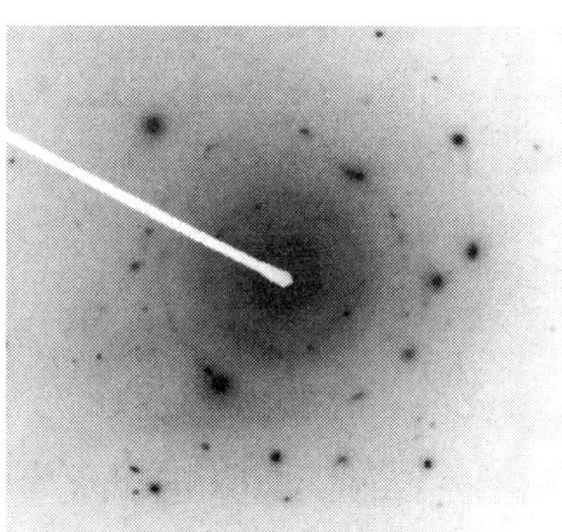

그림 1.15 ▸ X-선 회절무늬

어떤 경우에 전자기파는 마치 입자인 것처럼 행동하고, 어떤 경우에 입자는 마치 파동인 것처럼 행동하기 때문에, 복사선을 이해하기 위해서는 콤프톤과 같은 상황에서는 입자모형을 빌려야 했고, X-선 회절과 같은 그 밖의 상황에서는 파동모형을 빌려야 했다. 그러나 기억해 두어야할 중요한 사항은 어느 주어진 상황에서는 오직 하나의 모형만이 적용된다. 즉, 동일한 상황하에서는 두 모형을 동시에 사용하는 일이 없다는 것이다. 어떤 종류의 상호작용에 의해 어떤 대상물이 검출되었을 때 이 대상물은 국소화 된다는 의미에서 입자와 같이 행동한다. 이 대상물이 움직일 때에는 간섭현상이 관찰된다는 의미에서 파동과 같이 행동하며, 물론 파동은 국소화되지 않고 퍼져 있게 된다. Niels Bohr는 상보성 원리(principle of complementarity)로 이러한 상황을 요약했다. 즉, 파동모형과 입자모형은 상호 보완적이라는 것이다. 양자역학의 이러한 파동과 입자의 이중성 원리는 주로 전자와 같은 작은 입자에 적용된다. 그러나 양성자나 중성자에게도 역시 적용된 적이 있다. 대단히 큰 입자에 대해서는 관련된 방정식들이 고전역학의 방정식으로 귀착됨을 볼 수 있다. 파동과 입자의 이중성 원리는 결정에서 전자의 거동과 운동을 묘사하기 위하여 파동이론을 적용할 수 있는 바탕이 된다.

예제 1.8

전자가 광속도의 80%로 운동하고 있을 때의 전자의 파장은 얼마인지 계산하라.

[풀이] 전자의 질량 m은

$$m = m_e / \sqrt{1-(v/c)^2} \fallingdotseq 1.67 m_e$$

이므로 드 브로이 파장 λ는

$$\lambda = \frac{h}{p} = \frac{h}{mv} = \frac{6.624\times10^{-34}}{1.67\cdot 9.109\times10^{-31}\cdot 0.8\cdot 3\times10^{8}} \fallingdotseq 1.8\times10^{-12}[m]$$

예제 1.9

박찬호 투수가 던진 야구공이 공간을 $10[m/\mathrm{sec}]$의 속도로 운동하고 있을 때, 1.0 [kg] 무게를 가진 야구공의 de Broglie 파장을 계산하라. 또 운동에너지가 100 eV인 전자가 가지는 de Broglie 파장은 얼마인가?

[풀이] 야구공의 운동량 p는

$$p = mv = 1.0\cdot 10 = 10[kg\cdot m/s]$$

으로 계산된다. 따라서 de Broglie 파장은

$$\lambda = \frac{h}{p} = \frac{6.625\times10^{-34}}{10} = 6.625\times10^{-25}[\text{Å}]$$

이다.

또 운동에너지가 100 eV인 전자의 de Broglie 파장은

$$\lambda = \frac{h}{p} = \frac{h}{\sqrt{2mE_K}}$$
$$= \frac{6.624\times10^{-34}[J\cdot s]}{\sqrt{2\cdot 9.109\times10^{-31}[kg]\cdot 100[eV]\cdot 1.602\times10^{-19}[J/eV]}}$$
$$= 1.2\times10^{-10}[m] = 1.2[\text{Å}]$$

이 된다.

예제 1.10

$\lambda = 1.00\,\text{Å}$ 인 X선속과 $\lambda = 1.88\times10^{-2}\,\text{Å}$ 인 Cs^{137} 시료로부터 나오는 γ선속이 존재할 때, 자유전자에 의해 산란된 복사선을 입사선속과 90° 되는 방향에서 관측하였다. (a) 각각의 경우의 콤프톤 파장이동은 얼마인가? (b) 각각의 경우의 되튀는 전자에 주게 되는 운동에너지는 얼마인가? (c) 각각의 경우에 충돌과정에서 잃게 되는 에너지는 입사광자 에너지의 몇 %인가?

[풀이] (a) $\theta = 90°$ 에서의 콤프톤 이동은

$$\Delta\lambda = \frac{h}{m_0c}(1-\cos\theta)$$
$$= \frac{6.626\times10^{-34}}{9.109\times10^{-31}\cdot 3\times10^{8}}(1-\cos 90°)$$
$$= 2.425\times10^{-12}[m]$$

이다. 이것은 입사파장과 무관하고, γ선과 X선에 대해 같은 값이다.

(b) 식(1.69)는

$$hc/\lambda = hc/\lambda' + K$$

라고 쓸 수 있고, $\lambda' = \lambda + \Delta\lambda$ 이므로

$$hc/\lambda = hc/(\lambda + \Delta\lambda) + K$$

가 된다. 따라서

$$K = \frac{hc\Delta\lambda}{\lambda(\lambda+\Delta\lambda)}$$

이다. X선속에 대해서는 $\lambda = 1.00\,\text{Å}$ 이므로

$$K = \frac{6.626\times10^{-34}\cdot 3\times10^{8}\cdot 2.43\times10^{-12}}{1.00\times10^{-10}\cdot(1.00+0.0243)\times10^{-10}}$$

$$= 4.716 \times 10^{-17} \frac{1}{1.602 \times 10^{-19}} = 294.4 [eV]$$

가 된다. γ선속에 대해서는 $\lambda = 1.88 \times 10^{-2}$ Å 이므로

$$K = \frac{6.626 \times 10^{-34} \cdot 3 \times 10^{8} \cdot 2.43 \times 10^{-12}}{1.88 \times 10^{-12} \cdot (0.0188 + 0.0243) \times 10^{-10}}$$
$$= 5.9613 \times 10^{-14} \frac{1}{1.602 \times 10^{-19}} = 372 \ [\text{keV}]$$

가 된다.

(c) 입사 X선 광자 에너지는

$$E = h\nu = \frac{hc}{\lambda}$$
$$= \frac{6.626 \times 10^{-34} \cdot 3 \times 10^{8}}{1.00 \times 10^{-10}}$$
$$= 1.988 \times 10^{-15} \frac{1}{1.602 \times 10^{-19}} = 12.41 \ [\text{keV}]$$

이다. 광자가 잃은 에너지는 전자가 얻은 에너지인 0.295 [keV]와 같으므로 에너지의 퍼센트 상실률은

$$\frac{0.2944}{12.41} \times 100 = 2.37\%$$

이다. 입사 γ선 광자 에너지는

$$E = h\nu = \frac{hc}{\lambda}$$
$$= \frac{6.626 \times 10^{-34} \cdot 3 \times 10^{8}}{1.88 \times 10^{-12}}$$
$$= 1.057 \times 10^{-13} \frac{1}{1.602 \times 10^{-19}} = 660 \ [\text{keV}]$$

이다. 광자가 잃은 에너지는 전자가 얻은 에너지인 660 [keV]와 같으므로 에너지의 퍼센트 상실률은

$$\frac{372}{660} \times 100 = 56.4\%$$

이다. 그러므로 더욱 많은 에너지를 가진 광자가 콤프톤 산란에서 더 큰 에너지의 퍼센트 상실률을 갖는다.

예제 1.11

어떤 물질에 40.0 [keV]의 전자가 충돌해 만들어낸 X선의 극소파장이 3.11×10^{-11}[m]라는 사실로부터 플랑크 상수 h의 값을 계산하라.

[풀이] 에너지 E는

$$E = h\nu = \frac{hc}{\lambda_{\min}}[eV]$$

이므로 플랑크 상수 h는

$$\begin{aligned} h &= \frac{E \cdot \lambda_{\min}}{c} \\ &= \frac{1.602\times 10^{-19}[J/eV] \cdot 40\times 10^{3}[eV] \cdot 3.11\times 10^{-11}[m]}{3\times 10^{8}[m/s]} \\ &= 6.643\times 10^{-34}\ [J\text{-}s] \end{aligned}$$

로 계산된다. 이 값은 광전 효과와 컴프톤 효과에서 추정한 h의 값과 잘 맞는다.

1장 연습문제

1. 다음 용어들에 대하여 설명하라.
   (1) 원자량
   (2) 원자번호
   (3) 원자질량단위
   (4) 몰
   (5) 쿨롱의 힘
   (6) 원자와 분자
   (7) Bohr의 원자 모델
   (8) 기저상태(ground state)
   (9) 최외각 전자와 자유전자
   (10) 전자 준위
   (11) 전자 배위
   (12) 주기율표
   (13) 파울리(Pauli)의 배타율
   (14) 정공
   (15) 결합력
   (16) 반 데르 발스 결합
   (17) 공유결합
   (18) 금속결합
   (19) 수소결합
   (20) 이온결합
   (21) 1차결합 및 2차결합
   (22) 전기 쌍극자
   (23) 극성분자
   (24) 전기 음전성과 양전성
   (25) 흑체
   (26) 광자(Photon)
   (27) 양자(Quanta)
   (28) 양자수
   (29) 터널링(Tunneling)
   (30) 양자역학
   (31) 파동 역학 모델
   (32) 파동-입자 이중성
   (33) 양자화된 에너지

2. 전자가 2.33×10^{8}[m/s]의 속도로 운동하고 있을 때, 질량을 계산하라.

3. 어떤 도체 내를 흐르는 전류가 2.3[A]일 때, 그 도체의 단면을 0.1초 동안 통과하는 전자의 총수를 구하라.

4. 궤도를 정전기학적 역학운동 하고 있는 수소원자의 전자가 갖고 있는 운동 에너지와 위치 에너지 및 총 에너지를 계산하라. 또 전자의 속도를 계산하라.

5. 자의 궤도반경을 구하는 공식을 유도하고, 양자수가 각각 n=1, 2, 3인 때의 궤도 반경을 계산하라.

6. 원 궤도를 정전기학적 역학운동 하고 있는 수소원자의 전자가 갖고 있는 에너지를 n=2, 3, 4에서 얼마가 되는지 계산하라.

7. 전자가 n=2의 상태에서 더욱 낮은 상태인 n=1로 변화 하였을 때 방사하는 광의 주파수와 파장을 구하라.

8. Na금속의 일함수가 2.95[eV]라고하면, 2000[Å]의 빛을 조사하였을 때 방출되는 운동 에너지는 얼마인가 계산하라.

9. 각운동량 양자수 l과 자기양자수 m은 각각 궤도운동을 하는 전자의 자기모멘트와 그 자기 모멘트의 자계방향 성분을 Bohr 자계 μ B의 단위로 나타내고 수식으로 표현하라.

10. 다음 이온의 전자배치를 적어라.
(1) Fe^{2+} (2) Fe^{3+} (3) Cu^{+}
(4) Ba^{2+} (5) Br^{-} (6) S^{2-}

11. 주기율표의 VIIA족에 속하는 원소는 전자배치 구조로 볼 때 어떤 점이 같은지 설명하라.

12. 다음에 주어진 전자 배치 구조가 불활성 기체, 할로겐, 알칼리 금속, 알칼리 토금속, 천이 금속 중 어디에 속하는지 판단하여라. 또 그 이유를 설명하라
(1) $1s^2 2s^2 2p^6 3s^2 3d^7 4s^2$ (2) $1s^2 2s^2 2p^6 3s^2 3p^6$
(3) $1s^2 2s^2 2p^5$ (4) $1s^2 2s^2 2p^6 3s^2$
(5) $1s^2 2s^2 2p^6 3s^2 3p^6 3d^2 4s^2$ (6) $1s^2 2s^2 2p^6 3s^2 3p^6 4s^1$

13. 이온, 공유, 금속결합의 중요 차이점에 대해 설명하라.

14. V[V]로 가속되는 전자의 파장 λ가 근사적으로 $\lambda = h/\sqrt{2m_e V} = \sqrt{150/V} \times 10^{-10}[m]$로 나타냄을 증명하라. 또 λ=0.155[Å]로 하기 위한 필요 가속전압(加速電壓)을 구하라.

15. 물질의 일함수는 물질로부터 전자를 탈출시키는데 필요한 최소의 에너지를 가리킨다. 광전면에 수은의 λ=2537[Å]의 광을 조사시 방출되는 전자의 최대에너지가 2.5 [eV]일 때 재료의 일함수를 구하라.

16. 10^6[eV]의 에너지를 갖는 ν 선의 주파수, 파장, 운동량 및 질량을 구하라.

17. Au의 일함수가 4.90 [eV], Se의 일함수가 1.90 [eV]라고 하면, Au와 Se에 대하여 전자의 광전자 방출에 대한 빛의 최대파장을 계산하라.

18. 온도가 6,000°K인 어느 공동 복사체의 벽에 지름이 10 mm인 구멍이 뚫려 있다. 이 구멍을 통해서 5,500~5,510Å의 영역 내에 복사되는 일률을 구하라.

19. 어느 주어진 온도에서 흑체 공동의 극대파장 λ_{max}는 6,500Å이다. 이 공동벽의 온도가 상승하여 스펙트럼 복사선의 방출률이 2배로 되었을 경우에 λ_{max}이 값은 어떻게 되겠는가?

20. de Broglie 파의 위상속도(位相速度)와 군속도(群速度)를 구하라.

21. 다음의 경우에 대하여 de Broglie 파장 $\lambda = h/mv$을 계산하라.
   (1) 1.0, 100 [eV]의 운동에너지를 가진 전자.
   (2) 1.0 [eV]의 운동에너지를 가진 양자.
   (3) 1.0 [eV]의 운동에너지를 가진 단독으로 이온화 된 텡스텐 원자
   (4) 30 [m/sec]의 속도로 운동하고 있는 2000 [kg]의 트럭

22. 입자의 de Broglie 파장 $\lambda = h/mv$는 전자와 같은 소립자의 파동-입자의 양면성을 나타낸다. 에너지 100 [eV]인 전자의 de Broglie 파장은 얼마인가? 또 전자현미경에서 보통 사용되는 에너지인 12 [keV]를 가진 전자의 파장은 얼마인지 계산하라.

2 슈뢰딩거 파동 방정식과 그해

2.1 Schrödinger의 파동방정식

고전 물리적인 사고로는 도저히 설명할 수 없는 전자기파에 대한 많은 역학공식들에 파동과 입자의 이중성 원리를 바탕으로 전자의 거동을 파동이론으로 표현한 것이 **슈뢰딩거 파동방정식**(Schrödinger waveequation)이다.

자유입자의 경우 전자기파의 파동함수는 간단한 사인곡선적인 진행파

$$\Psi(x,t) = \sin 2\pi\left(\frac{x}{\lambda} - \nu t\right) \tag{2.1}$$

를 사용하거나, 아니면 간단한 사인함수의 합으로 형성된 간단한 파동함수를 사용할 수 있다. 그러나 어느 입자의 선운동량의 크기가 그 입자에 힘이 작용하기 때문에 일정하지 않을 경우, 그 관련파를 기술하는 데는 식(2.1)의 사인 곡선형보다 더욱 복잡한 함수가 필요하다. 이러한 목적에 슈뢰딩거의 파동방정식이 큰 도움을 준다. 파동방정식은 고전역학에 있어서 Newton의 운동방정식에 대응하는 역할을 극미(極微)의 상태에서 얻어지는 기초방정식에 다음 사항과 같은 기본가정을 전제로 하고 있다.

1. 물리학적 System에서의 각 입자는 파동함수 $\Psi(x, y, z, t)$로 기술된다. 이 함수와 그의 공간에 관한 도함수($\partial\Psi/\partial x+\partial\Psi/\partial y+\partial\Psi/\partial z$)는 연속적이며 유한이고 단일의 값이다.

2. 에너지 E와 운동량 p와 같은 고전적인 량을 취급함에 있어서 다음과 같이 관련 지워 주어져야 한다.

고전적 변수	양자역학적 연산자
x	x
$f(x)$	$f(x)$
$p(x)$	$\frac{\hbar}{j}\frac{\partial}{\partial x}$
E	$-\frac{\hbar}{j}\frac{\partial}{\partial t}$

다른 두 방향(즉 y, z 방향)에 대해서도 이와 비슷하게 된다.

3. 체적 $dxdydz$ 내에서 파동함수 Ψ의 입자를 발견할 수 있는 확률은 $\Psi^*\Psi dxdydz$이다. 즉, 어느 곳엔가 입자를 발견할 확률은 반드시 존재하므로

$$\oint_{-\infty}^{\infty}\Psi^*\Psi dxdydz = 1$$

이 된다. 여기서, Ψ^*는 Ψ의 복소 공액(complex conjugate)으로 $(e^{jx})^* = e^{-jx}$ 이며, 또 확률 밀도함수는 $\Psi^*\Psi = |\Psi|^2$ 이고 시간 독립적이다.

일단 한 입자에 대한 파도함수 Ψ가 구해지면, 그것의 평균 위치 에너지 및 운동량 등의 양자역학적 계산은 입자의 물리학적 시스템에 의하여 부가되는 조건 내에서 Ψ에 대하여 푸는 것을 포함하게 된다.

입자의 에너지에 대한 고전적 방정식(1.17)를 다시 쓰면

$$\text{운동에너지} + \text{위치에너지} = \text{총 에너지}$$

$$\frac{1}{2m}p^2 \quad + \quad V \quad = \quad E \tag{2.2}$$

과 같이 나타내는데 앞의 가정 2를 적용하여 1차원적 문제에 대하여 파동함수 Ψ에 대하여 연산이 행해지도록 오퍼레이터 형식을 빌려 다시 쓰면

$$-\frac{\hbar^2}{2m}\frac{\partial^2\Psi(x,t)}{\partial x^2} + V(x)\Psi(x,t) = -\frac{\hbar}{j}\frac{\partial\Psi(x,t)}{\partial t} \tag{2.3}$$

과 같이 된다. 이것이 1차원적 표시의 Schrödinger의 **파동방정식**이다. 3차원의 경우에 이 방정식은

$$-\frac{\hbar^2}{2m}\nabla^2\Psi(x,y,z,t) + V(x,y,z)\Psi(x,y,z,t) = -\frac{\hbar}{j}\frac{\partial\Psi(x,y,z,t)}{\partial t} \tag{2.4}$$

로 쓰며, 여기서 $\nabla^2\Psi(x,y,x,t)$는 다음과 같다.

$$\frac{\partial^2\Psi(x,y,z,t)}{\partial x^2}+\frac{\partial^2\Psi(x,y,z,t)}{\partial y^2}+\frac{\partial^2\Psi(x,y,z,t)}{\partial z^2}$$

식(2.3)과 식(2.4)의 파동함수 Ψ는 시스템 거동을 묘사하기 위하여 사용되고, 수학적으로 Ψ는 복소수이며, 공간 및 시간 양쪽의 종속변수를 포함하고 있다. 이들 종속변수를 변수분리 방법으로 시간종속 부분과 위치종속 부분, 즉 시불변 부분으로 나누어 계산하고 후에 합쳐주는 것이 보통이다. 일반적으로 많은 문제들은 시간에 무관하고 공간변수만이 필요한 경우이다. 따라서, 이 파동방정식(2.3)을 변수분리 기법으로 두 개의 방정식으로 나누어서 풀기 위해

$$\Psi(x,t)=\Psi(x)\Psi(t) \tag{2.5}$$

로 쓸 수 있다고 가정한다. 식(2.3)을 식(2.4)로 사용하여 다시 쓰면

$$-\frac{\hbar^2}{2m}\frac{\partial^2\psi(x)}{\partial x^2}\psi(t)+V(x)\psi(x)\psi(t)=-\frac{\hbar}{j}\psi(x)\frac{\partial\psi(t)}{\partial t} \tag{2.6}$$

을 얻을 수 있다. 양변을 파동함수로 나누면 식(2.6)은

$$-\frac{\hbar^2}{2m}\frac{1}{\psi(x)}\frac{\partial^2\psi(x)}{\partial x^2}+V(x)=-\frac{\hbar}{j}\frac{1}{\psi(t)}\frac{\partial\psi(t)}{\partial t} \tag{2.7}$$

이 된다. 식(2.7)의 좌변은 위치 종속변수 x만의 함수이고, 우변은 시간 종속변수 t만의 함수이므로, 이 방정식의 각 변은 어떤 정수와 같아야 하고, 변수 분리된 함수를 정수 k로 표시하면 식(2.7)의 시간종속 부분은

$$k=-\frac{\hbar}{j}\frac{1}{\psi(t)}\frac{\partial\psi(t)}{\partial t} \tag{2.8}$$

로 쓸 수 있다. 여기서 k를 **분리정수**라고 부른다. 식(2.8)의 해는 ψ가 t에 정현적으로 변하므로

$$\psi(t)=e^{-j(k/\hbar)t} \tag{2.9}$$

의 형태로 쓸 수 있다. 여기서 $k/\hbar$는 각주파수 ω이다. 에너지 E는

$$E=h\nu=\frac{h\omega}{2\pi}$$

이고, 각속도 ω는

$$\omega = 2\pi\nu = \frac{k}{\hbar} = \frac{E}{\hbar} = \frac{E}{h/2\pi}$$

이므로 분리정수 k는 총 에너지 E와 같다.

슈뢰딩거 방정식의 시불변 부분은 식(2.7)의 우변을 분리정수 k와 같은 총 에너지 E와 같게 놓아

$$-\frac{\hbar^2}{2m}\frac{1}{\psi(x)}\frac{\partial^2\psi(x)}{\partial x^2} + V(x) = E \tag{2.10}$$

으로 쓸 수 있다. 식(2.10)을 변형하여 다시 정리하면

$$\frac{\partial^2\psi(x)}{\partial x^2} + \frac{2m}{\hbar^2}[E - V(x)]\psi(x) = 0 \tag{2.11}$$

로 쓸 수 있다. 여기서 m은 입자의 질량이고, $\psi(x)$는 입자가 격는 전위이며 E는 입자의 총에너지이다. 이 시불변 슈뢰딩거의 파동방정식은 고전적인 파동방정식과 드브르이의 관계식을 도입하여 확인해 보아도 타당함을 확인할 수 있다. 전압에 대한 고전적인 시불변 파동 방정식은 다음과 같이 주어진다.

$$\frac{\partial^2 V(x)}{\partial x^2} + a^2 V(x) = 0, \quad a = \frac{\omega}{c} \tag{2.12}$$

여기서, ω는 각 주파수 이고, c는 광속도이다. 만약 변수 $V(x)$를 $\psi(x)$로 대치하면 식(2.12)은

$$\frac{\partial^2\psi(x)}{\partial x^2} + a^2\psi(x) = 0 \tag{2.13}$$

과 같이 쓸 수 있다. 파장을 λ라 하면

$$a = \frac{\omega}{c} = \frac{2\pi\nu}{\nu\lambda} = \frac{2\pi}{\lambda} \tag{2.14a}$$

이므로, 여기에 de Broglie의 관계식

$$\lambda = \frac{h}{p} \ ; \ p = \sqrt{2m(E - V)} \tag{2.14b}$$

를 도입하면

$$a^2 = \left(\frac{\omega}{c}\right)^2 = \left(\frac{2\pi}{\lambda}\right)^2 = \frac{2m}{\hbar^2}(E - V) \tag{2.14c}$$

가 되는데, 이 식(2.14c)를 식(2.13)에 대입하면 시간에 불종속된 1차원 시불변 파동방정식(2.11)과 똑같은 식이 얻어 짐으로써 타당성을 확인할 수 있다.

또한 식(2.3)과 같은 비정상 상태의 물질파의 파동함수 $\Psi(x,t)$는

$$\Psi(x,t) = e^{j2\pi cx/\lambda} \cdot e^{-j2\pi \upsilon t} = \psi(x) \cdot \psi(t) \tag{2.15}$$

로 공간부분 함수인 $\psi(x)$과 시간부분 함수인 $\psi(t)$의 곱으로 나타낸다. 함수 $\psi(x)$가 식(2.13)의 해이므로, 가정 2의 고전적 변수인 에너지 E에 해당하는 양자역학적 연산자를 이용하여 계산하면

$$-\frac{\hbar}{j}\frac{\partial\psi}{\partial t} = -\frac{\hbar}{j}(-j2\pi\nu)\psi = h\nu\psi = E\psi \tag{2.16}$$

이 된다. 이와 같이 양자조건의 기초 방정식과 고전역학의 기초 방정식을 비교하면 그의 대응관계를 음미할 수 있다. 고전역학과 양자역학의 중요한 차이점은 고전역학에서는 입자의 위치가 정확히 결정되는 반면에 양자역학에서는 입자의 위치가 확률로써 주어진다는 점이다.

고전역학에서는 또 전 에너지가 Haliton 함수 $H(p, q)$로도 주어질 수 있으므로

$$H(p,q) = E_K(p) + V(q) = E \tag{2.17}$$

로 쓸 수 있다. 여기서 p는 운동량이며, q는 위치 좌표, $E_K(p)$는 운동 에너지, $V(q)$는 위치 에너지이다. 식(2.17)은 에너지 보존 법칙에 의해 나타내며, 1개의 입자를 고려한 Hamilton 함수는

$$H(p_z, p_y, p_z, x, y, z) = \frac{1}{2m}(p_x^2 + p_y^2 + p_z^2) + V(x,y,z) = E \tag{2.18}$$

로 주어진다. 식(2.18)과 식(2.11)를 비교하면 식(2.18)에서의 운동량 p_x, p_y, p_z가 각각 다음과 같은 미분연산자로 대응하고 있는 것을 알 수 있다.

$$p_x = \frac{\hbar}{j}\frac{\partial}{\partial x},\ p_y = \frac{\hbar}{j}\frac{\partial}{\partial y},\ p_z = \frac{\hbar}{j}\frac{\partial}{\partial z} \tag{2.18a}$$

$$p_x^2 = -\hbar^2\frac{\partial^2}{\partial x^2},\ p_y^2 = -\hbar^2\frac{\partial^2}{\partial y^2},\ p_z^2 = -\hbar^2\frac{\partial^2}{\partial z^2} \tag{2.18b}$$

따라서 고전적인 Hanilton 함수의 식(2.18)의 운동량에 대하여 식(2.18)을 치환한 새로운 Hamilton 함수는

$$H = -\frac{\hbar^2}{2m}\left(\frac{\partial^2}{\partial x^2} + \frac{\partial^2}{\partial y^2} + \frac{\partial^2}{\partial z^2}\right) + V = -\frac{\hbar^2}{2m}\nabla^2 + V = E \tag{2.19}$$

로 나타내는 미분연산자로 된다. 이 식은 Hamilton **연산자**(Hamilton operator)라 불리어 지지만 이 연산자를 파동함수에 작용시키면 Schrödinger의 식(2.11)이 얻어진다. 또 식(2.18)을 비정상 상태에서 식(2.3)과 대응시키면 에너지 E도

$$E = -\frac{\hbar}{j}\frac{\partial\psi}{\partial t} \tag{2.20}$$

와 같은 미분연산자에 대응하고 있는 것을 알 수 있다. 따라서 고전적인 Hamilton 함수에 식(2.18)과 식(2.20)을 사용하면 쉽게 Schrödinger의 파동방정식 (2.3)과 (2.11)를 유도할 수 있다. 이와 같이 Hamilton 연산자를 쓰면 Schrödinger의 파동방정식은 다음과 같은 식으로 대응 시킬 수 있다.

	Hamilton 연산자		Schrödinger의 파동방정식	
정상상태:	$H\psi$	=	$E\psi$	(2.21)
비정상상태:	$H\psi$	=	$-\frac{\hbar}{j}\frac{\partial\psi}{\partial t}$	(2.22)

운동량 p와 위치 좌표 q간에 상보적(相補的: complemental)인 양으로 되어, 마찬가지로 에너지 E와 시간 t 사이에도 상보적인 양으로 된다. 이 두 상보적인 양 사이에는 **Heisenberg의 불확실성**의 관계

$$\Delta p \cdot \Delta q \sim h, \ \ \Delta E \cdot \Delta t \sim h \tag{2.23}$$

가 성립한다. Heisenberg의 **불확실성 원리**(uncertainty principle)는 서로 상보적인 양, 이를테면 운동량과 위치의 양자를 동시에 정확하게 규정하는 것은 원리적으로 불가능하다는 것을 서술한 것이다.

Schrödinger의 파동방정식(2.21)은 고유값 방정식에서 고전적인 파동방정식과 마찬가지로 E의 특정 값에 대해서만 물리적으로 의미 있는 해를 가진다. 이러한 에너지 E_1, E_2, E_3, ⋯ 등과 이들 에너지에 대응하는 파동함수를 각각 ψ_1, ψ_2, ψ_3, ⋯ 라 하면

$$H\psi_1 = E\psi_1, \ H\psi_2 = E\psi_2 \tag{2.24}$$

가 성립될 때 에너지 E_1, E_2 등은 Hamilton 연산자의 고유값이라 불리어 지며, ψ_1, ψ_2, ψ_3, ⋯ 등은 각각 이것의 고유값에 속하는 Hamilton 연산자의 고유함수라 불린다. 보존계에서는 함수의 시간부분이 분리되므로 정상상태 만을 취급시에는 공간에 관한 부분방정식(2.11), 또는 식(2.21)만을 고려하면 된다.

앞의 기본가정 3에서 파동함수 Ψ의 2승은 입자의 존재확율에 대항하지만 Ψ는 일반적인 복소수로 된다. Ψ와 이의 복소공액(complex conjugate) 함수 Ψ^*의 곱은 입자를 발견할 확률이므로 1차원에서는

$$\omega(x,t) = \Psi^*(x,t) \cdot \Psi(x,t) \tag{2.25}$$

가 시간 t에서 입자가 x점의 단위 길이당, 영역 내에 존재확율(확율밀도)로 나타내며 $-\infty < x < \infty$ 의 영역 내에 존재하는 전확율은 1이어야 하므로

$$\oint_{-\infty}^{\infty} \Psi^*(x,t)\Psi(x,t)dx = 1 \tag{2.26}$$

가 성립되며, 이 식을 파동함수의 **규격화 조건**(normalization condition)이라 한다. 식 (2.26)의 조건에 시간에 독립적인 부분만을 적용하면

$$\oint_{-\infty}^{\infty} \psi^*(x)\psi(x)dx = 1 \tag{2.27}$$

으로 된다. 3차원의 경우에 있어서 규격화 조건은

$$\oint_{-\infty}^{\infty}\oint_{-\infty}^{\infty}\oint_{-\infty}^{\infty} \psi^*(x,y,z)\psi(x,y,z)dxdydz = 1 \tag{2.28}$$

로 나타낼 수 있다.

파동함수에 적당한 상수를 더하고 이 조건을 만족하는 파동함수를 만드는 조작을 파동함수의 규격화라고 부른다. 고유함수 ψ_1, ψ_2, ψ_3, ⋯ 등이 규격화 되어 있을 때에는 다음과 같은 식이 성립한다.

$$\int \psi_1^* \psi_1 H dv = E_1, \quad \int \psi_2^* \psi_2 H dv = E_2 \tag{2.29}$$

만약, 다른 상태로 대응하는 2개의 파동함수 ψ_m 과 ψ_n 간에는 직교관계(orthogonal relation)가 성립하고 있다면

$$\int \psi_m^* \cdot \psi_n dv = 0 \tag{2.30}$$

가 된다.

예제 2.1

무게 45 [mg]이 속력과 전자의 속력이 310 [m/s]로 동일하게 측정되었을 때 불확정도가 0.01 [%]였다. 이 실험에서 위치를 속력과 동시에 측정하는 경우 위치는 어떤 정확도로 측정할 수 있었겠는가?

[풀이] 탄환에 대해서

$$p = mv = 0.045 \cdot 311 \simeq 14[kg \cdot m/s]$$

이고, 운동량의 변화 $\triangle p$ 는

$$\triangle p = m\triangle v = 0.0001 \times 14 = 1.4 \times 10^{-3}[kg \cdot m/s]$$

가 되고, 불확실성의 원리

$$\triangle p_x \cdot \triangle x \geqq \frac{\hbar}{2}$$

로부터 $\hbar = h/2\pi$ 이므로

$$\triangle x \geqq \frac{h}{4\pi \cdot \triangle p} = \frac{6.626 \times 10^{-34}[J \cdot s]}{4\pi \cdot 1.4 \times 10^{-3}[kg \cdot m/s]} = 3.768 \times 10^{-32}[m]$$

가 된다. 또 전자에 대해서

$$p = mv = 9.109 \times 10^{-31} \cdot 311 \simeq 2.83 \times 10^{-28}[kg \cdot m/s]$$

이고, 운동량의 변화 $\triangle p$ 는

$$\triangle p = m\triangle v = 0.0001 \times 2.83 \times 10^{-28} = 2.83 \times 10^{-32}[kg \cdot m/s]$$

가 되고

$$\triangle x \geqq \frac{h}{4\pi \cdot \triangle p} = \frac{6.626 \times 10^{-34}[J \cdot s]}{4\pi \cdot 2.83 \times 10^{-32}[kg \cdot m/s]} = 1.73 \times 10^{-3}[m] \simeq 0.17[cm]$$

가 된다. 그러므로 전자와 같은 아주 작은 물체에 대해서는 불확정성의 원리가 실질적인 제한을 주지만, 탄환과 같이 전자에 비해 아주 큰 물체에 대해서는 제한을 주지 못한다.

2.2 Schrödinger 파동방정식의 해

이 절에서는 비교적 간단한 몇 가지 1차원 파동역학 퍼텐셜 모델들을 풀면서 시간에 무관한 Schrödinger 방정식의 풀이에 익숙해지도록 할 것이다. 현실공간은 3차원 이지만, 그것을 직접 해석하기란 매우 복잡하고 어렵다. 우리가 해석하려는 1차원 모델들도 가끔 3차원 세계의 일면을 보여주기 때문에 알아둘 가치는 충분히 있다고 본다.

2.2.1 자유공간의 전자

시간에 무관한 Schrödinger 방정식 중에서 전위함수 *V(x)*가 상수 인 경우, 자유공간에서 운동하는 전자에 작용하는 힘은

$$F = -\frac{dV(x)}{dx} = 0 \tag{2.31}$$

이다. *V(x)*가 일정 즉, 입자에 작용하는 힘이 0이라는 의미는 모든 상수의 값에서 성립하고, $E > V(x)$이어야 하므로 간단한 계산을 위하여 모든 위치 x에 대하여 $V(x)=0$이 되도록 하여도 일반성을 잃지 않는다. 따라서 식(2.11)에 대입하면

$$\frac{\partial^2\psi(x)}{\partial x^2} + \frac{2m}{\hbar^2}E\psi(x) = 0 \tag{2.32}$$

이 된다. 식(2.32)의 해는 $\psi(x)$가 되고, 식(2.15)으로부터 파동함수 $\Psi(x,t)$는

$$\Psi(x,t) = \psi(x)\cdot\psi(t) = \psi(x)\cdot e^{-jEt/\hbar} \tag{2.33}$$

가 된다. 자유입자의 경우 전자기파의 파동함수는 간단한 사인곡선적인 진행파 즉, 식(2.1)로 주어지므로 파동함수 $\Psi(x,t)$의 형태가 다음과 같이

$$\Psi(x,t) = A\cos(ax-\omega t) + jA\sin(ax-wt) \tag{2.34}$$

된다는 것을 이미 알 수 있다. 이 식(2.34)을 다시 복소지수함수로 쓰면

$$\Psi(x,t) = Ae^{j(ax-\omega t)} \tag{2.35}$$

가 된다. 여기서 파수 a와 각진동수 ω는

$$a = \frac{p}{\hbar} = \frac{\sqrt{2mE}}{\hbar}\ ;\ \omega = \frac{E}{\hbar} \tag{2.36}$$

이다. 식(2.35)에 식(2.36)을 대입하여 정리하면 총 파동함수 $\Psi(x,t)$는

$$\Psi(x,t) = Ae^{\frac{j}{\hbar}(x\sqrt{2mE}-Et)} = Ae^{\frac{j}{\hbar}(x\sqrt{2mE})}e^{-j\frac{Et}{\hbar}} \tag{2.37}$$

가 된다. 따라서 식(2.33)과 비교하면

$$\psi(x) = Ae^{\frac{j}{\hbar}(x\sqrt{2mE})} \tag{2.38}$$

을 얻을 수 있다. 이상에서 고려한 파는 x가 +방향으로 진행하고 있는 파 만을 고려한 경우이고, 동일한 E에 대하여 x가 감소하는 –방향으로 진행하는 파동을 나타내는 파동함수도 있어야 한다. 즉, 이 –방향으로 진행하는 파동함수는 ax의 부호를 역으로 써서 다음과 같이 표현할 수 있다.

$$\Psi(x,t) = Be^{j(-ax-\omega t)} \tag{2.39}$$

대응하는 해 $\psi(x)$는 식(2.38)에서와 같이

$$\psi(x) = Be^{\frac{-j}{\hbar}(x\sqrt{2mE})} \tag{2.40}$$

이다. 식(2.38)과 식(2.40)의 두 함수의 동일한 에너지 E에 대한 선형결합도 파동방정식(2.32)의 해가 되어야 한다. 따라서 선형결합은

$$\psi(x) = Ae^{\frac{j}{\hbar}(x\sqrt{2mE})} + Be^{\frac{-j}{\hbar}(x\sqrt{2mE})} \tag{2.41}$$

와 같이 쓸 수 있다. 이 선형결합한 해를 식(2.32)에 직접 대입하여 확인해 보아도 성립하므로 타당한 해가 된다. 식(2.41)에서 파수 a는 식(2.14a)에서와 똑같이 표현되며, de Broglie의 관계식으로부터 파장 λ는

$$\lambda = \frac{h}{p} = \frac{h}{\sqrt{2mE}} \tag{2.42}$$

로 주어진다.

2.2.2 계단전위 퍼텐셜

그림 2.1과 같이 질량 m이고 총 에너지가 E인 입자가 $x<0$영역에서부터 계단 전위 퍼텐셜이 $V(x)$의 값이 급격히 변하는 $x=0$인 점 쪽으로 운동하고 있다. 즉, 입자들은 $+x$방향으로 진행하고 있으며, $x=-\infty$에서 출발하였다고 가정한다.

먼저 $E<V_0$인 경우, 즉 입자의 총 에너지 E가 계단 전위 퍼텐셜 V_0 높이보다 작은 경우를 먼저 생각한다. 계단 전위 퍼텐셜에 대하여 x축은 그림과 같이 두 영역으로 분할할 수 있다. 각 영역에 대해 시불변 파동 방정식을 적용한다. 일반 파동방정식은 식(2.11)를 다시 쓰면

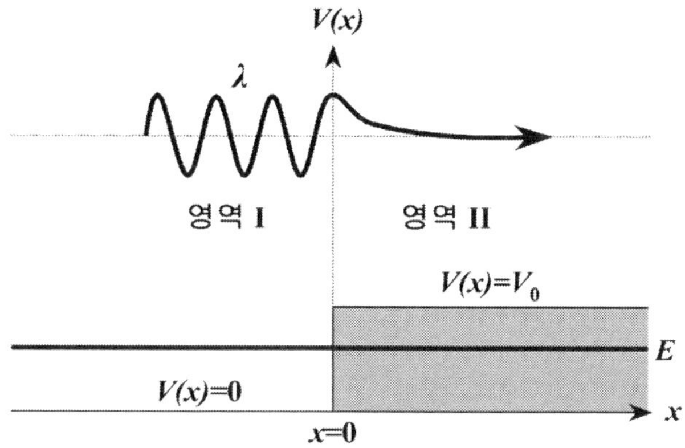

그림 2.1 ▸ 계단전위 퍼텐셜 함수(E<V₀인 경우)

$$\frac{\partial^2 \psi(x)}{\partial x^2} + \frac{2m}{\hbar^2}[E - V(x)]\psi(x) = 0$$

로 주어진다. 2개 영역의 파동함수를 각각 $\psi_1(x)$, $\psi_2(x)$; 파수벡터를 각각 a_1, a_2라 하면 2개 영역의 파동방정식은 각각

$$\frac{\partial^2 \psi_1(x)}{\partial x^2} + \frac{2mE}{\hbar^2}\psi_1(x) = 0 \tag{2.43a}$$

$$\frac{\partial^2 \psi_2(x)}{\partial x^2} - \frac{2m}{\hbar^2}[V_0(x) - E]\psi_2(x) = 0 \tag{2.43b}$$

이다. 이들 방정식의 일반해는 각각 식(2.41)과 같이

$$\psi_1(x) = A_1 e^{ja_1 x} + B_1 e^{-ja_1 x}\ ,\ x \leqq 0 \tag{2.44a}$$

$$\psi_2(x) = A_2 e^{-a_2 x} + B_2 e^{a_2 x}\ ,\ x \geqq 0 \tag{2.44b}$$

로 표시된다. 식(2.43b)의 미분방정식을 좀더 고찰해 보면, 진동함수의 해가 식(2.44a)와 같은 형태가 아닌 식(2.44b)와 같이 된다. 그 까닭은 현안의 영역에서 총 에너지 E가 V_0보다 작기 때문이다. 실제로 이들 사항이 고려하는 바는, 점진적으로 x축에 가까이 오는 함수가 해가 되리라는 사실이다. 이 성질을 가지는 가장 확실한 함수는 x축을 향해 감소하는 경향을 가진 실수 지수함수이며, 완전해는 소위 특수해와의 임의의 선형결합으로 만들 수 있다. 또 식(2.44)에서 주어진 정수인 파수 a_1, a_2는 각각

$$a_1 = \frac{\sqrt{2mE}}{\hbar} \tag{2.45a}$$

$$a_2 = \frac{\sqrt{2m(V_0 - E)}}{\hbar} \tag{2.45b}$$

이다. 식(2.44)의 첫 항은 입사파를 나타내는 $+x$방향의 진행파이고, 둘째항은 반사파를 나타내는 $-x$방향의 진행파이다.

2개의 영역의 해는 $x=0$에서 각각 다음과 같은 연속조건

$$\psi_1(0) = \psi_2(0) \tag{2.46a}$$

$$\frac{\partial \psi_1(0)}{\partial x} = \frac{\partial \psi_2(0)}{\partial x} \tag{2.46b}$$

를 만족시켜야 함으로 다음의 두 식이 성립되어야 한다.

$$A_1 + B_1 = A_2 + B_2 \tag{2.47a}$$

$$ja_1(A_1 - B_1) = -a_2(A_2 - B_2) \tag{2.47b}$$

또 경계조건으로 파동함수 $\psi_2(x)$는 유한하여야 하며, 따라서 이런 조건은 a_2는 실수이고, $x \geqq 0$의 영역에서는 투과파만이 전파하므로 $B_2 = 0$으로 되어 식(2.47)은

$$A_1 + B_1 = A_2 \tag{2.48a}$$

$$ja_1 A_1 - ja_1 B_1 = -a_2 A_2 \tag{2.48b}$$

을 얻을 수 있다. 식(2.48)의 두 식을 풀어서 계수 B_1과 A_2를 입사파의 계수 A_1으로 나타내면

$$B_1 = \frac{-(a_2^2 + 2ja_1a_2 - a_1^2)A_1}{(a_2^2 + a_1^2)} \tag{2.49a}$$

$$A_2 = \frac{2a_1(a_1 - ja_2)A_1}{(a_2^2 + a_1^2)} \tag{2.49b}$$

와 같은 결과를 얻을 수 있다. 또 식(2.48)의 두 식에서 A_2를 소거하고 B_1/A_1의 비를 구하여 공액을 취한, 즉 반사속과 입사속의 비율인 반사율 R을 구하면

$$R = \frac{B_1^* \cdot B_1}{A_1^* \cdot A_1} = \frac{(1 + ja_1/a_2) \cdot (1 - ja_1/a_2)}{(1 - ja_1/a_2) \cdot (1 + ja_1/a_2)} = 1 \tag{2.50}$$

과 같다. 또 식(2.49a)로부터도 식(2.50)와 똑같은 식을 유도할 수 있다. 식(2.47a)에 공액을 곱하면

$$B_1^* \cdot B_1 = \frac{(a_2^2 - a_1^2 + 2ja_1a_2)(a_2^2 - a_1^2 - 2ja_1a_2)A_1^* \cdot A_1}{(a_1^2 + a_2^2)^2} \tag{2.51}$$

이 되고, 양변을 $A_1^* \cdot A_1$로 나누면

$$\frac{B_1^* \cdot B_1}{A_1^* \cdot A_1} = \frac{(a_2^2 - a_1^2 + 2ja_1a_2)(a_2^2 - a_1^2 - 2ja_1a_2)}{(a_1^2 + a_2^2)^2} = 1 \tag{2.52}$$

로 식(2.50)와 같은 결과인 1을 얻는다. $x \leqq 0$인 영역에서는 V=0 이므로 에너지 E는 입자의 운동에너지 E_K와 같다. 따라서 입자의 운동에너지는

$$E_K = \frac{1}{2}mv^2 \tag{2.53}$$

로 주어지므로 파수 a_1은 식(2.45a)로부터

$$a_1 = \sqrt{\frac{2m}{\hbar^2}(\frac{1}{2}mv^2)} = \sqrt{m^2\frac{v^2}{\hbar^2}} = \frac{mv}{\hbar} \tag{2.54}$$

이 된다. R=1이란 에너지 $E<V_0$ 이면서 에너지 장벽에 입사한 모든 입자들은 결국 반사함을 의미한다. 입자들은 전위 장벽을 통과하지도 흡수되지도 않는다. $x \geqq 0$영역의 해는 식(2.44b)에 의해 $B_2 = 0$인 경우

$$\psi_2(x) = A_2e^{-a_2x}\ ,\ \ x \geqq 0 \tag{2.55}$$

로 주어진다. 식(2.48a)로부터 $A_2 = A_1 + B_1$이며, $E<V_0$의 경우 계수 A_2는 영이 아니다. 만약 A_2가 영이 아니면 $x \geqq 0$영역에서 발견될 입자의 확률밀도함수 $\psi_2(x) \cdot \psi_2^*(x)$는 영이 아니라는 의미로써, 입사입자가 전위장벽을 투과하여 $x \geqq 0$영역에서 존재할 확률이 있다는 의미이다. 하지만 입자가 장벽을 투과할 확율이 있다고 하더라도 $x \leqq 0$영역의 반사계수가 1이기 때문에, 입자는 결국 전반사가 일어나며 $x \geqq 0$영역으로 들어 갈 수 없는 것을 나타낸다. 그러나 고전적인 경우에는 이와는 다르게 입자는 $x \geqq 0$영역의 경계 가까운 부분에는 삼투가 가능하며 투과확율은 파동함수 $\psi_2(x)$의 2승에 비례한다.

$$W(x) = |\psi_2(x)|^2 = A_2^2e^{-2ax} = A_2^2e^{\frac{2}{\hbar}\sqrt{2m(V-E)}} \tag{2.56}$$

이 식은 삼투확율이 거리 x와 함께 매우 급히 감소하는 것을 나타낸다. 즉, V-E=1eV, x=1Å이라고 하면 이 지수함수의 값은 0.29가 되며, x=10Å이면 4.5×10^{-8}으로 된다. 이 관계는 광의 전반사가 일어날 때 전자파가 매질 내를 삼투하는 현상과 흡사하다.

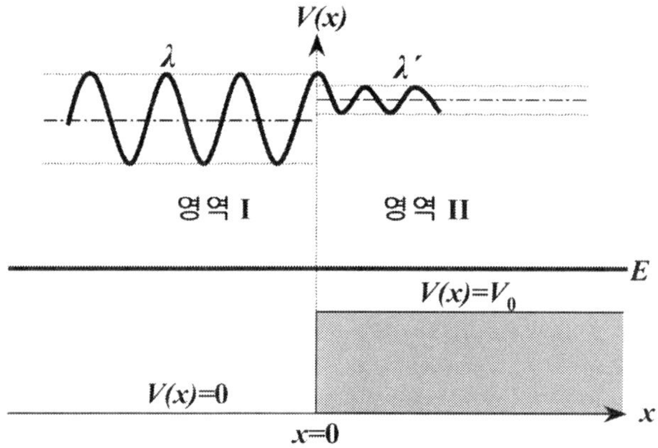

그림 2.2 ▸ 계단전위 퍼텐셜 함수(E>V₀인 경우)

그림 2.2에 도시한 바와 같이 두 번째로 계단 전위 퍼텐셜보다 입자의 총 에너지가 큰 경우에 대하여 고찰한다. $E>V_0$인 경우 시간에 무관한 슈뢰딩거 방정식은 퍼텐셜 계단의 왼쪽 영역(I영역)과 오른쪽 영역(II영역)에서 상이한 형태 즉,

$$\frac{\partial^2\psi_1(x)}{\partial x^2}+\frac{2mE}{\hbar^2}\psi_1(x)=0 \tag{2.57a}$$

$$\frac{\partial^2\psi_2(x)}{\partial x^2}+\frac{2m}{\hbar^2}[E-V_0(x)]\psi_2(x)=0 \tag{2.57b}$$

를 갖는다. 운동량 p_1를 가진 어느 자유입자의 운동을 기술하는 식(2.57a)의 일반해는

$$\psi_1(x)=Ae^{ja_1x}+Be^{-ja_1x},\quad x<0 \tag{2.58}$$

이며, 여기서

$$a_1=\frac{\sqrt{2mE}}{\hbar}=\frac{p_1}{\hbar} \tag{2.59}$$

이다. 식(2.57b)는 운동량 p_2를 가진 어느 자유입자의 운동을 기술하는 파동방정식이다. 이식의 일반해는

$$\psi_2(x)=Ce^{ja_2x}+De^{-ja_2x},\quad x>0 \tag{2.60}$$

이며, 여기서

$$a_2 = \frac{\sqrt{2m(E-V_0)}}{\hbar} = \frac{p_2}{\hbar}, \quad E > V_0 \tag{2.61}$$

이다. 이들 두 형태로 규정되는 파동함수는 I영역에서 드브로이 파장 $\lambda_1 = h/p_1 = 2\pi/a_1$를 가진 진행파와, II영역에서 더 긴 드브로이 파장 $\lambda_2 = h/p_2 = 2\pi/a_2$를 가진 진행파로 구성되어 있다.

처음에 I영역에 있던 입자가 x=0쪽으로 운동하면, 고전역학에서는 x=0인 점을 통과하여 II영역으로 진입할 확률이 1이지만, 이 입자가 가지는 파동성으로 인해 x=0인 점에서 반사될 확률이 있기 때문에 양자역학에서는 성립되지 않는다. 따라서, I영역에서는 입사진행파와 반사진행파를 기술하는 식(2.58)의 일반해의 두 항을 취해야만 하지만, 식(2.60)의 일반해 중 두 번째 항은 취할 필요가 없다. 왜냐하면, 이 항은 II영역에서 x가 감소하는 방향으로 진행하는 파동을 기술하기 때문이다. 이 입자는 x가 증가하는 방향으로 입사하므로 그와 같은 파동은 x=0에 있는 불연속을 훨씬 지난 x좌표의 양(+)의 큰 값을 가진 어떤 점에서 반사할 때에만 생길 수 있다.

식(2.58)과 식(2.60)의 임의의 상수 A, B, C는 x=0에서 연속이 되어야할 조건

$$\psi_1(0) = \psi_2(0) \tag{2.62a}$$

$$\frac{\partial \psi_1(0)}{\partial x} = \frac{\partial \psi_2(0)}{\partial x} \tag{2.62b}$$

를 만족하여야 한다. 즉,

$$A + B = C \tag{2.63}$$

$$a_1(A-B) = a_2 C \tag{2.64}$$

일 경우에 만족한다. 상기 두 식(2.63)와 (2.64)으로부터

$$B = \frac{(a_1 - a_2)}{(a_1 + a_2)} A \tag{2.65a}$$

$$C = \frac{2a_1}{(a_1 + a_2)} A \tag{2.65b}$$

를 얻는다. 그러므로 파동함수는

$$\psi_1(x) = Ae^{ja_1 x} + A\frac{(a_1 - a_2)}{(a_1 + a_2)} e^{-ja_1 x} \qquad x \leqq 0 \tag{2.66a}$$

$$\psi_2(x) = A\frac{2a_1}{(a_1 + a_2)} e^{ja_2 x} \qquad x \geqq 0 \tag{2.66b}$$

이 된다.

입사파의 세기와 반사파의 세기와의 비에서 입자가 퍼텐셜 계단에 의해 I영역으로 반사하여 되돌아가게 되는 확률, 즉 반사계수 R은

$$R = \frac{B^* B}{A^* A} = \left(\frac{a_1 - a_2}{a_1 + a_2}\right)^* \left(\frac{a_1 - a_2}{a_1 + a_2}\right) = \left(\frac{a_1 - a_2}{a_1 + a_2}\right)^2 \tag{2.67}$$

이다. 식(2.67)으로부터 입자가 가지는 총에너지가 전위 퍼텐셜 계단의 높이보다 더 클 때, 분자가 분모보다 항상 작으므로 $R < 1$이라는 것을 알 수 있다. 이것은 $E < V_0$일 때 얻었던 R=1이라는 결과의 값과 대조를 이룬다.

또 입자가 I영역으로부터 x=0인 점인 퍼텐셜 계단을 지나 II영역으로 투과하게 되는 경우를 생각할 수 있는데, 이러한 확률을 규정하는 것이 **투과계수**(transmission coefficient) T이다. 이 입자가 가지는 속도가 두 영역에서 다르기 때문에, 투과계수와 반사계수는 실제로 확률 플럭스의 비를 써서 정의한다. **확률 플럭스**(probability flux)란 어떤 기준점을 어느 특정방향으로 진행하면서 횡단하는 입자를 발견하게 되는 1초당의 확률이다. 따라서 입사 확률 플럭스는 x가 증가하는 방향으로 I영역인 어느 점을 횡단하는 입자를 찾을 1초당의 확률이 된다. 반사 확률 플럭스는 x가 감소하는 방향으로 I영역인 어느 점을 횡단하는 입자를 찾을 1초당의 확률이다. 그리고 투과 확률 플럭스는 x가 증가하는 방향으로 II영역인 어느 점을 횡단하는 입자를 찾을 1초당의 확률이므로, 어느 입자가 주어진 점을 횡단하게 되는 1초당의 확률은 그 입자가 1초당 진행하는 거리에 비례하고, 확률 플럭스는 특정파동이 가지는 세기뿐만 아니라 그 입자가 가지는 특정속도에 비례한다. 따라서 반사계수 R은

$$R = \frac{v_1 B^* B}{v_1 A^* A} = \frac{B^* B}{A^* A} \tag{2.68}$$

이다. 여기서, v_1은 I영역에서 입자의 속도이다. 또 투과계수 T는 식(2.65b)로부터

$$T = \frac{v_2 C^* C}{v_1 A^* A} = \frac{v_2}{v_1}\left(\frac{2a_1}{a_1 + a_2}\right)^2 \tag{2.69}$$

이 된다. 여기서 v_2는 II영역에서 입자가 가지는 속도이다. 그러나 속도는

$$v_1 = \frac{p_1}{m} = \frac{\hbar a_1}{m} \tag{2.70a}$$

$$v_2 = \frac{p_2}{m} = \frac{\hbar a_2}{m} \tag{2.70b}$$

이므로, 식(2.69)의 표현은

$$T = \frac{a_2}{a_1}\frac{(2a_1)^2}{(a_1+a_2)^2} = \frac{4a_1a_2}{(a_1+a_2)^2} \quad E > V_0 \tag{2.71}$$

를 얻는다. 식(2.67)과 식(2.71)으로부터 R과 T를 합산하면

$$R + T = 1 \tag{2.72}$$

이 됨을 알 수 있다. 또 입자가 계단을 초월할 때의 de Broglie의 굴절율(n)은 2개영역에서의 입자의 속도비로 주어지므로, 식(2.59), 식(2.61), 식(2.70)로부터

$$n = \frac{v_2}{v_1} = \frac{a_2}{a_1} = \sqrt{1-(V/E)} \tag{2.73}$$

로 주어진다. 이 굴절율 n을 이용하여 반사계수 R과 투과계수 T를 표현하면

$$R = \left(\frac{1-n}{1+n}\right)^2 = \left(\frac{1-\sqrt{1-(V_0/E)}}{1+\sqrt{1-(V_0/E)}}\right)^2 \tag{2.74a}$$

$$T = \frac{4n}{(1+n)^2} = \frac{4\sqrt{1-(V_0/E)}}{(1+\sqrt{1-(V_0/E)})^2} \tag{2.74b}$$

로 나타낼 수 있다.

예제 2.2

영역I(x<0인 영역)에서 $10^7[cm/s]$의 속도로 $+x$방향으로 진행하는 입사 전자가 전위 장벽에 충돌한 경우 충돌입자의 투과깊이를 계산하라. 단, x=0에서 전위장벽은 입사입자의 총 에너지의 2배만큼 크다고 가정한다.

[풀이] 영역 I에서는 $V(x)=0$ 이므로 총에너지는 운동에너지와 같다. 따라서

$$E = E_K = \frac{1}{2}mv^2 = \frac{1}{2}\cdot 9.109\times 10^{-31}\cdot (10^5)^2$$
$$= 4.56\times 10^{-21}[J] = 2.85\times 10^{-2}[eV]$$

을 얻는다.

또 x=0에서 전위장벽은 입사입자의 총 에너지의 2배만큼 크므로 즉, $V_0 = 2E$이다. 따라서 영역II에서 파동함수 해 $\psi_2(x)$는

$$\psi_2(x) = A_2 e^{-a_2 x}$$

이며, 여기서 $a_2 = \sqrt{2m(V_0 - E)/\hbar^2}$ 이다. 이 예에서 파동함수의 크기가 $x=0$에서 값의 e^{-1}만큼 감소하는 거리 $x=d$를 구하려면 $a_2 d = 1$ 이므로

$$1 = d\sqrt{\frac{2m(2E-E)}{\hbar^2}} = d\sqrt{\frac{2mE}{\hbar^2}}$$

이다. 따라서 거리는

$$d = \sqrt{\frac{\hbar^2}{2mE}} = \frac{1.054 \times 10^{-34}}{\sqrt{2 \cdot 9.109 \times 10^{-31} \cdot 4.56 \times 10^{-21}}} = 11.6[\text{Å}]$$

이다.

2.2.3 전위장벽 퍼텐셜

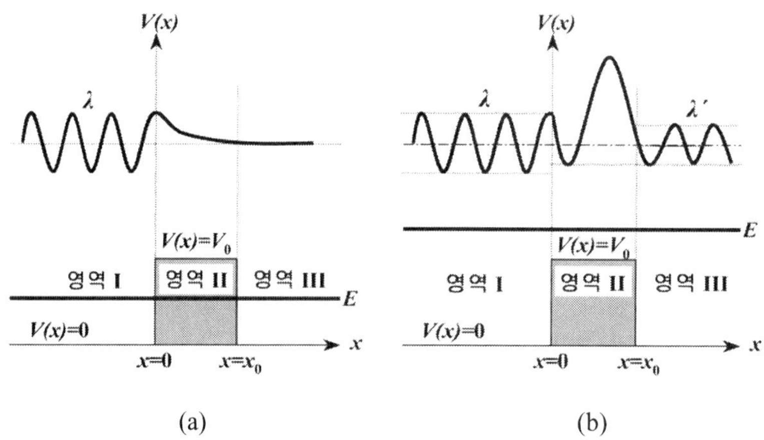

그림 2.3 ▸ 전위장벽 퍼텐셜

그림 2.3에서 도시한 전위 장벽 퍼텐셜을 고찰하여 보자. 입사하는 입자들은 x축의 $-\infty$에서 출발하여 $+x$방향으로 진행하고 있다고 가정한다.

앞 절에서와 같이 3개의 영역, 즉 $x<0$영역(장벽의 왼쪽 I영역), $0<x<x_0$영역(장벽내부 II영역), $x>x_0$영역(장벽의 오른쪽 III영역)에서 시간에 무관한 Schrödinger 파동방정식을 풀어야 한다.

장벽의 각 영역에서 일반해는 각각

$$\psi_1(x) = A_1 e^{ja_1 x} + B_1 e^{-ja_1 x} \qquad x < 0 \tag{2.75a}$$

$$\psi_2(x) = A_2 e^{-a_2 x} + B_2 e^{a_2 x} \qquad 0 < x < x_0 \tag{2.75b}$$

$$\psi_3(x) = A_3 e^{ja_1 x} + B_3 e^{-ja_1 x} \qquad x > x_0 \tag{2.75c}$$

와 같이 주어진다. 여기서, a_1, a_2는

$$a_1 = \frac{\sqrt{2mE}}{\hbar} \tag{2.76a}$$

$$a_2 = \frac{\sqrt{2m(V_0 - E)}}{\hbar} \qquad E < V_0 \tag{2.76b}$$

$$a_3 = \frac{\sqrt{2m(E - V_0)}}{\hbar} \qquad E > V_0 \tag{2.76c}$$

이며, 식(2.75b)는 $E > V_0$인 경우에 대해서는

$$\psi_2(x) = A_2 e^{a_3 x} + B_2 e^{-a_3 x} \qquad 0 < x < x_0 \tag{2.77}$$

로 표현되며, a_3는 식(2.76c)로 된다.

식(2.75c)의 계수 B_3는 영역III에서 반사를 일으켜 음(-)의 방향으로 진행하는 파를 나타내는데, 영역III에서는 반사를 일으킬 만한 것이 아무것도 없기 때문에 오직 투과파만이 존재하므로 $B_3=0$이다. 식(2.75b)에서는 두 개의 지수항 모두가 존재하여야 한다. 왜냐하면 장벽의 폭이 유한하므로 어느 항도 완전 반사되지 않기 때문이다.

우선 $E < V_0$인 경우를 고찰해 보면, $x=0$와 $x=x_0$의 두 경계점에서 파동함수 $\psi(x)$와 미분된 형태의 $d\psi(x)/dx$들은 연속이어야 하는 4개의 경계조건으로부터 4개의 계수 B_1, A_2, B_2, A_3를 A_1에 대한 식으로 풀 수 있다. 계산 중에서 가장 흥미 있는 결과는 장벽 퍼텐셜에 입사하는 확률 플럭스와 영역III 내로 장벽을 뚫고 투과하는 확률 플럭스와의 비인 투과계수 T이다. 이 투과계수 T를 앞 절에서와 같이 계산하면

$$T = \frac{v_1 A_2^* A_2}{v_1 A_1^* A_1} = \left[1 + \frac{(e^{a_2 x_0} - e^{-a_2 x_0})^2}{16\frac{E}{V_0}\left(1 - \frac{E}{V_0}\right)}\right]^{-1} = \left[1 + \frac{\sinh^2 a_2 x_0}{4\frac{E}{V_0}\left(1 - \frac{E}{V_0}\right)}\right]^{-1} \tag{2.78}$$

이 된다. 여기서,

$$a_2 x_0 = \frac{\sqrt{2m V_0 x_0^2 (1 - E/V_0)}}{\hbar} \qquad E < V_0 \tag{2.79}$$

이다. 지수가 아주 클 경우에는 식(2.78)은

$$T \cong 16\frac{E}{V_0}\left(1 - \frac{E}{V_0}\right)e^{-2a_2 x_0} \qquad a_2 x_0 \gg 1 \tag{2.80}$$

이 된다. 식(2.80)는 전위 장벽에 충돌한 입자가 장벽을 뚫고 영역III에 나타날 확률이 있음을 의미하는 것으로서 이 현상을 **터널링**(tunneling)이라고 하며, 이 현상 역시 고전역학 법칙을 벗어나는 현상이다.

또 $E > V_0$인 경우를 고찰해 보면, 파동함수는 세 영역 모두에서 진동하지만, $0 < x < x_0$인 영역II 내에서 더욱 긴 파장을 가진다. $x=0$와 $x=x_0$에서 두 연속조건을 각각 적용하여 상수 B_1, A_2, B_2, A_3를 A_1에 대한 식으로 풀고, 확률 플럭스의 비인투과계수 T를 계산하면

$$T = \frac{v_1 A_2^* A_2}{v_1 A_1^* A_1} = \left[1 + \frac{(e^{a_3 x_0} - e^{-a_3 x_0})^2}{16\frac{E}{V_0}\left(\frac{E}{V_0} - 1\right)}\right]^{-1} = \left[1 + \frac{\sin^2 a_3 x_0}{4\frac{E}{V_0}\left(\frac{E}{V_0} - 1\right)}\right]^{-1} \tag{2.81}$$

이고, 여기서

$$a_3 x_0 = \frac{\sqrt{2m V_0 x_0^2 (E/V_0 - 1)}}{\hbar} \qquad E > V_0 \tag{2.82}$$

이다. 두 가지 퍼텐셜, 즉 장벽 퍼텐셜과 계단 퍼텐셜에 대한 R의 에너지 의존성의 비교로부터 $E/V_0 = 1$ 근처에서 R이 감소함에 따라 $E/V_0 \to 0$일 때 $R \to 1$이 되며, $E/V_0 \to \infty$일 때 $R \to 0$이 된다. 특히, 장벽 퍼텐셜인 경우에는 고전적으로 침투하지 못하는 영역이 가지는 유한한 두께 때문에 투과현상이 얼마만큼 있게 되므로 에너지가 작을 때 반사계수는 점차적으로 1에 접근한다. 또, 장벽퍼텐셜이 가지는 두 불연속점으로부터의 두 반사의 간섭 때문에, 에너지가 클 때 장벽 퍼텐셜의 반사계수 R은 진동한다.

예제 2.3

2 eV의 에너지를 가진 전자가 높이는 $V_0 = 20eV$이고, 폭이 3Å인 전위장벽에 충돌하는 경우, 이 전자가 전위장벽을 투과할 확률을 계산하라.

[풀이] 투과확률은 식(2.80)으로 표시할 수 있으며 계수 a_2는 식(2.76b)에서

$$a_2 = \frac{\sqrt{2m(V_0 - E)}}{\hbar} = \frac{\sqrt{2 \cdot 9.109 \times 10^{-31} \cdot (20-2) \cdot 1.602 \times 10^{-19}}}{1.054 \times 10^{-34}}$$
$$= 2.17 \times 10^{10} [m^{-1}]$$

을 얻는다. 따라서 투과확률 식(2.80)에 대입하여 풀면

$$T \cong 16 \cdot \frac{2}{20}\left(1 - \frac{2}{20}\right)e^{-2 \cdot 2.17 \times 10^{10} \cdot 3 \times 10^{10}}$$
$$= 3.17 \times 10^{-6}$$

처럼 매우 작은 값을 얻는다. 만약 많은 수의 입자들이 전위 장벽에 충돌한다면 적지 않은 수의 입자들이 장벽을 투과할 수 있다.

예제 2.4

높이 $V_0 = 10[eV]$이고 두께 $a = 1.8 \times 10^{-10}[m]$인 직사각형의 퍼텐셜 장벽에 전자가 입사하고 있다. 이 직사각형 장벽은 기체 방전관의 플라즈마 내에 있는 음으로 이온화된 기체원자로부터 산란되는 전자가 만나게 되는 퍼텐셜 장벽을 이상화시킨 것이다. 이 전자가 가지는 총 에너지 E의 함수로 투과계수 T와 반사계수 R를 계산하라.

[풀이] 퍼텐셜 장벽을 통한 투과가 얼마인지를 알기 위하여 주어진 수치를 사용하여 파라미터의 조합

$$\frac{2mV_0a^2}{\hbar^2} = \frac{2 \cdot 9.109 \times 10^{-31} \cdot 10 \cdot 1.602 \times 10^{-19} \cdot (1.8 \times 10^{-10})^2}{(1.055 \times 10^{-34})^2}$$
$$\simeq 9$$

를 계산하고, 식(2.78)에 대입하여 전개하면 E의 함수로써 투과계수 T와 반사계수 R를 계산할 수 있다. 예를 들어 $E/V_0 = 0.5$일 때 투과계수는 $T \simeq 0.05$가 되고, 반사계수도

$$R = 1 - T = 1 - 0.05 = 0.95$$

로 계산된다.

2.2.4 무한전위 우물 퍼텐셜

퍼텐셜 상자 내의 입자문제는 갇힌 입자의 고전적인 예이다. 그림 2.4에 나타낸 것과 같이 1차원 상자를 생각해 보자.

그 양단의 좌표를 $x = -x_0/2$, $x = +x_0/2$라 하고, 전위 $V(x)$는

$$V(x) = \infty \qquad x < -x_0/2 \text{ 또는 } x > +x_0/2 \tag{2.83a}$$
$$V(x) = 0 \qquad -x_0/2 < x < +x_0/2 \tag{2.83b}$$

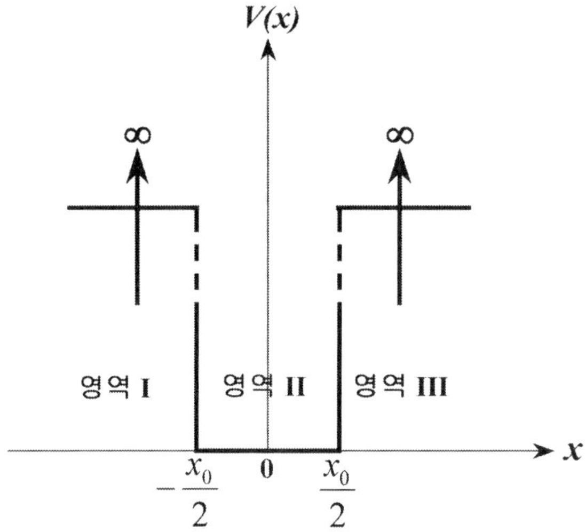

그림 2.4 ▸ 1차원 퍼텐셜의 상자

이며, 입자가 영역II에 존재한다고 가정하면 그 입자는 유한공간 영역 내에 갇히게 된다고 할 수 있다. 이 우물의 영역II에 대한 Schrödinger 파동방정식의 일반해는

$$\psi(x) = Ae^{ja_1x} + Be^{-ja_1x} \qquad -x_0/2 < x < +x_0/2 \tag{2.84}$$

가 된다. 여기서,

$$a_1 = \frac{\sqrt{2mE}}{\hbar}$$

이다. 식(2.84)의 첫 번째 항은 x가 증가해 가는 방향으로 진행하는 파동을 기술하고, 두 번째 항은 x가 감소해 가는 방향으로 진행하는 파동을 기술한다. 서로 반대방향으로 진행하는 진폭이 동일한 두 진행파는 결합하여 하나의 정상파를 형성한다. 따라서 A=B로 놓으면

$$\psi(x) = B(e^{ja_1x} + e^{-ja_1x}) \tag{2.85}$$

이고, 이 식은 다시

$$\psi(x) = B' \frac{e^{ja_1x} + e^{-ja_1x}}{2} \tag{2.86}$$

라고 쓸 수 있다. 여기서 $B' = 2B$로 정의되는 새로운 임의의 상수이다. 식(2.86)와 같은 복소지수함수의 조합은

$$\psi(x) = B' \cos a_1 x \qquad (2.87)$$

가 되고, 또 식(2.84)에서 $B=-A$로 놓으면

$$\psi(x) = A(e^{ja_1 x} - e^{-ja_1 x}) \qquad (2.88)$$

이고, 이 식을 다시

$$\psi(x) = A' \frac{e^{ja_1 x} - e^{-ja_1 x}}{2j} \qquad (2.89)$$

라고 쓸 수 있다. $A' = 2jA$로 정의되는 새로운 임의의 상수이다. 식(2.89)와 같은 복소지수함수의 조합은

$$\psi(x) = A' \sin a_1 x \qquad (2.90)$$

가 된다. 동일한 E값에 대해 식(2.87)과 식(2.90)의 두 식은 Schrödinger 파동방정식의 해로되고, 또 이것의 미분방정식이 선형이므로 두 식의 합

$$\psi(x) = A' \sin a_1 x + B' \cos a_1 x \qquad -x_0/2 < x < +x_0/2 \qquad (2.91)$$

도 역시 한 해가 된다. 실제로 이 해가 두 개의 임의의 상수를 포함하기 때문에 영역 II에 대한 미분방정식의 일반해가 된다.

정상파를 나타내는 $\psi(x)$가 0인 값을 나타내는 영역은 우물 바깥의 두 영역인 영역I과 영역III 내에 있다. 입자가 무한히 높은 퍼텐셜 벽에 의해 우물 내부에 철저히 갇히게 되기 때문에, 확률 밀도가 이들 두 영역에서는 0이 될 수 있다. 특히 이 우물의 두 경계에서는

$$\psi(x) = 0 \qquad x = \pm x_0/2 \qquad (2.92)$$

이다. 이것은 정상파의 마디가 상자 우물의 두 벽에 있게 됨을 의미하는 것이다. 이제 식(2.91)에서 $x = +x_0/2$일 때, 식(2.92)의 경계값 조건을 적용하면

$$A' \sin \frac{a_1 x_0}{2} + B' \cos \frac{a_1 x_0}{2} = 0 \qquad (2.93)$$

이고, $x = -x_0/2$일 때, 식(2.92)의 경계값 조건을 적용하면

$$A' \sin(-\frac{a_1 x_0}{2}) + B' \cos(-\frac{a_1 x_0}{2}) = 0 \qquad (2.94)$$

즉,

$$-A'\sin\frac{a_1x_0}{2}+B'\cos\frac{a_1x_0}{2}=0 \tag{2.95}$$

이 된다. 식(2.93)와 식(2.95)의 두 방정식을 더하고, 빼주면

$$2B'\cos\frac{a_1x_0}{2}=0 \tag{2.96a}$$

$$2A'\sin\frac{a_1x_0}{2}=0 \tag{2.96b}$$

이 된다. 식(2.96)가 만족될 때 $\psi(x)$와 $d\psi(x)/dx$는 모든 곳에서 유한하고, 모든 곳에서 연속이 될 것이다. 즉, $\cos(a_1x_0/2)$가 0이 되도록 a_1을 선택하고 A'를 0으로 놓거나, 또는 $\sin(a_1x_0/2)$가 0이 되도록 a_1을 선택하고 B'를 0으로 놓거나 하여 이들 두 방정식을 만족 시 킬 수 있다. 즉,

$$A'=0 \quad \text{및} \quad \cos\frac{a_1x_0}{2}=0 \tag{2.97a}$$

$$B'=0 \quad \text{및} \quad \sin\frac{a_1x_0}{2}=0 \tag{2.97b}$$

이 되게 한다. 따라서 해는

$$\psi(x)=B'\cos a_1x \quad \text{여기서,} \quad \cos\frac{a_1x_0}{2}=0 \tag{2.98a}$$

$$\psi(x)=A'\sin a_1x \quad \text{여기서,} \quad \sin\frac{a_1x_0}{2}=0 \tag{2.98b}$$

의 두 종류가 있게 된다.

해인 식(2.98a)에 대한 파수 a_1의 허용값은 $\cos(\pi/2)=\cos(3\pi/2)=\cos(5\pi/2)=\cdots=0$이므로

$$\frac{a_1x_0}{2}=\frac{\pi}{2},\ \frac{3\pi}{2},\ \frac{5\pi}{2},\ \cdots \tag{2.99}$$

가 된다. 이 식을 다음과 같이

$$a_n=\frac{n\pi}{x_0} \qquad n=1,\ 3,\ 5,\cdots \tag{2.100}$$

로 표현하면 매우 편리하다. 또 두 번째 해인 식(2.98b)에 대한 a_1의 허용 값은 $\sin\pi=\sin 2\pi=\sin 3\pi=\cdots=0$이므로

$$\frac{a_1 x_0}{2} = \pi,\ 2\pi,\ 3\pi,\ \cdots \tag{2.101}$$

가 된다. 이 식을 다음과 같이

$$a_n = \frac{n\pi}{x_0} \qquad n = 2,\ 4,\ 6, \cdots \tag{2.102}$$

라고 할 수 있다. a_1의 허용값을 알면 식(2.98)로부터 무한전위 우물에 대한 시간에 무관한 Schrödinger 파동방정식의 해를 다음과 같이 구할 수 있다.

$$\psi_n(x) = B_n \cos a_n x \quad \text{여기서,} \quad a_n = \frac{n\pi}{x_0} \quad n = 1,\ 3,\ 5, \cdots \tag{2.103a}$$

$$\psi_n(x) = A_n \sin a_n x \quad \text{여기서,} \quad a_n = \frac{n\pi}{x_0} \quad n = 2,\ 4,\ 6, \cdots \tag{2.103b}$$

를 얻을 수 있다. 여기서 파라미터 n을 양자수라고 부른다. n의 음수값은 단순히 파동함수에서 음부호를 붙이는 것이고, 파동밀도함수에 대해서는 중복되는 해가 없다. 따라서, +n과 −n 해 사이에 물리적으로 어떤 차이점을 찾아 볼 수 없으므로 −n 해는 제외 시킨다.

관계식 $a_1 = \sqrt{2mE}/\hbar$과 식(2.102)의 $a_1 = n\pi/x_0$라는 표현식을 같게 놓으면

$$\frac{2mE_n}{\hbar^2} = \frac{n^2\pi^2}{x_0^2} \tag{2.104}$$

이 된다.

따라서 총에너지는

$$E_n = \frac{\pi^2\hbar^2 n^2}{2mx_0^2} \qquad n = 1,\ 2,\ 3,\ 4,\ 5, \cdots \tag{2.105}$$

과 같이 주어지며, 식(2.103)의 a_n은 불연속 값을 가져야 하는데 이것은 입자의 총에너지 E의 값 중에서 어떤 값만이 허용된다는 것을 의미한다. 이 결과들은 상자 내에 있는 입자의 총 에너지가 **양자화** 된다는 것을 뜻한다. 즉, 입자의 에너지는 오직 특정한 불연속값들만 가질 수 있으므로 입자에너지의 양자화는 입자가 연속 에너지 값을 가질 수 있는 고전적인 물리의 결과와 상반된다.

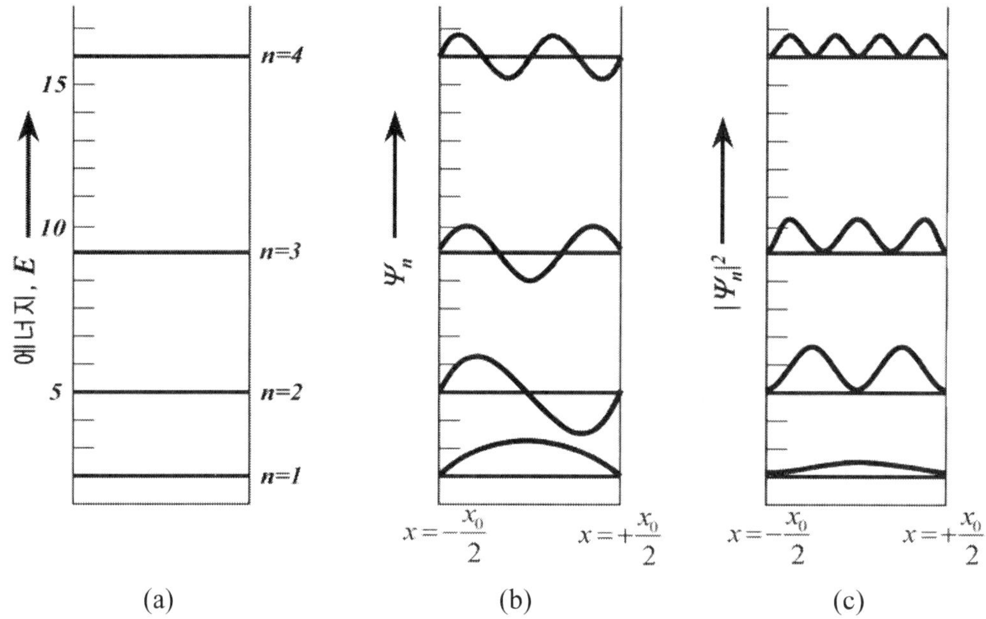

그림 2.5 ▸ 무한전위 우물 퍼텐셜

그림 2.5(a)는 무한전위 우물 퍼텐셜이 가지는 처음 몇 개 준위에 있는 입자의 허용 에너지를 보여주고, (b)와 (c)는 그에 해당하는 파동함수들과 입자의 존재 확률밀도 분포을 보여준다. 입자의 총 에너지가 증가함에 따라 주어진 x에서 입자를 발견할 확률은 보다 일정하게 분포함을 관찰할 수 있다.

예제 2.5

폭 4 [Å]의 무한전위우물에 갇혀 있는 전자의 첫 4개 에너지 준위의 에너지량을 계산하라.

[풀이] 에너지 준위 E_n은 식(2.105)로부터

$$E_n = \frac{\pi^2\hbar^2 n^2}{2mx_0^2} = \frac{\pi^2 \cdot (1.054\times10^{-34})^2 \cdot n^2}{2 \cdot 9.109\times10^{-31} \cdot (4\times10^{-10})^2}$$
$$= 3.758\times10^{-19} \cdot n^2 [J]$$

이 되고, 또 전자볼트로 나타내면

$$E_n = \frac{3.758\times10^{-19} \cdot n^2}{1.602\times10^{-19}} = 2.346 \cdot n^2 [eV]$$

이다. 따라서 첫 번째부터 4번째까지의 에너지는

$$E_1 = 2.346 \cdot 1^2 = 2.236[eV]$$
$$E_2 = 2.346 \cdot 2^2 = 9.384[eV]$$
$$E_3 = 2.346 \cdot 3^2 = 21.114[eV]$$
$$E_4 = 2.346 \cdot 4^2 = 34.536[eV]$$

와 같이 얻어진다.

예제 2.6

원자핵 크기(10^{-14}m) 만큼이나 미세한 영역에 갇힌 전자에 대한 영점에너지 E를 추정하라.

[풀이] 식(2.105)에서 n=1인 경우를 고려하면

$$E = \frac{\pi^2 \hbar^2}{2mx_0^2} = \frac{3.14^2 \cdot 1.055 \times 10^{-34}}{2 \cdot 9.109 \times 10^{-31} \cdot (10^{-14})^2}$$
$$= 0.602 \times 10^{-9} \cdot \frac{1}{1.602 \times 10^{-19}}$$
$$= 3.76 \times 10^9 [eV] = 3.76[GeV]$$

를 얻는다. 영점에너지를 추정하는 데 있어서는 분명 전자가 네모우물에 갇혀 있다고 취급하는 것이 온당할 것이지만, 3.76 [GeV]는 전자의 정지질량 에너지 $m_0c^2 \simeq 0.5$ [MeV]에 비해 매우 크기 때문에, 이 E값을 인용하는 것은 불합리하다. 따라서 이러한 특정의 문제에서는 식(2.105)의 상대론적으로 타당한 유추식을 써야만 한다. 먼저 $\lambda = 2x_0/n$ 및 $p = h/\lambda$이 두 식은 극단적 상대론적 영역에서도 성립하므로 $E \gg m_0c^2$인 극한에서 에너지-운동량 관계식 $E^2 = c^2p^2 + m_0^2c^4$는 n=1인 경우

$$E = cp = \frac{ch}{\lambda} = \frac{chn}{2x_0} = \frac{\pi ch}{x_0}$$
$$= \frac{\pi \cdot 3 \times 10^8 \cdot 1.055 \times 10^{-34}}{10^{-14}} \cdot \frac{1eV}{1.602 \times 10^{-19}}$$
$$= 6.203 \times 10^7 [eV] \sim 10^2 \text{ [MeV]}$$

를 얻는다.

2.2.5 단조화(單調和) 진동자 퍼텐셜

일반적으로 단조화 진동자는 어떤 실체가 안정된 평형점 주위로 미소진동을 수행하고 있는 거의 모든 임의의 계를 기술하는데 사용된다. 안정된 평형위치에서 극소점을 갖는 퍼텐셜함수는 연속이어야 하므로 극소점 근처의 영역에서 그림 2.6(a)처럼 거의 항상 포물선으로 정확히 근사화 할 수 있다. 그러나 미소진동에 대해 $V(x)$가 극소점 근처에서 어떻게 되는가를 고찰하기 위해 x축의 원점과 퍼텐셜 에너지 축의 원점을 극소점에 있게 선택하면, 이 포물선 퍼텐셜 함수에 대한 방정식은

$$V(x) = \frac{C}{2}x^2 \tag{2.106}$$

이라고 쓸 수 있다. 여기서 C는 대응하는 선형복원력의 힘의 상수이다.

퍼텐셜에 대한 시간에 무관한 Schrödinger 파동방정식은

$$-\frac{\hbar^2}{2m}\frac{d^2\psi(x)}{dx^2} + \left(\frac{C}{2}x^2 - E\right)\psi(x) = 0 \tag{2.107}$$

이다. 만약, 고전 물리적 진동수

$$\nu = \frac{1}{2\pi}\sqrt{\frac{C}{m}} \tag{2.108}$$

의 힘의 상수C를 써서 식(2.107)을 다시 쓰면

$$\frac{d^2\psi(x)}{dx^2} + \left[\frac{2mE}{\hbar^2} - \left(\frac{2\pi m\nu}{\hbar}\right)^2 x^2\right]\psi(x) = 0 \tag{2.109}$$

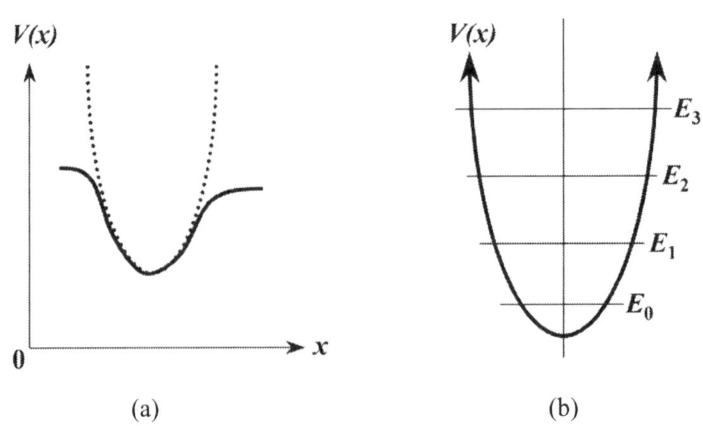

그림 2.6 ‣ 단조화 진동자의 퍼텐셜에너지의 고유값

이 된다. 식(2.109)를 파라미터

$$\alpha = \frac{2\pi m\nu}{\hbar} \quad \text{및} \quad \beta = \frac{2mE}{\hbar^2} \tag{2.110}$$

를 도입하여 다시 쓰면

$$\frac{d^2\psi(x)}{dx^2} + (\beta - \alpha x^2)\psi(x) = 0 \tag{2.111}$$

을 얻을 수 있다. 이것을 식(2.108)과 식(2.110)를 이용하여 무차원의 변수

$$u = \sqrt{\alpha}\,x = \left[\frac{2\pi m}{\hbar 2\pi}\left(\frac{C}{m}\right)^{1/2}\right]^{1/2} x = \frac{(Cm)^{1/4}}{\hbar^{1/2}}x \tag{2.112}$$

를 써서 표시하면

$$\frac{d^2\psi(u)}{du^2} + \left(\frac{\beta}{\alpha} - u^2\right)\psi(u) = 0 \tag{2.113}$$

이 된다. 이 식(2.113)의 해는 쉽게 구해지지 않으므로 근사 계산을 하여야 한다. 총에너지 E의 어떤 유한한 값에 대해서도 $|u|$값이 매우 클 경우 β/α는 무시 가능하므로

$$\frac{d^2\psi(u)}{du^2} - u^2\psi(u) = 0 \qquad |u| \to \infty \tag{2.114}$$

로 쓸 수 있다. 따라서 미분방정식(2.114)의 일반해는

$$\psi(u) = Ae^{-u^2/2} + Be^{u^2/2} \tag{2.115}$$

로 표현된다. 고유함수가 $|u| \to \infty$ 임에 따라 유한한 상태로 남으려면 $B=0$으로 놓아야 함을 요구하고 있다. 따라서 $|u|$값이 매우 클 경우 고유함수의 형태는

$$\psi(u) = Ae^{-u^2/2} \qquad |u| \to \infty \tag{2.116}$$

가 된다. 식(2.116)는 완전해를 만족할 수 없다. 왜냐하면 하나의 미지수로 미분방정식을 푸는 두 조건을 만족할 수 없기 때문이다. 따라서 $H(u)$를 곱한 형태

$$\psi(u) = Ae^{-u^2/2}H(u) \tag{2.117}$$

에서 $H(u)$를 구하는 문제로 귀착된다. $H(u)$를 얻기 위해서는

$$\frac{d\psi(u)}{du} = -Ae^{-u^2/2}H(u) + Ae^{-u^2/2}\frac{dH(u)}{du} \tag{2.118}$$

$$\begin{aligned}\frac{d^2\psi(u)}{du^2} &= -Ae^{-u^2/2}H(u) + Au^2e^{-u^2/2}H(u) - Aue^{-u^2/2}\frac{dH(u)}{du} \\ &\quad - Aue^{-u^2/2}\frac{dH(u)}{du} + Ae^{-u^2/2}\frac{d^2H(u)}{du^2} \\ &= Ae^{-u^2/2}\left(-H(u) + u^2H(u) - 2u\frac{dH(u)}{du} + \frac{d^2H(u)}{du^2}\right)\end{aligned} \tag{2.119}$$

를 계산한다. 그런 다음 $\psi(u)$와 $d^2\psi(u)/du^2$를 식(2.113)에 대입하면

$$\begin{aligned}&Ae^{-u^2/2}\left(-H(u) + u^2H(u) - 2u\frac{dH(u)}{du} + \frac{d^2H(u)}{du^2}\right) \\ &\quad + \frac{\beta}{\alpha}Ae^{-u^2/2}H(u) - Au^2e^{-u^2/2}H(u) = 0\end{aligned} \tag{2.120}$$

을 얻는다. 소거하여 다시 정리하면

$$\frac{d^2H(u)}{du^2} - 2u\frac{dH(u)}{du} + \left(\frac{\beta}{\alpha} - 1\right)H(u) = 0 \tag{2.121}$$

을 얻는다. 이와 같은 형태의 미분방정식을 **에르미트 미분방정식**이라 한다. 이 미분방정식은 **멱급수 방법**(power series technique)을 이용하여 함수 $H(u)$를 결정할 수 있다. 멱급수 방법을 이용하여 함수 $H(u)$를 결정하는 과정은 좀 복잡함으로 여기서는 생략하고 결과만을 쓰면

$$H(u) = b_0Ke^{u^2} + b_1K'ue^{u^2} \qquad |u| \to \infty \tag{2.122}$$

이다. 식(2.117)에 따라 시간에 무관한 Schrödinger 파동방정식의 해는

$$\psi(u) = Ae^{-u^2/2}H(u)$$

이다. 그래서 $H(u)$의 급수가 무한개의 항을 포함한다면, $|u| \to \infty$인 경우 이들 해의 행동은

$$Ae^{-u^2/2}H(u) = b_0AKe^{u^2/2} + b_1AK'ue^{u^2/2} \qquad |u| \to \infty \tag{2.123}$$

이 된다. 이 식은 $|u| \to \infty$임에 따라 한없이 증가하지만 어떤 β/α의 값에 대해서는 수용 가능한 고유함수를 구할 수 있다. 임의의 상수 b_0나 b_1 중 하나를 0을 취하고, β/α를

$$\beta/\alpha = 2n+1 \tag{2.124}$$

로 놓아서 $H(u)$의 남은 급수가 종결되게 한다.

식(2.121)과 같은 에르미트 미분방정식의 다항식 해에 대응하는 고유함수

$$\psi_n(u) = A_n e^{-u^2/2} H_n(u) \tag{2.125}$$

는 항상 $|u| \to \infty$ 임에 따라 0으로 되는 수용할 수 있는 성질을 갖는다. 왜냐하면 $|u|$의 값이 클 경우 지수형태 $e^{-u^2/2}$가 고유함수의 행위를 완전히 지배하는 다항식 $H_n(u)$보다 훨씬 더 빠르게 변하기 때문이다.

식(2.124)에 식(2.110)의 값들을 대입하면

$$\frac{2mE}{\hbar^2}\frac{\hbar}{2\pi m\nu} = \frac{2E}{2\pi\hbar\nu} = \frac{2E}{\hbar\nu} = 2n+1$$

즉,

$$E = \left(n + \frac{1}{2}\right)h\nu \qquad n = 0,\ 1,\ 2,\ 3, \cdots \tag{2.126}$$

를 얻는다. 이것이 단조화 진동자 퍼텐셜의 고유값이 된다. 여기서, υ는 이 퍼텐셜 내에 있는 입자의 고전적인 진동의 진동수이다. 이 입자는 고유값들의 어떤 값에서나 속박상태에 있게 되므로 고유값들은 모두 띄엄띄엄 떨어진 값이 된다.

그림 2.7에 각종 조화 진동자 n에 대한 고유함수를 도시하였다.

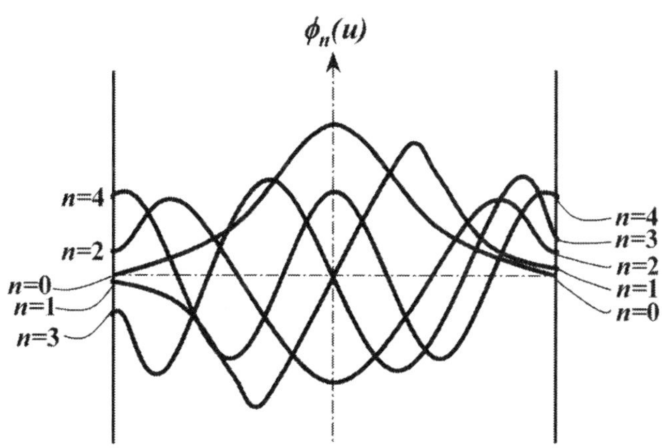

그림 2.7 ▸ 조화진동자의 고유함수

예제 2.7

작은 n에 대한 단조화 진동자의 고유함수의 수학적 형태는 매우 간단하기 때문에, 직접 대입해서 그 고유함수가 식(2.106)의 퍼텐셜과 식(2.126)의 고유값에 대해 시간에 무관한 슈뢰딩거 방정식을 만족시킨다는 것을 확인할 수 있다. $n=1$에 대해 그러한 확인 절차를 보여라.

[풀이] 시간에 무관한 슈뢰딩거 방정식은

$$-\frac{\hbar^2}{2m}\frac{d^2\psi}{dx^2}+\frac{C}{2}x^2\psi=E\psi$$

이다. 고유값

$$E_1=\frac{3}{2}h\nu=\frac{3}{2}\frac{h}{2\pi}\left(\frac{C}{m}\right)^{1/2}=\frac{3}{2}\hbar\left(\frac{C}{m}\right)^{1/2}$$

과 고유함수

$$\psi_1=A_1ue^{-u^2/2} \qquad \text{여기서,} \quad u=\frac{(Cm)^{1/4}}{\hbar^{1/2}}x$$

가 슈뢰딩거 방정식을 만족시킴을 확인하기 위해서는 도함수

$$\frac{d\psi_1}{dx}=\frac{du}{dx}\frac{d\psi_1}{du}=\frac{(Cm)^{1/4}}{\hbar^{1/2}}\left[A_1e^{-u^2/2}+A_1u(-u)e^{-u^2/2}\right]$$
$$=\frac{(Cm)^{1/4}}{\hbar^{1/2}}A_1e^{-u^2/2}[1-u^2]$$

및

$$\frac{d^2\psi_1}{dx^2}=\frac{du}{dx}\frac{d}{du}\frac{d\psi_1}{dx}=\frac{(Cm)^{1/4}}{\hbar^{1/2}}\left\{\frac{d}{du}\frac{(Cm)^{1/4}}{\hbar^{1/2}}A_1e^{-u^2/2}[1-u^2]\right\}$$
$$=\frac{(Cm)^{1/2}}{\hbar}A_1\left\{-ue^{-u^2/2}[1-u^2]+e^{-u^2/2}[-2u]\right\}$$
$$=\frac{(Cm)^{1/2}}{\hbar}A_1ue^{-u^2/2}\{u^2-3\}$$
$$=\frac{(Cm)^{1/2}}{\hbar}\{u^2-3\}\psi_1=\frac{(Cm)^{1/2}}{\hbar}\left\{\frac{(Cm)^{1/2}}{\hbar}x^2-3\right\}\psi_1$$

을 계산한다. $d^2\psi_1/dx^2$과 E_1을 만족시켜야 할 방정식에 대입하면

$$-\frac{\hbar^2}{2m}\frac{(Cm)^{1/2}}{\hbar}\left\{\frac{(Cm)^{1/2}}{\hbar}x^2-3\right\}\psi_1+\frac{C}{2}x^2\psi_1=\frac{3\hbar}{2}\left(\frac{C}{m}\right)^{1/2}\psi_1$$

이 된다.

2.3 구대칭 potential 중의 입자

포텐셜 에너지 V가 좌표 r에만 의존하는 계, 즉 구대칭 포텐셜 중에 운동하는 입자의 문제는, 예를 들면 수소류와 같은 원자핵의 쿨롱력에서 운동하는 전자와 같은 경우에 대해서는 극좌표(r, θ, ψ)를 도입하고 Laplace 연산자 Δ를 극좌표에 대한 것으로 바꿔 쓰면 Schrödinger 방정식은

$$\frac{1}{r^2}\frac{\partial}{\partial r}\left(r^2\frac{\partial \Psi}{\partial r}\right)+\frac{1}{r^2\sin\theta}\frac{\partial}{\partial\theta}\left(\sin\theta\frac{\partial\Psi}{\partial\theta}\right)+\frac{1}{r^2\sin^2\theta}\frac{\partial^2\Psi}{\partial\psi^2}+a^2(r)\Psi=0 \tag{2.127}$$

로 표현되며, 여기서

$$a_2(r)=\frac{1}{\hbar}\sqrt{2m_p[E-V(r)]} \tag{2.128}$$

이며, m_p는 입자의 질량이다.

식(2.127)을 변수 분리 방법을 써서 풀기 위하여 이식의 해를 다음 식(2.129)과 같은 형으로 놓으면

$$\Psi(r,\theta,\psi)=NR(r)\Theta(\theta)\Phi(\psi) \tag{2.129}$$

와 같이 방정식은 r, θ, ψ만을 포함한 3개로 분리된다. 여기서, R은 r만의, Θ는 θ만의, Φ는 ψ만의 함수이고 N은 규격화 상수이다. 식(2.129)을 식(2.127)에 대입하고 전체를 $\Psi(r,\theta,\psi)=NR(r)\Theta(\theta)\Phi(\psi)$로 나누면

$$\begin{aligned}&\frac{1}{r^2}\frac{d}{dr}\left(r^2\frac{dR}{dr}\right)\frac{1}{R}+\frac{1}{r^2\sin\theta}\frac{d}{d\theta}\left(\sin\theta\frac{d\Theta}{d\theta}\right)\frac{1}{\Theta}\\&+\frac{1}{r^2\sin^2\theta}\frac{d^2\Phi}{d\psi^2}\frac{1}{\Phi}+a^2(r)=0\end{aligned} \tag{2.130}$$

가 얻어진다.

ψ에 의존하는 항을 우변으로 이항시키고 양변에 $r^2\sin^2\theta$를 곱하면

$$\begin{aligned}&r^2\sin^2\theta\left[\frac{1}{r^2}\frac{d}{dr}\left(r^2\frac{dR}{dr}\right)\frac{1}{R}+a^2(r)\right]\\&+\sin\theta\frac{d}{d\theta}\left(\sin\theta\frac{d\Theta}{d\theta}\right)\frac{1}{\Theta}=-\frac{d^2\Phi}{d\psi^2}\frac{1}{\Phi}\end{aligned} \tag{2.131}$$

이 얻어진다. 식(2.131)의 좌변은 r, θ에만 의존하며 우변은 ψ에만 의존하므로 이 식이 항등적으로 성립하려면 각 변이 어떤 상수와 같을 경우에만 성립한다. 이 상수를 m^2

으로 놓으면 식(2.131)의 우변은

$$\frac{d^2\Phi}{d\psi}=-m^2\Phi \tag{2.132}$$

와 같은 식이 얻어진다. 또 식(2.131)의 좌변을 r과 θ에 관한 것으로 분리하면

$$\begin{aligned} & r^2\left[\frac{1}{r^2}\frac{d}{dr}\left(r^2\frac{dR}{dr}\right)\frac{1}{R}+a^2(r)\right] \\ & =-\frac{1}{\sin\theta}\frac{d}{d\theta}\left(\sin\theta\frac{d\Theta}{d\theta}\right)\frac{1}{\Theta}+\frac{m^2}{\sin^2\theta} \end{aligned} \tag{2.133}$$

이 된다. 이 식(2.133) 역시 양변이 상수인 경우에만 항등적으로 성립하므로 이 상수를 λ라 하면 다음 두 개의 식(2.134a)와 식(2.134b)가 성립한다.

$$\frac{1}{\sin\theta}\frac{d}{d\theta}\left(\sin\theta\frac{d\Theta}{d\theta}\right)+\left(\lambda-\frac{m^2}{\sin^2\theta}\right)\Theta=0 \tag{2.134a}$$

$$\frac{1}{r^2}\frac{d}{dr}\left(r^2\frac{dR}{dr}\right)+\left[a^2(r)-\frac{\lambda}{r^2}\right]R=0 \tag{2.134b}$$

이와 같이 식(2.130)는 각각 r, θ, ψ만을 포함한 식(2.132), 식(2.134a)와 식(2.134b)의 3개의 식으로 분리되며 포텐셜 에너지형에 의존하는 함수 $a(r)$은 세 번째 식인 식(2.134b)에만 관계가 있다.

식(2.132)의 해의 형태는

$$\Phi_m(\psi)=N_\psi e^{jm\psi} \tag{2.135}$$

이며, Φ_m이 ψ의 1개 함수이기 위해서는 ψ는 2π만의 변화에 대하여 Φ_m이 같은 값을 취하는 것이 필요하므로 m은 자기 양자수에 대응하는 정수이어야 한다. 따라서,

$$m=\cdots,-2,-1,0,+1,+2,\cdots \tag{2.136}$$

이며, 또 규격화 상수 N_ψ는 이미 식(1.24)에서 구하였듯이 $1/\sqrt{2\pi}$와 같고 규격화 함수 Φ_m은

$$\Phi_m(\psi)=\frac{1}{\sqrt{2\pi}}e^{jm\psi} \tag{2.137}$$

와 같이 된다. $\Theta(\theta)$에 관한 식(2.134a)를 새로운 변수 $x=\cos\theta$를 써서 변형하면 함수 $y(x)=\Theta(\theta)$는 다음의 Legendre의 **배방정식**(培方程式)을 만족한다.

$$(1-x^2)y''-2xy'+\left(\lambda-\frac{m^2}{1-x^2}\right)y=0 \tag{2.138}$$

*m=0*인 경우에 Legender 방정식은

$$(1-x^2)y''-2xy'+\lambda y=0 \tag{2.139}$$

로 되지만 파라미터 λ가 다음의 값을 갖는 경우에만 풀 수 가 있다.

$$\lambda=l(l+1), \qquad l=0,1,2,3,\cdots \tag{2.140}$$

식(2.134)의 해는 Legendre의 다항식(l은 다항식의 차수)은

$$P_l(x)=\frac{1}{2^l l!}\frac{d^l}{dx^l}(x^2-1)l \tag{2.141}$$

로 주어진다. 식(2.138)은 식(2.139)과 마찬가지로, 파라미터 λ가 다음과 같은 조건을 만족할 때만 풀 수 있다.

$$\lambda=(k+|m|)(k+|m|+1), \qquad k=0,1,2,3,\cdots \tag{2.142}$$

식(2.142)은 식(2.140)와 일치해야 할 것이므로

$$(k+|m|)=l \tag{2.143}$$

로 놓을 수 있다. l은 각 운동량 양자수에 대응하므로 k와 l은 정의 정수이므로 $|m|\leqq l$이며, 다음의 관계가 성립되어야 한다.

$$\begin{aligned}&\lambda=l(l+1),\\&l=0,1,2,3,\cdots\\&m=-l,\cdots,-2,-1,0,+1,+2,\cdots,+l\end{aligned} \tag{2.144}$$

즉, 식(2.138)의 해는 Legendre의 배다항식은

$$P_l^{|m|}(x)=(1-x^2)^{|m|/2}\frac{d^{|m|}}{dx^{|m|}P_l(x)} \tag{2.145}$$

로 주어져 규격화 된 파동함수 $\Theta_l\cdot m(\theta)$는

$$\Theta_l\cdot m(\theta)=\sqrt{\left(\frac{2l+1}{4\pi}\right)\frac{(l-|m|)!}{(l+|m|)!}}\,P_l^{|m|}\cos\theta \tag{2.146}$$

으로 주어진다. 함수 $\Phi(\psi)$와 $\Theta(\theta)$를 곱하면 파동함수의 각 부분은

$$Y(\theta,\psi) = N_{\theta,\psi}\Theta(\theta)\Phi(\psi) \tag{2.147}$$

를 얻는다. 이 함수는 구함수라고 불리워지며 규격화된 함수는 다음식으로 주어진다.

$$Y_{lm}(\theta,\psi) = \sqrt{\left(\frac{2l+1}{4\pi}\right)\frac{(l-|m|)!}{(l+|m|)!}}\,P_l^{|m|}(\cos\theta)e^{jm\psi} \tag{2.148}$$

식(2.134b)를 다시 고쳐 쓰면

$$R'' + \frac{2}{r}R' + \left[a^2(r) - \frac{\lambda}{r^2}\right]R = 0 \tag{2.149}$$

이 되고, 이 식의 $R(r)$를

$$R(r) = \frac{\rho(r)}{r} \tag{2.150}$$

로 바꿔 놓기를 행하면

$$\rho'' + \left[a^2(r) - \frac{\lambda}{r^2}\right]\rho = 0 \tag{2.151}$$

가 되며 식(2.128)과 식(2.144)의 관계를 이용하여 다시 쓰면

$$-\frac{\hbar^2}{2m_p}\rho'' + \frac{\hbar^2 l(l+1)}{2m_p r^2}\rho + V(r)\rho = E\rho \tag{2.152}$$

이 된다. 식(2.152)의 $r\to 0$ 부근에서의 일반해는

$$\rho_1(r) = A_1 r^{l+1} + B_1 r^{-l} \approx A_1 r^{l+1} \tag{2.153}$$

의 형으로 주어진다. $B_1=0$는 $r\to 0$에서 해가 발산하지 않기 위해 필요하다. 또, $r\to\infty$에서 $V(r)\to 0$으로 된다고 하면 식(2.151)은

$$\rho'' + a^2\rho = 0, \qquad a = \frac{1}{\hbar}\sqrt{2m_p E} \tag{2.154}$$

이 되며, 이 식은 식(2.132)과 같은 형을 하고 있으며 $E<0$의 경우에는 해가 $ja = a'$로 써서 표현하면

$$\rho_2(r) = A_2 e^{-a'r} + B_2 e^{ar} \approx A_2 e^{-a'r} \tag{2.155}$$

로 주어진다. $B_2=0$는 $r\to\infty$에서 해가 발산하지 않기 위해 필요하다.

식(2.153)와 식(2.155)에서 나타내지는 해는 r의 중간 값에서 연속이어야 한다. 이 함수의 연속조건과 규격화 조건으로부터 연근해의 계수가 결정된다. 에너지 스펙트럼은 $E>0$의 경우에는 연속이 되지만 위에 서술한 $E<0$의 경우에는 불연속이 된다.

2.4 수소와 유사한 원자

수소원자는 Schrödinger 파동방정식의 해를 정확하게 구할 수 있는 유일한 원자이다. 따라서 수소원자의 파동함수는 다른 모든 **다전자계**(multi-electron system)의 근사 파동함수를 만드는 기초가 되므로 수소원자에 대한 Schrödinger 파동방정식의 해를 정확히 이해하는 것이 매우 중요하다.

수소와 유사한 원자번호 z인 어떤 원자에 있어서 전자의 potential 에너지는

$$V(r) = -\frac{ze^2}{4\pi\epsilon_0 r} \tag{2.156}$$

로 주어지므로, 이 식(2.156)를 식(2.11)에 대입하면 Schrödinger 파동방정식은

$$\frac{\hbar^2}{2m_e}\Delta\Psi + \left[E - \left(\frac{ze^2}{4\pi\epsilon_0 r}\right)\right]\Psi = 0 \tag{2.157}$$

이 된다. 또 식(1.8)로부터 Bohr의 반지름

$$r_1 = \frac{4\pi\epsilon_0\hbar^2}{m_e e^2}1^2 = 0.529[\text{Å}]$$

을 길이의 단위로 택하고, Rydberg 에너지인

$$|E_1| = Rhc = \frac{m_e e^4}{8\epsilon_0^2 h^2} = \frac{m_e e^4}{2(4\pi\epsilon_0)^2\hbar^2} = 13.6[eV]$$

를 에너지의 단위로써 택하면 일반적인 정수는 모두 소거되어 식(2.157)은

$$\Delta\Psi + \left[E - \left(\frac{2z}{r}\right)\right]\Psi = 0 \tag{2.158}$$

이 된다. 이 식(2.158)을 극좌표 $\Psi(r, \theta, \psi)$로 바꿔 쓰면

$$\frac{1}{r^2}\frac{\partial}{\partial r}\left(r^2\frac{\partial \Psi}{\partial r}\right)+\frac{1}{r^2\sin\theta}\frac{\partial}{\partial\theta}\left(\sin\theta\frac{\partial\Psi}{\partial\theta}\right)+ \frac{1}{r^2\sin^2\theta}\frac{\partial^2\Psi}{\partial\psi^2}+(E+\frac{2z}{r})\Psi=0 \tag{2.159}$$

와 같이 쓸 수 있다. 이 식(2.159)에 변수분리 방법을 적용하면 각 부분의 식은 식(2.132) 및 식(2.134)과 매우 같은 식이 되며 동경부분(動徑部分)의 식은

$$R''+\frac{2}{r}R'+\left[E+\frac{2z}{r}-\frac{l(l+1)}{r^2}\right]R=0 \tag{2.160}$$

이고, 또 식(2.150)로 바꿔 넣기를 행하면

$$\frac{d^2\rho}{dr^2}+\left[E+\frac{2z}{r}-\frac{l(l+1)}{r^2}\right]\rho=0 \tag{2.161}$$

가 된다. $E<0$이라 하고 식(2.153)와 식(2.155)를 참고하면 이 방정식의 해는

$$\rho_1(r)=A_1r^{l+1},\qquad r\to0 \tag{2.162a}$$

$$\rho_2(r)=A_2e^{\alpha r},\qquad r\to\infty \tag{2.162b}$$

이다. 여기서

$$\alpha=\sqrt{-E} \tag{2.163}$$

이다. 해인 식(2.162)을 하나의 함수로 나타내기 위해서 멱급수를 쓰면 $\rho(r)$은

$$\rho(r)=r^{l+1}(a_0+a_1r+a_2r^2+\cdots)e^{-\alpha r}=e^{-\alpha r}\sum_{k=0}^{\infty}a_kr^{k+l+1} \tag{2.164}$$

의 형태로 나타낼 수 있다고 가정한다. 이 식(2.164)을 두 번 미분하면

$$\frac{d^2\rho}{dr^2}=\alpha^2e^{-\alpha r}\sum_{k=0}^{\infty}a_kr^{k+l+1}-2\alpha e^{-\alpha r}\sum_{k=0}^{\infty}a_k(k+l+1)r^{k+1}+ e^{-\alpha r}\sum_{k=0}^{\infty}a_k(k+l+1)(k+l)r^{k+l+1} \tag{2.165}$$

이므로 이것을 식(2.164)과 함께 식(2.161)에 대입해서 r차수의 항으로 정리하면

$$\sum_{k=0}^{\infty}\left[\{(k+l+2)(k+l+1)-l(l+1)\}a_{k+1}-\{2\alpha(k+l+1)2Z\}a_k\right]t^{k+1}=0 \tag{2.166}$$

의 식이 얻어진다. 이 식(2.166)은 r이 $0 \sim \infty$까지의 모든 값에 대해서 만족하기 위해서는 r의 각 차수항의 계수가 0이어야 한다. 따라서 다음과 같은

$$\frac{a_{k+1}}{a_k} = \frac{2\alpha(k+l+1)-2z}{(k+l+2)(k+l+1)-l(l+1)} \qquad k=0,1,2,\cdots \tag{2.167}$$

계수간의 식을 얻는다. 멱함수 식(2.164)이 유한의 다항식이기 위해서는 식(2.167)의 분자가 0이어야 되므로

$$\alpha = \frac{z}{k+l+1} = \frac{z}{n} \tag{2.168}$$

이 성립한다. 단,

$$n = k+l+1, \qquad k=0,1,2,\cdots, \qquad n=1,2,3,\cdots, \tag{2.169}$$

이다. 식(2.163)를 쓰면, 식(2.168)의 에너지 양자화 조건은

$$E = -\frac{z^2}{n^2} \tag{2.170}$$

으로 주어진다. 이 에너지는 Rydberg에너지의 단위로 나타내어져 있으므로 식(1.16)과 일치한다.

식(2.161)의 해는 식(2.164)에 식(2.167)과 식(2.168)을 대입하면

$$\begin{aligned}\rho(r) &= a_0 e^{-\frac{2z}{n}} r^{l+1}\left\{1 - \frac{(n-l-1)}{1!(2l+2)}\left(\frac{2zr}{n}\right) + \frac{(n-l-1)(n-l-2)}{2!(2l+2)(2l+3)}\left(\frac{2zr}{n}\right)^2 + \right.\\ &\quad \left.\cdots + \frac{(n-l-1)(n-l-2)\cdots 1}{(n-1)!(2l+2)(2l+3)\cdots(2l+k)}\left(\frac{2zr}{n}\right)^k\right\} \\ &= a_0 e^{-\frac{zr}{n}} r^{l+1} L_{n+1}^{2l+1}\left(\frac{2zr}{n}\right)\end{aligned} \tag{2.171}$$

로 된다. 따라서 동경 파동함수 $R_{n,l}(r)$는

$$R_{n,l}(r) = a_0 e^{-\frac{zr}{n}} r^{l+1} L_{n+1}^{2l+1}\left(\frac{2zr}{n}\right) \tag{2.172}$$

로 주어진다.

또

$$\xi = \frac{2zr}{n} \tag{2.173}$$

로 놓으면 식(2.172)는

$$R_{n,l}(\xi) = N_{n,l} e^{-\frac{\xi}{2}} \xi^l L_{n+1}^{2l+1}(\xi) \tag{2.174}$$

가 된다. 여기서 a_0 및 $N_{n,l}$는 $\int_0^\infty R_{n,l}^2 r^2 dr = 1$의 규격화 조건에 의해 결정되는 규격화 상수이다. $L_{n+1}^{2l+1}(\xi)$는 Laguerre의 다항식으로

$$L_k(\xi) = e^{\xi} \frac{d^k}{d\xi^k}(e^{-\xi}\xi^k) \tag{2.175}$$

를 미분해서 얻어지는 다항식이다.

수소와 유사한 원자 각 부분의 파동함수는 식(2.148)로 주어지므로 전체 파동함수 $\Psi_{n,l,m}(r,\theta,\psi)$는

$$\Psi_{n,l,m}(r,\theta,\psi) = R_{n,l}(r) Y_{l,m}(\theta,\psi) = R_{n,l}(r)\Theta_{l,m}(\theta)\Phi_m(\psi) \tag{2.176}$$

로 주어진다.

앞에서 설명한 바와 같이 Schrödinger 파동방정식을 풀면 양자수 *n*, *l*, *m*이 다음과 같이 자연적으로 나온다.

양자수	$n = 1, 2, 3, \cdots$	(2.177a)
각 운동량 양자수	$l = 0, 1, 2, \cdots, n+1$	(2.177b)
자기 양자수	$m = -l, \cdots, -2, -1, 0, +1, +2, \cdots, +l$	(2.177c)

표 2.1 ▸ 규격화 각 파동함수

l	m	$\Theta_{l,m}(\theta) = \sqrt{\left(\frac{2l+1}{2}\right)\frac{(l-\lvert m\rvert)!}{(l+\lvert m\rvert)!}} P_l^m \cos\theta$
0	0	$\Theta_{0,0} = 1/\sqrt{2}$
1	0	$\Theta_{1,0} = \sqrt{\frac{3}{2}} \cos\theta$
	±1	$\Theta_{1,\pm 1} = \sqrt{\frac{3}{4}} \sin\theta$
2	0	$\Theta_{2,0} = \sqrt{\frac{5}{8}} (3\cos^2\theta - 1)$
	±1	$\Theta_{2,\pm 1} = \sqrt{\frac{15}{4}} \sin\theta\cos\theta$
	±2	$\Theta_{2,\pm 2} = \sqrt{\frac{15}{16}} \sin^2\theta$

식(2.177)의 관계는 Bohr-Sommerfeld에 의해 유도된 것과 일치하며, 에너지는 주양자수 n에 의해 정해져, n은 l 및 m에 의존하지 않고 수소원자의 에너지 레벨은 축퇴(縮退)하고 있다.

다전자 원자에서는 구대칭 퍼텐셜이 흐트러지므로 축퇴가 풀어져 부준위로 나눠어져 각 운동량 양자수 l이 부준위를 결정하게 되고, 자계중에서는 더욱 자기적 퍼텐셜 에너지가 축퇴를 풀게 되어 자기 양자수 m이 부준위를 결정하게 된다. 스핀양자수 s는 위의 설명으로부터는 나오진 않지만 특수 상대성 이론을 도입한 Dirac의 파동방정식으로 합리적인 설명이 가능해 진다.

자기 양자수 m은 각 운동량의 성분이 취할 수 있는 값을 결정하고 그 값은 식(1.7)과 마찬가지로 $m\hbar$로 나타낸다. 각 운동량이 취할 수 있는 값도 각 운동량 양자수 l로 결정되지만 그 값은 $l\hbar$가 아니고, 양자역학에서는

$$\sqrt{l(l+1)}\,\hbar \tag{2.178}$$

로 유도된다. 따라서 자기 모멘트 μ_m이 취할 수 있는 값도 $l \cdot \mu \cdot B$가 아니고, 양자역학에서는

$$\sqrt{l(l+1)} \cdot \mu \cdot B \tag{2.179}$$

로 주어진다.

양자수는 파동의 세계에서는 진동절(振動節)의 수에 대응하는 것이지만 수소원자에 있어서의 절은 $r = const$, $\psi = const$, $\theta = const$라 하는 몇 개의 서로 직교하는 면이 된다. 즉,

표 2.2 ▸ 수소와 유사한 원자의 규격화 동경 파동함수

n	l	$R_{n,l}(r) = a_0 e^{-\frac{zr}{n}} r^{l+1} L_{n+1}^{2l+1}\left(\frac{2zr}{n}\right)$
1	0	$R_{1,0} = 2z^{3/2}e^{-zr}$
2	0	$R_{2,0} = \frac{1}{2\sqrt{2}} z^{3/2}(2-zr)e^{-zr/2}$
	1	$R_{2,1} = \frac{1}{2\sqrt{6}} z^{5/2} r e^{-zr/2}$
3	0	$R_{3,0} = \frac{2}{81\sqrt{3}} z^{3/2}(27-18zr+2z^2r^2)e^{-zr/3}$
	1	$R_{3,1} = \frac{4}{81\sqrt{6}} z^{5/2} r(6-zr)e^{-zr/3}$
	2	$R_{3,2} = \frac{4}{81\sqrt{30}} z^{7/2} r^2 e^{-zr/3}$

$r = const$는 원점을 중점으로 하는 구면,
$\psi = const$는 z축을 포함하는 평면,
$\theta = const$는 원점을 정점으로 하는 원추의 면이다.

절면(節面)의 총수는 $(n-1)$과 같고, $\psi = const$의 절면의 수는 $|m|$, $\theta = const$의 절면수는 $(l-|m|)$, $r = const$의 절면수는 $(n-l-1)$과 같다.

양자상태 n, l, m에 의한 전자가 좌표(r, θ, ψ)인 점의 체적요소 $dv = r^2\sin\theta d\theta d\psi$에 존재할 확률은

$$|\Psi_{n,l,m}(r,\theta,\psi)|^2 dv = R_{n,l}^2(r)\Theta_{l,m}^2(\theta)dv \tag{2.180}$$

로 나타내져 확률은 각 Ψ에는 의존하지 않는다. 즉 전자밀도는 z축 주위에 회전 대칭 분포를 취한다. 입체각 $d\Omega = \sin\theta d\theta d\psi$ 중의 존재 확률은 식(2.180)를 r에 대해서 $0 \sim \infty$까지의 적분에 의해 얻어지며, $\Theta_{l,m}^2(\theta)d\Omega$로 주어진다. 표 2.1에 주어지고 있는 $\Theta_{l,m}(\theta)$의 값을 써서 전자밀도의 각도분포를 그리면 그림 2.8과 같다.

또 s상태는 구대칭 이지만 p, d, f인 상태에서는 전자밀도가 어느 직교 및 면에 따라서 집중하고 있다. 전자밀도가 최대인 방향은 Bohr-Sommerfeld 궤도의 장경방향(長徑方向)과 일치한다. 식(2.180)을 각도에 대하서 적분하면 반지름 r 및 $r+dr$의 구역에 있어서의 존재확률은

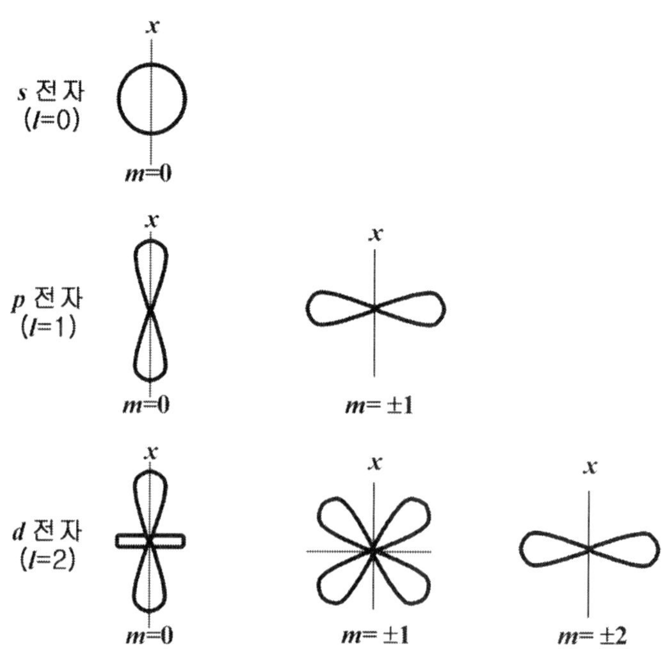

그림 2.8 ▸ 수소원자 전자밀도의 각도분포

$$R_{n,l}^2(r)r^2dr \tag{2.181}$$

이 얻어진다.

표 2.2의 $R_{n,l}(r)$의 값을 써서 전자밀도의 동경분포를 그려보면 그림 2.9와 같다.

전자밀도가 최대인 r값은 n과 함께 증가한다. Bohr의 이론에서 궤도반지름은 n^2에 비례하지만 *1s, 2p, 3d* 등의 전자에서는 전자밀도가 최대가 되는 r의 값은 다음과 같이 Bohr의 궤도 반지름과 일치한다.

$$1s : \frac{d}{dr}(r^2e^{-2r}) = 2re^{-2r}(r-1) = 0 \qquad \therefore r = 1 \tag{2.182a}$$

$$2p : \frac{d}{dr}(r^4e^{-r}) = 2r^3e^{-r}(4-r) = 0 \qquad \therefore r = 4 \tag{2.182b}$$

$$3d : \frac{d}{dr}(r^6e^{-2r/3}) = r^5e^{-2r/3}(6-2r/3) = 0 \qquad \therefore r = 9 \tag{2.182c}$$

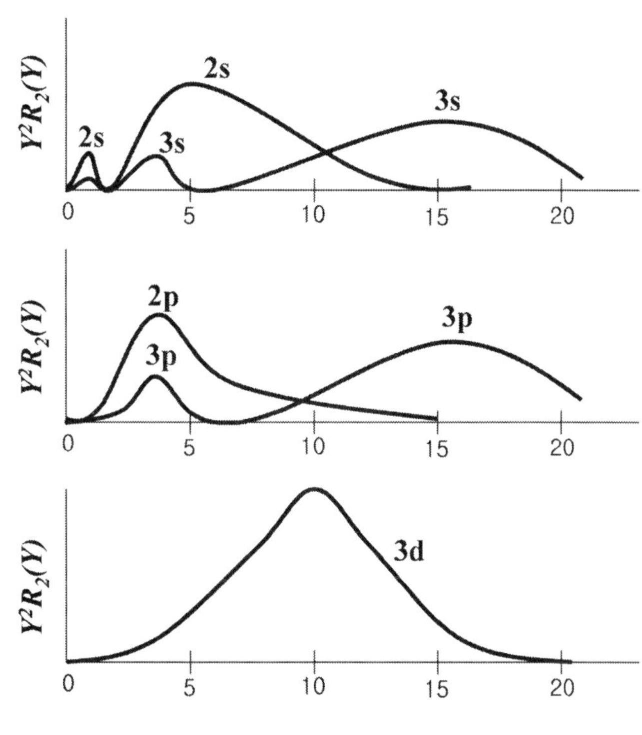

그림 2.9 ▸ 수소원자 전자밀도의 운동분포

2장 연습문제

1. 1차원의 슈뢰딩거 파동방정식을 유도하고 그 해의 일반적인 성질을 논하라.

2. $\Psi_1(x,t)$와 $\Psi_2(x,t)$가 시간에 대한 일차원 슈뢰딩거 파동방정식의 해라고 하자.
   (1) $\Psi_1 + \Psi_2$가 해라는 것을 증명하라.
   (2) $\Psi_1 \cdot \Psi_2$는 일반적인 슈뢰딩거 파동방정식의 해라고 할 수 있는가?
   (3) (2)가 진실이면 그 이유를 설명하라.

3. 파동함수가 $\Psi(x,t) = A(\sin\pi x)e^{-j\omega t}$로 주어지는 경우, x의 범위가 다음과 같을 때 $\int_{-1,0}^{1} |\Psi(x,t)|^2 dx = 1$이 되도록 A를 결정하라.
   (1) $-1 \leqq x \leqq +1$　　　　(2) $0 \leqq x \leqq +1$

4. 파동함수가 $\Psi(x,t) = A(\sin n\pi x)e^{-j\omega t}$로 주어지는 경우, x의 범위가 다음과 같을 때 $\int_{-1,0}^{1} |\Psi(x,t)|^2 dx = 1$이 되도록 A를 결정하라.
   (1) $-1 \leqq x \leqq +1$　　　　(2) $0 \leqq x \leqq +1$

5. 평면파 $\Psi = A\exp(ja_x x)$로 주어진 경우 p_x^2와 p_z에 대한 평균값을 구하라. 여기서 p는 운동량을 나타낸다.

6. x방향으로 운동하고 있는 자유전자는 $\Psi_a(x) = A\exp(ja_x x)$ 형태로 된 파동함수인 평면파로 기술될 수 있다. 여기서 a_x는 파수 또는 전파상수이다. 전자의 운동량 $\langle p_x \rangle$와 a_x의 관계를 유도하라.

7. 어떤 전자가 평면파 파동함수 $\Psi(x,t) = A\exp(j10x - 7t)$로 기술된다면 운동량의 x-성분과 y-성분 및 전자의 에너지에 대한 평균값을 계산하라.

8. 바다의 파도 파속은 $\sqrt{g\lambda/2\pi}$ 이다. 이 파도의 군속도를 구하여라. 여기서 g는 중력이다.

9. $E > V_0$인 계단퍼텐셜의 경우에 대해 반사계수와 투과계수의 합이 1이라는 식(2.72)을 증명하라.

10. 반사계수와 투과계수를 E/V_0의 비를 써서 표현한 식(2.74a)을 증명하라.

11. x=0에서 V_0로 변화하는 계단 전위함수에 대하여 $E > V_0$이고 입자가 $+x$ 방향에서 $-x$ 방향으로 이동하여 입사된다고 가정하자.
   (1) 각 영역에 대한 파동방정식의 해를 구하라.
   (2) 투과계수와 반사계수에 대한 식을 유도하라.

12. 2.1 [eV]의 에너지를 가진 전자에 의한 2.4 [eV] 높이의 계단전위함수에의 침투를 고려할 경우 다음을 구하라.
   (1) 장벽을 넘어 12Å의 거리에서 전자를 발견할 상대확률을 결정하라.
   (2) 장벽을 넘어 48Å의 거리에서 전자를 발견할 상대확률을 결정하라.

13. 무한한 장벽을 가진 10Å 폭의 양자 우물에 있는 전자에 대한 처음 3개의 에너지준위를 계산하라.

14. 높이가 10 [MeV]이고 두께가 10^{-14}[m]인 직사각형 퍼텐셜 장벽을 한 양성자와 한 중양성자(양성자와 같은 전하를 가지나 질량이 2배인 입자)가 투과하려고 한다. 이 두 입자는 모두 3 [MeV]의 총 에너지를 가진다. (a) 정성적 논의를 통하여 성공할 확률이 가장 높은 입자는 어느 것인지 보여라. (b) 두 입자 모두에 대해 성공할 확률을 정량적으로 계산하라.

15. 0.5 [cm] 폭의 무한전위 우물에 10 [mg]의 질량을 가진 입자를 생각하자.
   (1) 입자의 에너지가 10 [mJ] 이라면 그 상태에 대한 n의 값을 계산하라.
   (2) (n+1) 상태의 운동에너지를 계산하라.
   (3) 이 입자에 대한 양자효과가 관찰될 수 있는지 고려하라.

16. 총 에너지가 $9V_0$인 입자가

$$V_0 = 8V_0 \qquad x < 0$$
$$V_0 = 0 \qquad 0 < x < x_0$$
$$V_0 = 5V_0 \qquad x > x_0$$

   로 주어지는 퍼텐셜에 $-x$축으로부터 입사한다. 이 입자가 x축의 양(+)의 쪽 $x > x_0$인 영역으로 투과되어 계속 진행할 확률을 구하라.

17. 무한 네모우물 퍼텐셜 내부의 영역에서 정상파 일반해인 식(2.91)은 이 퍼텐셜에 대한 시간에 무관한 슈뢰딩거 방정식인 식(2.32)을 만족시킴을 대입법으로 증명하라.

18. 무한 네모우물 퍼텐셜의 n=3인 고유함수의 식(2.103)에 대한 곱의 상수 값이 $B_3 = \sqrt{2/x_0}$ 가 됨을 규격화 조건을 적용하여 증명하라.

19. 선형 조화진동자의 문제를 양자역학으로 풀 때 그의 에너지 E가 다음과 같은 형태로 주어짐을 증명하라.

$$E=\left(n+\frac{1}{2}\right)h\nu$$

20. 수소원자에서 기저상태 전자의 동경(動徑) 파동함수는 $\psi(r)=A_0e^{-r/r_1}$의 모양으로 주어진다. 규격화 조건을 써서 A_0를 구하여라. 또 전하밀도가 최대일 때의 반지름을 구하라.

21. 예제 2.7에서와 같이 단조화 진동자의 n=2 상태에 대한 고유함수와 고유값을 직접 시간에 무관한 슈뢰딩거 방정식에 대입해서 확인하라.

3 확률·통계역학

3.1 서론

물리계의 구성요소의 수가 증가함에 따라 많은 수의 입자들을 다뤄야만 하는데, 이 경우 각 개별입자의 운동을 다루는 것보다 더욱더 복잡해진다. 일반적으로 많은 수의 입자로 이루어진 집합체를 취급할 때 이러한 계를 구성하고 있는 각 입자의 위치, 속도 또는 에너지를 정확히 안다는 것은 원칙적으로 불가능하지만, 계 전체의 통계적 성질은 비교적 쉽게 이해할 수 있다.

통계학이란 불확실한 상황에 대한 의사결정에 필요한 정보를 제공하기 위해 관심 대상에 대한 자료를 수집하고, 정리·요약하여 제한된 자료나 정보를 토대로 필요한 정보를 추출하여 의사결정 기준을 제시하는 학문이다. 통계학의 종류 중 하나인 **기술통계학**(Descriptive statistics)은 자료를 수집하고 정리하여 도표나 표를 만들거나 자료를 요약하여 대표값, 변동의 크기 등을 구하는 방법을 다루는 분야이며, **추측통계학**(Inferential statistics)은 수집된 자료에 내포된 정보를 분석하여 불확실한 사실에 대한 추론을 하는 분야라고 정의 할 수 있다. 측정결과에 대하여 합리적인 의사결정을 위해서는 과학적인 이론에 근거한 관심사에 대한 정확한 대상이 선정되어야 한다. 연구목적에 필요한 자료와 정보가 경제성과 정밀도를 고려하여 최적의 방법으로 수집되어야 하고, 수집된 자료는 과학적인 이론에 의해 정리, 분석되어야 한다.

표준조건하에서 어떤 기체 1리터를 포함하는 계에서 기체분자의 운동을 기술하려는 데는 각 기체 개별의 압력이나 온도와 같은 보다 상세한 정보는 필요하지 않으며, 전체적인 통계적인 고찰만으로부터 그 계의 거동에 관한 단순한 성질을 도출해 낼 수 있다. 예를 들면 용기 속에 담은 기체는 용기 벽에 평균압력을 가하게 되지만 이 압력은 용기 속의 개별 기체입자들의 충돌에 의한 것이지만 입자가 벽에 부딪힐 때, 각 개별 기체분자를 추적하여 각각의 압력을 계산하지는 않는다. 실제로 초보적인 통계적 접근에 의해서도 광범위한 물리적인 성질들을 기술할 수 있으며, 실제의 물리계가 가지는 거동의 상당한 부분을 예측할 수 있다. 그 까닭은 이 계가 통계적인 고찰이 유효하도록 충분히 많은 입자를 포함하고 있는 경우, 계가 가지고 있는 성질과 구성입자가 가지고 있는 속도, 구성입자가 가지고 있는 에너지의 분포 등이 비교적 간단한 법칙에 연관되어 지배되고 있기 때문이다.

입자들의 통계적 거동을 취급하는데 있어서 입자들이 따라야하는 에너지 상태에서 입자들의 분포를 결정하는 법칙들이 있다. 온도 T에서 서로 열평형 상태에 있는 많은 수의 입자들을 포함하는 고립계를 고려하면, 이 평형상태를 유지하기 위해서는 서로 에너지 교환을 할 수 있어야 하기 때문에 한 입자가 가지는 에너지는 계의 평균에너지보다 때로는 큰 값을 갖고 때로는 작을 값을 가지면서 요동(搖動)할 것이다. 그러나 통계역학의 고전적인 이론은 입자가 연속적으로 갖는 에너지 또는 어떤 특정 시각에 여러 입자들이 갖는 에너지가 T에 의존하는 **볼쯔만 분포**(Boltzmann distribution)라고 하는 확률분포함수에 의해 결정될 것을 요구한다. 이 계의 입자들이 차지하게 되는 에너지 상태의 확률을 알게 되면 점유확률 등을 써서 전체계의 여러 가지 중요한 성질을 예측할 수 있게 된다.

볼쯔만 분포의 한 결과인 맥스웰 분포는 분포함수 $N(v)$에 의해 기술되는데, $N(v)dv$는 한 분자가 v와 $v+dv$ 사이의 구간에서 어떤 속력을 갖는 확률을 나타낸다. 이것으로부터 분자가 갖는 운동량에 관계되는 평균속력, 분자가 갖는 에너지에 관계되는 평균제곱 속력 등과 같은 양을 계산할 수 있으며, 이러한 평균치들로부터 운동량에 관계되는 압력과 에너지에 관계되는 온도 등과 같은 관측 가능한 성질을 계산한다.

통계적인 취급은 적당히 많은 수의 입자만을 포함하는 계의 근사에도 적용될 수 있지만, 이러한 취급에서는 볼쯔만 분포를 사용하지 않게 되는데, 그 까닭은 볼쯔만 분포가 원자핵 내에서 발견되는 양자적인 입자에는 소용이 없기 때문이다. 이러한 양자적인 입자에 유효한 분포함수는 α 입자 또는 광자와 같이 어느 두 입자의 표지를 교환할 때 대칭인 고유함수로 기술되어야 하는 입자에 적용되는 **보즈 분포**(Bose distribution)와 전자, 양성자, 중성자와 같이 이러한 표지의 교환에 대하여 반대칭인 고유함수로 기술하지 않으면 안되는 입자에 적용되는 **페르미 분포**(Fermi distribution)의 두 가지 분포함수를 들 수 있다. 광자 혹은 흑체복사의 거동이 보즈 분포의 예이며, 결정의 전자들의 거동에 대한 적용이 Fermi-Dirac 확률함수 법칙이다.

3.2 측정불확도(Measurement Uncertainty)

불확실한 것을 완벽한 것으로 할 수는 없으나, 불확실한 정도를 통계학적 기법을 사용하여 추정할 수 있으며 추정된 측정불확도의 크기가 측정결과에 심각한 영향을 미치는지 여부를 판단할 수는 있을 것이다. ISO의 지침에서는 불확도는 참값이 존재할 수 있는 범위의 추정값으로 표현하고 있다. 종래에 사용하던 오차라는 용어를 단독으로 사용하지 말도록 권고하고 있다. 오차는 참값과 측정값의 차이로 평가되기 때문에 측정값의 재현성에 따라 달라지며, 실제로 참값은 알 수가 없는 값이기 때문에 오차를 구할 수 없기 때문이다. 따라서 측정자가 실제로 구하게 되는 것은 참값과 측정값의 대표값과 이들 대표값들이 존재할 수 있는 범위가 된다. 측정결과는 측정오차만으로는 올바르게 표현할 수 없으므로 측정불확도의 표시가 반드시 동반되어야 한다.

불확도(Uncertainty)의 사전적 의미는 의심 또는 의혹, 불확실함을 뜻한다. 따라서 넓은 의미에서 측정불확도는 어떤 측정 결과가 정확한가에 대한 의심뿐만 아니라 측정결과가 타당한가 또는 유효한가, 정당한가, 근거가 확실한가에 대한 의구심을 뜻한다. 모든 측정에서 오차결정에 불확실한 부분이 상존하고 완전히 극복될 수는 없으나, 불확실한 정도의 크기를 적절한 기법을 사용하여 추정하면 측정결과를 어느 정도 신뢰할 수 있는지, 측정결과의 활용가능성 여부는 판정할 수 있다. **측정불확도**(measurement uncertainty)는 한정된 기술적 의미에서 불확도라는 용어는 충분히 타당성 있는 이유에 의해 측정량에 영향을 미칠 수 있는 값들의 분포를 특성화한 범위값으로 정의되는 특정한 의미를 갖게 된다. 측정불확도의 가장 중요한 기능은 측정결과의 품질을 정량적인 수치로 표시함으로써 '측정하고자 하는 특정대상에 대한 량을 얼마나 잘 나타냈는가 ?'하는 의문에 적절한 해답을 제공한다.

측정불확도가 어떻게 사용되는가를 쉽게 이해할 수 있는 예로서 의약품 원료중의 불순물의 함량물 10.00ppm(허용오차 ±0.01 ppm)이내로 합성하여야 할 경우 측정 결과로 불순물이 10.00ppm을 기준으로 ±0.01 ppm을 초과하는지 아닌지를 평가할 수 있어야 한다. 그러나 측정불확도가 ±0.01 ppm이라도 판단 기준에 영향을 미칠 정도로 클 경우 확률적 의미에서 불량이 될 확률은 50%나 되며, 상당량의 불량이 합격품으로 처리될 수 있을 것이다. 이와 같이 모든 측정평가에서는 측정값이 필연적으로 내포하고 있는 측정불확도를 고려해야 한다. 위의 의약품 원료의 경우에 불량률을 최소화하려면 측정값이 [10.00ppm ± (허용공차-측정불확도)] 이내에 들어가야만 한다. 따라서 오차의 발생요인을 적절히 제어하고 측정기기의 관리, 측정환경 개선 등을 통해 전체 오차의 크기를 줄여서, 즉 측정불확도의 크기를 작게 하여 측정결과의 신뢰성과 활용성을 높여야 한다.

때때로 측정결과는 규격이나 규정에 명시된 허용오차와 비교되어지는 경우가 많으며 이 경우 측정불확도에 대한 정보는 측정결과가 수용할 수 있는 범위 내에서 적합한지의 여부를 판정하여 주는데, 많은 경우에 있어서 측정결과가 허용 한계에 매우 근접하는 경우가 발생하게 되고 확률적인 의미에서 허용공차를 초과할 위험성에 직면하게 되며 이때에는 반드시 측정불확도에 대한 고려가 필요하다. 측정불확도는 오차를 얼마나 잘 평가하고 불확실한 성분을 최소화 하는가에 따라 그 크기가 달라질 수 있다. 오차의 발생 요인을 적절히 제어하고 측정환경 등을 개선하면 전체 오차의 크기는 작아지며, 분명하게 확인된 오차는 조정, 보정 등을 통해 제거 시킬 수 있다.

국제적으로 특히 인증에 관한 측면에서 다각도로 측정불확도의 관리가 강력히 요구되는 추세이나 공인기관들이 실제적으로 적용할 수 있는 평가방법에 관해 출간된 지침들은 다소 불완전하다. 1993년 ISO가 발간하고 관련 주요 국제기구들이 공동으로 승인 보증한 **측정불확도 표현지침**(guide to the expression of uncertainty of measurement)은 대부분의 관련기관에서 새로운 지침으로 수용되고 있다. 이 지침은 1970년대부터 국제도량형위원회(CIPM)가 중심이 되어 국제적으로 동의를 얻을 수 있는 측정불확도 표현방법을 검토하던 끝에 발간된 것으로 현재로서는 측정불확도 평가와 표현에 있어 가장 적절한 접근방법으로 인정받고 있기 때문에 세계적으로 널리 채택되고 있다. 측정불확도란 측정 대상으로부터 합리적으로 추정된 값들의 분산된 상태를 규정하는 측정결과와 관련된 매개별수를 의미한다.

이 지침은 아·태평양시험소인정협력체(APLAC:Asia Pacific Laboratory Accreditation Cooperation), 유럽교정시험기관인정협력체(EA European Accreditation), 국제시험소인정협력체(ILAC: International Laboratory Accreditation Cooperation), 미국국립표준기술원(NIST: National Institute of standards and Technology), 그리고 한국교정시험기관인정기구인 KOLAS(Korea Laboratory Accreditation Scheme) 등에서 실무치침 개발의 기초자료로 활용되고 있다.

3.2.1 측정 오차

측정에 필연적으로 수반되는 오차에 대하여 논하기 전에 **참값**(True Value)에 대하여 정의하여 보면, 주어진 특정한 양의 정의에 일치되는 값, 완벽한 측정으로 얻어질 수 있는 값으로 참값은 본래 정해질 수 없는 값이다.

1. **오차**(Error) : 측정 결과에서 측정 대상의 참값을 뺀 값으로 정의할 수 있으며 우연 성분과 계통성분으로 분류할 수 있다. 참값은 구할 수 없으므로, 실제로는 협정 참값이 사용된다. 오차와 상대오차를 구별할 필요가 있을 때, 오차는 종종 측정의 절대오차를 뜻한다. 측정의 절대오차를 오차의 크기를 나타내는 오차의 절대값과 혼동해서는 안된다.

$$\text{오차} = \text{우연 오차} + \text{계통 오차} \tag{3.1}$$

$$\text{오차} = \text{유한 측정의 결과} - \text{참값} \tag{3.2}$$

2. **상대오차**(relative error) : 상대오차란 측정의 오차를 측정량의 참값으로 나눈 값이다. 참값은 구할 수 없으므로, 실제로는 협정 참값이 사용된다.

3. **우연 오차**(random error) : 측정 결과에서 반복성이 유지되는 조건에서 같은 측정 대상을 무한번 측정한 결과의 평균값을 뺀 값으로 영향량들이 시간적, 공간적으로 예측할 수 없게 변동하므로 생긴다. 우연 오차는 보정할 수 없으나 관측의 횟수를 늘림으로써 줄일 수는 있다. 측정횟수에는 한계가 있을 수밖에 없으므로, 결국 우연오차의 추정값만 정할 수 있을 뿐이다.

$$\text{우연 오차} = \text{유한 측정의 결과} - \text{무한 측정의 평균값} \tag{3.3}$$

4. **계통 오차**(systematic error) : 반복성이 유지되는 조건에서 같은 측정 대상을 무한번 측정하여 얻은 모평균에서 측정량의 참값을 뺀 값으로 계통 오차는 우연 오차와 마찬가지로 완전히 제거할 수는 없지만 역시 줄일 수는 있다. 만약에 측정 결과에 영향을 끼치는 어떤 인자(계통 효과)로부터 계통 오차가 발생하였다면 이 효과는 양으로 표시될 수 있다. 이 효과가 측정에서 요구되는 정확도에 비하여 무시할 수 없을 정도의 크기라면, 이를 보상하기 위하여 보정값이나 보정인자를 적용할 수 있다.

$$\text{계통 오차} = \text{무한 측정의 평균값} - \text{참값} \tag{3.4}$$

ISO 지침서에는측정결과의 오차는 각각의 오차 성분이 결과의 오차에 기여하도록 하는 수많은 우연효과와 계통효과로부터 야기되는 것으로 종종 간주 한다고 되어있다.

5. **실험표준편차**(experimental standard deviation) : 같은 측정량에 대한 일련의 n회 측정에서, 결과의 분산의 특성을 나타내는 양 $s(q_k)$이며 다음과 같이

$$s(q_k) = \sqrt{\frac{\sum_{k=1}^{n}(q_k - \bar{q})^2}{n-1}} \tag{3.5}$$

로 주어진다. 여기서, q_k는 k번째 측정의 결과이며, $\bar{q}$는 n회 측정한 결과의 산술평균이다. 일련의 n개 값을 어떤 분포의 표본이라 하면, $\bar{q}$는 그 분포의 모평균 μ_q의 비편향 추정량이며, $s^2(q_k)$는 분산 σ^2의 비편향 추정량이다. $s(q_k)/\sqrt{n}$은 $\bar{q}$의 분포의 추정표준편차이며, 모평균의 실험표준편차라고 한다. 모평균의 실험표준편차는 종종 모평균의 표준오차라고 잘못 불리기도 한다.

6. **보정값**(correction) : 보정값은 계통오차를 보상하기 위하여 보정전 측정결과에 대수적으로 더하는 값으로 추정된 계통오차에 음부호를 붙인 것과 같다. 계통오차를

완전하게 알 수는 없으므로, 그에 대한 보상도 완전할 수는 없다.

7. **보정인자**(correction factor) : 보정인자란 계통오차를 보상하기 위하여 보정전 측정결과에 곱하여 주는 수치 인자로 계통오차를 완전하게 알 수는 없으므로, 그에 대한 보상도 완전할 수는 없다.

3.2.2 통계학 용어

1. **확률**(probability) : 우연사건이 일어날 수 있는 가능성을 나타내는 0에서 1 사이의 실수로 표현한 것으로, 똑같은 관측을 무수히 많이 반복하였을 때 어떤 사건이 일어나는 비율, 즉 장기간의 상대빈도 또는 사건이 일어날 수 있는 가능성(믿음)의 정도에 관련된다.

2. **확률변수: 변량**(random variable : variate) : 특정 집합으로부터 어느 값이나 취할 수 있는 변수로서 확률분포와 연관 지어지는 것이다. 이산확률변수와 연속확률변수로 나눌 수 있으며, 사건 A의 확률을 P_r(A) 또는 P(A)로 표현한다.

3. **확률분포** (probability distribution) : 확률변수가 어떤 주어진 값을 가질 확률 또는 주어진 값의 집합에 속할 확률을 나타내는 함수이다.

4. **분포함수**(distribution function) : 분포함수란 모든 값 x에 대하여, 확률변수 X가 x보다 작거나 같게 될 확률을 주는 함수로

$$F(x) = P_r(X \leq x) \tag{3.6}$$

와 같이 나타낸다.

5. **확률밀도함수** (probability density function) : 분포함수의 도함수

$$f(x) = \frac{dF(x)}{dx} \tag{3.7}$$

가 존재할 때, 연속확률변수 x가 아주 작은 구간 안에 있을 확률, 즉 확률 원소 $f(x)dx$ 는

$$f(x)dx = P_r(x < X < x + dx) \tag{3.8}$$

이다. 또 두 값 a와 b 사이의 값을 취할 확률은

$$P_r(a < X < b) = \int_a^b f(x)dx \tag{3.9}$$

이다.

6. **확률질량함수**(probability mass function) : 이산확률변수 X의 어떤 값 x_i에 대하여, 확률변수 X가 x_i와 같게 될 확률 p_i를 주는 함수로

$$p_i = P_r(X = x_i) \tag{3.10}$$

표현 할 수 있다.

7. **매개변수**(parameter) : 확률변수의 확률분포를 표현하는데 사용되는 양으로서 모집단의 특성을 나타낸다. 모수는 주어진 모집단의 고유한 상수로서 모평균(또는 기대값), 모분산 등이 있다.

8. **상관관계**(correlation) : 두 개 이상의 확률변수의 분포에서 확률변수들 사이의 관련성을 의미한다.

9. **기대값 : 모평균**(expectation : expected value : mean) : x_i를 가질 확률이 p_i인 이산확률변수 X에 대하여, 기댓값은

$$\mu = E(X) = \sum x_i p_i \tag{3.11}$$

로 정의된다. 또, 확률밀도함수 $f(x)$를 갖는 연속확률변수 X에 대하여, 기댓값은

$$\mu = E(X) = \int x f(x)dx \tag{3.12}$$

로 정의된다.

10. **분산**(variance) : 확률변수 X의 분포가 모평균 μ로부터 흩어진 정도를 나타내는 양으로서

$$\sigma^2 = X(x) = E[X - E(X)]^2 \tag{3.13}$$

로 정의된다.

11. **표준편차**(standard deviation) : 표준편차란 분산의 양(+)의 제곱근

$$\sigma = \sqrt{V(X)} \tag{3.14}$$

으로 나타낼 수 있다.

12. **정규분포**(normal distribution) : 정규분포는 Laplace-Gauss 분포(Laplace-Gauss distribution)라고도 하며, 연속확률변수 X의 확률분포로서 그 확률밀도함수가

$$f(x) = \frac{1}{\sigma\sqrt{2\pi}} \exp\left[-\frac{1}{2}\left[\frac{x-\mu}{\sigma}\right]^2\right], \quad -\infty < x < \infty \tag{3.15}$$

로 주어지는 분포이다. μ는 정규분포의 기대값이고, σ는 표준편차이다.

13. **모집단**(population) : 모집단이란 관심의 대상이 되는 집단 전체를 말하며, 확률변수의 경우에 모집단을 정의하기 위하여 확률분포를 사용한다.

14. **빈도 ; 도수**(frequency) : 일정 사건이 발생하는 횟수 또는 특정 계급에 속하는 관측값의 수이다.

15. **빈도분포 ; 도수분포**(frequency distribution) : 특성치의 값과 빈도 또는 상대빈도 사이의 경험적 관련을 나타내는 분포이다. 이 분포는 히스토그램, 막대그림표, 누적빈도다각형, 이원표(two-way table) 등으로 표현될 수 있다.

16. **산술평균 ; 평균**(arithmetic mean ; average) : 평균이란 관측값의 합을 관측값의 개수로 나눈 값으로, 표본평균 또는 실험평균이라고도 한다. 모평균 또는 기대값은 모집단의 모수를 나타내는 것이며, 산술평균 또는 평균은 표본으로 얻어진 자료들을 계산한 결과를 나타낸다. 모집단으로부터 얻은 단순 임의표본의 산술평균은 이 모집단의 모평균에 대한 비편향 추정량이다. 그러나 기하평균, 조화평균, 중간값, 최빈값 등과 같은 통계량들이 사용되는 경우도 있다.

예제 3.1

지금 10회의 측정값은 16, 19, 18, 16, 17, 19, 20, 15, 17, 13이다. 산술평균을 구하라.

[풀이] 지금 10개의 측정값이 있다면, 이것의 평균을 구하려면 이것을 전부 더하여 측

정개수로 나눈다.

16+19+18+16+17+19+20+15+17+13 = 170
10개의 평균값은 170 ÷ 10 = 17

17. **표본분산 ; 실험분산** (sample variance ; experimental variance) : 관측값의 분산을 나타내는 것으로 관측값들의 편차, 즉 관측값과 산술평균과의 차이로부터

$$s^2 = \frac{1}{n-1}\sum_{i=1}^{n}(x_i - \bar{x})^2 \tag{3.16}$$

와 같이 정의되며 분산의 비편향 추정량이 된다.

18. **표본표준편차**(sample standard deviation) : 실험표준편차(experimental standard deviation)라고도 하며 표본분산의 양(+)의 제곱근으로 모집단 표준편차에 대한 비편향 추정량이 된다.

19. **통계량**(statistic) : 관측값의 함수이며 엄밀하게는 표본확률변수의 함수이다. 통계량 또한 확률변수이며 관측값에 의해 구해지는 통계량의 값은 통계적인 검정에 또는 모수의 추정값으로 사용될 수 있다.

20. **추정**(estimation) : 모집단으로부터 취한 표본에서의 관측값을 이용하여, 그 모집단의 통계적 모형으로 선택된 분포의 모수에 수치값을 부여하는 작업이다. 그 결과는 한 개의 값, 즉 점 추정값(point estimate)으로 표현되거나 구간 추정값(interval estimate)으로 표현될 수 있다.

21. **추정량**(estimator)**과 추정값**(estimate) : 추정량은 모수를 추정하기 위해 사용된 통계량이며, 추정값은 추정의 결과로서 얻어진 추정량의 값이다.

예제 3.2

다음과 같이 추정 표준편차를 계산해 보자.

[풀이] 펜과 종이만의 필산으로 표준편차를 계산하는 것이 불편하지만 다음 작업을 해 본다. 지금 10 개의 값이 있다면(예제 3.1과 동일한 값을 사용), 먼저 평균값을 구한다. (예제 3.1)에서 사용했던 값 16, 19, 18, 16, 17, 19, 20, 15, 17, 13의 평균치는 17이다.

다음에 각각 값과 평균치와 의 차이를 구한다. 즉

-1 +2 +1 -1 0 +2 +3 -2 0 -4

이것들을 각각 제곱한다. 즉

1 4 1 1 0 4 9 4 0 16

다음에 이 합계를 구하고, n-1으로 나눈다.
(이 경우, n = 10이기 때문에 n -1 = 9) 즉

$$\frac{1+4+1+1+0+4+9+4+0+16}{9}=4.44$$

추정 표준편차는, 이 최종값의 제곱근을 구하는 것으로 얻을 수 있다.

$s=\sqrt{4.44}=2.1$ (소수점 첫째 자리로 수치맺음을 한다.)

---

22. **양쪽 신뢰구간**(two-sided confidence interval) : T_1과 T_2가 관측값의 두 함수이고, θ가 추정하려고 하는 모집단 파라미터일 때, 확률 $P_r(T_1 \leqq \theta \leqq T_2)$가 $(1-\alpha)$보다 크거나 같다면, 즉 $P_r(T_1 \leqq \theta \leqq T_2) \geqq (1-\alpha)$이라면, T_1에서 T_2까지 구간을 θ에 대한 $(1-\alpha)$ 양쪽 신뢰구간이라 한다. 여기서 $(1-\alpha)$는 0과 1 사이의 값이다.

23. **한쪽 신뢰구간**(one-sided confidence interval) : T가 관측값의 함수이고, θ가 추정하려고 하는 모집단 파라미터일 때, 확률 $\Pr(T \geqq \theta)$[또는 확률 $\Pr(T \leqq \theta)$]가 $(1-\alpha)$보다 크거나 같다면, θ가 가질 수 있는 가장 작은 값에서부터 T까지의 구간 [또는, 9T부터 θ가 가질 수 있는 가장 큰 값까지의 구간]을 θ에 대한 $(1-\alpha)$ 한쪽 신뢰구간이라 한다.

24. **신뢰수준**(confidence level) **또는 신뢰계수**(confidence coefficient) : 신뢰구간 또는 통계적 포함구간과 관련된 확률값 $(1-\alpha)$를 의미한다.

25. **통계적 포함구간**(statistical coverage interval) : 주어진 신뢰수준으로 최소한 모집단의 특정부분을 포함한다고 명시될 수 있는 구간을 의미한다.

26. **자유도**(degrees of freedom) : 관측값의 수에 대하여 특정 체계 내에서 임의로 결정될 수 있는 수의 개수이다. 예를 들어 표본분산의 경우, 표본분산을 얻으려면 $(x_i-\bar{x})$값을 제곱하여 합하여야 한다. 이때 제한조건식은 $\sum(x_i-\bar{x})=0$ 뿐이므로 임

의로 결정될 수 있는 $(x_i-\overline{x})$는 $n-1$개가 된다. 즉 표본의 크기는 n이지만 $(x_i-\overline{x})$는 $n-1$개 만이 임의로 결정된다. 따라서 표본분산의 자유도는 $n-1$이다. 만약 최소제곱 방법에 의하여 직선의 절편과 기울기를 결정하기 위하여 n개의 독립적인 관측값이 사용되었다면, 절편 또는 기울기에 대한 표준불확도의 자유도는 $\nu=n-2$이다. 또 n개의 관측값에 대한 m개의 파라미터의 최소제곱 적합선에 대해서는, 각각의 파라미터에 대한 표준불확도의 자유도는 $\nu=n-m$이 된다.

3.2.3 불확도 관련 용어

1. **측정불확도**(uncertainty of measurement) : 측정결과에 관련하여, 측정량을 합리적으로 추정한 값의 분산 특성을 나타내는 파라미터이며, 파라미터는 표준편차(또는 그의 배수), 또는 명시된 신뢰구간의 반너비 등이 될 수 있다. 측정불확도는 일반적으로 여러 성분으로 구성되어 있으며, 크게 두 부류로 나눌 수 있다. 한 부류는 여러 번 측정한 결과의 통계적인 분포로부터 값이 결정되는 것으로 실험 표준편차로 나타낼 수 있고, 다른 부류는 마찬가지로 표준편차로 나타낼 수 있지만, 경험이나 다른 정보에 근거하여 가정한 확률분포로부터 그 값이 결정되는 것이다. 측정결과는 측정량의 값에 대한 최선의 추정값이라 할 수 있으며, 여러 가지 원인으로부터 오는 다양한 불확도 성분이 모두 분산의 원인이 되는데, 사용된 표준기와 표준물질, 보정 등에 관련된 성분처럼 계통효과에서 기인하는 성분도 포함된다.

2. **A형 평가**(Type A evaluation) : 일련의 관측값을 통계적으로 분석하여 불확도를 구하는 방법으로 정의된다.

3. **B형 평가**(Type B evaluation) : 일련의 관측값의 통계적인 분석이 아닌 다른 방법으로 불확도를 구하는 방법으로 정의된다.

4. **합성표준불확도**(combined standard uncertainty) : 측정결과가 여러 개의 다른 입력량으로부터 구해질 때 이 측정결과의 표준불확도를 합성표준불확도라 한다. 합성표준불확도는 각 입력량의 변화가 측정결과에 미치는 영향에 따라 가중된 분산과 공분산의 합의 양(+)의 제곱근과 같다.

5. **확장불확도**(expanded uncertainty) : 측정량의 합리적인 추정값이 이루는 분포의 대부분을 포함할 것으로 기대되는 측정결과 주위의 어떤 구간을 정의하는 양으로, 포함확률 또는 구간의 신뢰수준을 뜻하는 것으로 본다. 특정한 신뢰수준을 확장불확도에 의해 정의되는 구간과 관련짓기 위해서는 측정결과와 그 합성표준불확도로 결정되는 확률분포에 관한 명백하거나 함축적인 가정이 요구된다. 구간에 부여할 수 있는

신뢰수준은 그 가정이 성립되는 범위에서만 알 수 있다.

6. **포함인자**(coverage factor) : 확장불확도를 구하기 위하여 합성표준불확도에 곱하는 수치인자로, 포함인자 k의 값은 보통 2와 3 사이에 있다.

3.2.4 오차 분포의 형태

3.2.4.1 정규 분포

일련의 측정값에 있어서, 그 값은 평균값에 떨어진 위치보다도 평균값 가까이에 위치하기 쉬운 경향이 있다. 이것을 정규분포(또는 가우스 분포)라 한다. 이 타입의 분포는 많은 사람이 모인 그룹에서의 신장을 조사하면 대부분의 사람이 평균신장 부근이고, 극단적으로 키가 큰 사람이나 작은 사람은 얼마 되지 않는다. 아래 그림(a)는 거의 정규분포하고 있는 10개의 「랜덤한」 값의 그룹을 나타내는 것이며, 그림(b)는 정규분포의 약도를 나타낸 것이다.

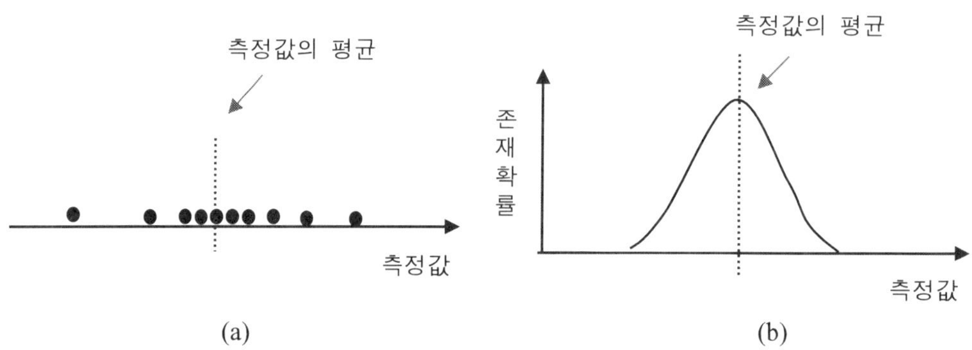

그림 3.1 ▸ 정규 분포

3.2.4.2 직사각형 분포

측정이 최고값과 최저값의 사이에서 거의 균등하게 흩어질 때, 직사각형 분포가 나타난다. 예를 들어, 똑바른 전화선에 빗방울이 떨어지는 상황을 조사해 보면 알 수 있다. 전화선의 어느 구간을 잡아도, 빗방울은 다른 부분에 내리는 것과 동일하지는 않다. 그림(a)는 직사각형 분포를 하고 있는 10개의 「랜덤한」 값의 무리이고, 그림(b)는 직사각형 분포의 약도를 보여주고 있다.

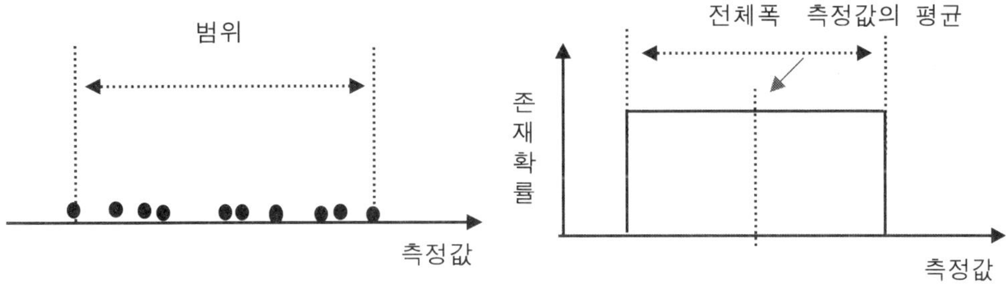

(a) (b)

그림 3.2 ▸ 직사각형 분포

3.2.4.3 기타 분포

매우 수는 적으나 다른 형태를 한 분포도 있다. 예를 들면 삼각형, M 자형, 경사형 등이다.

3.2.5 측정불확도의 원인

측정불확도를 계산하기 위해서는 먼저 측정불확도를 일으키는 요인을 정하지 않으면 안된다. 다음에 각각의 요인에서 그 불확도의 크기를 추정하고 최종적으로 각각의 불확도를 합성하고, 전체 크기를 파악한다.

측정에 필연적으로 수반되는 오차 즉, 측정불확도의 원인을 살펴보면

- 측정량에 대한 불완전한 정의
- 측정량의 정의에 대한 불완전한 실현
- 대표성이 없는 표본추출
- 측정 환경의 효과에 대한 지식 부족 및 환경 조건에 대한 불완전한 측정
- 아날로그 기기에서의 개인적인 판독 차이
- 기기의 분해능과 검출 한계
- 측정표준과 표준물질의 부정확한 값
- 외부자료에서 이용하여 데이터 분석에 사용한 상수와 파라미터의 부정확한 값
- 측정방법과 측정과정에서 사용되는 근사값과 여러 가지 가정
- 외관상 같은 조건이지만 반복적인 측정에서 나타나는 변동

등을 들 수 있다.

3.2.6 불확도 평가의 구분

측정불확도 요인이 뭔가 있다면, 그것들을 추정하기 위한 불확도 성분의 평가는 구하는 방법에 따라 아래 표에서와 같이 크게 불확도의 A형 평가(또는 A형 불확도 평가)와 불확도의 B형 평가(또는 B형 불확도 평가)로 분류한다. 그러나 불확도의 성분 자체가 두 가지 종류가 있다는 것은 아니다.

표 3.1 ▸ 불확도 구분

A형 표준불확도	B형 표준불확도
분산의 추정값 u^2은 반복 측정된 값으로부터 계산, 통계학에서 사용되는 표본분산 s^2에 해당, u는 양(+)의 제곱근으로서 u=s	분산의 추정값 u^2은 이미 알려진 정보를 이용하여 구함
반복 측정 값의 빈도분포에 근거한 확률밀도함수에서 구함	기존의 정보 또는 문헌을 통해 측정값이 가질 수 있는 확률밀도함수를 가정하여 구함

A형을 우연, B형을 계통적이라고 생각하기 쉽지만, 그것은 반드시 올바른 것이 아니다. 종합불확도를 평가하기 위한 8가지 주요 단계는 다음과 같다.

1. 측정으로부터 무엇을 보고 알아낼 필요가 있는지를 정한다. 최종결과를 얻는데 필요한 측정과 계산은 실제 어떤 것인지를 결정한다.
2. 필요한 측정을 실시한다.
3. 최종 결과에 포함시키려고 하는 각 입력양의 불확도를 추정한다. 모든 불확도는 같은 형태로 표현한다.
4. 입력양의 불확도가 서로 독립하고 있는지, 그렇지 않은지를 확인한다. 독립하고 있지 않다고 생각할 수 있는 경우에는, 추가계산 또는 정보가 필요하다.
5. 얻어진 측정결과를 계산한다. (교정과 같이 알고 있는 보정을 모두 포함한다.)
6. 각각 요인 전부에서, 합성표준불확도를 구합니다.
7. 불확도를 포함인자와 불확도 구간의 크기를 표현하여 신뢰 수준을 기술한다.
8. 측정결과 및 불확도를 쓰고, 이들을 어떻게 구했는지를 기술한다.

3.2.7 측정불확도 계산

측정불확도에 기여하는 성분은 모두 표준불확도로 변환하여 동일 신뢰수준으로 표현할 필요가 있다. 이렇게 해야 어떤 불확도라도 동일한 단위와 동일한 신뢰수준으로 부여할 수 있다. 표준불확도는「어떤 표준편차의 플러스 또는 마이너스 값」이라고 간주할 수 있는 범위이다. 표준불확도는(단지 값의 흩어짐 뿐만 아니고) 어떤 평균값의 불확도를 가리키는 것이다. 표준불확도는 보통 u(소문자), 또는 u(y), (y)에 관한 표준불확도)로 표현한다.

3.2.7.1 A형 표준불확도의 계산

여러번 반복 측정하여 얻은 값(A형 불확도 평가용)에 대해 평균값 및 추정 표준편차 s를 계산할 수 있다. 이들 평균치의 추정 표준불확도 u는

$$u = \frac{s}{\sqrt{n}} \tag{3.17}$$

로 된다. 여기서 n은 측정회수이다. 평균값의 표준불확도는 이전에는 평균값의 표준편차, 또는 평균값의 표준오차라고 불렀다.

3.2.7.2 B형 평가를 위한 표준불확도의 계산

정보가 좀더 적은 경우(B형 평가에 자주 있는 것으로), 측정불확도의 상한과 하한밖에 추정할 수 없는 경우도 있을지도 모른다. 그 경우 구하는 값이 같은 정도의 확률로 그 사이 어딘가에 들어간다. 즉 직사각형 분포 중에 들어간다고 가정하지 않을 수가 없을 것이다. 직사각형 분포에 대한 표준불확도는 다음의 식

$$\frac{a}{\sqrt{3}} \tag{3.18}$$

으로 구한다. 여기서 a는 상한과 하한의 사이의 반범위 값이다. 직사각형 분포는 매우 일반적으로 나타날 수 있다. 그러나 뭔가 다른 분포가 기대할 수 있는 나름대로 이유가 있다면, 그것에 근거하여 계산하는 쪽이 좋을 것이다. 예를 들면, 어떤 계측기의 교정성적서와 같이 외부에서의 정보에 의한 불확도는 일반적으로 정규분포를 하고 있다고 가정할 수 있다.

3.2.7.3 다른 단위로의 불확도 변환

측정불확도 기여성분을 합성하고자 하는 경우에는 그들의 단위가 동일해야 되는 것이 전제가 된다. 예를 들면 길이를 재는 경우, 측정불확도는 결국 길이단위로 표현하게 된다. 실온의 변동은 측정불확도 요인의 하나가 될 수 있다. 이때 불확도의 근원은 온도이지만 그 효과는 길이로 표현되기 때문에 측정불확도를 길이단위로 고려하여야 한다. 만일 온도가 1℃ 상승에 따라 측정한 물체의 길이가 1% 팽창된다고 가정하면 이경우 ±2℃의 온도 불확도는, 100cm 물체에 대해 ±2cm 만큼의 길이로 불확도가 나타나게 된다. 일단 표준불확도를 정해진 단위로 표현해 버리면, 다음 테크닉을 사용하여 합성표준불확도를 구할 수 있다.

3.2.8 표준불확도 합성

A형 또는 B형 평가법에 따라 계산하는 각각의 표준불확도는 **제곱합의 제곱근법**(RSSM : Root Sum Square Method)에 따라, 유효하게 합성하는 것이 가능하다. 이렇게 나온 결과를 **합성표준불확도**라 부르며, u 또는 u(y)로 나타낸다. RSSM은 측정결과가 덧셈이나 뺄셈으로 될 경우 가장 단순하며, 곱셈, 나눗셈 또는 다른 함수로 사용하면 좀 더 복잡한 경우가 된다.

3.2.8.1 덧셈·뺄셈에 관한 RSSM

보다 단순한 경우로, 일련의 측정값의 합계(서로 더하거나 빼어서)가 되는 경우이다. 예를 들면, 각각의 폭이 다른 몇 장의 널판지를 나란히 맞대어 만든 담장의 전체 길이를 구하는 경우, 각 널판지에 대한 표준불확도(단위 m)가 a, b, c ... 라면, 이 경우 담장에 대한 합성표준불확도는 각 불확도를 제곱하고, 그들을 합계하여 제곱근을 취하여

$$\text{합성표준불확도} = \sqrt{a^2+b^2+c^2....} \tag{3.19}$$

로 구할 수 있다.

3.2.8.2 곱셈·나눗셈에 대한 RSSM

보다 복잡한 경우에는 계산을 단순하게 하기 위해 상대불확도를 취급하는 것이 편리한 경우가 있다. 예를 들면, 직사각형 카페트의 면적 A를 구하려고 할 때, 길이 L과 폭 W를 곱할(즉 A = L×W) 필요가 있다. 전체 카페트 면적의 상대 불확도는 길이와 폭의 상대불확도로 부터 구할 수 있다. 불확도 u(L)을 갖는 길이 L에 대하여, 상대불확도는 u(L)/L 이다.

불확도 u(W)을 갖는 폭 W에 대한 상대 불확도는 u(W)/W 이다. 이때 면적에 대한 상대불확도 u(A)/A은 다음 식

$$\frac{u(A)}{A}=\sqrt{\left[\frac{u(L)}{L}\right]^2+\left[\frac{u(W)}{W}\right]^2} \tag{3.20}$$

으로 나타낼 수 있다. 3개의 요소를 서로 곱셈하여 하나의 결과가 얻어지는 사례에서는 위 식에는 3개의 항이 존재한다. 위 식은 2개 값의 결과로 하는 경우에도 사용할 수 있다. 예를 들어, 길이를 폭으로 나누는 경우 등이다. 바꾸어 말하면 이러한 형태는 연산이 곱셈, 나눗셈으로 되는 모든 경우에 들어맞는 것이다.

3.2.8.3 좀더 복잡한 함수에 대한 RSSM

최종 측정 결과의 계산에 있어서, 어떤 값이 제곱이 되는 경우(예, Z^2), 제곱 항이 존재하는 것에 따른 상대불확도는

$$\frac{2u(Z)}{Z} \tag{3.21}$$

로 나타낼 수 있다.

제곱근(예, $\sqrt{Z}$)이 계산 결과의 일부로 되는 경우에는, 그 항이 존재하는 것에 따른 상대불확도는

$$\frac{u(Z)}{2Z} \tag{3.22}$$

로 나타낼 수 있다. 물론, 측정의 중에는 덧셈, 뺄셈, 곱셈, 나눗셈 등을 조합하여 공식을 사용하고 처리하는 것도 있다. 예를 들면, 전기 저항 R과 전압 V를 측정하고, 이때의 전력 P를 다음 관계식

$$P=\frac{V^2}{R} \tag{3.23}$$

을 사용하여 계산한다. 이 경우에서는, 전력값에 관한 상대불확도 u(P)/P는 다음 식

$$\frac{u(P)}{P}=\sqrt{\left[\frac{2u(V)}{V}\right]^2+\left[\frac{u(R)}{R}\right]^2} \tag{3.24}$$

과 같다. 일반적으로, 여러 단계를 거치는 계산에 대해서는 표준불확도를 제곱으로 합성하는 과정도 복수의 단계를 거치는 것도 가능하지만 각 단계에서는 덧셈, 곱셈 등에 관한 관련식을 이용하게 된다.

3.2.9 포함인자(coverage factor) k

합성표준불확도를 계산하기 위한 식에서 입력 표준불확도는 서로 관련되어 있지 않다. 즉 상관이 없는 경우에만 성립된다. 이것은 결국, 우리들이 불확도 기여 성분이 전부 독립하고 있는지 자문할 필요가 있다는 것을 의미한다. 어떤 입력중의 큰 오차가 다른 입력에 커다란 영향을 미치는가? 온도와 같은 어떠한 외부요인이 불확도에 영향을 미치는 것일까? 그것은 눈에 보이는 것일까, 보이지 않는 것일까? 대개의 경우, 각각의 불확도는 서로 독립하고 있다.

합성표준불확도를 구하기 위해 불확도 성분을 통일적으로 계산했다면, 다음에 그 결과를 다시 계산하고 싶을지도 모른다. 합성표준불확도는「1 표준편차」와 동등으로 간주하는 것이 가능하나, 우리들은 다른 신뢰수준(예 : 95 %)으로 규정한 합성표준불확도를 구하고 싶다고 생각할 수도 있을 것이다. 이 재계산은 **포함인자**(Coverage factor) k를 사용하면 가능하다.

합성표준불확도 u_c에 포함인자를 곱하면 확장불확도라는 결과가 얻어진다. 이것은 보통 U(대문자)기호

$$U = ku_c \tag{3.25}$$

로 나타낸다.

어느 특정의 포함인자는, 확장불확도에 대하여 특정의 신뢰수준을 준다. 가장 일반적으로는 포함인자 k=2를 사용하여 계산한다. 이것은 약 95%의 신뢰수준이 된다. k=2는 합성표준불확도가 정규분포인 경우에 성립된다. 이것은 일반적으로 적합한 가정이지만, 그렇게 하는 이유는 다른 자료를 참고하여야 할 것이다. 그밖에 몇 개의 포함인자(정규분포에 관한)는 아래와 같다.

$k = 1$ (신뢰 수준이 약 68.0 %의 경우)
$k = 2.58$ (신뢰 수준이 약 99.0 %의 경우)
$k = 3$ (신뢰 수준이 약 99.7 %의 경우)

기타 흔하지 않은 분포형에서는 포함인자가 서로 다르다. 반대로, 주어진 포함인자로 확장불확도를 인용할 때에는, 반대로 포함인자로 나눔으로써 표준불확도를 구할 수 있다. 이것은 합성표준불확도를 구하는 기초가 된다. 이것은 결국 교정성적서에 기재되어 있는 확장불확도가 적정하게 표기되어 있으면 표준불확도로 전환할 수 있음을 의미한다.

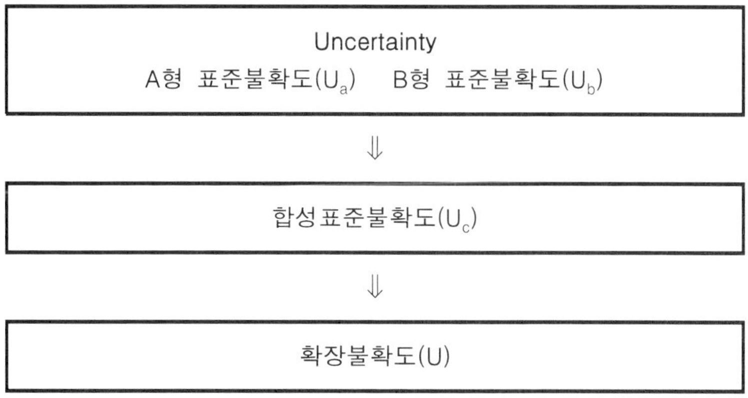

그림 3.3 ▸ 확장불확도

3.2.10 결과를 표기하는 방법

결과를 표기할 경우에 고객이 그 정보를 이용할 수 있도록 하는 것이 중요하다. 따라서 언급하지 않으면 안되는 주요 사항으로 다음과 같다.

1) 측정 결과와 그에 따르는 불확도의 값.
   예) 봉의 길이는 20 cm ± 1 cm 이다.
2) 포함인자와 신뢰수준의 표명. 보고되는 불확도는 약 95 %의 신뢰수준을 주는 포함인자 k=2를 곱한 표준불확도를 근거로 한다라고 표현하는 것을 권한다.
3) 불확도를 어떻게 추정했는가? 방법을 설명하고 있는 간행물을 인용한다. 예를 들면 KASTO 절차서 등 기타 자료

3.2.11 측정불확도 계산의 예

아래에 소개하는 것은 불확도를 추정 해석하는 단순한 예시이며, 기술한 내용이 전부 현실적인 것은 아니나 방법을 설명하기 위하여 간단하고 이해하기 쉽게 한 것이다.

예제 3.3

1개의 끈의 길이에 대한 불확도를 계산한다.

[풀이] 〈1단계〉

측정에서 무엇을 찾아낼 필요가 있는가를 결정한다. 최종 결과를 얻는데 필요한 측정과 계산은 실제 어떤 것인가를 정한다. 먼저 줄자를 사용하여 길이를 잰다. 줄자의 실제 읽기와는 다르게, 다음의 것을 생각하여야 한다.

1) 줄자 자체에 있는 불확도의 가능성
   - 보정의 필요는 없을까?
   - 교정은 올바르게 읽을 수 있는 것을 보여 주고 있을까?
   - 교정에서의 불확도는 뭔가?
   - 줄자는 쉽게 늘어나지 않는가?
   - 굽힌다면 짧아지지 않나?
   - 교정하고 난 후의 변화는 어느 정도라고 생각할 수 있을까?
   - 분해능 즉 최소눈금은 어느 정도인가? (예 : 1 mm)

2) 측정대상에서 기인하는 불확도의 가능성
   - 끈은 곧게 놓여 있나?
   - 느슨하거나 당기는 힘이 지나치지는 않는가?
   - 그 장소의 지배적인 온도나 습도, 그 외 끈의 실제의 길이에 영향을 주고 있지 않는가?
   - 끈의 끝은 확실히 하고 있나, 풀리지 않는가?

3) 측정과정 및 측정자에 기인하는 불확도의 가능성
   - 끈의 끝부분과 줄자의 끝부분을 얼마만큼 정확히 맞출 수 있나?
   - 줄자와 끈을 올바르게 평행으로 나란하게 할 수 있을까?
   - 동일한 측정을 얼마만큼 정확하게 되풀이 하는 것이 가능할까?
   - 이 밖에 고려할 사항은 없는가?

〈2단계〉

필요한 측정을 실시한다. 길이를 재고, 그 측정을 기록한다. 특히 완벽을 목표로 한다면, 1회 마다 줄자를 새로이 놓으면서 측정을 10회 반복한다.(현실적으로 하지 않는 것이지만) 지금, 계산결과 평균값으로 5.017 m, 추정 표준편차로서 0.002 1 m(2.1 mm)를 얻어 졌다고 가정한다.

측정에 신중을 기한다면, 다음의 사항을 기록해 두면 좋을 것이다.

   - 언제 측정했나?
   - 어떻게 측정했나? 예를 들면, 지면의 위라든지 연직방향에서 줄자의 방향을 바꾸고, 바꾸지 않고 기타 줄자와 끝을 어떻게 맞추었는지에 관한 상세한 정도.
   - 어떤 줄자를 사용했나?
   - 환경 조건(그것이 측정 결과에 영향을 주었다고 생각된 경우)
   - 관계하고 있다고 생각되는 그 밖의 사항.

〈3단계〉

최종결과에 포함시킬려고 하는 각 입력양의 불확도를 추정한다. 모든 불확도를 같은 형태(표준불확도 u)로 표현한다. 불확도의 가능성이 있는 원인들 전부에 대해 주목하고, 각각의 영향의 크기를 추정한다. 이번의 사례는 다음과 같이 한다.

1) 줄자는 교정을 하였다. 따라서 보정은 필요 없지만, 교정의 불확도는 포함인자 k = 2 (정규 분포) 로서 판독 값의 0.1 % 이다. 이 경우 5.017 m의 0.1 %는 5 mm에 가깝다. 2로 나누면, 표준불확도(k = 1에 대하여) u = 2.5 mm 이 된다.

2) 줄자의 최소눈금은 1 mm이다. 가장 가까운 눈금을 읽을 때, 불확도는 0.5 mm를 초과하지는 않는다. 이것을 동일한 분포의 불확도로 보는 것이 가능하다.(읽음은 1 mm 구간 중 어딘가, 즉 ±0.5 ㎜ 이내에 있다.) 표준불확도 u를 구하기 위해서는 반범위(0.5 mm)을 $\sqrt{3}$으로 나눈다. 이에 따라서 u = 0.3 mm

3) 줄자는 곧게 놓여 있다 하여도, 끈의 몇 군데 구부러진데가 생기는 것을 피할 수는 없다. 따라서 측정은 끈의 실제 길이보다 짧게 나오기 쉽다. 이 부족분을 약 0.2 %라 하고, 그 측정불확도는 기껏해야 0.2 %라고 예상할 것이다. 이것은 측정 결과에 0.2 %(10 mm)를 가산하여 보정하여야 함을 의미한다. 측정불확도는 좋은 정보가 결여되고 있는 경우에는, 직사각형 분포를 형성한다고 가정한다. 측정불확도의 반범위(10 mm)을 $\sqrt{3}$으로 나누면, 표준불확도 u = 5.8 mm(0.1 mm 단위로 수치맺음 합니다.)가 된다. 이상은 전부 B형의 추정 값이다. A형의 추정치는 이하와 같이 된다.

4) 표준편차는 줄자를 반복 조작하여 어느 정도 동일하게 놓을 수 있는지, 또 이것이 평균값의 측정불확도에 어느 정도 기여하는지를 알려준다. 10 개의 평균값의 추정표준편차는 3.6 항의 식을 사용하여 구한다.

$$\frac{s}{\sqrt{n}} = \frac{2.1}{\sqrt{10}} = 0.7\ mm \qquad \text{(소수점 이하 1 자리)}$$

이번의 예에서는 그 외의 측정불확도는 고려하지 않는 것으로 한다.
(현실에는 기타 사항도 관여하고 있을 가능성이 있다.)

〈4단계〉
입력양의 측정불확도가 서로 독립하고 있는지, 그렇지 않은지를 확인한다.(독립하고 있지 않다고 생각할 수 있는 경우에는 추가의 계산이나 정보가 필요하다.) 이기에서는 측정불확도 성분이 서로 독립하고 있는 것으로 합한다.

〈5단계〉
얻은 측정결과를 계산한다.(교정과 같은 기지의 보정을 전부 포함한다.)
결과는 약간 구부러진 끈의 보정값과 함께 평균값에서 구한다.
즉 5.017 m + 0.010 m = 5.027 m

〈6단계〉
각각의 요인 전부에서, 합성표준불확도를 구한다. 결과를 구하는데 이용하는 유일한 계산은 보정값의 가산이었다. 따라서 RSSM 으로 모두 단순한 형식을 적용하는 것이 가능한다.(7.2.1 항의 식을 사용) 표준불확도를 다음과 같이 합성한다.

$$\text{합성표준불확도} = \sqrt{2.5^2 + 0.3^2 + 5.8^2 + 0.7^2} = 6.4\ mm$$

(소수점 이하 1자리)

〈7단계〉
측정불확도를 포함인자(7.4항 참조)와 측정불확도 구간의 크기에 따라 표현하고 신뢰수준을 말한다. 포함인자 k=2이면 합성표준불확도에 2를 곱한다.
따라서 확장불확도는 12.8 mm(0.012 8 m)이 된다.
이것은 약 95 %의 신뢰수준을 가진다.

〈8단계〉
측정결과 및 측정불확도를 기록한다.
이들을 어떻게 구하였는지를 표현한다. 예를 들면 기록은 다음과 같이 한다.
「끈의 길이는 5.027 m ± 0.013 m이며, 보고되는 확장불확도는 표준불확도에 포함인자 k=2를 곱한 것으로 신뢰 수준은 95 % 이다.」
「보고되는 길이는, 수평으로 놓은 끈을 10회 측정한 값의 평균값이다. 이 결과는 측정시에 완전하게 바로 놓여지지 않은 끈에서 추정되는 영향량에 대해 보정되었다. 측정불확도는 「표준교정절차서 0000」에 있는 방법으로 추정하였다.」

3.3 에너지 분포함수와 평균값

분포함수의 실제적인 형은 다음절부터 설명하기로 하고 이 절에서는 우선 분포함수를 알고 있는 경우에 에너지 속도분포의 평균값을 구하여 본다. 극히 많은 입자(전자, 원자, 분자 등)들로 이루어지는 계를 생각해 보면 각 입자의 에너지는 **내부 에너지**(Internal energy)와 **병진운동 에너지**(Translation energy)로 분류할 수 있다.

3.3.1 내부 에너지

분자에 있어서 회전, 주위의 원자의 진동, 원자의 여기 등과 같은 종류의 에너지는 양자화 되어 E_1, E_2, E_3, ⋯, E_n이라 하는 불연속적인 값만을 취하게 되므로 입자의 총수를 N, 내부에너지 E_m을 갖는 입자의 수를 N_m이라 하면 입자가 에너지 E_m을 가질 확률 $p(E_m)$은

$$p(E_m) = N_m / N \tag{3.26}$$

로 주어진다. 여기서 $p(E_m)$을 **내부 에너지의 분포함수**라 부른다.
정의에서

$$\sum_{m=1}^{n} N_m = N \tag{3.27}$$

이므로

$$\sum_{m=1}^{n} p(E_m) = \sum_{m=1}^{n} N_m / N = 1 \tag{3.28}$$

이 되고, 계 전체의 내부 에너지 E_{TI}는

$$E_{TI} = \sum_{m=1}^{n} E_m N_m = N \sum_{m=1}^{n} E_m \cdot p(E_m) = N < E_I > \tag{3.29}$$

로 주어진다. 단,

$$< E_I > = \sum_{m=1}^{n} E_m \cdot p(E_m) = \frac{E_{TI}}{N} \tag{3.30}$$

이며, $< E_I >$를 내부 에너지의 평균치이라 한다.

3.3.2 병진운동 에너지

이 에너지는 병진운동을 하므로 $0 \sim \infty$까지 연속적인 값을 취할 수 있으므로 분포함수는 미분의 개념을 쓸 필요가 없다. 즉, E에서 $E + \Delta E$까지의 에너지 값을 갖는 입자의 수를 ΔN이라 하면 ΔE가 그다지 크지 않는 한 ΔN은 ΔE에 비례한다고 할 수 있으므로 입자가 E에서 $E + \Delta E$의 사이에 에너지를 갖는 확률 ΔP는

$$\Delta P = \frac{\Delta N}{N} = g(E) \cdot \Delta E \tag{3.31}$$

로 주어지며, 이것을 병진운동 에너지의 **확률분포함수**라 부른다.
정의에서

$$\sum \Delta N = N \tag{3.32}$$

이고

$$\sum \Delta P = \sum g(E) \cdot \Delta E = N \int_0^{\infty} g(E) dE = 1 \tag{3.33}$$

이므로 계의 병진운동 전체 에너지 E_{TT}는

$$E_{TT}=\sum E\cdot\Delta N=N\sum E\cdot g(E)\cdot\Delta E=N\int_0^\infty E\cdot g(E)dE=N<E_T> \tag{3.34}$$

이다. 여기서

$$<E_T>=\int_0^\infty E\cdot g(E)dE=\frac{E_{TT}}{N} \tag{3.35}$$

이며, $<E_T>$를 병진운동 에너지의 평균치라 한다.

식(3.30)와 식(3.35)의 평균값에서 볼 수 있듯이 입자가 취할 수 있는 에너지 값이 이산적이거나 연속적인 경우에 분포함수를 알고 있으면 에너지를 곱하여 취할 수 있는 모든 범위에 걸쳐 더하든가 또는 적분함으로써 평균값을 구할 수 있다.

앞의 두 종류의 에너지 $N<E_I>$과 $N<E_T>$를 더하면 계 전체의 에너지 E를

$$E=N(<E_I>+<E_T>) \tag{3.36}$$

와 같이 주어진다. 따라서 분포함수 $p(E_m)$과 $g(E)$를 온도 T의 함수로 주어질 수 있다면 E를 T의 함수로 계산할 수 있다. 예를 들면

$$\frac{\partial E}{\partial T} \tag{3.37}$$

와 같이 계의 비열과 같은 양들을 용이하게 유도할 수 있다.

병진운동 에너지에서도 분포함수 $g(E)$외에 이것과 관련이 있는 속도 분포함수 $f(v)$가 필요하다. 즉, v와 $v+\Delta v$ 사이의 속도를 갖는 입자의 수를 ΔN이라 하면, 입자가 그 범위의 속도를 가질 확률은 식(3.31)과 마찬가지로

$$\Delta P=\frac{\Delta N}{N}=f(v)dv \tag{3.38}$$

이고, 평균속도 역시 식(3.35)과 마찬가지로

$$<v>=\int_0^\infty v\cdot f(v)dv \tag{3.39}$$

이다. 또 속도분포함수를 쓰면 평균에너지 $<E_T>$는

$$< E_T > = \frac{1}{2} m < v^2 > \tag{3.40}$$

로 주어진다. 여기서 m은 입자의 질량이고, 또 $< v^2 >$은 식(3.39)의 제곱

$$< v^2 > = \int_0^\infty v^2 \cdot f(v) dv \tag{3.41}$$

으로 주어진다.

식(3.38)의 정의로부터

$$\int_0^\infty f(v) dv = 1 \tag{3.42}$$

이 성립한다. 이 조건을 만족하는 분포함수는 규격화(normalize)되어 있다고 불리어지는데 분포함수 $f(v)$가 규격화 되어 있지 않을 때에는 규격화 함수 $f'(v) = cf(v)$를 도입하면

$$\int_0^\infty f'(v) dv = c \int_0^\infty f(v) dv = 1 \tag{3.43}$$

이 된다. 여기서, c는 규격화 상수이다.

규격화 함수 $f'(v) = cf(v)$를 식(3.39)와 식(3.41)에 대입(代入)하면

$$< v > = \frac{\int_0^\infty v f(v) dv}{\int_0^\infty f(v) dv} \tag{3.44}$$

$$< v^2 > = \frac{\int_0^\infty v^2 f(v) dv}{\int_0^\infty f(v) dv} \tag{3.45}$$

이 된다. 상기 두 식(3.44)와 식(3.45)은 규격화(規格化) 되어 있지 않은 분포함수를 써서 평균값을 구할 때 일반적으로 성립하는 식이다. 예를 들면 에너지 평균값은

$$< E_T > = \frac{\int_0^\infty E \cdot g(E) dE}{\int_0^\infty g(E) dE} \tag{3.46}$$

로 주어진다.

입자의 속도성분 (v_x, v_y, v_z)의 분포함수 $f(v_x, v_y, v_z)$에 대해서도 마찬가지로 취급된다. 즉, v_x와 $v_x + \Delta v_x$, v_y와 $v_y + \Delta v_y$, v_z와 $v_z + \Delta v_z$사이의 속도성분을 갖는 입자의 수를 ΔN이라 하면 입자가 이 범위내의 속도성분을 갖는 확률은 식(3.38)과 마찬가지로

$$\Delta P = \frac{\Delta N}{N} = f(v_x, v_y, v_z) dv_x \cdot dv_y \cdot dv_z \tag{3.47}$$

와 같이 쓸 수 있다. 또 이 분포함수는 다음과 같은 규격화 조건

$$\int_{-\infty}^{\infty} \int_{-\infty}^{\infty} \int_{-\infty}^{\infty} f(v_x, v_y, v_z) dv_x \cdot dv_y \cdot dv_z = 1 \tag{3.48}$$

을 만족한다. 이 경우에 식(3.39)와 식(3.41)에 대응하는 식을 x성분만에 대하여 쓰면

$$< v_x > = \int_{-\infty}^{\infty} \int_{-\infty}^{\infty} \int_{-\infty}^{\infty} v_x \cdot f(v_x, v_y, v_z) dv_x \cdot dv_y \cdot dv_z \tag{3.49a}$$

$$< v_x^2 > = \int_{-\infty}^{\infty} \int_{-\infty}^{\infty} \int_{-\infty}^{\infty} v_x^2 \cdot f(v_x, v_y, v_z) dv_x \cdot dv_y \cdot dv_z \tag{3.49b}$$

와 같이 된다. $< v_y >$, $< v_y^2 >$와 $< v_z >$, $< v_z^2 >$에서도 마찬가지의 식이 성립되며, 입자의 평균에너지는

$$< E_T > = \frac{1}{2} m (< v_x^2 > + < v_y^2 > + < v_z^2 >) \tag{3.50}$$

로 주어진다. $f(v_x, v_y, v_z)$가 규격화되어 있지 않을 때는 v_x와 v_x^2의 평균값은 식(3.44)와 식(3.45)의 형태와 같이 쓸 수 있다. 열평형상태에서는

$$< v_x > = < v_y > = < v_z > = 0 \tag{3.51}$$

이 된다.

3.4 Maxwell–Boltzmann 통계

온도 T에서 열평형 상태에 있는 많은 수의 같은 종류의 물리적 개체를 포함하는 계를 생각하자. 이 계는 주위 환경으로부터 고립되어 있어서 총 에너지의 함량은 일정하고, 이들 개체들은 어떤 메카니즘으로 서로 에너지를 교환할 수 있어서 그 계의 구성원들은 서로 열평형상태에 있으므로 각 개체의 에너지 값은 연속적 또는 이산적인 에너지를 갖는다고 가정하여 $E=0,\ \Delta E,\ 2\Delta E,\ 3\Delta E,\ 4\Delta E,\ \cdots$ 중의 하나로 제한된다. 그리고, 동일한 개체들은 같은 에너지 상태 내에서의 재정렬을 제외하고는 구별 가능한 것처럼 취급되고, 한 개의 에너지 상태를 접하는 입자의 수는 제한할 수 없으며, 계가 가지는 모든 가능한 에너지의 분할은 같은 확률로 일어난다는 가정에 기초하여 통계적 계산에 의해 에너지 상태 E에 있을 공산이 있는 개체의 수 $N'(E)$를 계산하면 그림 3.4의 점들과 같다.

그림 3.4의 굵은 실선은 감소하는 지수함수

$$N(E) = Ae^{-E/E_0} \tag{3.52}$$

이다. 여기서, A와 $E_0 = kT$는 계산결과를 나타내는 점에 가장 잘 맞는 곡선을 주도록 조정된 상수이다.

에너지 E인 상태에서 한 개의 입자를 발견할 확률 $p(E)$를 그 상태에 있을 수 있는 입자들의 수 $N(E)$에 비례하도록 택하면, 점유확률은 식(1.33)과 같이

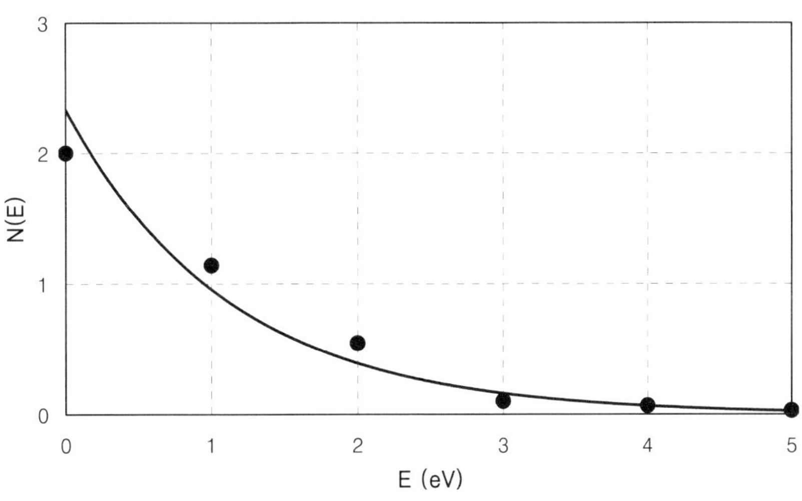

그림 3.4 ▸ 간단한 계산결과와 볼쯔만 분포와의 비교

$$p(E) = Ae^{-E/kT} \tag{3.53}$$

로 된다. 여기에서

$$e^{-E/kT} \tag{3.54}$$

를 **볼쯔만 펙터**라 한다. 상기 식을 기본으로 하여 속도 분포식과 에너지 분포식을 유도해 보기로 하자. 이상기체를 다루는 경우에는 입자의 에너지는 운동 에너지만에 의해 이루어지므로 에너지는

$$E = \frac{1}{2}mv^2 = \frac{1}{2}m(v_x^2 + v_y^2 + v_z^2) \tag{3.55}$$

로 주어진다. 따라서 연속 분포함수는

$$f(v_x, v_y, v_z) = Ce^{-\frac{1}{2}m(v_x^2 + v_y^2 + v_z^2)/kT} \tag{3.56}$$

의 형으로 나타낼 수 있다.

속도 v는 균일 매질 중에서는 속도 상의 한 점으로 나타난다. 지금 x방향에 대해서만 생각하면 속도공간 v_x와 $v_x + dv_x$와의 사이에 있는 분자수를 dN_x라고 하면 전체의 입자 수 N에 대한 비율 dN_x/N은 속도공간의 크기 dv_x에 정비례하므로

$$\frac{dN_x}{N} = f(v_x) \cdot dv_x \tag{3.57}$$

로 된다. 비례상수 $f(v_x)$는 x방향에 대한 연속 분포함수를 나타낸다.

y방향과 z방향에 대해서도 식(3.57)와 같이

$$\frac{dN_y}{N} = f(v_y) \cdot dv_y \tag{3.58}$$

$$\frac{dN_z}{N} = f(v_z) \cdot dv_z \tag{3.59}$$

로 나타낼 수 있다.

dN_x/N은 확률을 나타내므로 모두가 성립할 확률 dN/N은 식(3.57), 식(3.58), 식(3.59)의 곱이 되므로

$$\begin{aligned} \frac{dN}{N} &= f(v_x) \cdot f(v_y) \cdot f(v_z)dv_x \cdot dv_y \cdot dv_z \\ &\equiv F(v^2)dv_x \cdot dv_y \cdot dv_z \end{aligned} \tag{3.60}$$

가 된다. 여기서 $f(v_x)$, $f(v_y)$, $f(v_z)$인 3개의 곱은 속도공간이 v_x, v_y, v_z에 대하여 대칭이므로

$$v^2 = v_x^2 + v_y^2 + v_z^2 \tag{3.61}$$

로 쓸 수 있어 v^2의 함수 $F(v^2)$으로 치환할 수 있다. 따라서 v_x, v_y, v_z 등은 양 또는 음의 값을 갖지만 v는 양의 값만 고려할 수 있다. 식(3.61)의 의미는

$$f(v_x)f(v_y)f(v_z) = F(v_x^2 + v_y^2 + v_z^2) \tag{3.62}$$

로 다시 쓸 수 있으며, 양변을 v_x로 미분하면

$$f'(v_x)f(v_y)f(v_z) = F'(v_x^2 + v_y^2 + v_z^2) \cdot 2v_x \tag{3.63}$$

이 된다. 식(3.62)과 식(3.63)의 비를 구하고 상수 $-B$라 놓으면

$$\frac{1}{2v_x}\frac{f'(v_x)}{f(v_x)} = \frac{F'(v_x^2 + v_y^2 + v_z^2)}{F(v_x^2 + v_y^2 + v_z^2)} \equiv -B \tag{3.64}$$

로 주어진다. 이것을 $f(v_x)$에 대하여 풀면

$$f(v_x) = Ae^{-Bv_x^2} \tag{3.65}$$

을 얻는다. 따라서 식(3.57)는

$$\frac{dN_x}{N} = Ae^{-Bv_x^2} \cdot dv_x \tag{3.66}$$

가 되고 좌변을 v_x에 대하여 $-\infty$에서 $+\infty$까지 적분하면 확률은 1이 되므로

$$\int_{-\infty}^{\infty} Ae^{-Bv_x^2} dv_x = 1 \tag{3.67}$$

이 된다. 적분공식

$$\int_0^{\infty} e^{-ax^2} dx = \frac{1}{2}\sqrt{\frac{\pi}{a}} \tag{3.68}$$

를 이용하여 식(3.67)를 적분하면

$$\int_{-\infty}^{\infty} Ae^{-Bv_x^2}dv_x = 2A\int_0^{\infty} e^{-Bv_x^2}dv_x$$
$$= 2A\frac{1}{2}\sqrt{\frac{\pi}{B}} = 1 \quad (3.69)$$

이 되고 A는

$$A = \sqrt{\frac{B}{\pi}} \quad (3.70)$$

이므로 식(3.66)은

$$\frac{dN_x}{N} = \sqrt{\frac{B}{\pi}}e^{-Bv_x^2} \cdot dv_x \quad (3.71)$$

이 된다. 식(3.71)의 상수 B를 구하기 위해서는 다른 또 하나의 조건이 필요하다. v_x의 자승평균 $< v_x^2 >$을 구하기 위하여

$$< v_x^2 > = \frac{\int_{-\infty}^{\infty} v_x^2 dN_x}{N} \quad (3.72)$$

인 식을 정의하여 식(3.72)의 dN_x/N에 식(3.71)을 대입하면

$$< v_x^2 > = 2\int_0^{\infty} v_x^2 \cdot \sqrt{\frac{B}{\pi}} \cdot e^{-Bv_x^2}dv_x \quad (3.73)$$

이 되고, 적분공식

$$\int_0^{\infty} e^{-ax^2}x^{2n}dx = \frac{1,3,5\cdots(2n-1)}{2^{n+1}an}\sqrt{\frac{\pi}{a}} \quad (3.74a)$$

에서 n=1일 때

$$\int_0^{\infty} e^{-ax^2}x^{2n}dx = \frac{1}{4a}\sqrt{\frac{\pi}{a}} \quad (3.74b)$$

이므로 식(3.73)은

$$< v_x^2 > = 2\int_0^{\infty} v_x^2 \cdot \sqrt{\frac{B}{\pi}} \cdot e^{-Bv_x^2}dv_x$$
$$= 2\sqrt{\frac{B}{\pi}}\frac{1}{4B}\sqrt{\frac{\pi}{B}} = \frac{1}{2B} \quad (3.75)$$

인 결과를 얻는다. v_x, v_y, v_z는 v의 x, y, z 성분이므로 식(3.61)의 v는 x, y, z에 대하여 대칭이 되므로 식(3.61)은

$$v_x^2 = \frac{1}{3}v^2 \tag{3.76}$$

가 된다. 그러므로 운동 에너지는

$$\frac{1}{2}mv^2 = \frac{1}{2}m3v_x^2 = \frac{3}{2}kT \tag{3.77}$$

$$\frac{1}{2}mv_x^2 = \frac{1}{2}kT \tag{3.78}$$

가 된다. 여기서, v_x^2은 $< v_x^2 >$과 같으므로 식(3.78)에서 $< v_x^2 >$를 구하여 식(3.75)와 같게 놓으면

$$< v_x^2 > = \frac{kT}{m} = \frac{1}{2B} \tag{3.79}$$

을 얻는다. 따라서 상수 B는

$$B = \frac{m}{2kT} \tag{3.80}$$

이므로 상수 A는

$$A = \sqrt{\frac{m}{2\pi kT}} \tag{3.81}$$

이다. 식(3.71)에 식(3.80)와 식(3.81)을 대입하면

$$\frac{dN_x}{N} = \sqrt{\frac{m}{2\pi kT}}\, e^{-\frac{m}{2kT}v_x^2} \cdot dv_x = f(v_x)dv_x \tag{3.82}$$

이 된다. 따라서 $f(v_x)$는

$$f(v_x) = \sqrt{\frac{m}{2\pi kT}}\, e^{-\frac{m}{2kT}v_x^2} \tag{3.83}$$

이 된다. 식(3.62)에 의하여 $F(v^2)$는 x, y, z성분에 대하여 식(3.82)와 마찬가지인 식의 곱에서

$$F(v^2) = \left(\frac{m}{2\pi kT}\right)^{3/2} e^{-\frac{mv^2}{2kT}} \tag{3.84}$$

을 얻는다. 이것을 식(3.60)에 대입하면

$$\frac{dN}{N} = \left(\frac{m}{2\pi kT}\right)^{3/2} e^{-\frac{m(v_x^2+v_y^2+v_z^2)}{2kT}} dv_x \cdot dv_y \cdot dv_z \tag{3.85}$$

이 되고, 여기서 $dv_x \cdot dv_y \cdot dv_z$는 그림 3.5에서와 같이 v_x, v_y, v_z인 속도공간의 미소 체적이고, v인 변수로 변환할 때에는

$$dv_x \cdot dv_y \cdot dv_z = 4\pi v^2 dv \tag{3.86}$$

를 사용해야 한다. 여기서 $4\pi v^2$은 v인 점을 통하는 표면적이며, dv를 곱하면 미소체적이 된다. 따라서 식(3.85)은

$$\begin{aligned} \frac{dN}{N} &= \left(\frac{m}{2\pi kT}\right)^{3/2} e^{-\frac{m(v_x^2+v_y^2+v_z^2)}{2kT}} \cdot 4\pi v^2 dv \\ &= \sqrt{\frac{16}{\pi}} \left(\frac{m}{2kT}\right)^{3/2} v^2 \cdot e^{-\frac{mv^2}{2kT}} dv \\ &= C \cdot v^2 \cdot e^{-\frac{mv^2}{2kT}} dv \end{aligned} \tag{3.87}$$

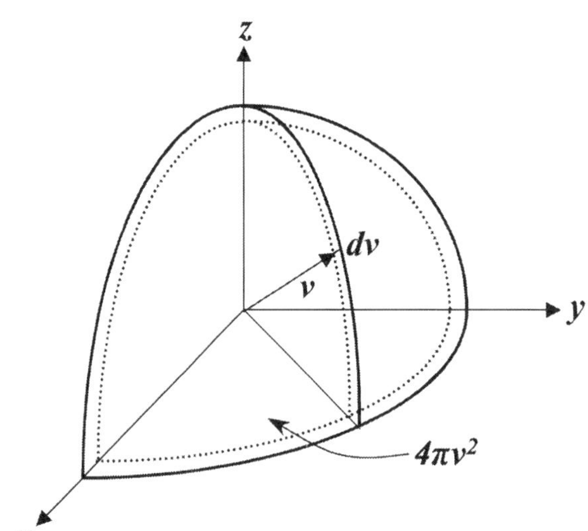

그림 3.5 ▸ 좌표계에서의 미소체적

이 된다. 이 식(3.87)를 Maxwell-Boltamann의 **속도분포식**이라 한다.
여기서,

$$C = \sqrt{\frac{16}{\pi}}\left(\frac{m}{2kT}\right)^{3/2}$$

이다.
식(3.87)의 형태를 달리 나타내기 위하여

$$x = \left(\frac{m}{2kT}\right)^{\frac{1}{2}} v \tag{3.88}$$

라고 놓으면

$$dx = \left(\frac{m}{2kT}\right)^{\frac{1}{2}} dv \tag{3.89}$$

이다. 따라서

$$v^2 = \left(\frac{2kT}{m}\right)x^2 \quad \text{및} \quad dv = \left(\frac{m}{2kT}\right)^{-\frac{1}{2}} dx \tag{3.90}$$

가 되고, 또 식(3.87)은

$$\frac{dN}{N} = \sqrt{\frac{16}{\pi}}\left(\frac{m}{2kT}\right)^{\frac{3}{2}} \cdot x^2\left(\frac{2kT}{m}\right) \cdot e^{-x^2} \cdot \left(\frac{m}{2kT}\right)^{-\frac{1}{2}} dx \tag{3.91}$$

이 된다. 다시 정리하면

$$\frac{dN}{N} = \sqrt{\frac{16}{\pi}} \cdot x^2 \cdot e^{-x^2} dx = F_1(x)dx \tag{3.92}$$

이 된다. 따라서

$$F_1(x) = \sqrt{\frac{16}{\pi}} \cdot x^2 \cdot e^{-x^2} \tag{3.93}$$

를 얻을 수 있다. 마찬가지로 식(3.82)도

$$x = \left(\frac{m}{2kT}\right)^{\frac{1}{2}} v_x \tag{3.94}$$

라고 놓고 상기와 똑같은 방법으로 풀면

$$\frac{dN_x}{N} = \frac{1}{\sqrt{\pi}} e^{-x^2} dx = f_1(x)dx \tag{3.95}$$

을 얻을 수 있다. 따라서

$$f_1(x) = \frac{1}{\sqrt{\pi}} e^{-x^2} \tag{3.96}$$

이다. 식(3.93)과 식(3.96)을 도시하면 그림 3.6과 같다.

식(3.96)은 도시한 것과 같이 $f_1(x)$쪽은 x축에 대하여 좌우 대칭이다. 이것은 v_x가 음수에서나 양수에서나 같은 확률로 존재하기 때문이다. 따라서 $v_x = 0$, 즉 x=0에서 최대가 된다. v_x가 $\pm\infty$로 가까워지면 x가 $\pm\infty$가 되고 $f_1(x)$는 0에 가까워진다.

이에 비하여 식(3.93)의 $F_1(x)$은 x=0에서 0이 되고 x가 커짐에 따라 증가하다가 어느 값에서 최대가 되고 x가 $+\infty$쪽으로 증가함에 따라 0에 가까워지는 형태로 좌우 비대칭의 모양으로 된다.

식(3.93)을 미분하고

$$F_1'(x) = \sqrt{\frac{16}{\pi}} [2x \cdot e^{-x^2} + x^2 \cdot (-2x)e^{-x^2} = 0 \tag{3.97}$$

라고 놓아 풀면 x=1을 얻게 되므로 $F_1(x)$는 x=1에서 **최대확률분포**를 갖는다. 이때의 v를 v_p라고 하면 식(3.88)에 의해

$$v_p = \left(\frac{2kT}{m}\right)^{\frac{1}{2}} \cdot 1 \tag{3.98}$$

을 얻는다. 이 v_p를 **최대확률속도**(most probably velocity)라고 한다. 이 v_p를 사용하여 Maxwell-Boltzmann 분포의 식(3.87)을 다시 쓰면

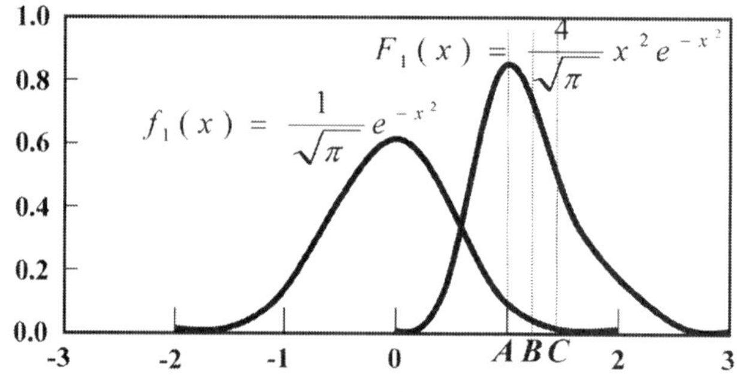

그림 3.6 ▸ $F_1(x)$ 및 $f_1(x)$와 x의 관계비교

$$\frac{dN}{N} = \sqrt{\frac{16}{\pi}} \cdot \frac{v^2}{v_p^3} \cdot e^{-\frac{v^2}{v_p^2}} dv \tag{3.99}$$

로 주어진다. 또 에너지 E와 v^2은

$$E = \frac{1}{2} m v^2 \tag{3.100a}$$

$$v^2 = \frac{2E}{m} \tag{3.100b}$$

로 주어지고 식(3.100)을 미분하면

$$dE = \frac{1}{2} m \cdot 2v \cdot dv = mv \cdot dv \tag{3.101a}$$

$$dv = \frac{dE}{mv} \tag{3.101b}$$

이므로 이것을 Maxwell-Boltzmann 분포의 식(3.87)에 대입하여 정리하면

$$\begin{aligned} \frac{dN}{N} &= \sqrt{\frac{16}{\pi}} \left(\frac{m}{2kT}\right)^{\frac{3}{2}} \left(\frac{2E}{m}\right) e^{-\frac{E}{kT}} \frac{dE}{mv} \\ &= \sqrt{\frac{4}{\pi}} \left(\frac{1}{kT}\right)^{\frac{3}{2}} \frac{E}{\left(\frac{1}{2} m v^2\right)^{\frac{1}{2}}} e^{-\frac{E}{kT}} dE \\ g(E) dE &= \sqrt{\frac{4}{\pi}} \left(\frac{1}{kT}\right)^{\frac{3}{2}} \sqrt{E} \cdot e^{-\frac{E}{kT}} dE \end{aligned} \tag{3.102}$$

이 유도된다. 이것이 Maxwell-Boltzmann **에너지 분포식**이다.

Maxwell-Boltzmann 에너지 분포일 때의 성질을 좀더 고찰하기 위해 v의 평균치 $\langle v \rangle$ 및 자승평균치 $\langle v^2 \rangle$을 구해보자. v의 평균치 $\langle v \rangle$는

$$\langle v \rangle = \frac{\int_0^\infty v \cdot dN}{N} \tag{3.103}$$

이므로 식(3.87)을 식(3.103)에 대입하면

$$\langle v \rangle = 4\pi \left(\frac{m}{2\pi kT}\right)^{\frac{3}{2}} \int_0^\infty v^3 e^{-\frac{mv^2}{2kT}} dv \tag{3.104}$$

가 된다. 여기서 적분공식

$$\int_0^{\infty} x^{2n+1} e^{-ax^2} dx = \frac{n!}{2a^{n+1}} \tag{3.105}$$

을 n=1일 때를 다시 정리하면

$$\int_0^{\infty} x^3 e^{-ax^2} dx = \frac{1}{2a^2} \tag{3.106}$$

이다. 따라서 식(3.104)의 적분결과는

$$\begin{aligned} < v > &= 4\pi\left(\frac{m}{2\pi kT}\right)^{\frac{3}{2}} \frac{1}{2}\left(\frac{2kT}{m}\right)^2 \\ &= \sqrt{\frac{8kT}{m\pi}} \end{aligned} \tag{3.107}$$

이다.

또 v의 자승평균치 $< v^2 >$는

$$< v^2 > = \frac{\int_0^{\infty} v^2 \cdot dN}{N} \tag{3.108}$$

이므로 식(3.87)을 식(3.108)에 대입하면

$$< v^2 > = 4\pi\left(\frac{m}{2\pi kT}\right)^{\frac{3}{2}} \int_0^{\infty} v^4 e^{-\frac{mv^2}{2kT}} dv \tag{3.109}$$

로 주어진다. 적분공식 (3.74a)에서 n=2일 때

$$\int_0^{\infty} x^4 e^{-ax^2} dx = \frac{3}{8a^2}\sqrt{\frac{\pi}{a}} \tag{3.110}$$

이므로 식(3.109)의 적분결과는

$$< v^2 > = 4\pi\left(\frac{m}{2\pi kT}\right)^{\frac{3}{2}} \frac{3}{8}\left(\frac{2kT}{m}\right)^2\left(\frac{2\pi kT}{m}\right)^{\frac{1}{2}} = \frac{3kT}{m} \tag{3.111}$$

이다. 여기에서 열운동의 평균속도 v이므로 v_p, $< v >$, $\sqrt{< v^2 >}$에 상당하는 x를 그림 3.6에 A, B, C로써 나타내었다. 이것의 비인 $v_p :< v >: \sqrt{< v^2 >}$는

$$v_p :< v >: \sqrt{< v^2 >} = \sqrt{\frac{2kT}{m}} : \sqrt{\frac{8kT}{m\pi}} : \sqrt{\frac{3kT}{m}} = 1 : 1.28 : 1.225 \tag{3.112}$$

가 된다. 이상에서 논의한 Maxwell-Boltzmann 에너지 분포는 정상상태일 때의 예이며 에너지를 받고 있는 분자나 입자도 에너지를 제거한 후, 시간이 충분히 경과한 다음에는 안정상태가 되고 결국 이 분포로 정착하게 된다. 고전압 방전현상에서는 전자나 이온도 전자계와 같은 외부 에너지를 받아서 Maxwell-Boltzmann 에너지 분포에서 이탈하게 되지만, 외부 에너지를 제거하게 되면 최종상태는 Maxwell-Boltzmann 에너지 분포 상태가 된다. 이때 입자간의 충돌에 의한 무질서 운동에 의하여 어떠한 속도를 갖게 되는데 이 상태를 **열화**(熱化)되었다고 한다.

Maxwell-Boltzmann 에너지 분포상태에 있는 분자 중에서 v가 어떤 속도 v_0값보다 큰 분자의 수를 구해보자.

$v = v_0$에서 $x = x_0$라고 하면

$$x_0 = \left(\frac{m}{2kT}\right)^{\frac{1}{2}} v_0 \tag{3.113}$$

가 되므로

$$x_0 = \frac{v_0}{\sqrt{\frac{2kT}{m}}} = \frac{v_0}{v_p} \tag{3.114}$$

라고 쓸 수 있다. 식(3.92)에서 구한 분자수는 v_0보다 큰 범위에서는

$$\begin{aligned} \int_{v_0}^{\infty} \frac{dN}{N} &= \sqrt{\frac{16}{\pi}} \int_{x_0}^{\infty} x^2 e^{-x^2} dx \\ &= \sqrt{\frac{16}{\pi}} \left\{ \int_0^{\infty} x^2 e^{-x^2} dx - \int_0^{x_0} x^2 e^{-x^2} dx \right\} \\ &= 1 - \sqrt{\frac{16}{\pi}} \int_0^{x_0} x^2 e^{-x^2} dx \end{aligned} \tag{3.115}$$

으로 주어지고 여기에 적분공식

$$\begin{aligned}\int_0^{x_0} x^2 e^{-x^2} dx &= \frac{1}{2}\left\{\int_0^{x_0} e^{-x^2} dx - x e^{-x^2}\right\} \\ &= \frac{1}{2}\left\{\frac{\sqrt{\pi}}{2}\psi(x_0) - x_0 e^{-x_0^2}\right\}\end{aligned} \tag{3.116}$$

를 사용하여 적분을 행한다. 여기서

$$\psi(x_0) = \sqrt{\frac{4}{\sqrt{\pi}}}\int_0^{x_0} e^{-t^2} dt \tag{3.117}$$

이며 **오차함수**라고 한다. 따라서 식(3.115)의 적분결과는

$$\begin{aligned}\int_{v_0}^{\infty}\frac{dN}{N} &= 1 - \sqrt{\frac{16}{\pi}}\cdot\frac{1}{2}\left\{\sqrt{\frac{\pi}{4}}\psi(x_0) - x_0 e^{-x_0^2}\right\} \\ &= 1 - \psi(x_0) + \sqrt{\frac{4}{\pi}}x_0 e^{-x_0^2}\end{aligned} \tag{3.118}$$

이다. 표 3.2은 x_0에 대하여 $\int_{v_0}^{\infty} dN/N$의 값을 나타내었고, 그림 3.7에서 x_0이상의 분포함수의 면적에 해당한다.

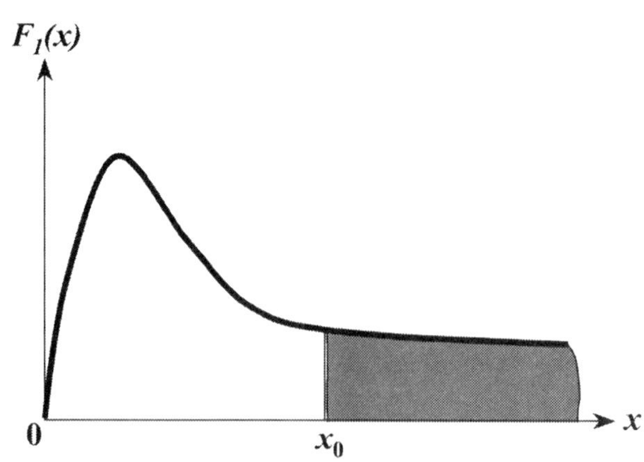

그림 3.7 ▸ x_O보다 큰 입자의 수

표 3.2 ▸ 오차함수와 x_O보다 큰 수치

x_0	$\psi(x_0)$	$\int_{v_0}^{\infty} dN/N$
0.0	0.000	1.000
0.2	0.223	0.993
0.5	0.520	0.918
0.8	0.742	0.740
1.0	0.843	0.575
1.2	0.910	0.268
3.0	1.000	0.000

예제 3.4

고체와 부딪치는 광자가 이들 준위 사이의 전이를 일으키기에 적당한 에너지를 가질 때 전자기적인 에너지의 공명흡수가 일어난다. 흡수의 세기는 관련된 준위의 상태밀도 차이에 의존한다. 이 기법의 감도를 예시하기 위해 10 MHz의 주파수에서 공명흡수가 일어난다고 하고, 실온에서 두 준위의 상태밀도 N_1과 N_2 사이의 차이를 볼쯔만 인자를 써서 계산하라.

[풀이] 볼쯔만 인자는

$$\frac{N_{Boltz}(E_2)}{N_{Boltz}(E_1)} = e^{-(E_2-E_1)/kT} = \frac{N_2}{N_1}$$

이다. 여기서, T=300°K, $E_2 - E_1 = h\nu, \nu = 10^7[1/s]$이다. 따라서,

$$\frac{N_2}{N_1} = e^{h\nu/kT}$$
$$= e^{-(6.6\times10^{-34}\cdot 10^{7/1.4}\times10^{-23}\cdot 300)}$$
$$e^{-1.6}\times10^{-6} \simeq 1-1.6\times10^{-6}$$

이다. 그러므로

$$1-\frac{N_2}{N_1} = 1.6\times10^{-6} \quad \text{또는} \quad \frac{N_1-N_2}{N_1} = 1.6\times10^{-6}$$

이다. 백만 분에 2보다 작은 상태밀도의 차이를 검출할 수 있다. 상태밀도는 몇 개의 근접한 준위에 걸쳐 퍼져 있어서 볼쯔만 인자가 적용된다.

3.5 양자통계

3.5.1 양자계에 대한 Maxwell-Boltzmann 분포

Maxwell-Boltzmann 분포는 어떤 온도 T에서 열평형상태에 있는 많은 동등입자를 포함하는 고전적인 계에 대하여 그들 에너지상태 각각에 있는 가능한 입자의 수를 확률적으로 예측한다. 이는 고전물리의 결과이지 양자물리의 결과는 아니지만 Maxwell-Boltzmann 분포는 양자물리를 논할 때 자주 쓰인다. 양자물리학에서는 열평형상태에 있는 계의 동등한 개체들이 그 계의 고정된 총 에너지를 그들 사이에 나누어 가질 수 있는, 모든 가능한 분할이 똑같은 확률로 일어난다고 가정한다.

어떤 계에서 두 동등입자가 가지는 파동함수의 겹침이 상당히 존재하면, 동등입자(동등한 개체)의 **구별 불가능성**에서 매우 중요한 비고전적인 효과가 일어난다. 양자적인 입자의 구별 불가능성의 또 다른 효과는 어느 특정한 양자상태에 있는 한 입자의 존재가 또 다른 동등한 입자가 그 상태에 있게 될 기회에 대단히 명백하게 영향을 끼친다는 것이다. 만일 두 동등입자가 반대칭인 총 고유함수에 의해서 기술된다면, 즉 그들 입자가 배타원리를 따르는 전자와 같은 입자들이라면, 어떤 양자상태에 입자 하나가 존재한다는 것은 그 상태에 다른 입자가 존재하는 것을 전적으로 억제시킨다는 것이다. 만일 두 동등입자가 대칭인 총 고유함수에 의해서 기술된다면, 즉 그들 입자가 배타원리를 따르지 않는다는 점에서 α입자와 같다면, 어떤 양자상태에 입자 하나가 존재한다는 것은 똑같은 상태에 다른 입자가 존재할 기회를 상당히 증진시켜 준다. 파동함수의 겹침이 무시될 수 있는 상황이라면, 그 입자들은 실제로 실험적으로 구별될 수 있어 구별 불가능성의 효과는 무시될 수 있다. 실험실에서 보통 접하는 밀도의 범위에서 분명히 동등한 양자적 입자인 분자의 파동함수는 감지될 만큼 겹치지 않으므로 그 계의 성질을 예측하는데 Maxwell-Boltzmann 분포가 정확하게 적용될 수 있다.

양자통계에서 반대칭인 고유함수에 의해 기술되는 입자를 **페르미온**(Fermion)이라 하며, 대칭인 고유함수에 의해 기술되는 입자를 **보존**(Boson)이라고 한다. 하나의 페르미온은 똑같은 양자상태에 다른 동등한 페르미온이 들어오는 것을 억제한다. 만일 어느 한 양자상태에 n개의 페르미온이 이미 존재한다면 여기에 하나의 페르미온을 더 추가하는 확률은 양자역학적인 구별 불가능성의 필요조건이 없을 경우보다 $(1-n)$의 억제인자만큼 더 작다고 어느 정도 형식적으로 기술할 수 있다. 만일 $n=0$이면, 그 인자는 $(1-0)=1$인 값을 가지므로 그 상태에 들어가는 첫 번째 페르미온에 대한 억제확률은 존재하지 않는다. 그러나 $n=1$인 경우 억제인자는 $(1-1)=0$인 값을 가지므로 두 번째의 페르미온이 똑같은 상태에 들어가는 것은 엄격히 억제된다.

어떤 양자상태에 보존 하나가 존재한다는 것은 그 상태에서 제2의 동등한 보존이 발견될 확률을 증진시킨다는 것에 대하여 고찰하여 보자.

양자역학적인 계를 기술하는 주무기는 고유함수이므로 그 고유함수가 위에서 전개한 아이디어를 포함하도록 고유함수를 쓸 수 있도록 어떤 방법을 찾아내야 한다. 3차원에서 상호작용하지 않는 두 입자계에 대한 시간에 무관한 슈뢰딩거 방정식은

$$-\frac{\hbar^2}{2m}\left(\frac{\partial^2\Psi_T}{\partial x_1^2}+\frac{\partial^2\Psi_T}{\partial y_1^2}+\frac{\partial^2\Psi_T}{\partial z_1^2}\right)-\frac{\hbar^2}{2m}\left(\frac{\partial^2\Psi_T}{\partial x_2^2}+\frac{\partial^2\Psi_T}{\partial y_2^2}+\frac{\partial^2\Psi_T}{\partial z_2^2}\right)+V_T\Psi_T=E_T\Psi_T \tag{3.119}$$

로 쓸 수 있다. 여기서,

m = 두 입자 중 어느 한 입자의 질량
$x_1,\ y_1,\ z_1$ = 입자 1의 좌표
$x_2,\ y_2,\ z_2$ = 입자 2의 좌표
$\Psi_T(x_1,\ \cdots,\ z_2)$ = 계 전체의 고유함수
$V_T(x_1,\ \cdots,\ z_2)$ = 계 전체의 퍼텐셜 에너지
E_T = 계 전체의 총 에너지

이다. 두 입자 사이에는 상호작용이 없다고 가정하였으므로 이들 입자는 서로 독립적으로 움직인다. 각각의 퍼텐셜 에너지는 한 입자의 좌표에만 의존하게 되고, 그 입자는 모두 동등하므로 두 퍼텐셜 에너지 함수는 똑같은 형태이다. 따라서,

$$V_T(x_1,\cdots,z_2)=V(x_1,y_1,z_1)+V(x_2,y_2,z_2) \tag{3.120}$$

이다. 변수 분리법을 사용하여 식(3.120)로 주어지는 퍼텐셜에 대해 식(3.119)의 해의 형태가

$$\Psi_T(x_1,\cdots,z_2)=\psi(x_1,y_1,z_1)\cdot\psi(x_2,y_2,z_2) \tag{3.121}$$

가 된다. 여기서, $\psi(x_1,\ y_1,\ z_1)$과 $\psi(x_2,\ y_2,\ z_2)$는 동등한 단일 입자의 시간에 무관한 슈뢰딩거 방정식을 만족시킨다. 총 고유함수는 독립적으로 움직이는 입자를 기술하는 두 고유함수의 곱으로 쓸 수 있다.

입자들 중 하나를 기술하는 고유함수 각각은 3차원 공간좌표에 의존하는 수학적 형태를 규정하는데 3개의 양자수가 필요하다. 그밖에도 각 고유함수는 그 입자가 가지는 스핀의 방향을 규정하는 양자수를 하나 더 필요로 한다. 입자들 중 하나의 공간 및 스핀 양자상태를 나타내는데 필요한 어느 특정한 조의 4개의 양자수를 명시하기 위해 α 또는 β 또는 γ 등과 같은 단일기호를 사용함으로써 기호표시를 간략화 한다.

예를 들면, α는 어떤 한 조의 4개의 양자수 값을 나타낸다. 따라서 입자 1에 대한 어느 특정한 고유함수는

$$\psi_\alpha(x_1,\ y_1,\ z_1) \tag{3.122}$$

로 쓸 수 있다. 이것을 $\psi_\alpha(1)$과 같이 쓰면 그 표기가 더욱 더 간략화 된다. 이 고유함수는 입자 1이 공간 및 스핀 양자상태 α에 의해 기술된다는 의미를 내포하고 있다. 수치적으로 이 함수는 입자 1의 좌표에서 산출된 ψ_α에 의해 규정되는 형태의 함수이다. 입자 2가 공간 및 스핀 양자상태 β에 있다는 것을 나타내는 고유함수는 $\psi_\beta(2)$이다. 입자 1이 상태 α에 있고 입자 2가 상태 β에 있는 경우에 대한 총 고유함수 $\Psi_T(x_1,\ \cdots,\ z_2)$는

$$\Psi_T(x_1,\cdots,z_2) = \psi_\alpha(1)\cdot\psi_\beta(2) \tag{3.123}$$

이다. 입자 1이 상태 β에 있고, 입자 2가 상태 α에 있다는 것을 나타내는 고유함수는 양자수 기호가 바뀌어

$$\Psi_T(x_1,\cdots,z_2) = \psi_\beta(1)\cdot\psi_\alpha(2) \tag{3.124}$$

로 표시된다.

총 고유함수로부터 산출된 측정가능한 양 중에서 가장 간단한 것이 확률밀도함수이다. 고유함수인 식(3.123)에 대한 확률밀도함수는

$$\Psi_T^*\Psi_T = \psi_\alpha^*(1)\psi_\beta^*(2)\psi_\alpha(1)\psi_\beta(2) \tag{3.125}$$

이며, 식(3.124)의 고유함수에 대한 확률밀도함수는

$$\Psi_T^*\Psi_T = \psi_\beta^*(1)\psi_\alpha^*(2)\psi_\beta(1)\psi_\alpha(2) \tag{3.126}$$

이다. 두 동등입자는 구별이 불가능하므로, 확률밀도와 같은 측정가능한 양의 변화없이 함수에 부여된 표지들을 교환할 수 있어야 한다. 한 예로서 식(3.125)에 대해 이러한 연산을 행하면

$$\psi_\alpha^*(1)\psi_\beta^*(2)\psi_\alpha(1)\psi_\beta(2) \rightarrow \psi_\alpha^*(2)\psi_\beta^*(1)\psi_\alpha(2)\psi_\beta(1) \tag{3.127}$$

을 얻는다. 여기서, 화살표는 왼쪽에 있는 표현이 1을 2로, 2를 1로 바꾸어 줄 때 오른쪽의 표현으로 바뀐다는 것을 의미한다. 그러나 표지를 바꾸어 붙인 확률밀도함수

가 원래의 확률밀도함수와 같지 않으므로 이것은 두 동등입자를 포함하는 계를 정확하게 기술하는데 적합한 고유함수라 할 수 없다.

그러나 시간에 무관한 슈뢰딩거 방정식을 만족시키고, 입자의 표지를 재부여함으로써 그 확률밀도함수가 바뀌지 않는 고유함수를 구성할 수 있다. 실제로 이렇게 하는데는 두 가지 방법이 있다. 고유함수인 식(3.123)과 식(3.124)의 두 1차 결합인 다음 식

$$\Psi_S = \frac{1}{\sqrt{2}}[\psi_\alpha(1)\psi_\beta(2) + \psi_\beta(1)\psi_\alpha(2)] \tag{3.128}$$

및

$$\Psi_A = \frac{1}{\sqrt{2}}[\psi_\alpha(1)\psi_\beta(2) - \psi_\beta(1)\psi_\alpha(2)] \tag{3.129}$$

에서 식(3.128)을 생각해 보자. 식(3.128)을 두 동등한 보존으로 된 계에 대한 대칭 총 고유함수라 하고, 식(3.129)를 반대칭 총 고유함수라고 한다. 두 보존을 $\alpha = \beta$라고 놓음으로써 β라는 똑 같은 상태에 놓으면 고유함수는

$$\begin{aligned}\Psi_S &= \frac{1}{\sqrt{2}}[\psi_\beta(1)\psi_\beta(2) + \psi_\beta(1)\psi_\beta(2)] \\ &= \frac{2}{\sqrt{2}}\psi_\beta(1)\psi_\beta(2) = \sqrt{2}\,\psi_\beta(1)\psi_\beta(2)\end{aligned} \tag{3.130}$$

이고, 확률밀도는

$$\Psi_S^*\Psi_S = 2\psi_\beta^*(1)\psi_\beta^*(2)\psi_\beta(1)\psi_\beta(2) \tag{3.131}$$

과 같다.

만일, 동등입자가 가지는 구별 불가능성의 양자역학적 요구조건을 고려하지 않았다면, 이 두 동등입자계에 대한 고유함수는 구별 불가능성의 요구조건을 적용하기 전에 슈뢰딩거 방정식으로부터 직접 얻어졌으므로, 이 함수는 식(3.123) 또는 식(3.124)로 주어지는 형태가 된다. 식(3.123)로 주어지는

$$\Psi = \psi_\alpha(1)\psi_\beta(2)$$

를 택하면, $\psi_\alpha(1)\psi_\beta(2)$가 규격화되어 있다고 가정하였으므로 이 고유함수 Ψ는 규격화 되어 있다. $\alpha = \beta$인 경우에 Ψ는

$$\Psi = \psi_\beta(1)\psi_\beta(2) \tag{3.132}$$

이고, 규격화된 확률밀도는

$$\Psi^*\Psi = \psi_\beta^*(1)\psi_\beta^*(2)\psi_\beta(1)\psi_\beta(2) \tag{3.133}$$

이다.

식(3.131)과 식(3.132)이 모두 적절히 규격화되어 있기 때문에, 이들 식으로 주어지는 확률밀도를 비교해 보는 것은 타당성이 있다. 그렇게 함으로써 같은 양자상태에 두 개의 보존을 가질 확률 $\Psi_S^*\Psi_S$는 그 계가 구별 불가능성의 양자역학적 요구조건을 만족하지 않는 고유함수로 기술될 때 일어나는 경우의 확률 값 $\Psi^*\Psi$의 2배의 값을 갖는다는 것을 알게 된다. 이 사실은 같은 양자상태에 두 개의 보존을 가질 확률이 고전적인 입자에 대한 확률보다 2배나 된다는 말로 표현된다. 따라서 입자들이 차지하는 에너지상태 사이에 아무런 특정 상관관계도 존재하지 않는 고전적인 입자의 경우에 비하여 어떤 특정한 양자상태에 보존 하나가 존재한다는 것은 두 번째 보존이 똑같은 양자상태에 있을 기회를 2배로 해준다는 것과 같다는 말이다.

예제 3.5

3개의 입자로 구성된 계에 대한 규격화된 반대칭과 대칭 총 고유함수의 형태를 결정하고, 3개의 보존이 어떤 특정한 양자상태에 있을 확률을 3개의 고전적인 입자가 똑같은 양자상태에 있을 확률과 비교하라. 여기서 입자들 사이의 상호작용은 무시할 수 있다고 가정한다.

[풀이] 두 입자에 대한 반대칭 고유함수

$$\Psi_A = \frac{1}{\sqrt{2}}[\psi_\alpha(1)\psi_\beta(2) - \psi_\beta(1)\psi_\alpha(2)]$$

를 소위 **슬레이터 행렬**(Slater determinant)

$$\Psi_A = \frac{1}{\sqrt{2!}}\begin{vmatrix} \psi_\alpha(1) & \psi_\alpha(2) \\ \psi_\beta(1) & \psi_\beta(2) \end{vmatrix}$$

로 됨을 이용하여 푼다. 여기서, $2 \neq 2\times1=2$이다. 상기 두 표현이 같다는 것은 행렬식을 전개해 보면 확인할 수 있다. 행렬식의 형태를 3개의 입자로 확장하면

$$\Psi_A = \frac{1}{\sqrt{3!}}\begin{vmatrix} \psi_\alpha(1) & \psi_\alpha(2) & \psi_\alpha(3) \\ \psi_\beta(1) & \psi_\beta(2) & \psi_\beta(3) \\ \psi_\gamma(1) & \psi_\gamma(2) & \psi_\gamma(3) \end{vmatrix}$$

이 된다. 여기서, $3 \neq 3\times2\times1=6$이다. 상기 행렬식을 전개하면

$$\Psi_A = \frac{1}{\sqrt{3!}}[\psi_\alpha(1)\psi_\beta(2)\psi_\gamma(3) + \psi_\beta(1)\psi_\gamma(2)\psi_\alpha(3)$$
$$-\psi_\gamma(1)\psi_\alpha(2)\psi_\beta(3) - \psi_\gamma(1)\psi_\beta(2)\psi_\alpha(3)$$
$$-\psi_\beta(1)\psi_\alpha(2)\psi_\gamma(3) - \psi_\alpha(1)\psi_\gamma(2)\psi_\beta(3)]$$

이 된다. 이 1차 결합의 각 항은 총 에너지가 동일할 경우 퍼텐셜 에너지함수에 대하여 시간에 무관한 슈뢰딩거 방정식의 한 해가 된다. 여기서, 퍼텐셜에 대한 변수들은 각각 식(3.120)에서와 같이 오직 한 입자의 좌표에만 의존하는 항의 합으로 정리되어 있다. 그러므로 1차 결합도 역시 한 해가 된다.

이번엔 또 대칭 총 고유함수의 형태를 결정하여 보면, 식(3.128)과 식(3.129) 사이의 관계와 유사하게 위에서 구한 1차 결합의 부호를 모두 (+)로 바꾸어 주면 요구하는 고유함수

$$\Psi_A = \frac{1}{\sqrt{3!}}[\psi_\alpha(1)\psi_\beta(2)\psi_\gamma(3) + \psi_\beta(1)\psi_\gamma(2)\psi_\alpha(3)$$
$$+\psi_\gamma(1)\psi_\alpha(2)\psi_\beta(3) + \psi_\gamma(1)\psi_\beta(2)\psi_\alpha(3)$$
$$+\psi_\beta(1)\psi_\alpha(2)\psi_\gamma(3) + \psi_\alpha(1)\psi_\gamma(2)\psi_\beta(3)]$$

를 얻는다. 이 식에서 주어진 1차 결합은 임의의 두 입자의 표지의 교환에 관해 대칭임을 알 수 있다.

3개의 보존 계(Boson system)에 대한 대칭적인 고유함수는 $\psi_\alpha(1)\psi_\beta(2)\psi_\gamma(3)$과 같은 $3 \neq 3\times2\times1 = 6$개의 항들을 포함하며, 규격화 상수는 $1/\sqrt{3!}$ 임을 알 수 있다. 모든 보존들을 똑같은 양자상태에 두기 위해서 $\alpha=\beta=\gamma$로 놓고 나면 확률밀도는 $(1/\sqrt{3!})^2$을 곱해준 것이다. 따라서, 확률은 그 상태의 3개의 동등한 고전적인 입자들이 있을 때보다 $(3!)^2/3!$ 배만큼 더 크다. 보존의 경우에 대한 확률은 결과적으로 3! 배만큼 더 크다.

상기 예제의 결과는 똑같은 양자상태에 N개의 동등한 보존이 있는 경우로 확장하면, 이것이 일어날 확률은 N개의 고전적인 동등입자의 경우에 일어날 확률에 비해서

$$N \neq N(N-1)(N-2)\cdots 1$$

배 만큼 더 크다는 것을 나타낸다. 만일 보존이 여러 초기상태에서 여러 최종상태로 전이하는 계의 어느 특정한 최종 양자상태에 이미 N개의 보존이 존재한다면, 또 하나의 보존이 그 특정한 최종상태로 전이할 확률이 얼마인지를 계산해 보자.

P_1은 처음에 비어 있는 특정한 양자상태에 첫 번째 보존이 첨가될 확률을 나타낸다고 하면, 논의하고 있는 증진효과가 존재하지 않는다면, 그 상태에 N개의 보존이 있을 확률은 바로 P_1의 N거듭제곱이 될 것이다. 왜냐하면 보존을 연속적으로 첨가할

확률이 모두 똑같고, 또한 그 첨가가 독립적으로 일어나서 독립적인 확률이 서로 곱해지기 때문이다. 즉,

$$P_N = (P_1)^N \tag{3.134}$$

이다. 그러나 이 상태에 실제로 N개의 보존이 있을 확률은

$$P_N^{boson} = N!P_N = N!(P_1)^N \tag{3.135}$$

으로 증진된다. 그 상태에 $N+1$개의 보존이 있을 실제적인 확률은

$$P_{N+1}^{boson} = (N+1)!P_{N+1} \tag{3.136}$$

이다. $(N+1) \neq (N+1)N!$이고, $P_{N+1} = (P_1)^{N+1} = (P_1)^N P_1 = P_N P_1$이므로

$$P_{N+1}^{boson} = (N+1)N!P_N P_1 \tag{3.137a}$$

또는

$$P_{N+1}^{boson} = (1+N)P_1 P_N^{boson} \tag{3.137b}$$

이다. 여기서, P_N^{boson}은 그 상태에 N개의 보존이 실제로 있을 확률이다. 그러므로 어떤 특정한 최종 양자상태에 이미 N개의 보존이 있는 최종상태로 또 하나의 보존이 첨가될 확률이 $(1+N)P_1$이라는 것이다. P_1은 아무런 증진이 없는 경우, 어떤 보존 하나를 더해줄 확률이다. 따라서, 어떤 양자상태에 이미 N개의 보존이 있다면, 여기에 보존 하나가 더 들어갈 확률은 양자역학적인 구별 불가능성의 요구조건이 없는 경우보다 $(1+N)$의 증진 인자만큼 더 크다고 결론지을 수 있다.

3.5.2 양자 분포함수

열평형상태에 있는 고전적 입자로 된 계를 생각하면, 입자들은 에너지를 서로 교환은 하지만 입자 상호간에 특정한 거동에 영향을 주지 않는다는 점에서 입자 개체는 독립적으로 거동한다. 이들 입자의 두 개의 특정한 에너지 상태 E_1, E_2와 평균 입자의 수를 N_1, N_2라고 하고, 상태 1에 있는 입자 하나가 상태 2로 전이할 평균적인 비율을 $\Gamma_{1\to2}$, 상태 2에 있는 입자 하나가 상태 1로 전이할 평균적인 비율을 $\Gamma_{2\to1}$라고 하자. $\Gamma_{1\to2}$와 $\Gamma_{2\to1}$는 둘 다 입자당의 평균비율인 입자 1개당 1초당의 확률이므로 그 계의 전체 입자가 1→2로 전이할 총 비율은 $N_1\Gamma_{1\to2}$이 된다. 마찬가지로 입자가 2→1로

전이할 총 비율은 $N_2\Gamma_{2\to1}$이다.

만일, 이들 총 전이율이 같으면

$$N_1\Gamma_{1\to2} = N_2\Gamma_{2\to1} \tag{3.138}$$

라고 표현할 수 있고, 이 조건은 모든 논의에서 가정하는 평형상태가 유지된다는 것을 확증시켜 주는 조건이다.

또 식(3.138)은

$$\frac{N_1}{N_2} = \frac{\Gamma_{2\to1}}{\Gamma_{1\to2}} \tag{3.139}$$

로 표현 가능하다. 지금 열평형상태에 있을 때 상태 1에서 발견될 고전적인 계 내의 평균 또는 있음직한 입자수 N_1은 식(3.52)과 같이 상태 에너지 E_1으로 산출되는 볼쯔만 분포에 의해서 주어진다. 따라서,

$$N_1 = N(E_1) = Ae^{-E_1/kT} \tag{3.140}$$

이고, N_2에 대해서도 식(3.140)와 형태가 같으므로 입자수의 비는

$$\frac{N_1}{N_2} = \frac{e^{-E_1/kT}}{e^{-E_2/kT}} \tag{3.141}$$

가 되고, 식(3.139)처럼 입자당 전이율은

$$\frac{\Gamma_{2\to1}}{\Gamma_{1\to2}} = \frac{N_1}{N_2} = \frac{e^{-E_1/kT}}{e^{-E_2/kT}} \tag{3.142}$$

로 주어진다.

이제는 보존(boson)으로 구성된 계에 대하여 식(3.138)의 열평형조건을 적용해 보면

$$N_1\Gamma_{1\to2}^{boson} = N_2\Gamma_{2\to1}^{boson} \tag{3.143}$$

이 된다. 여기서 $\Gamma_{1\to2}^{boson}$ 및 $\Gamma_{2\to1}^{boson}$은 그들 상태 사이의 보존 당의 전이율이다. 그들 비율은 단순히 증진인자$(1+N)$을 고전적인 비율에 곱함으로써 표현할 수 있다. 따라서

$$\Gamma_{1\to2}^{boson} = (1+N_2)\Gamma_{1\to2} \tag{3.144}$$

및

$$\Gamma_{2\to1}^{boson} = (1+N_1)\Gamma_{2\to1} \tag{3.145}$$

을 얻는다. 식(3.143), 식(3.144)와 식(3.145)을 결합하면

$$N_1(1+N_2)\Gamma_{1\to2} = N_2(1+N_1)\Gamma_{2\to1} \tag{3.146}$$

이고, 다시 정리하면

$$\frac{N_1(1+N_2)}{N_2(1+N_1)} = \frac{\Gamma_{2\to1}}{\Gamma_{1\to2}} = \frac{e^{-E_1/kT}}{e^{-E_2/kT}} \tag{3.147}$$

을 얻는다. 식(3.147)를 다시 고쳐 쓰면

$$\frac{N_1}{1+N_1}e^{\frac{E_1}{kT}} = \frac{N_2}{1+N_2}e^{\frac{E_2}{kT}} \tag{3.148}$$

로 나타낼 수 있다. 이 등식의 좌변은 상태 2의 성질을 포함하지 않으며, 또 우변은 상태 1의 성질을 포함하지 않으며, 다만 양변에 공통인 성질만을 포함할 수 있다. 이것은 공통의 평형온도 T가 양변에서 발견되는 것과 같은 것이다. 따라서, 식(3.148)의 양변은 $\alpha=\alpha(T)$라고 하는 T의 함수와 같다고 결론지을 수 있으며, 이 함수는 편리하게 $e^{-\alpha}$라고 쓰면 식(3.148)의 좌변은

$$\frac{N_1}{1+N_1}e^{\frac{E_1}{kT}} = e^{-\alpha} \tag{3.149}$$

또는

$$\frac{N_1}{1+N_1} = e^{-\left(\alpha+\frac{E_1}{kT}\right)} \tag{3.150}$$

이다. 따라서

$$N_1 = N_1 e^{-\left(\alpha+\frac{E_1}{kT}\right)} + e^{-\left(\alpha+\frac{E_1}{kT}\right)} \tag{3.151}$$

또는

$$N_1\left[1-e^{-\left(\alpha+\frac{E_1}{kT}\right)}\right] = e^{-\left(\alpha+\frac{E_1}{kT}\right)} \tag{3.152}$$

이다. N_1을 나타내면

$$N_1 = \frac{e^{-\left(\alpha + \frac{E_1}{kT}\right)}}{1 - e^{-\left(\alpha + \frac{E_1}{kT}\right)}} = \frac{1}{e^{\alpha} \cdot e^{\frac{E_1}{kT}} - 1} \tag{3.153}$$

이다. 만일 식(3.148)의 우변을 사용하면

$$\frac{N_2}{1 + N_2} e^{\frac{E_2}{kT}} = e^{-\alpha} \tag{3.154}$$

또는

$$\frac{N_2}{1 + N_2} = e^{-\left(\alpha + \frac{E_2}{kT}\right)} \tag{3.155}$$

이다. 따라서

$$N_2 = N_2 e^{-\left(\alpha + \frac{E_2}{kT}\right)} + e^{-\left(\alpha + \frac{E_2}{kT}\right)} \tag{3.156}$$

또는

$$N_2 \left[1 - e^{-\left(\alpha + \frac{E_2}{kT}\right)}\right] = e^{-\left(\alpha + \frac{E_2}{kT}\right)} \tag{3.157}$$

이다. N_2을 나타내면

$$N_2 = \frac{e^{-\left(\alpha + \frac{E_2}{kT}\right)}}{1 - e^{-\left(\alpha + \frac{E_2}{kT}\right)}} = \frac{1}{e^{\alpha} \cdot e^{\frac{E_2}{kT}} - 1} \tag{3.158}$$

이다. 실제로, 이 결과는 어떤 에너지 E인 양자상태를 차지하는 보존의 평균 또는 있음직한 수를 나타낸다. 따라서 일반적인 형태는

$$N(E) = \frac{1}{e^{\alpha} \cdot e^{\frac{E}{kT}} - 1} \tag{3.159}$$

이다. 이것이 **보즈 분포**(Bose distribution)이며 온도 T의 열평형상태에서 에너지 E인 양자상태에 있게 되는 계에 있음직한 보존의 수를 규정한다.

페르미온(fermion)으로 된 계에 대해서도 상기와 같은 논의가 적용될 수 있으므로 열평형조건의 식(3.138)을 쓰면

$$N_1 \Gamma_{1\to 2}^{fermion} = N_2 \Gamma_{2\to 1}^{fermion} \tag{3.160}$$

이다. 여기서 $\Gamma_{1\to 2}^{fermion}$ 및 $\Gamma_{2\to 1}^{fermion}$은 그들 상태 사이의 보존 당의 전이율이다. 배타 원리 때문에 어느 한 상태의 순간적인 점유수는 0 또는 1에 불과하다. 그 점유수는 시간에 따라 요동하는데 이것은 열평형상태를 유지하는 과정의 통계적인 성격에 기인한다. 그들 비율은 단순히 증진인자$(1-N)$을 고전적인 비율에 곱함으로써 표현할 수 있다. 따라서

$$\Gamma_{1\to 2}^{fermion} = (1-N_2)\Gamma_{1\to 2} \tag{3.161}$$

및

$$\Gamma_{2\to 1}^{fermion} = (1-N_1)\Gamma_{2\to 1} \tag{3.162}$$

을 얻는다. 식(3.160), 식(3.161)과 식(3.162)을 결합하면

$$N_1(1-N_2)\Gamma_{1\to 2} = N_2(1-N_1)\Gamma_{2\to 1} \tag{3.163}$$

이고, 다시 정리하면

$$\frac{N_1(1-N_2)}{N_2(1-N_1)} = \frac{\Gamma_{2\to 1}}{\Gamma_{1\to 2}} = \frac{e^{-E_1/kT}}{e^{-E_2/kT}} \tag{3.164}$$

을 얻는다. 식(3.164)를 다시 고쳐 쓰면

$$\frac{N_1}{1-N_1} e^{\frac{E_1}{kT}} = \frac{N_2}{1-N_2} e^{\frac{E_2}{kT}} \tag{3.165}$$

로 나타낼 수 있다. 이 등식의 좌변은 상태 2의 성질을 포함하지 않으며, 우변은 상태 1의 성질을 포함하지 않으며, 다만 양변에 공통인 성질만을 포함할 수 있다. 이것은 공통의 평형온도 T가 양변에서 발견되는 것과 같은 것이다. 따라서, 식(3.165)의 양변은 $\alpha = \alpha(T)$라고 하는 T의 함수와 같다고 결론지을 수 있으며, 이 함수는 편리하게 $e^{-\alpha}$라고 쓰면 식(3.165)의 좌변은

$$\frac{N_1}{1-N_1} e^{\frac{E_1}{kT}} = e^{-\alpha} \tag{3.166}$$

또는

$$\frac{N_1}{1-N_1} = e^{-\left(\alpha + \frac{E_1}{kT}\right)} \tag{3.167}$$

이다. 따라서

$$N_1 = -N_1 e^{-\left(\alpha + \frac{E_1}{kT}\right)} + e^{-\left(\alpha + \frac{E_1}{kT}\right)} \tag{3.168}$$

또는

$$N_1\left[1 + e^{-\left(\alpha + \frac{E_1}{kT}\right)}\right] = e^{-\left(\alpha + \frac{E_1}{kT}\right)} \tag{3.169}$$

이다. N_1을 나타내면

$$N_1 = \frac{e^{-\left(\alpha + \frac{E_1}{kT}\right)}}{1 + e^{-\left(\alpha + \frac{E_1}{kT}\right)}} = \frac{1}{e^{\alpha} \cdot e^{\frac{E_1}{kT}} + 1} \tag{3.170}$$

이다. 만일 식(3.165)의 우변을 사용하여 N_2을 나타내면

$$N_2 = \frac{e^{-\left(\alpha + \frac{E_2}{kT}\right)}}{1 + e^{-\left(\alpha + \frac{E_2}{kT}\right)}} = \frac{1}{e^{\alpha} \cdot e^{\frac{E_2}{kT}} + 1} \tag{3.171}$$

이다. 실제로, 이 결과는 어떤 에너지 E인 양자상태를 차지하는 페르미온의 평균 또는 있음직한 수를 나타낸다. 따라서 일반적인 형태는

$$N(E) = \frac{1}{e^{\alpha} \cdot e^{\frac{E}{kT}} + 1} \tag{3.172}$$

이다. 이것이 **페르미 분포**(Fermi distribution)이며 온도 T의 열평형상태에서 에너지 E인 양자상태에 있게 되는 계에 있음직한 페르미온의 수를 규정한다.

식(3.140)의 볼쯔만 분포를 에너지 E인 계에 대해 다시 쓰면

$$N(E) = Ae^{-E/kT} \tag{3.173}$$

이다. 곱해주는 상수 A를 $e^{-\alpha}$와 같다고 놓으면 **볼쯔만 분포**는

$$N_{Boltz}(E) = \frac{1}{e^{\alpha} \cdot e^{E/kT}} \tag{3.174}$$

이다. 식(3.159)로부터 **보즈 분포**는

$$N_{Bose}(E) = \frac{1}{e^{\alpha} \cdot e^{\frac{E}{kT}} - 1} \tag{3.175}$$

이고, 식(3.172)로부터 **페르미 분포**는

$$N_{Fermi}(E) = \frac{1}{e^{\alpha} \cdot e^{\frac{E}{kT}} + 1} \tag{3.176}$$

임을 알 수 있다. 여기서 k는 볼쯔만 상수이고 T는 계의 평형온도이다. 온도 T와 계에 대한 파라미터 α는 계가 포함하는 총 입자수에 의해 규정된다. 단조화 진동자로 된 계에 있어서는 $A = e^{-\alpha}$로 주어졌고, 거기서 $N_{Boltz}(E)$는 에너지 E인 상태에서 그들 중 어느 특별한 하나를 발견할 확률의 측도가 되는 것으로 정의하고, 그 결과는 $A = 1/kT$이다.

그림 3.8에 온도 T에 대한 에너지 대 페르미 분포함수가 도시되어 있다. 페르미 에너지를

$$E_F = -\alpha kT \tag{3.177}$$

로 정의하면

$$\alpha = -\frac{E_F}{kT} \tag{3.178}$$

이므로, 식(3.176)은

$$N_{Fermi}(E) = \frac{1}{e^{\frac{(E-E_F)}{kT}} + 1} \tag{3.179}$$

로 쓸 수 있다. 이것을 Fermi-Dirac **분포** 혹은 **확률함수**라고 하며, 에너지 E에 있는 하나의 양자상태를 전자가 차지할 확률을 나타내며, 이 분포함수의 다른 의미는 어느 에너지 E에 있는 총 양자상태 중에서 전자로 채워진 양자상태의 비율이다.

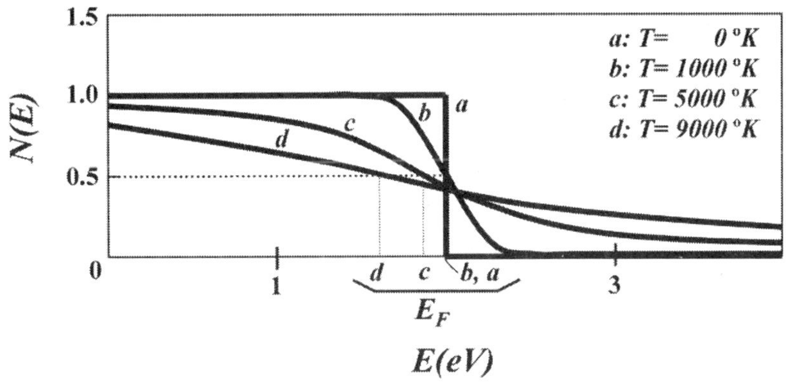

그림 3.8 ▸ 온도 T에 대한 에너지 대 Fermi 분포함수

분포함수의 의미와 Fermi 에너지를 이해하기 위하여 에너지에 대한 분포함수를 그려보자. 예를 들면, 낮은 온도($T=0^\circ K$)에서 $E \ll E_F$인 상태에 대하여 식(3.179)의 지수항은 0이 되어서 $N_{Fermi}=1$이 된다. 또 낮은 온도($T=0^\circ K$)이고, $E \gg E_F$의 경우는 분포함수의 지수항은 $\exp[(E-E_F)/kT] \to \exp(+\infty) \to +\infty$로 되어 페르미 분포는 볼쯔만 분포로 접근해 간다. 결과적으로 Fermi-Dirac 분포함수는 $N_{Fermi}=0$이 된다.

절대온도 $T=0^\circ K$에 대한 Fermi-Dirac 분포함수가 그림 3.8에 나타나 있으며, $T=0^\circ K$에서 전자는 가능한 가장 낮은 에너지 상태에 있음을 보여준다. 하나의 양자상태가 채워질 확률은 $E \ll E_F$에 대하여 1이며, $E \gg E_F$에 대해서는 0이다. 모든 전자들은 $T=0^\circ K$에서 Fermi 에너지 이하의 에너지를 갖는다.

온도 T가 $0^\circ K$ 이상으로 증가할 경우를 생각하면, 전자들은 열에너지를 얻게 되어 일부 전자들은 더 높은 에너지 준위로 올라가게 되어 에너지 상태들 사이에 전자의 분포가 변한다. $T>0^\circ K$에서 에너지 준위에 대한 전자분포의 변화는 Fermi-Dirac 분포함수는 $E=E_F$와 $T>0^\circ K$에서 식(3.179)는

$$N_{Fermi}(E=E_F)=\frac{1}{1+e^0}=\frac{1}{2}$$

이 되고, $E=E_F$에서 하나의 상태가 채워질 확률이 1/2이라는 의미이다. 그림 3.8는 Fermi 에너지는 온도 T에 무관하다고 가정하고, 여러 온도에 그려진 Fermi-Dirac 분포함수를 도시하고 있다.

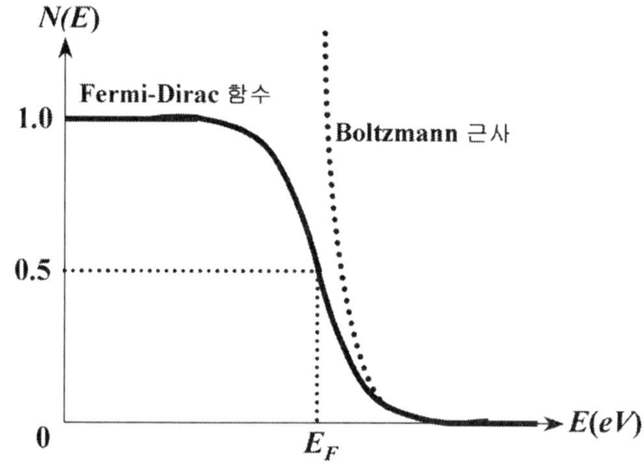

그림 3.9 ▸ Fermi-Dirac 분포함수와 Boltzmann 근사

열에너지를 얻은 일부전자들은 더 높은 에너지 준위로 올라가 에너지 상태들 사이에 전자의 분포가 변화하므로, 절대온도 T가 $0°K$ 이상의 온도에서 E_F 위의 에너지 상태들이 전자에 의하여 채워질 확률이 0이 아니며, E_F 아래의 에너지 상태들이 비어있을 확률이 존재한다. E_F 위의 에너지가 채워질 확률은 온도가 증가함에 따라 증가하고, E_F 아래의 상태가 비워질 확률은 온도가 증가함에 따라 증가한다.

또 $E-E_F \gg kT$인 경우를 살펴보면, 식(3.179)의 분모의 지수항은 1보다 매우 큰 값을 갖게 되어 Fermi-Dirac 분포함수는

$$N_{Fermi}(E) \approx e^{\frac{-(E-E_F)}{kT}} \tag{3.180}$$

이 된다. 이것은 앞에서 언급한 $E \gg E_F$의 경우로써 Fermi-Dirac 분포함수의 Maxwell-Boltzmann 근사 혹은 간단히 Boltzmann 근사라고 하며, 그림 3.9에 Fermi-Dirac 확률함수와 Boltzmann 근사를 대비하여 보여주고 있다.

예제 3.6

온도 $T=300°K$일 때 Fermi 에너지 E_F보다 $3kT$ 위의 에너지 준위가 전자로 채워질 확률을 계산하라.

[풀이] 식(3.179)로부터

$$N_{Fermi}(E) = \frac{1}{1+e^{\frac{(E-E_F)}{kT}}} = \frac{1}{1+e^{\frac{3kT}{kT}}}$$

$$= \frac{1}{1+20.09} = 0.0474$$

이다. 따라서 4.74 %이다.

예제 3.7

에너지가 5.95 eV인 계에서 Fermi 에너지 준위가 6.25 eV이고, 전자들은 Fermi-Dirac 분포함수를 따른다고 하면, Frmi 에너지 아래 0.3 eV 상태가 전자를 갖지 않을 확률이 1% 되는 온도를 계산하라.

[풀이] 어느 상태가 비워질 확률은

$$1 - N_{Fermi}(E) = 1 - \frac{1}{1 + e^{\frac{(E-E_F)}{kT}}}$$

이므로

$$0.01 = 1 - \frac{1}{1 + e^{\frac{(5.95-6.25)}{kT}}}$$

이다. kT에 대하여 풀면 $kT = 0.06529$ eV이므로, 온도 $T = 756K$이다.

예제 3.8

Fermi-Dirac 확률함수와 Boltzmann 근사의 차이가 Fermi 함수의 5%되는 에너지를 kT의 관계로 나타내어라.

[풀이] 식(3.179)와 식(3.180)에 의하여

$$\frac{e^{-\frac{(E-E_F)}{kT}} - \frac{1}{1+e^{\frac{(E-E_F)}{kT}}}}{\frac{1}{1+e^{\frac{(E-E_F)}{kT}}}} = 0.05$$

이다. 분모와 분자를 $1+\exp(\quad)$로 곱하면

$$e^{-\frac{(E-E_F)}{kT}} \cdot \left\{1 + e^{\frac{(E-E_F)}{kT}}\right\} - 1 = 0.05$$

이 되고,

$$e^{-\frac{(E-E_F)}{kT}} = 0.05$$

이다. 양변에 자연로그를 취하여 정리하면

$$(E-E_F) = kT\ln\left(\frac{1}{0.05}\right) \cong 3kT$$

이 된다. 따라서, M-B 근사와 F-D 함수는 $E-E_F \approx 3kT$일 때 서로 5% 차이 이내에 들게 된다.

3.6 열역학적 확률

N개의 입자로 이루어진 계가 있을 때, 이 계의 상태는 일반적인 압력 P, 체적 V, 온도 T 중의 어느 것이든 2개가 주어지면 성질이 정해진다고 할 수 있다. 이때 계는 한 개의 거시적 상태(macroscopic state)가 정해졌다고 말한다.

열역학은 거시적 상태에 착목하여 조립된 이론으로 정해져 있다. 한 개의 거시적 상태가 주어지는 경우를 미시적으로 보면 N개의 입자의 위치(x, y, z) 및 속도 (v_x, v_y, v_z)의 분포가 어떤 범위에 주어진 것이 된다. 그리고 한 개의 거시적 상태에 대한 분포방법은 한 개만이 아니라, 입자의 위치와 속도의 분포가 어느 정도 변해도 전체로서는 계의 압력, 체적, 온도 혹은 에너지는 같게 될 수 있다. 이와 같이 같은 거시적 상태를 주는 개개의 상태를 이 거시적 상태에 속하는 미시적 상태라 한다. 한 개의 거시적 상태에 속하는 미시적인 상태의 수의 비율을 W라 했을 때 W는 **열역학적 확률**(thermodynamic probability)이라 불리 운다. **통계역학**(statistical mechanics)은 다수의 입자로 이루어지는 계의 성질을 거시적 입자에서 통계적으로 고찰하는 것으로 엄밀한 시간적 변화가 없는 상태, 즉 평형상태에서만 취급할 수 있다.

Gibbs에 의하면 "평형상태란 입자의 집합이 최대의 열역학적 확률을 갖는 상태"라고 정의하였다. 이 정의는 평형상태의 정의인 동시에 통계역학의 기본가정으로 자연변화는 일반의 평형상태로 향하여 진행하는 것이므로 자연계에는 열역학적 확률이 큰 상태가 작은 상태보다 일어나기 쉽다고 가정한 것이 된다. 이 가정은 열역학의 제2법칙과 대응한다. 즉, 열역학 제2법칙은 자연변화의 방향을 규정하는 것으로 "자연변화는 반드시 Entropy가 증대하는 방향으로 발생한다"라고 표현되어 고립계에 있어서의 평형상태는 Entropy가 최대인 상태라고 규정한다.

위에서 설명한 것처럼 분명한 것은 Entropy S와 열역학적 확률 W와의 사이에는 어느 종류의 평형관계가 성립함을 알 수 있다. Entropy는 서로 **상가적**(相加的)인 성질

을 알 수 없지만, 확률은 **상승적**(相乘的)인 성질을 가지므로,

$$S = k \cdot \log W \tag{3.181}$$

의 관계가 성립하는 것을 증명할 수 있다. 여기서 k는 Boltzmann 상수이며, 이식을 Boltzmann **함수**라 부른다.

평형상태는 자유에너지를 써서 표현할 수도 있는데 Internal 에너지를 E_I라 하면 Gibbs의 자유 에너지는

$$F = E_I - TS + PV \tag{3.182}$$

로 주어질 수 있으므로 Helmholtz의 자유 에너지는

$$H = E_I - TS \tag{3.183}$$

로 주어진다.

평형상태에서는 자유 에너지가 최소값을 취하는 것이 필요하므로 평형조건의 식(3.182) 또는 식(3.183)으로 주어져 자유 에너지가 최소값을 취하는 조건과 같다. 이 조건을 미시적으로 구하면 다음과 같이 하면 좋다.

즉, 에너지 E_i를 있는 입자의 수를 N_i라 하면

$$E_I = \sum_i N_i E_i \tag{3.184}$$

로 주어지므로, 엔트로피 S는 이 집합의 열역학적 확률 W로써 식(3.184)로 주어지므로 식(3.183)은

$$H = \sum_i N_i E_i - kT \cdot \log W \tag{3.185}$$

과 같이 쓸 수 있다. 그러므로 열역학적 확률 W를 계산해서 이 식에 대입하면 $dH = 0$ 및 $N = \sum_i N_i$인 두 개의 조건으로부터 N_i를 온도 T의 함수로써 구하면 가장 확실한 분포가 주어지는 함수의 형으로 결정된다.

3장 연습문제

1. 상호작용하지 않는 상자 내의 두 동등입자에 대한 시간에 무관한 슈뢰딩거 방정식인 식(3.119)를 전개하라.

2. 식(3.120)의 덧셈형 퍼텐셜에 대해 슈뢰딩거 방정식(3.119)의 해가 식(3.121)의 곱의 형태라는 것을 증명하라.

3. 식(3.128)과 식(3.129)의 대칭 및 반대칭 고유함수로부터 얻는 두 확률밀도함수에서 입자표지를 교환하면 어떻게 되는가? 또 이 교환에 의해 어느 쪽도 영향을 받지 않음을 증명하라.

4. 3개의 입자로 구성된 계에 대한 규격화된 반대칭 총 고유함수의 형태는 두 입자의 표지를 교환하면 반대칭이 됨을 확인하라. 여기서, 입자들 사이의 상호작용은 무시할 수 있다.

5. 3개의 입자로 이루어진 계에 대한 규격화된 대칭 총 고유함수의 형태는 두 입자의 표지를 교환하면 대칭이 됨을 확인하라. 여기서, 입자들 사이의 상호작용은 무시할 수 있다.

6. 입자가 어느 온도 T에 있어서 에너지 E를 갖는 확률이 인자에 비례한다면 Maxwell의 규격화 속도 분포식(3.87)가 됨을 유도하라.

7. 원리적으로 볼쯔만 분포가 적용될 수 있는 계의 예를 들어라.

8. Maxwell의 속도에 관한 분포함수는 $F(v^2)dv = C \cdot v^2 \cdot e^{-\frac{mv^2}{2kT}}dv$의 형태로 주어진다. 규격화 조건을 써서 상수의 값을 구하라.

9. Maxewll의 속도 v에 관한 분포식을 써서 $F(v^2)$가 최대일 때의 속도 v_0, 속도의 평균값 $\langle v \rangle$ 및 속도의 2승의 평균값 $< v^2 >$을 구하라.

10. Maxwell의 에너지 분포식은 $g(E)dE = C\cdot\sqrt{E}\cdot e^{-\frac{E}{kT}}dE$의 형태로 주어진다. 규격화 조건을 써서 상수 C의 값을 구하라.

11. 양자분포가 kT보다 훨씬 큰 에너지에서 고전적인 분포로 되는 기본적인 이유는 무엇인가?

12. 세 가지 분포에 대한 α 값은 어떠한 인자를 결정하는가?

13. 볼쯔만 분포의 행위가 보즈 분포와 페르미 分布의 행위의 중간이 되는 이유를 설명하라.

14. Maxwell 분포는 두 입자 사이의 탄성충돌을 관찰함으로서도 도출할 수 있다. 처음에 이들 입자의 에너지가 E_1과 E_2이고, 나중의 에너지가 E_3과 E_4라면

$$E_3 + E_4 = (E_1 - \delta) + (E_2 + \delta)$$

이다. 모든 가능한 상태가 똑같이 일어 남직하면 1초당 충돌수 P는 각각의 초기상태에 있는 입자수에 비례한다. 즉, $P_{1,2} = CP(E_1)P(E_2)$이다. 여기서, $P(E_i)$는 점유되는 상태의 확률이고, C는 상수이다. 비슷하게 $P_{3,4} = CP(E_3)P(E_4)$이다. 평형상태에서 각 충돌 $(1,2)\rightarrow(3,4)$에 대해 $(3,4)\rightarrow(1,2)$인 충돌이 존재해야 한다. 따라서, $P_{1,2} = P_{3,4}$이다. (a) $P(E_i) = e^{-E_i/kT}$가 이 방정식의 해가 됨을 밝혀라. (b) 비슷한 논의를 써서 페르미분포를 도출하라. 그러나 여기서 초기상태는 채워져 있고 최종상태는 비어 있어야하며, 충돌수는

$$P_{1,2} = CP(E_1)P(E_2)[1 - P(E_3)][1 - P(E_4)]$$

가 된다. 그러면, 방정식 $P_{1,2} = P_{3,4}$의 해는

$$\left[\frac{1 - P(E_i)}{P(E_i)}\right] = Ce^{E_i/kT}$$

이 됨을 밝혀라.

15. 페르미 분포에서 $T = 0$일 때 $E \le E_F$인 모든 상태에 대하여 $N(E) = 1$이고 $E > E_F$인 모든 상태에 대해서는 $N(E) = 0$임을 밝혀라. 또 $E = E_F$에 대해서는 $N(E) = 1/2$임을 밝혀라.

16. 페르미 에너지 E_F를 물리적으로 해석하라.

17. 식(3.179)로 주어지는 Fermi 함수에서 $x = \frac{(E-E_F)}{kT}$ 라 하면 dN/dx가 $x=0$ 인 최대값을 갖는 대칭함수로 나타내어라. 또 dN/dE가 Fermi 준위의 上下의 kT의 정도의 에너지 영역의 크기를 갖는 값을 나타내어라.

18. 식(3.179)의 페르미 분포를 고려하자. (1) $N(E)=1-N(2E_F-E)$임을 밝혀라. 즉 $E-E_F=\delta$를 갖고 $N(E_F+\delta)=1-N(E_F-\delta)$임을 밝혀라. 이것은 이 분포가 $N(E_F)=1/2$ 주위로 대칭성을 갖는다는 것을 증명한다. (2) $\delta=E-E_F=kT$ 또는 $2kT$ 또는 $4kT$ 또는 $10kT$에 대한 $N(E)$를 구하여라. 임의의 $T>0$에 대해 E에 대한 $N(E)$를 개략적으로 그려라. (3) $\delta/kT=1,\ 2,\ 4,\ 10$일 때 페르미 분포를 볼쯔만 분포로 근사시키면 몇 퍼센트의 오차가 생기는가?

19. 어떤 에너지에서 보즈 분포함수($\alpha=0$에 대한)가 6000 K의 온도에서 1이 되는가? 또 이와 같은 에너지에서 0.500의 값을 갖는 보즈 분포함수($\alpha=0$에 대한)의 온도는 얼마인가?

20. 페르미 분포함수에 대하여

(1) $\int_0^{E_F} N(E)dE = kT[\ln(1+e^{E_F/kT})/2]$임을 밝혀라.

(2) 이것은 $T=0$에 대해 E_F로 환원됨을 밝혀라.

(3) 또 $\int_0^{\infty} N(E)dE = \int_0^{E_F} N(E)dE + kT(\ln 2)$임을 밝혀라.

4 재료결정의 상태

4.1 고체의 결정(結晶)

고체는 일반적으로 단결정(single crystal), 다결정(polycrystal)과 비정질(amorphous)의 세 가지 형태로 존재한다. 각각의 형태는 재료 내에서 차지하는 원자 또는 분자들이 기하학적 규칙 배열 혹은 주기성을 갖는 질서영역의 체적에 의하여 분류한다. 결정은 원자군 등의 배열이 입체적 주기성을 갖고 규칙적으로 중복되어 성장한 것이다. 이 집합이 결정 전체 체적에 걸쳐 규칙적으로 행해진 고체를 단결정이라 하고, 일반적인 금속과 같이 미세한 단결정립들의 불규칙한 집합체를 다결정질체라 부른다. 이러한 단결정립의 영역을 **그레인**(grain)이라 부르고, 이 그레인 경계에 의하여 결정이 서로 분리되어 있다. 단결정의 장점은 일반적으로 전기적 특성이 단결정이 아닌 재료들보다 우수하다는 것이다. 이것은 단결정이 아닌 재료의 그레인 경계들이 전기적 특성을 저하시키기 때문이라 생각한다. 결정의 본질적인 특징은 구조의 주기성에 있으므로 결정립의 크기가 몇 개의 원자 혹은 분자크기의 범위에서만 질서를 갖는 것을 비정질체라 부른다. 그림 4.1에 비정질, 다결정과 단결정에 대한 2차원 원자 배열의 단면을 도시하였다.

대부분의 고체는 주기적으로 규칙적인 집합을 하는 쪽이 에너지가 낮으므로 결정상태가 자연스런 상태이지만 규칙적 배열이 방해를 받으면 비정질체가 형성된다. 과냉각 액체에 상당하는 글라스가 그 대표적인 예이며, 이것은 액체상태에 있을 때의 점성이 커져 냉각속도가 빨라지므로 액체상태의 분자배열이 그대로 동결된 것으로 볼 수 있다. 이런 것들은 담굼질을 하면 결정화가 일어날 수 있다. 비정질체의 또 다른 예가 무정형 탄소와 보통 고분자로 이루어지는 고체이다.

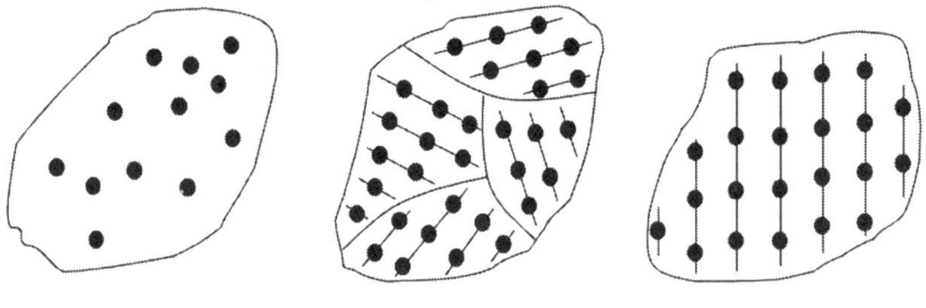

(a) (b) (c)

그림 4.1 ▸ 결정의 일반적 형태: (a) 비정질, (b) 다결정, (c) 단결정

이것은 원자, 분자, 이온 등이 주기성을 가지고 규칙적으로 배열하고 있지만 공간의 정해진 위치에 정지되어 있는 것이 아니고 평형위치 부근에서 진동하고 있거나 혹은 평형점 주위에서 회전하고 있다. KCN이 평형점 주위에서 회전하고 있는 한 예이며, CN^- 이온은 상당히 저온에서 회전을 하며 NO_3^-기도 회전하기 쉬운 이온 중 하나이다. 또 어떤 결정에서는 1차원 또는 2차원 규칙성 밖에 갖지 않는 것도 있다. 이러한 것은 대개 유기화합물에 있어서 보여지는 것으로 **액상결정**(liquid crystal)이라고 부른다.

액체는 일반적인 결정구조를 갖지 않지만 원자배열의 규칙성이 전혀 없는 것은 아니고 어느 정도의 규칙성은 존재하지만, 비교적 짧은 거리에 불과하다. 이러한 액체와 결정고체와의 차이는 그의 규칙성이 갖는 각각의 단범위 질서(short range order)이냐 장범위 질서(long range order)이냐에 있다. 그러나 비정질 상태에 대한 명확한 설명은 아직 많은 문제를 안고 있으며, 이러한 상태에 대한 완전한 이해는 요원하다. 이에 대한 이유 중 하나는 비정질은 주기성과 관련하여 단순화시킬 수 있는 방법이 없기 때문이다. 또 다른 이유는 비정질 상태에 대한 개념자체가 잘 정의되지 않았기 때문에도 원인이 있다. 그럼에도 불구하고, 비정질 고체와 결정성 고체에 대한 비교로부터 전자구조의 중요한 특징 및 거시적인 특성이 단범위 질서에 의해 크게 좌우된다는 것이 알려졌다. 따라서 이러한 성질들은 비정질과 결정성에 있어서 닮은 점이긴 하지만 비정질 상태에 대한 더 이상의 상세한 설명 대신 결정성 고체에 한하여 논의한다.

4.2 기본셀(primitive cell)과 단위셀(unit cell)

결정은 보통 3차원 원자배열 구조를 가지고 있으나, 이해를 돕기 위해 2차원 배열의 흑연 결정을 우선 고려하고 나중에 3차원으로 확장하여 생각한다. 흑연 결정에서 탄소원자들은 층상구조로 배열되어 있으며 하나의 층상 내의 탄소원자들은 강한 공유결합을 하고, 층간에는 약한 반데르발스 결합 상태로 존재한다.

하나의 층을 이루는 탄소원자들의 배열을 그림 4.2에 도시했다. 모든 원자들의 배열과 원자간의 결합을 나타내기 위한 하나의 단위로서 $OXAY$를 선택한다. 상하좌우로 평행이동 조작을 실행하면 이 동일단위로 평면 내의 모든 배열을 만들 수 있다. 선택한 단위 평행사변형(3차원에서는 단위 평행육면체)을 **단위셀**(unit cell)이라 부른다. 또 **기본셀**(primitive cell)이란 결정을 구성하기 위하여 반복(反復)될 수 있는 가장 작은 단위셀를 의미한다. 많은 경우 기본셀이 아닌 단위셀를 사용하는 것이 더 편리하다. 왜냐하면 기본셀의 면들은 비직교일 수 있지만 단위셀의 면들은 직교되도록 선택할 수 있기 때문이다.

선택한 단위 평행사변형 $OXAY$의 x축 상의 변의 길이를 a, y축 상의 변의 길이를 b로 정의하면, $OX = a$이고 $OY = b$가 되고, 또 Ox와 Oy 사이의 각은 γ로 정의한다. 흑연 내의 탄소층의 경우 상온에서 $a = b = 2.45\,\text{Å}$ 이고 $\gamma = 120°$ 이다.

탄소원자는 단위 평행사변형의 모든 꼭지점에 하나씩 있고, 내부의 O'점에 완전한 탄소원자 하나가 있다. O의 위치에 있는 원자의 좌표는 (0, 0)이고 X의 위치에 있는 원자는 (1, 0), Y에 있는 원자는 (0, 1), A에 있는 원자는 (1, 1)이다. 또 O'점에 있는 원자의 좌표는 (1/3, 2/3)이다. 단위 평행사변형 $OXAY$ 영역 내에 있는 탄소원자의 수는 O'점에 존재하는 완전한 탄소원자 하나와 네 개의 단위셀에 의하여 공유되는 O, Y, A, X에서 원자 하나이므로 총 2개이다. 즉, 단위 평행사변형 내의 원자와 그 위치는 (0, 0)에 탄소원자 1개, (1/3, 2/3)에 탄소원자 1개로 표시할 수 있다.

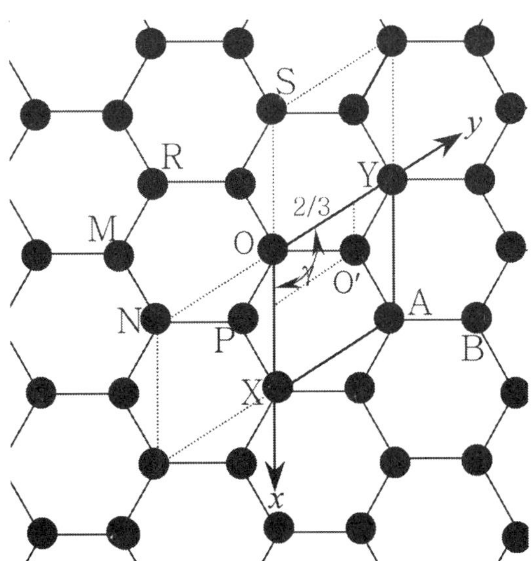

그림 4.2 ▸ 흑연에서 한 층의 탄소원자 배열

단위셀를 상하좌우로 평행이동 조작을 실행하여 전체 결정을 나타낼 수 있는 단위 평행사변형의 꼭지점들은 모두 동일한 환경을 갖는다. O, X, Y, A와 동일한 환경을 갖는 점들을 표기하여 보면 N, Q, R, S 등이다. 이와 같이 어느 한 점의 환경과 동일한 환경을 갖는 점들의 배열을 2차원에서는 **망목**(mesh) 또는 **망**(net)이라 하고 3차원에서는 **격자**(lattice)라 하며 각각의 점들을 **격자점**이라 부른다. 원자의 3차원적 주기적 배열 또는 원자집합의 구성단위는 다양한 방법으로 만들어 질 수 있다. 결정의 **병진구조**(translational structure)를 **나타내기** 위하여, 각각의 구성단위의 위치를 점으로 나타내며, 구성단위의 주기적인 배열은 점들의 집합으로 이루어지게 된다.

그림 4.2에서 점 O에서 점 Y로 이동하여도 이동 전후가 합동이 되어 대칭을 갖게 된다. 이와 같이 1차원 격자점들이 있을 때, 어떤 격자점을 격자상수 a만큼 이동시킬 경우 1차원 격자는 벡터로

$$\bar{r} = p\bar{a} \tag{4.1}$$

나타내고, 여기서 p는 정수, $\bar{a}$는 격자점의 이동방향과 크기를 나타내는 벡터 중에서 크기가 제일 작은 벡터로 **기본 병진 벡터**라 한다.

그림 4.3(a)와 같이 2차원에서 격자 병진 벡터는 두 벡터 $\bar{a}$, $\bar{b}$의 정수배의 합인

$$\bar{r} = p\bar{a} + q\bar{b} \tag{4.2}$$

로 나타낼 수 있다. 여기서, $\bar{b}$는 $\bar{a}$와 평행하지 않으면서 제일 짧은 벡터이고 q는 정수이다.

그림 4.3(b)와 같은 3차원 결정의 경우 단위셀은 상하좌우로 평행이동 조작을 실행하여 격자점을 연결하여 만든 평행육면체이다. 원점은 단위셀의 한 꼭지점이 되고 단위 평행육면체의 변은 **오른손 정의법**(right hand notation)에 따라 결정의 축(軸) x, y, z로 잡는다. 축 사이의 각 α, β, γ를 **축각**(axial angle)이라 부르고, x, y, z축을 따라 가장 가까운 격자점들의 간격을 각각 a, b, c라 하고 이들 길이와 각을 단위셀의 **격자**(格子) **상수**(lattice parameter, lattice constant)라 한다.

벡터 $\bar{a}$, $\bar{b}$, $\bar{c}$는 단위셀 뿐만 아니라 이러한 벡터만큼 이동시키면 모든 점격자를 규정 지울 수 있다. 격자 중의 모든 점은 원점에서 벡터 $\bar{a}$, $\bar{b}$, $\bar{c}$를 반복하여 이동시킴으로서 만들 수 있다. 이것은 수직일 필요가 없으며, 길이는 같을 수도 있고 그렇지 않을 수도 있다. 3차원 결정에서 모든 등가 격자점은 벡터를 사용하여 다음과 같이

$$\bar{r} = p\bar{a} + q\bar{b} + s\bar{c} \tag{4.3}$$

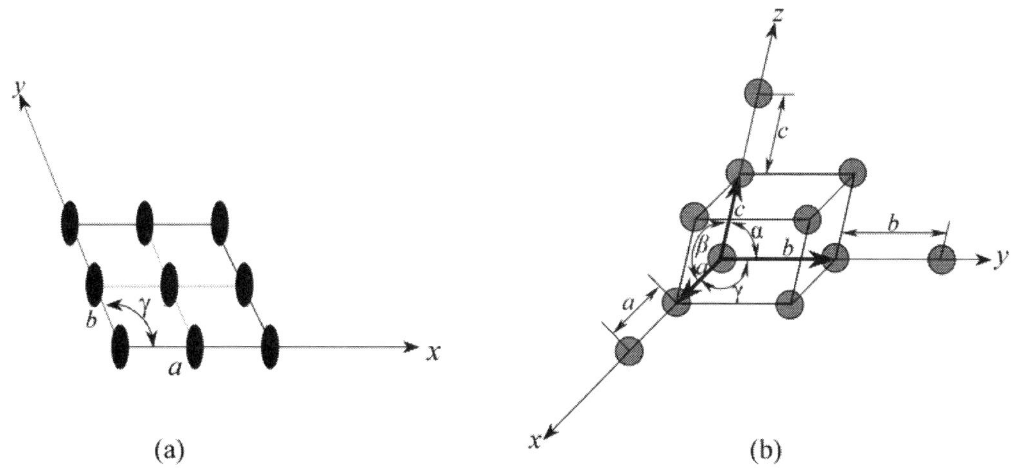

그림 4.3 ▸ 단위셀(unit cell): (a) 2차원, (b) 3차원

로 표시할 수 있다. 여기서, p, q, s는 정수(integer)이다. 원점의 위치는 아무 곳에나 둘 수 있기 때문에 p, q, s는 간단히 양의 정수로 할 수 있다. 따라서 점격자 중의 점의 배열은 격자 중에서 임의로 그은 선에 따라서 규칙적으로 일정한 간격으로 반복하여 존재하므로 3차원 공간 내에서 절대적 주기성을 가지고 있다고 할 수 있다.

예제 4.1

그림 4.4의 염화세슘(cesium chloride)을 3차원에서 단위셀과 격자로 각각 표시하라.

[풀이] 단위셀의 형태는 $a=b=c$이고, $\alpha=\beta=\gamma=90°$인 입방 단위셀이다. 원자의 종류와 위치는 Cl 원자 하나가 (0, 0, 0)에, Cs원자 하나가 (1/2, 1/2, 1/2)에 위치하고 있다.

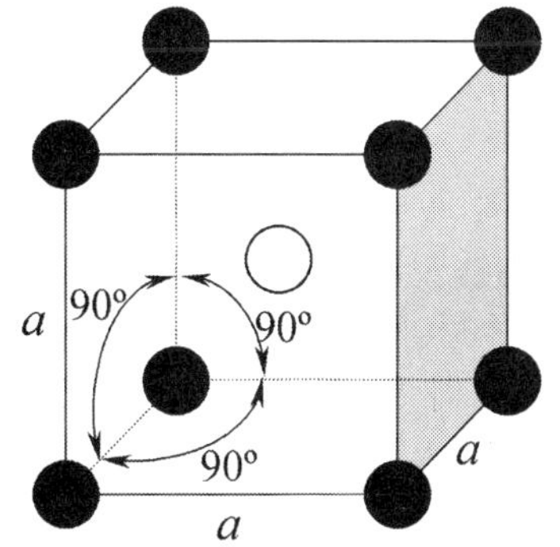

그림 4.4 ▸ 염화세습 ($CsCl$) 구조

격자는 3차원 공간에 가득 찬 정육면체의 각 꼭지점에 점이 하나씩 배열되어 있는 형태이고 기저는 (0, 0, 0)에 있는 *Cl* 원자 하나와 (1/2, 1/2, 1/2)에 있는 *Cs* 원자 하나로 이루어져 있다.

4.3 대칭요소(Symmetry element)

물체라든가 어떤 구조물은 그 성분이 균형이 잡힌 상태로 배열되어 있을 때, 물체에 어떤 조작을 하였을 때 조작을 한 주위환경이 조작 전의 원래의 물체와 일치할 경우 대칭이라고 한다. 또 이러한 조작을 **대칭조작**(Symmetry operation)이라고 한다. 예를 들어 물체가 그 물체 내를 지나는 어떤 면에 대하여 대칭이라고 하면 물체의 한쪽의 반과 그 면에 의해 거울에 의한 반영과 같이 반대쪽으로 같은 거리만큼 다른 쪽의 반과 일치하므로 육방체에는 이와 같은 여러 개의 대칭면이 존재한다. 이것이 경영대칭이며 2차원에서는 선을 중심으로, 3차원에서는 면을 중심으로 좌우 대칭이 된다. 따라서 입방체에는 여러 개의 대칭면이 있는데 그 중 하나를 그림 4.5(a)에 도시하였다. 이와 같은 대칭을 포함하여 모든 대칭의 기본이 되는 4가지의 **대칭요소**(symmetry element), 즉 **경영대칭**(reflection symmetry), **회전대칭**(rotational symmetry), **반영대칭**(inversion symmetry), **병진대칭**(translation symmetry) 등이 있다.

회전대칭은 한 축이나 점을 중심으로 360°/n의 회전에 의해서 물체가 원래의 상태와 일치한다면 그 물체는 그 축 또는 점에 대하여 n회 대칭회전을 갖는다고 한다. 그림 4.2에서 O점을 축으로 120° = 360°/3 만큼 계속 회전하면 원래의 모양과 합동이 되는데 이 회전축을 3회-회전축이라고 한다. 입방체에서는 그림 4.5(b), (c), (d)에 도시한 것과 같이 각 면에 수직인 4회-회전축, 체대각선에 따라서 3회-회전축, 서로 마주보는 각 모서리의 중점을 지나는 2회-회전축이 있다. 그림에서 작은 면으로 된 3각, 4각, 타원은 축의 종류를 의미한다. 일반적으로 회전축은 1, 2, 3, 4, 6회축이며, 1회축이라 함은 대칭성이 전혀 없다는 뜻이다. 그리고 5회축 및 7회축 이상의 대칭성을 가진 단위셀로 공간을 채워나갈 때 갭이 생기지 않게 할 수 없기 때문에 5회축 및 7회축 이상의 축은 불가능하다.

물체의 서로 대응하는 점이 물체의 중심을 지나는 선 위에 있으며 물체 중심에서의 거리가 같을 경우 그 물체는 합동이 되는데 이점을 대칭중심(center of symmetry) 또는 반영중심(inversion center)이라 하고, 이 대칭을 **반영대칭**이라 한다. 회전 대칭축을 중심으로 180° 회전 한 후 회전 대칭축에 수직인 면으로 경영대칭을 하였을 때 합동이 되는 대칭이다. 즉, 반영중심을 갖는 물체에서 만일 물체의 모든 점이 반영중심에 대하여 경영되는 위치로 이동조작할 수 있다면 그 물체는 원래의 물체와 정확히 일치한다는 뜻이다. 입방체에서 그러한 반영중심은 그림 4.5(c)에 도시한 것처럼 체대각선이 서로 만나는 교점에 존재한다. 지금 좌표 $A_1(x, y, z)$에 있는 점에 반영대칭 조작을 하면 $A_1(-x, -y, -z)$ 점의 좌표를 가지는 점이 된다. 이때 정육면체 정 중앙에 있는 점이 대칭중심이 된다. 격자점은 식(4.3)에서

$$\bar{r} = p\bar{a} + q\bar{b} + s\bar{c} \tag{4.4}$$

나타내었으므로, 반영대칭 조작을 하면 식(4.4)는

$$\bar{r} = -p\bar{a} - q\bar{b} - s\bar{c} \tag{4.5}$$

이 되어 이것 또한 격자점이 된다. 즉, 좌표(2, -2, -3)가 격자점이면 좌표(-2, 2, 3)도 격자점이 됨을 의미한다. 따라서 회전과 그 회전축의 중심에 대한 경영에 의하여 원래의 물체와 일치시킬 수 있다. 그림 4.5(d)는 입방체의 4회 회전반영의 조작을 나타낸 것이다.

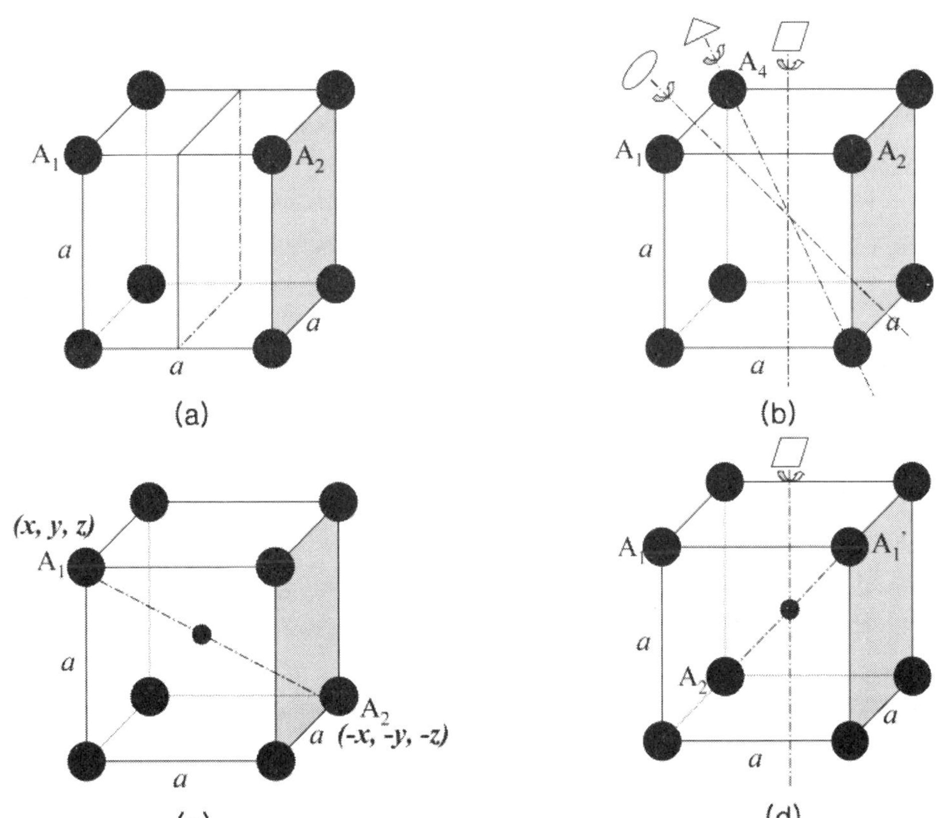

그림 4.5 ▸ 입방체의 대칭요소

어떤 격자점에서 다른 격자점으로 이동 조작을 하였을 때, 새 격자점의 주위환경이 조작 전의 주위환경과 일치한다면 격자점의 정의에 의해 대칭이 된다. 즉, 어떤 점에 대한 병진 조작 시에 이동 후에도 그 점이 이동전과 합동이 되게 조작하는 대칭이 **병진대칭**이다. 그림 4.2에서도 O, Y, N, Q에 있는 탄소는 동일한 주위환경을 가지고 있으므로, 어떤 격자점을 동일한 환경을 가진 다른 격자점으로 이동하여도 원래와 같은 환경을 갖게 된다. 예를 들어 O점에서 Y점으로 이동하여도 이동전과 합동이 되어 병진대칭을 가지게 된다.

이제 결정의 기본적인 특성이 최소한도의 대칭요소를 갖는다는 것이며, 대칭조작은 기하학적으로만 생각한 단위셀뿐만이 아니라 그것과 관계가 있는 점격자에도 적용이 가능하다는 것을 알았다.

4.4 결정계와 공간격자

공간을 3개조의 면으로 분할할 때 그 면을 어떻게 배열하는가에 따라서 여러 가지 모양의 단위셀를 만들 수 있다. 예를 들어 3개조의 면이 모두 같은 간격으로 서로 직각으로 배열한다면 그 단위셀은 **입방정**(cubic)이 된다. 이 경우 벡터 $\bar{a}$, $\bar{b}$, $\bar{c}$는 모두 같으며 직교($\alpha=\beta=\gamma=90^\circ$)한다. 이렇게 축 길이와 축 각에 특정한 값을 부여시킴으로서 여러 가지 모양의 단위셀, 즉 격자점은 단위셀의 모퉁이에 있으므로 여러 종류의 점격자를 만들 수 있다. 모든 점격자는 3차원 결정에 있을 때 평행육면체의 3축과 축간의 각도관계에 따라 7가지 종류의 평행육면체로 분류할 수 있는데 이것들을 7 **결정계**라 한다. 모든 결정은 이 중의 어느 것에 분류되어 지고 있다.

2차원에서 격자의 병진대칭과 회전 또는 경영대칭면의 결합에서 5가지의 2차원 격자를 분류할 수 있었다. 이와 마찬가지로 3차원에서 결정의 격자에 있는 병진대칭과 회전대칭 또는 경영대칭을 상호 결합할 수 있는 방법의 수가 14가지이다. 이 14가지의 격자를 **공간격자**(space lattice) 또는 Bravais **격자**라 하며 그림 4.6에 도시화였다. 이것에 대해 1848년 불란서의 결정학자 Bravais는 14종의 점격자가 있을 수 있으며 그 이상은 없다고 결론지었다. 예컨대 입방격자의 각 셀의 중심에 한 개의 점이 놓여진다면 이 점에 의한 새로운 점의 배열도 또한 점격자를 생성한다. 똑같이 입방단위격자의 각 모퉁이와 각 면의 중심에 격자점을 갖는 점격자도 생각할 수 있다.

14개의 Bravais 격자를 만들어내는 방법을 좀더 상세히 살펴보면, 먼저 3차원 격자를 만들기 위해 2차원 격자인 망목에 일정한 간격으로 쌓아 무한히 많은 층을 만들어 3차원 격자가 만들어진다고 생각한다. 모든 층의 2차원 격자는 같은 방향으로 배치되어 각 층 내의 기본 격자 병진 벡터 $\overline{r_1}$, $\overline{r_2}$는 모두 같다. 또 그림 4.3(b)와 같이 아래와 위쪽 망목을 연결하는 세 번째 격자 병진 벡터 $\overline{r_3}$라고 하면, 이 세 벡터가 Bravais 격자의

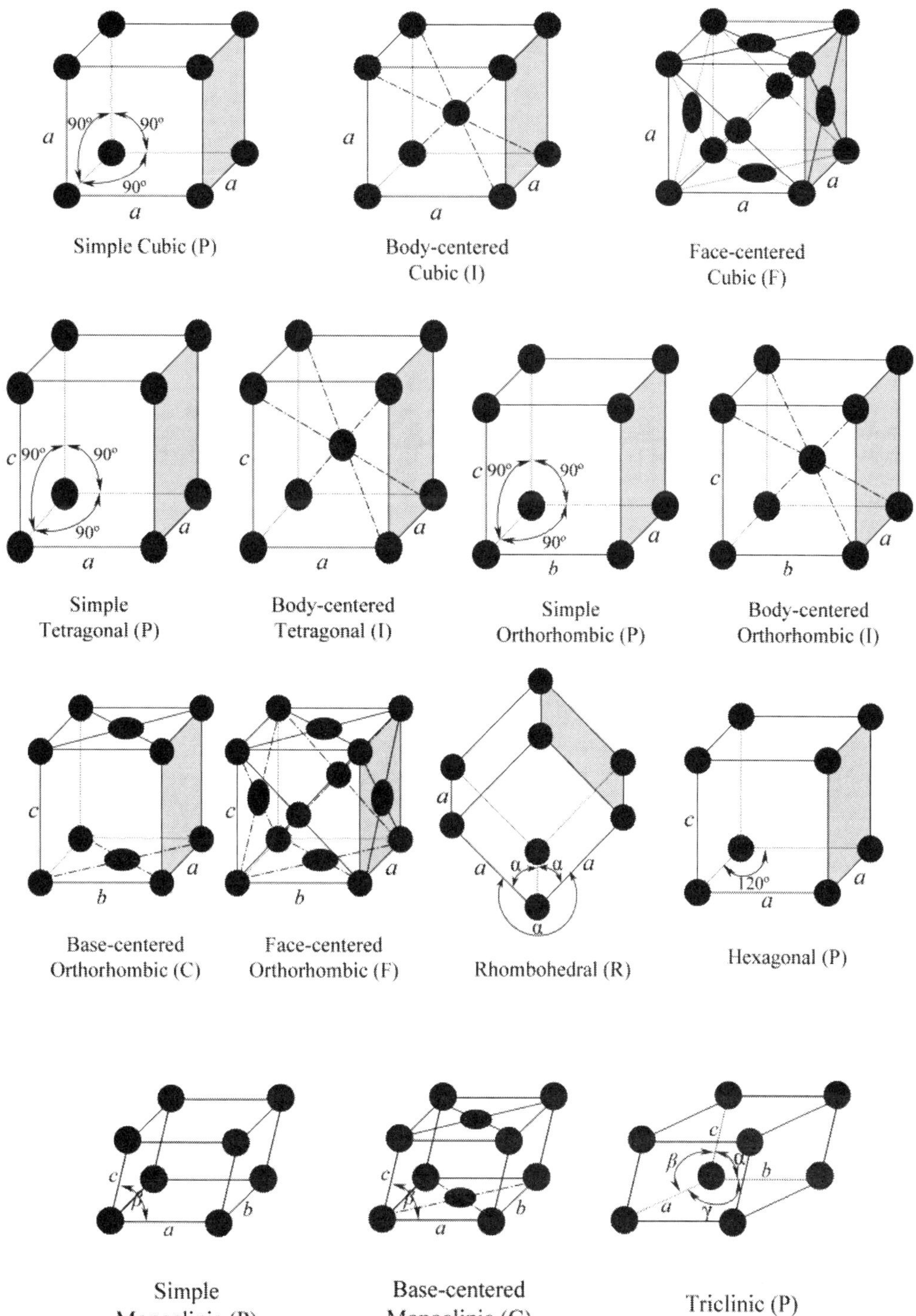

그림 4.6 ▸ 14개의 Bravais 격자

단위셀를 만든다. 2차원 격자 중에서 가장 간단한 평행사변형 격자를 한층, 한층 쌓아 보면 그림 4.3(a)와 같이 단위 평행사변형 내에 2중-대칭축이 면에 수직으로 존재하는데 이는 격자점, 변 a의 중점, 변 b의 중점, 평행사변형의 가운데에 하나씩 모두 4개 존재한다. 윗층 평행사변형의 2중-대칭축이 아래층의 평행사변형의 4개 2중-대칭축 중의 어느 한 축 위에 오도록 쌓으면 2중-대칭이 유지되지만, 위의 2중-대칭축이 아래의 2중-대칭축과 일치하지 않도록 쌓으면 3차원 격자에서 2중-대칭축이 없어진다. 이렇게 2중-대칭축이 없어지도록 쌓아 만들어진 3차원 격자의 단위셀은 모서리 길이가 $a \neq b \neq c$이고, 사이각 α, β, γ는 아무 값이나 취할 수 있는 임의의 평행육면체가 된다. 이 단위셀은 격자점이 하나만 들어 있는 단격자 단위셀로 단중 축 외의 대칭축이 없고, 각 격자점이 대칭축이 된다. 이 격자를 **삼사정**(Triclinic)이라 한다.

2중-대칭축을 그대로 유지하기 위해 아래층 평행사변형의 격자점 위에 수직으로 윗층 평행사변형의 격자점이 오도록 쌓으면 $\overline{r_3}$는 2차원 격자면에 수직이 되고, 2중-대칭축은 그대로 유지된다. 이 격자의 단위셀은 $a \neq b \neq c$이고, $\alpha = \gamma = 90^\circ$, β는 둔각이 된다. 이 3차원 격자를 **단순 단사정**(simple monoclinic)이라 한다. 이와 같은 방법으로 3차원 공간격자를 쌓아 만들면 14개의 Bravais 격자를 전부 만들 수 있다.

그림 4.6에 14개의 Bravais 격자를 표시하였다. 단위셀 안에 있는 격자점은 그 단위셀에 속하지만 단위셀의 면에 있는 격자점은 2개의 단위셀에 속하며 모퉁이에 있는 것은 8개의 단위셀에 속한다. 따라서 단위셀에 있는 격자점의 수는 다음 식

$$Z = Z_i + \frac{Z_f}{2} + \frac{Z_c}{8} \tag{4.6}$$

으로 주어진다. 여기서, Z_i는 단위셀안에 있는 격자점수, Z_f는 면에 있는 격자점수, Z_c는 모퉁이에 있는 격자점수이다. 따라서 모퉁이에만 격자점이 있는 단위셀은 기본셀이고 내부 또는 면에 격자점이 더 있는 단위셀은 비단위셀이다. 그림 4.6의 기호 P, F, I 등의 의미는 P 또는 R의 경우 기본(primitive or simple)을 F와 I는 각각 면심격자와 체심격자를 뜻하며, 기호 A, B, C는 일면심(저심)격자(base centered cell)를 뜻하며 서로 마주보는 면 A, B, C의 중심에 격자점이 있다. 기본을 의미하는 기호 R은 특별히 삼방정계(rhombohedral system)에서 사용한다.

예제 4.2

격자상수 $a = 6\,\text{Å} = 6 \times 10^{-10}[m]$인 단결정 체심입방의 원자 부피밀도를 계산하라.

[풀이] 모서리 원자는 각 모서리에서 만나는 8개 단위셀들에 의하여 공유되므로 각 모서리 원자는 각 단위셀에 부피의 1/8씩 포함된다. 따라서 8개의 모서리 원자들은 단위셀에 1개의 원자를 제공하는 결과가 된다. 만약 체심에 있는 원자를 모서리 원자들에 합하면 각 단위셀은 2개의 원자들을 내포하는 것이 된다.

따라서 원자의 부피밀도 N은

$$N=\frac{2[atoms]}{(6\times10^{-10})^3}=9.26\times10^{27}[atoms/m^3]$$

이다.

4.5 결정의 Miller 지수와 정대(zone)

4.5.1 격자의 면과 방향

공간격자를 형성하는 격자점은 어떤 평행면을 형성하고 있다고 생각할 수 있다. 그림 4.7은 격자상수가 a, b인 가상의 2차원 결정의 망목을 나타낸 것이다. 그림에서 거리가 같은 여러 직선들이 전부 한 무리를 이루고 있으며, 직선간의 거리는 일반적인 망목에서는 격자상수 a, b와 사이각 γ에 의해 결정된다.

3차원 결정에서의 면은 2차원 망목에서의 직선과 유사하고, 격자면에 평행한 면이 결정면이 되며 주요 격자면은 높은 밀도의 격자면을 포함하고 있다. 격자점이 3차원 배열되어 있을 때 격자점 2개를 연결하면 **격자방향**(lattice direction)이 생기고, 일직선 상에 있지 않은 격자점 3개를 연결하면 그 격자점들로 구성이 되는 **격자면**(lattice plane)이 생긴다. 결정 중에 존재하는 많은 서로 평행된 면과 방향을 연관시켜 규정하기 위하여 밀러지수(Miller index)가 쓰인다. 즉 밀러지수란 원점에서 면이 결정축과 만나는 점까지의 거리

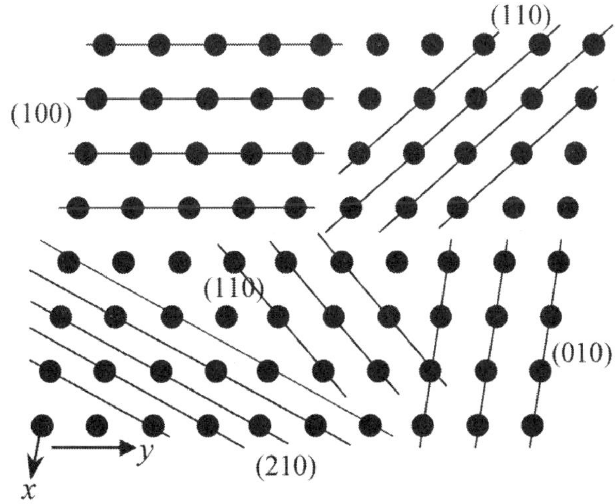

그림 4.7 ▸ 2차원 격자 내의 평행면

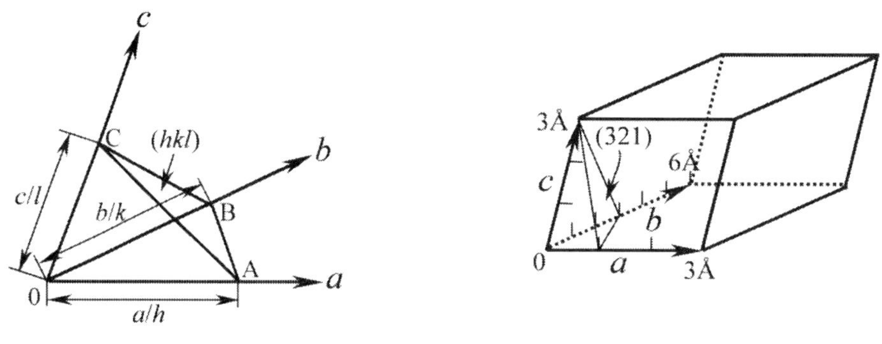

(a) (b)

그림 4.8 ▸ 밀러지수에 의한 면의 표시방법

와 그 축의 단위길이에 대한 비의 역수로 정의할 수 있다. 예를 들어, 어떤 면의 밀러지수가 (hkl)이라고 하면 그 면은 축과 각각 그 축의 단위길이의 $1/h$, $1/k$, $1/l$의 비로 만나고 있다. 만일 각 축의 단위길이가 a, b, c라면 그림 4.8(a)에 나타낸 바와 같이 면은 원점에서 a/h, b/k, c/l인 점에서 축과 만나고 있다. 어떠한 격자의 어떠한 면이라도 그것과 나란하게 동등한 평행면을 생각할 수 있으며, 그 중에 한 면은 원점을 지난다. 밀러지수(hkl)는 보통 그 중에서 원점에 제일 가까운 면에 대하여 표시하는 것이 보통이며, 이것은 그 면과 나란한 다른 면 또는 그 전부의 면을 뜻하기도 한다.

예제 4.3

그림 4.8(b)에 표시된 면의 밀러지수를 결정하라.

[풀이] 먼저 축 길이가 각각 3Å, 6Å, 3Å이고, 원점에서 교점까지의 길이는 각각 1Å, 3Å, 3Å이며, 또 그 방향의 전체 길이와 교점까지의 길이의 비는 각각 1/3, 1/2, 1이므로 밀러지수는 역수를 취하여(321)로 결정할 수 있다.

만일 면이 축에 나란하면 원점에서 교점까지의 거리가 무한대가 되어 그 밀러지수는 0이 되고, 면이 음부호를 갖는 축과 만나면 그 지수는 음수이며 그 수치 위에 "-"를 그어서 표시한다. 또한 $(\bar{2}10)$과 $(2\bar{1}0)$처럼 지수가 상호 음의 값을 갖는 면은 서로 나란하며 원점의 반대측에 존재한다. 지수가 (nh, nk, nl)인 면은 (hkl)면에 나란하며 그 면과의 간격은 $1/n$이다. 이와 같이 면의 지수가 다른 지수의 배수로 되는 경우는 한 면이 2개의 밀러지수에 속하는 경우도 있다. 예로 한 면이 (210)면과 (420)면에 속하며, 실제로도 (210)면은 (420)면으로 나타내는 면의 두 번째마다의 면이 된다. 그림 4.9에 결정 면과 방향에 대한 밀러지수와의 관계들을 도시했다.

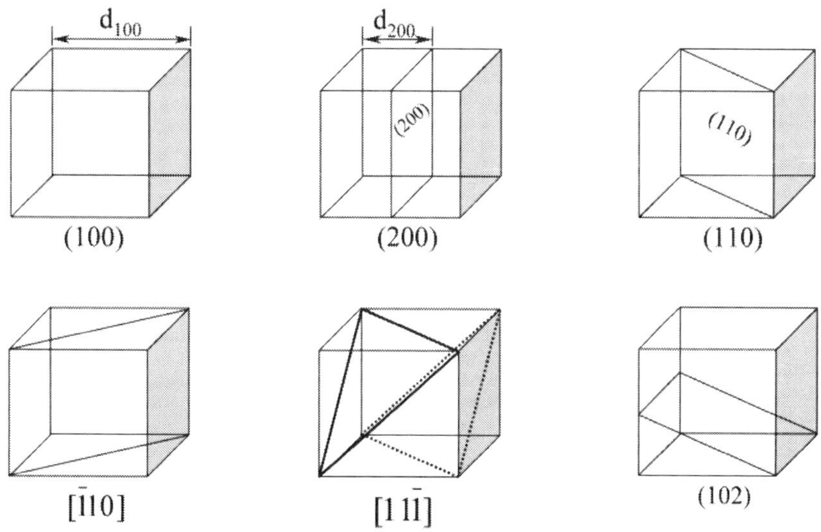

그림 4.9 ▸ 격자면의 밀러지수

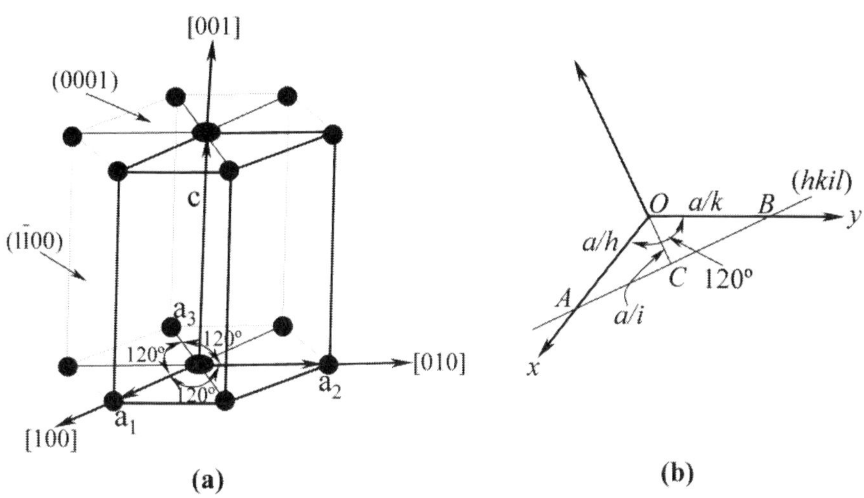

그림 4.10 ▸ 육방정계의 단위셀과 면 및 방향의 지수

육방정계에서는 약간 다른 면 지수가 사용된다. 그림 4.10에서와 같이 육방격자의 단위셀은 120°의 각으로 같은 평면 위에 같은 벡터로 된 $\overline{a_1}$과 $\overline{a_2}$와 이것에 수직인 제3의 축 c로 결정(決定)된다. 완전한 격자는 다른 격자와 비슷하게 단위셀의 모퉁이에 있는 격자점을 $\overline{a_1}$, $\overline{a_2}$, $\overline{a_3}$만큼씩 반복하여 병진이동 하면 만들어진다. 따라서 육방정에서 밑면에 축 사이의 각도가 120°인 세 축 a_1, a_2, a_3와 이것에 수직방향의 축 c를 합쳐 4개의 축이 있다

고 생각한다. 이 4개의 축 방향을 4방향 벡터로 각각 $\overline{a_1}$, $\overline{a_2}$, $\overline{a_3}$와 $\overline{c}$로 나타낸다. 그리고 $|\overline{a_1}|=|\overline{a_2}|=|\overline{a_3}|\neq|\overline{c}|$의 관계가 있으며, $\overline{a_1}$, $\overline{a_2}$, $\overline{a_3}$간의 각은 120°이고 한 평면상에 있으며, 또 $\overline{a_1}$, $\overline{a_2}$, $\overline{a_3}$와 $\overline{c}$는 서로 직각이다.

어떤 격자면이 원점에서 각각 거리 A, B, C, D로 4축 a_1, a_2, a_3,c와 각각 만난다면, 면과 각 축의 절편들을 격자상수의 단위로 표시하면 $A=ma_1$, $B=na_2$, $C=pa_3$, $D=qc$가 된다. 여기서 계수 m, n, p, q의 역수는 $1/m$, $1/n$, $1/p$, $1/q$이 되고, 이 4역수를 정수로 만든 후에 이 정수에서 공통인수가 없도록 하여 얻은 정수에 ( )로 둘러싼$(hkil)$이 격자면 $ABCD$를 표시하는 Miller-Bravais 지수이다. 여기서 세 번째 지수 i는 $\overline{a_3}$ 축 위의 교점까지의 길이의 단위길이에 대한 비의 역수이다. 평면에서는 2개의 축으로 좌표를 표시할 수 있는데 3개의 축을 사용하여 표시하였기 때문에 Mliier-Bravais 지수에서는 앞의 세 지수가 독립적이지 않으므로, $\overline{a_1}$축과 $\overline{a_2}$축과 만난 면은 $\overline{a_3}$축과의 교점을 결정할 수 있으므로 i는 h와 k에 의해서 결정된다.

즉, $(hkil)$에서

$$h+k=-i \tag{4.7}$$

의 관계가 있으며, 이 관계를 유도해보면 다음과 같다. 면$(hkil)$이 a_1, a_2, a_3의 세 축이 있는 면과 만난 모습을 보여주는 그림 4.10(b)에서 $OA=a_1/h$, $OB=a_2/k$, $OC=-a_3/i$이고 삼각형 OAB의 면적은 두 삼각형 OAC와 OCB의 면적의 합이므로,

$$\frac{1}{2}\frac{a}{h}\frac{a}{k}\sin 120^\circ=\frac{1}{2}\frac{a}{h}\frac{(-a)}{l}\sin 60^\circ=\frac{1}{2}\frac{a}{k}\frac{(-a)}{l}\sin 60^\circ \tag{4.8}$$

이고

$$\frac{1}{hk}=\frac{-1}{hl}+\frac{-1}{lk} \tag{4.9}$$

이 되어 정리하면 식(4.7)의 관계를 얻을 수 있다.

그림 4.10(c)에 몇 개의 면과 방향을 도시하였듯이 육각주의 윗면이나 아랫면은 밑면에 있는 세 축a_1, a_2, a_3과 평행하므로 무한대에서 만나고, c축과는 $1c$에서 만난다. 이 절편들의 역수는 1/∞, 1/∞, 1/∞, 1/1이므로 이 면의 Miller-Bravais 지수는 (0001)이 된다. 육각주 옆면의 절편은 각각 $1a_1$, $-1a_2$, ∞a_3, ∞c이므로 이 절편들의 역수는 1/1, -1/1, 1/∞, 1/∞이므로 이 면의 Miller-Bravais 지수는$(1\bar{1}00)$이 된다. 만약 절편이 $1a_1$, ∞a_2, $-1a_3$, $(1/2)c$인 어떤 면의 지수는 $(10\bar{1}2)$가 된다.

육방격자의 방향은 3개의 기본벡터 $\overline{a_1}$, $\overline{a_2}$, $\overline{c}$에 의해 방향을 표시하는 4개의 지수에

의해 잘 표현할 수 있다. 지금 $[UVW]$는 3개의 축으로 표시된 방향지수이고 $[uvtw]$는 4개의 축에 의해 표현되는 지수라고 하면 이들 사이에 다음과 같은 관계가 있다.

$$U = u - t \qquad u = (2U - V)/3 \tag{4.10a}$$

$$V = v - t \qquad v = (2V - U)/3 \tag{4.10b}$$

$$W = w \qquad t = -(u + v) = -(U + V)/3 \tag{4.10c}$$

$$w = W \tag{4.10d}$$

따라서 [110]은 $[11\bar{2}0]$이 되고, [220]은 $[10\bar{2}0]$이 된다.

단위정의 방위가 결정되지 않았다면, 어떤 격자면의 지수는 어떻게 단위정을 선택하느냐에 따라 다르기 때문에, 면 또는 방향의 지수는 무의미하다. 어떠한 결정계에도 대칭관계에 있는 동등한 격자면 군이 여러 개 존재한다. 이러한 것을 **형면**(plane of a form)이라고 하며 그 중의 한 지수를 $\{hkl\}$과 같이 괄호 안에 쓸 때 그 군에 속하는 어떠한 면이라도 대표한다. 일반적으로 이러한 형면은 밀러지수는 다르지만 전부 같은 면간격을 가지고 있다. 예를 들면 입방체의 표면 (100), (010), $(\bar{1}00)$, $(0\bar{1}0)$, (001), $(00\bar{1})$은 {100}의 형면이다. 왜냐하면 이러한 모든 면은 그 중의 어떤 한 면으로 입방체 표면에 수직인 4회-회전축의 조작으로 만들 수 있기 때문이다. 그러나 정방정의 경우 (100), (010), $(\bar{1}00)$, $(0\bar{1}0)$의 4면이 {100}에 속하고 (001), $(00\bar{1})$의 2면은 다른 형면 {001}에 속한다. 처음 4면은 4회축에 관계되고 나중 2면은 2회축에 관계된다. 어떤 중요한 면은 때때로 밀러지수를 사용하지 않고 이름을 부르기도 한다. 즉, 입방정의 형면 {111}의 면은 8면체를 만드는 면이므로 **팔면체면**(octahedral plane)이라고 부른다. 6방정계에서 (0001)면을 기저면(basal plane), 형면 {1010}을 각통면(prismatic plane), 형면 $\{10\bar{1}1\}$은 각추면(pyramidal plane)이라고 한다.

또한 밀러지수를 사용하면 결정에서의 여러 가지 계산을 편리하게 할 수 있다. 그림 4.8(a)에서 축과 각각 A, B, C에서 만나는 면의 방정식은

$$\frac{x}{A} + \frac{y}{B} + \frac{z}{C} = 1 \tag{4.11}$$

이고, 여기서 $A = a/h$, $B = b/k$, $C = c/l$가 되도록 정의한다. 식(4.11)에 A, B, C를 치환하면 면 방정식은

$$\frac{h \cdot x}{a} + \frac{k \cdot y}{b} + \frac{l \cdot z}{c} = 1 \tag{4.12}$$

이 된다. 위의 면과 평행하며 원점을 지나는 면 방정식은

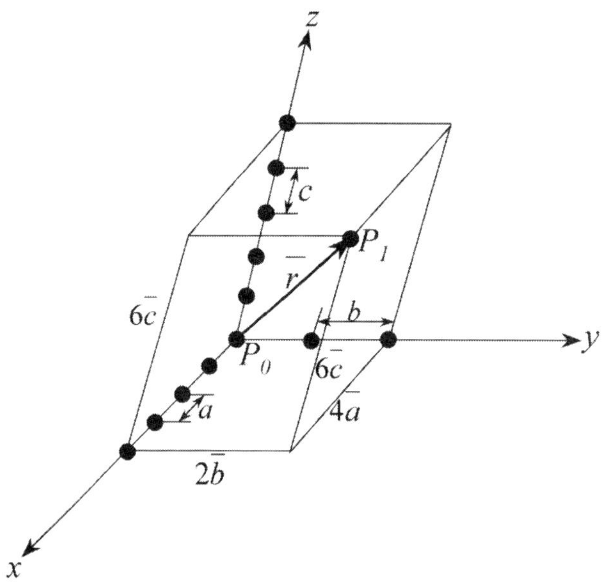

그림 4.11 ▸ 밀러 방향 지수

$$\frac{h \cdot x}{a} + \frac{k \cdot y}{b} + \frac{l \cdot z}{c} = 0 \tag{4.13}$$

이므로, 원점을 지나는 이 격자면과 평행한 격자면의 전체 세트는

$$\frac{h \cdot x}{a} + \frac{k \cdot y}{b} + \frac{l \cdot z}{c} = m \tag{4.14}$$

로 주어진다. 여기서 (hkl)은 밀러 지수이고, m은 양 또는 음의 값을 갖는 모든 정수이다.

격자 내에서 방향 표시는 그림 4.11과 같이 벡터의 방향성을 이용하여 표시할 수 있다. 어떤 직선상의 한 점 P_0를 원점으로 잡은 두 격자점 P_0, P_1이 있다고 하면, 두 점 사이의 벡터 $\bar{r}$은 x, y, z 축을 따른 병진벡터로 다음과 같이 표시할 수 있다.

$$\overline{P_0P_1} = u\bar{a} + v\bar{b} + w\bar{c} \tag{4.15}$$

여기서, $\bar{a}$, $\bar{b}$, $\bar{c}$는 각각 x, y, z 축 방향으로의 벡터이고 크기는 격자 상수와 같다.

이 벡터의 x, y, z 축의 좌표 값은 단위셀의 세 축 $\bar{a}$, $\bar{b}$, $\bar{c}$를 기준으로 생각하면 u, v, w이다. 이 u, v, w에서 세 수의 공통 인수를 없애 간단히 한 후 u, v, w에 대괄호 [ ]로

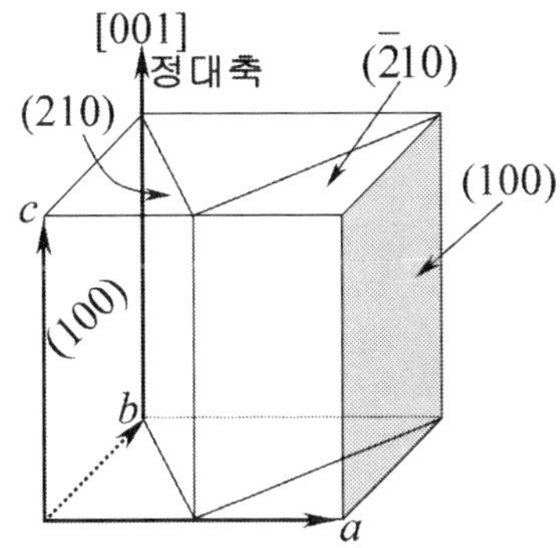

그림 4.12 ▸ 정대 면의 예

표시한 것이 격자 내의 방향 밀러지수이다. 예를 들면 $\overline{P_0P_1} = 2\bar{a}+4\bar{b}+6\bar{c}$일 때 2, 4, 6의 공통인수는 2이고, 공통인수를 없애 간단히 하면 1, 2, 3이 되고 여기에 대괄호를 하여 [123]으로 나타낸 것이 방향의 밀러지수이다.

원점을 지나면서 방향 $[uvw]$에 평행한 직선의 방정식은

$$\frac{x}{ua} = \frac{y}{vb} = \frac{z}{wc} \tag{4.16}$$

이다. 여기서 u, v, w가 정수이고, 원점 P_0가 격자점이면 P_1도 역시 격자점이 된다. 이렇게 만들어진 직선 P_0P_1은 일직선 상의 격자점을 지난다. 이와 같이 격자점을 지나는 직선을 **유리직선**(rational line)이라 하고, 격자점으로 구성된 면을 **유리면**이라 한다.

4.5.2 정대면과 정대법칙

정대면(plane of a zone)이란 **정대축**(zone axis)이라고 하는 선에 나란한 모든 면을 말한다. 어떤 두 개의 격자면이 만나면, 두 면에 공통으로 포함되는 하나의 선을 형성하는데, 이때 두 면에 같이 이 직선을 두 면이 위치한 **정대**(zone)의 정대축이라 한다. 정대라고 부르는 이 한무리의 면을 정대축의 지수로 나타낼 수 있고, 이러한 면들은 서로 전혀 다른 지수와 면간격을 가지며 다만 한 선에 나란하기만 하다.

그림 4.12에서 (100), (010), (110), $(\bar{1}10)$, (210), $(\bar{2}10)$의 면들은 모두 정대축 [001] 방향과 평행하므로, [001] 방향이 이 면들의 공통방향이기 때문에 세 면 모두는 같은 정대에 존재한다고 말한다. 또한 이 면들 모두의 법선 벡터는 정대축 [001]에 수직이다.

만일 정대축의 지수가 $[uvw]$라고 하면, 밀러지수가 (hkl)인 어떤 면이 정대 $[uvw]$에 속할 조건을 구해보자. (hkl)면에 평행하며 원점을 지나는 면의 방정식은 식(4.13)이고

원점을 지나면서 $[uvw]$에 평행한 직선의 식은 식(4.16)이므로, 이 직선이 면(hkl) 위에 있으면 정대에 속하게 되므로 식(4.16)의 x와 z를 식(4.13)에 대입하면

$$\frac{h}{a}\frac{ua}{vb}y+\frac{k}{b}y+\frac{l}{c}\frac{wc}{vb}y=0 \tag{4.17}$$

이 된다. 따라서 식(4.17)을 정리하면

$$hu+kv+lw=0 \tag{4.18}$$

인 밀러지수가 (hkl)인 어떤 면이 정대 $[uvw]$에 속할 조건을 구할 수 있다. 이러한 관계를 **비스 정대 법칙**(Weiss zone law)이라 한다. 이는 (hkl)면의 법선벡터가 $[uvw]$ 방향에 수직인 조건이다. 서로 나란하지 않은 어떠한 두 면을 볼 때 두 면이 서로의 면 교선에 나란하기 때문에 정대면이다.

밀러지수가 (h_1, k_1, l_1), (h_2, k_2, l_2)인 두 면이 주어졌을 때 두 면이 공통으로 있는 정대의 지수 u, v, w를 각각 구하여 보자. 앞에서 설명한 면 방정식을 이용하면 밀러지수가 (h_1, k_1, l_1), (h_2, k_2, l_2)인 면에 평행하며 원점을 지나는 면의 평면 방정식은

$$\frac{h_1x}{a}+\frac{k_1y}{b}+\frac{l_1z}{c}=0 \tag{4.19}$$

와

$$\frac{h_2x}{a}+\frac{k_2y}{b}+\frac{l_2z}{c}=0 \tag{4.20}$$

로 각각 주어진다. 식(4.19)로부터 x와 y를 구하면 각각

$$x=-\frac{ak_1}{bh_1}y-\frac{al_1}{ch_1}z \tag{4.21}$$

과

$$y=-\frac{bh_1}{ak_1}x-\frac{al_1}{ck_1}z \tag{4.22}$$

로 되고, 이것을 식(4.20)에 대입하여 정리하면 두 면의 교차선의 방정식은

$$\frac{x}{a(k_1l_2-l_1k_2)}=\frac{y}{b(l_1h_2-h_1l_2)}=\frac{z}{c(h_1k_2-k_1h_2)} \tag{4.23}$$

과 같이 된다. 이 식(4.23)은 $x=y=z=0$을 만족하므로 원점을 지나는 직선의 방정식이다. 이 식(4.23)과 직선의 방정식인 식(4.16)을 비교해 보면 u, v, w를 h, k, l로 표시할 수 있는 정대의 지수

$$u = k_1 l_2 - l_1 k_2 \tag{4.24a}$$

$$v = l_1 h_2 - h_1 l_2 \tag{4.24b}$$

$$w = h_1 k_2 - k_1 h_2 \tag{4.24c}$$

를 얻을 수 있다.

4.6 역격자와 면간거리

4.6.1 역격자

결정의 여러 격자가 어떻게 배열되어 있는지를 알기 위해서는 결정의 회절상을 얻어 이로부터 알아내야 한다. 결정의 격자는 회절상에서 **역격자**(reciprocal lattice)로 나타나고, 이 역격자에서 결정의 격자배열을 알아 낼 수 있다. 격자는 공간 내에서 임의의 한 점이 갖는 환경이 모든 점들이 갖는 환경과 동일한 점들의 집합이다.

결정 격자의 단위셀를 3개의 기본 병진 벡터 $\overline{a_1}$, $\overline{a_2}$, $\overline{a_3}$로 정의하면, 역격자의 단위셀의 벡터 $\overline{b_1}$, $\overline{b_2}$, $\overline{b_3}$는 아래와 같은 관계식으로 정의된다.

$$\overline{b_1} = \frac{\overline{a_2} \times \overline{a_3}}{\overline{a_1} \cdot (\overline{a_2} \times \overline{a_3})} = \frac{1}{V}(\overline{a_2} \times \overline{a_3}) \tag{4.25}$$

$$\overline{b_2} = \frac{\overline{a_3} \times \overline{a_1}}{\overline{a_2} \cdot (\overline{a_3} \times \overline{a_1})} = \frac{1}{V}(\overline{a_3} \times \overline{a_1}) \tag{4.26}$$

$$\overline{b_3} = \frac{\overline{a_1} \times \overline{a_2}}{\overline{a_3} \cdot (\overline{a_1} \times \overline{a_2})} = \frac{1}{V}(\overline{a_1} \times \overline{a_2}) \tag{4.27}$$

여기서, V는 결정격자 단위셀의 체적으로

$$V = \overline{a_1} \cdot (\overline{a_2} \times \overline{a_3}) = \overline{a_2} \cdot (\overline{a_3} \times \overline{a_1}) = \overline{a_3} \cdot (\overline{a_1} \times \overline{a_2}) \tag{4.28}$$

이다.

역격자 벡터와 실공간 벡터의 방향관계를 알아보기 위해 dot product를 구해보면

$$\overline{b_1} \cdot \overline{a_2} = \frac{1}{V}(\overline{a_2} \times \overline{a_1}) \cdot \overline{a_2} = 0 \tag{4.29}$$

$$\overline{b_1} \cdot \overline{a_3} = \frac{1}{V}(\overline{a_2} \times \overline{a_1}) \cdot \overline{a_3} = 0 \tag{4.30}$$

이므로 역격자 벡터 $\overline{b_1}$은 $\overline{a_2}$와 $\overline{a_3}$에 수직이다. 마찬가지 방법으로 $\overline{b_2}$와 $\overline{b_3}$도

$$\overline{b_2} \cdot \overline{a_3} = \overline{b_2} \cdot \overline{a_1} = 0 \tag{4.31}$$

$$\overline{b_3} \cdot \overline{a_1} = \overline{b_3} \cdot \overline{a_2} = 0 \tag{4.32}$$

과 같이 구할 수 있다. 즉, 역격자 벡터 $\overline{b_2}$은 $\overline{a_3}$와 $\overline{a_1}$에 수직이고, 역격자 벡터 $\overline{b_3}$는 $\overline{a_1}$와 $\overline{a_2}$에 수직이다. 이러한 관계들 즉, 실격자 벡터와 역격자 벡터의 구성을 그림 4.13에 도시하였다.

또 식(4.25), 식(4.26), 식(4.27)의 관계에 위해 면간거리를 구해보면

$$\begin{aligned}\overline{b_1} &= \frac{|\overline{a_2} \times \overline{a_3}|}{V} = \frac{(\text{평행사변형 } OBDF\text{의 면적})}{(\text{평행사변형 } OBDF\text{의 면적})(\text{단위셀의 높이})} \\ &= \frac{1}{OP} = \frac{1}{d_{100}}\end{aligned} \tag{4.33}$$

$$\overline{b_2} = \frac{1}{OQ} = \frac{1}{d_{010}} \tag{4.34}$$

$$\overline{b_3} = \frac{1}{OR} = \frac{1}{d_{001}} \tag{4.35}$$

이므로 $\overline{a_3}$을 $\overline{b_3}$에 내린 정사영 OR는 단위셀의 높이이자 결정격자 (001)면의 면간거리 d이다. 유사하게 역격자 축 $\overline{b_1}$과 $\overline{b_2}$는 (100)면과 (010)면에 수직임을 알 수 있다. 또 이런 관계는 모든 결정 격자면에 대해서도 성립한다. 역격자 전체는 벡터 $\overline{b_1}$, $\overline{b_2}$, $\overline{b_3}$로 만들어지는 단위셀의 반복병진으로 만들어진다. 기본 벡터로 좌표축을 삼으면 역격자 공간은 점의 배열이 되므로 $\overline{b_1}$벡터의 끝점은 100, $\overline{b_2}$벡터의 끝점은 010 등이 된다.

만약 실공간의 벡터 $\overline{a_1}$, $\overline{a_2}$, $\overline{a_3}$는 사방정(orthorhombic), 정방정(tetragonal), 입방정(cubic)에서와 같이 서로 수직(垂直)인 경우에는

$$\overline{b_1} // \overline{a_1}, \ \overline{b_2} // \overline{a_2}, \ \overline{b_3} // \overline{a_3} \tag{4.36}$$

의 관계가 성립하므로 역격자 벡터와 실공간 벡터는 평행한 방향을 갖는다.

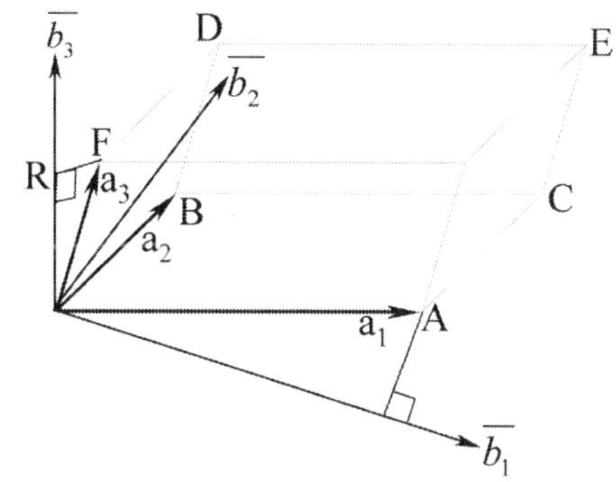

그림 4.13 ▸ 실격자 벡터와 역격자 벡터의 구성

역격자 벡터의 크기에 관한 성질을 알아보기 위해 dot product를 구해보면

$$\overline{b_1} \cdot \overline{a_1} = \frac{1}{V}(\overline{a_2} \times \overline{a_3}) \cdot \overline{a_1} = 1 \tag{4.37}$$

$$\overline{b_2} \cdot \overline{a_2} = \frac{1}{V}(\overline{a_3} \times \overline{a_1}) \cdot \overline{a_2} = 1 \tag{4.38}$$

$$\overline{b_3} \cdot \overline{a_3} = \frac{1}{V}(\overline{a_1} \times \overline{a_2}) \cdot \overline{a_3} = 1 \tag{4.39}$$

이다. 만약 θ_1이 $\overline{b_1}$과 $\overline{a_1}$ 사이의 각이라면

$$\overline{b_1} \cdot \overline{a_1} = |\overline{b_1}||\overline{a_1}|\cos\theta_1 = 1 \tag{4.40}$$

이고

$$|\overline{b_1}| = \frac{1}{|\overline{a_1}|\cos\theta_1} \tag{4.41}$$

이다. 만찬가지로 θ_2이 $\overline{b_2}$과 $\overline{a_2}$ 사이의 각이고, θ_3이 $\overline{b_3}$과 $\overline{a_3}$ 사이의 각이라면

$$|\overline{b_2}| = \frac{1}{|\overline{a_2}|\cos\theta_2} \tag{4.42}$$

$$|\overline{b_3}| = \frac{1}{|\overline{a_3}|\cos\theta_3} \tag{4.43}$$

로 표시할 수 있다.

결정계가 사방정, 정방정, 입방정에서와 같이 $\overline{a_1} \perp \overline{a_2} \perp \overline{a_3}$인 경우에는 $\theta_i = 0$이 되어 $\cos\theta_i = 1$이므로

$$|\overline{b_1}| = \frac{1}{|\overline{a_1}|} \tag{4.44}$$

$$|\overline{b_2}| = \frac{1}{|\overline{a_2}|} \tag{4.45}$$

$$|\overline{b_3}| = \frac{1}{|\overline{a_3}|} \tag{4.46}$$

이 된다. 즉, 역격자 벡터의 크기는 실공간 벡터의 크기의 역수에 해당한다.

지금까지 기본 역격자 벡터 $\overline{b_1}$, $\overline{b_2}$, $\overline{b_3}$에 대하여 살펴보았다. 상기한 결과들을 종합하면 역격자는 아래와 같은 성질을 갖는다.

1. 역격자의 원점에서 좌표가 hkl인 점까지의 벡터 $\overline{H_{hkl}}$은 밀러지수가 hkl인 결정격자면에 수직이다. 이 $\overline{H_{hkl}}$을 **일반 역격자 벡터**(general reciprocal lattice vector)라고 하고 좌표로 표현하면 다음과 같다.

$$\overline{H_{hkl}} = h\overline{b_1} + k\overline{b_2} + l\overline{b_3} \tag{4.47}$$

2. 벡터 $\overline{H_{hkl}}$의 길이는 (hkl)면의 면간거리 d_{hkl}의 역수이다.

$$H_{hkl} = \frac{1}{d_{hkl}} \tag{4.48}$$

두 번째 성질의 관계를 살펴보기 위하여 그림 4.14에서 보여주는 실공간 내의 한 면 ABC를 생각하자.

원점 O에서 면 ABC가 세 축 x, y, z와 만나는 점까지의 거리를 각각

$$\overline{OA} = \frac{\overline{a_1}}{h}, \qquad \overline{OB} = \frac{\overline{a_2}}{k}, \qquad \overline{OC} = \frac{\overline{a_3}}{l} \tag{4.49}$$

이고, 벡터 $\overline{AB}$는 (hkl)면상의 A에서 B로의 벡터이므로

$$\frac{\overline{a_1}}{h} + \overline{AB} = \frac{\overline{a_2}}{k} \tag{4.50}$$

에서

$$\overline{AB} = \frac{\overline{a_2}}{k} - \frac{\overline{a_1}}{h} \tag{4.51}$$

이라 할 때,

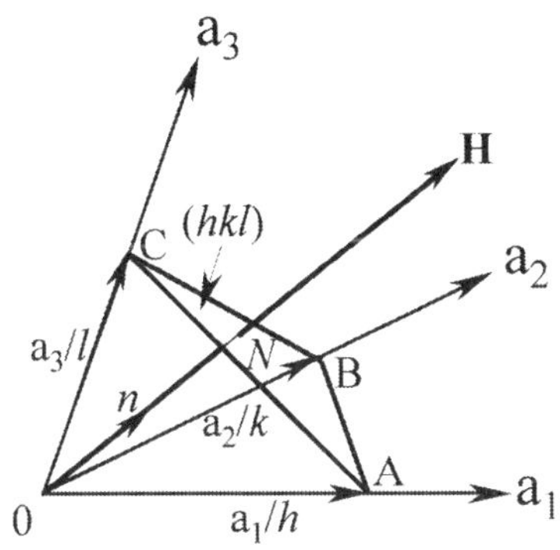

그림 4.14 ▸ 역격자 벡터 $\overline{H}$와 결정면(hkl)의 관계

면 ABC의 면 지수는 (hkl)이 된다. $\overline{H}$의 방향을 알기 위하여 $\overline{H}\cdot\overline{AB}$의 값을 계산하면

$$\begin{aligned}\overline{H}\cdot\overline{AB}&=\overline{H}\cdot\left(\frac{\overline{a_2}}{k}-\frac{\overline{a_3}}{h}\right)\\&=(h\overline{b_1}+k\overline{b_2}+l\overline{b_3})\cdot\left(\frac{\overline{a_2}}{k}-\frac{\overline{a_3}}{h}\right)=0\end{aligned} \tag{4.52}$$

이고, 역시 $\overline{H}\cdot\overline{BC}=0$이다. 이 결과로 h, k, l로 표시되는 역격자 벡터 식(4.47)은 실공간 내의 면 ABC 즉, (hkl)면에 수직임을 알 수 있다.

만약 θ가 $\overline{H}$와 $\overline{OA}$ 사이의 각이라면 원점 O에서 면(hkl) 사이의 면간거리 d_{hkl}은

$$d_{hkl}=|\overline{OA}|\cos\theta \tag{4.53}$$

이 된다. 또 $\cos\theta$가

$$\cos\theta=\frac{\overline{OA}}{|\overline{OA}|}\cdot\frac{\overline{H_{hkl}}}{|\overline{H_{hkl}}|} \tag{4.54}$$

임을 이용하여 간단히 나타내면

$$d_{hkl}=\overline{OA}\cdot\frac{\overline{H_{hkl}}}{|\overline{H_{hkl}}|}=\frac{\overline{a_1}}{h}\cdot\frac{h\overline{b_1}+k\overline{b_2}+l\overline{b_3}}{|\overline{H_{hkl}}|}=\frac{1}{|\overline{H_{hkl}}|} \tag{4.55}$$

이다. 따라서 벡터 $\overline{H_{hkl}}$의 길이는 (hkl)면의 면간거리 d_{hkl}의 역수이다.

상기의 관계에서 특기할 사실은 역격자 점들로도 결정을 완전히 표현할 수 있다는 것이다. 즉, 각각의 역격자 점은 한 조의 결정면에 해당되고, 결정면들의 방향과 면간 거리를 나타낸다. 그림 4.15에 입방정의 역격자를, 그림 4.16에 육방정의 역격자의 예를 도시하였다.

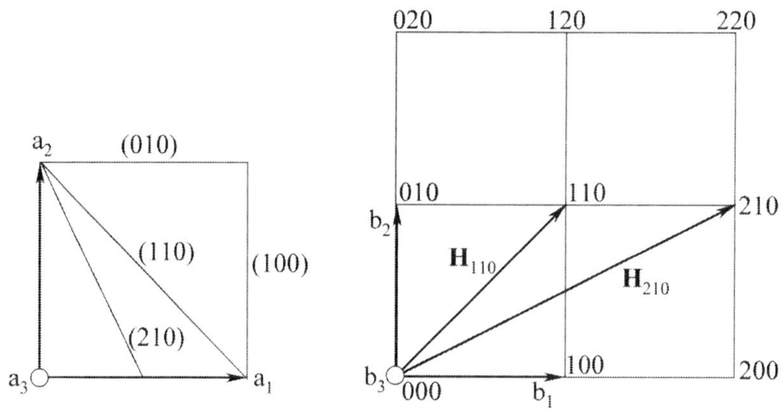

(a) Crystal lattice (b) Reciprocal lattice

그림 4.15 ▸ 입방정의 역격자

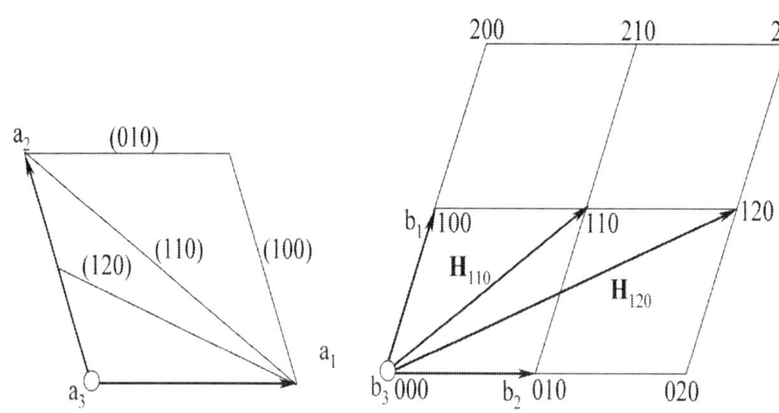

(a) Crystal lattice (b) Reciprocal lattice

그림 4.16 ▸ 육방정의 역격자

4.6.2 면간거리와 면간각

앞 절에서 언급한 역격자 벡터를 이용하면 면간거리(결합거리)와 면간각(결합각)을 구할 수 있다. 역격자 벡터는 식(4.47)과 같이 표현할 수 있으므로

$$\begin{aligned}\overline{H}\cdot\overline{H}=|\overline{H}|^2&=(h\overline{b_1}+k\overline{b_2}+l\overline{b_3})\cdot(h\overline{b_1}+k\overline{b_2}+l\overline{b_3})\\&=h^2|\overline{b_1}|^2+k^2|\overline{b_2}|^2+l^2|\overline{b_3}|^2+2\left\{hk(\overline{b_1}\cdot\overline{b_2})+kl(\overline{b_2}\cdot\overline{b_3})+lh(\overline{b_3}\cdot\overline{b_1})\right\}\end{aligned}\tag{4.56}$$

이고, 식(4.55)에서 역격자 벡터의 크기는 면간거리의 역수와 같으므로

$$|\overline{H_{hkl}}|^2=\frac{1}{d_{hkl}^2}\tag{4.57}$$

로 된다. 식(4.56)과 식(4.57)에서 면간거리는

$$d_{hkl}=\frac{1}{|H_{hkl}|}=[h^2|\overline{b_1}|^2+k^2|\overline{b_2}|^2+l^2|\overline{b_3}|^2+2\left\{hk(\overline{b_1}\cdot\overline{b_2})+kl(\overline{b_2}\cdot\overline{b_3})+lh(\overline{b_3}\cdot\overline{b_1})\right\}]^{-\frac{1}{2}}\tag{4.58}$$

로 일반식이 유도된다.

역격자 벡터는 격자면에 항상 수직이므로 두 격자면 사이의 각은 두 역격자 벡터 사이의 각과 같다. 밀러지수가 $(h_1k_1l_1)$인 면과 $(h_2k_2l_2)$인 면에 수직인 역격자 벡터는 식(4.47)에서와 같이 각각

$$\overline{H_{h_1k_1l_1}}=h_1\overline{b_1}+k_1\overline{b_2}+l_1\overline{b_3}\tag{4.59}$$

$$\overline{H_{h_2k_2l_2}}=h_2\overline{b_1}+k_2\overline{b_2}+l_2\overline{b_3}\tag{4.60}$$

이다. 또 벡터 공식에서

$$\overline{H_{h_1k_1l_1}}\cdot\overline{H_{h_2k_2l_2}}=|\overline{H_{h_1k_1l_1}}|\cdot|\overline{H_{h_2k_2l_2}}|\cos\psi\tag{4.61}$$

로 표현할 수 있다. 여기서, ψ는 두 역격자 사이의 각, 즉 결합각(면간각)이다.

식(4.61) 및 식(4.59)와 식(4.60)에서

$$\cos\psi=\frac{\overline{H_{h_1k_1l_1}}\cdot\overline{H_{h_2k_2l_2}}}{|\overline{H_{h_1k_1l_1}}|\cdot|\overline{H_{h_2k_2l_2}}|}=\frac{(h_1\overline{b_1}+k_1\overline{b_2}+l_1\overline{b_3})\cdot(h_2\overline{b_1}+k_2\overline{b_2}+l_2\overline{b_3})}{|\overline{H_{h_1k_1l_1}}|\cdot|\overline{H_{h_2k_2l_2}}|}\tag{4.62}$$

이 되고, 식(4.58)을 이용하면

$$|H_{h_1k_1l_1}| = \frac{1}{d_{h_1k_1l_1}} = [h_1^2|\overline{b_1}|^2 + k_1^2|\overline{b_2}|^2 + l_1^2|\overline{b_3}|^2 + 2\{h_1k_1(\overline{b_1}\cdot\overline{b_2}) + k_1l_1(\overline{b_2}\cdot\overline{b_3}) + l_1h_1(\overline{b_3}\cdot\overline{b_1})\}]^{\frac{1}{2}} \quad (4.63)$$

이 되므로 식(4.60)에 대입하여 정리하면

$$\cos\psi = \frac{h_1h_2|\overline{b_1}|^2 + k_1k_2|\overline{b_2}|^2 + l_1l_2|\overline{b_3}|^2 + (h_1k_2+h_2k_1)\overline{b_1}\cdot\overline{b_2} +}{\sqrt{h_1^2|\overline{b_1}|^2 + k_1^2|\overline{b_2}|^2 + l_1^2|\overline{b_3}|^2 + 2\{h_1k_1(\overline{b_1}\cdot\overline{b_2}) + k_1l_1(\overline{b_2}\cdot\overline{b_3}) + l_1h_1(\overline{b_3}\cdot\overline{b_1})\}}\ \cdot} \frac{(k_1l_2+k_2l_1)\overline{b_2}\cdot\overline{b_3} + (l_1h_2+l_2h_1)\overline{b_3}\cdot\overline{b_1}}{\sqrt{h_2^2|\overline{b_1}|^2 + k_2^2|\overline{b_2}|^2 + l_2^2|\overline{b_3}|^2 + 2\{h_2k_2(\overline{b_1}\cdot\overline{b_2}) + k_2l_2(\overline{b_2}\cdot\overline{b_3}) + l_2h_2(\overline{b_3}\cdot\overline{b_1})\}}} \quad (4.64)$$

이다.

각 결정계에 대하여 면간거리와 면간 각을 자세하게 살펴보면 다음과 같다.

1. 입방정(立方晶)

입방정에서는 격자상수와 세 축사이의 각도는

$$a_1 = a_2 = a_3, \qquad \alpha = \beta = \gamma = 90^\circ \quad (4.65)$$

이므로,

$$|\overline{b_1}| = |\overline{b_2}| = |\overline{b_3}| = \frac{1}{a_1} \quad (4.66)$$

이다. 역격자에서 세 축사이의 각도를 각각 α^*, β^*, γ^*라 하면

$$\alpha^* = \beta^* = \gamma^* = 90^\circ \quad (4.67)$$

로 되어 역격자에서 세 축도 서로 수직이다. 따라서 식(4.56)은

$$\overline{H_{hkl}} \cdot \overline{H_{hkl}} = (h^2 + k^2 + l^2)|\overline{b_1}|^2 \quad (4.68)$$

이 되고, 식(4.57)과 식(4.66)의 관계를 이용하여 정리하면 결합거리는

$$d_{hkl} = \frac{a_1}{\sqrt{h^2 + k^2 + l^2}} \quad (4.69)$$

로 된다.

식(4.64)와 식(4.66)로부터 $\cos\psi$는

$$\cos\psi = \frac{h_1H_2 + k_1k_2 + l_1l_2}{\sqrt{h_1^2 + k_1^2 + l_1^2} \cdot \sqrt{h_2^2 + k_2^2 + l_2^2}} \tag{4.70}$$

로 주어지므로 면간각 ψ는

$$\psi = \cos^{-1}\left(\frac{h_1H_2 + k_1k_2 + l_1l_2}{\sqrt{h_1^2 + k_1^2 + l_1^2} \cdot \sqrt{h_2^2 + k_2^2 + l_2^2}}\right) \tag{4.71}$$

로 구할 수 있다.

2. 정방정(正方晶)

정방정에서는 격자상수와 세 축사이의 각도는

$$a_1 = a_2 \neq a_3, \quad \alpha = \beta = \gamma = 90^\circ \tag{4.72}$$

이며, 세 축이 서로 수직이므로

$$|\overline{b_1}| = |\overline{b_2}| = \frac{1}{a_1}, \quad |\overline{b_3}| = \frac{1}{a_3} \tag{4.73}$$

이다. 역격자에서 세 축사이의 각도는

$$\alpha^* = \beta^* = \gamma^* = 90^\circ \tag{4.74}$$

으로 역격자에서 세 축도 서로 수직이다. 따라서 식(4.56)은

$$\overline{H} \cdot \overline{H} = |\overline{H}|^2 = (h^2 + k^2)|\overline{b_1}|^2 + l^2|\overline{b_3}|^2 \tag{4.75}$$

로 되므로

$$d_{hkl} = \frac{1}{\sqrt{\frac{(h^2 + k^2)}{a_1^2} + \frac{l^2}{a_3^2}}} \tag{4.76}$$

이다. 면간각은 식(4.64)와 식(4.73)에서

$$\cos\psi = \frac{\dfrac{h_1h_2+k_1k_2}{a_1}+\dfrac{l_1l_2}{a_3}}{\sqrt{\dfrac{h_1^2+k_1^2}{a_1^2}+\dfrac{l_1^2}{a_3^2}}\cdot\sqrt{\dfrac{h_2^2+k_2^2}{a_1^2}+\dfrac{l_2^2}{a_3^2}}} \tag{4.77}$$

로 계산할 수 있다.

3. 사방정(斜方晶)

사방정에서는 격자상수와 세 축사이의 각도는

$$a_1 \neq a_2 \neq a_3, \qquad \alpha=\beta=\gamma=90^\circ \tag{4.78}$$

이며, 세 축이 서로 수직이므로

$$|\overline{b_1}| = \frac{1}{a_1}, \qquad |\overline{b_2}| = \frac{1}{a_2}, \qquad |\overline{b_3}| = \frac{1}{a_3} \tag{4.79}$$

이다. 역격자에서 세 축사이의 각도는

$$\alpha^* = \beta^* = \gamma^* = 90^\circ \tag{4.80}$$

으로 역격자에서 세 축도 서로 수직이다. 따라서 식(4.56)은

$$\overline{H}\cdot\overline{H} = |\overline{H}|^2 = h^2|\overline{b_1}|^2 + k^2|\overline{b_2}|^2 + l^2|\overline{b_3}|^2 \tag{4.81}$$

로 되므로

$$d_{hkl} = \frac{1}{\sqrt{\left(\dfrac{h^2}{a_1^2}\right)+\left(\dfrac{k^2}{a_2^2}\right)+\left(\dfrac{l^2}{a_3^2}\right)}} \tag{4.82}$$

이다. 면간각은 식(4.64)와 식(4.79)에서

$$\cos\psi = \frac{\dfrac{h_1h_2}{a_1}+\dfrac{k_1k_2}{a_2}+\dfrac{l_1l_2}{a_3}}{\sqrt{\dfrac{h_1^2}{a_1^2}+\dfrac{k_1^2}{a_2^2}+\dfrac{l_1^2}{a_3^2}}\cdot\sqrt{\dfrac{h_2^2}{a_1^2}+\dfrac{k_2^2}{a_2^2}+\dfrac{l_2^2}{a_3^2}}} \tag{4.83}$$

로 계산할 수 있다.

4. 육방정(六方晶)

육방정에서는 격자상수와 세 축사이의 각도는

$$a_1 = a_2 \neq a_3, \quad \alpha = \beta = 90^\circ, \quad \gamma = 120^\circ \tag{4.84}$$

이므로, 역격자는 각각

$$|\overline{b_1}| = \left| \frac{(\overline{a_2} \times \overline{a_3})}{\overline{a_1} \cdot (\overline{a_2} \times \overline{a_3})} \right| = \frac{a_2 a_3}{a_1 a_2 a_3 \cos 30^\circ} = \frac{1}{a_1 \dfrac{\sqrt{3}}{2}} = \frac{2}{a_1 \sqrt{3}} \tag{4.85a}$$

$$|\overline{b_2}| = \frac{2}{a_1 \sqrt{3}} \tag{4.85b}$$

$$|\overline{b_3}| = \left| \frac{(\overline{a_1} \times \overline{a_2})}{\overline{a_3} \cdot (\overline{a_1} \times \overline{a_3})} \right| = \frac{a_1 a_2 \sin 120^\circ}{a_1 a_2 a_3 \cos 30^\circ} = \frac{1}{a_3} \tag{4.85c}$$

이고 역격자에서 세 축 사이의 각은

$$\alpha^* = \beta^* = 90^\circ, \quad \gamma^* = 120^\circ \tag{4.86}$$

이다. 따라서 식(4.56)은

$$\overline{H} \cdot \overline{H} = (h^2 + hk + k^2)|\overline{b_1}|^2 + l^2 |\overline{b_3}|^2 \tag{4.87}$$

이므로

$$d_{hkl} = \frac{1}{\sqrt{\dfrac{h^2 + hk + k^2}{(\sqrt{3}\, a_1/2)^2} + \dfrac{l^2}{a_3^2}}} \tag{4.88}$$

이다.

면간각은 식(4.64), 식(4.85)와 식(4.86)에서

$$\cos\psi = \frac{h_1 h_2 + k_1 k_2 + \dfrac{1}{2}(h_1 k_2 + h_2 k_1) + \dfrac{3a_1^2}{4a_3^2} l_1 l_2}{\sqrt{h_1^2 + k_1^2 + h_1 k_1 + \dfrac{3a_1^2}{4a_3^2} l_1^2} \cdot \sqrt{h_2^2 + k_2^2 + h_2 k_2 + \dfrac{3a_1^2}{4a_3^2} l_2^2}} \tag{4.89}$$

로 주어진다.

5. 단사정(單斜晶)

단사정에서는 격자상수와 세 축사이의 각도는

$$a_1 \neq a_2 \neq a_3, \qquad \alpha = \beta = 90^\circ \neq \gamma \tag{4.90}$$

이므로, 역격자의 격자상수는

$$b_1 \neq b_2 \neq b_3 \tag{4.91}$$

이고, 역격자에서 세 축사이의 각도는

$$\alpha^* = \beta^* = 90^\circ \neq \gamma^* \tag{4.92}$$

이다. 식(4.25), 식(4.26)과 식(4.27)에서

$$h^2|\overline{b_1}|^2 = h^2\frac{1}{V^2}|\overline{a_2}\times\overline{a_3}|^2 = \frac{h^2}{V^2}(a_2a_3\sin\alpha)^2 \tag{4.93}$$

$$k^2|\overline{b_2}|^2 = k^2\frac{1}{V^2}|\overline{a_3}\times\overline{a_1}|^2 = \frac{k^2}{V^2}(a_3a_1\sin\beta)^2 \tag{4.94}$$

$$l^2|\overline{b_3}|^2 = l^2\frac{1}{V^2}|\overline{a_1}\times\overline{a_2}|^2 = \frac{l^2}{V^2}(a_1a_2\sin\gamma)^2 \tag{4.95}$$

이므로 식(4.90)과 식(4.91)를 대입하면

$$h^2|\overline{b_1}|^2 = \frac{h^2(a_2a_3)^2}{V^2} \tag{4.96}$$

$$k^2|\overline{b_2}|^2 = \frac{k^2(a_3a_1)^2}{V^2} \tag{4.97}$$

$$l^2|\overline{b_3}|^2 = \frac{l^2(a_1a_2\sin\gamma)^2}{V^2} \tag{4.98}$$

이고, 식(4.25)와 (4.26)에서

$$hk(\overline{b_1}\cdot\overline{b_2}) = \frac{hk}{V^2}(\overline{a_2}\times\overline{a_3})\cdot(\overline{a_3}\times\overline{a_1}) \tag{4.99}$$

이다. 또 벡터의 성질에서

$$(\overline{a_1}\times\overline{a_2})\cdot(\overline{a_3}\times\overline{a_4}) = (\overline{a_1}\cdot\overline{a_3})(\overline{a_2}\cdot\overline{a_4}) - (\overline{a_1}\cdot\overline{a_4})(\overline{a_2}\cdot\overline{a_3}) \tag{4.100}$$

이므로 식(4.99)의 $(\overline{a_2} \times \overline{a_3}) \cdot (\overline{a_3} \times \overline{a_1})$은

$$\begin{aligned}(\overline{a_2} \times \overline{a_3}) \cdot (\overline{a_3} \times \overline{a_1}) &= (\overline{a_2} \cdot \overline{a_3})(\overline{a_3} \cdot \overline{a_1}) - (\overline{a_2} \cdot \overline{a_1})(\overline{a_3} \cdot \overline{a_3}) \\ &= (\overline{a_2} \cdot \overline{a_3})(\overline{a_3} \cdot \overline{a_1}) - (\overline{a_2} \cdot \overline{a_1}) a_3^2 \\ &= (a_2 a_3 \cos\alpha)(a_1 a_3 \cos\beta) - a_3^2 a_1 a_2 \cos\gamma \\ &= - a_1 a_2 a_3^2 \cos\gamma \end{aligned} \tag{4.101}$$

이다. 따라서, 식(4.99)는

$$hk(\overline{b_1} \cdot \overline{b_2}) = \frac{hk}{V^2}(- a_1 a_2 a_3^2 \cos\gamma) \tag{4.102}$$

$$hk(\overline{b_1} \cdot \overline{b_2}) = \frac{hk}{V^2}(- a_1 a_2 a_3^2 \cos\gamma) \tag{4.102}$$

이다. 여기서 단위셀의 체적 V는

$$V = \overline{a_3} \cdot (\overline{a_1} \times \overline{a_2}) = a_3 a_1 a_2 \sin\gamma \tag{4.103}$$

이므로, 식(4.102)는

$$hk(\overline{b_1} \cdot \overline{b_2}) = \frac{hk}{(a_1 a_2 a_3 \sin\gamma)^2}(- a_1 a_2 a_3^2 \cos\gamma) \tag{4.104}$$

이다. 따라서 식(4.56), 식(4.91)과 식(4.92)에서

$$|\overline{H_{hkl}}|^2 = h^2|\overline{b_1}|^2 + k^2|\overline{b_2}|^2 + l^2|\overline{b_3}|^2 + 2hk(\overline{b_1} \cdot \overline{b_2}) \tag{4.105}$$

이므로, 면간거리 d_{hkl}은

$$d_{hkl} = \frac{1}{\sqrt{\left(\dfrac{\dfrac{h^2}{a_1^2} + \dfrac{k^2}{a_2^2} - \dfrac{2hk\cos\gamma}{a_1 a_2}}{\sin^2\gamma}\right) + \dfrac{k^2}{a_3^2}}} \tag{4.106}$$

이고 식(4.106)에서

$$A = \frac{h^2}{a_1^2} + \frac{k^2}{a_2^2} - \frac{2hk\cos\gamma}{a_1 a_2} \tag{4.107}$$

라고 하면 식(4.106)은

$$d_{hkl} = \frac{1}{\sqrt{\dfrac{A}{\sin^2\gamma} + \dfrac{k^2}{a_3^2}}} \tag{4.108}$$

로 표현 할 수 있다.

면간각은 식(4.64), 식(4.96), 식(4.97), 식(4.98)과 식(4.104)에서

$$\cos\psi = \frac{d_{h_1k_1l_1} d_{h_2k_2l_2}}{\sin^2\gamma}\left[\frac{h_1h_2}{a_1^2} + \frac{l_1l_2\sin^2\gamma}{a_3^2} + \frac{k_1k_2}{a_2^2} - \frac{(h_1k_2 + h_2k_1)\cos\gamma}{a_1a_2}\right] \tag{4.109}$$

로 주어진다.

6. 삼사정(三斜晶)

삼사정에서 격자상수와 세 축사이의 각도는

$$a_1 \neq a_2 \neq a_3, \quad \alpha \neq \beta \neq \gamma \tag{4.110}$$

이므로, 역격자의 격자상수는

$$b_1 \neq b_2 \neq b_3 \tag{4.111}$$

이고, 역격자에서 세 축사이의 각도는

$$\alpha^* \neq \beta^* \neq \gamma^* \tag{4.112}$$

이다. 단사정에서의 식(4.99)와 같이

$$hk(\overline{b_1} \cdot \overline{b_2}) = \frac{hk}{V^2}(\overline{a_2} \times \overline{a_3}) \cdot (\overline{a_3} \times \overline{a_1}) \tag{4.113}$$

이고, 벡터의 성질 식(4.100)을 이용하여 식(4.113)의 $(\overline{a_2} \times \overline{a_3}) \cdot (\overline{a_3} \times \overline{a_1})$을 계산하면

$$\begin{aligned}(\overline{a_2} \times \overline{a_3}) \cdot (\overline{a_3} \times \overline{a_1}) &= (\overline{a_2} \cdot \overline{a_3})(\overline{a_3} \cdot \overline{a_1}) - (\overline{a_2} \cdot \overline{a_1})(\overline{a_3} \cdot \overline{a_3}) \\ &= (\overline{a_2} \cdot \overline{a_3})(\overline{a_3} \cdot \overline{a_1}) - (\overline{a_2} \cdot \overline{a_1})a_3^2 \\ &= (a_2a_3\cos\alpha)(a_1a_3\cos\beta) - a_3^2a_1a_2\cos\gamma \\ &= a_1a_2a_3^2(\cos\alpha\cos\beta - \cos\gamma)\end{aligned} \tag{4.114}$$

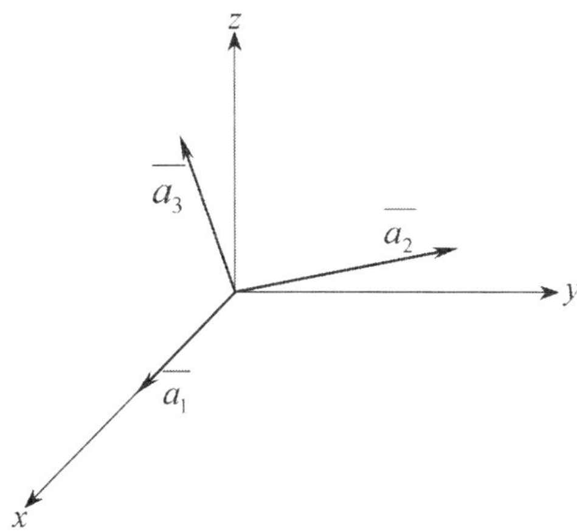

그림 4.17 ▸ 세 축 x, y, z에서 a_1축을 x축, a_2축을 x-y면으로 잡은 예

이므로 식(4.113)에 대입하면

$$hk(\overline{b_1} \cdot \overline{b_2}) = \frac{hk}{V^2} a_1 a_2 a_3^2 (\cos\alpha \cos\beta - \cos\gamma) \tag{4.115}$$

가 된다.

그림 4.17과 같이 수직인 세 축 x, y, z에서 a_1축을 x축으로 잡고 a_2축을 x-y면에 있게 하여

$$\overline{a_3} = a_{3x} i + a_{3y} j + a_{3z} k \tag{4.116}$$

로 표시하고,

$$\overline{a_2} = a_{2x} i + a_{2y} j + a_{2z} k \tag{4.117}$$

로 표시하면 $\overline{a_2} \cdot \overline{a_3}$는

$$\begin{aligned} \overline{a_2} \cdot \overline{a_3} &= a_{2x} a_{3x} + a_{2y} a_{3y} + a_{2z} a_{3z} = (a_2 \cos\gamma)(a_3 \cos\beta) + (a_2 \sin\gamma) a_{3y} + 0 a_{3z} \\ &= a_2 a_3 \cos\alpha \end{aligned} \tag{4.118}$$

이므로 오른쪽 두 등식을 이용하여 a_{3y}를 구하면

$$a_{3y} = \frac{a_3 (\cos\alpha - \cos\gamma \cos\beta)}{\sin\gamma} \tag{4.119}$$

이다. 그리고

$$a_3^2 = a_{3x}^2 + a_{3y}^2 + a_{3z}^2 = a_3^2\cos^2\beta + a_3^2\frac{(\cos\alpha - \cos\gamma\cos\beta)^2}{\sin^2\gamma} + a_{3z}^2 \tag{4.120}$$

이므로 식(4.120)에서 a_{3z}^3를 표시하여 보면

$$\begin{aligned} a_{3z}^3 &= a_3^2 - a_3^2\cos^2\beta - a_3^2\frac{\cos^2\alpha - 2\cos\alpha\cos\beta\cos\gamma + \cos^2\gamma\cos^2\beta}{\sin^2\gamma} \\ &= \frac{a_3^2}{\sin^2\gamma}\{\sin^2\gamma - \cos^2\beta\sin^2\gamma - \cos^2\alpha + 2\cos\alpha\cos\beta\cos\gamma - \cos^2\gamma\cos^2\beta\} \\ &= \frac{a_3^2}{\sin^2\gamma}\{\sin^2\gamma - \cos^2\beta - \cos^2\alpha + 2\cos\alpha\cos\beta\cos\gamma\} \\ &= \frac{a_3^2}{\sin^2\gamma}\{1 - \cos^2\gamma - \cos^2\beta - \cos^2\alpha + 2\cos\alpha\cos\beta\cos\gamma\} \end{aligned} \tag{4.121}$$

이므로

$$a_{3z} = \frac{a_3}{\sin\gamma}\sqrt{1 - \cos^2\gamma - \cos^2\beta - \cos^2\alpha + 2\cos\alpha\cos\beta\cos\gamma} \tag{4.122}$$

이다. 따라서 단위셀의 체적 V는

$$V = (\overline{a_1} \times \overline{a_2}) \cdot \overline{a_3} = (a_1 a_2 \sin\gamma) a_{3z} \tag{4.123}$$

이므로 식(4.122)를 식(4.123)에 대입하면

$$V = a_1 a_2 a_3 \sqrt{1 - \cos^2\gamma - \cos^2\beta - \cos^2\alpha + 2\cos\alpha\cos\beta\cos\gamma} \tag{4.124}$$

이 되고, 이것을 또 식(4.115)에 대입하면

$$\begin{aligned} hk(\overline{b_1} \cdot \overline{b_2}) &= \frac{hka_1a_2a_3^2(\cos\alpha\cos\beta - \cos\gamma)}{a_1^2a_2^2a_3^2(1 - \cos^2\gamma - \cos^2\beta - \cos^2\alpha + 2\cos\alpha\cos\beta\cos\gamma)} \\ &= \frac{hk}{a_1a_2}\frac{(\cos\alpha\cos\beta - \cos\gamma)}{(1 - \cos^2\gamma - \cos^2\beta - \cos^2\alpha + 2\cos\alpha\cos\beta\cos\gamma)} \end{aligned} \tag{4.125}$$

이 된다. 그리고 식(4.93)을 다시 쓰면

$$h^2|\overline{b_1}|^2 = h^2\frac{1}{V^2}|\overline{a_2} \times \overline{a_3}|^2 = \frac{h^2}{V^2}(a_2a_3\sin\alpha)^2$$

이므로 단위셀의 체적 식(4.124)를 대입하면

$$h^2|\overline{b_1}|^2 = \frac{h^2 a_2^2 a_3^2 \sin^2\alpha}{a_1^2 a_2^2 a_3^2 (1-\cos^2\gamma - \cos^2\beta - \cos^2\alpha + 2\cos\alpha\cos\beta\cos\gamma)} \tag{4.126}$$

이다. 이 식들을 이용하여 식(4.58)에 대입하여 정리하면

$$d_{hkl} = a_1 a_2 a_3 \sqrt{\frac{1-\cos^2\alpha - \cos^2\beta - \cos^2\gamma + 2\cos\alpha\cos\beta\cos\gamma}{q_{11}h^2 + q_{22}k^2 + q_{33}l^2 + 2q_{12}hk + 2q_{23}kl + 2q_{31}lh}} \tag{4.127}$$

이다. 여기서,

$$q_{11} = a_2^2 a_3^2 \sin^2\alpha \tag{4.128}$$

$$q_{22} = a_1^2 a_3^2 \sin^2\beta \tag{4.129}$$

$$q_{33} = a_1^2 a_2^2 \sin^2\gamma \tag{4.130}$$

$$q_{12} = a_1 a_2 a_3^2 (\cos\alpha\cos\beta - \cos\gamma) \tag{4.131}$$

$$q_{23} = a_1 a_2^2 a_3 (\cos\alpha\cos\gamma - \cos\beta) \tag{4.132}$$

$$q_{31} = a_1^2 a_2 a_3 (\cos\beta\cos\gamma - \cos\alpha) \tag{4.133}$$

이다.

면간각은 식(4.64), 식(4.93), 식(4.125)에서

$$\cos\psi = \frac{d_{h_1k_1l_1} d_{h_2k_2l_2}}{V^2}[q_{11}h_1h_2 + q_{22}k_1k_2 + q_{33}l_1l_2 + q_{23}(k_1l_2 + k_2l_1) + q_{31}(l_1h_2 + l_2h_1) + q_{12}(h_1k_2 + h_2k_1)] \tag{4.134}$$

로 주어진다.

7. 삼방정(三方晶)

삼방정의 경우에는 격자상수와 세 축사이의 각도가

$$a_1 = a_2 = a_3, \quad \alpha = \beta = \gamma = 60^\circ \tag{4.135}$$

이므로 이를 식(4.127)에 대입하면

$$d_{hkl} = a_1^3 \sqrt{\frac{1-3\cos^2\alpha + 2\cos^3\alpha}{B\sin^2\alpha + 2C(\cos^2\alpha - \cos\alpha)}} \tag{4.136}$$

이고, 여기서

$$B = h^2 + k^2 + l^2 \tag{4.137}$$

$$C = hk + kl + lh \tag{4.138}$$

이다.

단위셀의 체적은 식(4.124)와 식(4.135)에서

$$V = a_1^3\sqrt{1 - \cos^2\alpha + 2\cos^3\alpha} \tag{4.139}$$

이다.

면간각은 식(4.134)와 식(4.135)에서

$$\cos\psi = \frac{a_1^4 d_{h_1k_1l_1} d_{h_2k_2l_2}}{V^2}[(h_1h_2 + k_1k_2 + l_1l_2)\sin^2\alpha + (h_1k_2 + h_2k_1 + k_1l_2 + k_2l_1 + l_1h_2 + l_2h_1)(\cos^2\alpha - \sin^2\alpha)] \tag{4.140}$$

로 주어진다.

4.6.3 구조인자(Structure factor)

X-선 빔의 회절강도는 회절방법에 따라 파장 λ를 비롯하여 그의 실험변수들에 의해 차이가 있지만 구조인자 F는 같이 작용한다. 각 구조에서의 구조인자 F값을 구하는 방법을 설명하고자 한다.

4.6.3.1 단순격자

단위포가 단 1개의 원자를 가지고 있다. 원자의 위치를 원점으로 놓으면 분수좌표계에서 원자위치는 (000)이다. 따라서 구조인자 F는

$$F = fe^{2\pi i(h0 + k0 + l0)} = f \tag{4.141}$$

이다. 따라서 $F^2 = f^2$이며, 이 경우 I($|F|^2$에 비례)는 모든 hkl에 무관하다.

4.6.3.2 저심격자(base-centered unit cell)

저심격자의 경우 원자의 위치는 (000), (1/2, 1/2, 0)에 존재함으로 구조인자 F는

$$F = fe^{2\pi i(h0+k0+l0)} + fe^{2\pi i(h\frac{1}{2}+k\frac{1}{2}+l0)} \tag{4.142}$$
$$= f\left[1+e^{\pi i(h+k)}\right]$$

이다. h와 k가 모두 짝수이거나 홀수일 경우, $e^{\pi i \cdot 2n}$ = 1이므로

$$F = f(1+1) = 2f \tag{4.143}$$

이다. 따라서 $F^2 = 4f^2$이다.

h와 k가 모두 짝수, 홀수가 섞여 있을 경우, $e^{\pi i \cdot (2n+1)} = -1$이므로 F = 0이며 $F^2 = 0$이다. 이 경우 밀러지수중 l값은 영향을 미치지 못하고 h와 k가 짝수와 홀수로 섞여 있는 경우(ex. (011), (123), 등) 구조인자 값이 0이므로 강도 값이 관찰되지 않는다.

4.6.3.3 체심격자(bode-centered unit cell)

체심격자의 경우 원자의 위치는 (000), (1/2, 1/2, 1/2) 이므로 F는

$$F = fe^{2\pi i(h0+k0+l0)} + fe^{2\pi i(h\frac{1}{2}+k\frac{1}{2}+l\frac{1}{2})} \tag{4.144}$$
$$= f\left[1+e^{\pi i(h+k+l)}\right]$$

이다. 여기서

i) (h+k+l)이 짝수일 경우, F=2f , $F^2=4f^2$이고,
ii) (h+k+l)이 홀수일 경우, F=0 , $F^2=0$

이다.

4.6.3.4 면심입방격자(Face-centered cubic lattice)

면심입방격자의 경우 원자위치는 (000), (1/2, 1/2, 0), (1/2, 0, 1/2), (0, 1/2, 1/2)에 존재함으로 구조인자 F는

$$F = fe^{2\pi i(0)} + fe^{2\pi i\left(\frac{h}{2}+\frac{k}{2}\right)} + fe^{2\pi i\left(\frac{h}{2}+\frac{l}{2}\right)} + fe^{2\pi i\left(\frac{k}{2}+\frac{l}{2}\right)} \tag{4.145}$$
$$= f\left[1+e^{\pi i(h+k)} + e^{\pi i(h+l)} + e^{\pi i(k+l)}\right]$$

이다. 여기서,

i) h, k, l 모두 짝수이거나 홀수일 때 F = 4f, $F^2=16f^2$이고,

ii) h, k, l 모두 짝수, 홀수가 섞여 있을 때 F = 0 , F^2 = 0

이다.

4.6.3.5 조밀육방격자 (Closed-packed hexagonal lattice)

조밀육방격자의 경우 원자의 위치는 (000), (1/3, 2/3, 1/2)에 존재함으로 구조인자 F는

$$F = fe^{2\pi i(0)} + fe^{2\pi i(h\frac{1}{3} + k\frac{2}{3} + l\frac{1}{2})} \tag{4.146}$$
$$= f\left[1 + e^{2\pi i(\frac{h+2k}{3} + \frac{1}{2}l)}\right]$$

이다. 여기서 g=(h+2k)/3 +l/2라고 치환하고 | F^2 | 을 구하면

$$|F|^2 = F \cdot F^* \tag{4.147}$$
$$= f\left(1 + e^{2\pi ig}\right) \cdot f\left(1 + e^{-2\pi ig}\right)$$
$$= f^2(2 + \cos 2\pi g + i\sin 2\pi g + \cos 2\pi g - i\sin 2\pi g)$$
$$= f^2(2 + 2\cos 2\pi g)$$

이다. 여기에서

$$\cos 2x = 2\cos^2 x - 1 \tag{4.148}$$

의 관계를 이용하여 다시 쓰면

$$|F|^2 = f^2\left(2 + 2(2\cos^2 \pi g - 1)\right) \tag{4.149}$$
$$= 4f^2\cos^2 \pi g$$
$$= 4f^2\cos^2 \pi\left(\frac{h+2k}{3} + \frac{l}{2}\right)$$

로 된다. 여기서,

i) h +2k = 3의 배수, l이 홀수일 경우 | F^2 | = 0,
ii) h +2k = 3의 배수, l이 짝수일 경우 | F^2 | = $4f^2$,
iii) h +2k = 3n 1 , l이 홀수일 경우 | F^2 | = 3^2,
iv) h +2k = 3n 1 , l이 짝수일 경우 | F^2 | = f^2

이다.

4.6.3.6 NaCl 구조의 경우

이 경우에는 Na와 Cl의 2가지가 존재하므로 각 원자의 원자산란인자 f_{Na}와 f_{Cl}을 고려해 주어야 한다. 원자의 위치는 Na는 (000), ($\frac{1}{2}\frac{1}{2}0$), ($0\frac{1}{2}\frac{1}{2}$), ($\frac{1}{2}0\frac{1}{2}$)이고, Cl은 ($\frac{1}{2}\frac{1}{2}\frac{1}{2}$), ($\frac{1}{2}00$), ($0\frac{1}{2}0$), ($00\frac{1}{2}$)에 존재함으로 구조인자 F는

$$F = f_{Na}\left[\exp 2\pi i(0) + \exp 2\pi i\left(\frac{h}{2}+\frac{k}{2}\right) + \exp 2\pi i\left(\frac{k}{2}+\frac{l}{2}\right) + \exp 2\pi i\left(\frac{l}{2}+\frac{h}{2}\right)\right] \tag{4.150}$$

$$+ f_{Cl}\left[\exp 2\pi i\left(\frac{h}{2}+\frac{k}{2}+\frac{l}{2}\right) + \exp 2\pi i\left(\frac{h}{2}\right) + \exp 2\pi i\left(\frac{k}{2}\right) + \exp 2\pi i\left(\frac{l}{2}\right)\right]$$

$$F = f_{Na}[1 + \exp\pi i(h+k) + \exp\pi i(k+l) + \exp\pi i(l+h)] \tag{4.151}$$

$$+ f_{Cl}[\exp\pi i(h+k+l) + \exp\pi i(h) + \exp\pi i(k) + \exp\pi i(l)]$$

로 된다. 여기서,

$$\exp n\pi i = \exp - n\pi i \tag{4.152}$$

의 관계를 이용하여 다시 전개하면

$$F = [f_{Na} + f_{Cl}\exp\pi i(h+k+l)] \cdot [1 + \exp\pi i(h+k) + \exp\pi i(k+l) + \exp\pi i(l+h)] \tag{4.153}$$

이 된다. 여기서,

i) h, k, l = unmixed인 경우,

a) h+k+l = 2n일 경우

$$F = 4(f_{Na} + f_{Cl}),\ F^2 = 16(f_{Na} + f_{Cl})^2 \tag{4.154}$$

b) h+k+l ≠ 2n일 경우

$$F = 4(f_{Na} - f_{Cl}),\ F^2 = 16(f_{Na} - f_{Cl})^2 \tag{4.155}$$

ii) h, k, l = mixed인 경우 F = 0이다.

4.6.3.7 ZnS(Zinc Blende) 구조

원자의 위치는 S의 경우 (000), $(\frac{1}{2}\frac{1}{2}\frac{1}{2})$, $(\frac{1}{2}0\frac{1}{2})$, $(0\frac{1}{2}\frac{1}{2})$와 Zn의 경우 $(\frac{1}{4}\frac{1}{4}\frac{1}{4})$, $(\frac{3}{4}\frac{3}{4}\frac{1}{4})$, $(\frac{3}{4}\frac{1}{4}\frac{3}{4})$, $(\frac{1}{4}\frac{3}{4}\frac{3}{4})$에 존재함으로 구조인자 F는

$$\begin{aligned}F = f_S&[1+\exp\pi i(h+k)+\exp\pi i(h+l)+\exp\pi i(k+l)] \\ &+f_{Zn}\exp\pi i\left(\frac{h}{2}+\frac{k}{2}+\frac{l}{2}\right)[1+\exp\pi i(h+k)+\exp\pi i(h+l)+\exp\pi i(k+l)] \\ &[1+\exp\pi i(h+k)+\exp\pi i(h+l)+\exp\pi i(k+l)]\left[f_S+f_{Zn}\exp\pi i\left(\frac{h}{2}+\frac{k}{2}+\frac{l}{2}\right)\right]\end{aligned} \tag{4.156}$$

이고, 다시 정리하면

$$\begin{aligned}F = f_S&\left[\exp2\pi i(0)+\exp2\pi i\left(\frac{h}{2}+\frac{k}{2}\right)+\exp2\pi i\left(\frac{k}{2}+\frac{l}{2}\right)+\exp2\pi i\left(\frac{l}{2}+\frac{h}{2}\right)\right] \\ &+f_{Zn}[\exp2\pi i\left(\frac{h}{4}+\frac{k}{4}+\frac{l}{4}\right)+\exp2\pi i\left(\frac{3h}{4}+\frac{3k}{4}+\frac{l}{4}\right)+ \\ &\exp2\pi i\left(\frac{3h}{4}+\frac{k}{4}+\frac{3l}{4}\right)+\exp2\pi i\left(\frac{h}{4}+\frac{3k}{4}+\frac{3l}{4}\right)]\end{aligned} \tag{4.157}$$

로 계산된다. 여기서,

i) h, k, l = mixed인 경우 F = 0이고,
ii) h, k, l = unmixed인 경우는

$$F = 4\left[f_S+f_{Zn}\exp\pi i\left(\frac{h}{2}+\frac{k}{2}+\frac{l}{2}\right)\right] \tag{4.158}$$

$$\begin{aligned}F^2 &= F \cdot F^* \\ &= 16\left[f_S+f_{Zn}\exp\frac{\pi i}{2}(h+k+l)\right]\left[f_S+f_{Zn}\exp\frac{-\pi i}{2}(h+k+l)\right] \\ &= 16\left[f_S^2+f_{Zn}^2+2f_Sf_{Zn}\cos\exp\frac{\pi}{2}(h+k+l)\right]\end{aligned} \tag{4.159}$$

이다. 여기서, cos(nπ/2)가 n이 홀수 일 때에는 cos(nπ/2)=0이고, n이 2의 홀수 일 때에는 cos(nπ/2)=-1이고, n이 2의 짝수배 일 때에는 cos(nπ/2)=+1이 되므로,

i) (h+k+l) = 홀수일 때

$$F^2 = 16\left(f_S^2+f_{Zn}^2\right) \tag{4.160a}$$

ii) (h+k+l) = 2의 홀수배일 때

$$F^2 = 16(f_S - f_{Zn})^2 \tag{4.160b}$$

iii) (h+k+l) = 2의 짝수배일 때

$$F^2 = 16(f_S + f_{Zn})^2 \tag{4.160c}$$

로 된다.

4.6.4 다중도 (Multiplicity factor)

입방정계(cubic system)에서 분말회절의 경우, 각 분말들이 임의의 방향을 가지므로 면간거리가 같은 (100)면에 의한 회절과 (010), (001)면에 의한 회절의 구별은 되지 않는다. 한편 {111}면의 경우 (1 1 1), (1 1 -1), (1 -1 -1), (1 -1 1)의 4가지 면이 같은 회절 피크 강도값에 기여한다. 따라서 {111}면이 {100}면들에 대하여 브레그 법칙을 만족할 확률이 3/4배 이다. 이와 같이 같은 회절에 기여하는 면들의 상대적 수치를 **다중도**(multiplicity factor)라고 하고 단위포내 같은 면간거리를 가지는 서로 다른 결정면들의 수로 표시한다. 이 경우 (1 0 0)과 (-1 0 0)처럼 평행하지만 서로 다른 밀러지수를 가지는 면을 모두 다중도 P의 계산에 포함시킨다. 입방정계의 경우, {100}면은 P=6이며 {111}면은 P=8이 된다.

4.7 Lorentz 인자

결정이 일정한 각속도로 O점을 중심으로 회전하고, 이 결정에 단색광의 평행한 X-선 빔이 입사된 경우를 가정해 보자. Bragg's law를 만족시키는 정확한 $2\theta_B$에서만 회절이 발생하여야 하나 실제 측정을 하면 Bragg각도 양쪽에서 어느 정도의 회절강도가 얻어지고 Bragg각도에서 최대 강도값을 보인다. 이때 빗금친 피크 넓이를 **적분강도**(integrated intensity)라고 하며 실험기기의 조절에 영향을 받는 최대강도 I_{max}보다 실제 결정구조계산시 더 중요하다.

적분강도값은 회절각 θ_B에 따라 영향을 받는데 이를 최대강도 I_{max}와 1/2 I_{max}에서의 회절피크의 폭을 이용하여 생각해보자. 만일 결정이 정확한 Bragg 회절각도 θ_B의 위치(실선)로부터 $\Delta\theta$만큼 더 회전되었을 경우, 결정면에 대하여 입사빔과 회절빔은 서로 다른 각도를 가진다. 즉, 입사빔은 $\theta_1=\theta_B+\Delta\theta$이고 회절빔은 $\theta_2=\theta_B-\Delta\theta$의 각도를 가진다. 이경우를 확대하여 아래쪽 그림과 같이 결정면상의 원자들에 의한 산란을 고려하자. 원자간거

리를 a라고 하고 N_a개의 원자를 고려한다면 이웃한 원자 A와 B에 의해서 산란된 파의 경로차는

$$\begin{aligned}\delta_{1'2'} &= AD - XB = a\cos\theta_2 - a\cos\theta_1 \\ &= a\left[\cos(\theta_B - \Delta\theta) - \cos(\theta_B + \Delta\theta)\right] = 2a\Delta\theta\sin\theta_B\end{aligned} \tag{4.161}$$

가 된다.

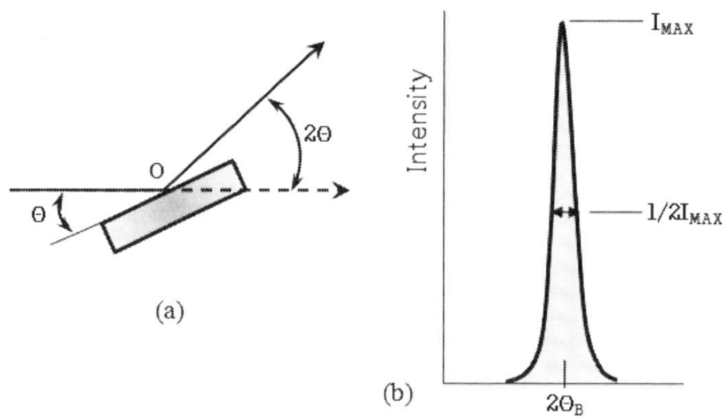

그림 4.18 ▸ 결정의 회절 각

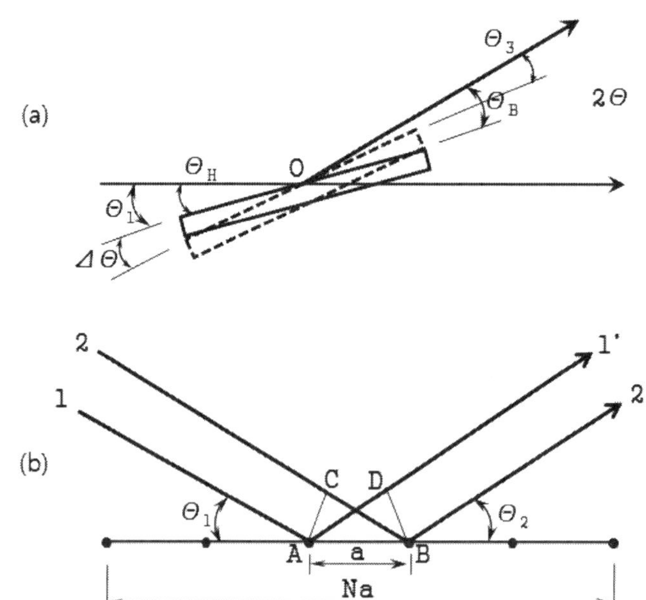

그림 4.19 ▸ 결정면상의 원자들에 의한 산란

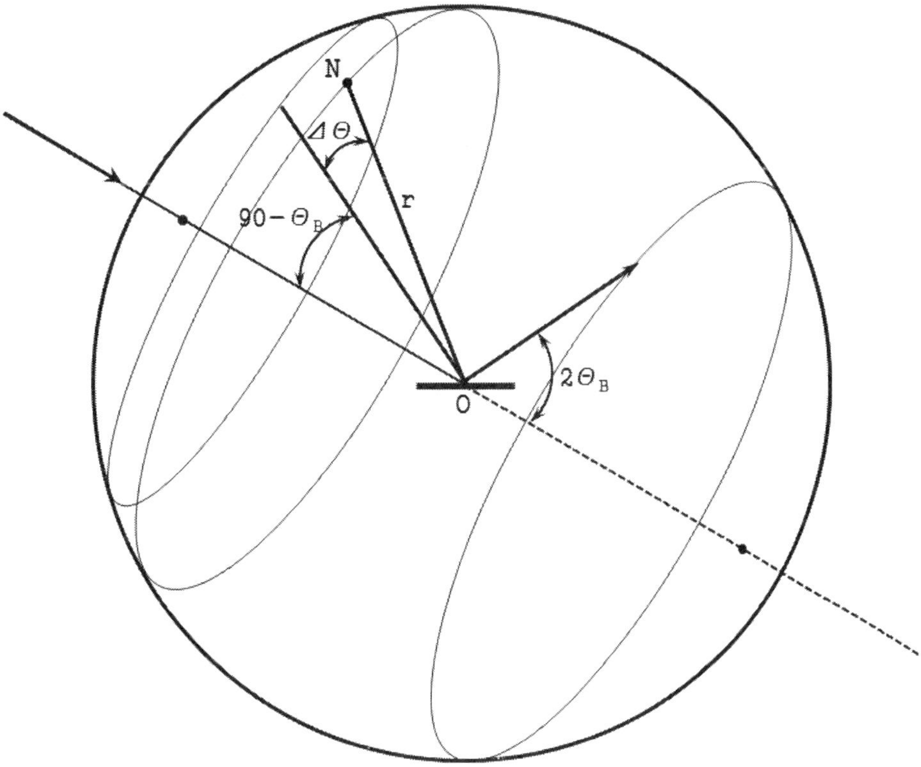

그림 4.20 ▸ 회절 빔에 대한 분포

만일 N_a만큼 떨어진 2원자에 의해 산란된 파의 위상차가 파장과 같다면 회절강도는 0일 것이다. 즉,

$$2Na\,\Delta\theta\sin\theta_B = \lambda \tag{4.162}$$

이므로

$$\Delta\theta = \frac{\lambda}{2Na\sin\theta_B} \tag{4.163}$$

이다. $\Delta\theta$ 값은 $2\theta_B$의 방향으로 회절된 X-선 빔이 탐지될 수 있는 결정회전의 최대 각도 범위를 나타낸다. I_{max}값은 $\Delta\theta$에 비례하므로 $I_{max} \sim 1/\sin\theta_B$이며, 다른 변수들을 고정시켰을 때 회절각도 θ_B가 작은 범위에서 큰 값을 나타낸다. 피크의 FWHM(Full width at half maximum)은 $1/(\cos\theta_B)$에 비례하므로 적분강도값은 $(1/\sin\theta_B)(1/\cos\theta_B)=1/(\sin2\theta_B)$에 비례한다. 따라서 결정의 적분강도값은 중간값의 $2\theta_B$보다는 크거나 작은 $2\theta_B$ 값에서 크게 나타난다. 이외에도 분말회절법에서의 적분강도값은 Bragg회절 방향을 만족시키는 결정의

수에 따라 변화하고 분말입자들의 배열이 임의로 되어 있다고 하더라도 결정의 수는 고정적이지 않다.

분말시료가 놓인 O점을 중심으로 한 반경 r의 구를 가정하고 ON이 (hkl) 회절면에 대하여 직각이라고 하자. Bragg 각도 θ_B를 중심으로 $\triangle\theta$의 각도영역에서 회절강도가 탐지되므로 결정면에 수직한 직선 ON이 $r\triangle\theta$의 빗금친 띠에 놓이는 분말들만이 회절강도에 기여할 것이다. 분말회절법에서 결정들이 임의의 방향을 취한다고 가정을 했으므로 결정면에 수직한 직선 ON은 구 표면에 균일하게 분포가 될 것이고 θ_B의 회절각도에서 회절강도에 기여하는 결정의 분률은

$$\frac{\Delta N}{N} = \frac{r\,\Delta\theta\; 2\pi \sin(90-\theta_B)}{4\pi r^2} = \frac{\Delta\theta\,\cos\theta_B}{2} \tag{4.164}$$

로 된다. 여기서 $\triangle$N은 θ_B에서 회절강도에 기여하는 결정의 수이며, N은 전체결정의 수이다. 또한 회절강도값을 비교할 때 회절된 X-선 빔이 원뿔모양으로 시편으로부터 방사되는 전체 회절에너지를 비교하기보다는 박막 등에 기록된 회절선의 단위 길이당 적분강도값을 비교한다. 예를 들어 Debye-Scherrer 회절법의 경우 2θ=90°일 경우보다 전방이나 후방으로 회절할 때 원뿔모양으로 방사되는 회절빔을 더 많이 필름에 감광시킨다. 이와 같은 요소도 적분강도값에 영향을 미치므로, R을 카메라의 반경이라고 할 때 기록되는 길이는 $2\pi R \cdot \sin 2\theta_B$이다. 따라서 회절선의 단위길이당 상대적인 회절강도값은 $1/\sin 2\theta_B$에 비례한다.

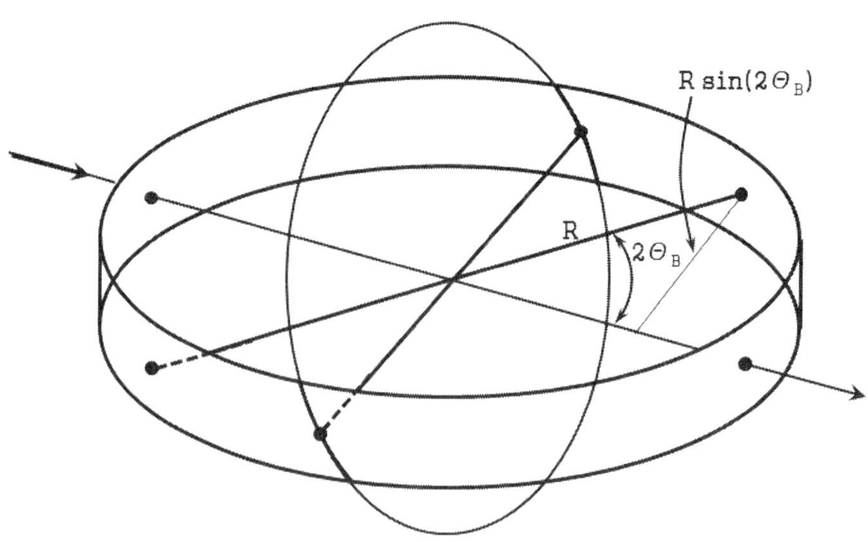

그림 4.21 ▸ Debye-Scherrer 회절법

적분강도계산에서는 위에서 언급한 3가지 요소를 1개의 식

$$
\begin{aligned}
\text{로렌츠 인자} &= \left(\frac{1}{\sin 2\theta}\right)(\cos\theta)\left(\frac{1}{\sin 2\theta}\right) \\
&= \frac{\cos\theta}{\sin^2 2\theta} \\
&= \frac{1}{4\sin^2\theta\cos\theta}
\end{aligned}
\tag{4.165}
$$

으로 모아서 이를 Lorentz인자라고 한다. 이 Lorentz 인자를 편광인자 $1/2(1+\cos^2 2\theta)$와 합쳐서 Lorentz-**편광인자**(Lorentz-polarization factor)라고 부르며 계수 1/8을 생략하면

$$
\text{로렌츠}-\text{편광인자} = \frac{1+\cos^2 2\theta}{\sin^2\theta\cos\theta} \tag{4.166}
$$

과 같다.

4.8 흡수 인자(Absorption factor)

시료 자체에 의하여 X-선이 흡수되어 회절 강도가 감소하므로 X-선의 흡수에 따른 영향을 보정해 주어야 하는데, 이는 회절 방법에 따라 차이가 있다. Diffractometer의 경우 시편이 얇은 판상으로 입사빔과 회절빔에 대하여 그림과 같이 같은 각도를 유지하고 있다. 회절 각도 θ가 작을 경우에는 시편에 닿는 X-선의 빔의 면적이 높은 반면 X-선에 의하여 투과되는 길이는 작고, θ가 클 경우에는 조사되는 면적은 작은 대신 투과 길이가 커서 그 결과 X-선에 노출되는 시료의 부피가 일정하게 되어 흡수인자 A는 회절 각도 θ에 무관하다. 흡수 인자값이 크면 전체적으로 회절 빔의 강도값을 감소시키므로 상대강도값을 비교할 때에는 영향을 미치지 않는다.

강도가 I_o[erg/(cm^{2}sec)]이고 단면적이 1 ㎠인 평행한 입사 빔이 γ의 각도로 시편에 입사된다고 가정하자. 이 비임에 의하여 시편의 표면으로부터 깊이 x밑에 있는 길이 l, 두께 dx만큼의 분말 시료에 의하여 회절된 에너지를 계산해 보자.

입사 비임이 시료내 거리 AB만큼 통과한 후 ldx의 부피 요소에 도달하는 단위 시간당 에너지는

$$
I = I_0 e^{-\mu(AB)}\left[\frac{erg}{\sec}\right] \tag{4.167}
$$

이다. 여기서, μ는 선형흡수계수(linear absorption coefficient)이다.

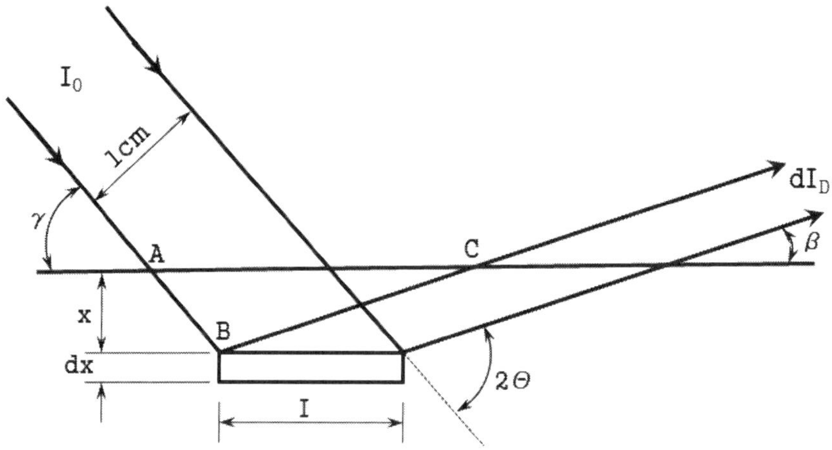

그림 4.22 ▸ Diffractometer의 얇은 시편에 대한 입사빔과 회절빔

만일 부피 ldx에서 입자들이 Bragg회절 조건을 만족하도록 배열된 입자들의 부피 분율을 a, 그리고 시료의 단위 부피에 의해서 회절된 입사 빔의 분율을 b라고 하면, 회절된 빔의 에너지는

$$I = abl\, I_0 e^{\mu(AB)} dx \tag{4.168}$$

이다. 또한 부피 ldx에서 회절된 후 시료의 표면으로 나갈 때 까지 경로 BC동안에 또 흡수를 겪으므로 $e^{-\mu(BC)}$만큼 에너지가 감소하게 된다.

따라서 시편 바깥으로 나온 회절빔의 적분 강도는

$$dI_D = abl\, I_0 e^{-\mu(AB+BC)} dx \left[\frac{erg}{sec}\right] \tag{4.169}$$

이 된다. 그림에서

$$l = \frac{1}{\sin\gamma}, \quad AB = \frac{\chi}{\sin\gamma}, \quad BC = \frac{\chi}{\sin\beta} \tag{4.170}$$

이므로 적분 강도는

$$dI_D = \frac{I_D\, ab}{\sin\gamma} e^{-\mu\chi\left(\frac{1}{\sin\gamma} + \frac{1}{\sin\beta}\right)} dx \tag{4.171}$$

로 된다. Diffractometer에서는 $\gamma = \beta = \theta$이므로 이 적분강도는

$$dI_D = \frac{I_0 ab}{\sin\theta} e^{-\frac{2\mu\chi}{\sin\theta}} dx \tag{4.172}$$

로 표현할 수 있다. 따라서 무한대 시편 두께에 대하여 적분하면 회절된 빔의 적분강도는

$$I_D = \int_{\chi=\infty}^{\chi=0} dI_D = \frac{I_0\, ab}{2\mu} dx \tag{4.173}$$

으로 된다. 위의 식에서 a, b값을 상수로 보면 흡수인자 A는 $1/2\mu$이다.

4장 연습문제

1. 다음 용어들에 대하여 설명하라.
   (1) 격자(格子) (2) 격자상수(格子常數) (3) 결정계(結晶系)
   (4) 결정구조 (5) 결정립(結晶粒) (6) 다결정질(多結晶質)
   (7) 단결정(單結晶) (8) 비정질(非晶質) (9) 단위셀
   (10) 기본셀 (11) 면심입방(FCC) (12) 밀러 지수

2. 2차원 육각형 격자에 격자점당 세 개의 원자로 된 기저를 배치하여 다음과 같은 회전축을 갖도록 하라.
   (1) 6중-대칭축 (2) 3중-대칭축
   (3) 2개 경영면의 교점에 2중-대칭축 (4) 단중-대칭축

3. 입방격자에서 Miller 지수(hkl)를 갖는 이웃한 면의 간격이 식(4.69)로 주어짐을 증명하라.

4. 면심입방격자와 체심입방격자를 그리고, 단격자 단위셀를 그려 넣어라.

5. 체심사방정(orthorhombic) 결정구조의 단위셀을 그려라.

6. 사방정의 단위셀을 그리고 $[12\bar{1}]$방향과 (210)면을 그려라.

7. 단사정의 단위셀을 그리고 $[0\bar{1}1]$과 (002)면을 그려라.

8. 입방결정에서 다음 짝의 면들이 서로 교차하는 방향을 구하라.
   (1) (110)과 (111)면
   (2) (110)과 $(1\bar{1}0)$면
   (3) $(10\bar{1})$과 (001)면

9. 다음 표시된 방향의 밀러지수를 구하라.
   (1) 체심입방에서 가장 조밀한 충전방향
   (2) 면심 병진방향
   (3) 입방에서 3중-대칭축의 방향

10. 면심입방격자를 그리고, 다음 방향이나 면을 그려라.
   (1) [113], $[\bar{2}11]$, $[1\bar{4}3]$방향
   (2) {110}의 모든 면
   (3) [110] 정대에 속하는 {111}면
   (4) {111}면으로 이루어진 사면체

11. 다음 격자의 역격자를 구하라.
   (1) a=0.2 [nm], b=0.4 [nm]인 중심 직사각형 격자
   (2) 육각형 격자
   (3) 체심입방격자
   (4) a=0.4 [nm], c=0.6 [nm]인 체심정방격자

5 재료결정의 구조

5.1 고체의 결정구조

5.1.1 원자 충전

결정은 이온이나 원자 또는 분자들로 구성된 3차원적 집합체이며, 결정을 구성하기 위해서는 하나의 이온이나 원자 또는 분자에서 시작하여 모든 방향으로 결합이 계속 일어나야 한다.

결정에서 원자들이 어떤 방식으로 배열되어 충전되는지를 살펴보기 위하여, 결합을 방향성 결합과 비방향성 결합으로 나누어 고찰한다. 방향성 결합에는 공유결합, 수소결합, 영구 쌍극자에 의한 반데르발스 결합이 있고, 비방향성 결합에는 이온결합, 금속결합과 순간 쌍극자에 의한 반데르발스 결합이 있다.

방향성 결합으로 결합되는 원자는 결합각을 만족하면서 충전하므로, 원자배열이 결합각에 의해서 정해지고, 이 결합각으로 정해지는 결합 다면체(bonding polyhedron)가 연결이 되면서 원자배열이 계속된다. 다면체의 중심에서 꼭지점 방향이 최대결합강도를 지닌 결정방향이 된다.

비방향성 결합은 구면대칭의 형태이고 결합각에 대한 제한이 없다. 따라서 결합하는 원자는 일반적으로 마치 구(sphere)를 촉촉히 채우는 것과 같은 방식으로 충전되고, 크기가 다른 이온의 경우 최대의 충전을 하기 위해 구의 크기 차로 정해지는 기하학적인 조건인 상대적인 크기 비에 따라 충전한다. 이 경우에 있어서 원자배열은 중심원자나 이온을 접하는 모든 이웃하는 원자나 이온을 연결해서 만들어지는 배위다면체(coordination polyhedron)로 이루어진다. 이와 같이 비방향성 결합은 원자 크기의 상대적 비에 의해서 원자들의 충전이 크게 영향을 받으므로 간단히 같은 크기의 원자들의 충전에 대하여 생각하자.

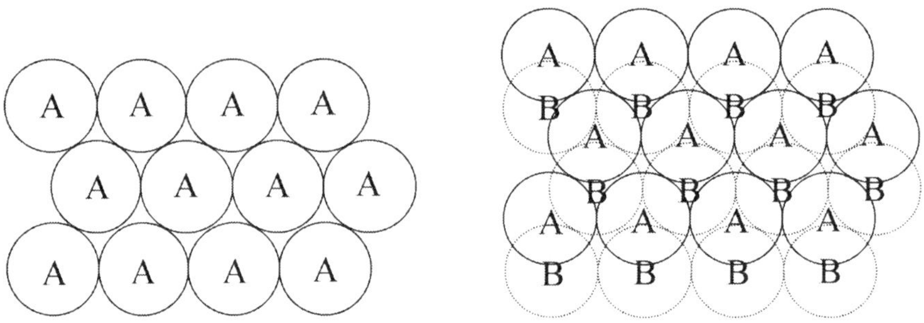

(a) (b)

그림 5.1 ▸ 원자구를 충전하는 방법; (a) 2차원, (b) 3차원

금속은 모두 같은 크기의 비방향성 원자들로 이루어져 있으며, 형성된 결합 하나의 에너지는 음의 값을 지니므로 결합의 수를 증가시킬수록 결합전체의 에너지는 더 큰 음의 값을 가지게 된다. 결합의 수가 많으면 많을수록 더 안정된 결합을 하게 되어, 금속결합에서 결합에너지를 최소화하는 방법은 단위체적당 원자수가 최대로 되게 충전하여 결합수를 최대로 하는 것이다.

비방향성 결합은 원자를 그림 5.1(a)처럼 2차원에서 하나의 원자구 주위에 최대로 채울 수 있는 수는 6개이다. 그림 5.1(b)의 3차원에서 보면 같은 면에서 최대로 채울 수 있는 6개(A)에 추가하여, 윗면에 최대 3개(B), 아랫면에 최대 3개(B 또는 C)를 중심구에 접하게 하면서 채울 수 있다. 따라서 3차원에서 원자를 최대한 충전되게 할 때 중심원자 주위에 12개의 원자가 접하게 된다. 이와 같이 12개의 원자가 접하도록 충전되어 최대한의 충전밀도를 갖는 충전을 **조밀 충전**이라 한다. 전체 체적 중에서 구와 같은 어떤 구조 단위가 차지하는 체적 비율을 **원자 채움율**(APF : atomic packing factor)이라 하고 다음과 같이 정의할 수 있다.

$$APF = \frac{\text{총원자구의 부피}}{\text{총단위셀의 부피}} = \frac{V_S}{V_C} \tag{5.1}$$

5.1.2 면심입방구조(面心立方構造)

가장 단순한 결정구조는 격자의 각 격자점에 원자들이 하나씩 배치되어 있는 경우로 **면심입방**(FCC : face-centered cubic) 결정을 만든다. 이 구조에서는 각각의 원자들이 12개의 최인접 원자(nearest neighbor)에 의해 둘러싸여 있다. 특정한 격자 형태에서 최인접 원자의 수를 **배위수**(coordnation number)라 한다.

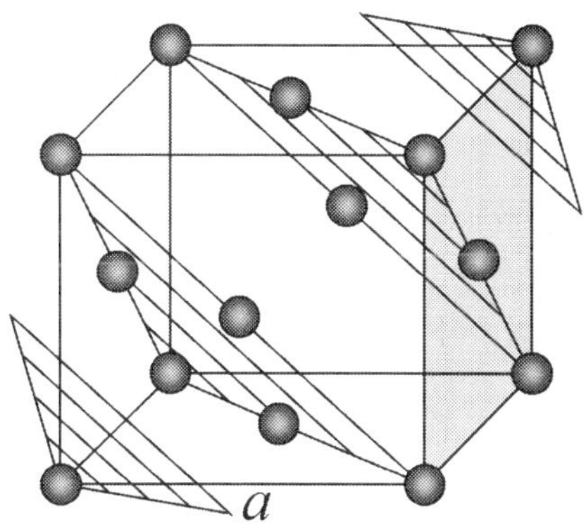

그림 5.2 ▸ (a) 면심입방구조, (b) 빗금친 면이 조밀 충전면

12라는 배위수는 구가 가능한 한 가장 조밀하게 채워진 경우의 값이다. 평면에서 구가 꽉 채워져 이룬 최인접 원자의 수는 6이다. 3차원에서는 이 면의 위와 아래에 세 개의 인접 원자가 더해진다. 그림 5.2는 격자상수 a인 면심입방구조의 단위셀이며, 단위셀에서 원자의 좌표는 (0, 0, 0), (1/2, 1/2, 0), (1/2. 0, 1/2)과 (0, 1/2, 1/2)이다. 단위셀당 원자수는 4개이며 각 원자는 $a/\sqrt{2}$ 거리에 12개 최인접 원자를 가지고 있어 배위수는 12이다. 구의 반경이 R이라면 격자상수 $a=2\sqrt{2}R$이고, 단위셀에서 구가 차지하는 분율(채움율)은 단위셀에 포함되는 원자의 수가 4인 것을 고려하면

$$4\times\frac{\frac{4}{3}\pi R^3}{\frac{64}{2\sqrt{2}}R^3}=\frac{\sqrt{2}}{6}\pi=0.74 \tag{5.2}$$

로 74%이다. 그림 5.2(b)의 빗금친 면이 조밀 충전면이며, 이 면은 육면체의 대각선과 수직을 이룬다. 이 대각선을 따라 조밀 충전 면들이 배열되는데, 동일한 또 다른 면이 두 개의 서로 다르게 배치된 조밀 충전 면을 지난 후에 다시 나타난다.

격자에서 <110>방향을 따라 구가 서로 접촉하고 있는데 이 방향이 최조밀 방향이며, 격자에는 모두 12개의 최조밀 방향이 있다. 원자가 각 격자점에 있을 때 3중-대칭축에 수직인 {111}면에서는 각 원자의 중심이 정삼각형의 꼭지점이 된다. 이러한 조밀 충전 면의 **적층순서**(packing sequence)를 그림 5.1(b)에 보였으며, 원자가 반경 $R=a/(2\sqrt{2})$인 구라면 {111}면의 모습은 서로 접하는 원들로 나타낸다. hkl과 $\bar{h}\bar{k}\bar{l}$을 같다고 생각하면 결정에는 4개의 {111}면이 있고, 각 면은 3개의 조밀 충전 방향을 포함하고 있다. {111}면 간격은 $a/\sqrt{3}=2\sqrt{2/3}R$로 {111}면 위에서 원자 간격의 $\sqrt{2/3}$배이다. 그림과 같이 원자의 중심이 (111)면에서 A와 같은 점을 차지하고 있다고 하면,

아래와 위에 있는 (111)면의 원자 중심을 점A가 있는 (111)면에 투사하면 그 원자 중심들은 점B나 C를 차지하게 된다. 면심입방결정은 이와 같은 (111)면이 [111] 방향으로 적층 순서 $ABCABCABC\cdots$를 만들면서 조밀 충전으로 적층되어 있다. 적층순서가 $ACBACBACB\cdots$로 되어 있어도 같은 면심입방결정구조를 갖는다.

이러한 조밀 충전 면들은 6회-대칭축을 갖지만, 위와 같은 방식으로 쌓여지면 대칭성은 3회-대칭축으로 줄어든다. 따라서 면심입방구조는 4회-회전축에 수직한 거울면과 더불어 4개의 3회-회전축을 갖게 된다.

면심입방구조를 갖는 결정들로는 Cu, Ag, Au, Al, Pb, Co, NI, Rh, Pt, Pd, Ir, Ne, Ar, Kr, Xe 등이 있다. 이들은 상대적으로 녹는점이 높은데도 불구하고 쉽게 변형된다는 특징을 가지고 있다. 그 이유는 조밀 충전 면이 서로 미끌릴 수 있기 때문이다. 이러한 미끌림 운동은 결정의 소성변형(plastic deformation) 중에 발생한다. 그렇지만 여기에는 전체면이 모두 관여하는 것이 아니라 전위(dislocation)가 일어나는 영역에만 제한된다.

예제 5.1

FCC 단위셀의 부피를 원자 반지름 R로 나타내어라.

[풀이] 원자는 다른 원자와 면상 대각선 방향으로 접촉하고 있으며 그 길이는 $4R$이다. 단위 입방정에서 변의 길이를 a라 하면, 입방정의 부피는 a^3이므로 면상의 직각삼각형에서

$$a^2 + a^2 = (4R)^2$$

이다. a에 대하여 풀면

$$a = 2R\sqrt{2}$$

이다. 따라서 FCC 단위셀의 부피 V_C는 다음과 같이 풀 수 있다.

$$V_C = a^3 = (2\sqrt{2}\,R)^3 = 16\sqrt{2}\,R^3$$

예제 5.2

구리는 0.128 [nm]의 원자 반지름과 FCC결정 구조를 가지며, 원자량은 63.5 [g/mol]이다. 밀도를 계산하라.

[풀이] 이 문제를 풀기 위해 순밀도의 식

$$\rho = \frac{nA}{V_C N_A}$$

을 이용한다. 여기서,

$n =$ 단위셀 내의 원자수
$A =$ 원자량
$V_C =$ 단위셀의 부피
$N_A =$ 아보가드로 수(6.023×10^{23} [원자/mol])

이다. 결정구조는 FCC이므로, 각 단위셀마다의 원자수는 4이다. 또한 원자량 A_{Cu}는 63.5 [g/mol]이다. FCC단위셀 부피는 V_C는 앞 예제에서

$$V_C = a^3 = (2\sqrt{2}R)^3 = 16\sqrt{2}R^3$$

이고, 여기서 원자 반지름 R은 0.128 [nm]이다.
 따라서 윗식에 이러한 변수를 대입하면

$$\rho = \frac{nA_{Cu}}{V_C N_A} = \frac{nA_{Cu}}{(16R^3\sqrt{2})N_A}$$
$$= 8.89\ [g/cm^3]$$

이다.

5.1.3 육방조밀 충전구조

원자를 그림 5.1(a)처럼 2차원에서 하나의 원자구 주위에 최대로 채울 수 있는 수는 6개이다. 그림 5.1(b)의 3차원에서 보면 같은 면에서 최대로 채울 수 있는 6개(A)에 추가하여, 윗면에 최대 3개(B), 아랫면에 최대 3개(B 또는 C)를 중심구에 접하게 하면서 채울 수 있다. 따라서 3차원에서 원자를 최대한 충전되게 할 때 중심원자 주위에 12개의 원자가 접하게 된다.

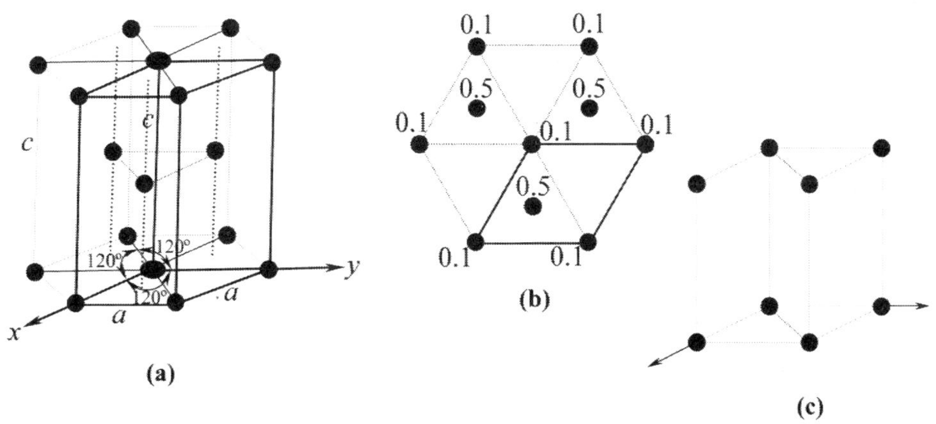

그림 5.3 ▸ 육방조밀충전

그림 5.3과 같이 **육방 조밀 충전**(HCP : hexagonal close-packed) 구조의 Bravais 격자는 단순 육방정이고, 각 격자점당 2개의 원자가 좌표 (0, 0, 0)과 (2/3, 1/3, 1/2)에 있다. 육방 조밀 충전 구조를 같은 크기의 구가 충전되어 이루어졌다고 생각하면 각 구는 12개의 최인접 구를 가진다. 그리고 축비 c/a는 $\sqrt{8/3}=1.633$이 된다. 채움율은 면심입방과 같이 0.74이다. (0001)면의 적층 순서는 앞에서 언급한 바와 같이 $ABABAB\cdots$ 또는 $ACACAC\cdots$가 된다. 축비 c/a가 조밀 충전 때의 이상적인 값을 가질 경우 {0001}면에서 $<11\bar{2}0>$이 조밀 충전 방향이다.

제일 큰 공극의 좌표는 그림 5.3(c)와 같이 (1/3, 2/3, 1/4)와 (1/3, 2/3, 3/4)이고, 이 공극에 들어갈 수 있는 최대 구의 반경은 $r=(\sqrt{2}-1)R=0.414R$이다. 이 공극 주위에는 6개의 원자가 있어 8면체를 이루기 때문에 8면체 자리라 하며, 단위셀당 2개의 자리가 있다. 두 번째로 큰 공극은 사면체 위치의 좌표 (0, 0, 3/8), (0, 0, 5/8), (2/3, 1/3, 1/8), (2/3, 1/3, 7/8)로 단위셀당 4개가 있다. 이 공극 위치에 들어갈 수 있는 다른 구의 최대 반경은 $(\sqrt{3/2}-1)R=0.225R$이다. 구의 반경이 R이 라면 단위셀에서 구가 차지하는 분율(채움율)은 단위셀에 포함되는 원자의 수가 1인 것을 고려하면

$$1\times\frac{\frac{4}{3}\pi R^3}{8R^3}=\frac{\pi}{6}=0.523 \tag{5.3}$$

로 52.3%이다.

육방조밀충전구조를 가진 금속으로는 2가 금속인 Be, Mg, Zn, Cd와 희토류 금속 및 전이 금속인 Sc, Ti, Y, Zr, Re, Ru, Os 등이 있다. 이들 금속의 축비 c/a는 이상적인 축비인 $\sqrt{8/3}=1.633$과는 대개 약간 다르다.

5.1.4 체심입방구조(體心立方構造)

그림 5.4은 격자상수가 a인 **체심입방**(BCC : body-centered cubic)의 단위셀을 보여주고 있으며, 이 구조에서 배위수는 8이다. 이것은 비방향성 결합을 하기 위해서는 BCC구조가 별로 바람직하지 않다는 것을 의미한다. 그럼에도 불구하고 Li, Na, K, Rb, Cs, Ba, V, Cr, Ti, Zr, Nb, Ta, W, Mo와 같은 모든 알칼리 금속들이 이 구조를 갖는 결정이며, Cr과 Fe 또한 BCC구조를 가질 수 있다.

격자점은 좌표 (0, 0, 0), (1/2, 1/2, 1/2)의 위치에 있어 단위셀당 2개의 격자점을 가진다. 각 격자점당 1개의 원자가 있으며, 이 구조가 같은 크기의 구로 이루어졌다면, 이 구의 반경은 $R=(\sqrt{3}/4)a$이다. <111>방향이 최조밀 방향이고 8개의 방향이 있으며, 채움율은 단위셀에 포함하는 원자의 수가 2인 것을 고려하면

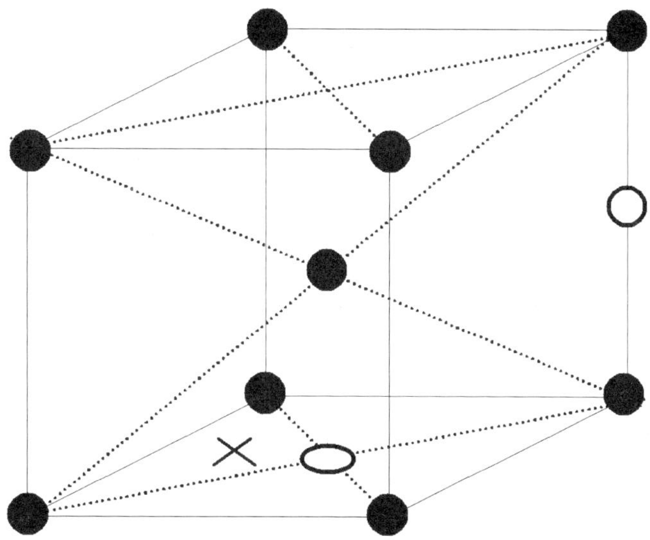

그림 5.4 ▸ 배위수가 8인 체심입방격자

$$2\times\frac{\frac{4}{3}\pi R^3}{\frac{64}{3\sqrt{3}}R^3}=\frac{\sqrt{3}}{8}\pi=0.68 \tag{5.4}$$

로 68%이다.

최인접 원자는 거리 $(\sqrt{3}/2)a=2R$에 8개가 있고, 두 번째 최인접 원자는 거리 $a=(4/\sqrt{3})R=2.309R$에 6개가 있다. 두 번째 최인접 원자간의 거리는 면심입방구조의 두 번째 최인접 원자간 거리 $2\sqrt{2}R=2.828R$보다 가깝다. 그리고 세 번째 최인접 원자는 거리 $\sqrt{2}a=4\sqrt{2/3}R$에 12개가 있다. 이 구조에서는 조밀 충전 면은 없고 {110}면의 충전밀도가 가장 높다.

제일 큰 공극은 그림 5.4에 있는 것처럼 좌표 (1/2, 1/4, 0)과 이와 동등한 위치에 있다. 단위셀당 12개가 있으므로 격자당 6개가 있는 셈이 된다. 이 구에 들어갈 수 있는 최대 구의 반경은 $r=(\sqrt{5/3}-1)R=0.288R$이다. 공극 주위에 4개의 원자가 있어 사면체 자리를 만드나 이 사면체가 정사면체는 아니다.

두 번째로 큰 공극은 좌표 (1/2, 1/2, 0)과 이와 동등한 위치에 있다. 면의 중심에 6×1/4개, 모서리에 12×1/4개가 있어 단위셀당 6개가 있고 격자점당 3개가 있는 셈이 된다. 이 공극에 들어 갈 수 있는 제일 큰 구의 반경은 $r=(2/\sqrt{3}-1)R=0.15R$이고 주위에 원자가 6개가 있어 8면체가 되나, 공극의 중심에서 원자까지의 거리가 두 가지가 있으므로 찌그러진 8면체가 된다.

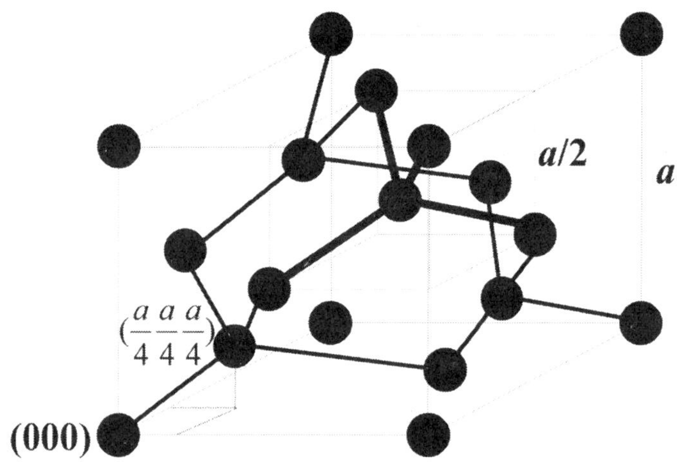

그림 5.5 ▸ 다이아몬드 구조

5.1.5 다이아몬드 구조

최근 반도체 재료로서 가장 많이 사용하는 실리콘은 4족 원소이고 다이아몬드 결정구조를 갖는다. 게르마늄도 역시 4족 원소이고 같은 다이아몬드 결정구조를 갖는다. 그림 5.5에 나타난 다이아몬드 구조의 단위셀은 지금까지 논의하였던 단순입방 구조보다 훨씬 복잡하다.

모든 원자들이 정사면체 배위 속에서 4개의 최인접 원자들에 의해 둘러 쌓인 3차원 공유결합으로 이루어져 있다. 다이아몬드 구조는 두 개의 FCC 구조가 대각선을 따라 서로 어긋나게 겹쳐져 있는 구조로 표현할 수 있다. 다이아몬드 격자는 FCC 격자구조의 배열로 된 각 원자로부터

$$\frac{a}{4}+\frac{b}{4}+\frac{c}{4} \tag{5.5}$$

인 위치에 변도의 원자가 더 있는 특이 형태의 FCC구조로 볼 수 있다. 따라서, Bravais 격자는 면심입방이며 격자점당 기저로 좌표 (0, 0, 0), (1/4, 1/4, 1/4)에 각각 한 원자가 있다. 최인접 원자까지의 거리가 $(\sqrt{3}/4)a$이며 주위의 원자는 정사면체를 이루므로 따라서 배위수는 4이다. FCC 구조에서 조밀 충전 면간의 거리가 $(\sqrt{3}/3)a$이므로, 인접한 사면체 바닥으로부터 중심 원자까지의 거리는 사면체 전체높이의 1/4이 된다. 원자 채움율은 $\sqrt{3}\pi/16 = 0.34$로 빈공간이 비교적 많은 구조이다. 이 채움율은 체심입방 구조의 채움율 0.68의 절반값이다.

섬아연광 구조(ZnS :zinc blende structure)는 다이아몬드 구조와 밀접한 관련이 있으나 서로 교차하는 2개의 FCC 구조가 서로 다른 원자로 구성되어 있다. III족과 V족으로 구

성된 중요한 화합물의 대부분이 섬아연광 구조에 속한다. 예를 들면 GaAs, GaP 및 InSb 등이 있다. 물론 이 구조의 이름을 제공한 화합물인 ZnS는 섬아연광 구조를 갖는다. 그러나 이 구조의 이름을 결정하는데 있어서 약간 운이 없는 것이 화합물 ZnS는 소위 **우르짜이트 구조**(wurzite structure)라 일컬어지는 육방정의 상을 또한 갖고 있기 때문이다. 이러한 우르짜이트 구조는 사면체 구조를 갖지만, 조밀 충전 면인 (111)면의 적층순서가 *ABCABC*…가 아닌 *ABABAB*…이고, 따라서 육방정 구조(hexagonal structure)를 갖는다. 또한 우르짜이트 구조는 II족 및 VI족 사이의 화합물들인 ZnO, ZnSe, ZnTe, CdS, CdSe 등에서도 많이 존재한다. *ABABAB*…또는 *ABCABCABC*…와 같은 규칙화된 적층순서 외에도, 임의의 적층순서를 갖고 섞여서 존재하거나 아주 긴 주기로 반복되거나 하는 것이 관찰되기도 한다. 소위 "다형(polytype)"이라 불리는 가장 좋은 예가 SiC이다.

예제 5.3

격자상수, 원자량, Avogadro 수를 사용하여 (a) Si 및 (b) GaAs의 밀도를 계산하라. Si, Ga 및 As의 원자량은 각각 28.1, 69.7 및 74.9이다.

[풀이] (a) Si의 경우 a=5.43×10^{-8} [cm], 8 [원자/단위셀]이므로

$$\frac{8}{a^3}=\frac{8}{(5.43\times10^{-8})^3}=5\times10^{22}[atoms/cm^3]$$

따라서 밀도 ρ는

$$\rho=\frac{5\times10^{22}[atoms/cm^3]\cdot28.1[g/mol]}{6.02\times10^{23}[atoms/mol]}=2.33[g/cm^3]$$

이다.

(b) GaAs의 경우는 a=5.65×10^{-8} [cm], Ga와 As는 각각 4 [원자/단위셀]이므로

$$\frac{4}{a^3}=\frac{4}{(5.43\times10^{-8})^3}=2.22\times10^{22}[atoms/cm^3]$$

따라서 밀도 ρ는

$$\rho=\frac{2.22\times10^{22}[atoms/cm^3]\cdot(69.7+74.9)[g/mol]}{6.02\times10^{23}[atoms/mol]}=5.33[g/cm^3]$$

이다.

5.1.6 기타 원소의 구조

1. Graphite 구조

이미 그림 4.2에 보였던 것이 (0001)면에서 Graphite 원자의 배열을 그린 것이며, 여기에서 원자들은 정육각형의 꼭지점에 존재한다. 그림 5.6과 같이 한 층의 육각형 중앙 꼭지점 1이 아래와 윗층에 있는 육각형 2개가 그림 상의 큰 변으로 만나는 꼭지점 2, 3과 만나도록 하고, 또 아래와 윗층의 가운데 꼭지점(5와 6)이 육각형 2개가 큰 변으로 만나는 꼭지점 4에 오도록 서로 엇갈리게 쌓아 전체 구조를 만든다. (0001)면의 적층순서는 *ABABAB*··· 또는 *ACACAC*···를 이룬다.

각 층 내에서 원자는 거리 $a/\sqrt{3}$에 세 개의 최인접 원자를 가지고 있으며, 최인접 원자간의 거리는 0.142 nm이고, 층간의 거리는 0.335 nm로 격자상수 c의 절반이다. 따라서 Graphite는 한 층 내의 원자들 상호간에는 강한 결합을 하고 있지만 층과 층 사이의 원자들 사이에는 약한 결합을 이루고 있는 층상 구조이다. 따라서 Graphite는 마찰계수가 아주 작고, 전기전도성이 있으며 색은 검은색을 띄고 있다. 이 육방정 Graphite 결정은 낮은 온도에서도 변형이 일어나 육각형 층의 적층 순서가 *ABCABC*··· 또는 *CBACBACBA*···로 바뀌면 찌그러뜨린 면심입방구조의 적층순서를 가진 삼방정 Graphite 결정이 된다.

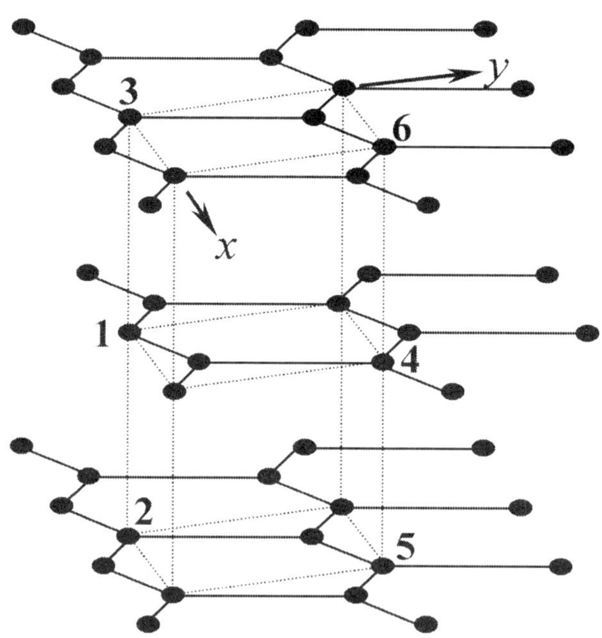

그림 5.6 ▸ Graphite 구조

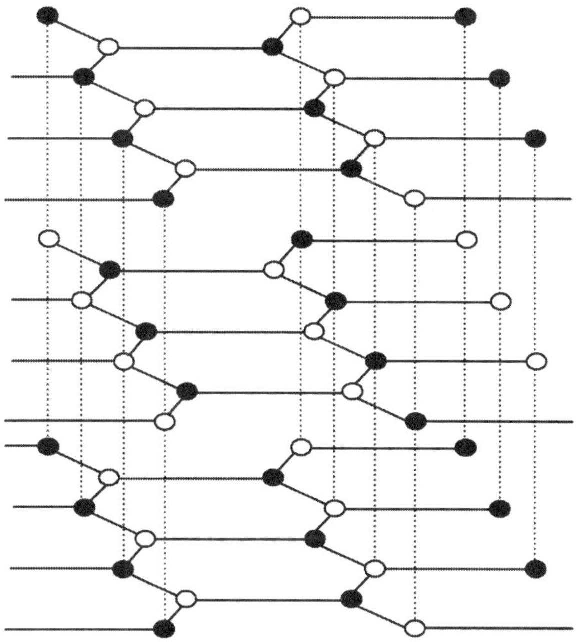

그림 5.7 ▸ Boron Nitride 구조

2. Boron Nitride 구조

그림 5.7에 육방정 Boron Nitride (BN)의 결정구조를 도시하였다. BN의 결정구조는 Graphite의 결정구조와 유사하며 탄소 대신 B와 N원자가 들어가 단위셀당 4개의 원자를 지니고 있다. 그림에서와 같이 원자들은 육각형으로 이루어진 층에서 꼭지점의 반을 B 원자가, 나머지 반을 N 원자가 차지한다. [0001]축을 따라 다른 원자가 서로 교대로 배열되면서 적층순서는 $AAAAAA$…가 된다.

이와 같이 육방정 Boron Nitride는 구조적으로 앞서 언급한 Graphite와 매우 유사하여 백색 Graphite라고도 하며 윤활제로 많이 쓰인다.

3. Carbon Nitride 구조

그림 5.8에 육방정 Carbon Nitride($\beta - C_3N_4$)의 결정구조를 도시하였다. Carbon Nitride ($\beta - C_3N_4$)의 결정구조는 Graphite의 결정구조와 육방정으로 유사는 하지만 비틀림 형태로 탄소원자 12개와 질소원자 16개가 들어가 단위셀당 28개의 원자를 지니고 있다. 층 내는 물론이고 아래층과 윗층과의 층간결합도 매우 단단한 공유결합을 하고 있다.

일찍이 Liu와 Cohen이 질소와 탄소가 공유결합 상태의 질화탄소 즉, $\beta - C_3N_4$의 형태로 결합한다면 가장 고강도의 물질로 알려진 다이아몬드보다 1.3배 더 단단한 결합이 될 것이라는 양자역학적 이론 계산 결과를 발표하기도 하였다.

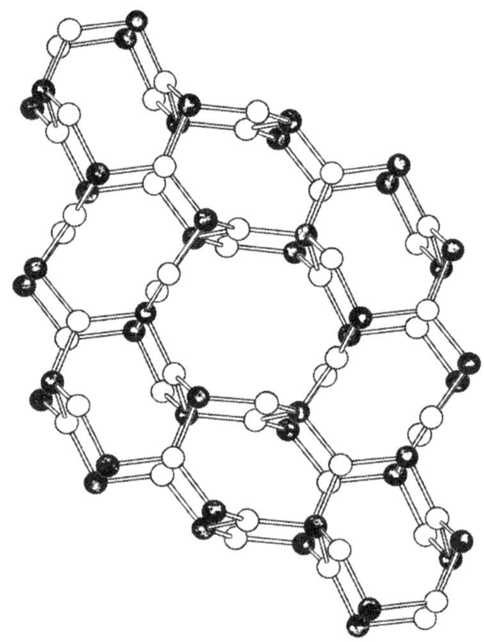

그림 5.8 ▸ Carbon Nitride($\beta - C_3N_4$)의 결정구조

육방정 Carbon Nitride($\beta - C_3N_4$) 결정은 전기전자적, 광학적, 기계적 특성이 매우 우수한 물질로 알려져 현재 많은 연구자들이 Bulk 육방정 Carbon Nitride($\beta - C_3N_4$) 결정 합성을 위한 연구를 활발히 진행하고 있는 중이다.

5.2 결정의 격자결함(格子不整)

5.2.1 고체의 결함

실제로 존재하는 결정은 대부분 완전한 규칙적 배열을 하고 있지 않고 여러 가지 원인에 의해 **격자결함**(lattice imperfection)을 가지며, 또한 다소의 불순물을 포함하고 있다. 이러한 것들은 실제로 고체의 성질에 다양한 변화를 주며, 실용적으로도 중요함과 아울러 이론적으로도 흥미있게 넓은 연구분야를 제공한다.

모든 결정이 공통적으로 가지고 있는 결함은 원자의 열진동이다. 완전한 단결정은 특정 격자점에 원자를 가지고 있고, 이 원자들은 서로 일정한 간격을 유지하고 있다. 그러나 결정의 원자들은 온도의 함수인 열에너지의 영향을 받아, 원자들이 불규칙한 형태로 평행상태의 격자점을 중심으로 진동하도록 한다. 이러한 불규칙 열운동은 원자간의 간격이 불규칙하게 변형되게 하고, 이것은 원자들의 완전한 기하학적 배열을 깨뜨린다. **격자진동**(littice vibration)이라고 부르는 이러한 결함은 전기적 파라미터에 영향을 주고 또한 반도체 재료 특성에 영향을 미친다.

또 다른 형태의 결함은 **점결함**(point defect)이다. 이상적인 단결정 격자에서 원자들은 완전한 주기적 배열을 이루고 있지만, 실제의 결정에서는 원자 하나가 특정 격자점으로 이탈할 수 있다. 이러한 결함을 **공공**(空孔: vacancy)이라고 부른다. 또 다른 경우 원자가 격자점 사이에 위치할 수 있다. 이러한 결함을 **침입형 결함**(interstitial defect)이라고 부른다.

점결함은 하나의 원자 혹은 그 원자의 위치가 변형된 것이고, 보다 복잡한 결함 즉, **선결함**(line defect)은 원자들의 전체 열이 정상적인 격자점에서 이탈할 때 발생한다. 이 결함을 **선전위**(線轉位: line dislocation)라고 한다. 점결함의 경우와 같이 선전위는 격자의 정상적인 기하학적 주기뿐만 아니라 결정의 이상적인 원자결합을 깨뜨린다.

고체의 어떤 성질, 즉 절연 파괴의 세기, 반도체의 전기전도, 기계적 강도 등은 격자결함 및 불순물 등의 존재로 인하여 현저한 영향을 받는데, 이와 같은 성질을 **민감성**이라 한다. 그러나 고체의 밀도 및 열전도율, 상자성체의 자화율, 상유전체의 유전율 및 굴절율 등은 구조의 변화에 민감하지 않은 성질을 갖는데 이러한 성질을 **구조 비민감성**(structure insensitivity)이라 한다.

격자결함에서는 불순물을 포함시 중요한 것은 다음과 같은 것이 있다.

① 공격자점 또는 원자의 공공(Vacancy)
② 격자간 원자(Interstitial atom)
③ 전위(轉位: Dislocation)
④ 입계(粒界) 또는 내부경계(內部境界: Grain boundary)
⑤ 치환형 불순물(Substitutional impurity)
⑥ 침입형 불순물(Interstitial impuritry)

5.2.2 고체의 불순물(impurity)

이질 원자 혹은 불순물 원자들이 결정격자 내에 존재할 수 있으며, 또 이들 불순물 원자들은 정상적인 격자자리에 있을 수 있다. 이 경우 이 불순물을 치환형 불순물이라고 한다. 불순물 원자들이 또한 정상적인 격자자리 사이에 위치할 수 있고, 이 경우에는 틈새 불순물이라고 한다. 두 경우 모두 격자결함의 한 종류이고 그림 5.9에 나타나 있다. 실리콘에서 산소와 같은 불순물들은 근본적으로 불활성이지만 실리콘에서 금이나 인과 같은 불순물들은 물질의 전기적 성질을 크게 변화시킨다.

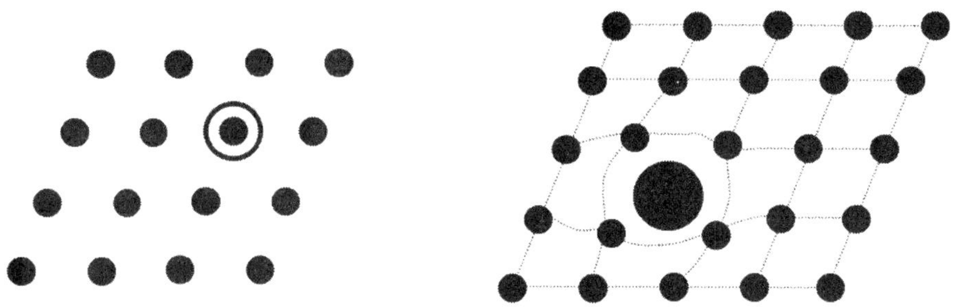

(a) (b)

그림 5.9 ▸ 치환 불순물과 틈새 불순물

반도체 산업에서는 이들의 특정 불순물을 일정량 첨가함으로써 물성을 유용하게 변화시킬 수 있다. 전도도(conductivity)를 변화시키기 위하여 반도체에 불순물 원자들을 첨가하는 기술을 **도핑**(doping)이라고 부른다. 도핑에는 일반적으로 불순물 확산(diffusion)과 이온 주입(ion implantation)의 두 가지 방법이 있다.

실제로 확산공정은 어느 정도 물질에 좌우되지만 일반적으로 불순물 확산은 반도체를 불순물 원자들이 내포된 고온 (~1000℃)의 가스분위기에 놓아둘 때 발생한다. 이러한 고온에서는 많은 결정원자들이 임의의 단결정 격자자리에 들어갔다 나왔다 하며 이동할 수 있다. 이러한 불규칙 운동에 의하여 빈자리들이 발생할 수 있고, 불순물 원자들은 이 빈자리에서 다른 빈자리로 점프하면서 격자를 이동할 수 있다. 불순물 확산은 불순물 입자들이 표면 근처의 높은 농도영역에서 결정 내의 낮은 농도영역으로 이동하는 현상이다. 온도가 감소할 때 불순물 원자들은 치환 격자자리로 이동하여 완전히 고정된다. 반도체의 선택된 영역에 다양한 불순물을 확산시키는 기술을 사용하여 단일 반도체 결정에 복잡한 전자회로를 제작할 수 있다.

일반적으로 이온 주입은 확산보다 낮은 온도에서 행한다. 불순물 이온 빔은 50 keV 혹은 그 이상의 운동에너지로 가속되어 반도체 표면에 주입된다. 고 에너지 불순물 이온들은 결정 내에 주입되어 표면으로부터 일정한 깊이에서 정지한다. 이온 주입의 한가지 이점은 원하는 수 만큼의 불순물 원자들을 결정의 특정부분에 주입시킬 수 있다는 점이다. 이 기술의 단점은 주입 불순물 원자들이 결정원자들과 충돌하여 격자이탈 등 손상의 원인이 된다는 것이다. 그러나 대부분의 격자손상은 격자의 온도를 짧은 시간동안 증가시키는 **열처리**(thermal annealing)에 의하여 제거될 수 있다. 열처리는 이온주입 후 반드시 행하는 과정이다.

5.2.3 격자결함의 종류

앞서 "고체의 결함"에서 간략하게 언급했듯이 결정 내에 존재하는 결함은 차원에 따라 0차원 결함인 점결함, 1차원 결함인 선결함, 2차원 결함인 면결함(planar defect), 3차원 결함인 부피결함(volume defect) 등으로 분류할 수 있다. 본 절에서는 이러한 결함들에 대하여 보다 체계적이고 자세히 서술한다.

1. 점결함

이상적인 단결정 격자에서 원자들은 완전한 주기적 배열을 이루고 있지만, 실제의 결정에서는 원자 하나가 특정 격자점으로 이탈하여 없어지거나, 침입한 불순물 원자가 새로 존재하거나, 또는 잘못된 위치에 원자가 들어가 있기 때문에 결함이 만들어진다. 그림 5.10(a)에 자주 관찰되는 점결함을 도시하였다.

완전한 단결정은 특정 격자점에 원자를 가지고 있고, 이 원자들은 서로 일정한 간격을 유지하고 있다. 그러나 결정의 원자들은 온도의 함수인 열에너지의 영향을 받았다고 하면, 원자들이 불규칙한 형태로 평행상태의 격자점을 중심으로 진동하도록 한다. 이러한 불규칙 열운동은 원자간의 간격이 불규칙하게 변형되게 하고, 이것은 원자들의 완전한 기하학적 배열을 벗어나게 하여 원래 자기 자리를 차지하던 원자가 없어지게 한다. 이 원자가 떠나 없어진 빈자리를 **공공**(vacancy)이라 하고, 본래 원자가 있었다가 빠져나간 이 빈자리인 공공에 들어와 있는 외부의 새로운 원자를 **치환형 불순물 원자**(substirutional impurity atom)라 한다. 또한 기지의 원자와 원자 사이의 공극에 들어와 있는 외부 원자를 **침입형 불순물 원자**(interstitial impurity atom)라고 하고, 이러한 공극에 들어 있는 기지의 원자를 **자기 침입형 원자**(self interstitial atom)라 한다. 또 공공이 두 개 모여 만들어진 결함을 **두공공**(divacancy), 세 개 모여 만들어진 결함을 **세공공**(trivacancy)이라 한다. 완전한 단결정에서 외부의 에너지 등에 의하여 요동하여 한 원자가 자기 자리를 떠나면서 공공을 만들고, 이 원자가 인접한 다른 공극의 자리를 차지하여 들어가 침입형 원자가 되기도 한다. 이렇게 만들어진 공공과 침입형 원자의 한 쌍을 Frenkel **결함**이라 하고, 그림 5.10(b)에 도시하였다.

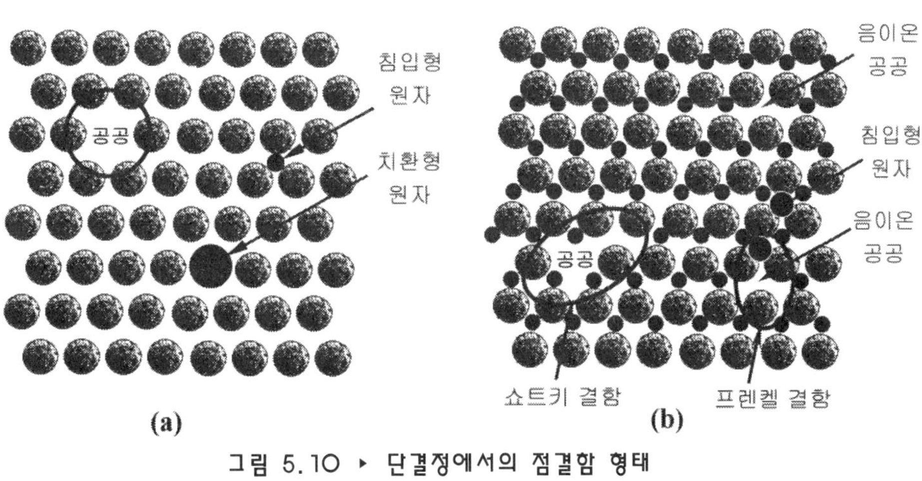

그림 5.10 ▸ 단결정에서의 점결함 형태

양이온과 음이온으로 구성된 이온 결정에서도 앞서 살펴 본 결함 등을 관찰할 수 있다. 이온 결정에서는 양이온 공공과 침입형 양이온이 동시에 생기는 Frenkel 결함과 음이온 공공과 침입형 음이온이 동시에 생기는 Anti-Frenkel **결함** 등도 발생한다. 양이온 공공과 음이온 공공의 쌍을 Schottky **결함**이라 하고, 그림 3.27(b)에 도시하였다. 대개 침입형 양이온이 변형 없이 들어갈 만큼 큰 공극을 지닌 결정이 드물기 때문에 Frenkel 결함보다 Schottky 결함이 더 잘 발생한다.

점결함은 다른 선, 면, 부피 결함과 달리 온도가 0°K가 아닌 이상은 평형상태에서도 항상 일정한 농도로 존재하지만 선, 면, 부피 결함은 평형상태에서는 없어진다. 점결함이 항상 존재하는 이유를 알아보기 위해 제일 간단한 공공에 대해 생각해 보자.

한 원소로 구성된 N개의 자리를 가지고 있는 완전 단결정에서 n개의 공공이 생기고, 공공 하나를 만드는데 필요한 내부 에너지의 변화를 ΔE_i라고 하면, n개의 공공이 생기므로 공공 사이의 상호작용이 없다면 내부에너지의 변화는 $n \cdot \Delta E_i$이다. 따라서 공공의 농도 계산식은 식(3.27)에서와 같이

$$n_e = Ne^{-\frac{\Delta E_i}{kT}} \tag{5.6}$$

로 주어진다. 이 식은 공공의 농도가 공공 생성의 내부 에너지와 온도의 함수임을 보여준다. 식(5.6)에서 온도가 0°K가 아닌 이상은 공공의 농도는 0이 아니므로 공공은 언제나 존재하므로 점결함은 항상 일정한 농도로 존재함을 확인할 수 있다.

일반적으로 온도가 상승하게 되면 공공의 농도가 증가하고, 물질의 공공을 증가시킨 뒤, 온도를 감소시키면 공공응집이 일어나면서 잉여 공공의 농도가 줄어들어 공공 농도가 감소하게 된다. 때로는 여러 개의 공공이 모여 환을 형성할 수도 있는데, 공공환은 전위 생성의 원인이기도 하다.

2. 선결함

점결함은 하나의 원자 혹은 그 원자의 위치가 변형된 것이고, 보다 복잡한 결함 즉, 선결함은 원자들의 전체 열이 정상적인 격자점에서 이탈할 때 발생하며 선전위(line dislocation)라고도 한다. 점결함의 경우와 같이 선전위는 격자의 정상적인 기하학적 주기뿐만 아니라 결정의 이상적인 원자결합을 깨뜨린다. 결정의 어떤 면에 평행하게 응력을 가할 경우 변형이 일어나는 실험적인 결과를 설명하기 위한 개념이 전위(dislocation)이다.

그림 5.11(a)에서 아래면의 원자는 그대로 있고 윗면의 원자가 전부 한자리씩 이동한 경우 결정표면에는 계단이 만들어지지만 결정내부에는 변화가 없다. 이와 같이 결정이 이동하는 것을 **미끄러짐**이라 하고 미끄러짐이 일어난 위아래 경계면을 **미끄러짐면**이라 한다. 그림 5.11의 미끄러짐면은 (001)면인 $ABCD$이고 미끄러짐이 [010] 방향으로 영역 $ABFE$에서 발생했다면, 전위선 EF를 따라 결정격자의 변형이 일어난 부분이 생긴다. 이러한 변

형에 의한 변위는 $ABFE$에서 일어나며 미끄러짐의 양이 감소하면 변위량도 감소한다. 이 변위는 전위선 EF에서 몇 개 원자 거리에 있는 원자를 제외한 $ABFE$ 전 영역에 걸친 일정한 벡터량으로 전위의 특징을 나타내는 양이다. 이 양을 전위의 **버거스**(Burgers) **벡터**라 한다. 그림 5.11(b)의 경우 전위선 EF는 버거스 벡터 [010]에 수직이며, 전위선과 버거스 벡터가 수직인 전위를 **칼날 전위**(edge dislocation)라 한다.

그림 5.11(c)는 미끄러짐면에 있는 전위선이 90°회전하여 만들어진 전위이다. 이 새 전위선 GH는 같은 [010] 변위를 가지고 있으나 여기서는 미끄러짐이 면 $ABFE$에서 일어나지 않고 면 $AGHD$에서 일어난다. 이 때 전위선은 버거스 벡터의 방향과 평행한데, 이러한 전위를 **나사 전위**(screw dislocation)이라 한다.

전위선과 버거스 벡터는 일반적으로 임의의 각을 이룰 수 있으며 그림 5.11(d)와 같이 전위선은 곡선이 된다. I에는 칼날 전위가 있고, J에는 나사 전위가 있으며, 또 중간에 있는 전위는 두 전위 성분을 모두 가지고 있어 **혼합전위**(mixed dislocation)라고 한다.

3. 면결함

1) 적층결함

어떤 결정의 제일 짧은 버거스 벡터는 제일 짧은 격자 병진 벡터라고 생각하였다. 전위의 버거스 벡터가 Bravais 격자의 병진 벡터와 같은 전위를 **완전전위**(perfect dislocation)라 한다. 그리고 버거스 벡터가 Bravais 격자의 병진 벡터와 같지 않는 전위를 **부분전위**(partial dislocation)라 한다.

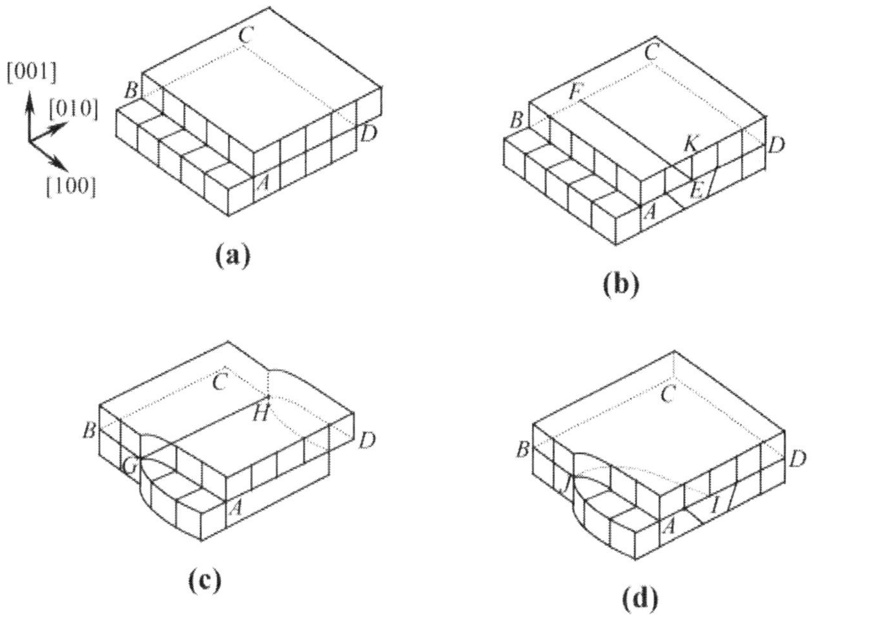

그림 5.11 ▸ 단순 입방 격자의 미끄러짐

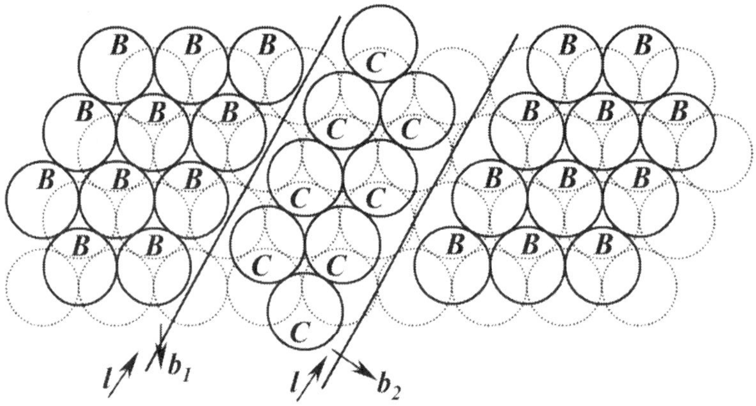

그림 5.12 ▸ 면심입방구조에서의 적층결함

제일 짧은 격자 병진 벡터를 갖는 이 전위가 더 작은 버거스 벡터를 갖는 부분전위로 분해하면 탄성 변형 에너지(elestic strain energy)를 줄일 수 있다. 이와 같이 부분전위로 분해가 되면 부분전위 사이에 일반적으로 높은 에너지를 갖는 면결함으로 **적층결함**(stacking fault)이 생긴다. 그러나 적층결함 생성으로 인한 에너지의 증가가, 부분전위로 분해하며 부분전위 사이에는 면결함이 만들어진다.

면심입방구조에서 {111} 적층면의 원자들은 *A*, *B*, *C* 세 가지 형태의 위치로 구분할 수 있다. 그림 5.12에서 각 원들은 면심입방구조에서 {111} 면의 원자를 나타내고, *B*와 *C*는 각각 면심입방구조에서 {111} 면의 *B*와 *C* 위치에 있는 원자를 나타낸다. 층 B에 있는 원자가 버거스 벡터 $1/2[01\overline{1}]$인 완전전위에 의해 이동하면 원자의 위치가 B에서 B로 이동하였기 때문에 적층순서에는 아무런 변화를 나타내지 않는다. 아래층의 원자에 대해 층 *B*에 있는 원자가 부분전위에 의해 $1/6[11\overline{2}]$로 이동하면 그림의 중간 부분과 같이 원자의 적층순서는 *C*가 된다. 따라서 왼쪽 부분에서는 적층순서가 *ABCABC*⋯로 완전결정의 적층순서와 같으나, 가운데 부분의 적층순서는 *ABCAC*⋯가 되므로 적층순서에 오류가 생긴다. 완전결정과 달리 이처럼 적층순서의 차이에 의해 생기는 면결함을 적층결함이라 한다.

2) 쌍정

어떤 결정은 서로 대칭관계를 가진 두 부분으로 된 것이 있는데 이것을 쌍정(twinned crystal)이라고 한다. 쌍정에는 크게 2종의 요소가 있으며, 하나는 대칭요소가 **쌍정축**(twin axis)이라고 하는 축에 대하여 180° 회전하고 있는 경우이고 또 하나는 **쌍정면**(twin plane)이라고 하는 면에 대하여 경영인 경우이다.

FCC, BCC, HCP구조를 취급하는 재료과학자에게는 첫째로 냉간 가공한 다음 재결정을 일으키도록 어닐링 한 FCC 금속 및 합금 등에서 일어나는 **어닐링쌍정**(annealing twin)과 둘째로 변형된 HCP금속 및 BCC금속에서 일어나는 **변형쌍정**(deformation twin)에 가장 흥미를 가지고 있다.

FCC금속의 어닐링쌍정은 회전쌍정이며 두 부분이 쌍정축 <111>에 대하여 180° 회전의 관계가 있다. 그림 5.13은 FCC 쌍정대의 구조를 나타낸다. 그림 면은 $(1\bar{1}0)$이며 쌍정면 (111)은 이 면에 수직이고 쌍정축 [111]은 이 면위에 있다. ○표는 그림 면위에 있는 원자를 나타내고 ●표는 그 바로 위층 또는 아래층에 있는 원자를 나타낸다. 쌍정면에 대한 경영대칭은 몇 개의 원자를 연결한 점선으로 나타내고 있다.

이와 같은 회전쌍정은 쌍정축에 대하여 모체결정과 180°회전관계에 있다라고 하는 표현은 두 부분의 방향의 상대적인 관계를 나타내고 있을 뿐이며, 한 부분을 실제로 회전하면 다른 부분을 만들 수 있다는 것은 아니다. 실제로 FCC 어닐링쌍정은 정상적인 결정립 성장기구에 변화가 일어나서 생긴 것이다. 지금 재결정 후 정상적으로 결정립이 성장하는 동안 입계가 대체로 (111)에 나란하고 이 면에 수직인 방향 즉 [111]방향으로 이동한다고 가정하자. 결정립계가 이동한다는 것은 원자가 잠식되어 가는 결정립에서 떠나 성장하는 결정립의 격자에 들어간다는 뜻이다. 따라서 결정립은 (111)에 나란한 원자층이 추가되면서 성장하며 이러한 층은 FCC결정 내에서 $ABCABC\cdots$순으로 적층되어 간다. 그러나 만일 적층되는 순서가 잘못되어 $CBACBA\cdots$와 같이 되었다면 그래도 이 결정은 FCC이다. 그러나 이것은 앞의 결정에 대하여 쌍정이 된다. 만일 그 후에도 같은 잘못이 생긴다면 다시 원래의 적층순서로 되돌아가며 이제까지의 부분은 쌍정대가 된다.

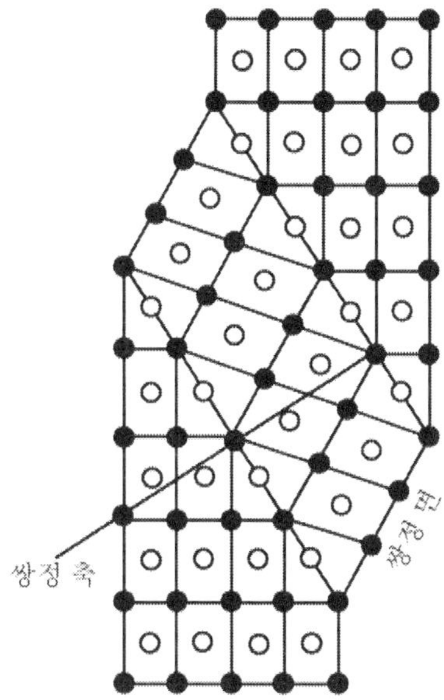

그림 5.13 ▸ FCC 쌍정대의 구조

FCC결정과 그 쌍정의 방위관계를 나타내는 또 다른 표현법이 있다. 쌍정의 (111)층은 $[11\bar{2}]$방향으로 균일한 전단이동에 의하여 각 층이 쌍정면에서의 거리에 비례하는 양만큼 이동하였다고 생각할 수 있다. 그림 5.13에서 처음 위치인 D, E, F에서부터 쌍정에 있는 최종위치까지 화살표로 이 전단이동을 나타내었다. 이와 같은 쌍정이 변형에 의하여 생긴다고 가끔 논의되기도 한다. 그러므로 일반적으로 어닐링 쌍정은 위에서 설명한 바와 같은 결정립 성장에 의한 결과로 생기는 것이라고 생각하고 있다. 그러나 이 가상적인 전단이동은 결정립과 쌍정의 방위관계를 나타내는데 있어 때로는 편리한 방법이 된다.

변형쌍정은 BCC 및 HCP 격자에서 나타나며 두 경우 다 쌍정이 생기는 원인은 그 이름이 풍기듯이 변형이다. 그리고 두 경우 다 모체결정과 쌍정의 방위관계는 면에 대하여 경영관계에 있다.

BCC구조에서 쌍정면은 (112)이고 쌍정을 만드는 전단방향은 $[\bar{1}11]$이다. 이러한 쌍정의 유일한 예는 충격에 의해 변형된 a-철에 있는데 Neumann대라고 하는 극히 좁은 쌍정대로써 나타난다. 입방격자에서는 {112}와 {111} 경영쌍정은 둘 다 같은 방위관계를 나타내고 있다는데 유의하여야 한다. 그러나 각각의 원자간 거리는 같지 않다. 그리고 FCC격자에서는 {111}경영쌍정에서의 뒤틀림이 {112}경영쌍정의 경우보다 적으며 한편 BCC격자의 경우는 같은 이유로 {112}경영쌍정이 일어나기 쉽다.

HCP 금속에서 보통 쌍정면은 $(10\bar{1}2)$면이다. 쌍정의 전단은 대체로 c/a 비가 3보다 작은 금속(Be, Ti, Mg)에서는 $[\overline{2}11]$이고, 3보다 큰 금속(Zn, Cd)에서는 반대방향인 $[21\overline{1}]$ 이다. 쌍정대의 일반적인 모양은 쌍정면에 나란하거나 또는 거의 나란하다고 보는 결합면은 평면이 아니고 때로는 상당한 만곡을 나타내고 있다.

4. 격자진동

완전한 단결정은 특정 격자점에 원자를 가지고 있고, 이 원자들은 서로 일정한 간격을 유지하고 있다. 그러나 결정이 열에너지의 영향을 받아, 원자들이 불규칙한 형태로 평행상태의 격자점을 중심으로 진동한다. 이러한 불규칙 열운동은 원자간의 간격이 불규칙하게 변형되게 하고, 이것은 원자들의 완전한 기하학적 배열을 깨뜨린다. **격자진동**(littice vibration)이라고 부르는 이러한 결함은 전기적 파라미터에 영향을 주고 또한 반도체 재료 특성에 많은 영향을 미친다. 또 격자 중에 특정한 원자를 주입하면 이것이 평형위치에서 변위한 후에 이 변위에 비례하는 복원력이 작용하는 것으로 생각하면 이것은 1.8절에서 이미 취급하였던 조화진동자의 문제로 되어진다.

이것을 고전역학적으로 풀면 진동자의 전에너지는 진폭의 2승에 비례하고 진폭이 취할 수 있는 값에서는 특별한 제한이 생기지 않으므로 고전적인 진동자는 연속적인 에너지 값을 취할 수 있게 된다. 또 이 문제를 양자역학적으로 풀면 진동자의 에너지는 양자화되어 그의 에너지는 식(2.126)와 같이

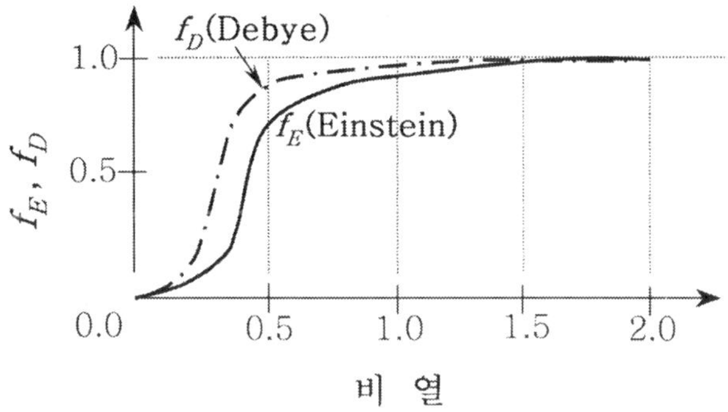

그림 5.14 ▸ 비열에 관한 Einstein 함수

$$E = (n + \frac{1}{2})h\nu \tag{5.7}$$

로 이산적인 값만을 취한다. 이 진동자는 에너지 $h\nu$만을 흡수 또는 방출하는 것에 의해 양자수 n의 값 1개만의 다른 상태로 천이할 수 있다. $h\nu$는 격자진동 에너지의 최소단위로 음자(phonon)라 부른다.

격자진동의 문제는 결정의 비열에 관해 중요하지만 이미 고전통계에서 취급하였듯이 양자 진동자의 평균 에너지를 구하면 식(1.45) 즉,

$$< E > = \frac{h\nu}{e^{\frac{h\nu}{kT}} - 1} \tag{5.8}$$

로 주어진다. 이 식에서 격자의 비열을 쉽게 계산할 수 있다.

Einstein은 결정을 각각 독립적으로 진동하는 조화진동자의 집합체로 생각하고 비열을 구하였다. 고체 중의 원자는 동일한 진동수 ν를 갖고 서로 독립적으로 진동하는 조화진동자로 나타낼 수 있다고 가정하고, 더욱이 진동자가 취할 수 있는 에너지는 양자화되어 있는 것으로 비열의 이론을 세웠다. 이 가정에 의하면 진동자의 평균에너지는 영점에너지를 고려하여 표현하면

$$< E >= \frac{1}{2}h\nu + \frac{h\nu}{e^{\frac{h\nu}{kT}} - 1} \tag{5.9}$$

주어지므로 단원자 고체의 정적비열 C_V는

$$C_V = 3N_0 \frac{\partial < E >}{\partial T} = 3N_0 k\left(\frac{h\nu}{kT}\right)^2 \frac{e^{h\nu/kT}}{(e^{h\nu/kT} - 1)^2} = 3N_0 k f_E(x) \tag{5.10}$$

$$f_E(x) = \frac{x^2 e^x}{(e^x - 1)^2}, \qquad x = \frac{h\nu}{kT} \tag{5.11}$$

이 된다. 여기서 $f_E(x)$를 Einstein 함수라고 한다.

Einstein 함수 $f_E(x)$를 그려보면 그림 5.14의 곡선과 같이 나타나므로 대체적으로는 상당히 일치하지만 $0°K$부근에서 C_V가 T^3에 비례한다고 하는 실험사실을 만족하지는 못한다.

5.3 X-선 회절과 결정구조

빛은 17세기 중엽까지도 Newton 등을 비롯하여 고전역학적인 입자설이 지배적이었고 A. L de Lavoisier는 빛을 원소의 하나로까지 간주하였다. 그러나 Thomas Young의 "빛의 간섭실험"과 A. J. Fresnel의 "빛의 파동 설" 그리고 J. B. L. Foucanlt의 서로 다른 매질에서의 광속도 측정에 의하여 빛의 직진성 및 회절현상 등이 짧은 파장의 거동으로 이해되기 시작하였다. 1873년에 Maxwell에 의하여 "빛은 극히 짧은 파장의 전자기파이다"라고 주장하였으며, 이를 Hertz가 실험적으로 증명하여 빛을 전자기 이론으로 설명하였다. 그러나 도체표면에 빛을 입사시키면 전자가 튀어나오는 광전자 방출현상과 1개의 전자와 1개의 광자와의 충돌전후에 있어서 운동에너지가 보존되는 Compton효과는 빛의 입자성을 대표하는 현 상들로서 1930년 이후에 빛을 파동성과 입자성을 동시에 포함하는 전자기파로서 이해하게 되었다.

X-선은 독일의 물리학자인 Rentgen에 의하여 1895년에 발견되었으며 그 당시 그 성질을 몰랐기 때문에 X-선이라고 이름을 지었다. 1912년 회절현상이 발견되었고 X-선도 빛의 일종이라는 것이 입증됨으로서 물질의 미세구조를 연구하는데 이용하기에 이르렀다. 이 X-선 회절(XRD: X-ray Diffraction)은 현재 새로운 재료를 개발하기 위해 없어서는 안되는 중요한 방법의 하나가 되었다. 이 절에서는 X-선 회절현상과 X-선을 이용하여 원자간의 거리와 원자결정구조를 어떻게 결정할 수 있는지 알아본다.

5.3.1 X-선의 발생과 회절현상

고속전자가 금속 타깃에 충돌할 때는 언제나 X-선이 발생한다. 따라서 X-선관에는 전자 발생원과 높은 가속전압, 금속 타깃이 반듯이 있어야 하고, 전자의 운동에너지의 대부분은 타깃에서 열에너지로 소모하므로 용해되지 않도록 언제나 냉각되어야 한다.

모든 X-선관은 양극(금속 타깃)과 음극으로 구성된 2개의 전극을 가지고 있으며 보통 양극은 접지되어 있다. X-선 회절실험의 경우 보통 30,000~50,000 V나 된다. X-선관은 전자발생형식에 따라서 가스관과 필라멘트관의 2종류로 분류한다. 가스관에서는 소량의 기체가 이온화하면서 전자를 만들어 내게 되고 높은 가속전압에 의하여 가속된다. X-선관에서 전자의 흐름은 항상 한 방향이어야 함으로 X-선관은 언제나 직류전원만으로 작동하고 있다고 생각할지 모르나 실제로는 X-선관에는 자기정류작용이 있으므로 변압기와 같은 교류전원에 의해서도 작동한다. 필라멘트가 음으로 하전되고 있는 반주기 동안 전자가 타깃을 향하여 흐르며 나머지 반주기 동안은 필라멘트가 양으로 하전되지만 전자가 타깃에서 필라멘트 쪽으로는 흐르지 않는다. 즉 필라멘트만이 전자를 방출할 수 있는데 필요한 온도로 가열되고 있기 때문이다.

회절은 본질적으로 2개 이상의 파동사이에 어떤 산란에 의한 위상관계가 존재하기 때문에 생기는 것이다. 그림 5.15에서처럼 진폭이 X-선1의 1/2인 X-선2와 X-선3으로 되어 있고, 이 두 X-선의 위상은 파전면 XX' 에서 동위상에 있지만 면 YY' 에서는 위상이 불일치한다. 이 두 가상적인 X-선 성분을 합하여 X-선 빔이 된다면 X-선1의 오른쪽과 같은 모양이 된다. 따라서 두 산란 파동의 위상차는 경로 거리의 차에 의하여 결정된다. 이 경우 산란 파동은 다른 위상을 가지고 서로 상쇄되어 소멸간섭을 하여 진폭을 작게 또는 크게 만든다. 하나의 가능한 경우는 경로차가 정확히 파장의 정수배인 경우이다. 그러나 산란 후에도 같은 위상을 가지고 있는 경우도 있는데 이런 경우 파동은 서로 보강(증폭 간섭)하며, 이때 파동의 진폭이 합쳐져서 생길 수 있다. 이러한 현상들이 회절의 기구이며, 우리는 회절선을 서로 보강 간섭하는 수많은 산란파동으로 구성되는 것으로 본다.

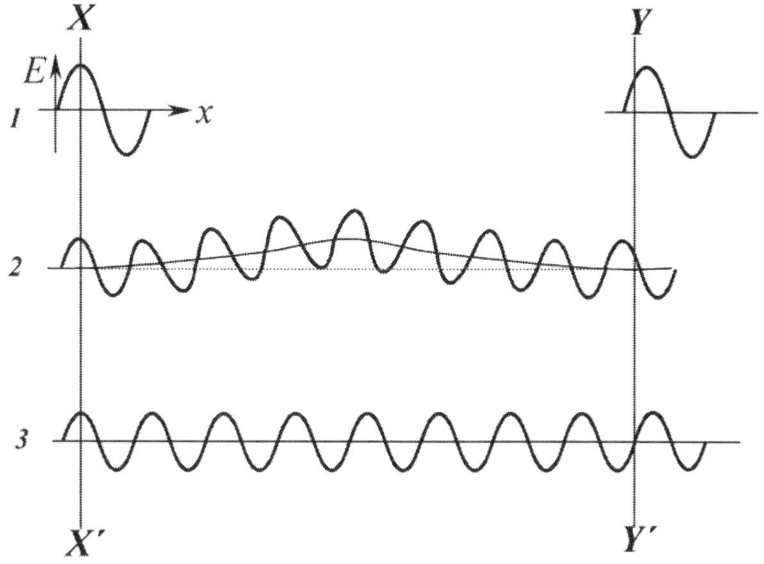

그림 5.15 ▸ 경로차에 의한 회절

회절은 파장과 비슷한 크기의 거리에 놓인 규칙적인 구조와 어떤 파가 상호 간섭할 때 발생한다. 이 현상은 자연계에서 흔히 발견할 수 있는데, 한 예로서 빛이 빛의 파장(수천 Å) 만큼의 간격으로 떨어져 있는 줄무늬 격자를 통과할 때에도 발생한다. X-선의 파장은 우연히도 수Å으로서 결정질 고체에서의 원자간 거리와 일치한다. 이는 결정질(즉, 규칙적으로 일정한 거리에 원자면들이 위치한 구조)에 의해서 회절 된다는 말이다. 특정한 기하학적인 조건이 만족될 때, 결정질로부터 산란된 X-선들은 보강간섭(constructive interference)을 하여 회절 된 비임을 형성한다. 1912년 W. L. Bragg가 몇 개의 인자들 사이의 관계를 구하였다. 광물에서 비슷한 원자면들 사이의 거리를 면간거리(d-spacing)라고 부르고 이는 Å의 단위로서 표시한다. 회절각도를 θ 각이라고 하며 도(°) 단위로서 표시하나 X-선 회절기에서는 실험적인 이유로 θ 각의 2배값인 '2θ'로 표시한다. 입사되는 X-선의 파장을 λ로 표시하고 보통 사용하는 Cu-타깃으로부터 얻은 파장 값은 1.5418 Å이다.

파(wave)의 진행경로 중에 어떤 물체가 놓이면 특정한 조건하에서는 파를 산란시킨다. 만일 물체의 구성단위 크기가 대충 파장과 유사하면 어떠한 방향으로는 서로 보강(reinforce)을 하고 또 다른 방향으로는 서로 상쇄하는데 이러한 일반적인 현상을 "**회절**(diffraction)"이라고 한다. 결정의 경우, 물체의 구성단위는 원자이므로, 원자 크기에 해당하는 파장을 가지는 파는 회절현상을 일으키리라는 것을 예상할 수 있다. 특히 X-선은 전자기파이고 원자는 이러한 전자기파에 의하여 영향을 받을 수 있는 전자가 구성요소중 하나이다.

전자기파에 의한 전기장의 변동은 원자내 전자들에 영향을 미쳐 X-선을 흡수 혹은 재방출하는 과정을 가져오는데 이와 같은 과정을 원자가 X-선을 **산란**(scattering)시킨다고 말한다. 각각의 원자에 포함된 전자들은 입사되는 X-선을 산란시키는데 원자의 단면적이 X-선 파장과 비슷한 크기를 가지므로 산란된 X-선들은 다른 위상들을 가진다. 입사빔과 같은 방향으로 산란되는 빔의 경로차는 0이지만 각도차가 증가할수록 경로차가 커지고, 그 결과 한 원자에 의해서 산란된 X-선의 진폭은 산란각도가 증가할수록 감소함을 알 수 있다.

진폭은 전자 1개에 의한 산란능력(scattering power)을 단위로 표시하는데 입사빔과 같은 방향 으로 산란된 X-선은 원자번호 Z개의 전자에 의한 진폭의 합을 가진다. 산란각도 2θ를 증가시키면 진폭은 감소하는데 이를 $\sin\theta/\lambda$에 대하여 나타낸 것이 그림 5.16이다. 결정에 의한 회절을 이해하기 위하여 1차원으로 주기적 배열을 가지는 원자들에 의한 회절을 먼저 생각해 보자. 각각의 원자들은 입사된 X-선을 산란시켜 원자위치를 중심으로 구형의 파(spherical wavelet)를 생성한다. Huygens의 원리에 따라서 이웃하는 원자들에 의한 여러개 파의 공통접선 방향으로 새로운 파면(wavefront)을 형성한다. 파의 진행방향은 파면과 수직한 방향인데 만일 이웃한 파와의 경로차가 0이면 **0차 회절 최대**(zero order diffraction maximum)라고 하고 경로차가 λ이면 1차, 2λ이면 2차 회절최대라고 한다.

직선상의 원자배열이 입사빔과 이루는 각도를 θ_1, 회절된 빔과 이루는 각도를 θ_2라고 할 때 경로차는 $a\cos\theta_1 + a\cos\theta_2$가 된다.

회절 후 파면이 회절최대를 얻기 위해서는 이 경로차가 파장의 정수배가 되어야 한다. 즉,

$$a\cos\theta_1 + a\cos\theta_2 = m\lambda \text{(m : 정수)} \tag{5.12}$$

위의 식을 약간 변형시키면

$$\cos\theta_1 + \cos\theta_2 = m\lambda/a \tag{5.13}$$

이 되고 3차원의 원자배열에서 같은 방법으로

$$\cos\theta_{1X} + \cos\theta_{2X} = m\lambda/a \tag{5.14a}$$

$$\cos\theta_{1Y} + \cos\theta_{2Y} = m\lambda/b \tag{5.14b}$$

$$\cos\theta_{1Z} + \cos\theta_{2Z} = m\lambda/c \tag{5.14c}$$

의 수식들이 얻어진다. 이 수식을 **라우 조건** (Laue condition)이라고 한다.

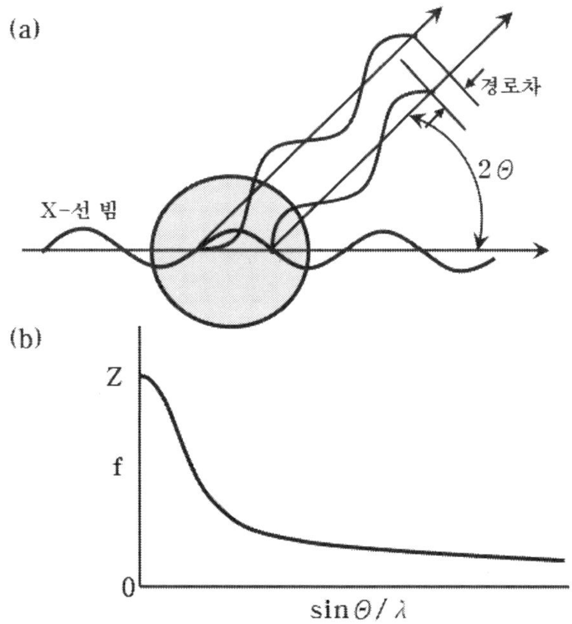

그림 5.16 ▸ 산란각도 2θ의 증가에 따른 진폭 감소

5.3.2 브래그 법칙

X-선은 전자기파 복사의 일종으로 높은 에너지와 고체 원자간 거리와 비슷한 짧은 파장을 가지고 있다. X-선이 고체 재료에 부딪치면 선속(beam)은 고체 내부의 원자에 존재하는 전자와 이온에 의해 모든 방향으로 산란한다.

그림 5.17은 입사각과 반사각이 θ로 같은 경우의 회절의 예에 대하여 도시하였다. 입사빔 중에 같은 면에 입사되는 1과 1a를 고려해 보면 산란된 빔은 완전히 위상이 일치하고 서로 강화한다. 왜냐하면 파전면 XX'와 YY'사이에서의 경로차가 0이기 때문이다. 또 입사빔 중에서 서로 다른 면에 있는 원자에 의해서 산란된 X-선이 서로 강화하는 조건을 찾아보면 X-선 1과 2는 원자 K와 L에 의해서 산란된다.

따라서 $1K1'$와 $2L2'$의 경로차는

$$ML + LN = d'\sin\theta + d'\sin\theta \tag{5.15}$$

이다. 만일 이 경로차가 파장의 정수배와 같거나 다음 식

$$n\lambda = 2d'\sin\theta, \quad n = 1, 2, 3, \cdots \tag{5.16}$$

을 만족한다면 산란 X-선 1′와 2′는 완전히 위상이 일치한다. 이 관계는 W.L.Bragg가 처음으로 유도하였으며 **브래그 법칙**(Bragg′s law)으로 잘 알려져 있다. 이것은 회절이 일어나려면 반듯이 만족하여야 할 본질적인 조건을 나타낸다. n은 반사의 차수라고 하며 $\sin\theta$의 값이 1을 넘지 않는 범위에서 정수를 취할 수 있으며, λ는 입사되는 X-선의 파장이다. 만약 브래그 법칙이 만족하지 않으면 간섭은 본질적으로 비보강적(nonconstructive)이며, 따라서 낮은 회절 빔의 강도(intensity)를 갖는다.

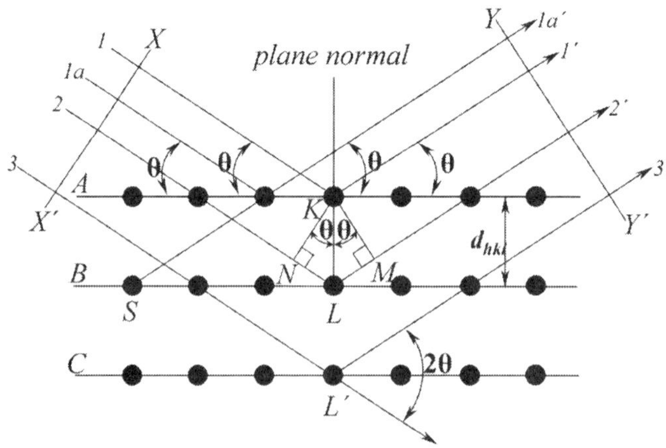

그림 5.17 ▸ 결정의 X-선 회절

여기서 우리는 어떠한 면이라도 적용되면서 회절각을 예측할 수 있는 일반적인 관계가 꼭 필요함을 느낀다. 브래그 법칙과 특정한 결정에 적용되는 4.6절에서 이미 보였던 면간거리 방정식을 결합하여 그러한 관계를 만들 수 있다.

예를 들어 결정이 입방정이면 면간거리 d는 식(4.69)로부터

$$\frac{1}{d^2} = \frac{(h^2 + k^2 + l^2)}{a_1^2} \tag{5.17}$$

이고, 브래그 법칙은

$$\lambda = 2d\sin\theta \tag{5.18}$$

이므로 두 식을 합하면

$$\sin^2\theta = \frac{\lambda^2}{4a_1^2}(h^2 + k^2 + l^2) \tag{5.19}$$

이 된다. 이 식으로 입사빔 파장이 λ, 입방정의 단위셀의 크기가 a_1일 때 (hkl)면에 회절되는 브래그 각을 예측할 수 있다. 예를 들어 (110)면에 대하여 식(5.19)은

$$\sin^2\theta_{110} = \frac{\lambda^2}{2a_1^2} \tag{5.20}$$

로 되므로 회절각 θ_{110}을 예측할 수 있다.

만일 결정의 축의 길이가 a, c인 정방정의 경우는 식(5.19)은

$$\sin^2\theta = \frac{\lambda^2}{4}\left(\frac{h^2 + k^2}{a_2} + \frac{l^2}{c^2}\right) \tag{5.21}$$

이 되고, (111)면에 대하여 식(5.21)은

$$\sin^2\theta = \frac{\lambda^2}{4}\left(\frac{2}{a_2} + \frac{1}{c^2}\right) \tag{5.22}$$

로 되므로 회절각 θ_{111}을 예측할 수 있다.

이러한 예는 일정한 파장의 빔이 일정한 격자면에 의해서 회절될 경우, 그 방향은 그 결정이 속하는 결정계와 격자상수에 의해서 결정된다는 것을 나타내 준다. 간단하게 말하면 회절방향은 다만 단위셀의 모양과 크기에 의해서만 결정된다. 이것은 역으

로 미지의 결정에 대해서 회절빔의 각도를 측정하면 그 단위셀의 모양을 결정할 수 있다는 의미와 같다. 또 회절빔의 강도는 단위셀 내의 원자 위치에 의해서 결정된다. 따라서 원자 위치에 대한 정보를 얻으려면 반드시 강도를 측정해야 한다는 것이다.

예제 5.4

BCC철에서 (220)면의 (a) 면간거리와 (b) 회절각을 계산하여라. Fe의 격자 상수는 2.866Å이다. 또한 X-선의 파장은 1.54056Å이고, 반사지수는 1로 가정하라.

[풀이] (a) 면간거리는 식(5.17)를 이용하여

$$d_{220} = \frac{2.866\,\text{Å}}{\sqrt{(2^2+2^2+0^2)}} = 1.013\,\text{Å}$$

이다.

(b) 회절각 θ는 식(5.19)에 대입하여 풀면

$$\sin^2\theta = \frac{\lambda^2}{4a^2}(h^2+k^2+l^2) = \frac{(1.54056\,\text{Å})^2}{4\times(2.866\,\text{Å})^2}(2^2+2^2+0^2)$$

$$\sin\theta = \frac{\sqrt{2}\times 1.54056}{2.866} = 0.760$$

$$\theta = \sin^{-1}(0.760) = 49.46^\circ$$

이다. 회절각은 2θ이므로

$$2\theta = 2\times 49.46^\circ = 98.92^\circ$$

이다.

5장 연습문제

1. 다음 용어들에 대하여 설명하라.

(1) 체심입방(BCC)	(2) 배위수	(3) 원자 채움율
(4) 조밀육방	(5) 회절	(6) 브래그 법칙
(7) 공공	(8) 나사전위	(9) 원자진동
(10) 자기 침입형	(11) 치환형 불순물	(12) 칼날전위
(13) 침입형 불순물	(14) 버거스 벡터	(15) 전위선
(16) 점결함	(17) 혼합전위	(18) 선결함
(19) 도핑(doping)	(20) 다이아몬드 격자	(21) 이온주입

2. 체심입방구조에서 단위셀의 변 길이가 a이고 원자 반지름이 R일 때, $a=4R/\sqrt{3}$ 인을 증명하라.

3. 다음을 증명하라.
   (1) 이상적인 HCP구조에서 c/a는 1.633이다.
   (2) BCC의 원자 채움율은 0.68이다.
   (3) HCP의 원자 채움율은 0.74이다.

4. 다음의 결정구조를 가진 결정의 예를 들고 설명하라.

(1) HCP	(2) FCC	(3) BCC
(4) 다이아몬드 구조	(5) 염화나트륨 구조	

5. BCC구조를 가지고 있는 바나듐(V)의 밀도와 원자량은 각각 5.96 [g/cm^3]과 50.9 [g/mol] 이다. 바나듐(V)의 원자 반지름을 구하라.

6. HCP구조를 가진 지르코늄의 밀도는 6.51 [g/cm^3]이다.
   (1) 단위셀의 부피를 [m^3]단위로 표시하여라.
   (2) c/a의 비가 1.593일 때, c와 a를 구하라.

7. 로듐(Rh)의 원자 반지름은 0.1345 [nm]이고, 밀도는 12.41 [g/cm^3]이다. 로듐(Rh)은 FCC 혹은 BCC 구조인지를 결정하라.

8. HCP 단위셀을 가지는 티탄늄(Ti)의 *c*/*a*비는 1.58이고, 원자 반지름은 0.1445 [nm]이다. 다음을 구하라.
(1) 단위셀의 부피를 구하라. (2) 티탄늄의 밀도를 계산하라.

9. 반지름 r_0인 구형원자의 조밀충전구조에서 SC, FCC 및 BCC 격자의 {100}, {110} 및 {111}면의 1$[m^2]$당의 원자수를 구하라.

10. 그림 5.5와 같은 구조를 갖는 다이아몬드의 격자상수를 0.356 [nm]로 하는 최근접 원자간의 거리와 단위셀의 원자수를 구하고 밀도를 계산하라. 또 마찬가지로 격자상수가 0.562 [nm]를 갖는 Ge의 결정에서도 위의 값을 계산하라.

11. 단순입방격자(SC), 면심입방격자(FCC) 및 체심입방격자(BCC)에 대한 {100}, {110} 및 {111}면의 격자상수 *a*로 하는 각각의 면간격을 구하라.

12. 칼날전위, 나사전위, 혼합전위에서 버거스 벡터와 전위선 방위에 관하여 논하라.

13. 프렌켈 결함과 쇼트키 결함을 그림을 그려 설명하라.

14. 고체에서 공공을 만들어낼 수 있는 방법을 설명하라.

15. 적층결함에 대하여 설명하고, 체심입방구조에서 적층결함이 거의 없는 이유는 무엇인지 설명하라.

16. 다음에 대하여 논하라.
(1) 쌍정과 쌍정립계에 대하여 설명하라.
(2) 기계적 쌍정과 어닐링(annealing) 쌍정에 대해 설명하라.

17. 다음과 같이 FCC금속에서 발견되는 적층순서의 경우에 존재하는 평면결함의 유형에 대해 설명하라.
(1) …ABCABCBACBA…
(2) …ABCABCBCABC…

18. 동일 위치격자를 지닌 쌍정의 그림을 그리고, 동일 위치 격자와 쌍정면을 그림에 표시하라.

19. 파장 0.154056 [nm]의 Cu K_α-파장 X-선을 사용할 때, FCC 크롬의 (113) 면에서 나오는 회절선의 회절각은 몇 도가 되는지 계산하라.

20. 이리듐은 FCC구조를 갖는다. 파장 0.154056 [nm]의 Cu K_α-파장 X-선을 사용하여 (220)면의 회절각도가 69°에서 일어난다고 하면 다음을 계산하라.
(1) 이 면의 면간거리를 계산하라.
(2) 이리듐 원자의 원자 반지름은 얼마인지 계산하라.

21. 파장 0.154056 [nm]의 Cu K_α-파장 X-선을 사용하여 BCC 니켈의 1차 회절이 46.5°에서 일어나는 면은 무엇인지 제시하라.

22. FCC구조를 갖는 구리의 처음 4개의 회절 피크 2θ =43.3°, 51.5°, 77.8°, 90.9°이다. 파장 0.154056 [nm]의 Cu K_α-파장 X-선을 사용하였다.
(1) 각 피크의 면지수와 면간거리를 정하라.
(2) 각 피크로부터 원자 반지름을 구하라.

6 재료의 전기 · 자기적 성질

6.1 전기적 성질

6.1.1 전기 쌍극자 모멘트

전기 쌍극자는 두 전하 $+q$와 $-q$가 거리 l만큼 떨어져 있을 때, 음전하로부터 양전하로 향하는 벡터 μ라고 표시하고, 이것을 **전기 쌍극자 모멘트**라고 부른다. 이 벡터의 크기는 ql이며, 일반적으로 쌍극자 모멘트는 debye(D)로 나타내며, 전하쌍 e와 $-e$가 1Å 만큼 떨어져 있는 경우 쌍극자 모멘트의 크기는 $1.602\times10^{-29}[C\cdot m]$이며, 이것은 약 4.8 [$D$]에 해당한다.

1. 영구 및 순간유발 쌍극자 모멘트

극성분자는 극성결합을 한 원자들의 부분전하에 기인되는 영구 전기 쌍극자 모멘트를 가지고 있다. 비극성 분자도 전기장 속에서는 그의 전자분포와 핵의 위치가 일그러지기 때문에 쌍극자 모멘트를 얻게 된다. 이와 같은 **영구 및 순간유발 쌍극자 모멘트**는 분자간 인력에 영향을 미치고 또한 이온결합 고체에 대한 용매 작용 능력을 높여주기 때문에 재료과학에서 매우 중요한 성질 중 하나로 취급이다. 이것은 쌍극자의 한 끝이 반대전하의 이온에 정전기적으로 끌려가서 용해 엔탈피에 발열항을 나타나게 하기 때문이다.

시료의 단위 부피당 평균 전기 쌍극자 모멘트를 **편극** P라고 부른다. 외부 전기장이 없을 때 분자들이 무작정한 배향을 취하므로 평균 쌍극자 모멘트가 영이 되어 그 편극이 영이 된다. 그러나 외부 전기장이 작용할 때는 쌍극자들이 부분적으로 정열 되어 외부장에 의해서 유발되는 쌍극자 모멘트가 편극 P에다 새로운 기여를 하여 매질의 편극이 영이 되지 않는다.

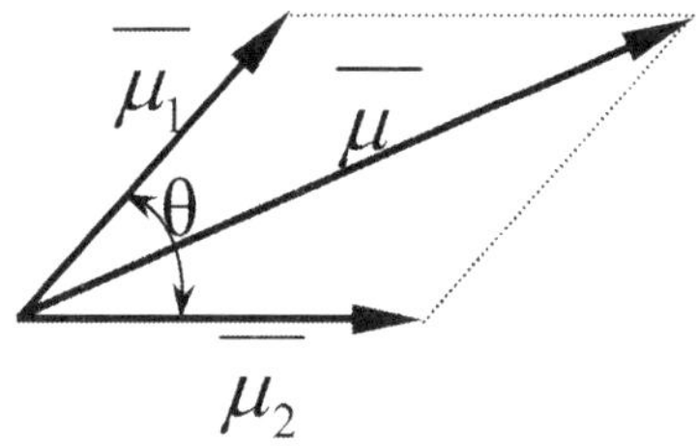

그림 6.1 ▸ 두 쌍극자 모멘트의 벡터 합

영구 전기 쌍극자 모멘트를 가진 분자, 즉 HCl이나 NH_3와 같은 분자에다 전기장을 작용시키면 그 분자의 공간 배향에 따라서 에너지가 달라지기 때문에 퇴화도가 제거되는 현상인 Stark 효과를 이용하면 회전 스펙트럼을 나타내는 분자의 전기 쌍극자 모멘트를 측정할 수 있다. 마이크로파 분광법을 이용할 수 없는 시료가 고체이거나 액체일 경우 아래에 설명한 방법을 써서 쌍극자 모멘트를 구할 수 있다. 앞으로 이러한 시료들을 편극될 수 있는 비전도성 매질이라는 의미에서 유전체라고 부른다.

모든 이종핵 이원자 분자는 극성을 나타내며 쌍극자 모멘트와 두 원자의 전기 음성도차 $\Delta\chi$ 사이에는 다음과 같은 근사적인 관계, 즉

$$\frac{\mu}{D} = \Delta\chi \tag{6.1}$$

가 성립한다. 보다 전기 음성인 원자가 일반적으로 쌍극자의 음쪽 끝이 된다. 하지만 반결합 궤도함수가 점유되는 경우에는, 덜 전기 음성인 원자의 원자 궤도함수로 이루어지므로 덜 전기 음성인 원자의 전자밀도가 대단히 커져서 그 원자가 부분적인 음전하를 가지게 되므로 예외일 수도 있다.

다원자 분자의 쌍극자 모멘트는 어느 정도까지는 여러 가지 성분의 기여로 분해될 수 있다. 벡터 합성법을 이용하면 여러 가지 분자들의 쌍극자 모멘트를 비교적 정확하게 구할 수 있으며, 두 쌍극자 모멘트가 그림 6.1처럼 서로 각도 θ를 이루고 있을 때의 합은

$$\overline{\mu^2} = \overline{\mu_1^2} + \overline{\mu_2^2} + 2\overline{\mu_1}\,\overline{\mu_2}\cos\theta \tag{6.2}$$

과 같은 값을 나타낸다. 두 쌍극자 모멘트가 $\overline{\mu_1} = \overline{\mu_2}$로 서로 같을 때는 식(6.2)는

$$\overline{\mu} = 2\overline{\mu_1}\cos\frac{\theta}{2} \tag{6.3}$$

로 간단하게 된다.

외부 전기장이 너무 세지 않을 때는 순간유발 쌍극자 모멘트의 크기 $|\mu|$는

$$|\overline{\mu}| \propto \overline{E} = \alpha \overline{E} \tag{6.4}$$

와 같이 전계의 세기 $\overline{E}$에 비례한다. 여기서 비례상수 α를 그 분자의 **편극도**라고 부른다. 전계의 세기가 매우 클 때에는 유발 쌍극자 모멘트는

$$|\overline{\mu}| = \alpha \overline{E} + \beta \overline{E^2} + \cdots \tag{6.5}$$

와 같이 E^2항과 같은 고차항에도 또한 의존한다. 여기서 비례상수 β를 **과편극도**라고 부른다.

전계의 세기를 $[V/m]$로 나타내고, μ를 C-m로 나타낼 때는 편극도 α의 단위가 $J^{-1}C^2m^2$이 된다. 하지만 이 편극도의 단위는 편리성을 위해 다음과 같이 **편극도 부피** α'로 즉,

$$\alpha' = \frac{\alpha}{4\pi\epsilon_0} \tag{6.6}$$

으로 바꾸어서 사용한다. $4\pi\epsilon_0$의 단위는 $J^{-1}C^2m^{-1}$이므로 α'는 부피의 단위를 가지므로 이 명칭이 생겼다. 일반적으로 이 값은 cm^3이나 Å^3으로 표시하며, 편극도 부피가 클수록 그 분자의 편극도가 커진다.

핵이 전자를 속박하는 힘이 크면 외부 전계에 의해서 전자가 쉽게 일그러지지 않는다. 분자의 편극도는 이러한 핵 전하가 전자에 미치는 힘의 크기를 나타내는 것이기 때문에 분자 속에 전자가 불과 몇 개만 들어 있을 때는 핵 전하가 이들을 세게 붙들어 놓기 때문에 편극도가 낮다. 핵으로부터의 거리가 상당한 전자들을 많이 가지고 있는 큰 원자가 분자속에 들어 있을 때는 핵의 통제력이 약해져서 전자 분포가 흐느적거려 편극도가 낮다. 일반적으로 편극도는 계의 방향에 대한 그 분자의 배향에 의존하는데, 이러한 비등방성 편극도는 11장에서 논하게 될 회전 Raman 스펙트럼을 나타나게 하는데 필수적인 것이다.

2. 고진동수에서의 편극

외부 전계의 방향이 주기적으로 변할 때는 영구 쌍극자 모멘트의 극성은 전계를 따라서 재배향된다. 그러나 그 진동수가 높을 때에는 영구 쌍극자 모멘트가 미처 여기에 맞추어 신속하게 재배향되지 못하여 시료의 편극에 아무런 영향을 주지 못한다. 분자가 유체 속에서 회전하려면 약 $10^{-12}[s]$가 걸리므로 마이크로파 영역인 약 $10^{11}[Hz]$ 이상의 진동수에서 상대 유전율을 측정하게 되면 이러한 변화가 일어난다. 그리하여

배향편극, 즉 영구 쌍극자 모멘트 때문에 생기는 편극은 높은 진동수에서는 존재하지 않는다.

진동수를 높일 때 소멸되는 또 하나의 편극성분은 외부의 전계에 의해서 핵의 위치가 일그러지기 때문에 생기는 **일그러짐 편극**이다. 이것은 외부의 전계에 의하여 분자가 구부러졌다 펴졌다 하여 분자의 쌍극자 모멘트를 변하게 된다. 분자의 모양이 변하는데 걸리는 시간은 분자를 진동시키는데 필요한 시간과 거의 같으며, 그리하여 복사선의 진동수가 적외선 영역 너머로 증가하게 되면 일그러짐 편극이 나타나지 않게 된다. 이 일그러짐 편극의 소멸은 여러 단계로 일어나는데, 각 단계마다 특정한 진동방식의 진동수보다 입사 진동수가 커질 때 일어난다.

이보다 진동수가 더 높은 가시 영역에서는 가벼운 전자만이 급속하게 변하는 계의 방향에 호응할 수 있으며, 그리하여 이때는 전적으로 전자 분포에 기인되는 편극만이 남게 된다. 이러한 분자 편극도의 성분을 **전자 편극도**라고 부른다.

3. 상대 유전율

유전율이 ϵ인 매질 속에서 r만큼 떨어진 두 전하 $+Q$와 $-Q$ 사이에 작용하는 페텐셜 에너지는

$$V_P = \frac{Q \cdot Q}{4\pi\epsilon r} \tag{6.7}$$

로 주어진다. 진공 중에서 유전율은 ϵ_0이며, 매질이 진공이 아닐 때는 유전율이 ϵ_0보다 크게 된다. 일반적으로 매질의 상대 유전율 ϵ_r은

$$\epsilon_r = \frac{\epsilon}{\epsilon_0} \tag{6.8}$$

의 관계를 가지고 있다. 물질의 상대 유전율은 유전체 시료가 존재할 때와 존재하지 않을 때의 축전지의 용량들을 비교하면

$$\epsilon_r = \frac{C}{C_0} \tag{6.9}$$

이므로 쉽게 측정할 수 있다.

예제 6.1

속이 비어 있는 축전지의 용량은 4.5 [pF]이고, 유전재료로 채웠을 때의 용량은 25 [℃]에서 47.5 [pF]였다. 25 [℃]에서 유전체의 상대 유전율은 얼마인가?

[풀이] 공기의 상대 유전율은 1.000536으로 1에 가까우므로 유전체의 상대 유전율은

$$\epsilon_r = \frac{C}{C_0} = \frac{47.5[pF]}{4.5[pF]} = 10.56$$

을 얻는다.

극성을 가지고 있고 편극되기 쉬운 분자로 된 시료는 큰 상대 유전율을 나타낸다. 상대 유전율과 분자의 전기적 성질 사이에는 다음과 같은 정량적인 Debye식

$$\frac{\epsilon_r - 1}{\epsilon_r + 2} = \frac{N}{3\epsilon_0}\left(\alpha + \frac{\mu^2}{3kT}\right) \tag{6.10}$$

이 성립한다. 여기서 $\mu^3/3kT$항은 전기 쌍극자의 전계 속에서의 열운동 평균치이며, 물질의 배향분극에 대한 분극율이라 부른다. 이것의 유도과정은 복잡하고 양자화학적 지식을 요하므로 여기서는 생략한다. N은 단위 부피당 분자수를 나타내는 밀도이다. 이 식에서 영구 쌍극자 모멘트 μ에 관계되는 항이 빠진 식

$$\frac{\epsilon_r - 1}{\epsilon_r + 2} = \frac{N}{3\epsilon_0}\alpha \tag{6.11}$$

을 Clausius-Mossotti 식이라고 부른다. 분자가 비극성이거나 외부 전계의 주파수가 높을 때는 영구 전기 쌍극자가 극성에 기여하지 못하므로 이러한 경우에는 Clausius-Mossotti 식을 사용한다.

식(6.10)과 식(6.11)은

$$N = \frac{\rho N_A}{M} \tag{6.12}$$

의 관계를 써서 밀도 ρ와 몰 분자 질량 M을 이용하여 나타낼 수 있으며, 몰 편극도 P_m에 관한 식

$$P_m = \frac{N_A}{3\epsilon_0}\left(\alpha + \frac{\mu^2}{3kT}\right) \tag{6.13}$$

을 얻을 수 있다. 따라서 식(6.11)은

$$\frac{\epsilon_r - 1}{\epsilon_r + 2} = \frac{\rho P_m}{M} \tag{6.14}$$

로 주어진다. 식(6.13)과 식(6.14)에 의하면 몰 편극도의 온도 의존 관계를 측정해서 분자의 편극도와 쌍극자 모멘트를 구할 수 있다. 즉, P_m을 $1/T$에 대하여 도시하여 생긴 직선의 기울기로부터 $N_A\mu^2/9\epsilon_0 k$가 나오고 또 $1/T=0$에서의 절편으로부터 $N_A\alpha/3\epsilon_0$가 나온다.

예제 6.2

영구 쌍극자 모멘트가 $3.3\times10^{-30}[C\cdot m]$인 물질의 배향분극에 대한 분극율을 구하여라. 단 온도는 27℃ 이다.

[풀이] 배향분극에 대한 분극율은

$$\frac{\mu^2}{3kT}=\frac{(3.3\times10^{-30})^2}{3\cdot1.38\times10^{-23}\cdot300}=0.88\times10^{-37}[F\cdot m^2]$$

이다.

6.1.2 쌍극자 모멘트와 전계의 세기

그림 6.2에 도시한 전기 쌍극자 모멘트에 의한 전계의 세기 E를 구하여 보자. 점 $P(r, \theta, \psi)$에서의 전위 V는

$$V=\frac{Q}{4\pi\epsilon_0}\left[\frac{1}{r_1}-\frac{1}{r_2}\right]=\frac{Q}{4\pi\epsilon_0}\left[\frac{r_2-r_1}{r_1r_2}\right] \tag{6.15}$$

로 주어지고, 여기서 r_1, r_2는 각각 P와 $+Q$, P와 $-Q$ 사이의 거리이다. 식(6.15)는 다음의 조건

$$r\gg d \tag{6.16a}$$

$$r_2-r_1\simeq d\cos\theta \tag{6.16b}$$

$$r_2r_1\simeq r^2 \tag{6.16c}$$

이 만족하면

$$V=\frac{Q}{4\pi\epsilon_0}\frac{d\cos\theta}{r^2} \tag{6.17}$$

이 된다. 또

$$d\cos\theta=\overline{d}\cdot\overline{a_r} \tag{6.18}$$

이므로

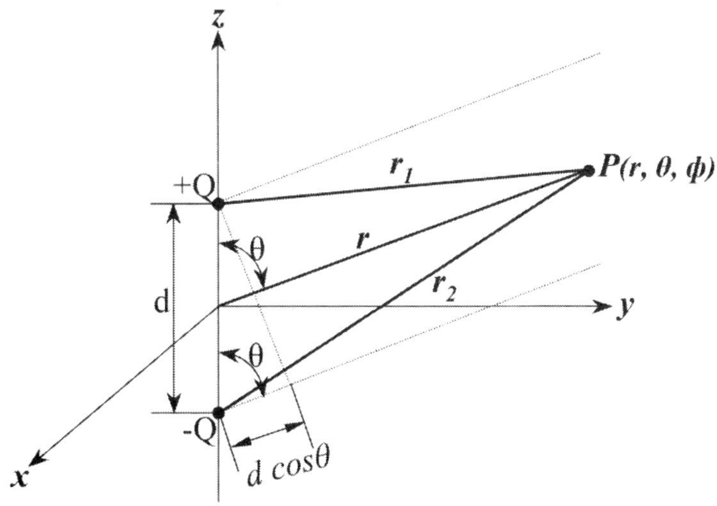

그림 6.2 ▸ 전기 쌍극자

$$\overline{d} = d\overline{a_r} \tag{6.19}$$

이다. 만약 앞에서 언급 했던 쌍극자 모멘트를

$$\overline{\mu} = Q\overline{d} \tag{6.20}$$

라고 정의하면, 식(6.17)은

$$V = \frac{\overline{\mu} \cdot \overline{a_r}}{4\pi\epsilon_0 r^2} \tag{6.21}$$

로 쓸 수 있다. 쌍극자 모멘트 $\overline{\mu}$는 $-Q$에서 $+Q$로 향하고 있으며 쌍극자 중심이 원점이 아니고 어떤 점 $\overline{r'}$이라면, 식(6.21)은

$$V(\overline{r}) = \frac{\overline{\mu} \cdot (\overline{r} - \overline{r'})}{4\pi\epsilon_0 |\overline{r} - \overline{r'}|^3} \tag{6.22}$$

이 된다. 그림 6.2에서 나타난 원점에 중심이 있는 쌍극자에 의한 전계와 전위와의 관계식,

$$\overline{E} = -\nabla V \tag{6.23}$$

으로부터 다음 식,

$$\overline{E}=-\left[\frac{\partial V}{\partial r}\overline{a_r}+\frac{1}{r}\frac{\partial V}{\partial\theta}\overline{a_\theta}\right] \tag{6.24}$$

과 같이 되고, 식(6.17)과 같은 형태로 정리하면

$$\overline{E}=\frac{Qd\cos\theta}{4\pi\epsilon_0 r^3}\overline{a_r}+\frac{Qd\sin\theta}{4\pi\epsilon_0 r^3}\overline{a_\theta} \tag{6.25}$$

즉,

$$\overline{E}=\frac{\mu}{4\pi\epsilon_0 r^3}(2\cos\theta\overline{a_r}+\sin\theta\overline{a_\theta}) \tag{6.26}$$

이 된다. 여기서

$$\mu=|\overline{\mu}|=Qd \tag{6.27}$$

이다.

유의해야 할 점은 점전하는 **모노폴**이고 이것의 전계는 r^2에 역비례하며, 전위는 r에 역비례 한다는 것이다. 또 식(6.21)과 식(6.26)으로부터 쌍극자에 의한 전계는 r^3에 역비례하고 그것의 전위는 r^2에 역비례함을 알 수 있다. 다극자 즉, 두 개의 쌍극자가 모여 4극자가 되 고, 두 개의 4극자가 8극를 이루는 다극자에 의한 전계는 r^3, r^4, r^5, … 에 역비례하게 된다.

예제 6.3

$-5\overline{a_z}$ [nC·m]와 $9\overline{a_z}$ [nC·m]인 쌍극자 모멘트를 가진 두 개의 쌍극자가 각각 (0, 0, -2)와 (0, 0, 3)에 놓여 있다. 원점에서의 전위를 구하여라.

[풀이] 원점 (0, 0, 0)에서의 전위를 구하는 문제이므로 식(6.22)에서 $\overline{r'}=0$이다. 따라서

$$V(\overline{r})=\frac{1}{4\pi\epsilon_0}\left[\frac{\overline{\mu_1}\cdot\overline{r_1}}{r_1^3}+\frac{\overline{\mu_2}\cdot\overline{r_2}}{r_2^3}\right]$$

이다. 여기서

$$\overline{\mu_1}=-5\overline{a_z},\quad \overline{r_1}=(0,0,0)-(0,0,-2)=2\overline{a_z},\quad r_1=|\overline{r_1}|=2$$
$$\overline{\mu_2}=9\overline{a_z},\quad \overline{r_2}=(0,0,0)-(0,0,3)=-3\overline{a_z},\quad r_2=|\overline{r_2}|=3$$

이다. 따라서

$$v = \frac{1}{4\pi \frac{10^{-9}}{36\pi}} \left[\frac{-10}{2^3} - \frac{27}{3^3} \right] \cdot 10^{-9} = -20.25[V]$$

이다.

예제 6.4

2 [Å]의 거리만큼 떨어진 1가의 음이온과 양이온의 유극성 분자가 있다. 이 분자의 분극율을 구하여라. 단 온도는 27 [℃]이다.

[풀이] 유극성 분자의 쌍극자 모멘트 μ는

$$\mu = e \cdot d = 1.602 \times 10^{-19} \cdot 2 \times 10^{-10} = 3.204 \times 10^{-29} [C \cdot m]$$

이다. 따라서 분극율은

$$\frac{\mu^2}{3kT} = \frac{(3.304 \times 10^{-29})^2}{3 \cdot 1.38 \times 10^{-23} \cdot 300} = 0.82 \times 10^{-37} [F \cdot m^2]$$

이다.

6.1.3 고체유전체의 유전체손

고체유전체에 교류전계를 인가하면 실효치가 동일한 직류전압을 인가할 때보다 큰 전력손실이 생기는데 이것을 유전체손이라 한다. 이 유전체손은 쌍극자 배향에 의한 흡수전류에 의한 것이어서 이 흡수전류가 크면 유전체손도 커진다. 유전체손은 쌍극분자가 교류교번전계에 의한 진동으로 인한 것인데 고전압에 있어서는 고체유전체 중의 기포 또는 공극이 고전계로 인한 이온화 과정인 코르나 방전이 발생하여 코로나손이 생겨 이것이 측정시에 유전체손에 포함되게 된다.

만약 전극사이에 충진된 고체유전체 사이에 교번전압 V를 인가하면 유전체에는 충전전류 I_c, 누설전류 I_g 및 쌍극자 전도전류 I_d가 그림 6.3에서와 같이 흐른다. 이 경우 공급되는 전력인 유전체에서 소비되는 전력은

$$VI\cos\theta = VI\sin\delta \fallingdotseq VI\tan\delta \tag{6.28}$$

로 된다. 여기서 $\tan\delta$를 **유전정접**(誘電正接)이라하고 δ를 **손실각**, $\cos\theta$를 **유전체 역률**이라 한다. 일반적으로 δ가 작을 경우에는 $\tan\delta \fallingdotseq \cos\theta$가 된다. 그림 6.3에서 누설전류 I_g는 대단히 작으므로 무시해도 상관없다. 지금 인가전압의 주파수 f에 따른 각주파수 $\omega = 2\pi f$라 하고, 정전용량을 $C = \epsilon_r C_0$이므로, 충전전류 I_c는

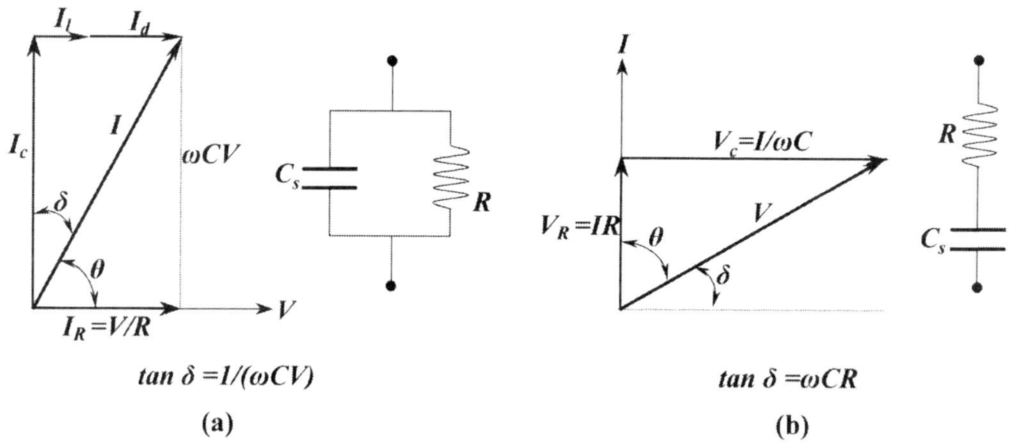

그림 6.3 ▸ 전압-전류 벡터도

$$I_c = \omega \epsilon_r C_0 \cdot V \tag{6.29}$$

가 되고, 유전체손 W는

$$W \fallingdotseq VI_c \tan\delta = 2\pi f \epsilon_r C_0 V^2 \tan\delta \tag{6.30}$$

로 표시할 수 있다. 따라서 유전체손 W는

$$W \propto \epsilon_r \tan\delta \tag{6.31}$$

인 관계와 같이 유전율과 유전정접의 곱에 비례하게 된다. 재료적인 측면에서 이 $\tan\delta$를 측정하면 전기기기의 절연상태를 판정하는데 중요한 방법 중 하나가 될 수 있다.

유전정접 $\tan\delta$와 시료의 정전용량 측정은 그림 6.4와 같은 Schering bridge법을 가장 많이 사용한다. 이것은 1 [kHz]까지의 상용주파의 측정에 많이 사용되는 것이며, 피 시험물에 높은 전계를 가하는 것이 용이한 것으로 알려져 있다. 그림 6.4는 그 원리도로서 C_1은 시료이고, C_2는 표준 콘덴서, G는 검류계, R_3는 무유도 저항기로써 약 10 [kΩ] 정도이며 R_3와 C_4를 변화시켜서 bridge 평형을 취하면

$$\frac{R_1}{1 + j\omega C_1 R_1} \cdot \frac{R_4}{1 + j\omega C_4 R_4} = \frac{1}{j\omega C_2} \cdot R_3 \tag{6.32}$$

로 된다. 여기서 R_1과 C_1는 각각 그림 6.3에서와 같이 시료의 등가저항과 등가 정전용량이다. 식(6.32)의 좌변을 정리하여 다시 쓰면

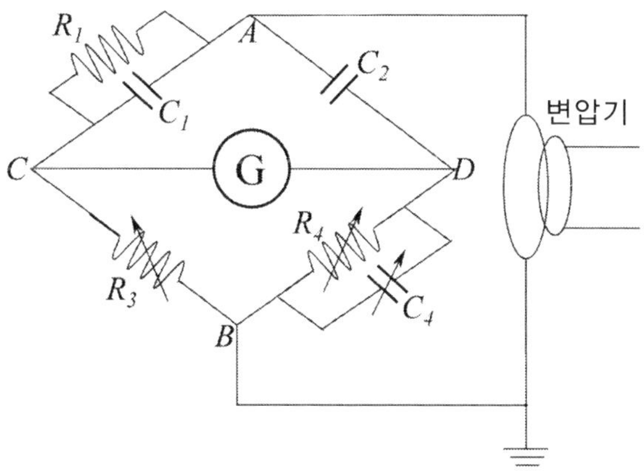

그림 6.4 ▸ 유전정접($\tan\delta$) 계산을 위한 Schering bridge 회로

$$\frac{R_1 R_4 - \omega^2 C_1 C_4 R_1^2 R_4^2 - j(\omega C_4 R_1 R_4^2 + \omega^2 C_1 R_1^2 R_4)}{(1-\omega^2 C_1 C_4 R_1 R_4)^2 + (\omega C_4 R_4 + \omega C_1 R_1)^2} = \frac{1}{j\omega C_2} \cdot R_3 \tag{6.33}$$

이다. 여기서 항등비교 하면 좌변 실수항은

$$\frac{R_1 R_4 - \omega^2 C_1 C_4 R_1^2 R_4^2}{(1-\omega^2 C_1 C_4 R_1 R_4)^2 + (\omega C_4 R_4 + \omega C_1 R_1)^2} = 0 \tag{6.34}$$

이고 좌변 허수항은

$$\frac{-j(\omega C_4 R_1 R_4^2 + \omega^2 C_1 R_1^2 R_4)}{(1-\omega^2 C_1 C_4 R_1 R_4)^2 + (\omega C_4 R_4 + \omega C_1 R_1)^2} = \frac{-j}{\omega C_2} \cdot R_3 \tag{6.35}$$

이다. 식(6.34)로부터 분자를 0으로 놓으면

$$1 - \omega^2 C_1 C_4 R_1 R_4 = 0 \tag{6.36}$$

이므로, 이것을 R_1으로 다시 쓰면

$$R_1 = \frac{1}{\omega^2 C_1 C_4 R_4} \tag{6.37}$$

이다.

유전체 내에서의 도전전류는 V/R이고, 충전전류는 ωCV이므로 유전정접 $\tan\delta$는

$$\tan\delta = \frac{\text{도전전류}}{\text{충전전류}} = \frac{1}{\omega C_1 R_1} = \omega C_4 R_4 \tag{6.38}$$

이다. 따라서 식(6.37)에 식(6.38)을 대입하면

$$R_1 = \frac{1}{\omega C_1 \tan\delta} \tag{6.39}$$

로 다시 쓸 수 있다.

식(6.39)를 식(6.35)에 대입하면

$$\frac{(\omega C_4 R_4) R_4 \dfrac{1}{\omega C_1 \tan\delta} + \omega C_1 R_4 \dfrac{1}{\omega^2 C_1^2 \tan^2\delta}}{(1 - (\omega C_4 R_4)\omega C_1 \dfrac{1}{\omega C_1 \tan\delta})^2 + (\omega C_4 R_4 + \omega C_1 \dfrac{1}{\omega C_1 \tan\delta})^2} = \frac{1}{\omega C_2} \cdot R_3 \tag{6.40}$$

이고, 식(6.38)에서 $\omega C_4 R_4 = \tan\delta$이므로 식(6.40)에 대입하여 소거하면

$$\frac{\dfrac{R_4}{\omega C_1} + \dfrac{R_4}{\omega C_1 \tan^2\delta}}{(\tan\delta + \dfrac{1}{\tan\delta})^2} = \frac{R_3}{\omega C_2} \tag{6.41}$$

로 된다. 양변에 $\omega C_1/R_4$를 곱하면

$$\frac{1 + \dfrac{1}{\tan^2\delta}}{(\tan\delta + \dfrac{1}{\tan\delta})^2} = \frac{C_1 R_3}{C_2 R_4} \tag{6.42}$$

이 된다. 또 이것을 정리하여 C_1을 구하면

$$C_1 = \frac{R_4 C_2}{R_3} \frac{1}{1 + \tan^2\delta} \tag{6.43}$$

와 같이 시료의 정전용량 C_1을 구할 수 있다.

예제 6.5

전극면적 $10^{-4}\,[m^2]$, 전극간 거리 $10^{-4}\,[m]$인 평행판 콘덴서에 주파수 1 [MHz]인 전압 V을 인가할 때 이 유전체에서 비유전율의 실효부는 3이고, $\tan\delta = 2\times 10^{-4}$이다. 콘덴서의 등가저항 및 등가정전용량을 구하여라.

[풀이] 인가전압 V와 동상인 전류 I_R은

$$I_R = \omega C_0 \epsilon_r V \tan\delta$$

이므로, 등가저항 R은

$$R = \frac{V}{I_R} = \frac{1}{\omega C_0 \epsilon_r \tan\delta}$$

와 같이 된다. 또한 C_0는

$$C_0 = \frac{\epsilon_0 A}{d} = \frac{8.854\times 10^{-12}\cdot 10^{-4}}{10^{-4}} = 8.854\times 10^{-12}[F]$$

이다. 따라서 등가저항 값은

$$R = \frac{V}{I_R} = \frac{1}{\omega C_0 \epsilon_r V \tan\delta} = \frac{1}{2\pi\cdot 10^6\cdot 8.854\times 10^{-12}\cdot 3\cdot 2\times 10^{-4}} = 3\times 10^7[\Omega]$$

이다. 등가용량 C는

$$C = \epsilon_r C_0 = 3\cdot 8.854\times 10^{-12} = 26.56\times 10^{-12}[F]$$

로 구해진다.

6.1.4 전기전도

1. 전달전류

일반적으로 전류라 함은 단위 시간에 대한 전하의 이동으로 기술되고, 또한 전달전류는 도체를 매개로 하지 않기 때문에 옴의 법칙이 성립하지 않으며, 따라서 이 전달전류는 도전전류와 구분된다. 전달전류는 액체, 밀도가 낮은 기체, 진공과 같은 절연체에 흐르는 전류를 말하며, 예컨대 진공관 내의 전자빔이 전달전류의 한 예이다.

전류는 단위시간 동안 주어진 단면을 지나는 전하량으로 정의되므로

$$I = \frac{dq}{dt} \tag{6.44}$$

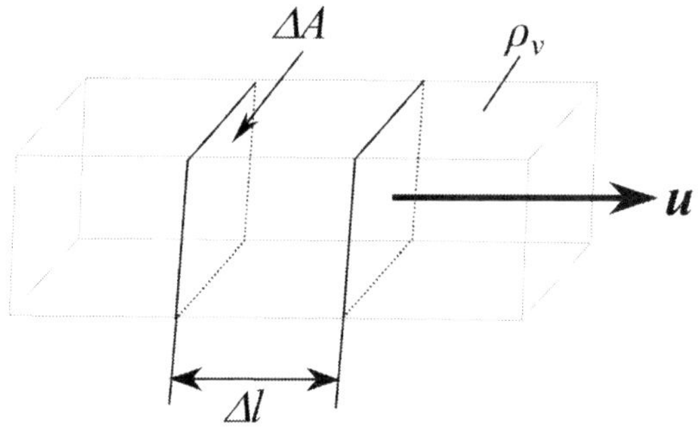

그림 6.5 ▸ 좁은 단면을 통과하는 전류

이다. 따라서 1 암페어의 전류는 1초 동안 1 쿨롱의 전하가 주어진 단면을 통과하는 것이 된다.

전달전류에 대한 이해를 돕고자 그림 6.5에 도시한 것과 같은 아주 좁다란 단면을 생각해 보자. 전하밀도가 ρ_v인 전하의 흐름이 속도 $\overline{u}= u_y \overline{a_y}$라면, 이 단면을 지나는 전류는 식(6.44)로부터

$$\Delta I = \frac{\Delta q}{\Delta t} = \rho_v \Delta A \frac{\Delta l}{\Delta t} = \rho_v \Delta A u_y \tag{6.45}$$

로 된다. 특정 지점에서의 전류밀도를 이 지점에서의 단위법선면적을 지나는 전류라 정의하면 y방향의 전류밀도 J_y는

$$J_y = \frac{\Delta I}{\Delta A} = \rho_v u_y \tag{6.46}$$

이다. 따라서 일반적으로 표현하면

$$\overline{J} = \rho_v \overline{u} \tag{6.47}$$

이다. 전류 I는 전달전류이고 J는 전달전류밀도 $[A/m^2]$이다.

식(6.46)에서 전류밀도가 표면에 수직이 아닐 때에는

$$\Delta I = \overline{J} \cdot \Delta A \tag{6.48}$$

이다. 따라서 주어진 단면 A를 지나는 총전류인 전달전류는

$$I = \int_A \overline{J} \cdot d\overline{A} \tag{6.49}$$

로 주어진다. 이 식(6.49)를 선속에 관한 일반적인 정의는

$$\Psi = \int_A \overline{S} \cdot d\overline{A} \tag{6.50}$$

와 비교하면 단면 A를 지나는 전류란 단순히 전류밀도 $\overline{J}$의 선속임을 알 수 있다.

2. 전기전도율

전기전도율 또는 전기전도도 σ는 재료의 전기적 특성을 명시하기 위하여 자주 사용한다. 전도도 σ는 간단하게 비저항의 역수로

$$\sigma = \frac{1}{\rho} \tag{6.51}$$

로 표현된다. 또한 전도율은 재료가 전류를 얼마나 용이하게 흐르게 할 수 있는가를 나타내는 척도이다. 전도율의 단위는 $(\Omega \cdot m)^{-1}$ 또는 $[mho/m]$로 표현한다.

옴의 법칙은 $V=IR$의 관계식 이외에도 다음과 같이

$$J = \sigma E \tag{6.52}$$

표현할 수 있다. 여기서, J는 도전전류밀도인데 이것은 식(6.47)의 전달전류밀도와 구별되어야 한다. 그리고 E는 전계의 세기이다.

그림 6.6과 같이 일정한 단면적 A를 갖는 길이가 l인 도체에 전압 V를 인가하여 발생하는 전계의 세기 E의 방향은 양전하의 흐름과 같고 전자와는 반대방향이다. 이 전계의 세기 E는 측정되는 두 점 사이의 전압을 두 점 사이의 거리로 나눈 값인 다음 식은,

$$E = \frac{V}{l} \tag{6.53}$$

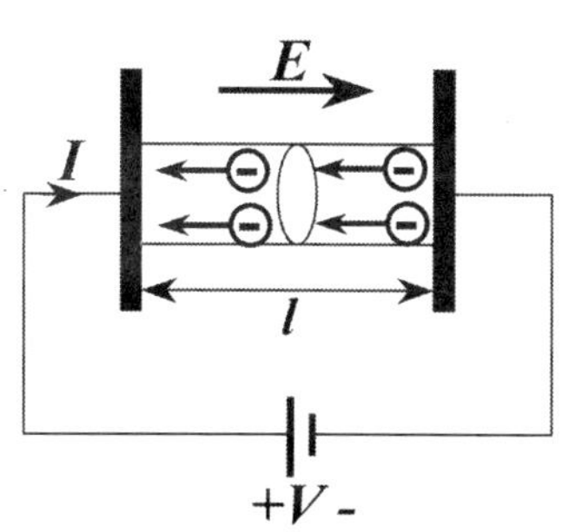

그림 6.6 ▸ 균일단면을 갖는 도체

으로 표현된다. 도체의 단면이 일정하므로 전류밀도는

$$J = \frac{I}{A} \tag{6.54}$$

이다. 식(6.52)와 식(6.53)을 식(6.54)에 대입하면

$$\frac{I}{A} = \sigma E = \frac{\sigma V}{l} \tag{6.55}$$

이 된다. 따라서 저항 R은

$$R = \frac{V}{I} = \frac{l}{\sigma A} \tag{6.56}$$

또는 식(6.51)을 대입하여 표시하면

$$R = \frac{\rho l}{A} \tag{6.57a}$$

이다. 식(6.57)은 일정한 단면을 갖는 도체의 저항을 구하는데 유용하다. 단면이 불일정한 경우에는 식(6.57)을 적용할 수 없고, 금속은 온도가 증가하면 저항도 다음 식은

$$R = R_0 + \alpha t \quad \text{또는} \quad R = b + \alpha T \tag{6.57b}$$

과 같이 변화한다. 그러나 저항 R이 전위차 V와 도체에 흐르는 전류 I의 비로 주어진다는 점은 같다. 따라서 전위와 전계와의 관계식

$$V_{ab} = -\int_a^b \overline{E} \cdot d\overline{l} \tag{6.58}$$

과 식(6.49)를 이용하면, 단면이 불균일한 도체의 저항은

$$R = \frac{V}{I} = \frac{\int \overline{E} \cdot d\overline{l}}{\int \sigma \overline{E} \cdot d\overline{A}} \tag{6.59}$$

와 같이 된다. 여기서 $I>0$이면

$$\int \overline{E} \cdot d\overline{l} < 0 \tag{6.60}$$

이기 때문에, 식(6.59)의 음의 부호가 생략되었다.

전력 $P[W]$는 시간에 따른 에너지 또는 힘과 속도의 곱으로 정의된다. 따라서,

$$\int \rho_v dv \overline{E} \cdot \overline{u} = \int \overline{E} \cdot \rho_v \overline{u} dv \tag{6.61}$$

또는

$$P = \int \overline{E} \cdot \overline{J} dv \tag{6.62}$$

로 표현할 수 있다. 이 식은 **주울의 법칙**으로 잘 알려져 있다. 전력밀도 $w_P[W/m^3]$는 식(6.62)의 피적분함수이다. 즉,

$$w_P = \frac{dP}{dv} = \overline{E} \cdot \overline{J} = \sigma |\overline{E}|^2 \tag{6.63}$$

이다. 단면이 일정한 도체에 대해서는 $dv = dAdl$이다. 따라서 식(6.62)는

$$P = \int Edl \int_A JdA = VI \tag{6.64}$$

또는

$$P = I^2 R = \frac{V^2}{R} \tag{6.65}$$

로 된다.

고체 재료는 10^{27} 이상에 걸친 광범위한 범위의 전기전도도를 나타내고 있는데, 아마도 어느 물리적 성질도 이와 같이 넓은 범위에 걸친 변화를 보이는 것은 없을 것이다. 실제로 고체재료를 분류하는 한 가지 방법은 재료가 전류를 얼마나 용이하게 흐르게 할 수 있느냐에 의한다. 이러한 분류방법에 의하면, 재료는 도체, 반도체, 부도체의 3가지로 크게 구분할 수 있다. 금속은 양호한 **도체**이며, 전형적으로 $10^7(\Omega \cdot m)^{-1}$ 정도의 전도율을 나타낸다. 이에 대응되는 극단적인 경우로 $10^{-10} \sim 10^{-20}(\Omega \cdot m)^{-1}$ 범위에 걸친 값을 가진 극히 낮은 전도율을 나타내는 재료가 있는데, 이것이 **부도체**라고 한다. 또한 이들 두 재료의 중간되는 전도율 $10^{-6} \sim 10^4(\Omega \cdot m)^{-1}$ 범위에 걸친 값을 나타내는 재료를 **반도체**라고 한다.

예제 6.6

전류밀도가

$$\overline{J} = \frac{1}{r^3}(2\cos\theta \overline{a_r} + \sin\theta \overline{a_\theta})[A/m^2]$$

일 때, 반지름이 20 [cm]인 반구를 통해 흐르는 전류를 구하여라.

[풀이] $I=\int \mathfrak{J}\cdot d\overline{A}$ 이고, 여기서 $d\overline{A}=r^2\sin\theta\, d\psi\, d\theta\, \overline{a_r}$ 이다.

따라서,

$$I=\int_{\theta=0}^{\pi/2}\int_{\psi=0}^{2\pi}\frac{1}{r^3}2\cos\theta r^2\sin\theta d\psi d\theta$$

$$=\frac{2}{r}2\pi\int_{\theta=0}^{\pi/2}\sin\theta d(\sin\theta)$$

$$=\left[\frac{4\pi}{0.2}\frac{\sin^2\theta}{2}\right]_0^{\pi/2}=10\pi=31.4[A]$$

이다.

예제 6.7

지름이 1mm이고 도전율이 $5\times10^7[\mho/m]$인 도선이 $10^{29}[개/m^3]$의 전자를 갖고 있다. 10 [mV/m]의 전계가 가해졌을 때 다음을 구하여라.

(a) 자유전자와 전하밀도 (b) 전류밀도
(c) 전류 (d) 전자의 표류속도

[풀이] (a) $\rho_v=\neq=(10^{29})(-1.602\times10^{-19})=-1.602\times10^{10}[C/m^3]$

(b) $J=\sigma E=(5\times10^7)(10\times10^{-3})=500\ [kA/m^2]$

(c) $I=JA=(5\times10^5)\left(\frac{\pi d^2}{4}\right)=\frac{5\pi}{4}10^{-6}\cdot10^5=0.393[A]$

(d) $u=\frac{J}{\rho_v}=\frac{5\times10^5}{1.602\times10^{10}}=3.125\times10^{-5}[m/s]$

6.2 자기적 성질

6.2.1 자화율

자기적 성질은 전기적 성질과 매우 비슷하다. 우선 일부 분자들은 영구 자기 쌍극자 모멘트를 가지고 있으며, 자장을 작용시키면 자기 모멘트가 유발될 수 있다. 전기적 편극 P에 대응하는 것이 단위 부피당의 자기 쌍극자 모멘트인 **자화**(磁化) M이다. 외부 자장의 세기 H에 의한 자화는 H에 비례하며 다음과 같이 쓸 수 있다.

$$M=\chi H \tag{6.66}$$

여기서, χ는 무차원의 **부피 자화율**이다. 이것과 밀접한 관계를 갖는 양이 다음과 같은 **몰 자화율** χ_m이다.

$$\chi_m = \chi \times V_m \tag{6.67}$$

여기서, V_m은 그 물질의 몰 부피이다.

자속밀도 B는

$$B = \mu_0(H + M) = \mu_0(1+\chi)H \tag{6.68}$$

와 같이 외부 자장의 세기와 그것을 유발하는 자화에 관계된다. 여기서, μ_0는 진공 중의 투자율이며, 그 값은

$$\mu_0 = 4\pi \times 10^{-7}[J \cdot s^2/C^2 \cdot m] \tag{6.69}$$

이다. B는 매질을 통과하는 자속의 수를 나타낸다. 자속의 밀도는 M이 H와 방향이 일치할 때는($\chi > 0$일 때) 증가하지만, 반대일 때는($\chi < 0$일 때) 감소한다. χ가 양인 물질을 **상자성체**라 부르고, χ가 음인 물질을 **반자성체**라고 부른다.

분자에 따라서는 영구 쌍극자 자기 모멘트 m을 갖는 것이 있다. 이 경우에는 전기적인 경우와 비슷하게 이것이 자화 M에다 $m^2/3kT$에 비례하여 기여를 한다. 외부 자장은 또한 유발 자기 모멘트를 나타나게 하는데, 그 정도는 분자의 **자화도** ξ에 의해서 결정된다. 따라서 식(6.13)에 대응하는 식인

$$\chi = N\mu_0\left(\xi + \frac{m^2}{3kT}\right) \tag{6.70}$$

을 얻는다. 알맹이수 밀도 N과 몰 부피와의 곱은

$$N \times V_m = \frac{N'}{V} \times V_m = \frac{nN_A}{nV_m} \times V_m = N_A \tag{6.71}$$

로 Avogadro의 수 N_A와 같게 된다. 따라서 몰 자화율 χ_m은

$$\chi_m = N_A\mu_0\left(\xi + \frac{m^2}{3kT}\right) \tag{6.72}$$

로 하면 자화율의 밀도 의존도가 제거되는 것이다. 이 식(6.72)은 실험식인

$$\chi_m = a + \frac{b}{T} \tag{6.73}$$

과 일치한다. 이 식을 Curie 법칙이라고 하며, $a = N_A \mu_0 \xi$이고 $b = N_A \mu_0 m^2/3k$가 된다.

전형적인 상자성체의 부피 자화율은 10^{-3}정도의 크기를 가지며, 또 반자성체의 부피 자화율은 약 -10^{-5}정도이다. 영구 자기 모멘트는 자화율을 측정하고 이것을 $1/T$에 대해서 도시하면 얻을 수 있다.

6.2.2 영구 자기 모멘트

영구 자기 모멘트는 분자속에 짝짓지 않은 전자 스핀이 들어 있기 때문에 생긴다. 전자의 자기 모멘트는 그 스핀에 비례하며 자기 모멘트의 제곱은

$$m^2 = g_e^2 \Upsilon_e^2 \{s(s+1)\hbar^2\} \tag{6.74}$$

와 같이 그 각운동량의 제곱에 비례한다. 여기서, g_e는 전자의 g인자($g_e = 2.0023$)이며, 또한 $\Upsilon_e = -e/2m_e$이다.

Bohr 마그네톤, $\mu_B = e\hbar/2m_e$를 이용하면 식(6.74)는

$$m^2 = g_e^2 s(s+1)\mu_B^2 \tag{6.75}$$

이 된다. 분자속에 여러 개의 전자 스핀이 들어 있을 때는 이들이 결합된 전체 전자 스핀 각운동량 S가 나타나며 윗 식(6.75)의 $s(s+1)$을 $S(S+1)$로 바꾸어 주어야한다. 따라서 자화율에 대한 스핀의 기여는

$$\chi = \frac{N g_e^2 S(S+1)\mu_0 \mu_B^2}{3kT} \tag{6.76}$$

로 된다. 이 식(6.76)에 의하면 χ는 양의 값을 가지며, 따라서 스핀 자기 모멘트는 그 물질의 상자성 자화율을 증진시킨다. 온도가 올라가면 열운동에 의해서 스핀 배향들이 무작성성을 띠게 되므로 자화율은 온도가 올라갈수록 감소한다. 실제로 상자성은 전자들의 궤도 각운동량에 의해서도 생긴다. 여기서는 스핀 각운동량에 의한 기여만을 고려한 셈이다.

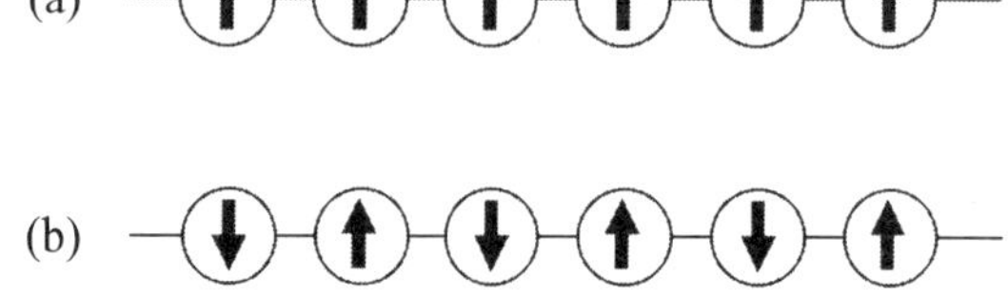

그림 6.7 ▸ (a) 강자성체, (b) 반강자성체의 전자 스핀의 배열

낮은 온도에서 상자성체는 경우에 따라서 대부분의 스핀이 평행하게 배열된 상태로 상전이를 일으키는 수가 있다. 이러한 배열을 하게 되면 시료가 대단히 센 자성을 나타내는데, 이런 현상을 **강자성**이라고 한다(그림 6.7(a)). 또 어떤 경우에는 스핀의 방향이 교대로 바뀌는 배열이 일어나서 약한 자성을 나타내는 **반강자성**으로 되는 수도 있다(그림 6.7(b)). 강자성은 외부 장이 없을 때에도 자화가 영이 아니지만 반강자성은 스핀 자기 모멘트가 상쇄되기 때문에 자화가 0이 된다. 강자성 전이가 일어나는 전이 온도는 Curie **온도**라고 부르고, 반강자성 전이가 일어나는 온도는 Neel **온도**라고 부른다.

예제 6.7

세 개의 짝짓지 않은 전자를 가지고 있는 착염 시료의 부피 및 몰 자화율 χ을 계산하라. 이 시료의 밀도는 $3.24[g/cm^3]$이고, 몰 질량은 $200[g/mol]$이다.

[풀이] $V_m = M/\rho$를 이용하여 몰 부피를 곱해서 몰 자화율로 바꾸면 식(6.76)은

$$\chi_m = \frac{N_A g_e^2 S(S+1)\mu_0 \mu_B^2}{3kT}$$

을 얻는다. 여기에 상수 값

$$\frac{N_A g_e^2 \mu_0 \mu_B^2}{3k} = 6.3001[cm^3/K \cdot mol]$$

을 대입하면

$$\chi_m = 6.3001 \times \frac{S(S+1)}{T}[cm^3/K \cdot mol]$$

을 얻는다. 여기에 S=3/2과 데이터를 대입하면

$$\chi_m = \frac{6.3001 \times (15/4)}{(273+25)}[cm^3/mol] = 7.9 \times 10^{-2}[cm^3/mol]$$

이다. $V_m = 61.7[cm^3/mol]$이므로 식(6.67)로부터

$$\chi = \frac{\chi_m}{V_m} = \frac{7.9 \times 10^{-2} cm^3 mol^{-1}}{61.7 cm^3 mol^{-1}} = 1.3 \times 10^{-3}$$

이 된다.

6.2.3 순간 유발 자기 모멘트

전계가 분자를 신축시켜서 그 분자를 편극시키는데 반하여 자장은 분자를 뒤틀리게 하여 자화시킨다. 좀더 자세하게 말하면 외부 자장은 전자의 순환 흐름을 유발시킨다.

이 순환전류는 일반적으로 외부 자장과 반대쪽의 자기 모멘트를 생기게 한다. 이러한 경우의 자화율은 반자성이다. 그러나 유발 자기 모멘트가 외부 자장과 같은 방향을 나타내는 경우도 가끔 있는데 이때의 자화율은 상자성이다.

짝지지 않은 전자 스핀을 가지지 않은 대다수의 분자들은 반자성이다. 이것은 상자성 자화율이 나타나려면 비어있는 높은 에너지 준위로 밀려 올라간 전자에 의해서 전류가 생겨야 하는데 반해서 반자성이 나타나려면 바닥상태에서 점유된 분자의 궤도함수에서 전류가 흘러야 하기 때문이다. 궤도 상자성은 온도에 의존하지 않아 스핀 상자성과 구분할 수 있다. 이 유발 상자성은 이 때문에 **온도-무의존 상자성**(TIP, temperature-independent paramagnet)이라고 부른다. 즉, 모든 분자들의 전체 자화율 속에는 반자성 성분이 들어 있지만, 분자 속에 짝짓지 않은 스핀이 있을 때는 이 성분이 스핀 상자성 때문에 억제되어 버린다. 몇몇 낮게 놓인 들뜬 상태에 있는 경우에는 TIP가 충분히 커서 전자들이 모두 짝지어져 있더라도 상자성을 나타낼 수 있다.

6장 연습문제

1. 다음 용어에 대하여 간략하게 설명하라.

(1) 가전자대	(2) 옴의 법칙	(3) 전기전도율
(4) 강유전체	(5) 전도대	(6) 전자분극
(7) 유전상수	(8) 전자에너지 밴드	(9) 도핑
(10) 유전율	(11) 유전체	(12) 유전체손
(13) 절연내력	(14) 이온분극	(15) 정공
(16) 배향분극	(17) 자유전자	(18) 억셉터 준위
(19) 전기 쌍극자	(20) 페르미 준위	(21) 에너지 밴드 갭
(22) 전기저항	(23) 홀 효과	(24) 비열
(25) 열전도율	(26) 열팽창계수	(27) 열용량
(28) 열충격	(29) 열응력	(30) 강자성(체)
(31) 연자성체	(32) 경자성체	(33) 큐리온도
(34) 자장의 세기	(35) 투자율	(36) 반강자성
(37) 자화율	(38) 보어 마그네톤	

2. 어떤 재료의 길이가 6 [cm]이고, 지름이 0.5 [cm]일 때, 길이 방향으로 전류를 0.2 [A]를 흘렸다. 이때 길이 방향으로 4.0 [cm] 떨어진 두 탐침 사이의 전압이 12.5 [V]임을 확인하였다. 이 시편의 전기전도율을 계산하여라. 그리고 전체 길이에 대한 저항을 계산하라.

3. 2가지의 다른 온도에서 어떤 재료의 전기전도율은 다음과 같다.

450 K	0.12 $[(\Omega\text{-m})^{-1}]$
550 K	2.25 $[(\Omega\text{-m})^{-1}]$

(1) 이 재료에 대한 밴드 갭 에너지(eV)를 결정하라.

(2) 350 K에서 전기전도율을 추정하라.

4. 유전상수가 3.53인 유전체를 사용하여 만들어진 평행판 커패시터의 판간격이 1.02 [mm]이다. 만약 유전상수 5.22인 재료를 이용하여 똑같은 커패시턴스 값을 얻었다면, 두 평행판 간의 거리는 얼마인가?

5. 3000 [mm^2]의 면적과 2.1 [mm]의 평행판 간격을 가지고 있는 평행판 커패시터 사이의 유전상수가 4.10인 재료로 채워진 경우를 생각하자.
   (1) 이 커패시터의 커패시턴스를 구하라.
   (2) 각 판 위에 저장된 전하가 $8.0 \times 10^{-9} [C]$이 되게 하기 위하여 얼마의 전계가 가해져야 되는지 계산하라.

6. $BaTiO_3$의 강유전체 거동이 강유전체 큐리온도 이상에서 사라지는 이유를 간단히 설명하라.

7. $BaTiO_3$와 같은 압전체 재료의 물리적 크기가 전계를 받을 때, 변하는데 그 이유를 설명하라.

8. CH_2I_2의 굴절율은 656[nm] 빛에 대해서 1.732이며, 이 물질의 밀도는 20[℃]에서 3.32 [gcm^{-3}]이다. 이 파장에서 이 물질의 편극도를 계산하라.

9. 물의 편극도 부피는 $1.48 \times 10^{-24} [cm^3]$이다. 1.0 [kV/cm]의 전계를 작용시켰을 때 유도되는 이 분자의 쌍극자(영구 쌍극자 모멘트 이외의)를 계산하라.

10. $CrCl_3$의 자기 모멘트 실험치는 3.81 Bohr 마그네톤이다. 이 화합물에서 크롬원자는 몇 개의 짝짓지 않은 전자를 가지고 있겠는가?

11. 자화도 ξ와 부피 및 몰 자화율은 그 분자의 파동함수로부터 계산할 수 있다. 예로서 수소원자의 자화도는 다음과 같다.

$$\xi = \frac{-e^2}{6m_e} < r^2 >$$

여기서 $< r^2 >$은 이 원자에서의 r^2의 기대치(평균치)이다. 수소원자의 ξ와 χ_m을 계산하라.

12. 총 길이 2 [m]이며 150회 감긴 코일 도선에 10 [A]의 전류가 흐르고 있다.
   (1) 자장의 세기 H는 얼마인가?
   (2) 코일이 진공 중에 있을 경우, 자속밀도 B를 계산하라.
   (3) 코일 내부에 위치해 있는 티타늄 막대 내부의 자속밀도를 계산하라. 티탄늄의 자화율은 1.81×10^{-4}이다.
   (4) 자화 M의 값을 구하라.

13. 상자성체와 강자성체 내의 각 원자와 관련된 순수 자기 모멘트가 있다. 상자성은 영구적으로 자화시킬 수 없는 반면, 강자성체는 영구적으로 자화시킬 수 없다. 그 이유를 설명하라.

14. 단위정의 모서리 길이가 0.8337[nm]인 니켈 페라이트[$(NiFe_2O_4)_8$]에 대한 포화자화 및 포화자속밀도를 추정하라.

15. 강자성체의 경우 온도를 증가시키면 포화 자화의 양이 감소하는 이유와 큐리온도 이상에서 강자성 현상이 없어지는 이유에 대하여 설명하라.

7 재료의 광학적 성질

7.1 굴절 성질

매질의 굴절율 n_r은 진공에서의 빛의 속도 c와 매질 속에서의 빛의 속도 v와의 비로 나타낸다. 즉,

$$n_r = \frac{c}{v} \tag{7.1}$$

이다. 전자기 복사선의 성질을 나타내는 Maxwell 식을 이용하면 진동수 ν인 빛에 대한 굴절율은 다음과 같이 그 진동수에서의 상대 유전율에 관계되는 식은

$$n_r = \sqrt{\epsilon_r} \tag{7.2}$$

으로 된다. 따라서 광학적 진동수 약 $10^{15} \sim 10^{16}$ [Hz] 영역에서는 굴절계를 이용하여 시료의 굴절율을 측정하고 이것을 Clausius-Mossotti 식에 넣어주면 몰 편극도, 즉 분자 편극도를 구할 수 있다.

Clausius-Mossotti 식은 일반적으로 다음과 같은 몰 굴절도 R_m을 가지고 나타난다.

$$R_m = \frac{M}{\rho} \times \frac{n_r^2 - 1}{n_r^2 + 2} \tag{7.3}$$

따라서 식(6.13)과 식(6.14)로부터 다음식

$$\alpha = \frac{3\epsilon_0 R_m}{N_A} \quad \text{또는} \quad \alpha' = \frac{3R_m}{4\pi N_A} \tag{7.4}$$

을 얻을 수 있다.

예제 7.1

20 [℃]에서 파장 579 [nm]의 빛에 대한 물(밀도 0.999 g/cm^3)의 굴절율은 1.333이다. 이 진동수에서 물분자의 편극도 부피를 구하여라.

[풀이] $n_r = 1.333$ 이므로

$$\frac{n_r^2 - 1}{n_r^2 + 2} = \frac{1.333^2 - 1}{1.333^2 + 2} = 0.2057$$

이다. 따라서 R_m은

$$R_m = \frac{M}{\rho} \times \frac{n_r^2 - 1}{n_r^2 + 2} = \frac{18}{0.999} \times 0.2057 = 3.7063 [cm^3/mol]$$

이므로 편극도 부피 α'는

$$\alpha' = \frac{3R_m}{4\pi N_A} = \frac{3 \cdot 3.7063}{4\pi \cdot 6.023 \times 10^{25}} = 1.470 \times 10^{-24} [cm^3]$$

이다.

근사적으로 몰 굴절도는 분자나 고체를 이루는 모든 기들의 기여를 합한 것과 같다는 사실이 알려졌다. 그리하여 공유결합 분자의 결합들은 결합 굴절도를, 그리고 이온결합 고체에서는 이온들이 이온 굴절도에 기여한다고 생각할 수 있다. 이러한 여러 기여들을 합하여 몰 굴절도를 일단 계산하면 식(7.3)을 고쳐서 n_r를

$$n_r = \sqrt{\frac{M_m + 2R_m}{M_m - R_m}}, \quad M_m = \frac{M}{\rho} \tag{7.5}$$

로 쓸 수 있다.

빛이 매질 속을 통해서 전파되는 것은 입사광이 진동 쌍극자 모멘트를 유발하고 이것은 다시 동일 주파수의 빛을 방사하기 때문이라고 생각할 수 있어 굴절율은 분자 편극도와 관계된다. 이 새로 방사되는 복사선은 입사 복사선에 비해서 그 위상이 지연되며 매질 속에서는 진공 속에서보다 빛이 더 느리게 전파된다. 높은 진동수의 빛은 낮은 진동수의 빛보다 더 많은 에너지를 운반하므로 이들은 더 효과적으로 그 경로 상에 있는 분자들을 더 들뜨게 할 수 있다. 따라서 분자의 분극도, 즉 굴절율은 입사광의 진동

수에 따라 함께 증가한다. 이러한 진동수 의존은 빛이 프리즘에 의하여 분산되는 현상의 원인이기도 하다. 즉 푸른빛은 붉은 빛보다 더 큰 굴절율을 가지며 그리하여 프리즘에 의해서 더 심하게 굽어진다. 이러한 현상 때문에 굴절율이나 또는 기타 성질들이 진동수에 따라 변하는 현상들을 분산이라고 부르게 되었다. 그림 7.1은 시료의 편극도 분산을 나타낸 것으로 편극도의 외부 계 진동수에 대한 의존 모양을 도시하고 있다. 계의 방향이 너무 빠르게 바뀌어서 분자 극성의 재배향이 미처 뒤따르지 못할 때는 편극도가 크게 감소한다는 것에 주목하기 바란다.

7.2 광학적 활성도

광학적으로 활성도를 갖는 시료는 그 속을 통과하는 편광된 빛의 편광면을 회전시키는데, 이것을 좌선 편광 빛의 굴절율 n_L과 우선 편광 빛의 굴절율 n_R이 서로 다를 때 나타나는 효과이다. 관례에 따라 관측자가 오는 빛을 마주볼 때 전기 벡터가 시계방향으로 회전하는 빛을 우선 빛이라고 한다. 이들 두 굴절율이 상이한 시료를 원편광 복굴절을 나타낸다고 말한다.

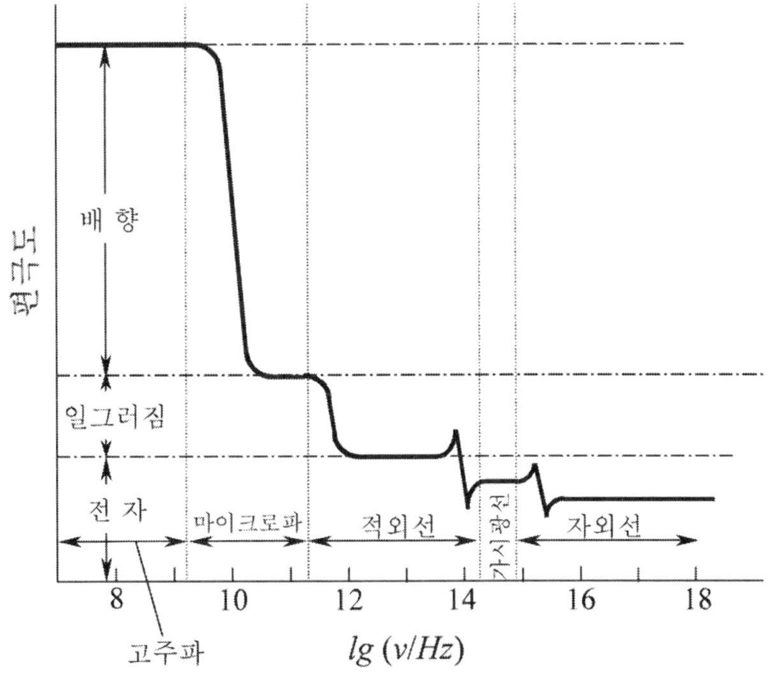

그림 7.1 ▸ 편극도 분산

그림 7.2 ▸ 시료 속으로 입사하는 선형 편광 빛

그림 7.2를 보면 원평광 복굴절에 의해서 광회전이 일어나는 것을 알 수 있다. 빛이 매질속으로 들어가기 전에는 어떤 축에 대하여 $\theta = 0^\circ$ 로 평면-편광되어 있다. 이 평면-편광 빛은 그림 7.2에서와 같이 서로 반대로 회전하는 두 원편광 성분의 중첩으로 나타낼 수 있다. 이 빛이 매질로 들어가면 성분들의 굴절율이 같지 않을 경우 그 중 한 성분이 보다 더 빨리 전파되어, 시료의 길이가 ℓ 일 때 통과 시간은 다음과 같은 차를 나타낼 것이다.

$$\Delta t = \frac{l}{v_R} - \frac{l}{v_L} \qquad (7.6)$$

여기서 v_R과 v_L은 성분들의 전파 속도이다. 이 차는 굴절율을 써서

$$\Delta t = \frac{(n_R - n_L)l}{c} \qquad (7.7)$$

로 나타낼 수 있다. 따라서 이 성분들이 시료 매질을 빠져 나올 때는 이들 사이의 위상차는

$$\Delta\theta = c\Delta t \times \frac{2\pi}{\lambda} = (n_R - n_L) \times \frac{2\pi l}{\lambda} \qquad (7.8)$$

만큼 나타난다. 여기서 λ는 빛의 파장이다. 두 개의 회전하는 전기 벡터가 시료를 떠날 때 상이한 각도에서 위상이 일치함으로 이들은 중첩되어 입사 빛살면에 대해서 $\Delta\theta$만큼 회전된 평면-편광 빛을 만든다. 그리하여 광 회전각은 굴절율 차 $n_R - n_L$에 비례하게 된다.

빛의 두 편광 성분이 어째서 상이한 굴절율을 나타내게 하는가를 설명하려면 분자의 편극도가 어째서 빛의 회전방향에 의존하는가를 설명해야 할 것이다. 광회전을 이론적

으로 완전하게 설명하려면 대단히 복잡하다. 그러나 분자가 나선형 구조를 가질 경우 입사 복사선의 전계가 이 분자의 나선을 따르느냐에 의해서 이 분자의 편극도가 결정된다고 보면 이것을 간단히 설명할 수 있다. 나선형 구조를 갖는 분자는 결정학(結晶學) 상으로 그 거울상과 포개질 수 없는 키랄(chiral)성을 갖는다.

빛의 진동수에 따른 광 회전각의 변화를 광회전 분산(*ORD*)이라고 부른다. 이것은 좌선 및 우선 원편광 빛에 대한 개개 분자들의 편극도 분산 때문이라고 설명할 수 있으며, 분자의 입체 화학적 배위를 조사하는데 이용된다.

두 굴절율의 차이(광학적 복굴절)와 관련되는 또 하나의 현상은 우선 및 좌선 원편광 빛에 대한 흡수 세기 I_R과 I_L의 차이다. 이 차이를 원편광 이색성(*CD*)이라고 하며, $I_R - I_L$의 차를 복사선의 진동수에 대해서 도시한 것을 그 시료의 CD 스펙트럼이라고 한다. 이 *CD* 분광법은 *d*-금속 착물의 절대 구조를 결정하는데 특히 효과적인데, 이것은 비슷한 기하학적 구조를 갖는 비슷한 착물들이 비슷한 모양의 *CD* 스펙트럼을 나타내기 때문이다.

7.3 반사

광선은 굴절율이 서로 다른 두 매질 사이의 경계면을 지날 때, 빛의 일부는 항상 경계면에서 반사(reflection)가 일어난다. 매질의 굴절율이 크면 클수록 반사되는 분율이 더 커진다. 경계면을 수직방향으로 지나는 광선의 반사분율은

$$\frac{I_r}{I_0} = \left(\frac{n_2 - n_1}{n_2 + n_1}\right)^2 \tag{7.9}$$

로 나타내어진다. 여기서, I_r, I_0은 각각 입사 빔과 반사 빔의 세기를 나타내고, n_1, n_2은 두 매질의 굴절율이다. 만약에 입사광선이 경계면에 수직하지 않다면 반사분율은 입사각에 따라 변한다. 광선이 진공 또는 공기중으로부터 어떤 고체 r의 표면에 수직으로 입사할 때의 반사분율은 공기의 굴절율이 거의 1에 가까우므로 식(7.9)는

$$\frac{I_r}{I_0} = \left(\frac{n_r - 1}{n_r + 1}\right)^2 \tag{7.10}$$

로 된다. 따라서 굴절율이 커지면 커질수록 반사율이 커짐을 알 수 있다. 반사 손실은 여러 가지 광학장치에의 응용에 있어서 상당히 중요한 파라미터이다. 잘 닦은 유리나 석영표면에서의 반사손실은 광선의 입사각이 약 60° 까지 증가할 때는 별로 크게 증가

하지 않는다. 그러나 입사각이 60° 를 넘으면 반사되는 복사선의 분량이 급격히 증가하여 90° 인 스침각에서는 거의 100%에 가깝게 된다.

예제 7.2

광선이 물이 들어 있는 유리용기를 수직으로 통과할 때, 반사로 인한 전체 손실 백분율을 구하여라. 광선에 대한 굴절율은 유리가 1.50이고, 물은 1.33, 공기는 1.00이다.

[풀이] 전체 반사손실은 각 경계면에서 일어나는 반사손실의 합이다.

(i) 첫 번째 경계면(공기에서 유리로)에서 반사분율은

$$\frac{I_{r1}}{I_0}=\left(\frac{1.50-1.00}{1.50+1.00}\right)^2=0.040$$

이다. 따라서 광선의 세기는

$$(J_0-0.040I_0)=0.960I_0$$

로 감소되었다.

(ii) 두 번째 경계면(유리-물 경계면)에서 반사분율은

$$\frac{I_{r2}}{0.960I_0}=\left(\frac{1.50-1.33}{1.50+1.33}\right)^2=0.0036$$

$$I_{r2}=0.0035I_0$$

이다. 따라서 광선의 세기는

$$(0.960J_0-0.0035I_0)=0.957I_0$$

로 감소되었다.

(iii) 세 번째 경계면(물-유리 경계면)에서 반사분율은

$$\frac{I_{r3}}{0.957I_0}=\left(\frac{1.50-1.33}{1.50+1.33}\right)^2=0.0036$$

$$I_{r3}=0.0035I_0$$

이다. 따라서 광선의 세기는

$$(0.957J_0-0.0035I_0)=0.953I_0$$

로 감소되었다.

(iv) 마지막 경계면(유리-공기 경계면)에서 반사분율은

$$\frac{I_{r4}}{0.953I_0}=\left(\frac{1.50-1.00}{1.50+1.00}\right)^2=0.0400$$

$$I_{r4}=0.0038I_0$$

이다. 따라서 전체 반사손실은

$$I_{rt} = 0.040 I_0 + 0.0035 I_0 + 0.0035 I_0 + 0.038 I_0 = 0.085 I_0$$

이므로 손실백분율은

$$\frac{I_{rt}}{I_0} \times 100 = 8.5[\%]$$

이다.

7.4 흡수

재료에 있어서 광에너지의 흡수는 전자분극에 의하거나 에너지 밴드구조의 밴드 갭을 뛰어 넘거나 또는 밴드 갭내에 위치해 있는 불순물 또는 결함 준위로 일어나는 전자여기와 밀접한 관련이 있다. 광자의 흡수는 그림 7.3에서와 같이 전자가 거의 채워진 가전자대로부터 밴드 갭을 뛰어넘어 전도대의 빈 준위로 여기 됨으로서 발생한다.

이때 전도대에는 자유전자가 형성되고 가전자대에는 정공이 만들어진다. 여기 에너지 ΔW는 흡수된 광자의 진동수와 식(1.10)에 나타난 것과 같은 관계를 가진다. 빛의 흡수에 의해서 일어나는 여기는 입사광의 에너지가 밴드 갭 E_g보다 커야만 일어난다.

가시광선의 최소파장은 약 380 [nm]이므로 가시광선의 흡수가 가능한 최대 밴드 갭 에너지 E_{gmax}는

$$E_{gmax} = \frac{hc}{\lambda_{\min}} \tag{7.11a}$$
$$= \frac{4.13 \times 10^{-15}[eV \cdot s] \cdot 3 \times 10^{8}[m/s]}{3.8 \times 10^{-7}[m]} = 3.26[eV]$$

로 계산된다. 만약 3.26 eV보다 큰 밴드 갭 에너지를 가진 재료에 의해서는 가시광선이 흡수되지 않으며, 이런 재료가 높은 순도를 유지한다면 투명하면서 색깔이 없는 것처럼 보인다.

반면에 가시광선의 최대파장이 800 [nm]이므로 가시광선의 흡수가 가능한 최대 밴드 갭 에너지 E_{gmin}는

$$E_{gmin} = \frac{hc}{\lambda_{\max}} \tag{7.11b}$$
$$= \frac{4.13 \times 10^{-15}[eV \cdot s] \cdot 3 \times 10^{8}[m/s]}{8 \times 10^{-7}[m]} = 1.55[eV]$$

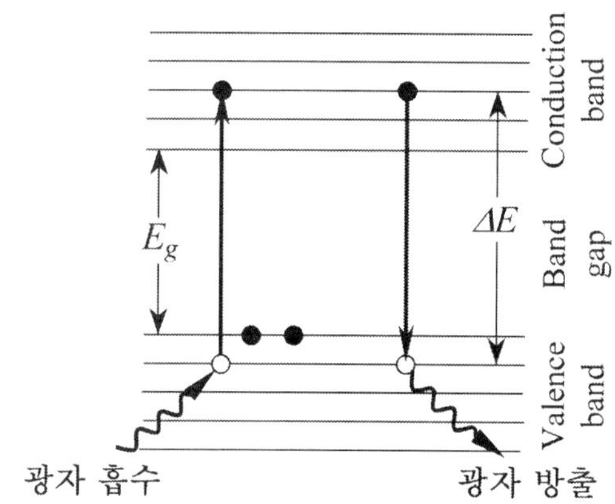

그림 7.3 ▸ 광자의 흡수와 방출

로 계산된다. 이 결과 1.55 [eV]보다 작은 밴드 갭 에너지를 가진 반도체에서는 모든 가시광선이 가전자대에서 전도대로 일어나는 전자 천이에 의하여 흡수된다는 것을 의미하며, 이런 재료들은 불투명하다. 따라서 1.55~3.26 [eV] 사이의 밴드 갭 에너지를 가진 재료에 의해서는 가시광선 스펙트럼이 흡수되므로 이러한 재료들은 색을 띠게 된다.

광선의 또 다른 흡수는 불순물 또는 결함들이 존재해 있는 경우 밴드 갭내에 도너와 억셉터 준위들과 같이 밴드 갭 중앙근처에서 떨어져 위치에 형성된 전자 준위에 의한 천이에 의해서도 이루어진다. 전자 천이에 의하여 흡수되는 전자기 에너지는 여러 가지 원인에 의해 소모된다. 가전자대로부터 전도대로 여기가 일어났던 경우의 에너지 소모는 다음과 같은 반응은

$$\text{전자} + \text{정공} \rightarrow \text{에너지}(\Delta W) \tag{7.12}$$

을 통해 전자와 정공이 직접적으로 재결합을 이루어 소모할 수도 있다. 이와 함께 여러 단계를 거치는 전자 천이가 밴드 갭 내에 있는 불순물 준위를 거치면서 일어날 수 있다. 즉, 전자가 전도대 내의 하나의 준위로부터 불순물 준위로 떨어질 때, 한 광자가 방출함과 거의 동시에, 또 이 전자가 불순물 준위로부터 가전자대로 붕괴될 때 또 하나의 광자가 방출한다. 이러한 광자의 생성은 온도 증가를 일으키고 결과적으로 관련된 에너지를 열로 소모하게 된다.

순수하게 흡수된 복사선의 세기는 매질의 특성과 매질내를 진행하는 복사선 길이에 의존하고 있다. 매질내를 통과하는 복사선의 세기 I_{at}는

$$I_{at} = I_0 e^{-\beta x} \tag{7.13}$$

와 같이 광선이 진행하는 거리 x의 값이 증가함에 따라 감소한다. 여기서, I_0는 표면에서 반사되지 않은 입사복사선이고, β는 재료에 따라 달라지는 **흡수계수**(absorption coefficient, mm^{-1})이다. 매개변수 x는 입사되는 재료의 표면으로부터 내부로 측정되는 거리이다. 흡수계수가 큰 재료는 빛을 강하게 흡수한다.

7.5 투과

흡수, 반사, 투과와 같은 현상들은 빛이 투명한 고체를 지나가는데 적용된다. 그림 7.4과 같이 두께 l, 흡수계수 β인 고체의 표면을 I_0의 세기로 입사한 경우, 고체를 투과한 후의 투과 세기 I_t는

$$I_t = I_0(1-\frac{I_r}{I_0})^2 e^{-\beta l} \tag{7.14}$$

와 같이 된다. 여기서 괄호 안의 강도의 비는 반사분율이다. 따라서 투명한 재료를 통과하는 입사광의 분율은 흡수와 반사가 얼마나 일어나느냐에 따라 달라진다. 다시 말해 반사율(I_r/I_0), 흡수율(I_a/I_0), 투과율(I_t/I_0)의 총합 즉,

$$\frac{I_r}{I_0}+\frac{I_a}{I_0}+\frac{I_t}{I_0}=1 \tag{7.15}$$

이 된다. 이러한 변수들은 빛의 파장에 크게 의존하여 변한다.

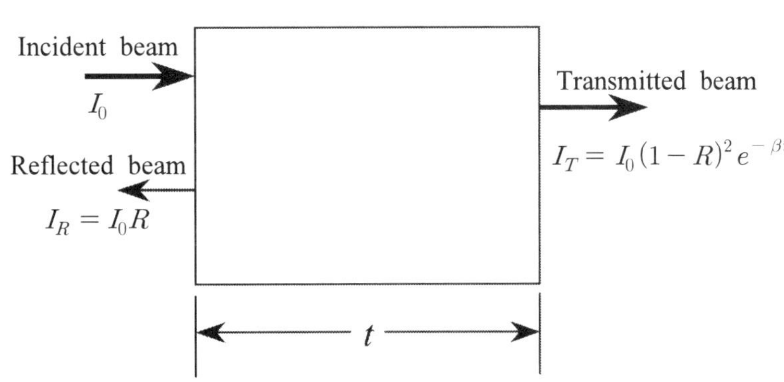

그림 7.4 ▸ 투명한 매질의 빛의 투과성

7.6 산란

앞에서 언급했던 것처럼 복사선이 물체를 투과하는 경우에는 복사 에너지가 물체 속에 있는 이온, 원자 또는 분자에 순간적으로 머문 후 입자가 본래의 상태로 되돌아올 때 모든 방향으로 복사선을 다시 방출한다. 원자 또는 분자 입자가 복사선의 파장에 비해 작으면 상쇄간섭이 일어나서 빛살의 원래 방향으로 전파하는 것을 제외하고 다시 방출되는 거의 모든 복사선은 제거된다. 그리하여 상호작용이 일어나더라도 빛살의 방향은 변하지 않는다. 그러나 자세히 관찰해 보면 극히 적은 일부의 복사선은 본래 방향에서 벗어나 모든 방향으로 전파한다. 이러한 **산란복사선**(scattered radiation)의 세기는 입자 크기에 따라 증가한다는 사실을 알 수 있다.

복사선의 파장보다 대단히 작은 분자나 분자의 집합체에 의한 산란을 **Rayleigh 산란**이라고 한다. 산란광의 세기는 파장(파장의 4제곱의 역수), 산란 입자의 크기, 편극되는 정도 등과 쉽게 관련지을 수 있다. 산란 현상의 손쉬운 보기는 하늘의 푸른빛인데 이는 가시광선 중에서 짧은 파장이 더 많이 산란된다는 사실에서 일어나는 현상이라고 할 수 있다.

콜로이드 입자의 크기가 되면 산란복사선은 눈으로도 볼 수 있을 정도로 매우 세며, 이것이 Tyndall **효과**이다. 산란복사선을 측정하므으로서 중합체 분자와 콜로이드 입자의 모양과 크기를 측정할 수 있다.

Raman 효과는 산란복사선의 일부가 양자화된 진동수만큼 변화를 받는다는 점에서 보통 산란과 다르다. 이러한 변화는 분자의 편극과정에서 일어나는 분자 내의 진동에너지 준위의 전이 때문에 나타나는 현상이다.

7장 연습문제

1. 다음 용어에 대하여 간략하게 설명하라.

(1) 광자	(2) 투과	(3) 굴절
(4) 굴절지수	(5) 기저상태	(6) 여기상태
(7) 형광	(8) 흡수	(9) 반사
(10) 산란	(11) 광전도도	

2. 광학적 진동수에서 H_2O의 편극도 부피는 $1.5\times10^{-24}[cm^3]$이다. 물의 굴절율을 계산하라. 그 실험치는 1.33이다. 차이가 나타나는 원인은 무엇인지 설명하라.

3. 광자(photon)와 포논(phonon)의 차이점과 유사점을 간결하게 논하라.

4. 전자기 복사선은 고전적 관점 또는 양자역학적 관점에서 취급할 수 있다. 두 가지 견해를 비교하여 설명하라.

5. 전자기 복사선에 의한 전자분극 현상에 대하여 간결하게 설명하라.

6. 투명한 매질 내에서 일어나는 분산(dispersion) 현상을 간결하게 기술하라.

7. 표면에 수직하게 입사되는 빛에 대하여 25 [mm] 두께의 투명한 재료의 투과율 T는 0.88이다. 만약 이 재료의 굴절율이 1.5라면, 투과율이 0.75가 되게 하는 재료 두께를 계산하라. 모든 반사손실을 고려한다.

8. 석영의 굴절율은 비등방성이다. 가시광선의 한 입자에서 다른 결정방향을 가진 입자로 입계면에 수직하게 지나가고 있다고 가정하자. 만약 두 입자의 굴절율이 각각 1.544, 1.553이라면, 입자 계면에서의 반사율을 계산하라.

8 재료의 열·기계적 성질

8.1 열적 성질

8.1.1 열용량

고체를 가열하게 되면 열에너지를 흡수하여 온도가 상승하게 된다. 이와 같이 외부 환경으로부터 열을 흡수할 수 있는 능력을 나타내는 성질을 **열용량**(heat capacity)이라 한다. 열용량은 물체를 1℃를 올리는데 필요한 에너지의 양으로 주어지며 일정 부피하에서의 열용량 C_V를 수학적으로 표현하면

$$C_V = \left(\frac{\partial U}{\partial T}\right)_V \tag{8.1}$$

이다. 여기서, ∂U는 ∂T만큼의 온도를 변화시키는데 요구되는 에너지 양이다. 또 일정 압력하에서의 열용량 C_P를 수학적으로 표현하면

$$C_P = \left(\frac{\partial H}{\partial T}\right)_P \tag{8.2}$$

이다. 여기서, ∂H는 ∂T만큼의 온도를 변화시키는데 요구되는 에너지 양이다. 보통 열용량은 재료 1 mol에 대하여 표시하거나, 또는 가끔 **비열**로도 사용한다. 비열은 단위 질량당 열용량으로 표시되며, 단위는 [*J/kg-K*], [*cal/g_K*], [*Btu/lb-F*] 등 여러 가지가 있다. C_P의 값은 C_V보다 언제나 크게 나타나고 있으나 대부분의 고체에서 이 값의 차이는 상온 또는 그 이하의 온도에서 매우 작다. 고체나 액체의 경우보다 기체의 경우에는 그 차이가 훨씬 크다. 그 이유는 고체나 액체는 가열되더라도 그 부피의 변화가 미미하여 팽창 일을 거의 하지 않기 때문이다.

1. 진동 열용량

고체의 열용량을 설명하려면 원자들의 진동에 의해서 에너지가 어떻게 취해지는가를 생각해 보아야한다. 원자들이 고체 안에서 회전이나 병진운동을 하지 않을 때는 진동에 의해서만 에너지가 저장된다. 원자 진동은 독립적으로 이루어지기보다는 이웃한 원자들끼리 원자 결합에 의하여 서로 연결되어 행하여진다. 이 격자파(lattice wave)는 짧은 파장과 매우 높은 주파수를 가진 탄성파(elastic wave) 또는 단순한 음파(sound wave)로 이루어지며, 매질 내를 통과할 때에는 음파 속도로 진행한다. 재료에 대한 열운동에너지는 일련의 탄성파로 구성되어 있으며, 이 탄성파들은 어느 범위의 에너지 분포와 주파수를 보유하고 있다. 또한 열진동에너지는 양자화되어 어떤 에너지 값만 취하도록 되어 있고, 하나의 열진동 양자에너지를 포논(phonon)이라고 한다. 전자 전도가 이루어지는 동안 자유전자는 진동파와 충돌하여 열적 산란을 일으키고, 또한 이 탄성파를 통하여 에너지가 전달되어 열전도가 이루어진다.

2. 열용량의 온도 의존성

고전물리가 맞는다고 하면 일차원 진동운동을 하는 원자의 평균 진동에너지는 균등분배원리에 의해서 kT가 되어야 할 것이다. N개의 원자로 이루어진 금속 덩어리의 경우에는 이들 원자하나가 세 방향으로 자유롭게 진동할 수 있으며, 따라서 이 금속 덩어리의 전체 진동에너지는 $3NkT$가 된다. 따라서 이 진동에너지는 몰 내부 에너지에다 다음과 같은 기여를 하게 된다.

$$U_m = 3N_A kT = 3RT \tag{8.3}$$

일정 부피하에서의 몰 열용량은 식(8.1)와 같으며, 따라서 고전물리에 의하면 다음과 같은 온도에 무관한

$$C_V = 3R \ , \ R\text{: 기체상수} \tag{8.4}$$

값을 갖게 된다. 이 결과는 Dulong과 Petit가 실험적 결과에 입각해서 제안하였기 때문에 Dulong과 Petit의 법칙이라고 부르고 있다.

Einstein이 열용량에 관한 연구를 시작한 것은, 과학기술의 발달로 낮은 온도에서도 Dulong과 Petit의 법칙을 시험할 수 있게 되어서부터이고, 그 결과 이 법칙이 많이 벗어난다는 것을 알게 되었다. 모든 금속의 열용량은 낮은 온도에서 $3R$보다 작아지며 절대 영도에서 영에 접근한다. Einstein은 플랑크의 가정을 도입하여 원자들은 모두 진동수 ν를 갖고 그 평형점 주위에서 진동하며 이러한 원자 진동자는 $nh\nu$의 에너지만을 가질 수 있다고 하였다. 여기서 n은 정수이다.

그는 금속의 몰 진동 에너지를 계산하여 다음과 같은 식

$$U_m = \frac{3N_A h\nu}{e^{h\nu/kT} - 1} \tag{8.5}$$

을 얻었다. 이 식을 T에 관하여 미분하여 열용량 식

$$C_V = 3R\left(\frac{h\nu}{kT}\right)^2 \left\{\frac{e^{h\nu/2kT}}{e^{h\nu/kT} - 1}\right\}^2 = 3R \tag{8.6}$$

을 구하였으며 오늘날 이 식을 Einstein 식이라 부른다.

높은 온도에서는 $kT \gg h\nu$이므로 지수항을 $1 + (h\nu/kT) + \cdots$와 같이 전개하고 고차항을 무시할 수 있다. 이렇게 하면 다음과 같이 고전적으로 전개한 식과 같은

$$C_V = 3R\left(\frac{h\nu}{kT}\right)^2 \left\{\frac{1 + h\nu/2kT + \cdots}{1 + h\nu/kT + \cdots - 1}\right\}^2 = 3R \tag{8.7}$$

결과가 나온다.

낮은 온도에서는

$$e^{h\nu/kT} \rightarrow \infty, \quad \text{결과적으로} \quad C_V \rightarrow 0 \tag{8.8}$$

로 된다. 따라서 Einstein 식은 낮은 온도에서 열용량이 내려가는 것을 잘 설명해 준다. 그림 8.1에 Einstein 식의 온도 의존 관계를 도시하였다.

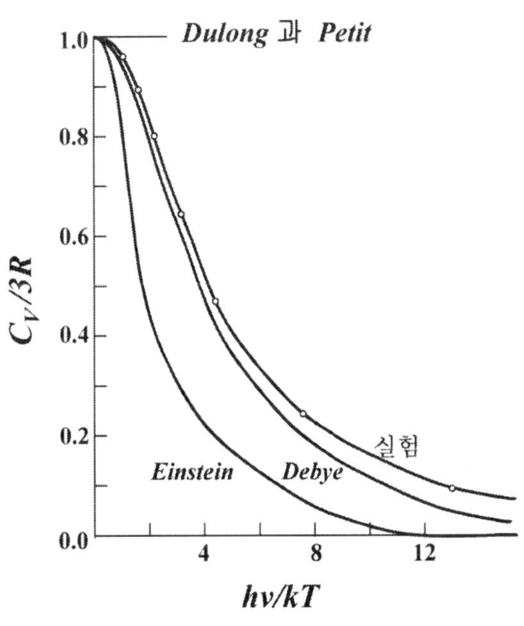

그림 8.1 ▸ 저온에서의 열용량에 대한 실험결과와 이론적 결과

8.1.2 열팽창(熱膨脹)

고체의 대부분은 온도를 높이면 팽창하여 길이나 부피가 증가하고, 반대로 온도를 내리면 수축하여 길이나 부피가 감소한다. 시료가 처음 온도 T_0[℃]에서의 초기 상태의 길이를 $l_0[mm]$, T_1[℃]에서의 늘어난 길이를 $l_1[mm]$라고 하면, 온도의 상승으로 인해 시료가 늘어난 길이 $\triangle l$ [mm]은

$$\triangle l = l_1 - l_0 \tag{8.9}$$

이 되고, 온도의 상승으로 인한 선의 **팽창율** α는

$$\alpha = \frac{\Delta l}{l_0} \tag{8.10}$$

로 된다. 또 온도의 변화에 따라 길이가 변화하는 것으로부터 **열팽창계수**(coefficient of thermal expansion) β는

$$\beta = \frac{\Delta l}{l_0} \cdot \frac{1}{T_1 - T_0} [/℃] \tag{8.11a}$$

또는

$$\beta = \frac{\Delta l}{l_0} \cdot \frac{1}{\Delta T} [/℃] \tag{8.11b}$$

로 표현된다. 이 계수는 어떤 재료가 가열됨으로서 팽창되는 정도를 나타내는 재료의 성질이며, 단위는 온도의 역수인 $[(℃)^{-1}]$로 표현된다.

가열 또는 냉각 시 3차원적으로 부피 변화의 증감이 일어나며, 온도에 따른 부피의 변화로 열팽창계수를 표현하면 식(8.11b)는

$$\beta_v = \frac{\Delta V}{V_0} \cdot \frac{1}{\Delta T} [/℃] \tag{8.12}$$

로 된다. 여기서 ΔV와 V_0는 각각 변화된 부피와 초기부피를 나타내고, β_v는 **열팽창 체적계수**이다. 그러나 열팽창이 등방적으로 일어나는 재료에 있어서는 β_v가 3β와 비슷한 값을 나타낸다.

원자적 관점에서 열팽창은 원자간 평균거리의 증가를 의미하는 것이다. 이 현상은 1장에서 설명하였던 고체 재료에 있어서 에너지 대 원자간 거리 곡선인 그림 1.7을 살펴봄으로써 잘 이해할 수 있으며, 그림 8.2(a)는 이 곡선을 좀더 자세히 다시 그린 것이다.

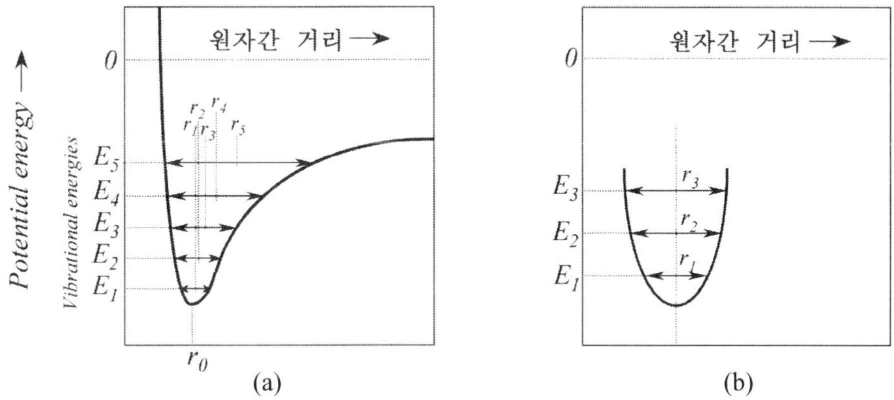

그림 8.2 ▸ 원자간 거리 대 에너지

그림에서 위치 에너지의 곡선이 계곡의 골짜기 모양과 흡사함을 보여주고 있으며, 0 K에서 원자간 평균거리 r_0는 1장에서 설명하였듯이 위치 에너지의 최소값에 해당한다. 보다 높은 온도 T_1, T_2, T_3, …로 계속적으로 고체를 가열시키는 것은 진동 에너지의 준위를 E_1, E_2, E_3, …로 높여주고 있는 것이다. 한 원자의 평균 진동 진폭은 각 온도에서의 골 넓이에 해당하며, 평균 원자간 거리는 평균 위치에 의하여 나타나고, 이 평균 위치는 온도의 증가에 따라 r_0, r_1, r_2, …로 증가하고 있다.

열팽창은 온도의 증가에 따라 커지는 원자의 진동 진폭에 의하기보다는 위치 에너지 골의 비대칭적 곡선에 의해 일어난다. 그림 8.2(b)에서 보는 것과 같은 대칭적 위치 에너지 곡선에서는 진동 에너지가 증가함에 따라 원자간 거리의 변화가 없으므로 열팽창은 일어나지 않는다.

금속, 세라믹, 폴리머의 모든 종류의 재료는 원자 결합 에너지가 크면 클수록 이러한 위치 에너지 골은 더욱더 좁아진다. 결과적으로 온도 증가에 따라 원자간 거리의 증가는 보다 낮아져 작은 β의 값을 보여준다. 열팽창계수의 값에 대한 재료의 온도 의존성은 온도 증가에 따라 커지며, 이러한 열팽창계수는 $0°K$ 근처에서 특히 빠르게 증가한다.

8.1.3 열전도율

열전도란 열이 재료내의 높은 온도지역에서 낮은 온도지역으로 이동하는 현상을 말한다. 재료의 열전도율 측정은 공업적으로 내화물의 열효율면에서 주목되는 이외에 별로 고려되지 않았다. 그러나 최근 전자회로 부품의 초소형화가 진행되어 1입방 mm당 수백만 개의 부품집합밀도에 도달되어 있어 부품의 손실에 의한 발열을 어떻게 방산시키는가 하는 것이 문제가 된다. 그런 의미에서 열전도율이나 비열은 재료가 열을 전달할 수 있는 능력을 특징짓는 성질로서 매우 중요하다. 또한 절연물에 대해서 열전도는 거의 격자의 열진동에 의하여 이루어진다고 생각되나, 강유전체와 같이 이온의 변위, 따라서 열진동이나 그 진폭이 큰 관심을 끄는 물질에서는 강유전성의 해명이라는 물성면에 있어서도 중요한 의미를 가지는 것이다.

열전도율의 기초 미분방정식은

$$f(T) = \frac{C_p \rho_0}{\eta} \cdot \frac{\partial T}{\partial t} \tag{8.13}$$

와 같다. 여기서 T는 온도, C_p는 비열, ρ_0는 밀도, η는 열전도도이다. 이 식은 1차원 정상상태에서는 더욱더 간단하게 된다. 시료의 단면적이 $A[m^2]$인 봉의 한쪽 끝 온도를 T_1[℃]이고, 다른 한쪽의 온도를 T_2[℃]$(T_1 > T_2)$로 할 때, 그 봉을 단위시간에 흐르는 **열류** $I[cal/\sec]$는 양쪽 끝의 온도차$(T_1 - T_2)$가 크면 클수록 또한 단면적 $A[m^2]$가 클수록 크며, 봉의 길리 $l[m]$가 길면 길수록 작다. 또한 봉의 재질에 따라서도 달라질 수 있다. 이것들을 기초로하여 열류$I[cal/\sec]$를 식으로 쓰면

$$I = \eta \frac{A}{l}(T_1 - T_2) \tag{8.14}$$

이 되고, 비례정수 η가 **열전도율**(thermal conductivity)이다. η의 단위는 MKS단위, 공업단위, 물리단위 등 여러 가지가 있으나

$$1[W/m \cdot ℃] = 0.86[kcal/hr \cdot m \cdot ℃] = 2.289 \times 10^{-3}[cal/\sec \cdot cm \cdot \deg] \tag{8.15}$$

의 관계에 따라 적당히 환산하여 사용하면 된다. 식(8.14)는 정상상태의 열흐름에 대해서만 적용되는 식이다. 정상상태 열흐름이란 시간에 따라 열유량이 변하지 않고 일정한 경우를 의미한다. 또한 열흐름이 온도가 높은 뜨거운 곳에서 온도가 낮은 차가운 곳으로, 또한 온도 구배의 아래방향으로 이루어지고 있다는 것을 뜻한다.

식(8.13)을 원자 확산에 대한 확산 기초 미분방정식인

$$\frac{\partial N(x,y,z,t)}{\partial t} = D\left(\frac{\partial^2 N}{\partial x^2} + \frac{\partial^2 N}{\partial y^2} + \frac{\partial^2 N}{\partial z^2}\right) \tag{8.16}$$

과 형태상 매우 유사하다.

8.1.4 비열

비열(specific heat)이란 물체 1[kg]을 1[℃] 상승시키는데 필요한 열량으로서, 그 단위는 [joule/deg·kg]이다. 이것은 MKS단위이며, 공업단위 및 물리단위 사이에는

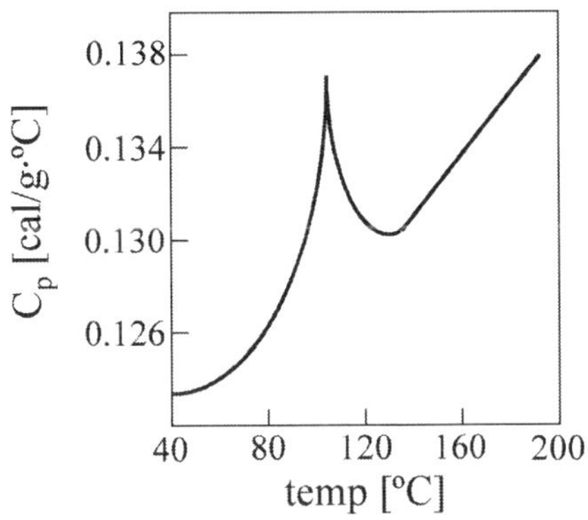

그림 8.3 ▸ $BaTiO_3$**의 비열온도특성**

$$1[joule/\deg] = 2.389\times 10^{-4}[kcal/\deg \cdot kg] \\ = 2.389\times 10^{-3}[cal/\deg \cdot g] \tag{8.17}$$

인 관계가 있다.

하나의 예로 그림 8.3에 강유전체의 온도에 따른 비열 C_p에 대하여 도시하였다. 이 곡선의 삼각형 부분의 면적은 분극의 소실과 더불어 생기는 엔트로피의 차 ΔS와 관계된다. 이 데이터도 물리적으로 상당한 의미를 갖는다.

8.1.5 열응력(熱應力)

열응력(thermal stress)은 물질이 온도 변화를 받음으로서 물질 내에 형성되는 비정상적인 불균형 힘이다. 재료에 있어서 열응력의 근원과 그 성질에 대한 이해는 매우 중요하다. 이것은 열응력이 바람직하지 못한 재료의 소성변형이나 파괴를 수반할 수 있기 때문이다.

1. 팽창과 수축에 의한 응력

균일하고 등방적인 성질을 가진 고체 봉을 균일하게 가열하거나 냉각시키는 경우, 어떤 온도 구배도 고체 봉 내에 형성되지 않아 자유로운 수축과 팽창에 대하여 봉은 열응력이 없는 상태가 된다. 그러나 봉의 축 방향이 견고한 물질에 의하여 고정되어 축 방향으로의 변형에 대한 제한이 가해지면 열응력이 형성된다.

온도를 T_0에서 T_1으로 변화시킴으로서 발생되는 응력 σ는

$$\sigma = K\beta(T_0 - T_1) = -K\frac{(l_1 - l_0)}{l_0} \tag{8.18}$$

로 표현된다. 여기서, K는 탄성계수, β는 열팽창 선형계수이다. 가열 시($T_1 > T_0$) 봉은 팽창이 억제되므로 압축 응력이 형성되고($\sigma < 0$), 냉각 시($T_1 < T_0$)에는 인장 응력이 가해진다($\sigma > 0$). 또한 식(8.18)에서 계산된 응력은 봉이 $T_0 - T_1$의 온도 변화에 따라 자유롭게 팽창(또는 수축)한 후에 봉에 힘을 가하여 탄성적으로 압축(또는 신장)시켜 원래의 길이로 줄이는데 필요한 응력과 같다.

예제 8.1

봉은 양쪽 끝이 단단히 고정되어 있으며, 상온(20℃)에서는 응력이 없는 상태로 있다. 봉을 가열하여 형성되어 압축응력이 180 [MPa] 이상 되지 않게 하는 최대온도는 얼마인가? 봉의 열팽창계수는 20×10^{-6}[/℃]이고, 탄성계수는 105 [MPa]이라고 가정하라.

[풀이] 식(8.18)로부터

$$T_1 = T_0 - \frac{\sigma}{K\beta} = 20℃ - \frac{-180[MPa]}{105\times10^3[MPa]\cdot 20\times10^{-6}(℃)^{-1}}$$
$$= 20 + 85.7 = 105.7[℃]$$

로 구해진다.

2. 온도 구배로부터의 응력

고체는 급가열 또는 급냉각에 의하여 재료 내에 형성되는 불안정한 온도 구배에 의하여 열응력이 발생하게 된다. 재료의 크기나 형상, 열전도율 그리고 온도 변화율에 따라 내부 온도 분포가 달라진다. 빠른 열처리 시 내부보다는 외부에서 빨리 가열되고 냉각되어, 온도 변화가 더 빨리 일어난다. 이러한 현상 때문에 부분적으로 부피 변화가 다르게 일어나, 그 주위가 자유롭게 팽창 또는 수축하는 것을 억제시키는 역할을 한다. 예를 들어, 가열 시 재료의 외부 온도가 더 상승하여 내부보다 더 많이 팽창되어 표면에 압축 응력이 유도되고, 이는 내부의 인장 응력과 균형을 이루게 된다. 내부-외부 응력 조건은 급냉 시킬 때에는 반대로 형성되어 표면이 인장 응력 상태로 된다.

3. 재료의 열충격(熱衝擊)

연성의 금속이나 폴리머는 열에 의해 유발되는 응력들은 소성변형에 의해 완화된다. 그러나 연성이 거의 없는 세라믹은 이러한 응력으로 파괴가 일어날 가능성이 한층 높다. 이러한 취성체는 급냉 시 표면에 인장 응력이 유발되기 때문에 가열시킬 때보다 더 많은 열충격이 가해지는 경향이 있다. 표면 결함으로부터 균열이 형성되고 전파되는 정도가 인장 응력이 가해질 때보다 높아진다.

재료가 이와 같은 파괴에 견딜 수 있는 능력을 **열충격 저항**(thermal shock resistance)이라고 한다. 급하게 냉각된 세라믹 물체에 대하여, 열충격에 대한 저항은 온도 변화의 정도뿐 아니라 재료의 기계적, 열적 성질에 따라 달라진다. 열충격 저항이 우수한 세라믹은 낮은 열팽창계수뿐만 아니라 높은 파괴 강도와 높은 열전도율을 가지고 있다. 이러한 유형의 파괴에 대한 많은 재료의 저항은 열충격 저항 계수인 TSR에 의하여 개략적으로 다음과 같이 표시된다.

$$TSR \cong \frac{\sigma_f \mathrm{k}}{K\beta} \tag{8.19}$$

열충격은 냉각 또는 가열 속도를 조절하고, 물체내의 온도 구배를 줄이는 등의 외부 조건을 변화시켜 저감시킨다. 또한 식(8.19)에 보인 것과 같이, 열적 및 기계적 특성을 변형시켜 재료의 열충격 저항 능력을 증진시킬 수도 있다. 이러한 계수들 중에 열팽창계수는 적당한 재료를 선택함으로서 가장 쉽게 제어될 수 있다. 기계적 강도와 광학적 특성을 향상시키는 수단으로도 세라믹 재료의 열응력을 제거시키는 것이 필요하며, 어닐링(annealing) 등의 2차적인 처리에 의하여 제거될 수도 있다.

8.2 기계적 성질

8.2.1 음속과 탄성계수

일반적으로 단결정은 이방성체이지만 대부분의 세라믹 재료는 단결정의 랜덤 집합체이므로 거시적으로는 등방성체이다. 등방성체의 탄성정수로는

영율(Young's Modulus) E;
포아손 비(Poisson's ratio) σ;
체적탄성율(體積彈性率) K;
라메정수(Lame's constant) μ;
강성율(剛性率) λ;
압축율(壓縮率) $1/K$

등이 정의되어 있다. 이들 중에서 어느 것이든 독립적인 것 두 개가 결정되면 그 외의 것들은 계산에 의하여 결정된다. 가늘고 긴 봉을 만들었을 때 봉의 종진동 종파의 음속 v는 밀도를 ρ_s라 할 때, 영율 E를 이용하여 표현하면

$$v = \sqrt{\frac{E}{\rho_s}} \tag{8.20}$$

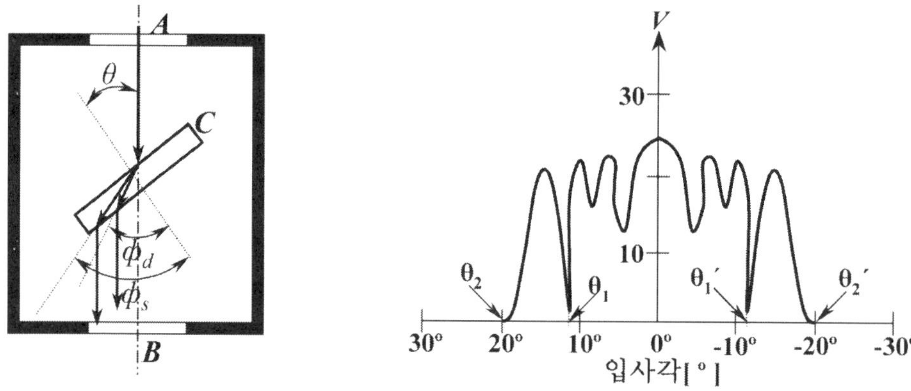

(a) 측정장치 (b) 펄스전압 대 입사각(θ)

그림 8.4 ▸ 초음파 전반속도의 측정

로 주어진다. 초음파 파장과 비교하여 충분히 크다고 생각되는 매질 속에서의 음파의 전반속도는 종파에 대하여

$$v_d = \sqrt{\frac{\lambda + 2\mu}{\rho_s}} = \sqrt{\frac{K + \frac{4\mu}{3}}{\rho_s}} = \sqrt{\frac{1-\sigma}{(1-2\sigma)(1+\sigma)}} \cdot \sqrt{\frac{E}{\rho_s}} \tag{8.21}$$

이고, 또 횡파에 대하여는

$$v_s = \sqrt{\frac{\mu}{\rho_s}} = \sqrt{\frac{E}{2(1+\sigma)\rho_s}} \tag{8.22}$$

로 주어진다. 종파란 변위방향이 파도의 진행방향과 평행한 것이고, 횡파란 변위방향이 파도의 진행방향과 직각인 것을 말한다.

식(8.20), 식(8.21), 식(8.22)의 v, v_d, v_s는 크기 관계가

$$v_s < v < v_d \tag{8.23}$$

로 된다. 일반적으로 단순히 음속이라고 하면 식(8.20)를 말한다. 또한 액체의 경우에는 대해서는 강성율이 없고, 체적탄성율 만에 의하여 액체 속의 음속 v_l이

$$v_l = \sqrt{\frac{K}{\rho_s}} \tag{8.24}$$

로 결정된다.

그림 8.4는 초음파의 전반사각의 측정에 의한 시료 속의 종파와 횡파의 음속을 구하는 회전판법의 원리도를 나타낸 것이다. 그림(a)와 같이 초음파를 입사하면 시료 속에서는 종파와 횡파로 분리되어, 회전각의 변화에 따라 수신측 수정에 도달한다. 이 수신 펄스를 싱크로스코프로 측정한다. θ를 0으로부터 증가시켜 가면 그림(b)와 같이 어떤 각도 θ_1에서 수신 수정에 도달하는 음파의 에너지는 최소가 된다. 더욱이 θ를 증가시키면 θ_2에서 수신음파의 에너지는 0이 된다. θ_1이 종파에 대한 전반사각이고 θ_2가 횡파에 대한 전반사각이다. 시료 속의 종파 및 횡파의 진행방향과 시료면의 법선방향이 만드는 각을 각각 ψ_d, ψ_s라 하면, 시료 속에서의 음파의 흡수가 없다면 $v_l < v_d$의 경우

$$\frac{\sin\theta_1}{\sin\psi_d} = \frac{v_l}{v_d} \tag{8.25}$$

이고, $v_l < v_s$의 경우

$$\frac{\sin\theta_2}{\sin\psi_s} = \frac{v_l}{v_s} \tag{8.26}$$

가 된다. 전반사인 경우에는 각각 $\sin\psi_d = 1$, $\sin\psi_s = 1$이므로 식(8.25)과 식(8.26)은

$$\sin\theta_1 = \frac{v_l}{v_d}; \quad \sin\theta_2 = \frac{v_l}{v_s} \tag{8.27}$$

이 되고, θ_1, θ_2로부터 v_d, v_s가 계산된다. 따라서 v_d, v_s가 구해지면

$$\mu = v_s^2 \rho_s \tag{8.28}$$

$$\lambda = (v_d^2 - 2v_s^2)\rho_s \tag{8.29}$$

$$\sigma = \frac{\lambda}{2(\lambda + \mu)} \tag{8.30}$$

$$E = 2(1+\sigma)\mu = \frac{(3\lambda + 2\mu)\mu}{\lambda + \mu} \tag{8.31}$$

$$K = \lambda + \frac{2}{3}\mu \tag{8.32}$$

로써 탄성정수는 모두가 결정된다.

8.2.2 기계적 파괴강도(破壞强度)

1. 인장강도 시험법

미국시험규격(ASTM, D116-34)에 의하면, 시료의 모양은 그림 8.5과 같은 형태의 것을 사용한다.

시료지지기는 특수한 구조로 되어 있으며 시험체의 양단에 맞추고 시험체를 축방향으로 끌어올리는 구조로 되어있다. 실온 20[℃]에서 파괴절단하는 최대하중 P_M을 측정하면 인장강도 σ_s는

$$\sigma_s = \frac{P_M}{A}[kg/cm^2] \tag{8.33}$$

로 계산할 수 있다. 여기서 A는 시험체의 단면적이다.

독일시험규격(VDE)에서는 그림 8.5(b)와 같은 형상 및 크기의 시료를 사용하는 점이 미국식과 다르다. 그리고 그림 8.5(c)와 같은 구조로 시료와 지지도구를 사용하여 시료의 파괴강도를 측정한다.

2. 항절력의 측정

항절력, 즉 곡강도는 미국규격(ASTM, D116-34)에서는 직경 28.6 [mm], 길이 152 [mm]의 원봉상의 시험체를 사용하여 이것을 127 [mm] 간격으로 배치한 두 개의 칼날위에 놓고, 다른 칼날을 중앙부분에 위치시켜 하중을 걸고 최대 파괴하중 P_m을 측정하면 항절력(抗折力) τ는

$$\tau = \frac{8P_mL}{\pi D^2}[kg/cm^2] \tag{8.34}$$

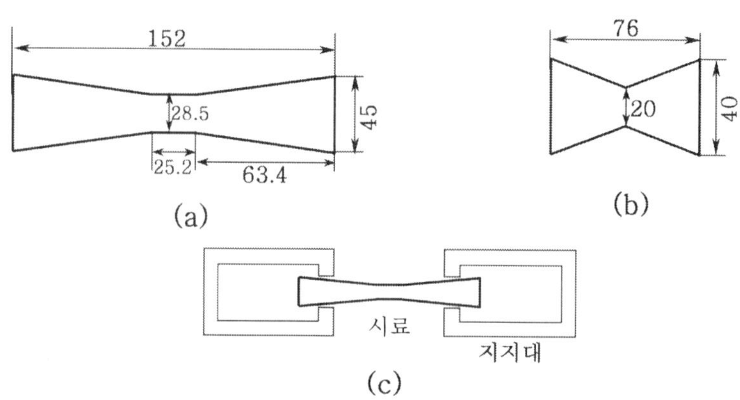

그림 8.5 ▸ 인장강도시험

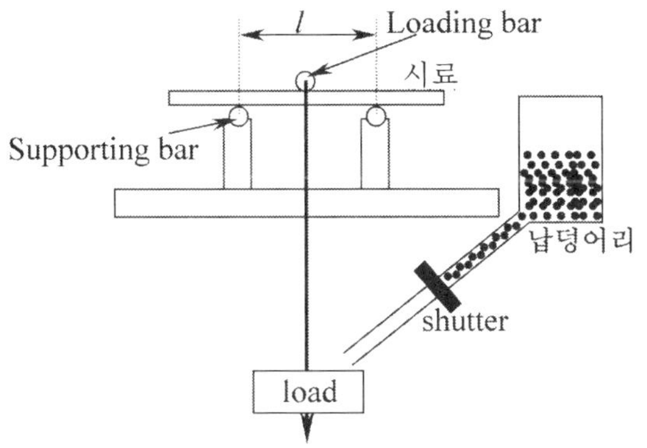

그림 8.6 ▸ 항절력 측정장치도

로 주어진다. 여기서, L은 칼날사이의 거리, D는 시험체의 직경이다. 스테아타이트의 규격(SSS-I-1)에서는 방향단면(시료의 폭 w=2 [cm], 두께 t=1 [cm]), 길이 L_0=13 [cm]의 시험체를 곡률반경 2.5 [mm]의 10 [cm] 간격을 가진 두 개의 지지 바 위에 놓고 중앙부에 매초 5 [kg] 정도의 하중을 가한다. 항절력 τ는

$$\tau = \frac{3}{2}\frac{P_m l}{wt^2}[kg/cm^2] \tag{8.35}$$

로 계산된다. 여기서, l [cm]은 두 지지 바 지점간 거리이다.

그림 8.6은 항절력의 측정장치도로써 납의 작은 구술을 조금씩 넣어 하중을 걸어서 식(8.35)에 의하여 항절력 τ를 구한다.

8.2.3 경도(硬度 : hardness)의 측정

경도시험은 일본 JIS규격에 4종류의 시험방법이 있다.

1. 브리넬 경도

브리넬 경도(JIS Z 2243-1955)는 직경 D [mm]의 강구를 시험편의 표면에 하중 P [kg]으로 눌러 그것에 의하여 생긴 영구상처의 직경 d [mm]을 측정하여

$$H_B = \frac{2P}{\pi D(D - \sqrt{D^2 - d^2})}[kg/mm^2] \tag{8.36}$$

를 계산한 것이다. 즉 하중을 요(凹)의 표면적으로 나눈 단위 응력에 해당한다.

2. 비커스 경도

비커스 경도(JIS Z 2244-1961)는 대면각 136°의 다이아몬드 제 피라미드 형태의 침을 이용하여 하중 P[kg]을 가하여 시험면에 피라미드 형태의 상처를 입혀 그 상처의 대각선 길이 d[mm]를 측정하여

$$H_V = 2\frac{P}{d^2}\sin\frac{136^\circ}{2} = 1.854\frac{P}{d^2}[kg/mm^2] \tag{8.37}$$

로 계산한다.

3. 로크웰 경도

로크웰 경도(JIS Z 2245-1961)는 다이아몬드 제 콘 모양의 침을 사용하여, 우선 기준 하중을 걸어서 누르고, 그 다음에 시험 하중을 걸고, 다시 기준 하중으로 하였을 때, 전후 2번의 기준하중에서의 상처의 깊이의 차 h [mm]로부터 산출하여 H_R로 표시한다.

4. 쇼아 경도

쇼아 경도(JIS Z 2246-1956)는 시험편에 일정한 높이로부터 낙하시킨 물체의 튀어오름의 높이 h [mm]에 비례하는 수자로서 H_S로 표시한다.

8장 연습문제

1. 다음 용어에 대하여 간략하게 설명하라.
   (1) 경도　　(2) 탄성계수　　(3) 종파와 횡파
   (4) 인장강도　　(5) 항절력

2. 0° K부근의 온도에서 온도를 증가시킬 때 C_v가 증가하는 이유를 설명하라.

3. 0° K보다 상당히 높은 온도에서는 C_v값이 온도에 무관한 이유를 설명하라.

4. 10 [m]의 알루미늄 도선을 38 [℃]로부터 -1 [℃]로 냉각시켰을 때, 그 길이의 변화는 얼마인지 계산하라.

5. 금속 봉을 20 [℃]에서 100 [℃]로 가열하였더니 금속 봉의 길이가 0.1 [m]에서 0.2 [m]로 늘어났다. 이 재료의 열팽창 선형계수를 구하라.

6. 추운날에 자동차의 금속 손잡이는 플라스틱 핸들보다 두 물체의 온도가 똑같더라도 더 차갑게 느껴진다. 그 이유를 설명하라.

7. 세라믹과 폴리머 재료 내의 기공들은 열전도율을 감소시키며, 그 재료들을 보다 열적으로 절연성을 띠게 하는 이유를 설명하라.

8. 일부 세라믹 재료에서 온도 증가에 따라 열전도율이 처음에는 감소하였다가 뒤이어 계속적인 온도 증가에 따라 증가하는데, 그 이유는 무엇인가?

9. 세라믹 시편의 열충격을 감소시키기 위하여 취해질 수 있는 조치들은 무엇인지 설명하라.

10. 재료의 기계적 성질에서 음속이란 무엇이며, 탄성계수와의 관계에 대하여 논하라.

11. 항절력이란 무엇이며, 그 측정방법에 대하여 설명하라.

12. 재료 경도의 측정방법 4가지를 나열하고 간략하게 설명하라.

9 반도체 전자론

9.1 반도체의 에너지 대역

9.1.1 반도체란?

반도체(semiconductor) 결정은 저항율이 은이나 동과 같은 도체와 석영유리와 같은 절연체의 중간 정도인 대략 $10^{-4} \sim 10^{7}[\Omega \cdot cm]$를 나타내는 물질이다. 반도체 재료는 주기율표 상의 4족 원소에 속하는 실리콘(Si)이나 게르마늄(Ge)을 가장 많이 사용한다. 이들은 단일 종류의 원자를 규칙적으로 늘어 놓은 결정구조 형태를 가지고 있다.

실리콘 원자는 $1s^2$, $2s^2$, $2p^6$, $3s^2$, $3p^6$의 전자 배치를 가지고 있으며, 전기적으로 말하자면 반도체는 금속보다 매우 복잡한 물질이다. 게르마늄 원자는 4개의 전자궤도에 위치하고 있는 32개의 전자와 핵에 32개의 양성자 및 40개의 중성자를 가지고 있다. 실리콘이나 게르마늄은 핵 가까이에 있는 궤도에 존재하는 전자는 핵과 단단하게 결합되어 있으나 최외각 전자는 핵과 비교적 느슨하게 결합되어 있어, 외부 에너지의 인가 등의 원인에 의해 최외각 궤도의 전자가 쉽게 원자의 구속으로부터 해방될 수 있다. 4족 원소이므로 최외각 궤도에 각각 4개의 전자를 가지고 있으며, 실리콘은 최외각 궤도가 M각 전자궤도이며 게르마늄은 N각 전자궤도이다.

반도체 결정의 가전자는 반도체 결정체의 형태에 크게 영향을 미치며, 게르마늄과 실리콘은 똑같은 기본 결정구조를 가지고 있다. 각각의 원자는 4개의 다른 원자로부터 동일한 거리에 있고, 각각 4개의 가전자를 가지고 있으며, 이들은 서로 공유결합을 하고 있다.

9.1.2 에너지 대역

다수의 원자를 규칙적으로 배열시켜 서로 떨어져 있는 원자들을 접근시키면, 서로 인접된 원자들 사이에는 상호작용이 발생한다. 제1장 1.3절 고체 결합에서 설명하였듯이 원자간에 작용하는 인력과 척력에 의해 결정이 적정한 원자간 거리에서 평형을 이룰 것이다. 이 과정에서 핵외전자의 에너지 준위 배열에 중요한 변화가 생기며, 이 변동으로 고체의 변화된 전기적 성질이 나타난다.

기저상태에서 $1s^2$, $2s^2$, $2p^6$, $3s^2$, $3p^6$의 전자 배치를 가진 실리콘 원자는 원자간에 상호작용이 없으면 $3s$와 $3p$의 상태는 서로 동일한 에너지를 가지지만, 그림 9.1에 나타난 것처럼 원자가 서로 접근하게 되면 전자상태는 조금씩 에너지가 다른 값을 취하고 에너지 밴드가 나타나게 되며 이것은 외각(n=3)에서부터 시작한다. $3s$와 $3p$에 대응하는 대역이 점차 그 폭이 벌어짐에 따라 그들은 합쳐져 에너지준위의 혼합으로 이루어지는 단일대역이 된다. 이 단일대역은 8개의 핵외전자가 점유할 수 있는 에너지 상태를 포함하고 있다. 원자간의 거리가 실리콘 결정의 평형된 원자간 간극에 접근함에 따라 이들 대역은 금지대역인 에너지 갭 E_g만큼 떨어져 있는 두 개의 대역으로 분할되고, 원자당 4개의 전자를 수용할 수 있는 **전도대역**(conduction band)과 아래쪽에 **가전자대역**(valence band)이 형성된다. 절대온도 $0°K$에서는 전자들은 그들이 점유할 수 있는 가장 낮은 에너지 상태를 취할 것이기 때문에, 가전자대역에 있는 모든 에너지대역(帶域)은 전자로 완전히 채워지고 전도대역는 완전히 전자가 비어지게 되어 절연체가 된다. 이와 같이 전자가 완전히 채워져 있고 또 완전히 비어 있는 에너지대역 배치는 반도체의 전도에 중요한 영향을 끼친다.

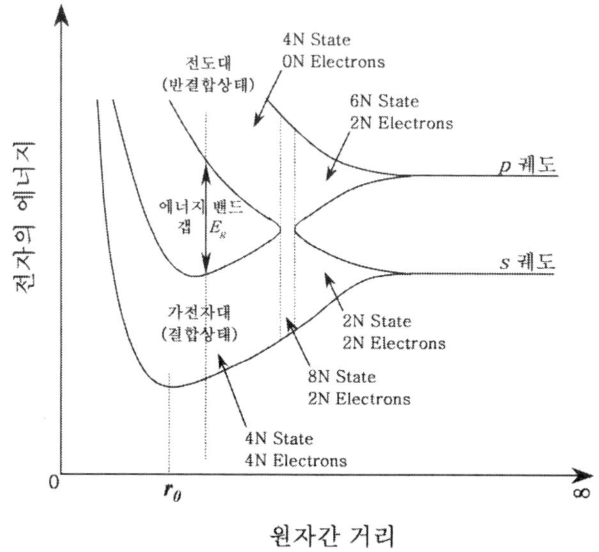

그림 9.1 ▸ 원자간의 거리의 함수로 형성된 결정의 에너지 대역

실리콘의 대역구조에서 가전자대역은 $0°K$에서 전자들로 완전히 채워져 있어 전자가 이동하여 들어갈 수 있는 빈 상태가 하나도 없기 때문에 가전자대역 내에서는 전하의 전송이 있을 수 없다. 또 전도대역 내에서도 전자가 하나도 없이 비어있기 때문에 역시 전하의 전송이 생길 수 없어 실리콘은 절연체의 대표적인 고저항을 갖는다. $0°K$에서 반도체는 절연체와 같은 에너지 대역구조를 가지고 있으며, 다만 그림 9.2와 같이 대역간극 E_g의 크기에 차이가 있으며 절연체에서보다는 반도체에서 그 폭이 작다. VI족 원소로 구성되는 Ge와 Si는 절연체가 되지만 금지대의 폭이 작기 때문에 반도체로서 분류된다. 다이아몬드 구조에서는 금지대역 폭이 5 eV인데 비하여 실리콘에서 약 1.1 eV이므로 적당한 크기의 열적 또는 광학적 에너지로도 약 $10^{10}[cm^3]$개의 전자가 낮은 가전자대에서 높은 전도대로 여기를 통해 반도체의 성질을 띠게 된다.

반도체 결정의 원자배열은 매우 규칙적이어서 전도대역과 금지대역의 경계가 명확하며, 전자가 느끼는 격자 퍼텐셜도 주기성을 가지고 있다. 이러한 퍼텐셜의 주기성을 고려하여 에너지대역의 형성을 설명하면 매우 유용하다. 1장에서 이미 논의하였듯이 일정한 퍼텐셜 속을 운동하는 핵의 구속이 없는 전자를 자유전자라고 불리우며, 전자의 운동에너지는 파수를 a라고 하면 식(2.36)로부터 구할 수 있다. 그림 9.3에 파수 a에 대한 에너지대의 형성과의 관계를 도시하였다.

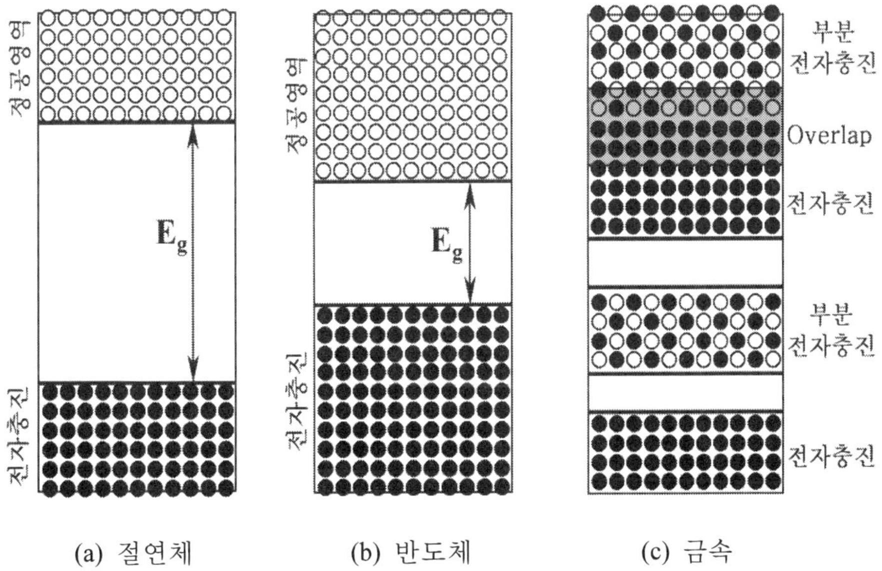

그림 9.2 ▸ $O°K$에서의 대역폭

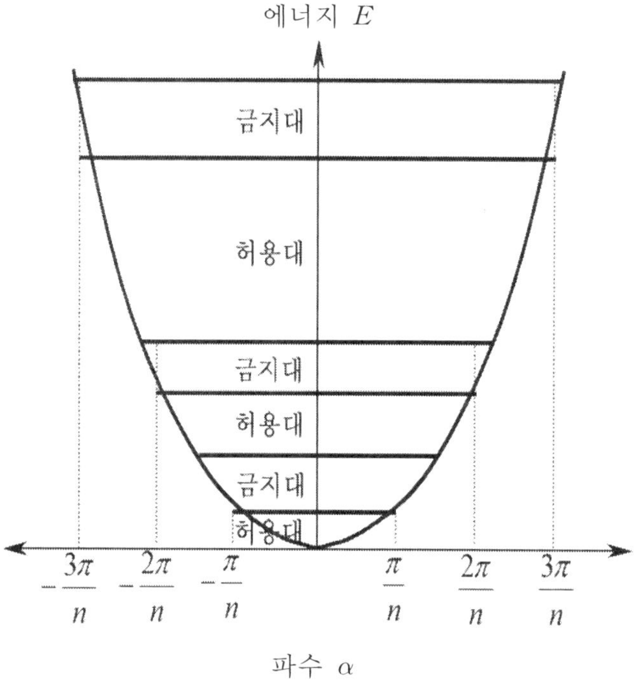

그림 9.3 ▸ 파수 α에 대한 에너지대의 형성

9.2 진성 반도체

9.2.1 전류 캐리어

불순물이나 결정결함이 하나도 없는 완전한 반도체 결정을 **진성**(intrinsic)**반도체**라고 한다. 즉, 실리콘 반도체에서는 실리콘 한 종류의 원자로만 구성되고, 게르마늄 반도체에서는 게르마늄 원자로만 구성된 반도체로써 100억 개의 실리콘 원자 중에 1개 이하의 불순물이 들어 있는 경우를 말한다. 또한 진성반도체는 그림 9.2(b)에 나타난 바와 같이 $0°K$에서 가전자대와 전도대가 보통 2 eV보다 적은 에너지 밴드 갭으로 분리된 구조에 의하여 특정지어 진다. 두 종류의 Si와 Ge 반도체에 있어서 각각의 에너지 밴드 갭은 1.1 eV와 0.7 eV이다. $0°K$에서 순수한 Si의 결정구조는 그림 9.4에 도시한 것과 같이 가전자는 주위의 Si원자와 공유결합에 의하여 단단하게 결합되어 있다. 이러한 상태의 전자는 결정내를 자유롭게 움직일 수 없어 도전성을 가질 수 없기 때문에 절연체와 같이 거동한다.

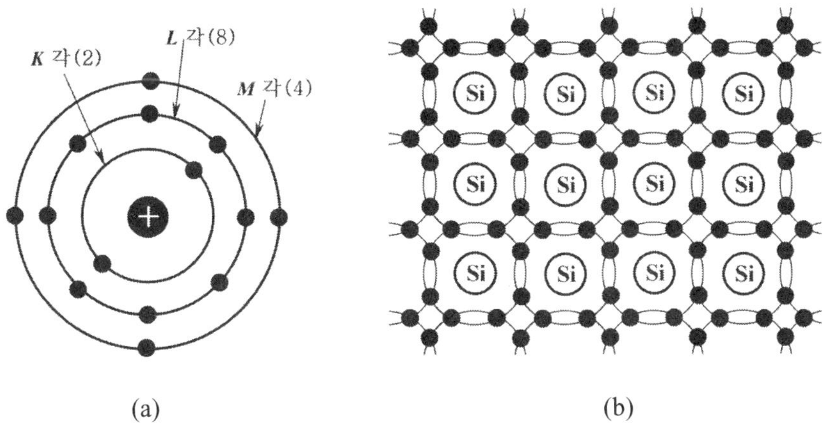

그림 9.4 ▸ 실리콘 원자의 구조

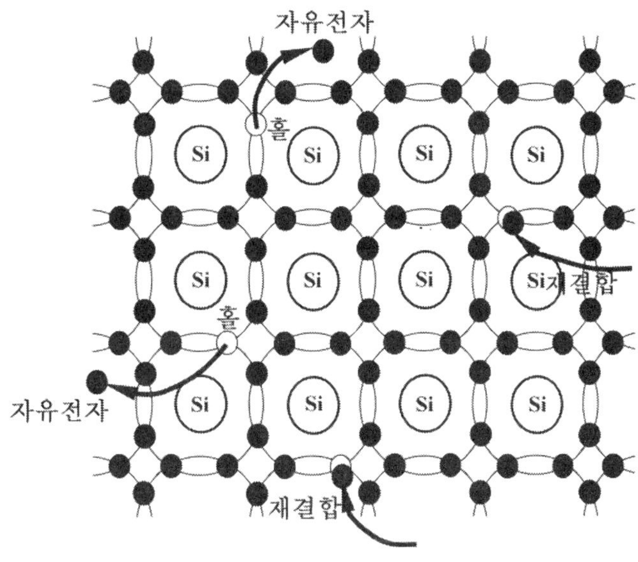

그림 9.5 ▸ 자유전자와 정공의 생성

외부에서 열적 또는 광학적 에너지를 인가하여 실리콘 결정의 온도가 증가하게 되면, 결정 원자의 가전자가 원자핵의 구속으로부터 이탈할 충분한 에너지를 얻게되어 공유결합을 깨드리게 된다. 가전자대로부터 튀어나온 자유전자는 결정체 내를 자유롭게 움직이다가 반도체에 전압이 인가되면 **전류 캐리어**의 역할을 하게된다. 가전자가 원자를 떠나 생긴 공배(空排)를 **정공**(hole)이라 하고, 1개의 자유전자에 의해 1개의 정공을 생성하는 Si 결정체에 대해 그림 9.5에 도시하였다.

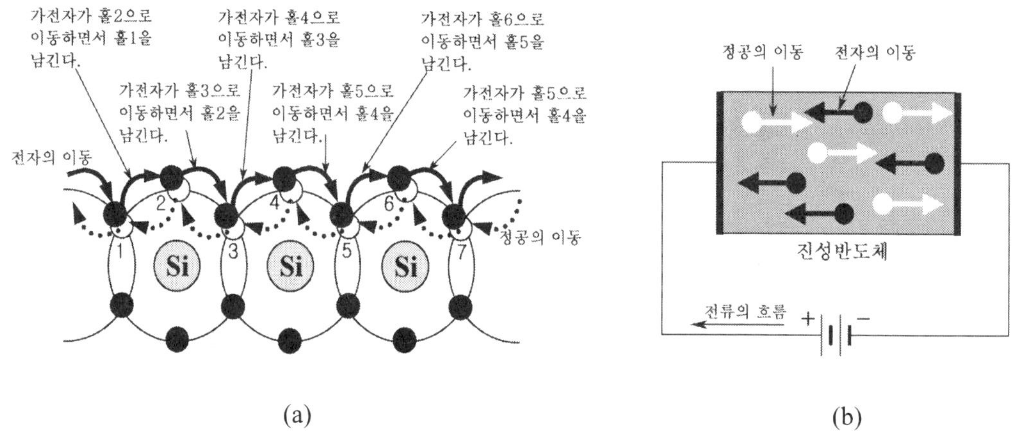

그림 9.6 ▸ 정공과 전자의 이동

자유전자의 생성으로 생긴 정공 역시 전류 캐리어로 작용한다. 정공은 원자에서 떨어져 나온 전자가 있던 공배이므로 인접원자에서 떨어져 나온 전자가 이 공배를 채우려고 쉽게 **재결합**(recombination)할 수 있어 정공은 인접원자로 이동하게 된다. 이러한 현상이 연속적으로 발생하게 되면 그림 9.6에 도시한 것처럼 정공과 전자가 서로 반대 방향으로 움직이는 것 같이 보이게 된다.

정공의 이동을 양전하의 이동, 그리고 전자의 이동을 음전하의 이동이라 한다. 반도체 양단에 전압을 인가하게 되면 정공은 플러스(+)극에서 마이너스(-)극으로 이동하게 되고 전자는 이와 반대로 이동하게 된다. 전류는 전하의 시간당 흐름율로 표현되므로 전체적인 전류를 얻기 위해서는 이 두 성분을 더해야만 하며, 그림 9.6(b)에 이들 전하의 이동을 도시하였다.

정공전류는 실제로 전자의 이동에 의한 것이라 할지라도 자유전자의 운동형태와는 엄밀히 똑같지 않다. 자유전자는 어떠한 결정체 내를 자유로이 움직일 수 있는 충분한 에너지를 가지고 있지만 정공에서 정공으로 연속적으로 뛰어넘는 정공은 상대적으로 이동속도가 훨씬 느리다. 후에 논의하겠지만 자유전자의 **이동도**(mobility)가 정공 보다 큰 값을 가지는 이유도 이 때문이다. 상온 25[℃]에서의 열에너지는 순수한 반도체 내에 풍부한 자유전자와 정공의 농도를 분포시킬 만한 충분한 에너지이다.

만약 어떤 온도 $T°K$에서 광전리 문턱 에너지 $eV[joule]$를 가지고 있는 반도체라면, 열에너지에 의해 발생될 전자-정공쌍의 생성율 $g_i(T)$[전자-정공쌍/m^3-sec]는

$$g_i(T) = AT^a e^{-\frac{eV}{kT}} \tag{9.1}$$

로 주어진다. 여기서 V는 열전리 문턱 전압이고, A와 a는 반도체 물질에 따라 정해지

는 상수이다. 온도 T를 증가시키면 열에너지를 받은 가전자가 자유전자가 될 확률이 증가하게 되고, 결과적으로 전류 캐리어 농도를 향상시키게 되어 반도체의 저항은 온도의 증가와 더불어 감소하게 된다. 따라서 높은 온도에서는 가전자대역의 전자가 열적으로 여기되어 에너지 대역 갭을 넘어서 전도대역으로 전이함에 따라 전자-정공쌍(그림 9.7)이 생성되므로 순수 반도체 내에서 전체적인 자유전자의 수는 정공의 수와 같게 된다.

전자-정공이 짝을 이루어 생성되었다는 것은 전도대역의 전자농도 n(매 cm^3당 전자수)은 가전자대역의 정공농도 p(매 cm^3당 정공수)와 같다라는 의미이다. 이들 진성 캐리어농도를 각각 보통 n_i로

$$n = p = n_i \tag{9.2}$$

나타낸다. 따라서 어떤 주어진 온도 T에서 전자-정공쌍은 어떠한 일정한 농도 n_i로 주어진다. 분명 정상상태의 캐리어농도가 유지되려면 이들이 생성되는 것과 똑같이 **재결합**도 이루어져야 한다. 재결합은 전도대역의 전자가 가전자대역에 있는 정공으로 직·간접적으로 전이할 때 생기며 이로써 전자-정공쌍은 소멸한다. 재결합율을 $r_i(T)$로 정의한다면 평형상태에서 전자-정공쌍의 생성율 $g_i(T)$와의 관계는

$$g_i(T) = r_i(T) \tag{9.3}$$

이다. 또 임의의 온도에서 전자와 정공의 재결합율 $r_i(T)$는 평형상태에서의 전자의 농도 n_0와 정공의 농도 p_0에 비례하므로

$$r_i(T) = \eta n_0 p_0 = \eta n_i^2 = g_i(T) \tag{9.4}$$

로 된다. 여기서 η는 재결합계수이다. 식(9.4)의 오른쪽로부터

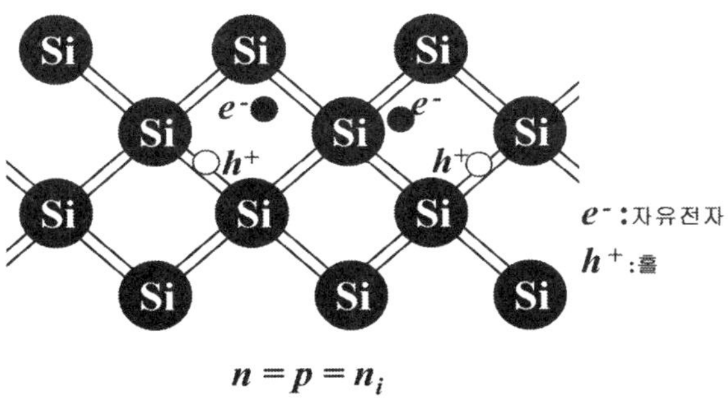

그림 9.7 ▸ Si 결정에서의 전자-정공쌍

$$n_i^2 = \frac{g_i(T)}{\eta} \tag{9.5}$$

로 되고 이것은 다시

$$n_i = \sqrt{\frac{g_i(T)}{\eta}} = \sqrt{\frac{A T^a e^{-\frac{eV}{kT}}}{\eta}} = A_0 T^{a_0} e^{-\frac{eV}{2kT}} \tag{9.6}$$

의 결과를 얻는다. 여기서, a_0는 정확히 3/2이 된다. A_0는 반도체 물질이 결정되면 계산할 수도 있지만, 보통 n_i는 직접 반도체 결정체의 온도를 측정함으로서 직접 얻을 수 있다.

9.2.2 유효질량

결정속의 전자는 일반적으로 자유공간에서의 전자처럼 자유로운 것이 아니며, 그 대신 격자의 주기적인 전위와 상호작용을 한다. 따라서 고체의 전하 캐리어에 보통의 전기력학의 식을 적용함에 있어 입자질량의 값을 바꾸어서 써야한다. 시스템에 작용하는 힘의 총합은 외부로부터 인가되는 힘 외에도 양전하를 띤 이온이나 양성자 또는 음전하를 띤 전자에 의한 결정내부의 힘들이 존재하며 식으로는

$$F_{총합} = F_{외부} + F_{내부} = ma \tag{9.7}$$

로 쓸 수 있다. 여기서, 파라미터 a는 가속도이고, m은 입자의 정지질량이다.

결정체 내에서 외부에 인가한 전계에 의한 자유전자의 운동에 대한 힘은 식(9.7)로부터

$$F_{외부} = m_n^* a = ma - F_{내부} \tag{9.8}$$

와 같이 양자역학적인 개념은 전자들이 고전역학적인 개념에서와 같이 전자의 **유효질량**이라고 부르는 새로운 질량 m_n^*를 가지고 운동한다. 식(9.8)은 유효질량 m_n^*을 가진 결정의 전자가 외부의 전계에 의해 가속도 a로 된 경우의 힘과 내부의 힘도 역시 함께 고려한 식이다. 그러나 완전한 결정체 내에서는 이들 전자들은 단지 외부전계에 의해서만 운동을 한다. 자유전자와 외부 인가전압을 갖고 있는 반도체 결정을 고려해 보면 양자역학은 격자계와 인가전압을 적당히 고려함으로써 이러한 경우에 있어서 전자운동을 계산하는데 사용할 수 있다.

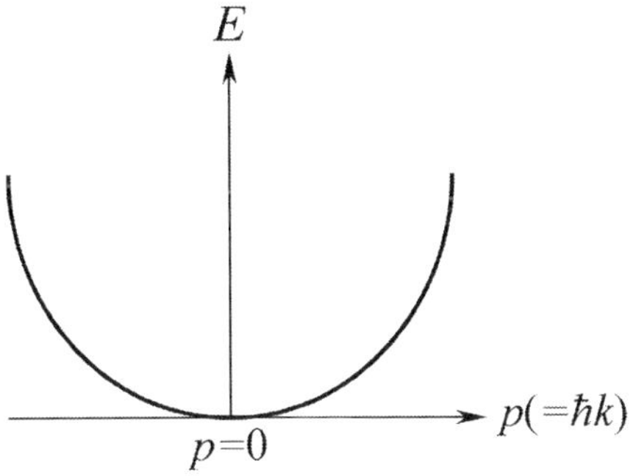

그림 9.8 ▸ 자유전자의 E-k 포물선

그림 9.8에 나타난 자유전자의 E-k 곡선을 고려하자. 제1장에서 수차례 살펴보았듯이 에너지와 운동량과의 관계는

$$E=\frac{p^2}{2m}=\frac{\hbar^2k^2}{2m} \tag{9.9}$$

로 주어진다. 여기서 m은 전자의 정지질량이고, 운동량과 파수(k)와의 관계는 $p=k\hbar$이다. 식(9.9)를 k에 대하여 미분하면

$$\frac{dE}{dk}=\frac{\hbar^2k}{m}=\frac{\hbar p}{m} \tag{9.10}$$

이 된다. $p=mv$의 관계를 이용하여 식(9.10)에서 입자의 속도 v에 대하여 쓰면

$$\frac{1}{\hbar}\frac{dE}{dk}=\frac{p}{m}=v \tag{9.11}$$

가 된다. 식(9.11)에서 볼 수 있듯이 k에 대한 에너지 식의 1차 미분은 입자의 속도와 관계가 있다. 다시 에너지 E를 k에 대하여 2차 미분을 행하면

$$\frac{d^2E}{dk^2}=\frac{\hbar^2}{m} \tag{9.12}$$

로 되고, 다시 쓰면

$$\frac{1}{\hbar^2}\frac{d^2E}{dk^2}=\frac{1}{m} \tag{9.13}$$

이므로 전자질량은 $(E,\ k)$관계의 2차 미분에 반비례한다. 고체에 있어서 전자들이 자유롭지 않지만 전도대역의 최소점이 가전자대역의 최대점의 근처에서는 대부분의 에너지 대역들이 포물선형에 가깝다. 따라서 그러한 대역극한점 근처에서는 대역의 곡률(2차 미분)로부터 대략의 유효질량을 구할 수 있다. 주어진 $(E,\ k)$관계에 대하여 한 대역에 있는 전자의 유효질량 m_n^*은 식(9.13)으로부터

$$m_n^* = \frac{\hbar^2}{d^2E/dk^2} \tag{9.14}$$

로 주어진다. 따라서 에너지대역의 2차 미분이 전자의 유효질량을 결정하게 된다.

고체 결정내에 있는 음전하를 띤 전자는 유효질량이 식(9.14)로 표현된 양을 가지고 있으며, Newton의 정전기학적인 법칙을 따른다. 만약 전계 E가 완전 결정체에 인가되었다면 이 결정체 내에 존재하는 자유전자의 운동은

$$m_n^* a = -eE \tag{9.15}$$

라는 힘의 균력으로 주어진다. 여기서, a는 외부전계 E에 기인하여 가속된 전자의 가속도이다.

또 정공의 유효질량을 m_p^*로 표시한다면 외부전계 E를 가할 때 정공 운동에 의한 힘의 균력은

$$m_p^* a = eE \tag{9.16}$$

로 주어진다. 따라서 에너지 밴드의 상단 근처에서 운동하는 전자는 외부전계와 같은 방향으로 이동한다.

9.2.3 전자와 정공분포

전류는 전하의 흐름이며, 반도체에는 전자와 정공의 두 가지 형태의 전하캐리어가 전류에 기여한다. 전류는 전자의 수와 정공의 수에 의하여 결정되므로 반도체의 특성은 이러한 전하캐리어의 농도에 크게 좌우된다. 전자와 정공의 농도는 제1~2장에서 다루었던 상태밀도함수와 Fermi 분포함수에 밀접하게 관련이 있다.

반도체 전도대역에 있어서 전도대의 최저 에너지준위를 E_c라고 하고, m_n^*를 전자의 실효질량이라고 하면 전자분포 $n(E)$는 양자이론으로부터

$$g_c(E) = \frac{4\pi}{h^3}(2m_n^*)^{3/2}\sqrt{(E-E_c)} \tag{9.17}$$

로 주어지는 양자상태밀도와 하나의 양자상태가 전자에 의해서 채워질 확률의 곱, 즉

$$n(E) = g_c(E) \cdot N_{fermi}(E) \tag{9.18}$$

로 나타낼 수 있다. 여기서 $N_{fermi}(E)$는 식(3.154)로 주어지는 Fermi-Dirac 확률함수이다. 따라서 전도대역에서 단위 부피당 총 전자농도는 전체 전도대 에너지에 대하여 식(9.18)를 적분함으로서 구할 수 있다.

가전자대역에 있어서도 정공분포 $p(E)$는 식(9.17)로 주어지는 가전자대의 양자상태밀도 $g_v(E)$와 하나의 양자상태가 전자에 의해서 채워지지 않을 확률의 곱, 즉

$$p(E) = g_v(E) \cdot [1 - N_{fermi}(E)] \tag{9.19}$$

로 주어진다. 따라서 가전자대역에서 단위부피당 총 정공농도는 전체 가전자대 에너지에 대하여 식(9.19)를 적분함으로서 구할 수 있다.

따라서 열평형상태의 전자농도식은

$$n_0 = \int_{E_c}^{E_\infty} g_c(E) \cdot N_{fermi}(E) dE \tag{9.20}$$

로 표현할 수 있다.

Fermi 에너지는 금지대 밴드 갭 사이에 존재하고, 전도대의 전자들은 전도대역 하단의 에너지 E_c보다 크다. 순수 반도체에서 전도대역의 자유전자 농도가 매우 작으므로 전도대의 Fermi-Dirac 분포함수 $N_{fermi}(E)$의 값이 매우 작다. 그러므로 식(3.154)의 분모는

$$e^{\frac{(E-E_F)}{kT}} \gg 1 \tag{9.21}$$

이 되어 $N_{fermi}(E)$는

$$N_{fermi}(E) = \frac{1}{e^{\frac{(E-E_F)}{kT}} + 1} \cong e^{-\frac{(E-E_F)}{kT}} \tag{9.22}$$

로 Fermi 확률분포는 Boltzmann 근사로 간략화할 수 있다. 식(9.22)의 볼쯔만 근사를 식(9.20)에 대입하면 전도대의 열평형상태의 전자농도 n_0는

$$n_0 = \int_{E_c}^{E_\infty} \frac{4\pi (2m_n^*)^{3/2}}{h^3} \sqrt{(E-E_c)}\, e^{-\frac{(E-E_F)}{kT}} dE \tag{9.23}$$

과 같이 된다. 식(9.23)의 적분은 변수를

$$x = \frac{(E - E_c)}{kT} \tag{9.24}$$

로 치환하여 식(9.23)을 다시 쓰면

$$n_0 = \frac{4\pi(2m_n^* kT)^{3/2}}{h^3} e^{-\frac{(E_c - E_F)}{kT}} \int_0^\infty x^{1/2} e^{-x} dx \tag{9.25}$$

이 된다. 적분공식

$$\int_0^\infty x^{1/2} e^{-x} dx = \frac{1}{2}\sqrt{\pi} \tag{9.26}$$

을 이용하면 식(9.25)는

$$\begin{aligned} n_0 &= 2\left(\frac{2\pi m_n^* kT}{h^2}\right)^{\frac{3}{2}} e^{-\frac{(E_c - E_F)}{kT}} \\ &= N_c e^{-\frac{(E_c - E_F)}{kT}} \ [\text{전자수}/cm^3] \end{aligned} \tag{9.27}$$

가 된다. 여기서 N_c는

$$N_c = 2\left(\frac{2\pi m_n^* kT}{h^2}\right)^{\frac{3}{2}} \tag{9.28}$$

이며, **전도대의 유효상태 밀도함수**(effective density of states function)라고 부른다.

가전자대역에서 열평형상태의 정공농도는 가전자대의 에너지에 대하여 식(9.19)를 적분하여

$$p_0 = \int g_v(E) \cdot [1 - N_{fermi}(E)] dE \tag{9.29}$$

로 구할 수 있다. 여기서, 가전자대에서의 상태분포함수 $g_v(E)$는

$$g_v(E) = \frac{4\pi}{h^3}(2m_p^*)^{3/2}\sqrt{(E_v - E)} \tag{9.30}$$

이고, m_p^*는 정공의 실효질량이며, E_v는 가전자대의 최고 에너지 준위이다. 그리고 식(9.29)의 $[1 - N_{fermi}(E)]$는

$$1-N_{fermi}(E)=\frac{1}{1+e^{\frac{(E_F-E)}{kT}}} \tag{9.31}$$

임에 유의하라. 또 가전자대에서 자유전자 농도가 매우 크므로 $E_F-E \gg kT$로 되어 전자가 비어 있을 확률 식(9.31)은

$$1-N_{fermi}(E)\cong e^{-\frac{(E_F-E)}{kT}} \tag{9.32}$$

와 같이 Boltzmann 근사로 간략화할 수 있다.

식(9.30)과 식(9.31)을 식(9.29)에 대입하면 가전자대의 열평형상태의 정공농도는

$$p_0=\int_{-E_\infty}^{E_v}\frac{4\pi(2m_p^*)^{3/2}}{h^3}\sqrt{(E_v-E)}\,e^{-\frac{(E_F-E)}{kT}}dE \tag{9.33}$$

이 된다. 식(9.33)의 적분은 변수를

$$x'=\frac{(E_v-E)}{kT} \tag{9.34}$$

로 치환하여 식(9.33)을 다시 쓰면

$$p_0=-\frac{4\pi(2m_p^*kT)^{3/2}}{h^3}e^{-\frac{(E_F-E_v)}{kT}}\int_{+\infty}^{0}(x')^{1/2}e^{-x'}dx' \tag{9.35}$$

이 된다. 여기서 식 앞의 음(-)의 부호는 미분항 $dE=-kTdx'$으로부터 온 것이다.

또 x'의 하한이 $E_\infty=-\infty$이므로 $+\infty$가 된다. 따라서 식(9.35)의 결과는 식(9.26)의 적분공식을 이용하면

$$\begin{aligned}p_0&=2\left(\frac{2\pi m_p^*kT}{h^2}\right)^{\frac{3}{2}}e^{-\frac{(E_F-E_v)}{kT}}\\&=N_ve^{-\frac{(E_F-E_v)}{kT}}\ [\text{전자수}/cm^3]\end{aligned} \tag{9.36}$$

가 된다. 여기서 N_v는

$$N_v=2\left(\frac{2\pi m_p^*kT}{h^2}\right)^{\frac{3}{2}} \tag{9.37}$$

이며, **가전자대의 유효상태 밀도함수**(effective density of states function)라고 부른다. 대부분의 반도체의 경우 N_c와 N_v는 $T=300°K$에서 약 $10^{19}[cm^{-3}]$의 크기를 갖는다.

순수한 반도체에서는 $n_0=p_0$이므로 식(9.27)과 식(9.36)은 서로 같게 놓으면

$$N_c e^{-\frac{(E_c-E_F)}{kT}} = N_v e^{-\frac{(E_F-E_v)}{kT}} \tag{9.38}$$

이 된다. 이 방정식의 양변에 자연 로그를 취하여 Fermi 준위 E_F를 구하면

$$E_F = \frac{1}{2}(E_c+E_v) - \frac{1}{2}kT \cdot \ln\left(\frac{N_c}{N_v}\right) \tag{9.39}$$

이다. 식(9.28)과 식(9.37)에 의하여 주어진 N_c와 N_v의 정의로부터 식(9.39)는

$$E_F = \frac{1}{2}(E_c+E_v) - \frac{3}{4}kT \cdot \ln\left(\frac{m_n^*}{m_p^*}\right) \tag{9.40}$$

가 된다. 식(9.40)의 첫 항, 즉 순수한 반도체에서는 $m_n^*=m_p^*$이므로 N_c와 N_v사이의 정확히 중간에 오는 갭 에너지 E_{midgap}은

$$E_{midgap} = \frac{1}{2}(E_c+E_v) \tag{9.41}$$

으로 됨으로, 온도에 무관함을 알 수 있다. 따라서 식(9.40)은

$$E_F - E_{midgap} = -\frac{3}{4}kT \cdot \ln\left(\frac{m_n^*}{m_p^*}\right) \tag{9.42}$$

으로 된다. 만약 $m_p^* > m_n^*$이면 진성 Fermi 준위는 약간 중간 갭 상부에 위치하고, $m_p^* < m_n^*$이면 진성 Fermi 준위는 약간 중간 갭 하부에 위치한다.

예제 9.1

T=300° K에서 실리콘의 에너지 중간 갭에 대한 진성 Fermi 준위의 위치를 계산하라. 실리콘의 유효상태밀도 캐리어 질량은 $m_n^*=1.078m_0$와 $m_p^*=0.66m_0$이다.

[풀이] 에너지 중간 갭에 대한 진성 Fermi 준위는 식(9.32)로부터

$$E_F - E_{midgap} = -\frac{3}{4}kT \cdot \ln\left(\frac{m_n^*}{m_p^*}\right) = -\frac{3}{4}(0.0259)\ln\left(\frac{0.559}{1.078}\right) = -0.0129eV$$

이다.

9.2.4 진성캐리어 농도

진성 반도체에서의 캐리어 농도를 **진성캐리어 농도**(intrinsic carrier density)라고하며, 전도대의 진성전자농도(n_i)는 가전자대의 진성정공농도(p_i)와 같다. 따라서 간단히 하나의 파라미터 $n_i(=n_0=p_0)$를 사용하여 진성캐리어 농도를 표시한다.

식(9.27)과 식(9.36)을 곱하면

$$\begin{aligned} n_i^2 &= N_c N_v e^{-\frac{(E_c-E_F)}{kT}} \cdot e^{-\frac{(E_F-E_v)}{kT}} \\ &= N_c N_v e^{-\frac{(E_c-E_v)}{kT}} \end{aligned} \tag{9.43}$$

로 되고, 금지대폭 $E_g(=E_c-E_v)$는 온도에 따라 직선적으로 감소하며 제6장에서 설명한 식(6.57b)와 같이

$$E_g = E_{g0} - \beta T \tag{9.44}$$

로 표현할 수 있다. 여기서 E_{g0}는 $0°K$에서의 금지대폭이며, β는 비례상수이다. 식(9.44)를 식(9.43)에 대입하면

$$n_i^2 = N_c N_v e^{\frac{\beta}{k}} \cdot e^{-\frac{E_{g0}}{kT}} \tag{9.45}$$

이 되고, 특정온도에서 주어진 반도체에 대하여 n_i값은 일정하고 Fermi 에너지에 대하여 무관하다.

$T=300K$에서 실리콘의 진성캐리어 농도는 밀도함수 값을 사용하여 계산 가능한데, $E_g=1.12eV$에 대하여 식(9.43)으로 계산한 n_i값은 $n_i=6.95\times10^9[cm^{-3}]$이다.

예제 9.2

T=300° K와 T=450° K에서 갈륨비소의 진성캐리어 농도를 계산하라. 갈륨비소의 300° K에서 $N_c=4.7\times10^{17}[cm^{-3}]$와 $N_v=7.0\times10^{18}[cm^{-3}]$이고, 밴드 갭 에너지는 1.42 eV이고, 이 온도범위에서는 변하지 않는다고 가정한다. 450° K에서 kT의 값은

$$kT = (0.0259)\left(\frac{450}{300}\right) = 0.03885eV$$

이다.

[풀이] 식(9.43)을 이용하여 T=300° K에서

$$n_i^2 = 4.7 \times 10^{17} \cdot 7.0 \times 10^{18} \cdot e^{-\frac{1.42}{0.0259}} = 5.09 \times 10^{12}$$

이므로

$$n_i = 2.26 \times 10^6 [cm^{-3}]$$

이다.

T=450° K에서는

$$n_i^2 = 4.7 \times 10^{17} \cdot 7.0 \times 10^{18} \cdot \left(\frac{450}{300}\right)^3 e^{-\frac{1.42}{0.03885}} = 1.48 \times 10^{21}$$

이므로

$$n_i = 3.85 \times 10^{10} [cm^{-3}]$$

이다.

9.3 불순물 반도체

9.3.1 전류캐리어

진성반도체는 결정에 어떤 불순물 원자도 존재하지 않는 깨끗한 물질을 의미한다고 배웠다. 그러나 대부분의 반도체에 대한 응용은 일정량의 불순물을 인위적으로 첨가하여 열평형상태의 전자와 정공의 농도가 진성반도체와 다르게 만든 물질 즉, **불순물 반도체**(extrinsic semiconduction)를 사용한다. 보통 불순물로서 사용하는 것은 최외각 궤도에 가전자 3개를 가지고 있는 3가 원소나 가전자 5개를 가지고 있는 5가 원소를 사용한다.

그림 9.9(a)와 같이 가전자 3개를 가진 3가 원소를 Si 웨이퍼에 첨가하여 정공을 생성하는 반도체를 **p형 불순물 반도체**(p-type impurity semiconduction)라 하고, 그림 9.9(b)와 같이 가전자 5개를 가진 5가 원소를 Si 웨이퍼에 첨가하여 자유전자를 생성하는 반도체를 **n형 불순물 반도체**(p-type impurity semiconduction)라 한다.

보통 p형 불순물로 사용하는 것이 B(boron), Ga(Gallium), In(indium)이며, 이러한 불순물의 농도를 증가시키면 정공의 농도도 그 만큼 증가한다. n형 불순물로서는 Sb(antimony), P(phosphorus), As(arsenic)가 널리 사용되며, 이러한 불순물의 농도를 증가시키면 자유전자의 농도도 그 만큼 증가하여 반도체의 도전성을 높인다. 이와 같이 n형 불순물은 원자당

한 개의 자유전자를 더하게 되므로 **도너**(donor) **불순물**이라 하며, p형 불순물은 원자당 한 개의 정공을 더하므로 **억셉터**(acceptor) **불순물**이라 한다.

반도체에 이러한 도너와 억셉터 불순물 원자들을 첨가하는 것은 전자와 정공의 분포와 밀도를 변화시키게 된다. 분포함수와 관계가 있는 Fermi 에너지 준위는 전자와 정공농도가 변함에 따라 변하고, 다시 Fermi 에너지도 도너와 억셉터 불순물이 첨가되면 그 분포가 변화하게 될 것이다.

진성반도체에 도너 불순물을 첨가하여 자유전자의 평균밀도가 증가하면 정공의 평균밀도는 감소한다. 진성반도체에서 전류캐리어 농도를 계산하는데 사용한 이론과 방법이 불순물 반도체에서도 똑같이 적용된다.

재결합율 $r_i(T)$에 대한 일반적인 공식은 식(9.4)에서

$$r_i(T) = \eta n_0 p_0 = \eta n_i^2 = g_i(T) \tag{9.46}$$

로 주어졌다. 여기서 n_0와 p_0의 일반식은 각각 식(9.27)과 식(9.36)으로 주어진다.

Fermi 에너지는 밴드 갭 에너지 안에서 변하며 이에 따라 n_0와 p_0의 값도 변한다.

만약 $n_0 > p_0$인 경우에는 n형 반도체라고 하고, n형 반도체에서 전자를 **다수캐리어**(majority carrier)라고 부르고 정공을 **소수캐리어**(minority carrier)라고 부른다. 이와 같이 $n_0 < p_0$인 경우의 p형 반도체에서는 반대로 정공이 다수캐리어가 되고, 자유전자가 소수캐리어가 된다.

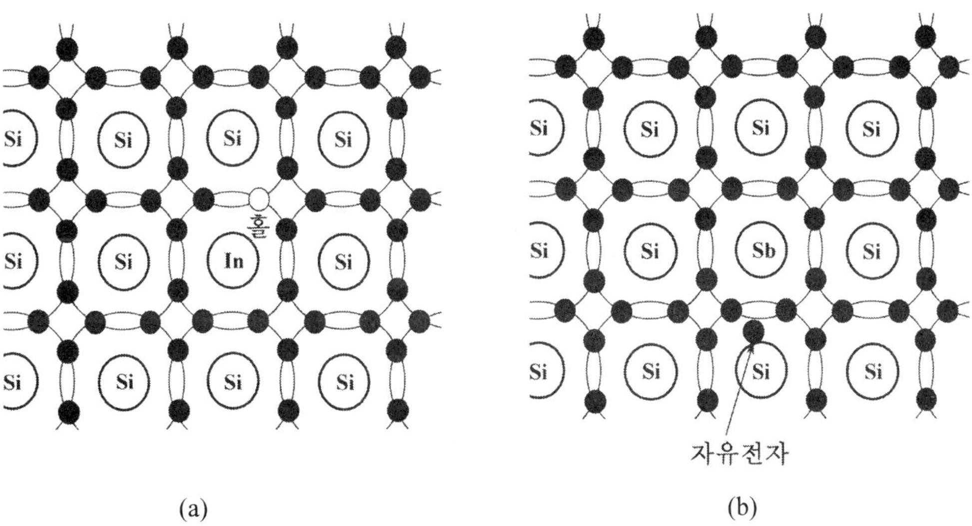

그림 9.9 ▸ 불순물 첨가로 생성된 (a) 정공, (b) 자유전자

9.3.2 캐리어 밀도

1. n형 반도체의 캐리어 밀도

실리콘 결정체에 $n_d[cm^{-3}]$ 만큼의 도너 불순물로 도핑을 실시하여 자유전자 밀도가 $n_0[cm^{-3}]$이고 정공밀도가 $p_0[cm^{-3}]$로 된 경우를 고려하자. 만약 모든 도너들이 이온화되어 있다고 가정한다면, 단위 부피당의 캐리어 밀도는

$$n_0 = n_d + p_0 \tag{9.47}$$

로 표현할 수 있다. 따라서 식(9.46)은

$$r_i(T) = \eta n_0 p_0 = \eta n_i^2 = \eta(n_d + p_0)p_0 = g_i(T) \tag{9.48}$$

로 된다.

열적평형상태에서의 캐리어 밀도는 식(9.48)로부터

$$\eta n_i^2 = \eta(n_d + p_0)p_0 \tag{9.49}$$

로 계산할 수 있다. 식(9.49)를 p_0에 대하여 2차 방정식을 풀면 근의 공식에 의해

$$p_0 = \frac{-n_d \pm n_d\sqrt{1+\left(\dfrac{4n_i^2}{n_d^2}\right)}}{2} \tag{9.50}$$

을 얻는다.

불순물 반도체에 있어서는 $n_d \gg n_i$의 조건이 만족되므로

$$\sqrt{1+\left(\frac{4n_i^2}{n_d^2}\right)} \cong 1 + \frac{2n_i^2}{n_d^2} \tag{9.51}$$

로 근사화 시킬 수 있다. 따라서 식(9.50)은

$$p_0 = \frac{n_i^2}{n_d} \tag{9.52}$$

로 된다. 열적평형상태에서 n형 반도체의 전자밀도를 n_n이라 하고, 정공밀도를 p_n이라 하면 식(9.52)는

$$p_n = \frac{n_i^2}{n_d} \tag{9.53}$$

로 되고, 이것을 식(9.47)에 대입하면

$$n_n = n_d + \frac{n_i^2}{n_d} \cong n_d \tag{9.54}$$

가 된다.

2. p형 반도체의 캐리어 밀도

n형 반도체에서 계산한 방법과 동일한 방법으로 억셉터 불순물 농도를 $n_a[cm^{-3}]$로 도핑한 경우, 열적평형상태의 전자밀도를 n_p, 정공밀도를 p_p라고 하면 평형상태에서 자유전자 밀도는

$$n_p = \frac{-n_a \pm n_a\sqrt{1+\left(\frac{4n_i^2}{n_a^2}\right)}}{2} \cong \frac{n_i^2}{n_a} \tag{9.55}$$

로 된다. 불순물 반도체에 있어서는 $n_a \gg n_i$의 조건이 만족되므로 열적평형상태에서의 정공밀도는

$$p_p = n_a + \frac{n_i^2}{n_a} \cong n_a \tag{9.56}$$

이 된다.

9.3.3 전자와 정공의 평형상태분포

전자와 정공의 열평형상태에 대한 분포식은 식(9.27)의 지수항에 진성 Fermi 에너지항을 더하고 빼면

$$n_0 = N_c e^{\frac{-(E_c - E_{Fi}) + (E_F - E_{Fi})}{kT}} \tag{9.57}$$

가 되고, 지수항을 분할하여 표현하면

$$n_0 = N_c e^{\frac{-(E_c - E_{Fi})}{kT}} \cdot e^{\frac{(E_F - E_{Fi})}{kT}} \tag{9.58}$$

가 된다. 진성캐리어 농도 n_i는

$$n_i = N_c e^{\frac{-(E_c - E_{Fi})}{kT}} \tag{9.59}$$

이므로 열평형상태의 전자농도는

$$n_0 = n_i e^{\frac{(E_F - E_{Fi})}{kT}} \tag{9.60}$$

이다. 이와 똑같이 정공농도도 식(9.36)의 지수항에 진성 Fermi 에너지항을 더하고 빼서 상기와 같이 유도하면

$$p_0 = n_i e^{-\frac{(E_F - E_{Fi})}{kT}} \tag{9.61}$$

가 된다. 만약 $E_F > E_{Fi}$이면 $n_0 > n_i$이고 $p_0 < n_i$이다. n형 반도체의 특성은 $E_F > E_{Fi}$이므로 $n_0 > p_0$이다. 또 p형 반도체에서는 $E_F < E_{Fi}$이므로 $p_0 > n_i$이고 $n_0 < n_i$이다. 따라서 $n_0 < p_0$이다.

식(9.27)과 식(9.36)으로 주어진 n_0와 p_0의 일반식을 곱하면

$$n_0 p_0 = N_c N_v e^{-\frac{(E_c - E_F)}{kT}} \cdot e^{-\frac{(E_F - E_v)}{kT}} \tag{9.62}$$

이고,

$$n_0 p_0 = N_c N_v e^{-\frac{E_g}{kT}} \tag{9.63}$$

이 된다. 식(9.63)은 진성반도체에 대하여 유도된 식(9.43)과 같다. 따라서 열평형상태에 있는 반도체는

$$n_0 p_0 = n_i^2 \tag{9.64}$$

의 관계가 성립함으로 주어진 온도에서 항상 상수이다. 식(9.64)는 Boltzmann 근사로부터 유도된 식이며, Boltzmann 근사가 성립하지 않으면 이 식은 성립하지 않는다.

만약 Boltzmann 근사가 성립하지 않으면 열평형상태 전자농도는 식(9.20)으로부터

$$n_0 = \frac{4\pi}{h^3}(2m_n^*)^{3/2} \int_{E_c}^{E_\infty} \frac{\sqrt{(E - E_c)}}{1 + e^{\frac{E - E_F}{kT}}} dE \tag{9.65}$$

로 주어진다. 식(9.65)의 적분은 변수를

$$x = \frac{(E - E_c)}{kT} \tag{9.66}$$

과

$$x_F = \frac{(E_F - E_c)}{kT} \tag{9.67}$$

로 치환하여 식(9.65)을 다시 쓰면

$$n_0 = \frac{4\pi(2m_n^* kT)^{3/2}}{h^3} \int_0^\infty \frac{x^{1/2}}{1 + e^{(x - x_F)}} dx \tag{9.68}$$

이 된다. 식(9.68)의 적분을

$$G(x_F) = \int_0^\infty \frac{x^{1/2}}{1 + e^{(x - x_F)}} dx \tag{9.69}$$

로 정의하면 식(9.68)은

$$n_0 = \sqrt{\frac{4}{\pi}} N_c G(x_F) \tag{9.70}$$

로 된다. 여기서, 적분 $G(x_F)$를 Fermi-Dirac 적분이라고 부르는 함수이다. 만약 $x_F > 0$ 이면 $E_F > E_c$이므로 Fermi 에너지 준위는 사실상 전도대 내에 위치하게 된다.

9.3.4 n형 반도체와 p형 반도체의 에너지대

5가 원소인 도너 불순물을 4가 원소인 실리콘 결정에 도핑하면 결합에 관여하지 못하는 과잉전자인 자유전자들을 도핑농도에 비례하여 생성시킨다. 이러한 자유전자들은 약간의 에너지만 흡수해도 전도에 기여하게 된다. 그림 9.10(a)와 같이 전도대에서 0.05 eV 정도 떨어진 에너지 밴드 갭 내에 도너 에너지 준위를 가지고 있어, 실온 정도의 낮은 열에너지에서도 전도대로의 전이가 가능하여 전류를 흐를 수 있게 하여준다. Ge의 경우는 도너 에너지 준위와 전도대 사이의 간격이 0.01 eV로 더욱 좁아 원자로부터 과잉전자를 분리시키는데 Si의 경우보다 훨씬 낮은 에너지로도 전도대로의 전이가 가능하다.

또 3가 원소인 억셉터 불순물을 4가 원소인 실리콘 결정에 도핑하면 주위 반도체 원자사이에 결합은 전자가 하나 부족한 상태인 정공들을 도핑농도에 비례하여 생성시킨다. 약간의 열에너지를 흡수함으로서 그 정공 근처의 공유결합을 하고 있는 가전자대의 전자가 이 정공이 있는 억셉터 준위로 전이하여 전류캐리어의 역할을 하도록 한다. 억셉터의 에너지 준위는 그림 9.9(b)와 같이 가전자대로부터 위쪽으로 0.05 eV 떨어진 금지대역 내에 존재하게 된다.

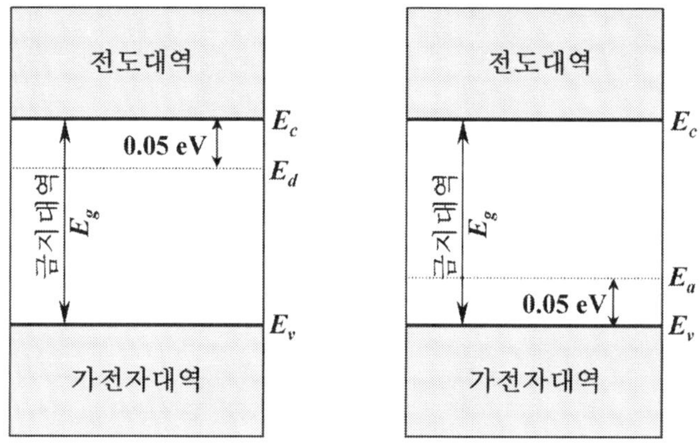

(a) n형 반도체 (b) p형 반도체

그림 9.10 ▸ (a) n형, (b) p형 반도체의 에너지 밴드

9.4 Fermi 에너지 준위의 위치

9.4.1 도핑양과의 관계

E_F가 온도와 불순물 밀도에 관계됨은 진성반도체에서 같은 밀도의 전자와 정공의 에너지 간격의 중앙에 왔던 것을 기억할 수 있다. 평형상태의 전자와 정공분포에서 전자와 정공농도가 Fermi 에너지 준위가 밴드 갭 에너지에서 이동함에 따라 어떻게 변하는지를 정성적으로 설명하였다. 도너 불순물이 반도체 결정에 도핑 되었을 때 도너원자가 모두 전리되었다고 하면 전도대에 있는 첫 번째 n_d상태가 채워지게 되고, 에너지 상태에 따른 점유율은 페르미 준위와 관계된다. 도너 에너지 준위에 많은 도너 전자들이 존재하고, 가전자대에 약간의 정공이 존재하는 경우 E_F가 전도대에 더 가까이 움직이게 됨을 알 수 있다. 만일 온도와 관계하여 볼 때, 불순물 밀도가 n형에서 증가하면 전자와 정공의 쌍이 많아지고, 모든 도너 원자가 전리되었을 때 도너 전자의 밀도보다 전도대의 열적 전자밀도가 훨씬 커질 수 있다.

이런 조건에서 전자와 정공의 밀도가 같아지면 반도체는 순수해진다. n형과 p형 모두 온도가 증가하게 되면 페르미 준위는 에너지 밴드 갭의 중앙으로 이동한다. 에너지 밴드 갭 내에서 Fermi 에너지 준위의 위치는 이미 유도된 열평형상태의 전자와 정공 농도식을 이용하여 계산할 수 있다. 만약 $n_d \gg n_i$인 n형 반도체의 경우 Boltzmann 근사가 성립한다면 식(9.27)로부터 $n_0 = n_d$로 하면

$$E_c - E_F = kT\ln\left(\frac{N_c}{n_d}\right) \tag{9.71}$$

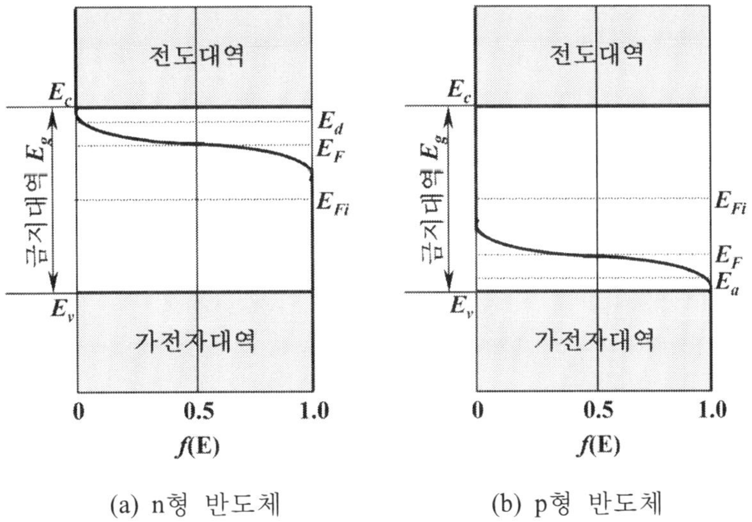

그림 9.11 ▸ (a) n형, (b) p형 반도체에서 페르미 준위

가 얻어진다. 도너 농도가 증가함에 따라 Fermi 에너지는 전도대에 가까이 이동하게 되고, Fermi 에너지가 전도대에 가까이 이동하면 전도대의 전자농도가 증가한다(그림 9.11a). 보상 반도체의 경우 식(9.71)의 n_d항은 간단히 유효 도너농도 $n_d - n_a$로 대치된다. 또 식(9.60)으로부터 $E_F - E_{Fi}$를 구하면

$$E_F - E_{Fi} = kT\ln\left(\frac{n_0}{n_i}\right) \tag{9.72}$$

이다. 만약 유효 도너농도가 0이면 $n_d - n_a = 0$이므로 $n_0 = n_i$와 $E_F = E_{Fi}$가 된다.

같은 방법으로 $n_a \gg n_i$인 p형 반도체의 경우 Boltzmann 근사가 성립한다면 식(9.36)로부터 $p_0 = n_a$로 하면

$$E_F - E_v = kT\ln\left(\frac{N_v}{n_a}\right) \tag{9.73}$$

가 얻어진다. 억셉터 농도가 증가함에 따라 Fermi 에너지는 가전자대에 가깝게 접근한다(그림 9.11b). 보상 반도체의 경우 식(9.73)의 n_a항은 간단히 유효 억셉터농도 $n_a - n_d$로 대치된다. 또 식(9.61)로부터 $E_{Fi} - E_F$를 구하면

$$E_{Fi} - E_F = kT\ln\left(\frac{p_0}{n_i}\right) \tag{9.74}$$

이다.

식(9.72)로부터 n형 반도체에 대해서 $n_0 > n_i$와 $E_F > E_{Fi}$이고, Fermi 준위는 E_{Fi} 위에 존재한다. 식(9.74)로부터 p형 반도체에서 $p_0 > n_i$와 $E_{Fi} > E_F$이고, Fermi 준위는 E_{Fi} 아래에 존재한다.

9.4.2 온도에 대한 변화

Boltzmann 근사가 성립할 때, 도핑 준위가 증가함에 따라 Fermi 에너지 준위는 n형의 경우 전도대 가까이로 이동하고, p형의 경우 가전자대 가까이로 이동함을 알았다. 식(9.72)와 식(9.74)에서 진성 캐리어 농도 n_i는 온도의 강한 함수이기 때문에 페르미 에너지 준위 E_F도 온도의 함수이다.

온도가 증가함에 따라 n_i는 증가하고, E_F는 진성 Fermi 준위 가까이로 이동한다. 고온에서 반도체는 불순물의 특성을 잃어버리기 시작하고 진성반도체와 같이 동작한다. 아주 저온에서는 무동작하고 Boltzmann 근사가 더 이상 적합하지 않고 Fermi 준위의 위치에 대하여 유도한 방정식들은 더 이상 적용되지 못한다. 무동작하는 저온에서 Fermi 준위는 n형의 경우 E_d 상부로 이동하고 p형의 경우 E_a하부로 이동한다. 절대 0°K에서 E_F아래의 모든 에너지 상태들은 가득 차게 되고 E_F위의 모든 에너지 상태들은 비어 있게 된다.

9.5 전계와 캐리어 드리프트 운동

9.5.1 전자와 정공이동도

전자와 정공의 농도차에 의해 일어나는 확산과 이동을 **드리프트**(drift)라 하고, 이것은 전계에 큰 영향을 받으며 반도체 소자의 전압-전류 특성을 결정하기 위해 매우 중요하다.

전계에 의해 가속된 전자와 정공의 드리프트는 **드리프트전류**(drift current)를 발생시키고, 이것은 드리프트 되는 전자와 정공의 농도의 함수이다. 캐리어의 평균 드리프트 속도는 **이동도**(mobility)라고 부르는 파라미터를 통해 전계 E와 연관지게 된다.

만약 다수의 전자들로 구성된 음전하밀도 ρ_-가 평균 드리프트 속도$< v_{dn} >$로 이동하고 있을 때 드리프트 전류밀도 J_{dn}는

$$J_{dn} = \rho_{(-)} < v_{dn} > \tag{9.75}$$

로 표현된다. 여기서, 전류밀도 J_{dn}은 $[coul/cm^2 \cdot \sec]$ 또는 $[A/cm^2]$의 단위를 갖는다.

외부 전계 E가 있는 경우 전자에 의한 운동방정식인 식(9.15)을 다시 쓰면

$$F = m_n^* a = m_n^* \frac{dv_{dn}}{dt} = -eE \tag{9.76}$$

이다. 전계 E가 일정하다면 속도는 시간에 대하여 선형적으로 증가하게 되어 입자의 에너지($mv^2/2$)가 증가한다. 그러나 전하입자들은 이온화된 불순물 원자들과 열적 진동에 의한 격자 원자들과 충돌하게 되거나 산란현상이 발생하여 입자들의 속도특성을 변화시켜, 입자가 가지고 있는 에너지 양의 대부분을 잃게 된다. 이러한 현상을 계속반복하면서 결정체 내를 드리프트하면서 식(9.75)에 표시한 평균 드리프트 속도$< v_d >$를 갖게 된다. 결국 실제 결정체 내에서 전계 E가 전자에 주는 주된 효과는 전자가 균일한 속도를 가지고 결정체 내를 드리프트 하도록 하는 것이다. 저전계에서 전자의 드리프트 속도는 전계 E에 직접적으로 비례하게 되며

$$< v_{dn} > = -\mu_n E \tag{9.77}$$

로 쓸 수 있다. 여기서 비례상수 $\mu_n [cm^2/V \cdot sec]$를 **전자 이동도**(electron mobility)라고 부른다. 이동도란 하전입자가 전계에 의하여 얼마나 반도체 결정 내를 잘 통과하는지를 나타내는 반도체에 있어서 아주 중요한 파라미터이다.

전자에 의한 드리프트 전류밀도는 식(9.75)에 의해

$$J_{dn} = \rho_{(-)} < v_{dn} > = -e \cdot n < v_{dn} > = en\mu_n E \tag{9.78}$$

이 된다. 전자의 이동은 전계와 반대방향이지만 전자 드리프트 전류는 작용하는 전계와 같은 방향이다. 같은 방법으로 정공에 대하여 드리프트 전류의 식을 쓰면

$$J_{dp} = \rho_{(+)} < v_{dp} > = e \cdot p < v_{dp} > = en\mu_p E \tag{9.79}$$

이다. 여기서, $< v_{dp} >$는 정공의 평균 드리프트 속도이고, 정공의 순전하밀도는 양이다. 정공은 양의 전하를 가지므로 정공의 이동은 전계의 방향과 같은 방향이다. 따라서

$$< v_{dp} > = \mu_p E \tag{9.80}$$

이다. 여기서, μ_p는 **정공 이동도**(hole mobility)이다.

전자와 정공 둘 다 드리프트 전류에 기여하므로 총 드리프트전류밀도는 전자와 정공의 드리프트전류밀도의 합인

$$J_d = J_{dn} + J_{dp} = e(\mu_n n + \mu_p p)E \tag{9.81}$$

로 된다.

9.5.2 결정체 내의 캐리어 이동도

식(9.76)은 전자의 가속도 a와 전계 E와의 관계를 나타내며, 다시 쓰면

$$F = m_n^* a = m_n^* \frac{dv_{dn}}{dt} = -eE \tag{9.82}$$

이다. 여기서, v_{dn}은 전계에 의한 전자의 속도이고, 불규칙적으로 운동하는 열속도는 포함되지 않는다. 만약 전계 E와 전자의 유효질량 m_n^*이 일정하다면 식(9.82)으로부터 전자의 속도

$$v_{dn} = -\frac{eE}{m_n^*}t \tag{9.83}$$

을 얻는다. 여기서 초기 드리프트 속도는 영이라고 가정한다.

온도 T인 결정체 내의 자유전자의 이상적인 운동궤적은 그림 9.12(a)에서 보여주는 바와 같이 충돌점 사이에서 일련의 직선운동을 할 것이다. 이러한 일련의 길이 즉, 충돌에서 다음 충돌까지의 거리를 l_1, l_2, …, l_n이라 하고, 이들의 평균거리 l_{cn}을 **평균자유행정**(mean free path)이라고 한다. 각각의 직선길이 l_1, l_2, …, l_n을 통과하는데 걸리는 시간을 t_1, t_2, …, t_n이라 하고 이들 시간의 평균 τ_{cn}를 **평균자유시간**(mean free time)이라고 한다. 그림 9.12(a)는 전계가 영일 때 전자의 불규칙 열속도와 직선운동의 모델이고, 그림(b)와 같이 전계 E가 인가되면 전계반대방향으로 전자의 순 드리프트가 있고, 드리프트속도는 열속도에서 약간 변화할 것이므로 충돌사이의 시간은 크게 변하지 않을 것이다. 그러나 전자의 이동은 전계방향으로 가속도를 받아 운동궤도는 그림과 같이 포물선 모양으로 된다.

식(9.83)의 t대신에 평균자유시간 τ_{cn}를 대입하면 충돌 바로 직전의 피크속도가 되고

$$v_{dn_{peak}} = -\frac{eE}{m_n^*}\tau_{cn} \tag{9.84}$$

로 주어진다. 평균 드리프트속도는 피크치의 1/2이므로

$$< v_{dn} > = -\frac{1}{2}\frac{eE}{m_n^*}\tau_{cn} \tag{9.85}$$

이다. 그러나 열속도에 대한 충돌도 고려하면 식(9.85)의 1/2는 없어지므로 전자 이동도는

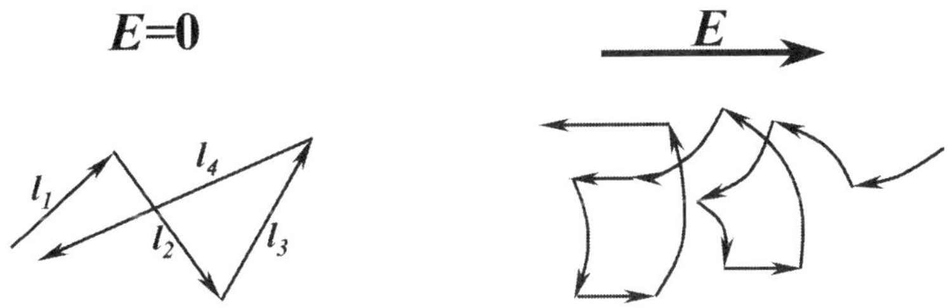

(a) 열적 평형상태에서의 운동 (b) 전계 E가 가해졌을 때의 운동

그림 9.12 ▸ 결정내에서의 전자의 운동 궤적

$$\mu_n = \frac{v_{dn}}{E} = -\frac{e\tau_{cn}}{m_n^*} \tag{9.86}$$

가 된다. 또 정공 이동도는

$$\mu_p = \frac{v_{dp}}{E} = \frac{e\tau_{cp}}{m_p^*} \tag{9.87}$$

이 된다. 여기서, τ_{cp}는 정공의 평균자유시간이다.

9.5.3 불순물 농도와 이동도

반도체 결정에서 평균자유시간 τ_{cn}에 큰 영향을 주는 주된 요소는 격자산란(lattice scattering) 또는 포논산란(phonon scattering)과 이온화 불순물산란(ionized impurity scattering)이므로 불순물 농도는 이동도에 큰 영향을 미친다.

격자원자의 열에너지에 의한 진동은 온도가 증가할수록 심해져 격자산란을 유발시킨다. 임의의 시간동안 평형위치에 있는 격자원자의 수는 온도에 따라 격자계가 완전한 주기성을 가진 구역이 줄어들기 때문에 감소한다. 그러므로 평균자유시간이 적어지게 되어 이동도가 감소하게 된다. 만약 격자산란만 존재할 경우 이동도 μ_L은

$$\mu_L \propto T^{-3/2} \tag{9.88}$$

로 일차근사 산란이론에 의한 온도관계식을 얻는다. 이것은 온도가 감소하면 산란확률도 역시 감소하고 따라서 이동도는 증가함을 의미한다. 또 저준위 도핑 반도체에서는 격자산란이 지배적이고 캐리어 이동도는 온도에 따라 감소한다. 실험적으로 평균자유시간 및 이동도의 온도의존성은 T^a에 반비례한다. 여기서 a는 재료 및 캐리어 종류에 따라 1.66~2.7의 값을 갖는 상수이다.

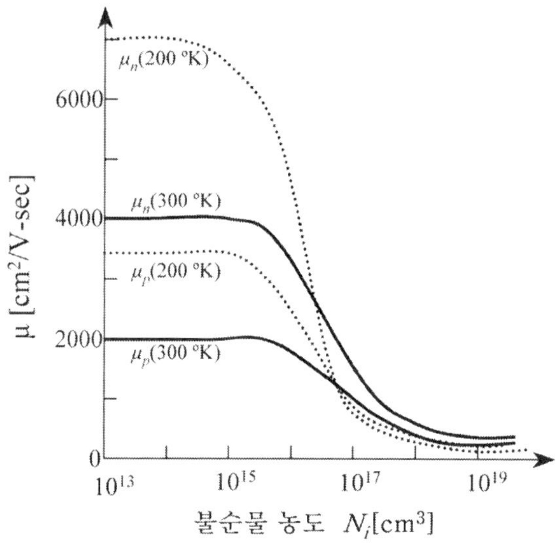

그림 9.13 ▸ 불순물 농도와 이동도의 관계

이온화된 불순물 원자에 의한 산란작용은 캐리어가 그 근처를 지나는데 소요되는 시간에 관계한다. 캐리어의 열운동 속도 v_T는 각 자유행정당 (3/2)kT 만큼의 열에너지를 얻으므로 운동에너지와 같게 놓고, 즉

$$\frac{1}{2}m^*v_T^2 = \frac{3}{2}kT \tag{9.89}$$

에서

$$v_T = \sqrt{\frac{3kT}{m^*}} \tag{9.90}$$

로 주어지므로 온도가 낮아짐에 따라 감소한다. 여기서, m^*은 캐리어의 유효질량이다. 만약 온도가 증가하면 캐리어의 열속도는 증가하여 캐리어가 이온화 불순물 근처 중심에 머무르는 시간이 감소한다. 이 쿨롱힘이 작용하는 지역 근처에 머무는 시간이 짧을수록 산란효과는 작고, 이온화 불순물 이동도 μ_I의 예상되는 값은 커진다. 불순물 농도가 클수록 평균자유시간이 적어지므로 μ_I는 작아짐을 의미한다. 그림 9.13에 이동도와 반도체 불순물 농도와의 관계를 측정한 예를 도시하였다. 불순물 농도가 낮은 경우 이동도는 변함없이 거의 일정하다. 그러나 불순물 농도가 충분히 클 경우 이동도는 농도에 따라 급격히 감소한다.

τ_L이 격자산란에 의한 평균자유시간이면 dt/τ_L은 dt 시간 동안 발생하는 격자산란 확률이 된다. 같은 맥락으로 τ_I가 이온화 불순물산란에 의한 평균자유시간이면 dt/τ_I는 dt 시간 동안 발생하는 이온화 불순물산란 확률이다. 만약 이러한 두 산란현상이 독립

적이면 dt 동안 발생하는 산란확률은

$$\frac{dt}{\tau} = \frac{dt}{\tau_L} + \frac{dt}{\tau_I} \tag{9.91}$$

처럼 각 개별산란의 합이 된다. 여기서 τ는 충돌 사이의 평균자유시간이다. 따라서 주어진 이동도 정의와 비교하면

$$\frac{1}{\mu} = \frac{1}{\mu_L} + \frac{1}{\mu_I} \tag{9.92}$$

이 된다.

9.6 반도체의 도전성

전자와 정공은 서로 반대방향으로 이동하고 전자의 전하가 음(-)이기 때문에 전체전류는 전자에 의한 전류와 정공에 의한 전류를 합한 것이 된다. 식(9.81)에 의하여 드리프트 전류밀도는

$$J_d = J_{dn} + J_{dp} = e(\mu_n n + \mu_p p)E = \sigma E \tag{9.93}$$

로 주어진다. 여기서 σ는 반도체의 **전도율**(conductivity)이다. 전도율의 단위는 $[\Omega/cm]$이며 전자와 정공농도 그리고 이동도의 함수이다. 또 이동도는 불순물 농도의 함수이므로 전도율 역시 불순물 농도의 함수가 된다. 식(9.93)에서 전도율 σ는

$$\sigma = e(\mu_n n + \mu_p p) \tag{9.94}$$

가 된다.

전도율의 역수는 **저항율**(resistivity)이다. 이것은 ρ로 표시하고 단위는 $[\Omega - cm]$이다. 따라서 고유 저항율 ρ는

$$\rho = \frac{1}{\sigma} = \frac{1}{e(\mu_n n + \mu_p p)} \tag{9.95}$$

이 된다.

그림 9.14와 같은 반도체 막대에 전압이 인가되어 전류 I가 흐른다면 전류밀도는 $J=I/A$이고, 전계는 $E=V/L$이므로 식(9.93)은

$$\frac{I}{A} = \sigma\left(\frac{V}{L}\right) \tag{9.96}$$

혹은

$$V = \left(\frac{L}{\sigma A}\right) I = \left(\frac{\rho L}{A}\right) I = IR \tag{9.97}$$

이다. 이 식(9.97)이 반도체에 대한 Ohm의 법칙이다.

만약 $N_d(N_a = 0)$이고 $N_d \gg n_i$로 도너 도핑된 n형 반도체를 생각하고 전자와 정공 이동도가 같은 크기라고 가정하면 식(9.94)의 전도율은

$$\sigma = e(\mu_n n + \mu_p p) \approx e\mu_n n \tag{9.98}$$

이 된다. 또한 완전 이온화를 가정하면

$$\sigma \cong e\mu_n N_d \cong \frac{1}{\rho} \tag{9.99}$$

이 된다. 불순물 반도체의 전도율과 저항율은 주로 다수 캐리어 파라미터의 함수로 된다.

순수한 반도체의 고유저항과 온도와의 관계를 살펴보면 식(9.94)는

$$\sigma_i = e(\mu_n + \mu_p) n_i \tag{9.100}$$

로 되고, 식(9.6)을 식(9.100)에 대입하면

$$\sigma_i = e(\mu_n + \mu_p) A_0 T^{\frac{3}{2}} e^{-\frac{eV}{2kT}} \tag{9.101}$$

로 쓸 수 있다. 이 식(9.101)의 μ_n, μ_p는 온도의 함수이다.

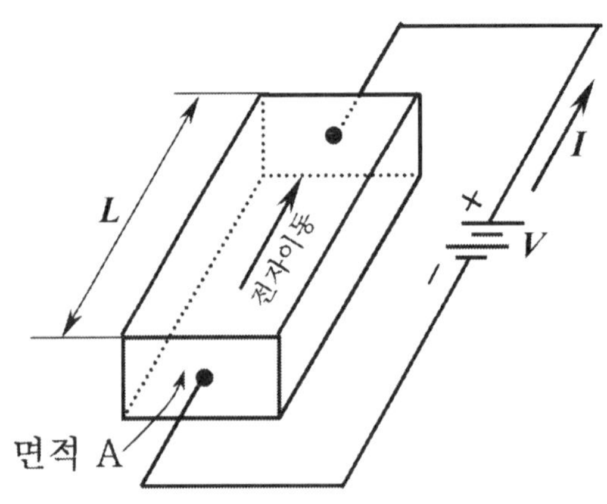

그림 9.14 ▸ 반도체 막대

예제 9.3

상온 300° K에서 순수 Ge 반도체에 대한 전도율과 저항율을 계산하라.

정공 이동도는 $\mu_p = 1900[cm^2/V \cdot \sec]$이고,
전자 이동도는 $\mu_n = 3900[cm^2/V \cdot \sec]$이며,
전자와 정공의 수는 $n = p = n_i = 2.5 \times 10^{13}[cm^{-3}]$이다.

[풀이] 식(9.94)에서 전도율은

$$\sigma = e(\mu_n n + \mu_p p) = 1.602 \times 10^{-19} \cdot 2.5 \times 10^{13} \cdot (1900 + 3900)$$
$$= 23.2 \times 10^{-3}[\Omega \cdot cm]^{-1}$$

이다. 또 저항율은 전도율의 역수이므로

$$\rho = \frac{1}{\sigma} = \frac{1}{23.2 \times 10^{-3}} = 45[\Omega \cdot cm]$$

이다.

예제 9.4

상온 300° K에서 불순물 농도 $N_d = 10^{17}[cm^{-3}]$인 Ge 반도체에 대한 전도율과 저항율을 계산하라. 전자 이동도는 $\mu_n \fallingdotseq 2000[cm^2/V \cdot \sec]$이다.

[풀이] 식(9.98)에서 전도율은

$$\sigma = e(\mu_n n_n + \mu_p p_{n)} \approx e\mu_n n_n$$
$$= 1.602 \times 10^{-19} \cdot 2000 \cdot 10^{17} = 32[\Omega \cdot cm]^{-1}$$

이다. 또 저항율은 전도율의 역수이므로

$$\rho = \frac{1}{\sigma} = \frac{1}{32} \cong 0.03[\Omega \cdot cm]$$

이다.

9.7 캐리어 확산운동

앞 절에서 검토하였던 외부전계로 인한 캐리어 드리프트 외에 반도체 결정내에서 캐리어의 흐름을 유도하여 전류를 발생할 수 있는 또 다른 메카니즘이 있다. 그림 9.15에서처럼 분리막으로 두 부분이 분리된 경우, 왼쪽 부분은 특정온도의 기체분자가 채워져

있고, 오른쪽은 처음에는 완전히 비어 있다. 분리막을 제거하게 되면 기체분자들은 계속적인 열운동으로 인하여 용기의 오른쪽으로 흘러 들어간다. 이와 같이 입자들이 높은 농도영역에서 낮은 농도영역으로 이동하여 흐르는 현상을 **확산**(diffusion)이라고 한다. 만약 이 기체분자들이 전기적 전하를 띠고 있다면 전하의 순흐름은 **확산전류**(diffusion current)를 만든다. 입자들의 확산은 그들의 불규칙적인 랜덤 열운동으로 인하여 나타나는 현상으로서, 결국 분자의 농도가 모든 곳에서 균일하게 된다.

전자의 농도가 1차원에서 단면적이 A인 직선적 영역에 있어서 임의의 시간 t에서의 입자농도 $n(x)$의 분포가 그림 9.16과 같이 변한다고 하자. 전류밀도를 계산하기 위하여 단위시간당 x=0에 있는 평면을 가로질러 통과하는 전자의 순흐름을 결정한다. 그림 9.16에서 보듯이 거리 Δl이 전자의 평균자유행정, 즉 전자가 충돌할 때까지 이동한 평균거리 $(\Delta l = v_{th}\tau_{cn})$이면, 임의의 단면 x의 양쪽에 $x-\Delta l$ 및 $x+\Delta l$ 되는 두 단면을 생각하자. 단면 $x-\Delta l$과 x 사이에 있는 입자수는

$$M_1 = n\left(x - \frac{\Delta l}{2}\right)\Delta l \cdot A \tag{9.102}$$

이며, 그들의 1/2이 평균자유시간 Δt 동안에 단면 x를 지나서 +x 방향으로 이동한다.

마찬가지로 시간 Δt 동안에 단면 x를 지나서 −x 방향으로 이동하는 입자수는

$$M_2 = n\left(x + \frac{\Delta l}{2}\right)\Delta l \cdot A \tag{9.103}$$

의 1/2이므로, 결과적으로 시간 Δt 동안에 +x 방향으로 이동하는 입자수 M은

$$\begin{aligned} M &= \frac{1}{2}(M_1 + M_2) \\ &= A\frac{\Delta l}{2}\left[n\left(x - \frac{\Delta l}{2}\right) - n\left(x + \frac{\Delta l}{2}\right)\right] \\ &= -A\frac{(\Delta l)^2}{2}\frac{\left[n\left(x + \frac{\Delta l}{2}\right) - n\left(x - \frac{\Delta l}{2}\right)\right]}{\Delta l} \end{aligned} \tag{9.104}$$

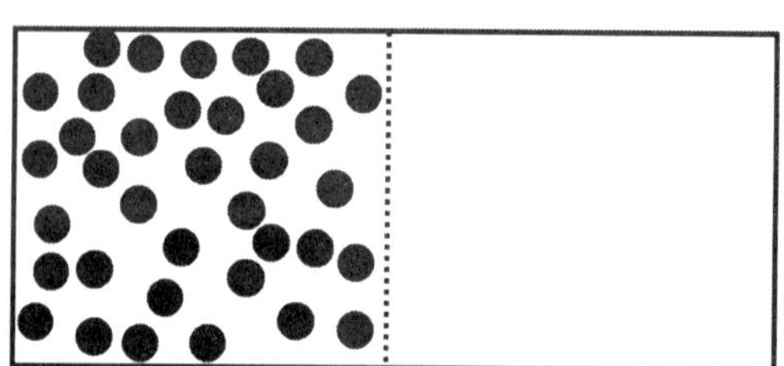

그림 9.15 ▸ 분리막으로 분리된 기체분자

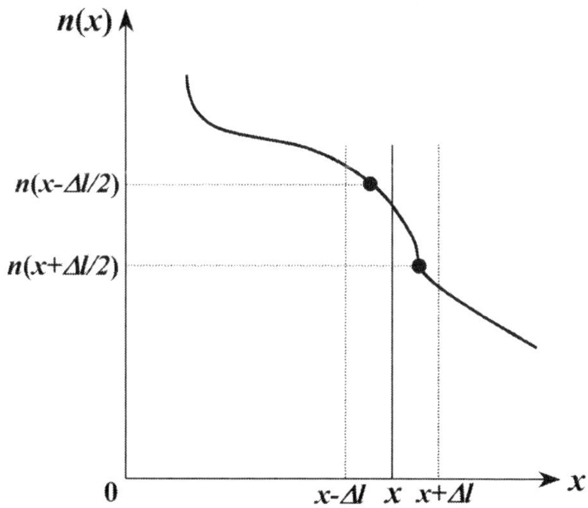

그림 9.16 ▸ 전자가 충돌할 때까지 이동한 평균거리

이 된다. Δl은 충분히 작으므로 식(9.104)는

$$M = -A\frac{(\Delta l)^2}{2}\frac{dn(x)}{dx} \tag{9.105}$$

로 된다. 따라서 단위시간에 단위면적을 통과하는 입자수, 즉 확산전류밀도 J는

$$J = \frac{M}{A\Delta t} = -\frac{1}{2}\frac{(\Delta l)^2}{\Delta t}\frac{dn(x)}{dx} \quad [\text{개}/\text{sec}\cdot m^2] \tag{9.106}$$

로 주어진다. 식(9.106)에서 비례계수 D를

$$D = \frac{1}{2}\frac{(\Delta l)^2}{\Delta t} \quad [cm^2/\text{sec}] \tag{9.107}$$

로 놓으면

$$J = -D\frac{dn(x)}{dx} \tag{9.108}$$

을 얻는다. 이 식(9.108)에서 음(-)의 부호는 입자의 흐름이 농도가 높은 곳에서 낮은 쪽을 향하고 있음을 표시한다. 여기서 비례계수 D를 **확산계수**(diffusion coefficient)라고 하고, 식(9.108)을 **확산의 법칙**(law of diffusion)이라고 한다.

식(9.108)의 확산 법칙을 반도체 내의 전자와 정공에 각각 적용하여 식을 쓰면

$$J_n = + eD_n \frac{dn(x)}{dx} \tag{9.109a}$$

$$J_p = - eD_p \frac{dp(x)}{dx} \tag{9.109b}$$

로 되고, 식(9.109a) J_n을 확산전자 전류밀도라 하고 식(9.109b) J_p을 확산정공 전류밀도라고 한다. 여기서 $p(x)$, $n(x)$는 각각 정공 및 전자의 밀도분포이며, 확산계수 D_p, D_n은 각각

$$D_n = \frac{1}{2}\frac{l_n^2}{t_n} \tag{9.110a}$$

$$D_p = \frac{1}{2}\frac{l_p^2}{t_p} \tag{9.110b}$$

로 주어진다. 여기서 l_n, l_p 및 t_n, t_p는 각각 전자 및 정공의 평균자유행정 및 평균자유시간이다.

확산전류와 드리프트 전류가 동시에 존재하는 반도체에서는 두 전류를 합한

$$J_n = en\mu_n E_x + eD_n \frac{dn(x)}{dx} \tag{9.111a}$$

$$J_p = ep\mu_p E_x - eD_p \frac{dp(x)}{dx} \tag{9.111b}$$

과 같은 식이 되고, 따라서 총 확산전류밀도 J는

$$J = J_n + J_p = en\mu_n E_x + ep\mu_p E_x + eD_n \frac{dn(x)}{dx} - eD_p \frac{dp(x)}{dx} \tag{9.112}$$

가 된다. 이 방정식을 3차원으로 일반화하면

$$J = en\mu_n E + ep\mu_p E + eD_n \nabla n(x,y,z) - eD_p \nabla p(x,y,z) \tag{9.113}$$

가 된다. 식(9.113)에서 보는 바와 같이 총 확산전류밀도에 대한 표현식은 4가지 항을 갖는다. 전자 이동도는 전자가 반도체에서 전계에 의하여 얼마나 잘 이동하는지 나타내고, 전자확산계수 D는 전자가 반도체에서 농도 기울기에 의하여 얼마나 잘 이동하는지를 나타낸다.

예제 9.5

상온 300° K에서 n형 갈륨비소 반도체의 전자농도가 거리 0.2 [cm]에 걸쳐서 10^{18}에서 $7\times10^{17}[cm^{-3}]$으로 선형적으로 변한다고 가정하자. 만약 전자확산계수가 $D_n = 225$이면 확산전류밀도는 얼마인지 계산하라.

[풀이] 확산전류밀도는 식(9.109a)에서

$$J_n = eD_n \frac{dn(x)}{dx} \approx eD_n \frac{\Delta n(x)}{\Delta x}$$
$$= 1.602\times10^{-19}\cdot 225\cdot\left(\frac{10^{18}-7\times10^{17}}{0.2}\right) = 54[A/cm^2]$$

이다.

9.8 이동도와 확산계수와의 관계

반도체가 도너 불순물 원자들로 불균일 도핑된 경우를 생각하여 보자. 반도체가 열평형상태에 있으면 Fermi 에너지 준위는 결정 전체에 걸쳐서 일정하므로 에너지 밴드는 그림 9.17과 같다. 도핑 농도는 x가 증가함에 따라 감소하며, 높은 도핑 영역으로부터 낮은 영역으로 다수 캐리어 전자의 확산이 있다.

전위를 ψ라고 하면 전자의 위치에너지와 −e의 관계를 가지므로

$$\psi = +\frac{1}{e}(E_F - E_{Fi}) \tag{9.114}$$

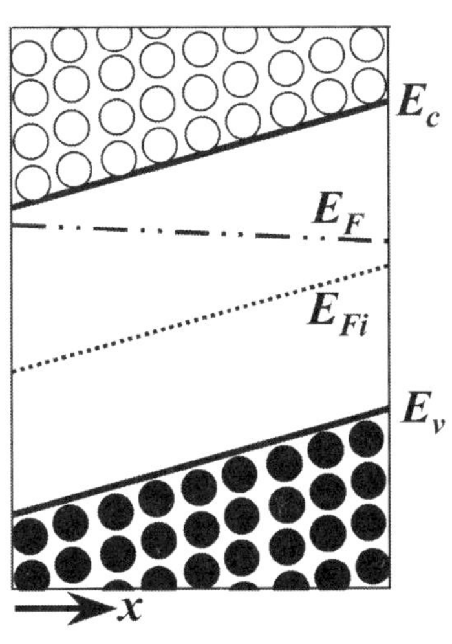

그림 9.17 ▸ 불균일 도너 불순물 농도를 갖는 반도체의 에너지 밴드

이 되고, 전계는 1차원의 경우

$$E_x = -\frac{d\psi}{dx} = \frac{1}{e}\frac{dE_{Fi}}{dx} \tag{9.115}$$

로 된다. 만약 전자농도가 거의 도너 불순물 농도와 같은 **준중성조건**(quasi-neutral condition)을 가정하면

$$n_0 = n_i e^{\frac{(E_F - E_{Fi})}{kT}} \approx N_d(x) \tag{9.116}$$

혹은

$$E_F - E_{Fi} = kT\ln\left(\frac{N_d(x)}{n_i}\right) \tag{9.117}$$

이 된다. 식(9.117)을 x에 대하여 미분하면

$$-\frac{dE_{Fi}}{dx} = \frac{kT}{N_d(x)}\frac{dN_d(x)}{dx} \tag{9.118}$$

이 되고, 식(9.118)을 식(9.115)에 대입하면

$$E_x = -\left(\frac{kT}{e}\right)\frac{1}{N_d(x)}\frac{dN_d(x)}{dx} \tag{9.119}$$

가 된다.

결정 내에 불균일 도핑되어 있고 전기적으로 연결이 되어 있지 않은 열평형상태에 있는 반도체를 생각하면 전자전류 식(9.111)는

$$J_n = 0 = en\mu_n E_x + eD_n\frac{dn(x)}{dx} \tag{9.120}$$

와 같이 0이어야 한다. 만약 앞에서와 같이 준중성을 가정하여 $n \approx N_d(x)$이면, 식(9.120)은

$$J_n = 0 = e\mu_n N_d(x)E_x + eD_n\frac{dN_d(x)}{dx} \tag{9.121}$$

가 된다. 식(9.119)을 식(9.121)에 대입하면

$$J_n = 0 = e\mu_n N_d(x)\left(\frac{kT}{e}\right)\frac{1}{N_d(x)}\frac{dN_d(x)}{dx} + eD_n\frac{dN_d(x)}{dx} \tag{9.122}$$

을 얻는다. 식(9.122)의 두 항을 비교하면 다음의 조건

$$\frac{D_n}{\mu_n} = \frac{kT}{e} \tag{9.123}$$

에서 성립한다. 정공전류도 역시

$$\frac{D_p}{\mu_p} = \frac{kT}{e} \tag{9.124}$$

의 조건에서 성립한다. 식(9.123)과 식(9.124), 즉

$$\frac{D_n}{\mu_n} = \frac{D_p}{\mu_p} = \frac{kT}{e} \tag{9.125}$$

을 Einstein **관계**라고 부른다.

예제 9.6

상온 300° K에서 특정 캐리어의 이동도가 1100 $[cm^2/V \cdot \sec]$라고 가정할 때 확산계수를 계산하라.

[풀이] Einstein 관계 식(9.125)를 이용하면

$$D = \left(\frac{kT}{e}\right)\mu = 0.0259 \cdot 1100 = 28.49 [cm^2/\sec]$$

이다.

9.9 Hall 효과

n형 반도체 봉에서 전자가 드리프트 하는 방향과 직각으로 자계 B를 인가하면, 이 전자의 행로는 구부러지는 경향이 있다. 전계에 의한 전자의 드리프트 속도는

$$v_x = -\mu_n E_x \tag{9.126}$$

이 되고, 이것은 자장의 방향과 직각이므로 y축 방향으로의 전계 및 자계에 의한 단일 전자에 대한 힘은

$$F_y = e(E_y - v_x B) \tag{9.127}$$

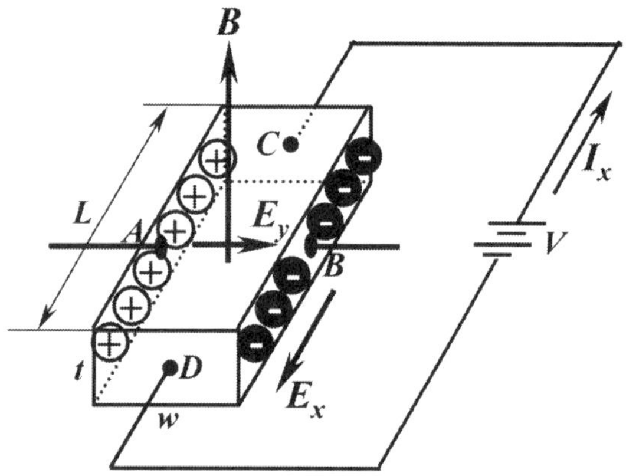

그림 9.18 ▸ Hall 효과를 설명하는 반도체 봉 모형

이다. 식(9.127)의 중요한 의미는 전계 E_y가 이 봉의 폭 방향으로 생기지 않으면 각 전자는 곱 ev_xB로 인하여 +y방향으로 실질적인 힘인 가속도를 받는다. 따라서 이 봉의 길이에 따라 전자의 정상적인 흐름이 유지되려면 전계 E_y가 v_xB와 반드시 균형을 이루어야 한다. 즉 식(9.127)의 $F_y = 0$이어야 하므로

$$E_y = v_x B = -\mu_n E_x B \tag{9.128}$$

로 된다. 물리적으로는 자계가 전자의 분포를 +y방향으로 약간 편의 시킬 때 이 전계가 발생한다. 전자들은 반도체 봉의 +y방향인 오른쪽으로 치우쳐서 이동할 것이고 정공은 그와 반대인 -y방향으로 치우쳐서 이동하게 된다.

따라서 반도체 봉 내에 형성된 음·양의 공간전하 분포로 인하여 y축 방향으로 전계가 발생하는 것이다. 이와 같이 전계 E_y을 형성하는 현상을 Hall **효과**(hall effect)라 한다. 이로 인해 단자 AB에 나타나는 전압인 V_{AB}를 Hall **전압**(Hall voltage)이라고 하고 크기는

$$V_{AB} = wE_y = -w\mu_n BE_x \tag{9.129}$$

이다. 또 전류밀도는 식(9.78)로부터

$$J_x = -en_0 v_x \tag{9.130}$$

이므로 식(9.128)은

$$E_y = -\frac{J_x}{en_0}B = R_H J_x B \tag{9.131}$$

로 된다. 여기서,

$$R_H = -\frac{1}{en_0} \tag{9.132}$$

을 Hall **계수**(Hall coefficient)라고 한다. 이미 알고 있는 전류와 자계에 대한 Hall 전압의 측정으로 전자농도 n_0의 값

$$n_0 = -\frac{1}{eR_H} = -\frac{J_x B}{eE_y} = -\frac{\frac{I_x}{wt}B}{e\frac{V_{AB}}{w}} = -\frac{I_x B}{etV_{AB}} \tag{9.133}$$

을 얻을 수 있다. 식(9.133)의 모든 양은 측정할 수 있으므로 Hall 효과는 매우 정확하게 캐리어 농도의 값을 얻는데 사용할 수 있다.

저항 R의 측정이 이루어지면 시료의 저항율 ρ는

$$\rho[\Omega \cdot cm] = \frac{Rwt}{L} = \frac{V_{CD}/I_x}{L/wt} \tag{9.134}$$

로 계산된다. 전도율 σ는 식(9.98)로부터

$$\sigma = \frac{1}{\rho} = e\mu_n n_0 \tag{9.135}$$

로 주어지므로 전자의 이동도 μ_n은

$$\mu_n = \frac{\sigma}{en_0} = \frac{\frac{1}{\rho}}{e\left(\frac{1}{eR_H}\right)} = \frac{R_H}{\rho} \tag{9.136}$$

로 되어 단순히 Hall 계수와 저항율의 비로 표현된다.

Hall 계수와 저항율의 어떤 온도범위에서의 측정은 온도에 대한 다수 캐리어 농도와 이동도와의 관계도를 만들 수 있다. 이것은 반도체 물질을 해석하는데 있어서 매우 유익하게 사용할 수 있다. p형 반도체에 대해서도 앞서 논의한 결과를 도출할 수 있는데 정공에 대해서는 e의 양(+)의 값이 쓰이며 Hall 전압 V_{AB}와 Hall 계수 R_H는 양(+)의 값을 나타낸다. 이 Hall 전압의 부호 측정이 미지 반도체 시료가 n형인지 또는 p형인지를 결정하는 기준이 된다.

예제 9.7

Si 반도체에 인(phosphorus) 10^{17}[원자/cm^3]을 도핑 하였다. 그의 저항율과 Hall 전압은 얼마인지 계산하라. $I_x = 1[mA]$, $B = 10^{-5}[Wb/cm^2]$, 시료의 두께는 $100\,[\mu m]$이며, 이동도는 $700[cm^2/V \cdot s]$이고 정공농도는 무시할 수 있다.

[풀이] 전도율은 식(9.135)에서

$$\sigma = e\mu_n n_0 = 1.602 \times 10^{-19} \cdot 700 \cdot 10^{17} = 11.2[\Omega \cdot cm]^{-1}$$

이다. 따라서 저항율은

$$\rho = \sigma^{-1} = 0.089[\Omega \cdot cm]$$

이다.

Hall 계수는 식(9.132)에서

$$R_H = -\frac{1}{en_0} = -\frac{1}{1.602 \times 10^{-19} \cdot 10^{17}} = -62.5[cm^3/C]$$

이므로 Hall 전압은 식(9.133)으로부터

$$V_{AB} = -\frac{I_x B}{etn_0} = -\frac{I_x B}{t} R_H = \frac{10^{-3} \cdot 10^{-5}}{10^{-2}}(-62.5) = -62.5 \times 10^{-6}[V]$$

이다.

9.10 반도체의 비평형 과잉 캐리어

반도체의 대부분은 열적 평형값 이상으로 전하 캐리어를 생성시켜서 이들이 전도과정을 주도하여 동작하도록 제작한다. 이들 비평형 과잉 캐리어는 광학적 여기, 전자 충돌에 의한 전리 또는 10장에서 살펴보게 될 n형과 p형의 접합부를 넘어서 이들을 주입시킴으로서 발생시킨다. 이 절에서는 광학적 흡수에 의한 과잉 캐리어의 생성과 재결합 및 과잉 캐리어들이 생성되고 재결합되는 비율에 대한 일반적인 논의와 입자들의 움직임을 표현하는 전자와 정공에 대한 연속방정식과 시간의존 확산방정식을 유도할 것이다. 과잉전자와 과잉정공은 서로 독립적으로 움직이지 않고 같은 유효확산계수, 드리프트 이동도와 수명을 갖고 확산과 드리프트와 재결합을 하는 앰비폴러(ambipolar) 전송현상에 대한 전송방정식을 유도하게 될 것이다. 끝으로 비평형 반도체를 적용시키는 두 가지 새로운 파라미터, 즉 전자에 대한 의사-Fermi 에너지(quasi-Fermi energy)와 정공에 의한 의사-Fermi 에너지를 정의하게 될 것이다.

9.10.1 과잉캐리어의 생성과 재결합

전자들과 정공들이 만들어지는 과정을 캐리어 **생성**(generation)이라고 하고 반대로 전자들과 정공들이 소멸되는 과정을 캐리어 **재결합**(recombination)이라 한다. 열평형으로부터 조금이라도 벗어나면 반도체 내에서의 캐리어의 농도는 변화가 발생한다. 온도가 갑자기 변한다든가 빛과 같은 외부 자극도 전자와 정공을 생성시켜 비평형 상태를 만든다.

고온의 열에너지($h\nu > E_g$)를 가진 광자들이 반도체에 입사되면 그림 9.19와 같이 가전자대에 있는 전자들은 전도대로 여기한다. 전도대에는 가전자대로부터 여기되어 올라온 전자가 생성되고, 가전자대에는 전자가 있던 자리에 정공이 생성되므로 전자-정공은 쌍으로 생성된다. 이와 같이 부가적으로 만들어진 전자와 정공을 각각 **과잉전자**(excess electron)와 **과잉정공**(excess hole)이라고 부른다. 이들 과잉전자와 과잉정공들의 생성 비율을 각각 n_n'와 n_p'라고 하면 서로 쌍으로 생성되므로

$$n_n' = n_p' [\text{개수}/cm^3 \cdot s] \tag{9.137}$$

이다. 또 전도대의 전자농도와 가전자대의 정공농도는 열평형 때의 값보다

$$n = n_0 + \delta n \tag{9.138a}$$

$$p = p_0 + \delta p \tag{9.138b}$$

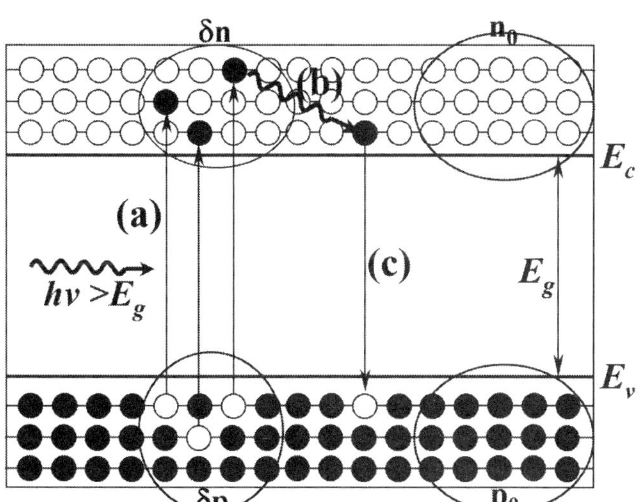

그림 9.19 ▸ 광자의 에너지 흡수: (a) 전자와 정공의 생성; (b) 격자 중의 산란현상; (c) 전자와 정공의 재결합

로 증가한다. 여기서 n_0와 p_0는 열평형일 때의 전자와 정공농도이고, δn과 δp는 열평형이 깨진 후 증가한 과잉전자와 과잉정공의 농도이다. 따라서 식(9.138)로부터

$$np \neq n_0 p_0 = n_i^2 \tag{9.139}$$

가 됨을 알 수 있다.

그림 9.19(c)처럼 열평형을 이루기 위해 전도대에 있는 전자가 가전자대로 복귀되면 과잉전자와 정공이 재결합이 이루어진다. 과잉전자들과 정공들에 대한 재결합율을 각각 $R_n{}'$과 $R_p{}'$라고 하면 서로 쌍으로 재결합하므로

$$R_n^{'} = R_p{}' [\text{개수}/cm^3 \cdot s] \tag{9.140}$$

이다. 이 전이를 행하는 중에 전자가 상실하는 에너지는 광자로서 주어져 발광을 수반하게 되고, 이러한 재결합은 자연적(spontaneously)으로 일어난다. 따라서 전자와 정공이 재결합할 확률은 시간에 관계없이 일정하다. 전자의 재결합율은 전자농도에 비례해야 하며 정공의 재결합율은 정공의 농도에 비례해야 한다. 만약 전자나 정공이 없다면 재결합은 일어나지 않는다. 캐리어가 산란되는 경우와 같이 재결합의 일정한 확률로 말미암아 과잉캐리어의 감쇠가 지수함수적이 되는 해를 예측하게 한다. 이 경우 임의의 시간 t에서의 전자의 감쇠율은 그 시간 t에 남아 있는 전자의 수와 정공의 수에 비례하며, 재결합에 대한 어떤 일정한 비례상수 η를 갖는다. 전도대 전자농도의 실질변화율은 식(9.4)로 주어지는 열적 생성율 ηn_i^2에서 재결합율을 뺀

$$\frac{dn(t)}{dt} = \eta n_i^2 - \eta n(t) p(t) \tag{9.141}$$

로 주어진다. 여기서,

$$n(t) = n_0 + \delta n(t) \tag{9.142a}$$

$$p(t) = p_0 + \delta p(t) \tag{9.142b}$$

이다. 과잉전자 및 과잉정공의 집단이 단시간의 빛의 조사로 인하여 t=0에서 생성되었고, 처음의 과잉된 전자와 정공의 농도 Δn과 Δp가 같다고 가정하면, 전자와 정공이 쌍을 이루어 재결합하는 과잉캐리어의 순간적인 농도 $\delta n(t)$와 $\delta p(t)$는 역시 같다. 따라서 식(9.141)의 전체 농도를 평균값 n_0와 p_0 그리고 과잉캐리어 농도 $\delta n(t) = \delta p(t)$로 나타낼 수 있다. 식(9.139)와 식(9.142)를 사용하면

$$\begin{aligned} \frac{d\delta n(t)}{dt} &= \eta n_i^2 - \eta [n_0 + \delta n(t)][p_0 + \delta p(t)] \\ &= -\eta [(n_0 + p_0)\delta n(t) + \delta n^2(t)] \end{aligned} \tag{9.143}$$

로 된다. 이 비선형방정식은 현재의 형태로는 풀기가 매우 어렵지만 **저준위 주입**(low-level injection)의 조건을 적용하면 이것을 간단하게 풀 수 있다. 저준위 주입은 열평형 캐리어 농도와 비교했을 때, 과잉캐리어 농도가 낮으면 식(9.143)의 마지막 항인 $\delta n^2(t)$을 무시할 수 있다. 더욱이 불순물 반도체라면 보통 평형상태에서의 소수캐리어를 나타내는 항을 무시할 수 있다. 예를 들어 반도체가 p형($p_0 \gg n_0$)이라면, 식(9.143)은

$$\frac{d\delta n(t)}{dt} = -\eta p_0 \delta n(t) \tag{9.144}$$

가 된다. 이 미분방정식의 해는 처음의 과잉캐리어 농도 Δn으로부터 지수적으로 감쇠되는 것이며, 식으로 표현하면

$$\delta n(t) = \Delta n e^{-\eta p_0 t} = \Delta n e^{-\frac{t}{\tau_n}} \tag{9.145}$$

로 계산된다. 여기서 p형 반도체에서의 과잉전자는 감쇠상수(decay constant)

$$\tau_n = \frac{1}{\eta p_0} \tag{9.146}$$

의 비율로 재결합하여 감소하며, 이 τ_n을 **재결합 수명**(recombination lifetime) 또는 **과잉소수 캐리어 수명**(excess minority carrier lifetime)이라고 한다.

n형 반도체에서 과잉정공의 감쇠는

$$\tau_p = \frac{1}{\eta n_0} \tag{9.147}$$

의 비율로 일어난다. 직접적인 재결합의 경우 과잉 다수캐리어는 소수캐리어와 정확히 같은 비율로 감쇠한다. 보다 일반적인 캐리어 수명에 대한 식은

$$\tau_n = \frac{1}{\eta(n_0 + p_0)} \tag{9.148}$$

으로 나타낼 수 있으며, 이 식은 주입준위가 낮은 n형 또는 p형 반도체에 대하여 적용 가능하다.

양(+)의 값으로 정의되는 과잉 소수캐리어의 전자의 재결합율은 식(9.144)을 이용하여 쓰면

$$R_n' = -\frac{d\delta n(t)}{dt} = +\eta p_0 \delta n(t) = \frac{\delta n(t)}{\tau_n} \tag{9.149}$$

과 같다. 직접 재결합에 있어서 과잉 다수캐리어 정공 재결합율은 같으므로 p형 반도체에서는

$$R_n{}' = R_p{}' = \frac{\delta n(t)}{\tau_n} \tag{9.150}$$

로 쓸 수 있다. 저준위 주입상태($\delta n(t) << n_0$)인 n형 반도체의 경우($n_0 \gg p_0$)에는 시정수는 식(9.147)를 갖고 정공이 감소한다. 다수캐리어 전자들의 재결합율은 소수캐리어 정공들의 재결합율과 같으므로

$$R_p{}' = R_n{}' = \frac{\delta n(t)}{\tau_p} \tag{9.151}$$

이다. 따라서 과잉캐리어의 생성율과 재결합율은 전자나 정공의 함수가 아니라, 일반적으로 공간과 시간의 함수이다.

9.10.2 과잉캐리어의 수학적 표현

1. 연속방정식

그림 9.20에서와 같이 단면 A와 시료의 미소길이Δx인 반도체를 생각하면, 이 체적을 떠나는 전자전류밀도 $J_n(x+\Delta x)$는 이 체적내에서 생기는 캐리어의 생성과 재결합에 따라 유입되는 전류밀도 $J_n(x)$보다 크거나 작게 될 수 있다. 단위시간당 전자농도의 실질적인 증가 $\partial n(t)/\partial t$는 단위체적당 유입 및 유출되는 전자속(electron flux)의 차에서 재결합되는 비율만큼 뺀 값이 된다. 여기서 $J_n(x)$를 $-e$로 나누어 전자전류밀도를 단위 면적당의 전자 입자속밀도로 바꿀 수 있다. 따라서 전자전류밀도인

$$-\frac{J_n(x)}{e} \tag{9.152}$$

을 Δx로 나누면 단위시간당 ΔxA로 유입되는 단위체적당 캐리어의 수가 되며, 단위체적 및 시간당 이 체적으로부터 유출되는 캐리어의 수는

$$-\frac{1}{e}\frac{J_n(x+\Delta x)}{\Delta x} \tag{9.153}$$

이 된다. 따라서 체적내에서의 전자의 증대율은

$$\left.\frac{\partial n}{\partial t}\right|_{x\to\Delta x} = -\frac{1}{e}\frac{J_n(x)+J_n(x+\Delta x)}{\Delta x} - \frac{\delta n}{\tau_n} \tag{9.154}$$

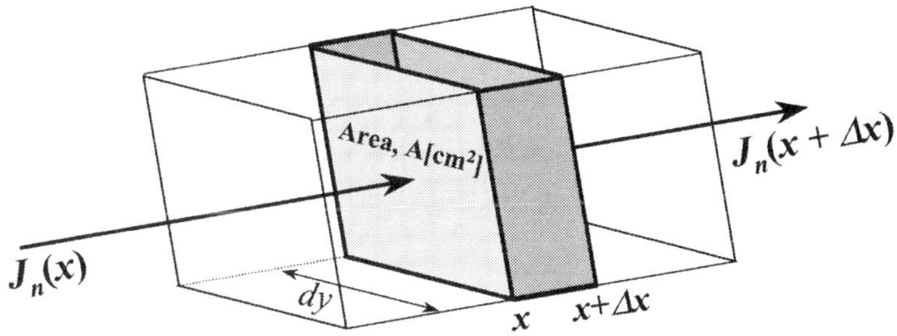

그림 9.20 ▸ 체적에 유입 및 유출되는 전류밀도

이 되고, Δx가 0에 접근함에 따라 전류밀도변화를 미분의 형태인

$$\frac{\partial n(x,t)}{\partial t} = \frac{\partial \delta n(x,t)}{\partial t} = \frac{1}{e}\frac{\partial J_n}{\partial x} - \frac{\delta n}{\tau_n} \tag{9.155}$$

로 쓸 수 있다. 이 식(9.155)를 전자의 **연속방정식**(continuty equation)이라 한다. 정공에 대하여도 같은 방법으로 유도하면

$$\frac{\partial \delta p(x,t)}{\partial t} = -\frac{1}{e}\frac{\partial J_p}{\partial x} - \frac{\delta p}{\tau_p} \tag{9.156}$$

로 되며, 정공의 전하가 전자와 반대이므로 부호가 음(-)으로 바뀐다.

2. 확산방정식과 확산거리

전류가 드리프트에 의한 것을 무시할 수 있는 엄격한 확산에 의해서만 전송될 때는 식(9.155)의 전류를 확산전류에 대한 식으로 대체할 수 있다. 전자의 확산인 경우에는 식(9.109)와 같이

$$J_n(diff.) = eD_n\frac{d\delta n(x)}{dx} \tag{9.157}$$

로 된다. 이것을 식(9.155)에 대입하면

$$\frac{\partial \delta n(x,t)}{\partial t} = D_n\frac{\partial^2 \delta n}{\partial x^2} - \frac{\delta n}{\tau_n} \tag{9.158}$$

와 같은 전자에 대한 **확산방정식**(diffusion equation)을 얻는다. 정공의 확산에 대하여도 상기와 똑같은 방법으로 실행하면

$$\frac{\partial \delta p(x,t)}{\partial t} = D_p \frac{\partial^2 \delta p}{\partial x^2} - \frac{\delta p}{\tau_p} \tag{9.159}$$

로 된다. 재결합에 의하여 캐리어의 소멸이 이루어지는 경우의 확산의 과도적 문제를 해결하는데 있어서, 시간에 대한 전자의 분포에 대해 풀려면 식(9.158)과 식(9.159)로부터 시작하여야 한다.

만약 과잉캐리어의 정상상태의 분포가 유지되었다면 식(9.158)과 식(9.159)의 시간적 미분은 0이 된다. 이 정상상태의 경우에 있어서 시간적 변동은 0이므로 편미분은 더 이상 필요하지 않으며 전자와 정공에 대한 확산방정식은 각각

$$D_n \frac{d^2 \delta n}{dx^2} - \frac{\delta n}{\tau_n} = 0 \tag{9.160a}$$

$$D_p \frac{d^2 \delta p}{dx^2} - \frac{\delta p}{\tau_p} = 0 \tag{9.160b}$$

이 되어

$$\frac{d^2 \delta n}{dx^2} = \frac{\delta n}{D_n \tau_n} \equiv \frac{\delta n}{L_n^2} \tag{9.161a}$$

$$\frac{d^2 \delta p}{dx^2} = \frac{\delta p}{D_p \tau_p} \equiv \frac{\delta n}{L_p^2} \tag{9.161b}$$

로 된다. 여기서,

$$L_n = \sqrt{D_n \tau_n} \tag{9.162a}$$

$$L_p = \sqrt{D_p \tau_p} \tag{9.162a}$$

는 각각 전자와 정공의 **확산거리**(diffusion length)라 한다. 결론적으로 이상의 이론에서 전자와 정공이 재결합함으로써 주입된 소수캐리어의 $1/\varepsilon$로 감소되는 데까지 소수캐리어가 이동한 거리를 확산거리라 정의한다. 따라서 확산거리가 짧으면 농도 기울기는 커지고 농도 기울기가 커지면 확산전류가 증가한다.

3. 시간의존 확산방정식

전자와 정공에 의한 전류밀도는 이미 전 절에서 식(9.111a)와 식(9.111b)에서 유도하였으며 다시 쓰면

$$J_n = en\mu_n E + eD_n \frac{d\delta n(x)}{dx} \tag{9.163a}$$

$$J_p = ep\mu_p E - eD_p \frac{d\delta p(x)}{dx} \tag{9.163b}$$

로 주어진다. 이것을 연속방정식 (9.155)와 (9.156)에 각각 대입하면

$$\frac{\partial \delta n}{\partial t} = +\mu_n \frac{\partial (nE)}{\partial x} + D_n \frac{\partial^2 \delta n}{\partial x^2} - \frac{\delta n}{\tau_n} \tag{9.164a}$$

$$\frac{\partial \delta p}{\partial t} = -\mu_p \frac{\partial (pE)}{\partial x} + D_p \frac{\partial^2 \delta p}{\partial x^2} - \frac{\delta p}{\tau_p} \tag{9.164b}$$

을 얻는다. 식(9.164)의 우변 두 번째 항의 곱의 미분은 다음과 같은 공식

$$\frac{\partial (AB)}{\partial x} = B\frac{\partial A}{\partial x} + A\frac{\partial B}{\partial x} \tag{9.165}$$

을 사용하여 행하면 식(9.164)는

$$D_n \frac{\partial^2 \delta n}{\partial x^2} + \mu_n \left(E\frac{\partial \delta n}{\partial x} + n\frac{\partial E}{\partial x} \right) - \frac{\delta n}{\tau_n} = \frac{\partial \delta n}{\partial t} \tag{9.166a}$$

$$D_p \frac{\partial^2 \delta p}{\partial x^2} - \mu_p \left(E\frac{\partial \delta p}{\partial x} + p\frac{\partial E}{\partial x} \right) - \frac{\delta p}{\tau_p} = \frac{\partial \delta p}{\partial t} \tag{9.166b}$$

의 형태로 쓸 수 있으며, 이것이 각각 전자와 정공에 대한 **시간의존 확산방정식**을 나타낸다. 정공과 전자농도는 식(9.138a, b)에서 주어진 열평형값 및 과잉값의 함수이지만 열평형농도 n_0와 p_0는 시간의 함수가 아니고 공간에 독립적이므로 좌변 두 번째 항의 x에 대한 변화분만 δn과 δp로 쓸 수 있다. 따라서 전체농도 n과 p항 및 과잉 전자와 정공농도 δn과 δp의 항 만의 방정식으로 된다.

9.10.3 앰비폴러 전송

만약 과잉전자의 펄스와 과잉정공의 펄스가 전계가 인가된 반도체의 어떤 점에서 생성되었다면, 과잉전자와 과잉정공은 서로 반대방향으로 이동한다. 또 전자들과 정공들은 입자들로 분리 축적되기 때문에 이들 입자들간에 내부전계를 유기하고, 이 내부전계는 전자와 정공을 서로 반대방향으로 끌어당기는 힘을 만든다. 이 때 식(9.166)에 있는 전계항은 외부에서 인가한 전계($E_{외부인가}$)와 내부유기전계($E_{내부유기}$)의 합 즉,

$$E = E_{외부인가} + E_{내부유기} \tag{9.167}$$

으로 주어지며, 음으로 축적된 전자들과 양으로 축적된 정공들은 단일유효이동도나 적당한 확산계수를 가지고 각각 드리프트 혹은 확산을 한다. 이 현상을 **앰비폴러 확산**(ambipolar diffusion) 혹은 **앰비폴러 전송**(ambipolar transport)이라고 부른다.

1. 전송방정식

시간의존 확산 방정식(9.166)은 과잉 캐리어들의 움직임을 나타내고 있지만, 과잉전자나 과잉정공의 농도를 내부전계와 관련시키기 위해서는 또 다른 방정식이 필요한데 이것이

$$\nabla \cdot E_{내부} = \frac{e(\delta p - \delta n)}{\epsilon_s} = \frac{\partial E_{내부}}{\partial x} \tag{9.168}$$

과 같이 표현되는 관계식인 **포아송**(Poisson) **방정식**이다. 여기서 ϵ_s는 반도체 물질의 유전율 크기이다.

과잉전자나 과잉정공은 비교적 낮은 내부전계만으로도 드리프트와 확산을 동시에 수행하기에 충분하므로

$$E_{내부} << E_{외부} \tag{9.169}$$

의 관계가 있다고 가정할 수 있다. 그렇다고 $\nabla \cdot E_{내부} = \nabla \cdot E$ 항은 무시할 수 없으므로 식(9.166a)와 식(9.166b)를 연립하여 풀면 $\nabla \cdot E$ 항을 소거할 수 있다. 또 식(9.140)를 고려하여

$$\frac{\delta n}{\tau_n} = \frac{\delta p}{\tau_p} = R \tag{9.170}$$

로 정의한다. 이 식(9.170)에 있는 수명은 열평형캐리어 수명과 과잉캐리어 수명을 함께 포함하고 있으며, 전하중성조건을 도입하면 $\delta n \cong \delta p$로 된다. 따라서 식(9.166)은 각각

$$D_n \frac{\partial^2 \delta n}{\partial x^2} + \mu_n \left(E \frac{\partial \delta n}{\partial x} + n \frac{\partial E}{\partial x} \right) - R = \frac{\partial \delta n}{\partial t} \tag{9.171}$$

및

$$D_p \frac{\partial^2 \delta n}{\partial x^2} - \mu_p \left(E \frac{\partial \delta n}{\partial x} + p \frac{\partial E}{\partial x} \right) - R = \frac{\partial \delta n}{\partial t} \tag{9.172}$$

로 된다. 식(9.171)에 $\mu_n n$를 곱하고 식(9.172)에 $\mu_p p$를 곱하여 두 방정식을 더하면

$$\begin{aligned}(\mu_n n D_p + \mu_p p D_n) \frac{\partial^2 (\delta n)}{\partial x^2} + (\mu_n \mu_p)(p-n) E \frac{\partial (\delta n)}{\partial x} \\ - (\mu_n n + \mu_p p) R = (\mu_n n + \mu_p p) \frac{\partial (\delta n)}{\partial t}\end{aligned} \tag{9.173}$$

로 된다. 식(9.173)을 $(\mu_n n + \mu_p p)$로 나누면

$$\frac{(\mu_n n D_p + \mu_p p D_n)}{(\mu_n n + \mu_p p)} \frac{\partial^2(\delta n)}{\partial x^2} + \frac{(\mu_n \mu_p)(p-n)}{(\mu_n n + \mu_p p)} E \frac{\partial(\delta n)}{\partial x} - R = \frac{\partial(\delta n)}{\partial t} \tag{9.174}$$

로 되고, 간략하게 쓰면

$$D' \frac{\partial^2(\delta n)}{\partial x^2} + \mu' E \frac{\partial(\delta n)}{\partial x} - R = \frac{\partial(\delta n)}{\partial t} \tag{9.175}$$

로 된다. 이 식(9.175)를 **앰비폴러 전송방정식**(ambipolar transport equation)이라 한다. 여기서

$$D' = \frac{(\mu_n n D_p + \mu_p p D_n)}{(\mu_n n + \mu_p p)} \tag{9.176}$$

및

$$\mu' = \frac{(\mu_n \mu_p)(p-n)}{(\mu_n n + \mu_p p)} \tag{9.177}$$

이다. 식(9.176)의 D'를 **앰비폴러 확산계수**(ambipolar diffusion coefficient)라 부르고, 식(9.177)의 μ'를 **앰비폴러 이동도**(ambipolar mobility)라고 부른다.

이동도와 확산계수에 관한 Einstein의 관계식(9.125)를 다시 쓰면

$$\frac{\mu_n}{D_n} = \frac{\mu_p}{D_p} = \frac{e}{kT} \tag{9.178}$$

이 된다. 이 관계를 이용하면 앰비폴러 확산계수 식(9.176)은

$$D' = \frac{D_n D_p (n+p)}{(D_n n + D_p p)} \tag{9.179}$$

의 형태로 된다. 식(9.176)과 식(9.177)은 전자농도 n과 정공농도 p의 함수이다. n과 p는 과잉캐리어 농도 δn를 포함하고 있으므로 식(9.175)의 앰비폴러 전송방정식은 비선형 미분방정식이다.

2. 불순물 도핑 및 저주입

앰비폴러 전송방정식은 불순물 저준위 도핑을 고려하면 간단히 선형화가 가능하다. 식(9.179)에 식(9.138)을 대입하여 $\delta n \cong \delta p$로 하면

$$D' = \frac{D_n D_p [(n_0 + \delta n) + (p_0 + \delta n)]}{D_n (n_0 + \delta n) + D_p (p_0 + \delta n)} \tag{9.180}$$

로 된다. 만약 p형 반도체라면 $p_0 \gg n_0$로 가정 가능하며, 저준위 또는 저주입조건이란 과잉캐리어 농도가 열팽창 다수캐리어 농도보다 아주 작을 때를 의미한다. 따라서 $\delta n \ll p_0$ 및 $p_0 \gg n_0$일 때 $D_n = D_p$이면 앰비폴러 확산계수는

$$D' \fallingdotseq \frac{D_n D_p p_0}{D_p p_0} = D_n \tag{9.181}$$

이 된다. 또 저주입조건을 앰비폴러 이동도에 적용시키면 식(9.177)은

$$\mu' \fallingdotseq \frac{\mu_n \mu_p p_0}{\mu_p p_0} = \mu_n \tag{9.182}$$

로 된다.

만약 n형 반도체라면 $p_0 \ll n_0$로 가정 가능하며, 저준위 또는 저주입조건이란 과잉캐리어 농도가 열팽창 다수캐리어 농도보다 아주 작을 때를 의미하므로, $\delta n \ll n_0$이다. 따라서 $D_n = D_p$이면 앰비폴러 확산계수는

$$D' \fallingdotseq \frac{D_n D_p n_0}{D_n n_0} = D_p \tag{9.183}$$

이 된다. 또 저주입조건을 앰비폴러 이동도에 적용시키면 식(9.177)은

$$\mu' \fallingdotseq \frac{\mu_n \mu_p (-n_0)}{\mu_n n_0} = -\mu_p \tag{9.184}$$

로 된다. n형 반도체에 대해 앰비폴러 이동도는 음(-)의 값을 가지며, 앰비폴러 이동도항은 캐리어 드리프트와 관련이 있어서 드리프트 항의 부호는 입자의 전하에 의존한다.

따라서 저주입하의 불순물 n형 반도체에 대한 식(9.175)로 주어지는 앰비폴러 전송방정식은

$$D_n \frac{\partial^2(\delta n)}{\partial x^2} + \mu_n E \frac{\partial(\delta n)}{\partial x} - \frac{\delta n}{\tau_{n0}} = \frac{\partial(\delta n)}{\partial t} \tag{9.185}$$

와 같이 표현할 수 있다. 여기서 δn은 과잉 소수캐리어 전자의 농도이고, 파리미터 τ_{n0}는 저주입하의 소수캐리어의 수명이다.

이와 같은 방법으로 저주입하의 불순물 p형 반도체에 대한 식(9.175)로 주어지는 앰비폴러 전송방정식은

$$D_p \frac{\partial^2(\delta p)}{\partial x^2} - \mu_p E \frac{\partial(\delta p)}{\partial x} - \frac{\delta p}{\tau_{p0}} = \frac{\partial(\delta p)}{\partial t} \tag{9.186}$$

와 같이 표현할 수 있다. 여기서 δp은 과잉 소수캐리어 전자의 농도이고, 파리미터 τ_{p0}는 저주입하의 소수캐리어의 수명이다.

9.10.4 Haynes-Shockley 실험

1951년 Bell 연구소의 J. R. Haynes와 W. Shockley가 행한 실험은 과잉캐리어의 특성을 실측정한 최초의 실험으로서, 소수캐리어의 드리프트와 확산을 증명한 것으로 중요한 의의가 있다. 이 실험은 소수캐리어의 이동도와 확산관계를 독립적으로 측정할 수 있는 것이었다. Haynes-Shokley 실험의 기본원리는 그림 9.21에서와 같이 정공의 펄스를 전계에 노출되어 있는 n형 반도체 봉에 발생시켜, 이 펄스가 전계에 의하여 드리프트 되고 확산에 의하여 퍼져감에 따라 이 과잉정공 농도를 반도체 봉의 어느 점에서 측정한다는 것이다. 이 정공이 전계내에서 주어진 거리를 드리프트 하는데 걸리는 시간은 이동도의 척도가 되며, 또 주어진 시간동안에 펄스가 퍼져나가는 현상을 확산계수를 계산하는데 이용할 수 있다.

그림 9.21에서 펄스가 n형 반도체의 한 점 x=0에서 섬광에 의해 생성된다면, 이 과잉캐리어는 전자농도에는 (n형 반도체는 $n_0 \gg p_0$이므로) 무시할 정도의 영향을 주지만 정공농도는 상당히 변화를 줄 수 있다. 이 과잉정공은 전계방향으로 드리프트 되어 결국 x=L에 도달하게 되고 이곳에서 측정하게 된다. 이 드리프트 시간 t_d를 측정하여 드리프트 속도 v_d를

$$v_d = \frac{L}{t_d} \tag{9.187}$$

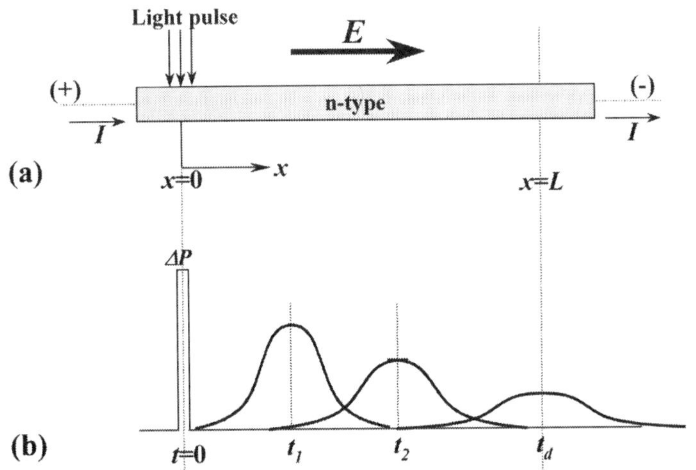

그림 9.21 ▸ 정공펄스의 드리프트와 확산: (a) 반도체 봉과 전계; (b) 정공펄스의 드리프트와 모양

로 계산할 수 있으며, 정공의 이동도는

$$\mu_p = \frac{v_d}{E} \tag{9.188}$$

로 된다. 따라서 정공의 이동도는 정공펄스가 이 봉을 따라 전파되어 갈 때 이 정공펄스의 드리프트 시간을 측정함으로서 계산할 수 있다. 다수캐리어의 이동도를 얻기 위하여 저항율과 함께 쓸 수 있는 Hall 효과와는 대조적으로 Haynes-Shokley 실험은 소수캐리어의 이동도를 측정하는데 이용된다.

정공펄스가 전계 E 내에서 드리프트 할 때 이 정공펄스는 또 확산에 의해 퍼져나가게 된다. 이 펄스의 퍼지는 것을 관찰하여서 D_p를 계산할 수 있다. 이 정공펄스에 있어서 그림 9.22에서와 같이 시간의 함수로서의 정공분포를 예측하기 위하여 재결합을 무시하고 드리프트가 없는 펄스 확산의 경우만을 고려하자. 이 정공분포가 만족하여야 할 방정식은 시간에 의존하는 확산방정식(9.159)이다.

τ_p가 확산과 관련된 시간에 비하여 길기 때문에 재결합은 무시할 수 있으므로 이 확산방정식은

$$\frac{\partial \delta p(x,t)}{\partial t} = D_p \frac{\partial^2 \delta p(x,t)}{\partial x^2} \tag{9.189}$$

와 같이 된다.

이 방정식을 만족시키는 함수는 Gauss **분포함수**(gaussian distribution) 즉,

$$\delta p(x,t) = \left[\frac{\Delta P}{2\sqrt{\pi D_p t}}\right] e^{-\frac{x^2}{4D_p t}} \tag{9.190}$$

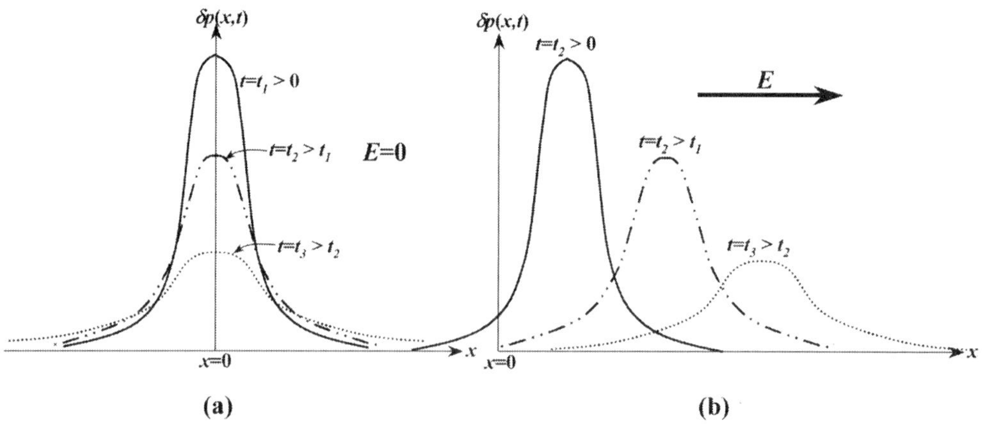

그림 9.22 ▸ 확산에 의한 정공펄스의 퍼짐: (a) 전계 E=0; (b) 전계 E가 존재

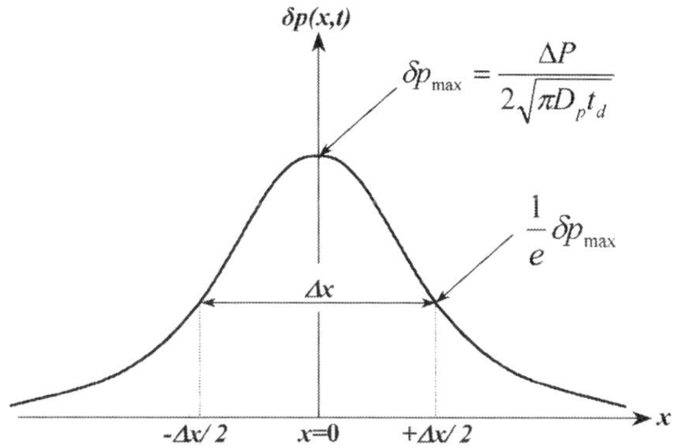

그림 9.23 ▸ Gauss 분포함수의 형태

이다. 여기서 ΔP는 t=0에서 무시할 만큼 작은 미소간격에서 생성된 단위면적당 정공의 수이다. 괄호안의 인자는 x=0에서 펄스의 피크값이 시간과 더불어 감소된다는 것을 나타내며, 지수함수의 인자는 그림 9.23에서와 같이 양·음의 x-방향으로의 펄스의 확산을 의미하는 것이다.

임의의 시간 t_d에서의 이 펄스의 피크값을 δp_{max}로 정한다면 x에서의 δp의 값으로부터 식(9.190)을 써서 D_p를 계산할 수 있다. 가장 편리한 선택으로는 δp가 그의 피크값 δp_{max}의 1/e로 감쇠되는 $\Delta x/2$인 지점이다. 이 지점에서는

$$e^{-1}\delta p_{max} = \delta p_{max} e^{-\frac{(\Delta x)^2}{4D_p t_d}} \tag{9.191}$$

로 주어지므로

$$D_p = \frac{(\Delta x)^2}{16 t_d} \tag{9.192}$$

로 계산된다. Δx를 직접 측정할 수 없으므로 그림 9.24와 같은 실험장치를 사용하며, 검출기 아래를 지날 때 오실로스코프(oscilloscope)로 펄스를 측정한다. 다음 장에서 공부하게 될 순방향 바이어스 p-n 접합은 훌륭한 소수캐리어의 주입체로서의 역할을 하며, 또 역방향 바이어스 p-n 접합은 검출기로서의 역할을 한다. 그림 9.24(b)에 측정된 양은 시간에 관해 오실로스코프 상에 표시된 펄스 폭 Δt이다. 이것은 펄스가 드리프트 하여 지점 B를 지날 때 드리프트 속도 v_d에 의하여 Δx와 관련되어 있다. 즉,

$$\Delta x = \Delta t v_d = \Delta t \frac{L}{t_d} \tag{9.193}$$

의 관계에 의하여 Δx의 크기를 결정지울 수 있다.

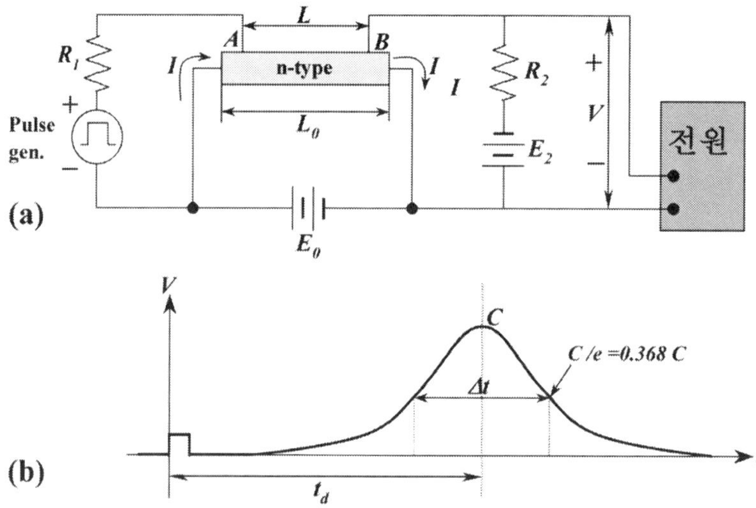

그림 9.24 ▸ Haynes-Shokley 실험: (a) 실험장치도; (b) 오실로스코프 기록도형c

예제 9.8

그림 9.24와 같은 Haynes-Shockley 실험에서 n형 게르마늄시료를 사용하였다. 시료의 길이는 1.1 [cm], 프로브 A와 B는 0.96 [cm] 떨어져 있다. 전지전압 E_0는 2 [V]이다. 점 A에서 주입된 후 0.25 [ms]에 점 B에 펄스가 도달했다. 이때의 펄스 폭 $\Delta t = 116[\mu s]$이었다. 정공이동도와 확산계수를 계산하고 그 결과를 Einstein 관계식과 비교해 보라.

[풀이]

$$\mu_d = \frac{v_d}{E} = \frac{0.96/(0.25\times10^{-3})}{2/1.1} = 2112[cm^2/V\cdot s]$$

$$D_p = \frac{(\Delta x)^2}{16t_d} = \frac{(\Delta tL)^2}{16t_d^3} = \frac{(116\times0.96)^2\times10^{-12}}{16(0.25)^3\times10^{-9}} = 49.6[cm^2/s]$$

$$\frac{D_p}{\mu_p} = \frac{49.6}{2112} = 0.0235 = \frac{kT}{e}$$

9.10.5 의사-Fermi 에너지 준위

열평형상태에 있는 전자와 정공의 농도는 식(9.60)과 식(9.61)으로부터

$$n_0 = n_i e^{\frac{(E_F - E_{Fi})}{kT}} \tag{9.194}$$

및

$$p_0 = n_i e^{-\frac{(E_F - E_{Fi})}{kT}} \tag{9.195}$$

와 같이 Fermi 에너지 준위의 함수로 주어진다. 식(9.194)과 식(9.195)로부터 에너지의 차$(E_F - E_{Fi})$ 및 $(E_{Fi} - E_F)$를 각각 구하면

$$E_F - E_{Fi} = kT\ln\left(\frac{n_0}{n_i}\right) \tag{9.196}$$

$$E_{Fi} - E_F = kT\ln\left(\frac{p_0}{n_i}\right) \tag{5.197}$$

로 주어진다. 그림 9.25(a)는 $E_F > E_{Fi}$인 n형 반도체에 대한 에너지 밴드 다이아그램이며, 열평형상태의 식(9.194)과 식(9.195)로부터 $n_0 > n_i$ 및 $p_0 < n_i$임을 알 수 있다. 또한 그림 9.25(b)는 $E_F < E_{Fi}$인 p형 반도체에 대한 에너지 밴드 다이아그램이며, 열평형상태의 식(9.194)과 식(9.195)로부터 $n_0 < n_i$ 및 $p_0 > n_i$ 임을 알 수 있다.

만약 반도체 내에 과잉캐리어가 생성되었다면, 이것은 이미 열평형상태가 아니므로 Fermi 에너지는 명확하게 정의할 수 없지만, 비평형상태에 적용할 수 있는 전자와 정공에 대한 의사-Fermi 준위를 각각 정의할 수 있다. 과잉전자와 과잉정공의 농도를 각각 δn와 δp라 하면 식(9.194)와 식(9.195)는

$$n = n_0 + \delta n = n_i e^{\frac{(E_{Fn} - E_{Fi})}{kT}} \tag{9.198}$$

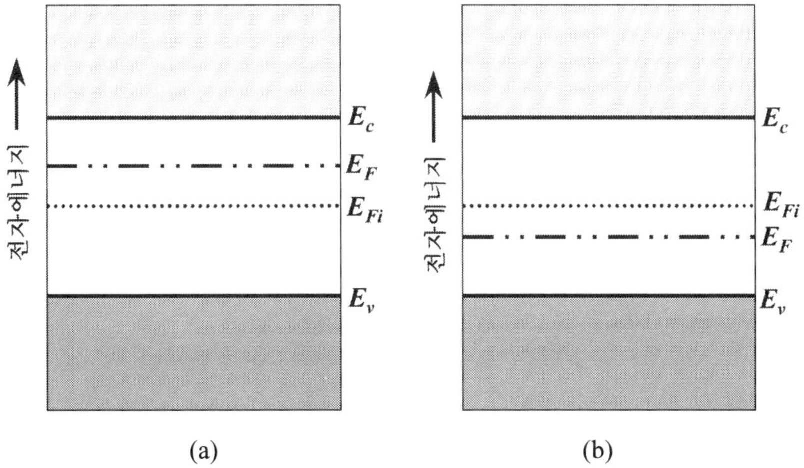

그림 9.25 ▸ 열평형 에너지 밴드 다이아그램: (a) n형; (b) p형 반도체

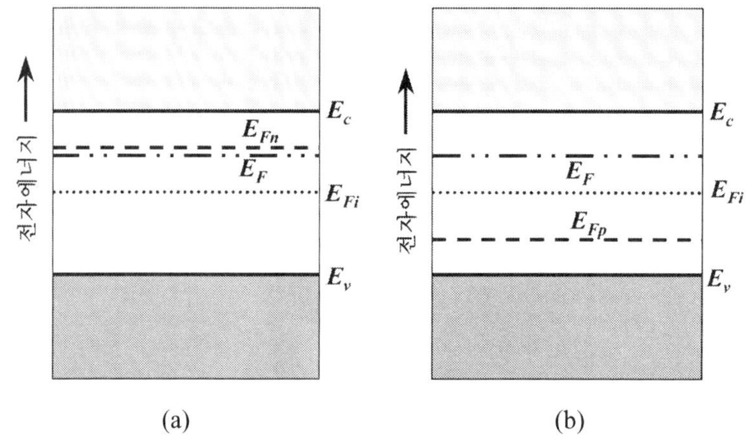

그림 9.26 ▸ (a) 전자; (b)정공에 의한 비평형상태 에너지 밴드 다이아그램

$$p = p_0 + \delta p = n_i e^{\frac{(E_{Fi} - E_{Fp})}{kT}} \tag{9.199}$$

로 각각 쓸 수 있다. 여기서 E_{Fn}는 **전자에 대한 의사-Fermi 에너지 준위**이고, E_{Fp}는 **정공에 대한 의사-Fermi 에너지 준위**이다. 식(9.198)과 식(9.199)에서 보는 바와 같이 전체 전자농도와 전체 정공농도는 의사-Fermi 준위의 함수이다. 또 식(9.198)과 식(9.199)로부터 에너지의 차$(E_{Fn} - E_{Fi})$ 및 $(E_{Fi} - E_{Fp})$를 각각 구하면

$$E_{Fn} - E_{Fi} = kT\ln\left(\frac{n_0 + \delta n}{n_i}\right) \tag{9.200}$$

및

$$E_{Fi} - E_{Fp} = kT\ln\left(\frac{p_0 + \delta p}{n_i}\right) \tag{9.201}$$

로 주어진다.

그림 9.26은 비평형 조건하에서의 에너지 밴드 다이아그램을 나타낸 것이다. 다수캐리어 전자농도는 저주입 조건에 있어서 크게 변하지 않기 때문에 전자에 대한 의사-Fermi 준위는 열평형상태의 Fermi 준위와 그림 9.26(a)에서처럼 큰 차이가 없다. 소수캐리어 정공에 대한 의사-Fermi 준위는 그림 9.26(b)에서처럼 Fermi 준위로부터 많이 떨어져 있으며 이 사실은 열평형으로부터 많이 벗어났다는 사실을 나타낸 것이다. 만약 전자의 농도가 증가하면 전자에 대한 의사-Fermi 준위는 전도대 쪽으로 더 접근하게 되고, 정공농도가 증가하게 되면 정공에 대한 의사-Fermi 준위는 가전자대역 쪽으로 더 접근하게 된다.

예제 9.9

온도 $T=300^\circ K$에서 $n_0=10^{14}[cm^{-3}]$, $n_i=10^9[cm^{-3}]$, $p_0=10^4[cm^{-3}]$의 캐리어 농도를 갖는 n형 반도체가 있다. 비평형에서 과잉캐리어 농도는 $\delta n=\delta p=10^{12}[cm^{-3}]$이다. 의사-Fermi 에너지 준위는 얼마인지 계산하라.

[풀이] 열평형상태에서 전자의 Fermi 준위는 식(9.196)으로부터

$$E_F-E_{Fi}=kT\ln\left(\frac{n_0}{n_i}\right)=0.29818[eV]$$

이다. 비평형상태에서의 전자에 대한 의사-Fermi 준위는 식(9.200)으로부터

$$E_{Fn}-E_{Fi}=kT\ln\left(\frac{n_0+\delta n}{n_i}\right)=0.29844[eV]$$

이다. 또 비평형상태에서의 정공에 대한 의사-Fermi 준위는 식(9.201)으로부터

$$E_{Fi}-E_{Fp}=kT\ln\left(\frac{p_0+\delta p}{n_i}\right)=0.17891[eV]$$

이다.

9.11 화합물 반도체

화합물 반도체 재료로는 2원 화합물인 GaAs, InSb, CdS, ZnS, Bi_2Te_3, Sb_2S_3와 3원 이상의 복잡한 화합물인 Zn_2SiO_4, $LiGaO_2$ 등 여러 가지가 있다. 구조가 복잡할수록 고순도의 결정으로 성장시키기 곤란하므로 실제에 있어서는 간단한 2원 화합물 또는 2혼정(混晶)이 주로 사용되고 있다. 발광소자인 LED(light emitting diode)는 보통 GaAs, GaP, GaAsP와 같은 화합물 반도체를 사용하고 있다. 광 검출소자(light detector)는 흔히 InSb, CdSe 또는 PbTe, PbSe와 같은 연염(lead salt)유의 화합물이 쓰이며, Si와 Ge도 적외선 검출소자와 방사능 검출소자로 널리 쓰인다.

9.11.1 GaAs 반도체

R. H. Hall에 의해 1962년 GaAs 반도체 레이저의 발진이 발표된 후 많은 연구가 진행되어 왔으며 현재에는 실용화되고 있다. GaAs(Gallium Arsenide)는 3가와 5가 원자의 복합 구성으로 되어 있으며, 갈륨(Ga)과 비소(As)원자의 결정격자에서의 결정 형태

는 Ga원자가 4개의 As원자에 의하여 둘러싸여지고, 또 As원자는 4개의 Ga 원자들에 의하여 둘러 싸여져 있는 점이 다를 뿐 결정은 실리콘이나 게르마늄 결정과 매우 비슷하고 공유결합은 게르마늄이나 실리콘 결정의 것과 같다. 5가인 As원자로부터 생긴 과잉원자들은 3가인 Ga원자에 의하여 생긴 정공을 채우게 되므로 이 결정은 4가 원자들로 구성된 진성반도체와 같은 성질을 갖는다.

GaAs 결정에 최외각 궤도에 2개의 가전자를 가지고 있는 아연(Zinc)과 같은 II족 원소를 미소량 첨가시키면 p형 반도체로 만들 수 있다. 이 경우 II족 원자들은 3가인 갈륨원자들과 결합하여 이웃의 비소원자로부터 생긴 과잉전자를 받아들이기 위한 과잉정공을 만든다. 또 GaAs 결정에 최외각 궤도에 6개의 가전자를 가진 셀레늄(selenium)과 같은 VI족 원자들을 미소량 첨가시키면 n형 반도체로 된다. 이 경우 VI족 원자들은 비소와 결합하여 자유전자를 생성시키고, 이것은 이웃의 갈륨 원자의 정공을 채우기 위하여 제공된다.

적외선 쪽의 긴 파장을 방출하는 GaAs는 실온에서 그 에너지 갭이 E_g=1.4 [eV]이며, 방출 파장은 8900 [Å]이다. 대표적인 GaAs 발광 다이오드는 Sn, Te 또는 Si을 도핑한 n형 기판에 p형 불순물인 Zn을 고체 불순물 확산법으로 확산시켜 만든다. 효율을 높이기 위하여 불순물 농도는 $10^{18}[cm^{-3}]$ 정도를 취한다. 실온에서 외부 효율은 5% 정도이며, 그림 9.27에 그의 방출 스펙트럼의 선폭(line width), 즉 출력의 반에 해당되는 점의 폭은 300 [Å]이하이다.

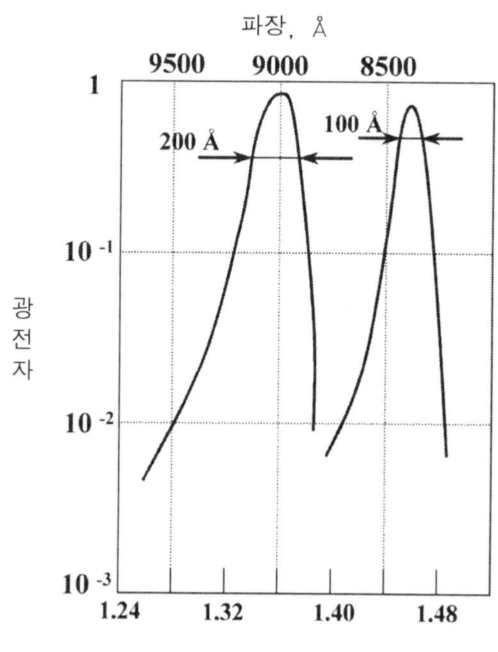

그림 9.27 ▸ GaAs LED의 방출 스펙트럼 실험 값

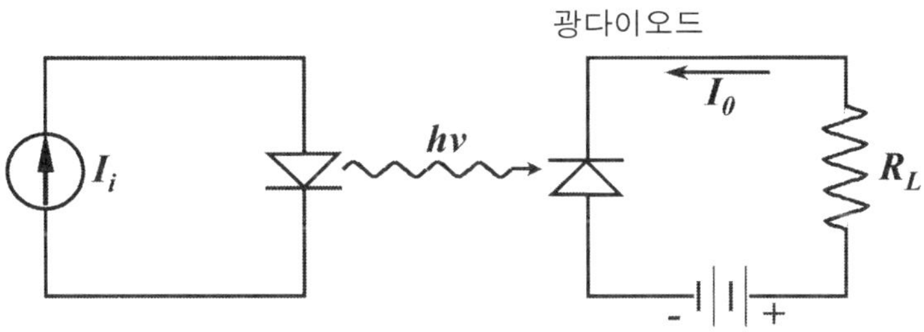

그림 9.28 ▸ 광 아솔레이터

GaAs 다이오드는 n형과 p형의 불순물(dopant)로써 Si을 액상 에피텍시(liquid phase eitaxy) 성장과정에서 처리하여 만들 수 있다. 불순물인 Si가 Ga와 치환되면 한 개의 전자를 얻어서 n형으로 되고, As와 치환되면 한 개의 전자를 잃게 되어 p형으로 된다. 이러한 성질 때문에 GaAs에 들어 있는 Si을 **양성 불순물**(amphoteric dopant)이라고 한다.

Si가 도핑된 GaAs 다이오드의 방출 최고점은 1.32 [eV]로 이동되어 자체 흡수량이 훨씬 적어지므로 돔형(dome shaped)에서 외부 양자 효율은 20% 정도로 증가한다. GaAs로 된 LED는 적외선 영역의 방출 파장을 갖게 되므로 그림 9.28과 같이 광 아이솔레이터(optical isolator) 등에 적합하며, 회복시간이 2~10 [ns]로 고속 스위칭 특성을 갖기 때문에 데이터 전송에 이상적이다.

9.11.2 GaP 반도체

에너지 갭이 2.3 [eV]인 GaP(gallium phosphide) 반도체는 다이아몬드형 구조와 같은 결정구조를 가지며, 재결합 메카니즘에 따라서 적색 또는 녹색 발광을 한다. 일반적으로 GaP와 같은 간접 재결합 반도체는 결정운동량의 보존 때문에 불순물 준위를 경유해서 이루어진다. 그러므로 GaP 다이오드는 적색 GaP 다이오드와 녹색 GaP로 나누어지게 된다. 에너지 운동량 분포에서 **직접 재결합 반도체**(direct band gap semiconductor)는 전도대의 최저준위는 결정운동량이 0인 곳에 위치하고, 그 밑에 가전자대 최고준위가 존재하는 반도체를 말하며, 전도대의 최저준위는 운동량이 제로인 곳에 위치하지 않는 반도체를 **간접 재결합 반도체**(indirect band gap semiconductor)라 한다.

GaP는 재료의 처리가 어려운 점을 갖고 있어 GaAs와 GaP를 혼합하여 3원 합금(ternary alloy)을 만들어 에너지 갭이 GaAs와 GaP 사이의 것을 얻어 사용하고 있다. 또한 GaAs와 같은 직접 재결합 반도체의 발광 현상은 효율적이나 인간이 잘 볼 수 없으며, GaP의 재료 처리의 용이성을 위해 합성 요법이 요구되기도 한다.

GaAs와 GaP의 혼합합금을 $GaAs_{1-x}P_x$로 표시하고 x는 P의 합금 성분을 나타낸다. x를 파라미터로 하면 여러 가지 다른 에너지 밴드 갭을 얻을 수 있다.

9.12 직접 및 간접형 반도체

독립된 원자들을 서로 합쳐서 고체를 형성시키는 "사고(思考)에 의한 실험"은 에너지 대역의 존재와 일부 그의 성질을 지적해 내는 데 유용하다. 그러나 에너지 대역구조에 관하여 양적 계산을 할 때에는 보통 다른 기법이 쓰이고 있다. 대표적 계산에서는 단일 전자가 완전히 주기적인 격자 사이를 통하여 운동한다고 가정한다. 전자의 파동함수는 예를 들어, **전파상수**(propagation constant) k를 가지고 x-방향으로 움직이는 평면파의 형태로 되어 있다고 가정한다. 이 전자에 대한 공간종속적(즉, 공간위치의 함수로 된) 파동함수는

$$\psi_k(x) = U(k_x, x)e^{jk_x x} \tag{9.202}$$

로 주어지며, 여기서 함수 $U(k_x,\ x)$는 격자의 주기성에 따라 파동함수를 변조한다. 이와 같은 계산에서는 허용된 에너지 값을 전파상수 k에 대하여 그려서 나타낼 수 있다. 대부분 격자의 주기성은 여러 가지 방향에 따라 다르므로 $(E,\ k)$의 관계도는 여러 가지 결정 방향에 대하여 그려야 하고, E와 k의 전체적인 관계는 복잡한 표면으로 되며 3차원으로 하여 눈으로 볼 수 있게 하여야 할 것이다.

GaAs의 대역구조는 전도대역에 하나의 최소값을, 그리고, 가전자대역에는 하나의 최대값을, 같은 k의 값 (k=0)에서 가지고 있다. 한편, Si는 가전자대역의 최대값이 그의 전도대역의 최소값과는 k의 값이 다른 곳에 있다. 따라서, GaAs에서는 전도대역으로부터 가전자대역으로 전자가 최소 에너지의 전이를 함에 있어 k의 값에 변동 없이 이루어질 수 있다. 한편, Si의 전도대역의 최소값으로부터 가전자대역의 최대값으로의 전자의 전이에는 k의 어떠한 변화가 필요하다. 따라서, 반도체의 에너지대역에는 그림 9.29에서와 같이 직접 전이형과 간접 전이형의 두 종류가 있다. k의 변화를 포함한 간접적 전이는 전자 운동량의 변화가 필요하다는 것을 증명할 수 있다.

GaAs와 같은 직접형 반도체에서 전도대역의 전자는 가전자대역에 있는 빈 에너지상태로 빛의 광자의 형태로 에너지 차 E_g를 발산하면서 떨어질 수 있다. 한편, 간접형 반도체에서의 전도대역의 최소값에 있는 전자는 직접 가전자대역의 최대값으로 떨어질 수 없고, 거의 에너지 변화와 동시에 운동량의 변화도 받아야 한다. 예를 들어, 전자는 에너지 대역 간극 속의 어떤 결정결함 상태(E_t)를 통하여 갈 수도 있다. k의 변화가 관여되는 간접적 전이에서는 일반적으로 이 에너지는 방출되는 광자로서 보다는 격자의 열로서 내놓게 된다. 이와 같은 직접형과 간접형의 대역구조의 차이는 반도체를 광출력이 요구되는 소자에 쓸 수 있는지의 여부를 결정하는 데 있어서 매우 중요한 것이다. 예를 들어, 반도체 발광 소자와 레이저는 보통 직접적으로 대역간 전이가 가능한 물질이나 또는 결정결함의 에너지상태 사이에서 수직전이가 이루어지는 간접형 물질로 만들어야 한다.

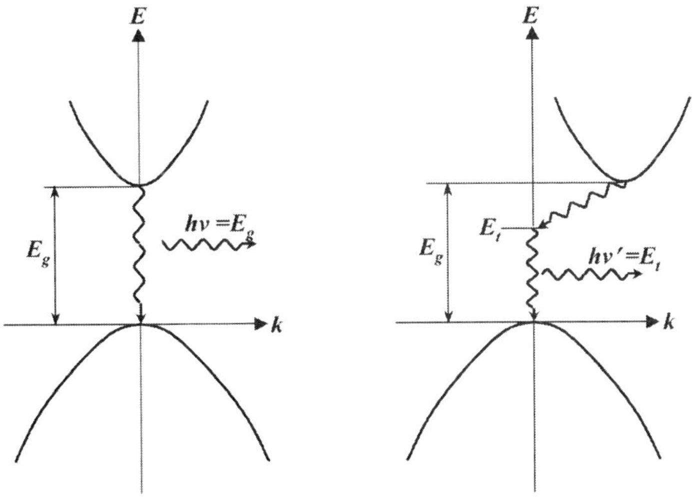

(a) Direct (b) Indirect

그림 9.29 ▸ 반도체의 전자전이: (a) 광자방출을 동반하는 직접적 전이; (b) 결정결함 준위를 경유하는 간접적 전이

그림 9.29에 보인 것들과 같은 에너지 대역도는 전자소자를 해설할 때 그리기에는 귀찮은 것이며, 또 그 시료에서의 거리에 따르는 전자에너지의 변동상태를 보여주는 것도 아니다. 따라서, 대부분의 논의에서는 그림 9.29에서와 같은 단순한 에너지 대역도를 이용할 것이며 대역간극을 가로질러서 생기는 전자의 전이는 직접적으로, 또는 간접적으로 생길 수 있음을 상기시킬 것이다.

9장 연습문제

1. 다음 용어들에 대하여 설명하라.

(1) 전도율(Conductivity) (2) 확산(Diffusion) (3) 확산계수
(4) 확산전류 (5) 드리프트(Drift) (6) 드리프트전류
(7) 드리프트속도 (8) Einstein 관계 (9) Hall 전압
(10) 불순물 산란 (11) 격자산란 (12) 이동도(Mobility)
(13) 저항율(Resistivity) (14) 앰비폴러 확산계수 (15) 앰비폴러 전송
(16) 앰비폴러 이동도 (17) 앰비폴러 전송방정식 (18) 캐리어 생성
(19) 캐리어 재결합 (20) 과잉캐리어 (21) 과잉전자
(22) 과잉정공 (23) 과잉 소수캐리어 수명 (24) 생성율
(25) 저준위 주입 (26) 확산거리 (27) 의사-Fermi 준위
(28) 재결합율 (29) 억셉터 원자 (30) 전하캐리어
(31) 이온화 (32) 도너 원자 (33) 유효상태밀도
(34) 불순물반도체 (35) 진성반도체 (36) 진성 캐리어 농도
(37) 진성 Fermi 준위

2. 진성반도체와 불순물반도체의 결정구조에 대하여 설명하라.

3. T=200, 300, 400, 600° K에서의 (a) 실리콘, (b) 게르마늄에 대한 진성캐리어 농도 n_i를 계산하라.

4. 반도체에서 에너지 대역과 에너지 밴드 갭(gap)에 대하여 논하라.

5. Si 반도체에서 진성캐리어 농도가 $n_i = 10^{12}[cm^{-3}]$보다 크지 않아야 한다면, 실리콘의 최대온도는 얼마인가? 단, $E_g = 1.12[eV]$라고 가정한다.

6. 진성반도체에서 열평형상태의 캐리어 밀도에 대한 수식을 유도하라.

7. T=300° K인 상온에서 에너지 밴드 갭이 0.56 [eV]인 진성반도체의 정공밀도를 계산하라. 비례상수 $N_v = 1.5 \times 10^{24}[m^{-3}]$이다.

8. T=300° K인 상온에서 Si, Ge 반도체 밴드 갭 중앙에 대한 진성 Fermi 에너지 준위의 위치를 전자와 정공의 유효질량으로 계산하라.

9. 어느 특정한 반도체에 대하여 T=300 K에서 $N_c = 10^{18}[cm^{-3}]$, $N_v = 10^{19}[cm^{-3}]$, $E_g = 1.45[eV]$이다. 중간 갭에 대한 진성 Fermi 준위의 위치를 구하라.

10. T=300° K인 상온에서 전자밀도가 $10^{23}[m^{-3}]$인 n형 반도체에서 정공밀도 $p[m^{-3}]$는 얼마인지 계산하라. 단, $N_c = 2.2 \times 10^{25}[m^{-3}]$, $E_g = 1.15[eV]$이다.

11. p형 반도체에서 페르미 준위와 온도변화와 관계를 설명하라.

12. Si에 As의 불순물이 $10^{17}[cm^{-3}]$만큼 첨가되어 있다. T=300° K인 상온에서 열평형 상태에 있는 정공농도는 얼마인가? E_i에 대한 E_F의 위치는 어디인지 에너지 대역도를 그려서 설명하라.

13. T=300° K에서 실리콘에서의 전자농도는 $n_0 = 5 \times 10^4[cm^{-3}]$이다.
(a) p_0를 구하여라. 이것은 n형 물질인가, p형 물질인가?
(b) 진성 Fermi 준위에 대한 Fermi 준위의 위치를 구하라.

14. 만일 Fermi 에너지가 가전자대보다 0.22 [eV] 위에 있다면 T=300° K에서 실리콘에 대한 n_0와 p_0의 값을 구하라.

15. T=300° K인 상온에서 n형 게르마늄 반도체 내의 전자의 평균자유시간 τ을 구하여라. 전자의 이동도 $\mu_n = 3600[cm^2/V \cdot s]$이고, τ는 반도체에 가해지는 외부전계 E에 무관하다고 가정한다.

16. T=300° K에서 실리콘의 p_0 값은 $10^{15}[cm^{-3}]$이다.
(a) $E_c - E_F$의 값을 계산하라.
(b) n_0의 값은 얼마인가?

17. T=300° K에서 Ge 반도체를 생각하자.
(a) $N_a = 10^{13}[cm^{-3}]$, $N_d = 0[cm^{-3}]$에 대한 n_0와 p_0의 열평형농도를 계산하라.
(b) $N_d = 10^{15}[cm^{-3}]$, $N_a = 0[cm^{-3}]$에 대한 n_0와 p_0의 열평형농도를 계산하라.

18. 실리콘과 게르마늄이 각각 T=300° K에서 $N_d = 10^{13}[cm^{-3}]$, $N_a = 2.5 \times 10^{13}[cm^{-3}]$의 도펀트 농도를 가진다.
(a) 이 물질들은 n형 물질인가, p형 물질인가?
(b) n_0와 p_0를 계산하라.

19. T=300° K에서 $N_d = 10^{14}$, 10^{16}, $10^{18}[cm^{-3}]$의 도너농도를 갖는 Ge에서 $N_a = 0$이다. 도핑농도에 대한 진성 Fermi 준위에 대한 Fermi 에너지의 위치를 계산하라.

20. T=300° K에서 실리콘은 $N_d = 5\times10^{15}[cm^{-3}]$의 농도로 억셉트 원자를 포함하고 있다. 도너원자를 Fermi 준위가 전도대 바닥에서 0.215 [eV] 아래에 위치하도록 도핑할 때 첨가되는 도너원자의 농도는 얼마인가?

21. $10^{-3}[cm^3]$의 단면적과 $10^{-3}[cm]$의 길이를 갖는 Ge 반도체가 9 [V]의 전지에 연결되어 있다. 상온 T=300 K에서 100 [mA]의 전류가 흐르길 원할 때 다음을 계산하라. (a) 저항 R; (b) 전도율; (c) 이러한 전도율를 얻기 위해 첨가되어야 하는 도너원자의 농도를 구하라.

22. 상온 T=300° K에서 실리콘의 전자 이동도가 $\mu_n = 1300[cm^2/V\cdot s]$이고, 이동도는 격자산란에 의해 제한되고 $T^{-3/2}$에 의해 변한다고 가정하고 다음을 구하여라.
(a) T=200 K에서 에서의 전자의 이동도를 구하라.
(b) T=400 K에서 에서의 전자의 이동도를 구하라.

23. T=300° K인 상온에서 진성 Si 반도체의 도전율[$\mho/cm$]은 얼마인가? 단, $\mu_n = 1350$과 $\mu_p = 480[cm^2/V\cdot s]$, $n = 1.5\times10^{10}[cm^{-3}]$이다.

24. T=300° K인 상온에서 Ge 반도체의 전자 이동도가 $0.36[cm^2/V\cdot s]$일 때 전자의 확산거리를 구하라.

25. T=300° K인 상온에서 게르마늄 반도체의 정공농도는

$$p(x) = 10^{15}e^{\left(\frac{-x}{18}\right)}[cm^{-3}]$$

과 같다. 정공확산계수 $D_p = 48[cm^2/\text{sec}]$일 때 x 함수로서 정공확산 전류밀도를 구하여라. 여기서 x의 단위는 μm이다.

26. T=300° K인 상온에서 캐리어의 이동도가 $\mu = 920\ [cm^2/V\cdot s]$라고 할 때 캐리어의 확산계수를 구하여라. 또 캐리어의 확산계수가 $D = 38[cm^2/\text{sec}]$라면 캐리어의 이동도는 얼마인가?

27. 그림 9.18에서 n형 Si 막대의 저항율은 1000 $[\Omega\cdot m]$이고, 폭 $w = 1\ [cm]$이다. 이 막대에 $10\ [\mu A]$를 흘려서 Hall 전압을 측정하였더니 40 [mV]였다. 자속밀도 B는 얼마인지 계산하라.

28. T=300° K인 상온에서 Ge는 cm^3당 5×10^{15} 도너원자로 도핑 되어있다. Hall 소자의

크기는 $t=5\times10^{-3}[cm]$, $w=2\times10^{-2}[cm]$, $L=10^{-1}[cm]$이고, 전류는 $I_x=250[\mu A]$, 자속밀도 $B=5\times10^{-2}[Tesla]$이다.
(a) Hall 전압을 계산하라.
(b) Hall 전계를 계산하라.
(c) 캐리어 이동도를 계산하라.

29. T=300° K인 상온에서 p형 Ge 반도체에 있어서 소수캐리어의 생존시간 τ가 200[sec]일 때 확산거리는 얼마인가?
단, $\mu_n=0.36[m^2/V\cdot s]$, $k=1.38\times10^{-23}[J/°K]$이다.

30. T=300° K인 상온에서 Ge 반도체의 온도를 1[℃] 증가시키면 진성캐리어 밀도 n_i는 몇 % 증가하는지 계산하라. 단. Ge의 에너지 갭 $E_g=0.775[eV]$이다.

31. $n_0=10^{16}[cm^{-3}]$ 및 $n_i=10^{11}[cm^{-3}]$인 어느 특정 반도체에서 과잉캐리어의 수명은 10^{-6}[sec]이다. 과잉정공의 농도가 $\delta p=5\times10^{14}[cm^{-3}]$일 때 전자-정공의 재결합율을 구하라.

32. 식(9.175)로 주어지는 앰비폴러 전송방정식을 유도하라.

33. n형 GaAs 반도체의 $N_d=10^{16}[cm^{-3}]$이고 $N_a=0$으로 도핑되어 있고, 소수캐리어 수명은 $\tau_p=2\times10^{-7}$[sec]이다. 반도체에 빛이 조사되어 $n'=2\times10^{21}[cm^{-3}\text{sec}^{-1}]$의 일정한 생성율이 존재한다면 증가된 반도체의 정상상태 전도율은 얼마인가?

34. T=300° K인 상온에서 $N_a=5\times10^{15}[cm^{-3}]$으로 도핑된 p형 실리콘 반도체가 있다.
(a) 진성 Fermi 준위에 대한 Fermi 준위의 위치를 구하여라.
(b) 열평형형 다수캐리어 농도의 10% 되는 과잉캐리어 농도가 생성되고 있을 때 진성 Fermi 준위에 대한 의사-Fermi 준위를 구하라.
(c) 진성 준위에 대한 Fermi 준위와 의사-Fermi 준위의 그림을 그려라.

35. T=300° K인 상온에서 $N_d=5\times10^{16}[cm^{-3}]$으로 도핑된 n형 GaAs 반도체가 있다.
(a) 과잉캐리어 농도가 $0.1N_d$라면 $E_{Fn}-E_{Fi}$를 구하라.
(b) $E_{Fi}-E_{Fp}$를 구하라.

36. T=300° K인 상온에서 $N_a=5\times10^{15}[cm^{-3}]$로 도핑된 p형 실리콘이 있다. 과잉캐리어가 그 실리콘에 존재하며 $E_{Fi}-E_{Fp}=0.01kT$로 가정할 때 $E_{Fn}-E_{Fi}$를 구하라.

37. 화합물반도체로 만들 수 있는 전자소자의 이름을 아는 대로 열거하라.

10 반도체 소자

10.1 pn 접합과 다이오드

10.1.1 pn 접합

9장에서 논의하였던 p형 반도체와 n형 반도체가 서로 접촉되어 있는 면을 pn 접합(pn junction)이라 하고, 그림 10.1(a)과 같이 이러한 pn 접합을 이용하여 만든 소자를 **pn 접합 다이오드**라 한다. p형 반도체 쪽의 단자를 애노드(anode)라 하고 n형 반도체 쪽의 단자를 캐소드(cathode)라 부르고, pn 접합 다이오드의 회로기호는 그림 10.1(b)와 같이 2 단자소자로 표시한다.

pn 접합이 이루어지면 두 영역의 캐리어농도 차에 의한 확산현상에 의해 과잉전자와 과잉정공이 서로 반대의 영역으로 주입하게 된다[그림 10.2(a)]. 정공이 떠난 억셉터는 음이온이 되고 전자가 떠난 도너는 양이온이 되어 쌓이며 이들은 이동이 불가능한 이온들이다[그림 10.2(b)]. 이 영역은 캐리어가 존재하지 않는 영역이므로 **공핍영역**(空乏領域 : depletion layer)이라 하며, 부동의 이온들에 의해 전하가 축적되는 영역이기도 하므로 **공간전하 영역**이라 하기도 한다. 이와 같은 공간전하 영역에서는 n 영역에서 p 영역으로 내부 전계(electric field)가 형성되며 다수캐리어들의 확산이 진행될수록 더욱 강해진다. 이 전계는 양전하인 정공과 음전하인 전자가 반대의 방향으로 확산되는 것을 방해하는 방향으로 형성되므로, 전계가 어느 정도 강해지면 캐리어의 확산력과 전계에 의한 저지력 사이에 균형을 이루게 되어 확산은 중지된다. 그림 10.2(b)에서 내부 전계에 의해 공간전하 영역 양단에 형성되는 전위차 V_{sc}는 캐리어들의 확산을 저지하는 역할을 하므로 **전위 장벽**이라 한다.

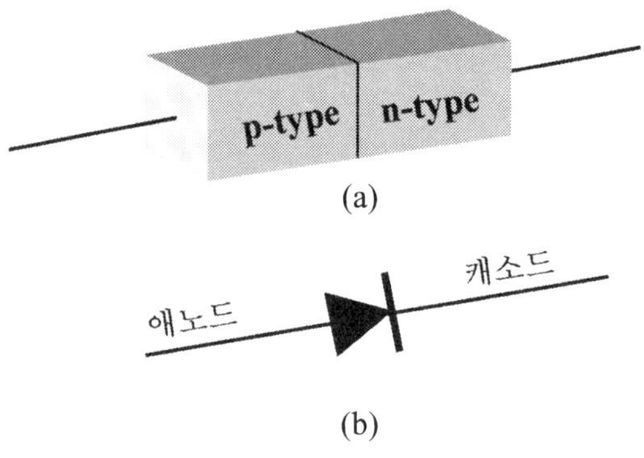

그림 10.1 ▸ pn 접합 다이오드

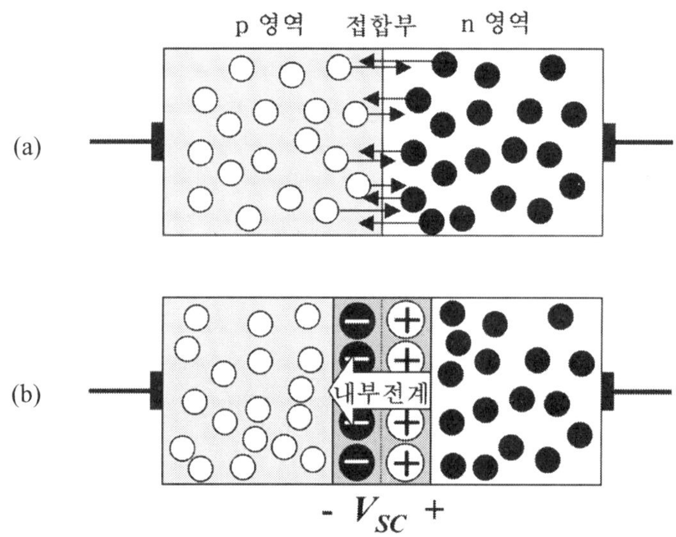

그림 10.2 ▸ 캐리어 확산과 공간전하 형성

pn 접합에 그림 10.3과 같이 p형에 높은 전위를 가하고 n형에 낮은 전위를 가하면 이 전위차에 의해 정공과 전자는 각각 접합면을 향하여 서로 반대방향으로 이동하게 된다. 전위차가 높을수록 접합면에 공급되는 전자와 정공의 수가 많아지게 됨으로서 공핍영역의 폭이 좁아진다. 일정한 한계 전위차(V_t) 이상이 가하여지면 공핍영역은 없어지게 되고 접합면에서 전자-정공 결합이 계속적으로 일어나면서 p형 반도체 내에서 정공에 의한 전류가 n형 반도체 내에서 전자의 흐름에 의한 전류로 옮겨짐으로서 그림 10.4와 같이 어느 순간에 많은 전류가 흐르게 된다.

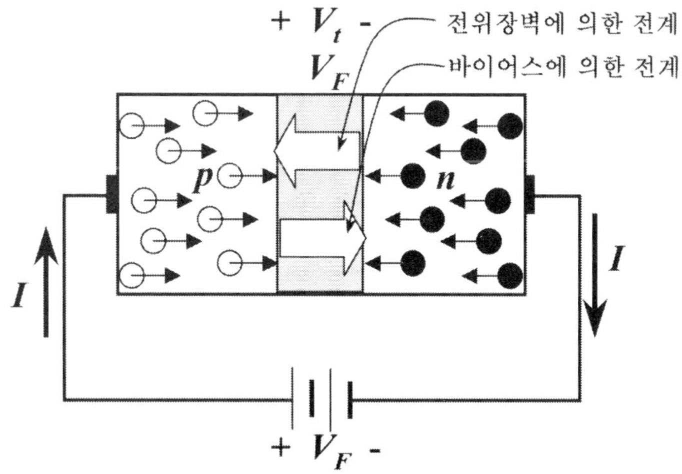

그림 10.3 ▸ 순방향 바이어스

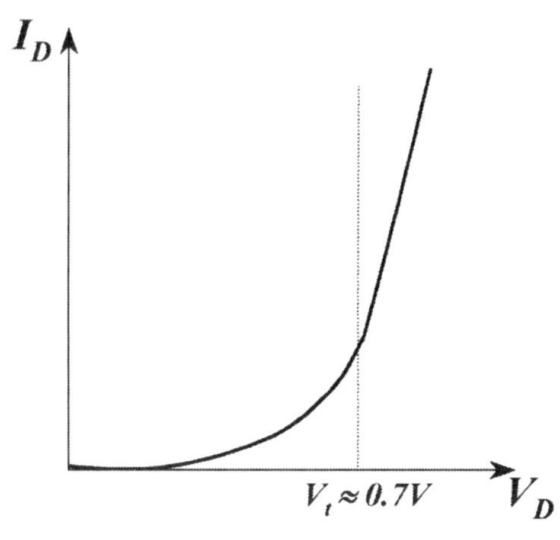

그림 10.4 ▸ 순방향 바이어스 전압과 전류 특성

이와 같이 p형 쪽에 n형보다 높은 전위를 가하여 주는 것을 **순방향 바이어스**(forward bias)라 하고, 그림 10.4와 같이 전류가 갑자기 증가하기 시작할 때의 전압을 **문턱 전압**(threshold voltage)이라 하며 실리콘 다이오드의 경우 $V_t \cong 0.7[V]$ 정도이며 게르마늄 다이오드의 경우 $V_t \cong 0.3[V]$ 정도의 값을 갖는다.

반대로 n형 쪽에 p형보다 높은 전위를 가하여 주는 것을 **역방향 바이어스**(reverse bias)라 하고, 그림 10.5와 같이 정공과 전자가 각각 접합면으로부터 멀어지는 방향으로 이동하게 되어 공핍영역의 폭이 더욱 넓어지게 된다. 이때에는 소수캐리어에 의한 극히 작은 전류만이 흐르게 되며, 이 전류를 **누설전류**(leackage current)라 한다.

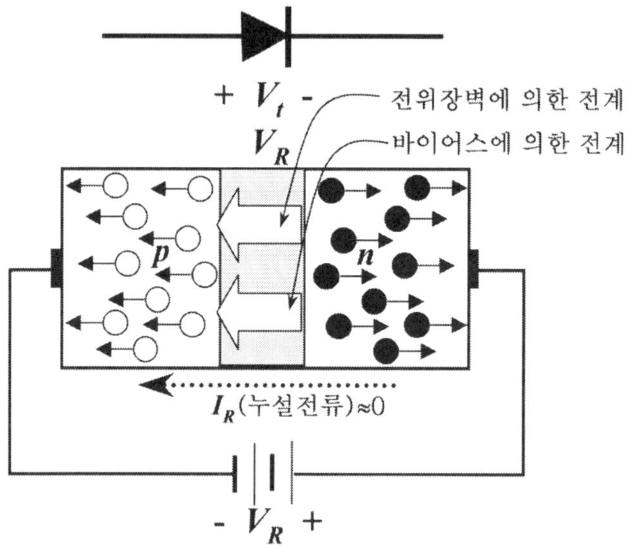

그림 10.5 ▸ 역방향 바이어스

그러나 이러한 전위차가 어느 한계를 넘게 되면 고전압에 의한 방전현상 같이 전자가 에너지 장벽을 뛰어넘어 흐르게 되어 많은 양의 전류가 흐르게 되며, 이와 같은 현상을 **항복현상**(break down)이라고 한다. 이러한 항복현상은 원인에 따라 **연쇄항복현상**(avalanche break down)과 **제너 항복현상**(Zenner break down)으로 분류하며, 전자(前者)의 경우 과도한 전류에 의해 소자가 손상될 수도 있다. 제너 항복현상은 비교적 안정되게 조절이 가능하여 정전압 전원장치의 소자로 활용되고 있다.

10.1.2 다이오드 전류-전압 특성

이상으로 다이오드의 바이어스에 대해 알아보았으며 실리콘 다이오드의 전류-전압 특성 곡선을 도시하면 그림 10.6과 같다.

그림 10.6은 역 바이어스 영역을 좀더 자세히 살펴보기 위해, 전류 축의 마이너스(-) 부분은 스케일을 확대하고 전압 축의 마이너스(-) 부분은 스케일을 축소하여 그린 것이다. 스케일을 바꾸었기 때문에 원점에서 불연속이 일어나는 것처럼 보인다.

그림에서 보는 바와 같이 i-v 특성곡선은 세 개의 영역 즉,

1. 순바이어스 영역, $v > 0$일 때
2. 역바이어스 영역, $v < 0$일 때
3. 항복 영역, $v < -V_{ZK}$일 때

의 영역으로 이루어진다.

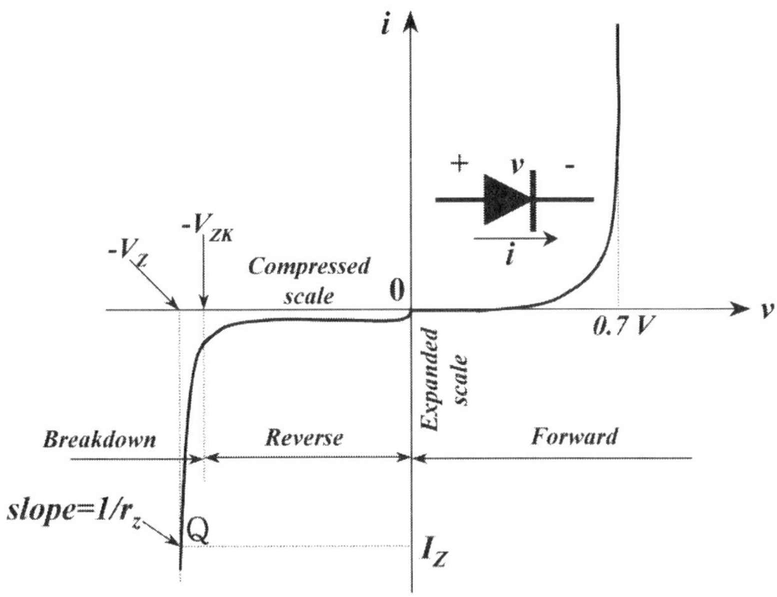

그림 10.6 ▸ 실리콘 접합 다이오드의 전류-전압 특성

pn 접합에 플러스(+) 전압 v가 가해졌을 때(순방향 바이어스) 흐르는 전류는 일반적으로 다음과 같은 근사식

$$i = I_S(e^{\frac{v}{nV_T}} - 1) \tag{10.1}$$

으로 표현된다. 여기서 I_S는 주어진 온도에서 전자와 정공의 농도에 의해 결정되는 다이오드에 흐르는 **포화전류**(saturation current)라 부르고, 또 I_S가 다이오드의 단면적에 정비례하기 때문에 **스케일 전류**(scale current)라고도 부른다. 식(10.1)의 n은 다이오드의 재료와 물리적 구조에 따라 달라지는 상수로서 1~2의 값을 가지며 일반적으로 1을 취한다. 또 V_T는 **열전압**(thermal voltage)이라고 불리는 상수이며, 다음과 같은 식

$$V_T = \frac{kT}{q} \simeq 25[mV] \tag{10.2}$$

으로 주어진다. 여기서

$k=$ 볼쯔만 상수=$1.38\times10^{-23}[J/{}^\circ K]$
$T=$ 켈빈으로 나타낸 절대온도 =273+℃로 나타낸 온도
$q=$ 전자의 전하량 =$1.602\times10^{-19}[C]$이다.

어떤 인지할 수 있는 정도의 순방향 전류 즉, $i \gg I_S$에 대해서는 식(10.1)은

$$i \cong I_S e^{\frac{v}{nV_T}} \tag{10.3}$$

와 같이 근사화될 수 있다. 식(10.3)의 지수항의 전압 v는

$$v = nV_T \ln \frac{i}{I_s} \tag{10.4}$$

와 같이 대수형태로 주어진다. 여기서 ln은 자연대수를 나타낸다.

다이오드 전압 v가 마이너스(-)일 때 다이오드는 역방향 바이어스 영역에서 동작하게 된다. v가 마이너스(-)이고 $V_T(25mV)$보다 상당히 크므로 지수항의 크기가 0으로 접근함으로 식(10.1)은

$$i = I_S(e^{-\infty} - 1) \simeq -I_S \tag{10.5}$$

로 된다. 즉, 역방향 전류는 I_S로 일정하게 되며, I_S를 포화전류라고 부르는 이유가 여기에 있는 것이다.

다이오드의 세 번째 영역은 항복영역으로 역방향 전압이 어떤 한계 값을 초과할 때 다이오드는 항복영역으로 들어가게 된다. 우리는 이 문턱 값을 **항복전압**(breakdown voltage)이라고 부른다. 이 전압은 그림 10.6의 i-v 특성곡선의 "무릎(knee)"에서의 전압이며, V_{ZK}로 표시하였다. 항복영역에서 역방향 전류는 급격히 증가하며, 이에 따른 전압강하는 매우 작다. 다이오드에서 소모되는 전력이 외부회로에 의해 안전한 수준으로 제한될 경우에는 이 항복전압에서도 다이오드가 파괴되지 않는다. 이 안전한 값은 소자의 데이터 일람표에 수록되어 있다.

10.1.3 다이오드 등가모델

다이오드가 사용되는 전자회로를 해석하거나 설계할 때, 식(10.1)을 사용하면 복잡하여지므로 보다 간단한 등가회로 모델을 사용한다. 만일 우리가 다이오드의 단자특성을 묘사하기 위한 선형관계를 찾을 수 있다면, 다이오드 회로해석이 매우 간략화될 수 있을 것이다. 가장 간단한 형태의 등가모델은 그림 10.7과 같이 다이오드에 순방향 전압이 인가되면 다이오드가 완전히 스위치처럼 단락되는 다이오드 모델이다.

실제의 다이오드에서는 V_D가 문턱전압 V_t이상일 때 전류가 크게 증가하기 시작하므로 그림 10.8과 같이 문턱전압에 해당하는 전압차를 만들기 위한 DC 전압원을 추가하여 다이오드 모델을 구성할 수 있다.

또 다른 등가모델은 그림 10.9와 같이 유한한 기울기 $1/r_D$를 가지는 직선으로 근사화 하는 경우이다. 이 그림에서 0.1 [mA]에서 10 [mA]까지의 전류범위에 대해 직선모델로 예측한 전압들이 지수모델의 전압 값과 50 [mV] 이하의 차이를 보이도로 직선으로 근사화하였다.

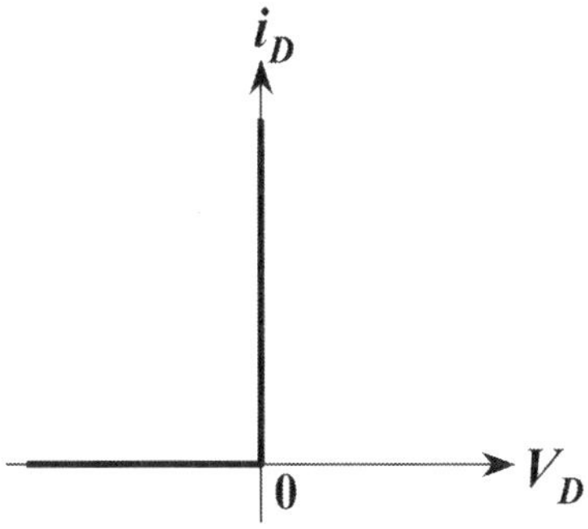

그림 10.7 ▸ 이상적인 다이오드 모델

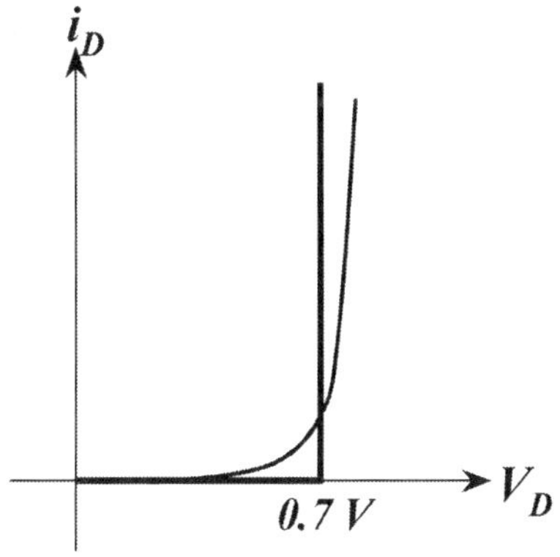

그림 10.8 ▸ 문턱전압을 포함한 다이오드 모델

그림 10.9의 등가직선 모델을 식으로 기술하면

$$i_D = 0, \quad v_D \leqq V_{D0} \tag{10.6}$$

및

$$i_D = \frac{(v_D - V_{D0})}{r_D}, \quad v_D \geqq V_{D0} \tag{10.7}$$

로 된다. 여기서 V_{D0}는 전압 축과 등가직선이 교차하는 지점의 전압이고, r_D는 등가직선 기울기의 역수이다.

그림 10.9(b)의 특성곡선상의 Q점에서 동작하도록 하려면 그림 10.9(a)와 같이 소신호 등가모델을 사용하여야 한다. 직류전원 V_D가 다이오드에 연결되어 있고, 여기에 삼각파 신호 $v_d(t)$가 첨가되어 있다. $v_d(t)$가 없다면 다이오드 전압은 V_D가 될 것이고, 다이오드에 흐르는 직류전류 I_D는 식(10.3)으로부터

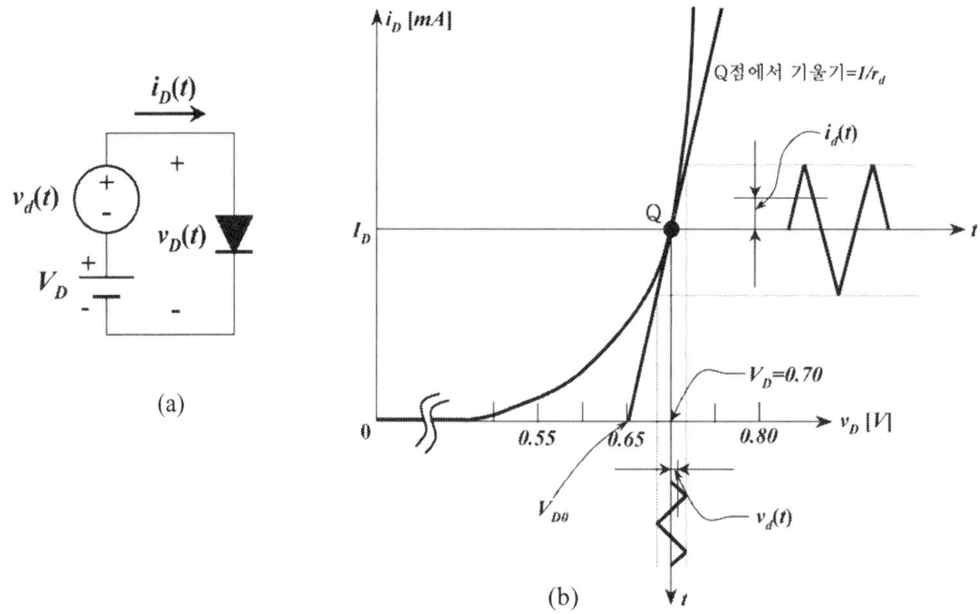

그림 10.9 ▸ 등가저항과 문턱전압을 포함한 모델

$$I_D = I_S e^{\frac{V_D}{n V_T}} \tag{10.8}$$

로 주어진다. 그림 10.9(a)와 같이 소신호 $v_d(t)$가 직류전압 V_D에 첨가될 때, 다이오드 양단의 순시전압 $v_D(t)$는

$$v_D(t) = V_D + v_d(t) \tag{10.9}$$

로 되고, 따라서 다이오드에 흐르는 순시전류 $i_D(t)$는

$$\begin{aligned} i_D(t) &= I_S e^{\frac{v_D}{n V_T}} = I_S e^{\frac{(V_D + v_d)}{n V_T}} \\ &= I_S e^{\frac{V_D}{n V_T}} \cdot e^{\frac{v_d}{n V_T}} \end{aligned} \tag{10.10}$$

로 되고, 식(10.8)을 이용하면

$$i_D(t) = I_D e^{\frac{v_d}{n V_T}} \tag{10.11}$$

을 얻을 수 있다. 여기서 만약 신호전압 $v_d(t)$의 크기가 매우 작다고 하면

$$\frac{v_d}{nV_T} \ll 1 \tag{10.12}$$

라고 생각할 수 있으며, 식(10.11)의 지수부분을 급수로 전개할 때 다음과 같은 근사식

$$i_D(t) \simeq I_D\left(1 + \frac{v_d}{nV_T}\right) \tag{10.13}$$

으로 표현할 수 있다. 이것이 바로 **소신호 근사**(small-signal approximation)이다. 또 직류전류 I_D에 중첩되어 신호전압 v_d에 정비례하는 신호전류 성분은

$$i_D(t) = I_D + i_d(t) \tag{10.14}$$

로 되어, 식(10.13)과 비교하면

$$i_d(t) = \frac{I_D}{nV_T} v_d(t) \tag{10.15}$$

을 얻을 수 있다. 따라서 다이오드 **소신호 저항**(diode small-signal resistance) 또는 증분저항(incremental resistance) r_d는 식(10.15)로부터

$$r_d = \frac{nV_T}{I_D} \tag{10.16}$$

로 주어진다. 증분저항은 바이어스 전류 I_D에 반비례한다. 그림 10.9(b)에서 i-v 곡선의 기울기가 동작점 Q에서 식(10.16)로 주어지며, 이 값이 $1/r_d$이라는 것이다. 즉, 전압과 전류의 증분에 의한 $i_D = I_D$일 때 등가직선의 기울기는

$$r_d = \left[\frac{\partial i_D}{\partial v_D}\right]^{-1}_{i_D = I_D} \tag{10.17}$$

로 표현할 수 있다.

10.1.4 캐패시터 모델

1. Junction Capacitance

앞 절에서 논의하였던 바와 같이 pn 접합면에서는 전류캐리어들이 존재하지 않는 공핍영역이 생긴다. 이 공핍영역을 사이에 두고 p형 소자와 n형 소자가 콘덴서의 평면이 마주 대하고 있는 것과 같이 공핍영역에는 커패시턴스가 존재하게 된다. 이러한 커패시턴스를 Junction Capacitance 또는 Depletion Capacitance C_J라고 한다.

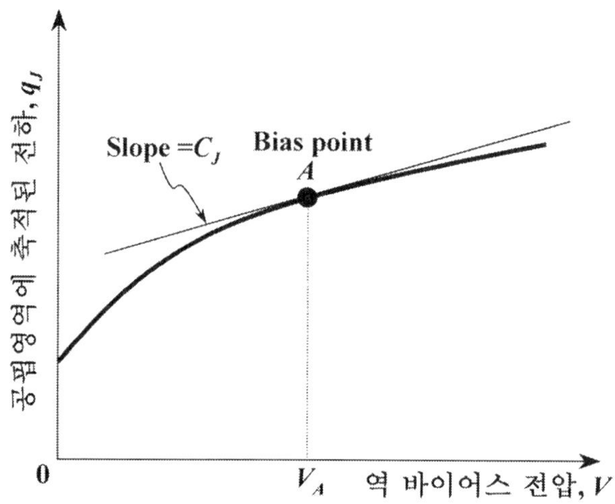

그림 10.10 ▸ 공핍영역에 축적된 전하와 역방향 전압과의 관계

그림 10.10은 역 바이어스된 pn 접합 다이오드의 전하와 외부전압과의 전형적인 관계를 그래프로 나타낸 것이다. 이 q-v 특성이 비선형이므로 앞 절에서 i-v 특성을 가지고 행했던 것처럼, q-v 곡선상의 바이어스 점 주위에서의 동작을 살펴보아야 한다. 동작점에서의 q-v 곡선의 기울기를 C_J라고 정의하면

$$C_J = \left. \frac{dq_J}{dv} \right|_{v = V_A} \tag{10.18}$$

로 주어지며, 물리전자공학에 의하면

$$C_J = \frac{K}{(V_0 - V_D)^m} \tag{10.19}$$

로 주어지며, 여기서

V_0 = 외부전압이 0일 때의 공핍영역 전압,
V_D = 다이오드 단자들 사이의 전압,
K = 접합의 면적과 불순물 농도에 의존하는 상수,
m = 접합 근처의 불순물 분포에 의존하는 상수(접합 형태에 따라 1/3~4사이의 값을 가짐)

이다.

만약 실리콘 기판에 도핑을 실시하여 제작한 pn 접합 다이오드을 고려해 보면, 실리콘의 유전율 ϵ_r와 접합면의 단면적 S [m^2], 공핍영역의 폭 w라 하면 커패시턴스는

$$C_J = \frac{\epsilon_r S}{w} \tag{10.20}$$

로 주어질 수 있다.

또 공핍영역의 폭은 다이오드에 인가한 전압에 따라 변화하므로 역방향 전압 V_R이 인가되었을 때의 커패시턴스는

$$C_{J_{rev}} = \frac{C_{J_0} S}{\left(1 + \frac{V_R}{V_t}\right)^m} \tag{10.21}$$

로 주어지며, 여기서 C_{J_0}는 외부전압이 인가되지 않았을 때의 단위면적당의 커패시턴스이며, m은 반도체 제작 공정에 따르는 파라미터로 1/3~1/2의 범위의 값을 가지는 상수이다. 또 V_t는 다이오드의 문턱전압이다.

2. Diffusion Capacitance

순방향 전압이 인가되었을 때의 커패시턴스에 대하여 살펴보자. 그림 10.11은 순방향 바이어스가 인가되었을 때의 소수캐리어 분포를 나타낸다. 정상상태에서는 그림에 보인 과잉 소수캐리어들(excess minority carriers)의 농도 프로파일이 그대로 n물질과 p물질 둘 다에 유지된다. 따라서 접합을 가로질러 흐르는 정공전류는 n물질에 축적된 총 과잉정공 전하에 비례한다. 그리고 이 전하는 그림 10.11에 그늘진 정공농도 곡선 아래의 면적에 비례하고, 이 면적은 다시 접합 가장자리의 과잉정공 농도에 비례한다. 마찬가지로 전자들에 의하여 운반되는 전류성분은 p물질에 축적된 과잉전자 전하에 비례한다. 따라서 전자 전류성분은 소수캐리어 분포 곡선 아래의 면적에 비례하고, 이 면적은 다시 공핍영역 가장자리의 과잉전자 농도에 비례한다.

만약 외부전류의 I를 변화시키거나 순방향 전압강하 V를 변화시킨다면 p와 n물질에 축적된 소수캐리어 전하가 새로운 정상상태를 만들기 위해 변할 것이다. 따라서 pn 접합은 공핍 커패시턴스를 나타낼 뿐 아니라 소수캐리어 전하들의 축적과 관련된 용량성 효과를 나타내기도 한다. 이들 전하 q가 접합을 가로질러 흐르는 전류 I에 비례하기 때문에 다이오드 방정식(10.1)로부터 q는

$$q = q_0 \left(e^{\frac{v}{n V_T}} - 1\right) \tag{10.22}$$

와 같은 형태로 순방향 전압강하와 관계한다. 여기서 q_0는 I_S 전류에 비례하는 일정한 전하량이다. 따라서 이 용량 효과의 q-v 비선형곡선은 소신호 커패시턴스 C_d로 모델화하면

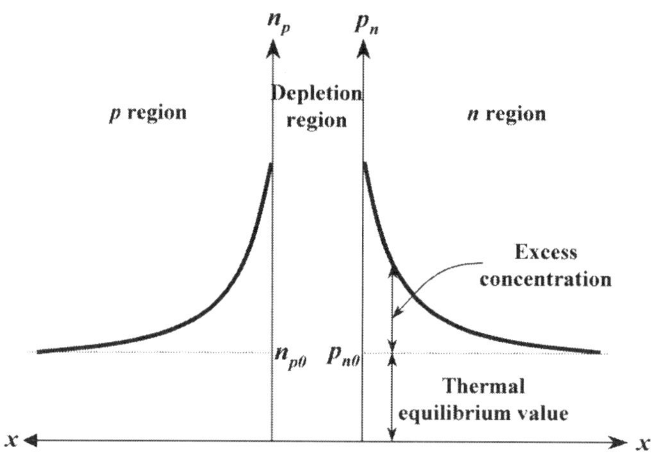

그림 10.11 ▸ 순방향 바이어스가 인가되었을 때의 소수캐리어 분포

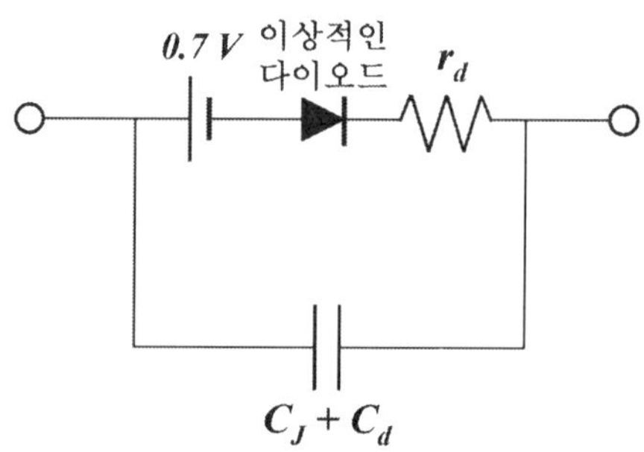

그림 10.12 ▸ 고주파 다이오드 모델

$$C_d = \left.\frac{dq}{dv}\right|_{v\,=\,V_A} \tag{10.23}$$

로 된다. 여기서 V_A는 소신호 모델이 유효한 동작점에서의 다이오드 전압이다. 식 (10.23)과 같은 커패시터 C_d를 **확산 커패시턴스**(Diffusion Capacitance)라고 부른다. 역바이어스 영역에서는 C_d가 0인데 반해, 순바이어스 영역에서는 C_d의 값이 동작점에서의 바이어스 전류 I_A에 근사적으로 비례한다.

3. 고주파 다이오드 모델

앞 절에서 논의한 다이오드 등가모델들은 낮은 주파수에서 사용 가능하며, 주파수가 높아 커패시터의 영향을 무시할 수 없는 경우에는 그림 10.12와 같이 커패시터를 포함한 고주파(high frequency) 모델을 사용한다.

10.2 Bipolar Junction Transistor (BJT)

10.2.1 BJT의 구조와 동작모드

그림 10.13은 BJT의 구조를 나타낸 것으로 세 개의 반도체 영역인 이미터 영역, 베이스 영역, 그리고 컬렉터 영역으로 구성된다. 그림 10.13(a)와 같이 n형 이미터, p형 베이스, n형 컬렉터로 구성되는 트랜지스터를 npn 트랜지스터라고 부르고, (b)와 같이 p형 이미터, n형 베이스, p형 컬렉터로 구성되는 트랜지스터를 pnp 트랜지스터라고 부른다. 또 트랜지스터의 각각 영역에 접속된 단자를 **이미터**(E, emitter), **베이스**(B, base), **컬렉터**(C, collector)라고 한다.

npn형 또는 pnp형 트랜지스터는 이미터-베이스 접합(EBJ)과 컬렉터-베이스 접합(CBJ)으로 구성된 두 개의 pn 접합으로 되어 있다. 이들 접합의 각각의 상태인 순바이어스 또는 역바이어스에 따라 표 10.1에 보인 것처럼 서로 다른 3개의 동작모드가 존재한다. 트랜지스터를 미세한 신호 증폭에 사용하려면 활성모드(active mode)에서 동작시켜야하고, 논리회로 등에서와 같이 스위치로 사용하려면 **차단모드**(cutoff mode)와 **포화모드**(saturation mode)에서 동작시켜야 한다.

표 10.1 ▸ BJT의 동작 모드

Mode	EBJ	CBJ
Cutoff	Reverse	Reverse
Active	Forward	Reverse
Saturation	Forward	Forward

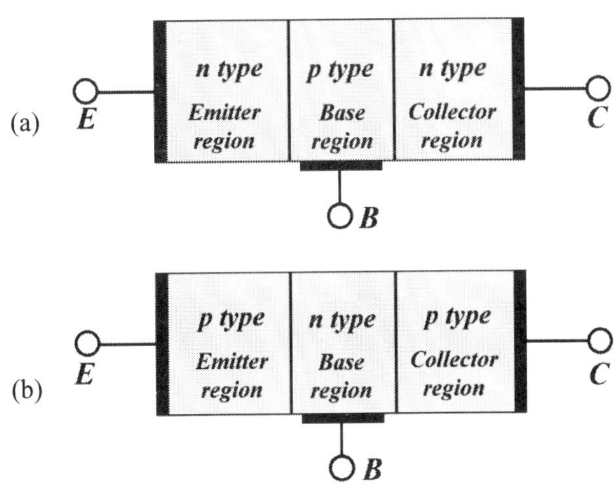

그림 10.13 ▸ (a) npn 형; (b) pnp 형 트랜지스터의 구조

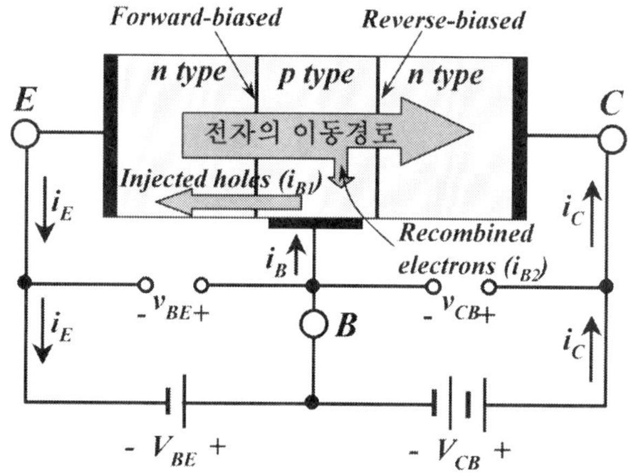

그림 10.14 ▸ 활성 모드에서 npn 트랜지스터에서의 전류 흐름

10.2.2 npn 트랜지스터의 동작

그림 10.14에 활성 모드에서 동작하고 있는 npn 트랜지스터의 물리적인 동작을 도시하였다. 활성 모드 동작조건을 만족시켜 주기 위해 두 개의 외부전원(V_{BE}, V_{CB})이 사용된다. V_{BE}는 베이스가 이미터 보다 높은 전위에 있게 하여 그 결과 이미터-베이스 접합이 순바이어스 되게 한다. V_{CB}는 컬렉터를 베이스보다 높은 전위에 있게 만들어 켈렉터-베이스 접합을 역 바이어스 되게 한다.

EBJ에 걸린 순 바이어스 때문에 E로부터 B로 주입되는 전자들과 B로부터 E로 주입되는 정공들에 의해 전류가 접합을 가로질러 흐른다. E-B 접합을 가로질러 흐르는 전류는 그림 10.14에 도시한 것처럼 이미터 전류 i_E를 구성하고, 리드를 통해 밖으로 흘러나온다. 이미터 전류 i_E는 정공에 의한 전류와 전자에 의한 전류의 합으로 표시되고, 전자에 의한 전류가 정공에 의한 전류보다 매우 크기 때문에 이미터 전류는 전자 전류에 의해 크게 좌우된다.

E로부터 B로 주입된 전자들은 p형 베이스 영역에서 소수캐리어가 된다. B영역의 폭이 매우 좁기 때문에 정상상태에서의 B영역 내에서 소수캐리어인 전자 농도는 E쪽이 제일 높고 C쪽이 제일 낮게 분포한다. B의 C쪽에서 농도가 제일 낮은 이유는 그 끝 쪽에 있는 전자들이 플러스(+)의 C전압 v_{CB}에 의하여 CBJ의 공핍영역을 가로질러 휩쓸러 가기 때문이다. 이러한 현상으로 발생하는 확산전류는 전자의 농도 프로파일의 기울기에 정비례하며 B의 폭에 반비례한다. 또 B영역을 확산하고 있는 전자들 중의 일부는 B의 다수캐리어인 정공과 아주 작지만 재결합한다. 그러나 베이스 영역을 확산하는 전자의 대부분이 C-B 공핍영역의 경계에 도달한다고 해도 과언이 아니다. C-B 공핍영역의 경계에 도달한 전자들은 CBJ을 가로질러 컬렉터로 휩쓸려 들어가 이들이 모여 C전류 i_C를 구성한다. 이와 같이 C가 B보다 높은 전위에 있는 한, B영역의 C쪽에 도달한 전자들은 C로 휩쓸려

들어가 전자의 방향과 반대방향인 C의 전류로 나타나게 된다.

1. 컬렉터 전류

식(10.3)의 논의로부터 $i_C \gg I_s$이므로 컬렉터 전류 i_C는

$$i_C = I_S e^{\frac{v_{BE}}{V_T}} \tag{10.24}$$

로 주어진다. 여기서 컬렉터 전류 i_C가 v_{BE}전압에 지수적으로 비례하는 이유는 확산 전자에 의한 전류가 소수캐리어의 농도에 비례하고 이 농도는 $\exp(v_{BE}/V_T)$에 비례하기 때문이다. 포화전류 I_S는 베이스 폭에 반비례하고 EBJ의 면적에 정비례하며, 대개 소자의 크기에 따라 $10^{-12} \sim 10^{-15}[A]$의 범위에 있다. 또 온도의 함수로서 온도가 약 5℃ 증가할 때마다 대략 2배 상승한다.

2. 베이스 전류

그림 10.14에서와 같이 i_{B1}과 i_{B2}의 합으로 구성되는 전체 베이스 전류 $i_B(=i_{B1}+i_{B2})$는 컬렉터 전류에서와 같이 $\exp(v_{BE}/V_T)$에 비례한다. 따라서 i_B를 i_C의 일부분으로

$$i_B = \frac{i_C}{\beta} = \frac{I_S}{\beta} e^{\frac{v_{BE}}{V_T}} \tag{10.25}$$

과 같이 나타낼 수 있다. 여기서 β는 특정한 트랜지스터에 대한 상수이며, **공통 이미터 전류이득**(common-emitter current gain)이라고 부른다. β는 베이스 영역의 폭과 이미터 영역과 베이스 영역의 상대적인 도핑에 의해서 크게 좌우된다.

3. 이미터 전류

그림 10.14로부터 이미터 전류 i_E가 컬렉터 전류 i_C와 베이스 전류 i_B의 합 즉,

$$i_E = i_C + i_B \tag{10.26}$$

로 주어진다. 식(10.26)에 식(10.24)와 식(10.25)을 대입하면

$$i_E = \frac{\beta+1}{\beta} i_C = \frac{\beta+1}{\beta} I_S e^{\frac{v_{BE}}{V_T}} \tag{10.27}$$

를 얻는다. 식(10.27)에서 **공통-베이스 전류이득**(common-base current gain)이라 부르는 α인

$$\alpha = \frac{\beta}{\beta + 1} \tag{10.28}$$

로 컬렉터 전류를 표시하면

$$i_C = \alpha \cdot i_E \tag{10.29}$$

로 쓸 수 있다. 따라서 이미터 전류는

$$i_E = \frac{I_S}{\alpha} e^{\frac{v_{BE}}{V_T}} \tag{10.30}$$

로 된다. 여기서 α는 1보다 작지만 거의 1에 가까운 상수이다.

4. 컬렉터-베이스 역방향 전류(I_{CBO})

열생성된 소수캐리어에 의해 운반되는 작은 역방향 전류들은 무시해도 무방하지만, C-B 접합을 가로질러 흐르는 역방향 전류에 대해서는 고려할 필요가 있다. I_{CBO}로 표시되는 이 전류는 E를 개방했을 때 C로부터 B로 흐르는 역방향 전류를 가리킨다. 이 전류의 값은 보통 단위가 nA 정도이며, 상당한 양의 누설전류의 양을 포함하며 그 값은 v_{CB}에 좌우된다. 또 I_{CBO}는 온도에 크게 영향을 받으며, 온도가 10℃ 상승할 때마다 대략 2배로 증가한다.

10.2.3 npn 트랜지스터의 등가회로 모델

상기 논의로부터 npn 트랜지스터의 등가회로 모델을 그림 10.15와 같이 도시할 수 있다. 그림(a), (b)와 같이 다이오드 D_E는 I_S/α의 전류 스케일을 가지며, 식(10.30)에 의해 v_{BE}와 관계하는 전류 i_E를 제공하므로 전류 i_C는 전압 v_{BE}에 의해 제어된다. 만일 트랜지스터가 E와 B 사이가 입력 포트이고 C와 B 사이가 출력 포트인 4 단자 회로망으로 사용한다면 전류이득이 a와 같아진다.

그림(c), (d)와 같이 다이오드 D_B는 I_S/β의 전류 스케일을 가지며, 식(10.25)으로 주어진 $i_B - v_{BE}$ 관계를 나타낸다. 만일 트랜지스터가 B와 E 사이가 입력 포트이고 C와 E 사이가 출력 포트인 4 단자 회로망으로 사용한다면, 이때의 전류이득이 β와 같아진다.

10.2.4 pnp 트랜지스터의 동작

pnp 트랜지스터 역시 npn 트랜지스터의 동작원리와 비슷한 원리에 의하여 동작한다. 그림 10.16에 활성 모드에서 동작하고 있는 pnp 트랜지스터의 물리적인 동작을 도시하였다.

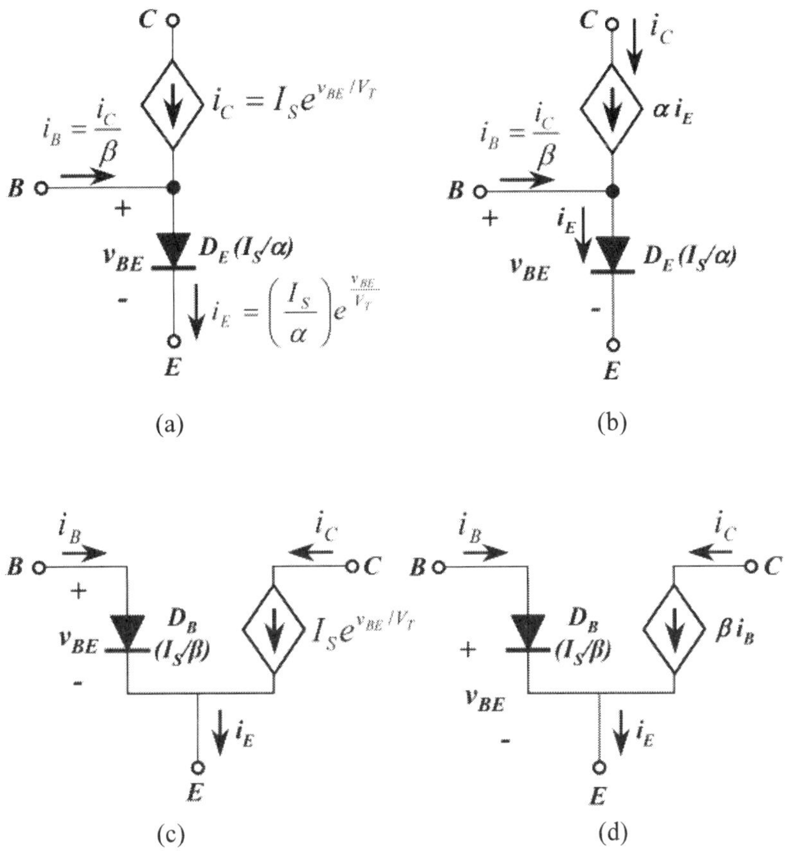

그림 10.15 ▸ npn BJT의 등가회로

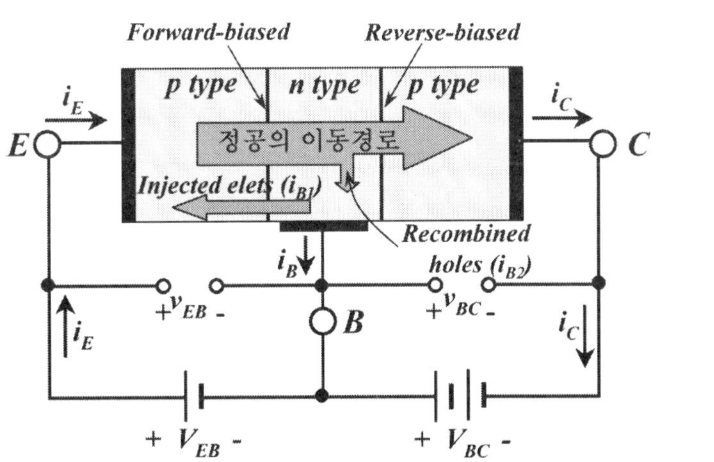

그림 10.16 ▸ 활성 모드에서 pnp 트랜지스터에서의 전류 흐름 npn BJT의 등가회로

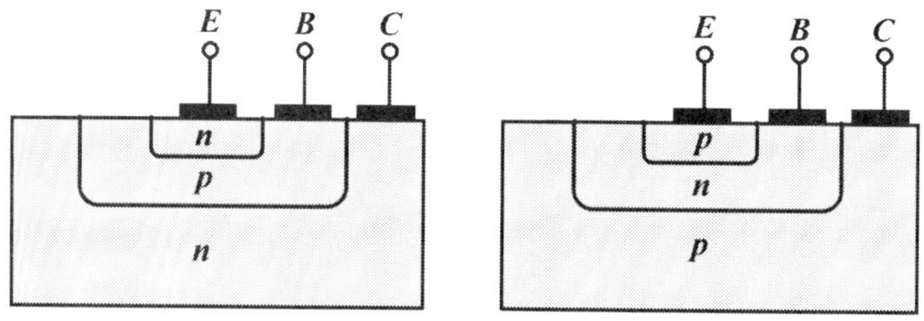

(a) npn BJT (b) pnp BJT

그림 10.17 ▸ 집적회로 공정에서의 BJT 구조

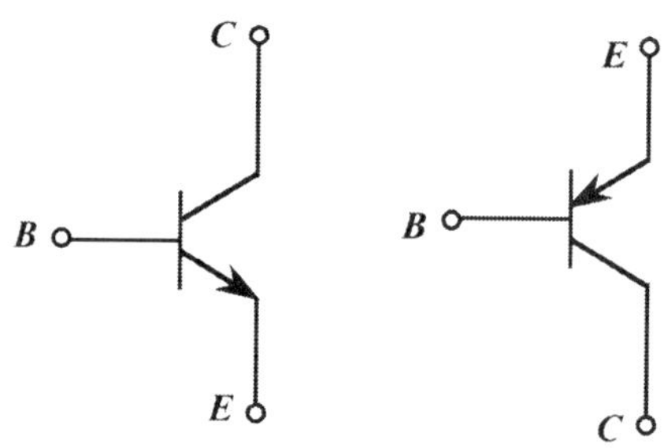

(a) npn (b) pnp

그림 10.18 ▸ BJT의 회로기호

활성 모드 동작조건을 만족시켜 주기 위해 두 개의 외부전원(V_{EB}, V_{BC})이 사용된다. V_{EB}는 p형 이미터가 베이스보다 높은 전위에 있게 하여 그 결과 B-E 접합이 순 바이어스 되게 한다. V_{BC}는 n형의 B를 p형의 C보다 높은 전위에 있게 만들어 켈렉터-베이스 접합을 역 바이어스 되게 한다.

pnp 소자의 전류는 주로 V_{EB}에 의해 E로부터 B로 주입된 정공들에 의해서 전도된다. B로부터 E로 주입된 전자들은 B전류의 주된 성분인 i_{B1}을 형성하고, 또 B로 주입된 정공들 중의 일부는 B의 다수캐리어인 전자와 재결합하여 사라진다(i_{B2}). C-B 접합의 공핍 영역의 경계에 도달한 정공들은 C에 가해진 마이너스(-) 전압에 의하여 끌어 당겨져 C로 휩쓸려가 컬렉터 전류를 만든다.

상기 논의로부터 pnp 트랜지스터의 전류-전압 관계가 v_{BE}가 v_{EB}로 대체되는 것을 제외하고 npn 트랜지스터의 전압-전류 관계와 동일하다는 것을 알 수 있다.

10.2.5 트랜지스터의 실제구조와 회로기호

집적회로(Integrated circuit)에서는 그림 10.17와 같이 기본 n형 반도체 웨이퍼에 베이스 부분에 해당하는 영역을 만들기 위해 3가의 원소를 도핑하여 p형 반도체를 형성시키고, 다시 이미터 부분에 해당하는 영역을 만들기 위해 5가의 원소를 다량으로 도핑하여 n형 반도체를 형성시켜, 수직축을 따라 BJT가 형성되도록 제조한다.

BJT를 나타내는 기호는 그림 10.18과 같으며 에미터(emitter)의 화살표는 순방향 전류의 방향을 나타낸다.

10.2.6 트랜지스터 특성곡선

식(10.24)와 같이 주어지는 트랜지스터의 i-v 특성($i_C - v_{BE}$)을 도식적으로 나타내면 그림 10.19와 같다. 이 식(10.24)는 상수 n의 값을 제외하고는 다이오드의 식과 같으므로 i-v 특성 또한 동일하게 나타낼 수 있다. 그림 10.19에서 지수 특성의 상수인 $1/V_T$이 약 40 정도로 매우 크기 때문에 특성곡선이 매우 급격하게 상승한다.

그림 10.19에서 v_{BE}가 0.5 V보다 작을 때에는 컬렉터 전류가 무시할 수 있을 정도로 작으며, 대부분의 컬렉터 전류 범위에서 v_{BE}가 0.6~0.8 V 범위에 있다. 신속한 계산을 행하여할 경우에는 다이오드에 행하였던 것처럼 일반적으로 $v_{BE} \simeq 0.7V$로 가정할 수 있다.

그림 10.20은 npn 트랜지스터의 온도특성을 나타내는 것으로 일정한 전류에서 동작하는 경우, 온도가 1℃ 증가할 때마다 E-B 접합 사이의 전압 v_{BE}는 약 2 mV씩 감소함을 나타내고 있다.

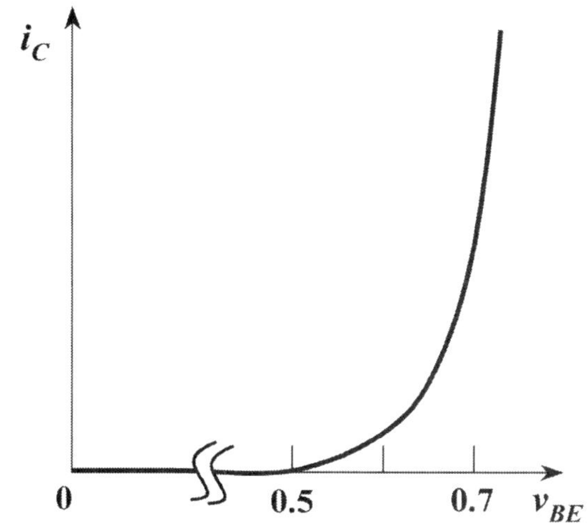

그림 10.19 ▸ npn 트랜지스터의 $i_C - v_{BE}$ 특성

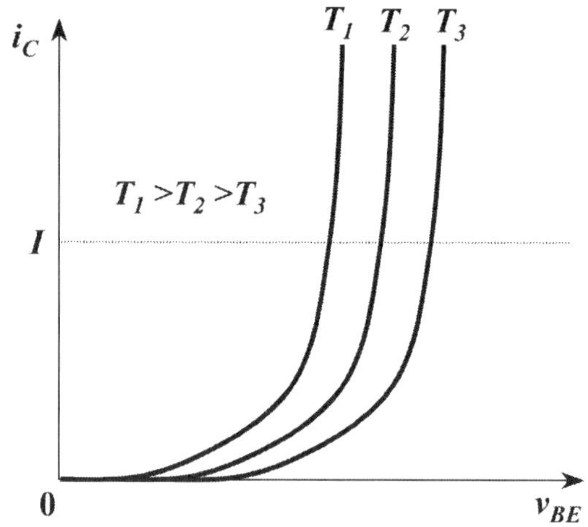

그림 10.20 ▸ npn 트랜지스터의 온도의존 특성

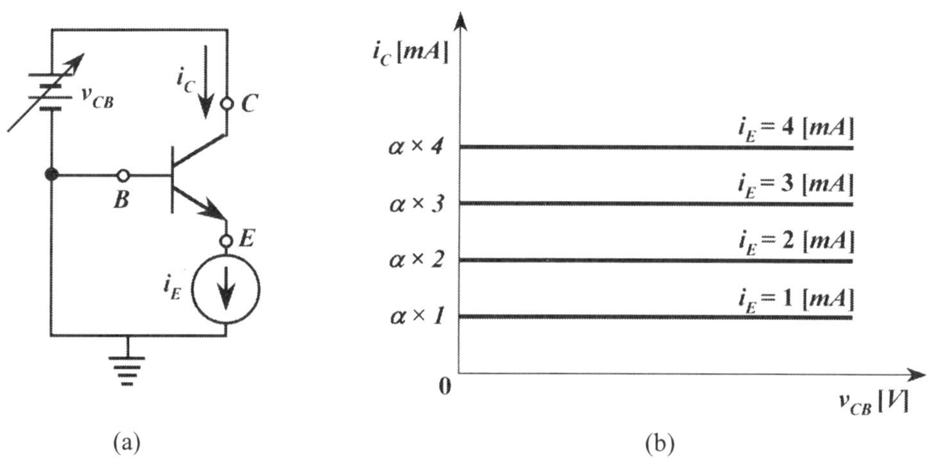

그림 10.21 ▸ 활성모드 동작 npn 트랜지스터의 $i_C - v_{CB}$ 특성

그림 10.21은 이미터 전류 i_E의 여러 값들에 대한 npn 트랜지스터의 i_C대 v_{CB} 특성곡선을 나타낸 것이다. 그림에서 특성곡선들은 수평직선들이며, 이것은 컬렉터가 정전류 전원으로 동작하고 있다는 것을 확증하는 것이다. $i_C = \alpha i_E$와 같이 C전류의 값은 E전류의 값에 의하여 제어되고, 트랜지스터는 전류-제어 전류전원(current-controlled current source)으로 간주할 수 있다.

실제에 있어서 활성영역에 동작하는 BJT들은 C전류가 C전압에도 의존하기 때문에 그림 10.22(b)처럼 $i_C - v_{CB}$ 특성은 완전한 수평직선이 아니라 기울기를 가진 증가곡선이 된다. 공통-이미터 구성으로 접속되어 있는 그림 10.22(a)에서 각각 v_{BE}에 대하여 v_{CE}를 변화시키면서 컬렉터 전류를 측정하여 기록한 특성곡선 군들이다.

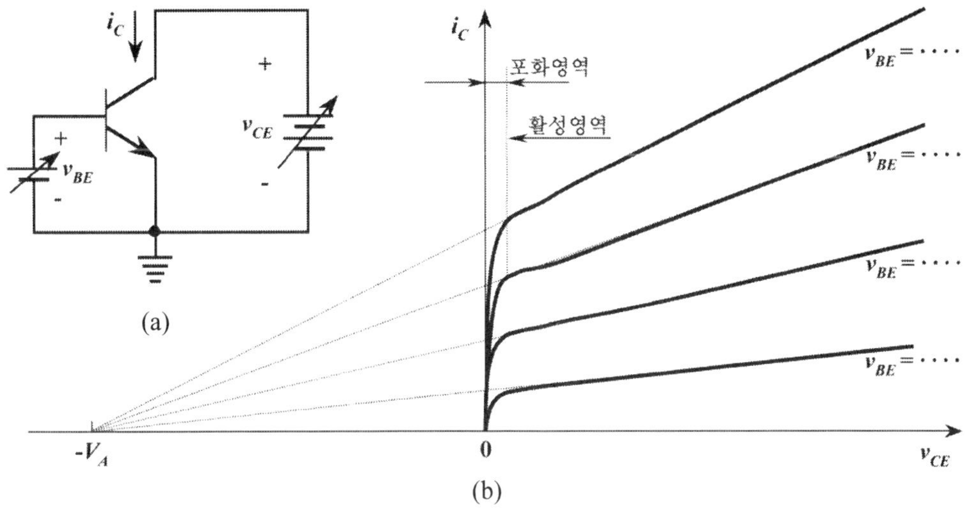

그림 10.22 ▸ (a) BJT의 $i_C - v_{CE}$ 특성 측정회로; (b) 실제 BJT의 $i_C - v_{CE}$ 특성 곡선

그림 10.22(b)에서 v_{CB}의 낮은 값에서는 컬렉터 전압이 베이스 전압보다 낮은 전위에 있게되어 접합이 순바이어스가 되기 때문에 활성모드 동작조건을 만족 시킬 수 없어 포화모드로 들어간 특성을 보여주고 있다. 유한한 기울기를 가진 특성 직선들을 연장했을 때, v_{CE}의 마이너스(-) 축상의 한점($v_{CE}=-V_A$)에서 만나게 된다. 이 전압을 i **얼리 전압**(Early voltage)이라고 부른다.

v_{BE}로 주어진 전압에서 v_{CE}를 증가시키면 C-B 접합에 걸리는 역바이어스 전압이 증가하여 이 접합의 공핍영역의 폭이 증가한다. 공핍영역의 폭이 증가하게 되면 실효 베이스 폭(effective base width) w의 감소하게 되어, 포화전류 I_S가 (w에 반비례) 증가하고 i_C 역시 증가한다. 이것을 얼리효과(Early effect) 또는 베이스 폭 변조효과(base-width modulation effect)라고 부른다.

i_C가 v_{CE}에 선형적으로 의존한다는 것은

$$i_C = I_S e^{\frac{v_{BE}}{V_T}}\left(1+\frac{v_{CE}}{V_A}\right) \tag{10.31}$$

와 같이 인수$(1+v_{CE}/V_A)$를 포함시킴으로서 설명할 수 있다. $i_C - v_{CE}$ 특성 직선들의 기울기가 0이 아니라는 것은 컬렉터를 둘여다 본 출력저항이 무한대가 아니고 다음과 같이 유한의 값 즉,

$$r_0 \equiv \left[\left.\frac{\partial i_C}{\partial v_{CE}}\right|_{v_{BE}=const}\right]^{-1} \tag{10.32}$$

로 정의할 수 있다. 식(10.31)를 식(10.32)에 대입하면

$$r_0 \simeq \frac{V_A}{I_C} \tag{10.33}$$

로 나타낼 수 있다. 여기서 I_C는 활성영역의 경계부근에서 v_{BE}의 일정한 값에 대응하는 컬렉터 전류이다. 직류바이어스 회로의 설계와 해석에서는 i_C에 대한 v_{CE}의 영향을 고려할 필요가 거의 없다. 그러나 유한 출력저항 r_0는 트랜지스터 증폭기들의 이득에 중대한 영향을 미친다.

10.3 전계효과 트렌지스터(FET)

FET(Field Effect Transistor)의 이론은 1930년부터 알려졌으나 실질적으로 기술이 실현된 것은 그로부터 30년 후인 1960년대였다. 또 1970년대부터 FET의 특별한 종류인 MOSFET(금속-산화물 반도체 전계효과 트랜지스터 : Metal-Oxide Semiconductor FET)가 출현하여 각광을 받기 시작하였다. BJT에 비해 아주 작게 제작할 수 있고, 제조공정 또한 간단하다. 현재 대부분의 초집적(VLSI) 회로는 거의 MOS 기술로 만들어지고있다.

이 절에서는 현재 가장 널이 사용되고 있는 증가형(enhancement-type) MOSFET에 대하여 그 구조와 물리적인 동작을 이해하고, 소자들의 전류-전압 특성을 이해하는데 중점을 두어 설명할 것이다.

10.3.1 증가형 MOSFET의 구조

그림 10.23에 p형 단결정 실리콘 웨이퍼 기판(substrate) 위에 제조한 n-채널 증가형 MOSFET의 구조를 도시하였으며, 이것을 간단히 증가형 NMOS라고 한다.

고농도로 도핑된 두 개의 n 영역 즉, n^+ **소스**(source)와 n^+ **드레인**(drain) 영역과 고농도로 p^+로 도핑된 **몸체**(Body) 영역이 만들어져 있고, 소스와 드레인 영역 사이의 면적을 전기적 절연성이 양호한 산화층(SiO_2)을 성장시키고 그 위에 금속이 증착되어 소자의 **게이트 전극**(gate electrode)을 형성한다. 이 금속 증착은 소스와 드레인 그리고 몸체에도 만들어져 네 개의 단자 즉, 드레인(D), 소스(S), 게이트(G), 몸체(B)를 구성하고 있다.

그림 10.23의 소자구조에서 보는 바와 같이 기판이 소스 및 드레인 영역과 pn 접합을 형성한다. 두 파라미터 길이 L과 폭 W는 MOSFET의 특성을 좌우하는 중요한 파리미터이며, 전형적으로 L은 1~10 [㎛]의 범위 내에 있고, W는 2~500 [㎛]의 범위 내에 있다.

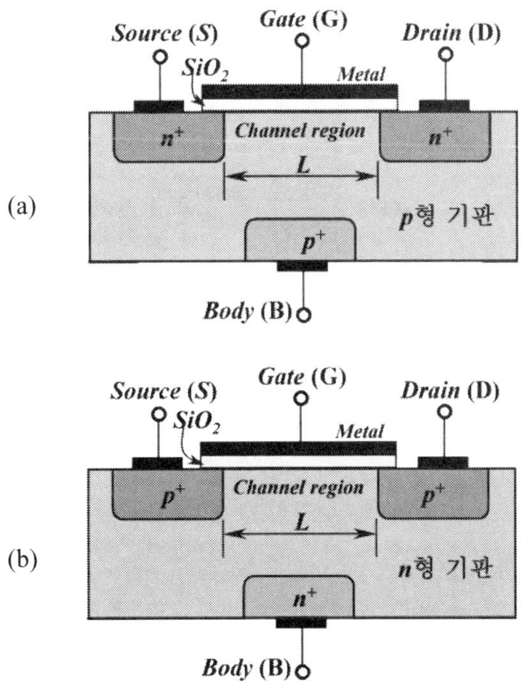

그림 10.23 ▸ 증가형 NMOS의 (a) n형 단면; (b) p형 단면

소자가 정상적으로 동작하려면 이 pn 접합들이 항상 역바이어스된 상태에 있어야 하고, 드레인이 소스에 비해 플러스(+) 전압에 있어야 한다는 것을 확인할 것이다. 또 게이트에 인가하는 전압에 의해 소스와 드레인 사이에 흐르는 전류를 제어한다는 사실을 보게될 것이다.

10.3.2 증가형 MOSFET의 물리적인 동작

그림 10.24와 같이 소스와 드레인, 그리고 몸체를 접지시켰고 게이트에는 $+v_{GS}$ 전압을 인가하였다. 게이트에 가해진 플러스 $+v_{GS}$ 전압은 p형 기판의 정공들을 기판 아래 영역으로 밀려나가게 하고 이 정공들이 있던 자리에는 캐리어 공핍영역이 생기게 된다. 이와 동시에 플러스 $+v_{GS}$ 전압은 고농도 도핑한 n^+ 소스 및 드레인 영역으로부터 전자들을 채널 영역으로 끌어당겨 충분한 수의 전자들을 게이트 아래에 축적되게 하여 n채널을 만들어 소스와 드레인 사이를 전기적으로 연결한다. 만약 소스와 드레인 사이에 전압이 인가되면, 이 유도된 n채널을 통해 전자가 이동하게 되어 전류가 흐르게 된다. 따라서 그림 10.24의 MOSFET를 **n-채널 MOSFET** 또는 **NMOS 트랜지스터**라고 부른다. 충분한 수의 전자들이 채널영역에 축적되어 도통된 채널을 형성할 때의 $+v_{GS}$의 값을 **문턱전압**(V_t ; thereshold voltage)이라고 한다. NMOS 트랜지스터의 문

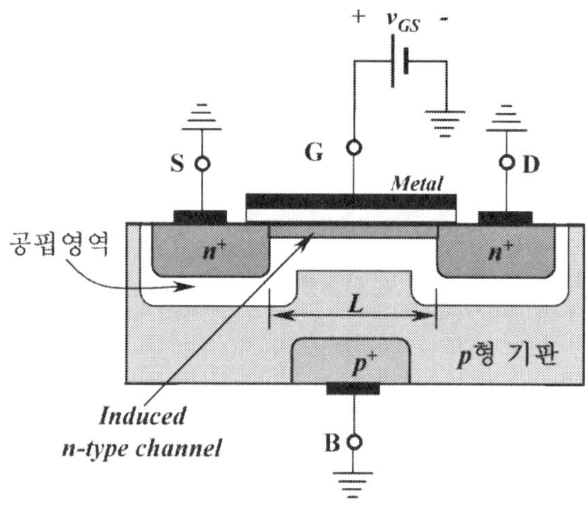

그림 10.24 ▸ n채널의 유도

턱전압은 플러스(+)이고, 소자를 제조하는 동안에 조절되며 보통 1~3 [V]의 범위 내에 존재하게 한다.

그림 10.24에서 게이트와 몸체가 커패시터 평행판으로 작용하여 유전체인 SiO_2와 함께 평행판 커패시터를 형성한다. 플러스의 게이트 전압 때문에 양전하가 위쪽 판에 축적되고 아래쪽 판의 음전하는 유도된 채널의 전자들에 의해 형성된다. 따라서 평행판 사이에 전계가 수직방향으로 형성되며, 바로 이 전계가 채널내의 전하량을 제어하여 채널의 도전율을 결정하게 되고, 그 결과로 채널을 통해 흐르는 전류의 양을 조절하게 된다.

그림 10.25에 보인 것처럼 0.1~0.2 [V] 정도의 작은 전압 v_{DS}를 소스와 드레인 사이에 인가하였다. 전압 v_{DS}때문에 전류 i_D가 유도된 채널을 통해 흐르며, 이 전류의 크기는 채널내의 전자밀도에 의존하며, 전자밀도 역시 v_{GS}의 크기에 의존한다. 즉, $v_{GS} = V_t$일 때에는 채널이 막 유도되고 무시할 정도의 작은 전류가 흐를 것이다.

그리고 v_{GS}가 V_t보다 커짐에 따라 더 많은 전자들이 채널 내로 끌어당겨지고, 이로 인한 전하캐리어의 증가로 인하여 채널 깊이가 증가하게 되어 채널의 저항이 감소한다. 실제로 채널의 컨덕턴스는 **과잉 게이트 전압**(excess gate volyage)

$$V_{EX} \propto (v_{GS} - V_t) \tag{10.34}$$

와 같이 비례의 관계가 있다. 따라서 i_D는 과잉 게이트 전압에 비례하게 되고, i_D를 흐르게 하는 v_{DS}전압에도 당연히 비례한다. 상기의 설명은 MOSFET이 도통되기 위해서는 반드시 채널이 유도되어야 하고, 채널이 유도된 후에 v_{GS}를 V_t 이상으로 증가시켜야만 채널이 증가한다는 것을 의미한다. 이와 같은 동작을 **증가-모드 동작**(enhancement-mode operation)이라고 부르고, 이와 같은 동작을 하는 MOSFET를 **증가형** MOSFET(enhancement-type MOSFET)라고 한다.

그림 10.26과 같이 $v_{GS} > V_t$인 조건에서 v_{DS}를 증가시키는 경우를 고려하여 보자. v_{DS}는 채널을 따라 소스로부터 드레인으로 채널을 가로지르는 전압강하 즉, 소스를 기준으로 측정한 전압이 0에서 v_{DS}까지 나타난다. 따라서 게이트와 채널의 각 지점들 사이의 전압은 소스 끝에서는 $v_{GS}-0$이 되고, 드레인 끝부분에서는 $v_{GS}-v_{DS}$로 감소한다.

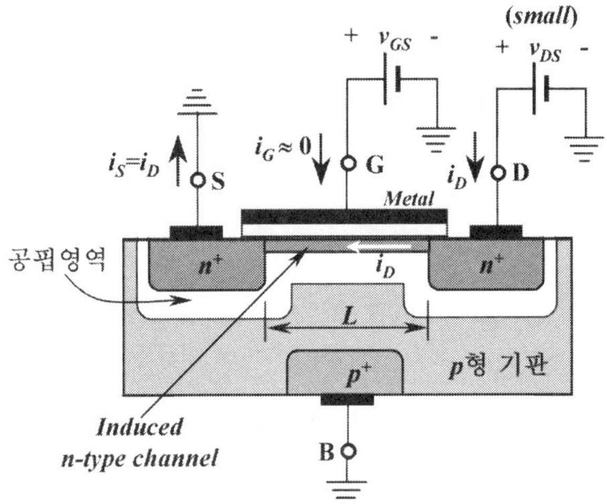

그림 10.25 ▸ $v_{GS} > V_t$이고 작은 v_{DS}가 인가되었을 때의 NMOS 트랜지스터

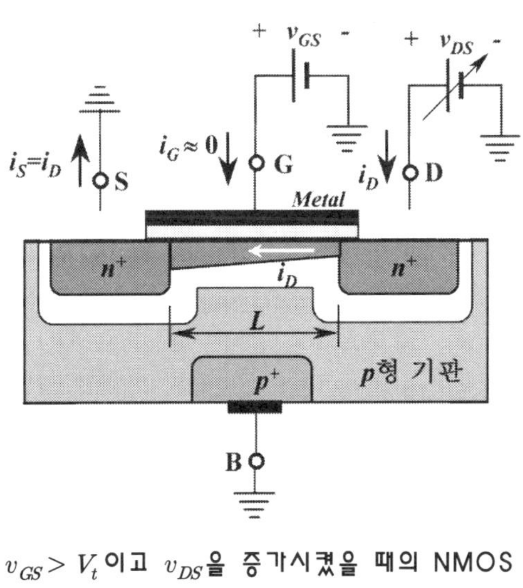

그림 10.26 ▸ $v_{GS} > V_t$이고 v_{DS}을 증가시켰을 때의 NMOS 트랜지스터 동작

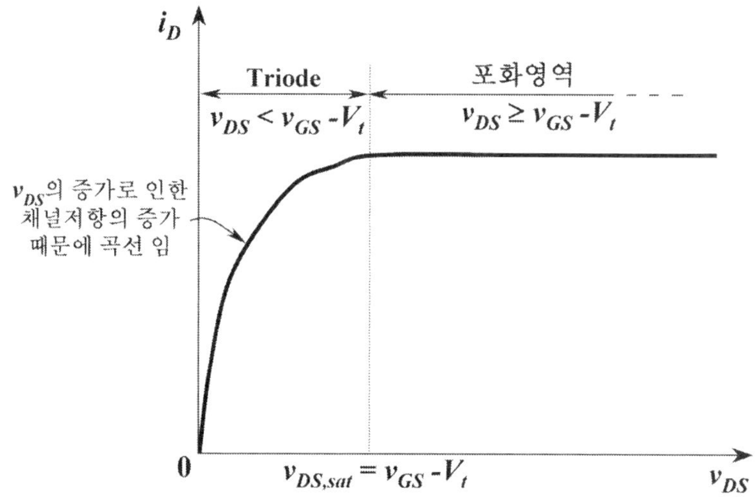

그림 10.27 ▸ $v_{GS} > V_t$인 상태에서 동작하는 NMOS 트랜지스터의 $i_D - v_{DS}$ 특성

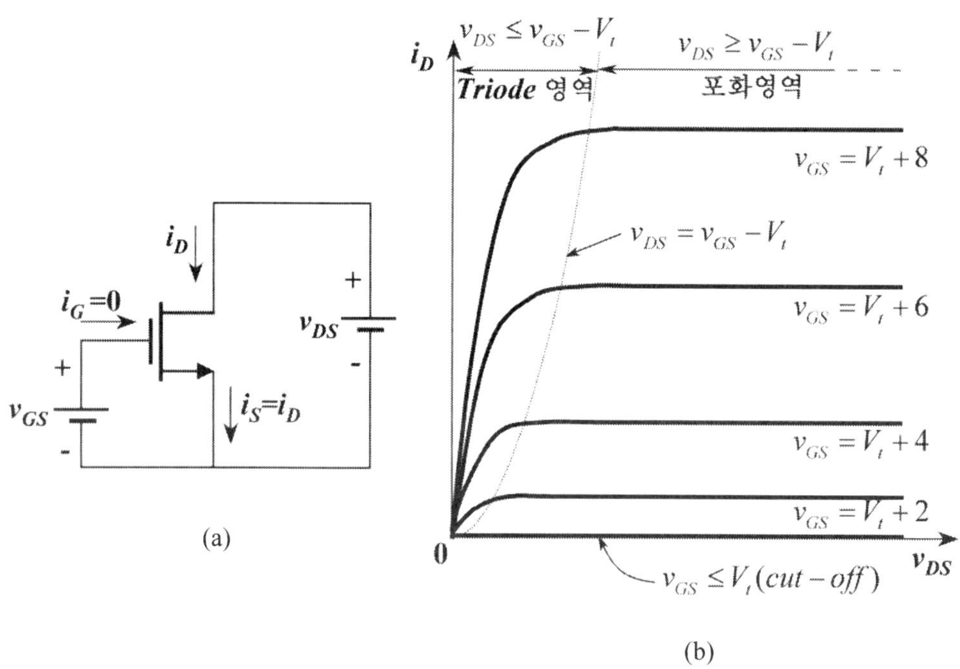

그림 10.28 ▸ (a) 전류-전압 특성 측정용 회로; (b) $i_D - v_{DS}$ 특성 곡선 군

채널의 깊이는 바로 이 전압에 비례하므로 v_{DS}가 작을 때의 경우와 같이 균일한 깊이를 보이지 않고, 소스 끝에서 가장 깊고 드레인 끝에서 가장 얇은 뾰족한 형태로 된다. v_{DS}를

계속 증가시키면 채널은 더욱 뾰족한 형태로 되어 채널 저항도 증가하여 전류의 흐름을 제어한다. 따라서 $i_D - v_{DS}$ 곡선은 직선적으로 증가하지 못하고 그림 10.27처럼 곡선이 된다. 결국 v_{DS}가 게이트와 드레인 끝쪽의 채널사이의 전압 v_{GD}를 V_t까지 떨어뜨리는 값까지 증가할 때 즉,

$$v_{GD} = v_{GS} - v_{DS} = V_t \quad \text{또는} \quad v_{DS} = v_{GS} - V_t \tag{10.35}$$

가 될 때 드레인 끝쪽의 채널 깊이는 거의 영으로 감소한다. 이때의 상황을 채널이 **핀치오프**(pinched off)되었다고 말한다.

v_{DS}의 값을 더 증가시켜도 채널모양은 더 이상 변하지 않으며 채널을 통해 흐르는 전류도 일정한 값으로 되어 **포화영역**(satuation region)으로 들어간다. 포화가 일어날 때의 전압 $v_{DS,sat}$는

$$v_{DS,sat} = v_{GS} - V_t \tag{10.36}$$

로 표시한다.

만일 $v_{DS} \geq v_{DS,sat}$이면 소자는 포화영역에서 동작하고, $v_{DS} < v_{DS,sat}$일 때의 영역을 **트라이오드 영역**(triode region)이라 한다.

p-채널 증가형 MOSFET는 그림 10.23(b)와 같이 n형 기판에 드레인과 소스 영역을 p^+로 도핑하여 제작한다. 전하캐리어는 정공이고, v_{GS}와 v_{DS}가 마이너스(-)라는 것과 또 문턱전압 V_t가 마이너스(-)라는 것을 제외하고는 n-채널 소자와 똑같은 방식과 원리로 동작한다. 또한 i_D 전류는 소스 단자로 들어가 드레인 단자로 나온다.

10.3.3 증가형 MOSFET의 전류-전압 특성

그림 10.28(a)에 증가형 MOSFET의 회로기호가 포함된 전류-전압 특성 측정용 회로를 전압 v_{GS}와 v_{DS}가 인가된 n-채널 MOSFET를 도시하였다. $i_D - v_{DS}$ 특성들은 v_{GS}를 일정한 값으로 유지시키고 v_{DS}를 변화시키면서 i_D를 측정했을 때 얻어지는 곡선들을 그림(b)에 도시하였다.

세 개의 서로 다른 동작영역인 차단영역, 트라이오드 영역, 포화영역이 존재하며, FET를 증폭기로 사용하려면 포화영역을 사용하여야하며 스위치로 사용하려면 차단영역과 트라이오드 영역을 사용해야 한다. 그림 10.28(b)에서 보는 바와 같이 $v_{GS} < V_t$일 때 소자는 컷오프 되어 차단되고, 트라이오드 영역에서 동작시키려면

$$v_{GS} \geq V_t (\text{유도된채널}) \tag{10.37}$$

을 만족시켜 채널을 유도해야 한다. 그리고 채널이 끊어지지 않도록 v_{DS}를 작게 유지하고, 게이트-소스 사이의 전압이

$$v_{GD} \geq V_t(\text{연속채널}) \quad \text{또는} \quad v_{GS} - v_{DS} \geq V_t(\text{연속채널}) \tag{10.38}$$

가 되도록 보장해 주어야 한다. 이 식(10.38)을 다시 정리하면

$$v_{DS} < v_{GS} - V_t(\text{연속채널}) \tag{10.39}$$

이 얻어진다.

트라이오드 영역에서 $i_D - v_{DS}$ 특성은 다음의 근사식

$$i_D = K\left[2(v_{GS} - V_t)v_{DS} - v_{DS}^2\right] \tag{10.40}$$

으로 주어진다. 여기서 K는

$$K = \frac{1}{2}\mu_n C_{OX}\left(\frac{W}{L}\right)[A/V^2] \tag{10.41}$$

와 같이 주어지는 소자 파라미터이다. 여기서 μ_n은 앞장에서 논의하였던 전자의 이동도인 물리적인 상수이다. 산화물 커패시턴스라고 불리는 C_{OX}는 게이트-몸체간의 커패시터의 단위 면적당 커패시턴스이며, L은 채널의 길이, W는 채널의 폭이다.

만일 v_{DS}가 아주 작다면 식(10.40)에서 v_{DS}^2를 무시할 수 있으므로

$$i_D \simeq 2K(v_{GS} - V_t)v_{DS} \tag{10.42}$$

와 같이 근사화된다. 따라서 선형저항 r_{DS}는

$$r_{DS} \equiv \frac{v_{DS}}{i_D} = [2K(v_{GS} - V_t)]^{-1} \tag{10.43}$$

로 주어지므로, 선형저항이 v_{DS}에 의해 제어된다.

MOSFET를 포화영역에서 동작시키기 위해서도 채널이 반드시 유도되어야 하고

$$v_{GS} \geq V_t(\text{유도된채널}) \tag{10.44}$$

v_{DS}전압이 게이트-드레인 사이의 전압을

$$v_{GD} \geq V_t(\text{핀치오프채널}) \quad \text{또는} \quad v_{GS} - v_{DS} \geq V_t(\text{핀치오프채널}) \tag{10.45}$$

로 하여 채널이 드레인 끝에서 핀치오프 되게 해야 한다.

트라이오드 영역과 포화영역 사이의 경계는

$$v_{DS} = v_{GS} - V_t \tag{10.46}$$

로 특성화된다. 식(10.46)를 식(10.40)에 대입하면

$$i_D = K(v_{GS} - V_t)^2 \tag{10.47}$$

을 얻는다. 이 식으로부터 포화영역에서 동작하는 MOSFET은 드레인 전류가 드레인 전압 v_{DS}에 무관하며 식(10.47)에 보인 제곱 관계식에 따라 v_{GS}에 의해 결정되는 드레인 전류를 제공한다. 그림 10.28(b)에서 트라이오드 영역과 포화영역의 경계가 파선의 곡선으로 나타내져 있다. 이 파선의 식을 식(10.40) 또는 식(10.47)에 대입하면

$$i_D = Kv_{DS}^2 \tag{10.48}$$

로 주어진다.

지금까지 증가형 MOSFET가 포화영역에서 동작할 때 i_D가 v_{DS}에 무관하다고 이상화 하였다. 그러나 실제는 v_{DS}가 증가함에 따라 채널의 핀치오프 지점이 드레인에서 소스쪽으로 약간 이동하게 되어, 유효채널 길이가 감소하여 **채널길이 변조 현상**이 발생한다. K가 채널길이에 관계하므로 v_{DS}에 따라 증가하고 i_D 역시 증가하게 된다.

그림 10.29에 체널 길이 변조 효과에 의한 $i_D - v_{DS}$ 특성들의 영향을 도시하였다. 포화영역에서 i_D가 v_{DS}에 거의 선형적으로 의존하는 현상은 i_D의 식에 $1+\lambda v_{DS}$의 인수를 도입하여 해석적으로 설명될 수 있다.

$$i_D = K(v_{GS} - V_t)^2(1 + \lambda v_{DS}) \tag{10.49}$$

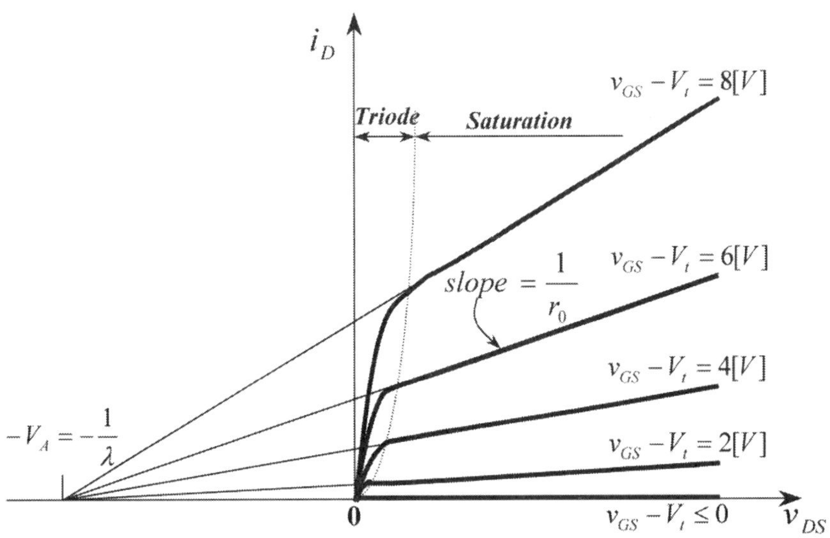

그림 10.29 ▸ 포화영역에서 v_{DS}가 i_D에 미치는 영향

여기서, 상수 λ는 MOSFET 파라미터이다. λ의 전형적인 값은 0.005에서 0.03 [V^{-1}]의 범위이고, V_A는 200~30 [V]의 범위 내에 있다. 이러한 채널 길이 변조효과는 포화영역에서 출력저항을 유한하게 만든다. 출력저항 r_0를

$$r_0 \equiv \left[\frac{\partial i_D}{\partial v_{DS}} \right]^{-1}_{v_{GS} = cont.} \tag{10.50}$$

로 정의하면

$$r_0 = \left[\lambda K (v_{GS} - V_t)^2 \right]^{-1} \tag{10.51}$$

가 되고, 근사화하면

$$r_0 \simeq \left[\lambda I_D \right]^{-1} \tag{10.52}$$

을 얻는다. 여기서 I_D는 r_0가 계산될 v_{GS}의 특정한 값에 해당하는 전류이다. 식(10.52)을 다른 형태로

$$r_0 \simeq \frac{V_A}{I_D} \tag{10.53}$$

와 같이 쓸 수 있다. 따라서 출력저항은 직류바이어스 전류 I_D에 반비례한다.

10.4 그밖의 반도체 소자

10.4.1 상보형 MOS (CMOS)

상보형 MOS 기술은 양쪽 극성의 MOS 트랜지스터들을 사용하며, CMOS 회로를 제조하는 것이 NMOS 회로를 제조하는 것보다 더 어렵다. 그러나 이 상보형 소자들을 이용할 수 있으므로 해서 강력한 회로설계가 가능하다.

그림 10.30에 PMOS와 NMOS 트랜지스터가 어떻게 제조되는지 설명하는 CMOS 칩의 단면도를 나타냈다. PMOS 트랜지스터는 n형 기판에 제조되는데 반해, NMOS는 특별하게 만들어진 p웰에 제조된다. 또한 두 소자가 절연물 역할을 하는 두꺼운 산화영역에 의하여 분리된다.

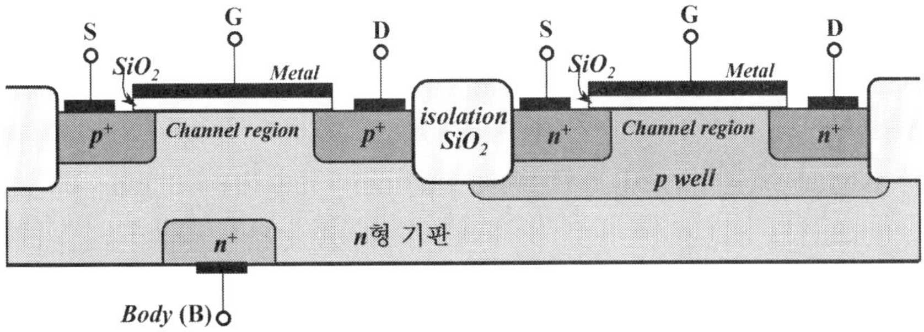

그림 10.30 ▸ CMOS 집적회로의 단면도

10.4.2 공핍형 MOSFET

공핍형 MOSFET는 실제로 제조 당시 증식된 채널을 가지고 있는 점만 다르고 그 밖의 구조와 원리는 증가형 MOSFET와 유사하다. 따라서 공핍형 MOSFET는 증가형 MOSFET와는 달리 채널을 유도할 필요가 없으므로 v_{DS} 전압이 인가되면 $v_{GS}=0$인 경우에도 i_D가 흐른다. 채널 깊이와 이에 따른 도전율은 증가형의 경우와 같은 방식으로 v_{GS}에 의해 제어된다. 증가형의 경우와 달리 증식된 채널을 가지고 있으므로 마이너스(-)의 v_{GS}도 인가도 가능하다. 마이너스의 전압이 인가되면 전자들이 반발하여 채널로부터 밀려나 채널깊이가 얇아지고 이에 따라 저항이 증가하여 도전율이 감소한다. 따라서 마이너스(-)의 v_{GS}는 채널에서 전하캐리어들을 고갈시키게 되고, 이러한 모드에서 동작하는 트랜지스터를 **공핍형 MOSFET**라고 한다. v_{GS}를 마이너스로 계속 증가시키면 채널의 캐리어들이 완전히 고갈되어 v_{DS}를 인가하여도 i_D가 0이 되는 어떤 값에 도달하게 된다. 이때의 마이너스(-)의 v_{GS} 값이 n-채널 공핍형 MOSFET의 문턱전압이다.

공핍형 MOSFET의 i_D-v_{DS} 특성은 V_t가 마이너스(-)인 것을 제외하고는 증가형 MOSFET의 특성과 유사하다. 그림 10.31(a)에 n-채널 공핍형 MOSFET의 회로기호가 포함된 전류-전압 특성 측정용 회로도를 도시하였으며, 그림 10.31(b)에 $V_t=-5[V]$이고 $K=1[mA/V^2]$인 n-채널 공핍형 MOSFET의 i_D-v_{DS} 특성곡선군을 도시하였다. 문턱전압 V_t가 마이너스이므로 드레인 전압이 게이트 전압보다 $|V_t|$ 이상 크지 않는 한 트라이오드 영역에서 동작한다. 또한 포화영역에서 동작하려면 드레인 전압이 게이트전압보다 적어도 $|V_t|$만큼 더 커야한다. 그림 10.31(c)에 포화영역에서의 i_D-v_{GS} 특성을 나타냈다.

공핍형 소자의 중요한 파라미터는 포화영역에서 $v_{GS}=0$일 때 얻어지는 드레인 전류 값인 I_{DS}이다. 앞 절에 주어진 식들을 이용하면 구하면

$$I_{DS}=KV_t^2 \tag{10.54}$$

로 주어지며, 드레인 전류 I_{DS}는 V_t의 제곱에 비례한다.

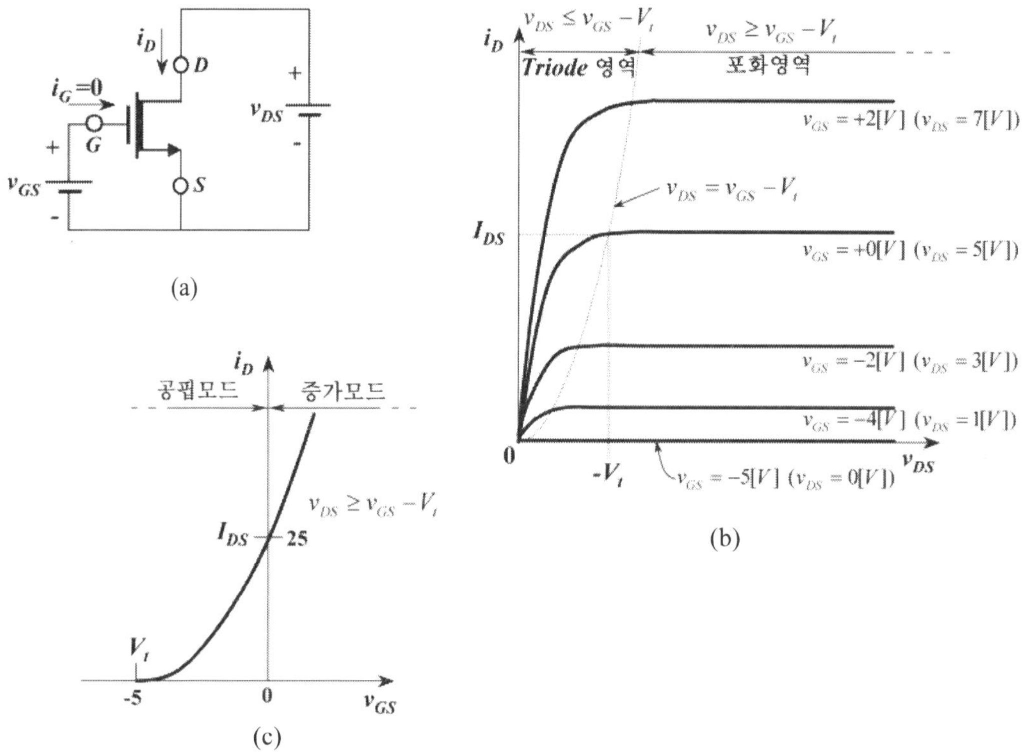

그림 10.31 ▸ (a) 전류-전압 특성 측정용 회로; (b) $i_D - v_{DS}$ 특성 곡선군; (c) 포화영역 특성

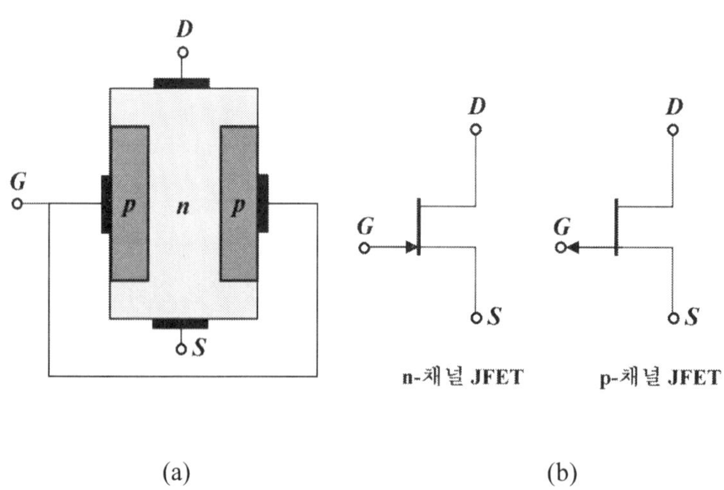

그림 10.32 ▸ n-채널 JFET의 (a) 기본구조; (b) 회로기호

10.4.3 접합 전계효과 트랜지스터(JFET)

그림 10.32에 n-채널 JFET의 구조와 회로기호를 간략하게 도시하였다.

n형 실리콘 기판의 양쪽 측면에 게이트로 사용될 도핑된 p형 영역으로 구성된다. 소자의 동작은 게이트와 채널 사이의 pn 접합을 역바이어스 시키는 것에 의해 채널 폭을 제어하여 드레인으로부터 소스로의 전류의 흐름을 제어하는데 기초를 둔다. p-채널 소자는 n-채널 소자의 유형을 반대로 하여 제조할 수 있다.

n-채널 JFET의 물리적인 동작은 그림 10.33에 도시하였다. 마이너스(-)의 v_{GS}를 인가하면 공핍영역이 넓어져 채널이 좁아지므로 채널 저항이 증가하여 i_D가 감소한다. v_{DS}가 매우 작다면 채널은 거의 균일한 폭을 가질 것이고, v_{GS}를 마이너스(-) 방향으로 계속 증가시키면 공핍영역이 점점 증가하여 채널전체를 차지하는 어떤 값에 도달하는데, 이 v_{GS}의 값이 소자의 문턱전압 V_t이다.

그림 10.33(b)에서처럼 $v_{GS} > V_t$에 일정하게 유지시키고, v_{DS}증가시키면, 이 v_{DS}가 채널을 가로질러 전압강하로 나타나므로, 소스로부터 드레인으로 이동함에 따라 전압은 점점 증가하여 드레인 끝 쪽에서 가장 높게 된다. 따라서 채널의 모양은 뾰족한 형태가 되고, $i_D - v_{DS}$ 특성은 비선형이 된다. 드레인 끝에서의 역바이어스 전압 v_{GD}가 문턱전압 V_t보다 작아질 때, 채널은 드레인 끝에서 핀치오프되고 포화된다.

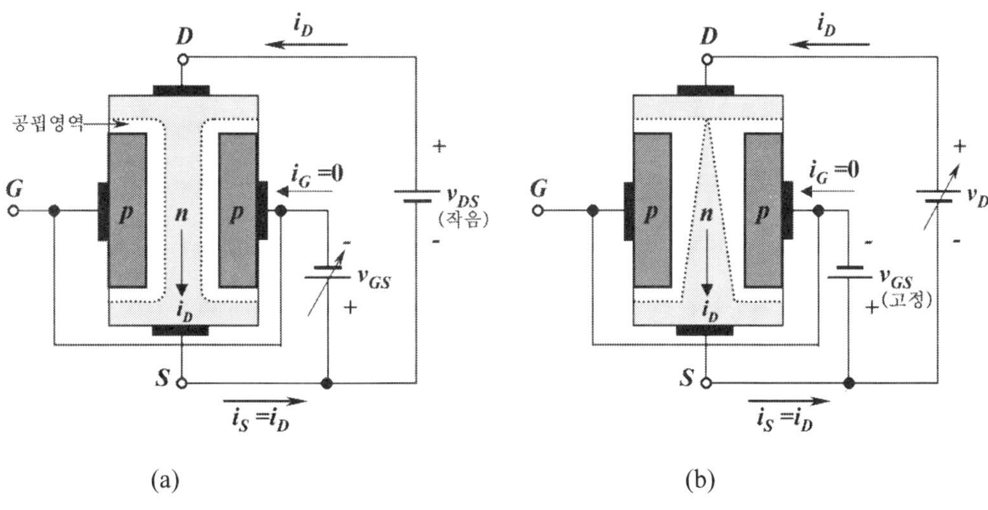

그림 10.33 ▸ n-채널 JFET의 물리적인 동작: (a) v_{DS}가 작을 때; (b) v_{DS}가 클 때

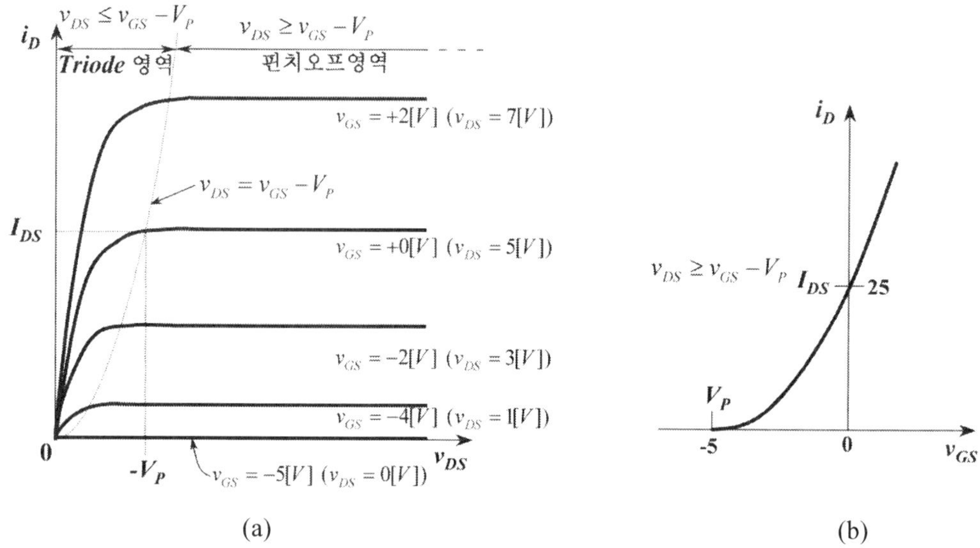

그림 10.34 ▸ n-채널 JFET의 (a) $i_D - v_{DS}$ 특성군; (b) $i_D - v_{GS}$ 특성

그림 10.34에 보인 JFET의 특성은 $V_t = -5[V]$이고 $K = 1[mA/V^2]$인 소자에 대한 것을 도시한 것이다. JFET의 문턱전압은 핀치오프 전압이라고 불리며, 이것을 V_P로 표시하고, $v_{GS} = 0$일 때 포화가 시작되는 곳에서의 드레인 전류 I_{DS}는 식(10.54)로부터

$$I_{DS} = KV_P^2 \tag{10.55}$$

로 된다. MOSFET에서 사용하였던 식들에서 V_t를 V_P로 대체하면, n-채널 JFET는

$$v_{GS} \leqq V_P \tag{10.56}$$

일 때 차단된다. 소자가 도통하려면

$$V_P < v_{GS} \leqq 0 \tag{10.57}$$

을 만족시키는 게이트-소스간 v_{GS}와 플러스(+)의 드레인-소스간 전압 v_{DS}를 인가하여야 한다. JFET이 트라이오드 영역에서 동작하려면

$$v_{DS} \leqq v_{GS} - V_P \tag{10.58}$$

의 조건일 때 이며, 이 경우 드레인 전류는

$$i_D = K[2(v_{GS} - V_P)v_{DS} - v_{DS}^2] \tag{10.59}$$

로 주어진다. 식(10.55)으로부터 K를 구하여 식(10.59)에 대입하면

$$\begin{aligned} i_D &= \frac{I_{DS}}{V_P^2}[2(v_{GS} - V_P)v_{DS} - v_{DS}^2] \\ &= I_{DS}\left[2\left(\frac{v_{GS}}{V_P^2} - \frac{1}{V_P}\right)v_{DS} - \left(\frac{v_{DS}}{V_P}\right)^2\right] \end{aligned} \tag{10.60}$$

로 된다. 식(10.60)을 다시 쓰면

$$\begin{aligned} i_D &= I_{DS}\left[2\left(1 - \frac{v_{GS}}{V_P}\right)\left(\frac{v_{GS} - V_P}{-V_P}\right) - \left(\frac{v_{GS} - V_P}{V_P}\right)^2\right] \\ &= I_{DS}\left(1 - \frac{v_{GS}}{V_P}\right)^2 \end{aligned} \tag{10.61}$$

로 간단하게 된다. JFET가 포화영역에서 동작하려면

$$v_{DS} \geq v_{GS} - V_P \tag{10.62}$$

의 조건일 때이다. 즉, 핀치오프에서 동작할 때에는 채널의 길이변조효과를 고려하여 식(10.61)에 $(1 + \lambda v_{DS})$를 추가하여 드레인 전류는

$$i_D = I_{DS}\left(1 - \frac{v_{GS}}{V_P}\right)^2(1 + \lambda v_{DS}) \tag{10.63}$$

로 표시된다.

10.4.4 제너 다이오드(Zener Diode)

pn 접합 다이오드에 역방향 전압이 인가된 경우 그림 10.6의 좌측 부분의 특성과 같이 일정한 전압 이상이 걸리면 전류가 급격히 증가하는 항복현상이 발생한다. 제너다이오드는 특별히 이러한 항복영역에서 사용할 수 있도록 불순물 첨가정도 등을 조절하여 제1장에서 논의하였던 양자역학적 터널링 현상에 의한 Zener 항복이 일어나도록 제조한다. 항복전압은 수 볼트에서 수백 볼트 범위를 가지며 비교적 공정의 변화에 민감하지 않고 정확하게 제조할 수 있다. 회로기호는 그림 10.35와 같이 표시한다.

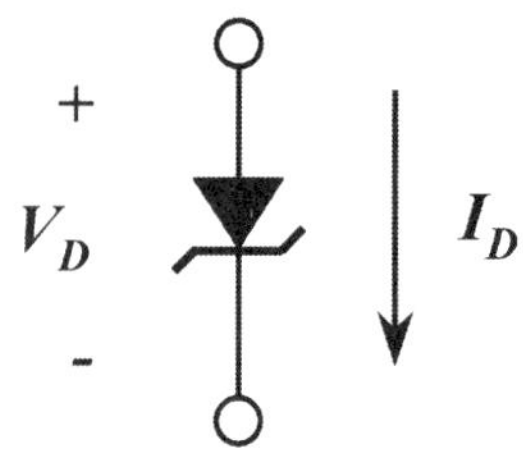

그림 10.35 ▸ Zener 다이오드 회로기호

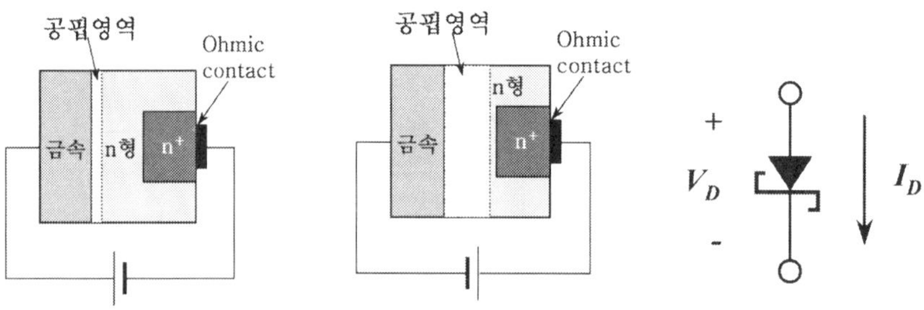

(a) 순 바이어스 (b) 역 바이어스 (c) 회로기호

그림 10.36 ▸ 쇼트키 다이오드의 (a); (b) 구조와 동작원리; (c) 회로기호

제너다이오드가 견딜 수 있는 최대전력이 제한되어 있으므로 항복영역에서 사용하더라도 허용최대 이내에서 사용하여야 한다.

10.4.5 쇼트키 다이오드(Schottky Diode)

쇼트키 다이오드는 pn 접합으로 구성된 다이오드와는 달리 그림 10.36과 같이 n형 반도체와 백금(Platinum)과 같은 금속의 접합으로 이루어진 다이오드로 주로 고속 스위칭 소자로 사용된다. 금속과 n형 반도체가 접합을 이루면 접합면에서 n형 반도체 쪽의 전자가 금속으로 확산됨에 따라 n형 반도체 내의 접합면 주위에 공핍영역이 형성되며 대략 0.3 [V] 정도의 문턱전압이 형성된다.

그림 10.36(a)와 같이 순바이어스를 가하면 n형 반도체 쪽에서 공핍영역 쪽으로 전자가 공급되어 공핍영역의 폭이 좁아지고, 문턱전압이 넘는 전압이 가해지면 전류가 흐른다. 반대로 그림(b)와 같이 역바이어스를 가하면 n형 반도체 내의 전자가 접합면에서 멀어지는 방향으로 밀려나게 되어 공핍영역의 폭이 넓어 지고 전류는 흐르지 않게 된다. 반도체에 단자를 만들기 위하여 금속과의 접합을 만들 때는 그림(a), (b)의 오른쪽 부분과 같이 반도체에 불순물을 충분히 도핑하여 공핍영역이 형성되지 않도록 한다. 이러한 접합을 Ohmic contact라 한다. 그림(c)는 쇼트키 다이오드의 회로기호를 표시한다.

10장 연습문제

1. 다이오드의 전류-전압 특성에 대하여 설명하라.

2. 다이오드의 등가모델과 커패시터 모델에 대하여 설명하라.

3. 전류가 1 [mA]일 때 0.7 [V]의 순방향 전압을 나타내는 실리콘 다이오드가 있다. n=1 또는 2인 경우에 대해 접합 스케일 상수 I_S를 계산하라. 이와 똑같은 공정으로 제조된 1 [A] 다이오드에서 스케일 상수 I_S를 계산하라.

4. 실리콘 다이오드가 25 [℃]에서 $I_S = 10^{14}[A]$를 가지며, I_S가 온도 1 [℃] 증가 할 때마다 10 %씩 증가한다. 125 [℃]에서의 I_S의 값을 구하라.

5. 0.7 [V]의 순방향 전압강하에서 1 [mA]의 전류를 흘리고, n=1인 어떤 다이오드가 있다. $I_D = 1[mA]$에서 특성곡선과 접하는 직선의 식을 구하라.

6. n=2이고 1 [mA]에 바이어스 된 다이오드에 대해, 전압이 (a) -20 [mV]; (b) -5 [mV]; (c) +5 [mV]; (d) +20 [mV] 만큼 변했을 때 야기되는 전류의 변화를 소신호 모델을 사용하여 구하라.

7. 공칭전압이 10 [mA]에서 10 [V]이고 증분저항이 50$[\Omega]$인 제너다이오드가 있다. 다이오드 전류가 반감될 경우, 다이오드 전압은 얼마가 되는가?

8. BJT의 구조와 동작모드에 대하여 설명하라.

9. npn 트랜지스터의 동작원리와 등가회로 모델에 대하여 설명하라.

10. 트랜지스터의 실제구조와 회로기호를 그려라.

11. 트랜지스터의 특성곡선에 대하여 논하라.

12. $i_C = 1[mA]$에서 $v_{BE} = 0.7[V]$인 npn 트랜지스터가 있다. $i_C = 10[mA]$일 때의 v_{BE}는 얼마인지 구하라.

13. 50에서 200의 범위 내의 β값을 갖는 트랜지스터의 α값의 범위를 구하라.

14. 어떤 특정한 회로에서 npn BJT를 측정한 결과 베이스 전류는 14 [μA], 이미터 전류는 1.4 [mA], 베이스-이미터 전압은 0.7 [V]였다. 이 조건들에 대하여 α, β, I_S를 계산하라.

15. α=0.99와 0.98인 두 트랜지스터의 β값을 계산하라. 그리고, 컬렉터 전류가 10 [mA]일 때 베이스 전류를 각각 구하라.

16. $i_E = 1[mA]$에서 $v_{BE} = 0.7[V]$인 pnp 트랜지스터가 있다. 베이스는 접지되어 있고 이미터에는 2 [mA]의 정전류 전원이 인가되어 있으며, 컬렉터는 1 [kΩ] 저항을 통해 -5 [V] 직류공급기에 접속되어 있다. 만약 온도가 30 [℃] 만큼 증가하였다면 이미터 및 컬렉터 전압은 얼마나 변하겠는가? 단, I_{CBO}의 영향은 무시한다.

17. I_C=0.1, 1, 10 [mA]일 때, $V_A = 100[V]$인 BJT의 출력저항을 구하라.

18. 그림 10.22(a)의 회로에서 $V_{CE} = 1[V]$일 때 컬렉터 전류가 1 [mA]가 되도록 V_{BE}를 조정하였다. 그런 후에 V_{BE}는 일정하게 유지하면서 V_{CE}를 11 [V]로 증가시켰다. I_C의 새로운 값은 얼마인가? 단, $V_A = 100[V]$이다.

19. 증가형 MOSFET의 물리적인 구조와 동작원리에 대하여 설명하라.

20. 증가형 MOSFET의 전류-전압 특성에 대하여 설명하라.

21. $V_t = 3[V]$인 증가형 NMOS 트랜지스터의 소스는 접지되어 있고, 게이트는 3 [V] 직류전원에 접속되어 있다. (a) $V_D = +0.5[V]$; (b) $V_D = +1[V]$; (c) $V_D = +5[V]$일 때 이 소자는 어느 영역에서 동작하는지 알아보라.

22. 문제 21에 제시된 NMOS 소자가 $\mu_n C_{OX} = 20[\mu A/V^2]$, W=100 [μm], L=10 [μm]의 값을 가진다면 K 값은 얼마인가? 그리고 (a), (b), (c) 각각에 대한 드레인 전류를 구하라. 단 포화영역에서 v_{DS}가 i_D에 미치는 영향은 무시하라.

23. $V_t = 3[V]$인 증가형 NMOS 트랜지스터가 $v_{GS} = v_{DS} = 3[V]$일 때, $i_D = 1[mA]$의 전류를 흘린다. 포화영역에서 v_{DS}가 i_D에 미치는 영향은 무시하라. 그리고, $v_{GS} = 4[V]$이고 $v_{DS} = 5[V]$일 때 i_D의 값을 구하여라. 또 v_{DS}가 매우작고, $v_{GS} = 4[V]$일 때 드레인과 소스사이의 저항 r_{DS}를 구하라.

24. $K=1[mA/V^2]$, $V_t=2[V]$, $\lambda=0.02[V^{-1}]$인 증가형 MOSFET가 $v_{GS}=3.5[V]$에서 동작하고 있다. $v_{DS}=2,\ 10[V]$에서 얻을 수 있는 드레인 전류를 구하여라. 또 이 v_{GS} 값에서 출력저항 r_0를 구하라.

25. 증가형 PMOS 트랜지스터가 $K=50[\mu A/V^2]$와 $V_t=-5[V]$를 갖고 있다. 게이트가 접지되고 소스가 +5 [V]에 접속되어 있을 때, 소자를 포화영역에서 동작시키면서 드레인에 가할 수 있는 최대전압은 얼마인가? 유한 출력저항을 무시한 후에 $v_{DS}=-5[V]$에 대한 드레인 전류를 구하라.

26. CMOS의 구조도를 도시하라.

27. 공핍형 MOSFET의 구조도를 그리고 동작원리를 설명하라.

28. 문턱전압 $V_t=-5[V]$이고 $K=2[mA/V^2]$인 공핍형 NMOS 트랜지스터가 있다. $v_{GS}=+1[V]$일 때, 이 트랜지스터가 포화영역에서 동작하기 위한 v_{DS}의 최소값을 구하라. 또 구해진 v_{DS}값에 상응하는 i_D의 값은 얼마인지 구하라.

29. JFET의 구조와 동작원리 및 특성곡선에 대하여 논하라.

30. n-채널 JFET이 $V_P=-5[V]$와 $I_{DS}=10[mA]$를 갖는다고 한다. 또 핀치오프 영역에서의 출력저항은 무한대로 가정할 때, V_t값과 K값을 구하라.

31. 문제 30번의 조건에서 $v_{GS}=-2[V]$일 때, 소자가 핀치오프에서 동작하는데 필요한 v_{DS}의 최소값을 구하여라. 또 $v_{GS}=-2[V]$이고 $v_{DS}=3[V]$일 때 i_D를 계산하라.

32. 제너 다이오드와 쇼트키 다이오드에 대하여 설명하라.

11 재료의 분석 방법과 원리

분광분석법(Spectroscopy)은 원자 또는 분자, 이온에 의해 유발되는 전자기방사(electromagnetic radiation)의 흡수, 방출, 산란을 이용하여 원자나 분자의 정성 및 정량적 특성을 연구하거나 물리적 현상을 연구한다.

과거에는 주로 가시광선을 사용하여 파장별로 분리되는 스펙트럼을 사용하였으나 점차 자외선, 적외선, X-선, 마이크로파, 라디오파 등의 전자기방사의 영역으로 그 범위가 넓어져서 최근에는 빛하고는 상관없는 질량분석법, 음향학(Acoustic), 전자 등도 포괄적으로 분광분석법이라 부르고 있다. 빛은 파장(wavelength), 주파수(frequency), 속도(velocity)와 진폭(amplitude)을 가지는 파동으로서의 특성과 빛 에너지가 흡수되거나 방출되는 광자(photon)라는 입자로서의 성격을 가지고 있다. 입자와 파동으로서의 빛의 이중성은 상호 배타적이라기 보다는 상호 보완적이다.

빛을 파동으로 설명하면 파동의 꼭지점과 꼭지점 사이의 거리이며 주파수는 파동이 매초당 일으키는 진동의 횟수이며 단위는 s^{-1} 이다. 또한 1초당 한 번 진동하는 것은 1 헤르츠(hertz, Hz)라고 한다. 전자기선은 파동운동을 하며 움직이는 전기장(electric field)과 자기장(magnetic field)의 결합이다. 방사는 파동처럼 움직이기 때문에 파장과 진동수의 개념을 정의할 수 있다. 진공에서의 광속도를 c라 하면, 진공이 아닌 다른 매질에서의 광속도는 c/n로 표시 되는데 여기서 n은 그 매질의 **굴절률**(refractive index)이다. n은 항상 1보다 크기 때문에 빛은 진공 속에서보다 더욱 느리게 다른 매질을 통과하며, 빛이 굴절률이 큰 매질 속으로 들어가면 주파수는 변하지 않지만 파장은 감소한다.

에너지의 세기는 빛의 진동수에 비례하고 파장에는 반비례하는 것을 알 수 있다. 즉 보라색 빛의 파장은 붉은 색에 비하여 짧으며 에너지는 더 강하다. **전자기 스펙트럼**(electromagnetic spectrum)은 대단히 넓은 파장 또는 에너지 범위에서 나타난다.

특정 파장을 가진 빛 입자는 물질과 상호작용을 하는데 이때에 빛의 에너지와 물질의 특성에 따라 그 양상이 다르다. 이를테면 상대적으로 높은 에너지를 가진 X-선은 일반적으로 물질의 내부 전자의 전이(transition)를 유발시키지만, 그보다 작은 에너지의 자외선은 원자가전자(valence electron)의 전이에 관여하며, 적외선의 경우 물질계의 전자구조에는 영향을 미치지 못하고 단지 분자의 진동 상태만을 변화시킬 수 있다. 표 11.1은 널리 사용되는 빛의 종류와 상호작용의 특성 및 이를 이용한 분광학이다.

11.1 적외선 흡수 분광법

적외선분광법(*IR* : Infrared Spectroscopy)은 분자의 진동운동에너지에 대한 중요한 정보를 제공하여 분자의 구조를 이해할 수 있게 하므로, 재료의 정성 및 정량 분석에 널리 이용된다.

IR은 분자의 작용기에 의한 스펙트럼을 비교적 쉽게 얻을 수 있을 뿐 아니라 광학 이성질체를 제외한 모든 물질의 스펙트럼이 서로 차이가 있어, 분자구조를 확인하는 데 결정적인 많은 정보를 제공해 준다. 따라서 IR은 무기 및 유기화학은 물론 화학의 모든 분야에서 현재 널리 이용되고 있다. 분자 내에서 원자는 진동이나 회전을 하고 있으며 이러한 움직임에 의해 분자는 적외선 영역의 특정 파장의 빛을 흡수한다.

표 11.1 ▸ 분광학에 이용되는 빛의 특성과 응용 영역

방사형태	주파수(Hz)	파장범위	전이형태	분광기
감마 선	10^{20}~10^{24}	< 10^{-12} m	핵	
X 선	10^{17}~10^{20}	1 nm~1 pm	내 전자(inner electron)	X-선 분광기
자외선	10^{15}~10^{17}	400 nm~1 nm	외 전자(outer electron)	자외선-가시부 분광학(UV-Vis)
가시광선	4~7.5×10^{14}	750 nm~400 nm		
근적외선	1×10^{14}~4×10^{14}	2.5 μm~750 nm	외 전자(outer electron) 분자진동(molecular vibrations)	근적외선 분광기(NIR)
적외선	10^{13}~10^{14}	25 μm~2.5 μm	분자진동	적외선 분광기(IR)
마이크로파	3×10^{11}~10^{13}	1 mm~25 μm	자기장에서 전자 스핀의 전이	전자스핀공명 분광학(ESR)
레이디오파	< 3×10^{11}	> 1 mm	자기장에서 핵스핀의 전이	핵자기공명 분광학(NMR)

흡수되는 빛의 파장은 분자의 크기나 다른 부분의 구조와는 거의 무관하게 분자 내의 원자 간 결합에 좌우된다. 따라서 이를 해석하면 원자 결합의 종류나 분자 내의 관능기 등에 대한 정보를 얻을 수 있다. 적외선은 파장이 0.75㎛에서 약 2 mm인 영역을 말하며, 적외선은 파장에 따라 세 가지 영역으로 크게 나눌 수 있다.

- 근적외선 (Near IR) : 가시광선부에 가까운 짧은 0.78~2.5㎛ 영역(NIR 분광기로 활용).
- 중간 적외선 (Medium IR) : 2.5~15㎛ 영역(IR 분광기로 활용).
- 원적외선 (Far IR) : 15~200㎛) 영역(무거운 원자의 결합 분석에 응용).

그 중에서 분광분석에 가장 일반적으로 사용되는 부분은 **진동 적외부** (vibrational infrared)라고도 하는 2.5㎛ ~ 16㎛로서 X선 또는 UV-Vis보다 에너지가 낮기 때문에 빛을 흡수하여 원자 내 전자의 전이 현상을 일으키지 못하고, 대신 분자의 진동(vibration), 회전(rotation) 및 병진(translation)등과 같은 여러 가지 분자운동을 일으키게 된다. 그러나 주로 이 영역에서는 분자 진동에 의한 특성적 흡수 스펙트럼이 나타나는데, 이것을 **분자 진동 스펙트럼**(molecular vibration spectrum) 또는 **적외선 스펙트럼**(IR spectrum)이라 한다. 따라서 물질의 특성적 IR 스펙트럼을 잘 해석하면 여러 가지 미지 물질의 확인은 물론 분자 구조를 추정할 수 있게 된다.

11.1.1 진동과 회전

복사선이 고체, 액체 또는 기체층을 통과할 때 원자, 분자 또는 이온을 구성하고 있는 전자가 복사선을 흡수하는 경우 그 복사선의 포톤 에너지만큼 높은 에너지 준위로 옮겨가게 된다. 이들 전자적인 에너지 전위차는 각 화학종에 따라 고유값을 갖고 있으며 흡수되는 복사선의 주파수를 조사하여 시료 중의 성분물질을 알 수 있다. 복사선을 조사하여 흡수되는 **흡수스펙트럼**(Absorption Spectrum)을 분류하면 다음과 같다.

① **전자스펙트럼(Electron Spectrum)** : 80㎛ 이하의 파장에 의하여 생기며 전자 전이에 해당한다. △E가 커짐에 따라 가시영역에서 자외선영역으로 흡수스펙트럼이 이동한다.

② **회전스펙트럼(Rotation Spectrum)** : 40㎛로부터 ㎛ 범위의 파장으로 주로 가스분자에 대해서만 생긴다. 액체(Liquid), 고체(Solid)에서는 명확한 회전이 일어나지 않는다.

③ **진동스펙트럼(Vibration Spectrum)** : 2㎛ ~ 100㎛ 복사선에 의하여 생기며 포톤 에너지는 분자의 진동을 일으키며 적외선 흡수스펙트럼에 속한다.

한 분자는 연속적으로 변하는 전이 에너지와 불연속적으로 변하는 내부 에너지를 갖고 있다. 여기에 전자기 복사선을 가하면 전자파의 에너지 일부가 분자 내 에너지로 변하여 전자파의 일부는 흡수된다.

그림 11.1은 적외선분광법으로 출력한 신소재인 $\beta-C_3N_4$ 시료에 대한 진동 스펙트럼을 보여 주고 있다. 종축은 선형의 투광도이고 횡축은 cm^{-1} 단위의 선형파수를 나타낸다. 선형파수 눈금은 에너지 및 주파수에 모두 직접 비례하기 때문에 적외선분광법에서 많이 사용되고, 흡수복사선의 주파수는 흡수과정에서 실제로 감응하는 분자진동 주파수와 같다. 일반적으로 적외선은 가시광선의 논의에서 거론된 전자전이를 일으킬 정도의 충분한 에너지를 갖지 못한다. 따라서 적외선의 흡수는 여러 가지 진동과 회전상태 사이에 작은 에너지 차가 존재하는 분자화학 종에만 한정하여 일어난다.

적외선을 흡수하기 위하여 분자는 진동이나 회전운동의 결과로 쌍극子모멘트의 변화를 일으켜야 한다. 다만 이러한 상황에서 복사선의 교류전계는 분자와 상호작용하고, 그 운동 중 한 개의 진폭을 변화시킨다. 또 회전준위 변화를 일으키는데 필요한 에너지는 대단히 작고, 100 cm^{-1} 또는 그 이하의 복사선에 해당한다. 회전준위들이 양자화되어 있으므로 액체나 고체 상태에서는 분자간의 충돌과 상호작용 때문에 선들은 넓어져서 연속적인 스펙트럼이 된다.

진동에너지 준위도 양자화되어 있어 보통 기체상태에서 각 진동상태에 몇 개의 회전에너지 상태가 존재하므로 적외선 스펙트럼은 일련의 밀집된 선들로 구성되는 것이 보통이다. 그러나 액체나 고체에서는 회전이 크게 제한을 받아 불연속적인 진동선 및 회전선들은 안 보이고 다만 어느 정도 넓게 퍼진 봉우리만 나타난다.

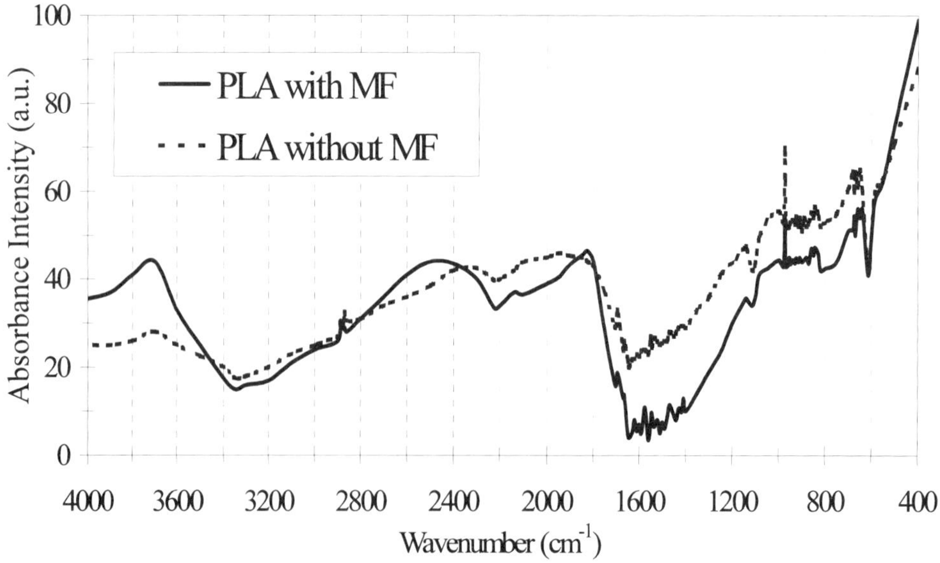

그림 11.1 ▸ $\beta-C_3N_4$ 시료에 대한 적외선 진동 스펙트럼

11.1.2 분자진동의 종류

복사선이 시료를 통과할 때 원자, 분자 또는 이온을 구성하고 있는 전자가 복사선을 흡수하는 경우 그 복사선의 포톤 에너지만큼 높은 에너지준위로 옮겨가게 된다. 이들 전자적인 에너지 전위차는 각 화학종에 따라 고유값을 갖고 있으며 흡수되는 복사선의 주파수를 조사하여 시료 중의 성분물질을 알 수 있다. 따라서, 분자에 IR를 쬐어주면 이들이 진동을 일으키는 데 필요한 주파수의 빛을 흡수하여, 이 에너지에 대응하는 특성적인 적외선 스펙트럼을 나타내게 된다. 그러므로 이를 분자 구조와 관련지어 해석하면 분자 구조에 대한 정보를 얻을 수 있다. 이와 같이, 적외선 분광법의 기본 원리는 분자의 진동에 바탕을 두고 있다.

한 분자를 구성하고 있는 원자들의 결합은 서로 움직일 수 없도록 고정된 것이 아니라, 스프링과 같이 탄력이 있는 줄에 매달려 있다고 할 수 있다. 이와 같은 분자가 일으킬 수 있는 진동 운동의 모드(vibration mode)는 다음 네 가지로 나눌 수 있다.

- **스트레칭 진동**(Stretching Vibration) : 스프링에 매달린 두 원자가 스프링과 같은 축에서 서로 당겼다가 끌렸다가 하는, 즉 원자들 사이의 결합 길이가 길어졌다 짧아졌다 하는 신축 진동 방식이다.
- **밴딩**(Bending) : 원래의 결합축에 대하여 원자들의 위치가 변하는, 즉 원자들 사이에 이루고 있는 결합각이 변하는 굽힘 또는 변형진동(deformation vibration) 방식이다. 이러한 진동 운동을 일으키기 위해서는 결합의 종류 및 세기, 그리고 결합을 하고 있는 원자의 종류에 따라 고유한 진동 주파수에 해당하는 빛 에너지를 흡수해야 한다.
- **진동 결합**(Vibrational Coupling) : 한 개의 중심원자가 여러 원자와 결합되어 있을 경우 분자의 결합 중에 한 개가 진동운동을 하면서 다른 결합에 대한 상호 작용이 일어나 진동의 특성이 변한다.
- 이 외에도 간단한 기계적 모형을 이용하여 격리된 진동을 고려하는 **조화진동자**(Harmonic Oscillator)가 있다. 적외선 흡수 스펙트럼은 아주 간단한 화합물이라도 수많은 흡수 Peak를 갖고 있으며 두 가지 다른 화합물이 같은 조건에서 같은 적외선 흡수스펙트럼을 갖는 경우는 없다. 대부분 중요한 작용기의 흡수 Peak는 7.5μ 이하의 파장영역에서 나타나며 이들의 흡수 Peak를 통하여 시료 중에 들어있는 작용기를 추측할 수 있다.

분자에서 원자의 상대적 위치는 고정되어 있지 않고 여러 가지 종류의 진동 크기에 따라 연속적으로 요동하고 있다. 단순한 2원자 또는 3원자의 경우, 이와 같은 진동의 수와 성질을 정의하고 흡수에너지에 연관시키는 것이 용이하다. 몇 개 이상의 원자들로 구성된 분자들에서는 이런 종류의 분석은 불가능하지는 않지만 매우 어려운 일이다. 큰 분자는 많은 수의 진동중심을 가지고 있을 뿐만 아니라 몇 개의 중심사이에 상호작용이 일어난다는 것을 고려해야 한다.

진동은 **신축**(stretching)과 **굽힘**(bending)의 기본 범주로 구분된다. 신축진동은 두 원자 사이의 결합축을 따라 원자간 거리가 연속적으로 변화함을 말한다. 굽힘진동은 두 결합 사이의 각도변화를 말하며, 다음과 같은 4가지 종류가 있다. 즉, **가위질진동**(scissoring), **좌우흔듬진동**(rocking), **앞뒤흔듬진동**(wagging) 및 **꼬임진동**(twisting)이다. 이와 같은 여러 가지 진동의 종류를 그림 11.2에 도시하였다.

그림 11.2에서 보여준 진동형식은 모두 두 개 이상의 원자를 갖는 분자에서 가능하다. 한 개의 원자 중심에 붙은 결합들 사이에 진동이 일어나면 진동의 상호작용 또는 짝지움이 일어나 진동의 특성을 변화시킬 수 있다.

11.1.3 적외선 분광학 이론

2원자 분자의 역학적인 적절한 모델은 질량이 m_1, m_2인 두 개의 공이 질량이 무시되는 용수철에 연결된 것을 들 수 있다. 용수철의 신축에 대한 저항은 힘 상수 k로 주어진다. 용수철의 진동은 단순조화진동이고 그 운동에 대한 역학적인 관계식은 식(2.108)로부터

$$\nu = \frac{1}{2\pi}\sqrt{\frac{k}{\mu}} \tag{11.1}$$

로 주어진다. 여기서 진동수 ν는 매초당 주기$[s^{-1}]$이고, 힘 상수 k는 $[N/m]$, 그리고 환산질량(reduced mass) μ는

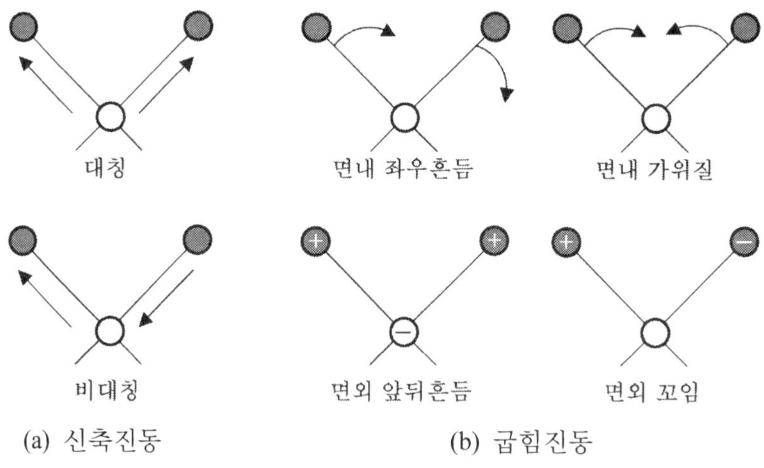

그림 11.2 ▸ 분자진동의 종류: (+)는 지면으로부터 나오는 방향; (-)는 들어가는 방향

$$\mu = \frac{m_1 m_2}{m_1 + m_2} \tag{11.2}$$

로 주어지고, 단위는 [kg]이다.

진동수 ν를 가지는 전자파를 흡수하면

$$E_1 - E_0 = E = h\nu \tag{11.3}$$

로 표시할 수 있다. 여기서 E_1은 전이상태의 에너지이고, E_0는 분자의 기저상태 에너지이며, h는 Plank 상수(6.623×10^{-27})이다. 그리고 ν는 흡수된 광의 진동수 (Cycle/sec)로서

$$\nu = \frac{c}{\lambda} \tag{11.4}$$

이다. 여기서 C는 광의 속도이고, λ는 파장이다.

적외선 분광법에서는 일반적으로 빛의 흡수대를 파수(wave number)로 나타낸다(cm^{-1}는 파장의 역수이며, kaiser라고 읽는다). 이 단위는 에너지와 직접 비례하는 값이기 때문에 계산을 할 때 매우 유리하여 많이 사용된다.

파장과 파수(wave number, cm^{-1})의 관계는

$$\bar{\nu}(cm^{-1}) = \frac{1}{\lambda(cm)} = \frac{\nu}{c} \tag{11.5}$$

이므로, 진동 스펙트럼은 흔히 **파수** $\bar{\nu}$로 즉,

$$\bar{\nu} = \frac{1}{\lambda} = \frac{\nu}{c} = \frac{1}{2\pi c}\sqrt{\frac{k}{\mu}} = 5.3 \times 10^{-12}\sqrt{\frac{k}{\mu}} \tag{11.6}$$

나타내기도 한다.

앞서 말한 진동 적외부는 파수로 4000 cm^{-1}~625 cm^{-1}이다. 적외선 흡수 스펙트럼에서 흡수대는 경우에 따라 μm(또는 μ)로 표시하기도 하는데 μm와 cm^{-1} 사이의 변환은 다음과 같이

$$\bar{\nu}\,(cm^{-1}) = \frac{1}{\mu m} \times 10{,}000\,, \quad \mu m = \frac{1}{cm^{-1}} \times 10{,}000 \tag{11.7}$$

하면 된다.

적외선 흡수 스펙트럼에서 흡수대의 강도는 **투과도**(transmittance), 또는 **흡광도**(absorbance)로 표시한다. 투과도는 원래 빛의 강도에 대한 시료를 투과한 빛의 강도를 나타내며, 흡광도는 투과도의 역수의 상용로그이다. 대부분 흡수대의 크기는 반정량적인 s(strong), m(medium), w(weak) 등의 용어로 나타낸다.

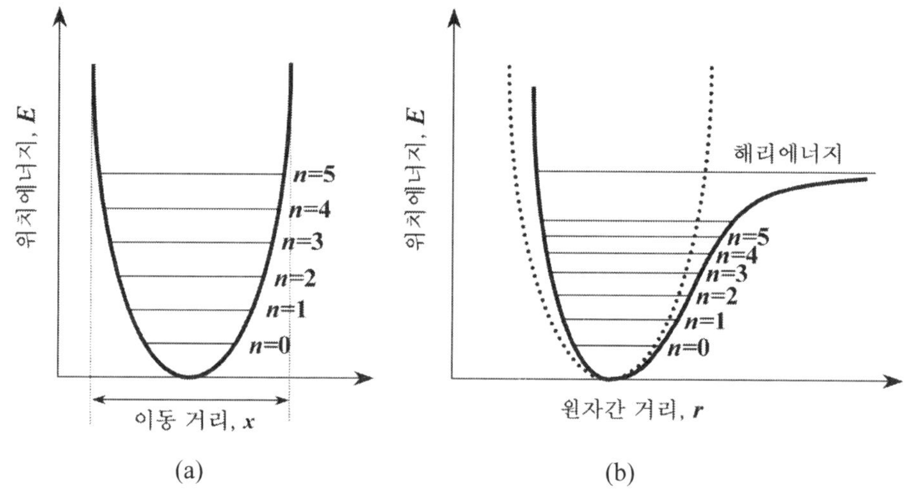

그림 11.3 ▸ 위치에너지 도: (a) 조화진동자; (b) 비조화진동자 곡선

분자내 진동상태의 기저상태와 첫째 여기준위상태 간의 전이에너지 ΔE는 양자화 되어 있고($\Delta E = h\nu = hc\bar{\nu}$), 이 때 진동전이를 기본진동이라 한다. 이와 같이 단순조화진동자를 이용해서 논의하는 것은 개략적인 것에 해당하며, 양자역학에서의 좀더 상세한 관계식은 식(2.126)로부터

$$E_n = \left(n + \frac{1}{2}\right)h\nu \qquad n = 0,\ 1,\ 2,\ \cdots \tag{11.8}$$

로 주어진다. 실온에서 대부분의 분자들은 바닥상태 (n=0)에서 식(11.4)로부터

$$E_0 = \frac{1}{2}h\nu = \frac{h}{2\pi}\sqrt{\frac{k}{\mu}} \tag{11.9}$$

인 영점에너지를 가지고 있다.

모든 분자들의 진동운동은 정확한 조화진동이 아니다. 양자역학적 모델에서 이 사실이 에너지 준위들 간의 간격($n=0 \rightarrow n=1$, $n=1 \rightarrow n=2$ 등등)이 그림 11.3에서와 같이 동일하지 않고 **진동양자수** n값이 증가할수록 그 간격이 좁아진다.

분자의 진동운동에서 비조화성은 무거운 원자들의 진동이 약 +1 cm^{-1}부터 H원자와 관련된 진동에 대한 +100 cm^{-1}까지의 범위의 값을 가진다. +30 cm^{-1}까지의 비대칭성이 금속 카르보닐 착물인 C-O 신축진동에 대해 보고된바 있다.

식(11.6)과 적외선 측정은 여러 가지 종류의 화학결합에 대한 힘의 상수 k를 계산가능하게 한다. 일반적으로 k는 대부분의 단일 결합의 경우 $3\times10^2 \sim 8\times10^2[N/m]$의 범위에 있고 평균적으로는 $5\times10^2[N/m]$의 값을 갖는다. 2중 및 3중 결합은 같은 방법으로 이 평균값의 두 배 및 세 배인 힘의 상수(각각 1×10^3 및 1.5×10^3)를 갖는다. 이들 평균적인 실험치를 가지고 여러 가지 결합에 대한 기본적인 흡수봉우리(바닥상태 n=0로부터 첫 번째 여기상태 n=1로의 전이에 해당하는 흡수봉우리)의 파수를 계산하기 위하여 식(11.6)이 사용된다.

예를 들어, 카르보닐기 C=O의 신축진동에 해당하는 기본 흡수봉우리의 대략적인 파수와 파장을 계산하여 보자. kg단위의 탄소원자의 질량 m_1은

$$m_1 = \frac{12\times10^{-3}[kg/mol]}{6.0\times10^{23}[atoms/mol]}\cdot 1[atoms] = 2.0\times10^{-26}[kg]$$

으로 계산된다. 비슷하게 산소의 경우도

$$m_2 = \frac{16\times10^{-3}[kg/mol]}{6.0\times10^{23}[atoms/mol]}\cdot 1[atoms] = 2.7\times10^{-26}[kg]$$

으로 계산된다. 식(11.2)를 이용하여 환산질량 μ를 구하면

$$\mu = \frac{2.0\times10^{-26}[kg]\cdot 2.7\times10^{-26}[kg]}{(2.0+2.7)\times10^{-26}[kg]} = 1.1\times10^{-26}[kg]$$

이다. 앞에서 논의한 바와 같이 2중 결합에 대한 힘의 상수는 1×10^3 [N/m]정도이다. 이 값과 위에서 계산한 μ를 식(11.6)에 대입하면

$$\bar{\nu} = 5.3\times10^{-12}[s/cm]\sqrt{\frac{1\times10^3[N/m]}{1.1\times10^{-26}[kg]}} = 1.6\times10^3 cm^{-1}$$

로 된다. 카르보닐기의 신축흡수띠는 1600~1800 cm^{-1}의 영역에 있음이 실험적으로 확인되었다.

11.1.4 진동 스펙트럼

분자 내의 진동운동에너지는 분자에 *IR*를 조사하여 실험적으로 얻어질 수 있다. IR분광은 분자들의 진동운동에 의한 *IR*광선의 **흡수**(absorption)의 결과로 기저상태인 n=0에서 여기상태인 n=1 준위로의 변화에 관한 것이다. 식(11.4)와 (11.5)에 의해 보여준 바와 같이 에너지 준위 1에서 2로 또는 준위 2에서 3으로의 전이에너지는 에너지 준위 0에서 1로의 전이에너지와 동일해야 한다. 더욱이 양자이론은 진동양자수가 1단위 변하는 전이만이 일어날 수 있음을 나타낸다.

*IR*에 대한 **선택규칙**(selection rule)은 수학적으로 $\Delta n = \pm 1$이며, 이 때 +1은 흡수, -1은 방출을 의미한다. 조화진동에서는 진동준위의 간격이 같은 간격으로 벌어져 있으므로

주어진 분자진동에서 단일 봉우리만이 관찰되어야 한다. 그러나 많은 진동운동이 비조화성이므로 이 엄격한 선택규칙은 파괴되고 다른 매우 약한 피크들 즉, **배진동수선**(overtone lines)과 **조합수선**(combination lines) 역시 스펙트럼에 나타난다. 이러한 비조화성은 두 가지 종류의 편차를 가져온다.

그림 11.3(b)에서 보는 바와 같이 큰 양자수에서 에너지 차 ΔE는 적어지고 선택규칙을 따르지 않게 되어, $\Delta E = \pm 2$ 또는 $\Delta E = \pm 3$의 전이도 관찰된다. 이와 같은 전이들이 기본선의 두 배 또는 세 배 정도 되는 주파수의 배진동수선이 나타나는 원인이다. 배진동 흡수의 세기는 낮은 것이 보통이며 봉우리가 관찰되지 않을 수도 있다. 또 분자에서 두 개의 다른 진동이 상호작용하여 그들 기본주파수의 합이나 차와 같은 조합주파수 선을 갖는 흡수봉우리를 낼 수 있는 사실로 인하여 진동스펙트럼은 더욱더 복잡해진다.

적외선분광은 영역 4000~40 cm^{-1}에서 전자기파 광선이 분자에 의해 흡수될 것이다. 이때 입사광인 IR의 에너지가 분자의 운동전이에너지와 일치하는 것이 흡수된다. 분자의 진동으로 인해 생긴 쌍극자 진동의 진동수와 입사된 빛의 진동수가 일치되면, IR광의 진동하는 전계에 흡수되어, 모든 분자들이 진동운동할 때 쌍극자모멘트가 변하므로 모든 분자가 IR스펙트럼을 나타내게 된다. 측정된 IR스펙트럼에서 진동운동에 의해 흡수된 IR에너지와 흡수띠의 강도는 진동전이의 확률에 비례한다. 이때 확률은 전이에 따른 쌍극子모멘트의 변화에 의존한다. 이 쌍극자모멘트의 변화는 매우 중요하여 분자진동의 IR활성을 예측하는데 적용된다.

IR분광에서 가장 중요한 실험적 결과는 일반적인 화합결합들 특히, 이원자로 이루어진 것들 즉, C-H, C=O, C-N, C=N, C≡N, 그리고 C-C, C=C, C≡C들은 그들이 속해 있는 분자에 거의 무관하게 항상 거의 동일한 에너지에 해당하는 IR광을 흡수한다. 이 결과는 진동수 개념으로 시료의 신속한 정성분석의 중요한 분석법인 IR분광학의 기본이 된다. 진동수의 기본은 식(11.3)이며, 분자가 다르더라도 힘상수와 환산질량은 사실상 불변함으로 다원자분자 내에서의 한 부분인 어떤 일정한 원자간의 진동수에는 변함이 없다. 최근까지 고체 화합물질에 흔히 존재하는 원자간의 IR흡수가 어느 범위의 주파수에서 일어나는가에 대한 상당한 연구가 진행되었다. 표 11.2에 고체시료인 $\beta - C_3N_4$ 내에 존재하고 있는 결합들에 대한 몇 가지 IR흡수 예를 수록하였다.

11.1.5 시료처리

시료의 용기는 시료와 화학반응성, 투광영역을 고려하여 적외선을 투과시키도록 만들어졌으며 조립할 수 있는 것이 많이 쓰인다. 빔의 길이는 간격 판을 이용하여 변화시킬 수 있다. 일반적으로 흡습성(hygroscopic)이 있는 NaCl, KBr, CsBr 과 KRS-5(TiBr 과 TiI의 혼합물)이 쓰이며 수용액의 분석에는 AgCl이 좋다.

표 11.2 ▸ 고체시료 $\beta - C_3N_4$ 내에 존재하는 결합 종류와 파수와의 관계

결합종류	파수, cm^{-1}
C-N	1200~1400
C=N	1300~1600
C≡N	2145~2200
C-C	1000~1200
C=C	1200~1350
C-H	2840~2975
N-H	2850~3300
O-H	2850~3300
CO_2	2850~3300

11.1.5.1 고체시료

고체 시료는 적당한 용매에 녹이거나 또는 nujol(paraffin 또는 mineral oil)에 5μ 정도의 고운 분말 상태의 시료를 섞어서 죽(mull)상태로 만든 다음, KBr 등의 시료 용기 판에 발라 측정한다. 그러나 위의 경우에는 용매와 nujolemd의 흡수 피크가 시료와 함께 나타나므로, 시료만의 흡수인지를 구분하기가 곤란하게 된다. 이와 같은 단점을 개선하기 위하여 KBr **정제법**(pellet method)을 많이 사용한다. KBr은 적외선 영역에서 거의 흡수되지 않으므로, 시료만의 스펙트럼을 얻을 수 있다.

건조된 고체 시료 1 mg 정도를 분광학적 순도를 가진 KBr 100~200 mg과 잘 분쇄하여 혼합한 다음, 14,000 psi 정도의 압력을 가하여 얇은 막의 정제를 만든 다음 측정하면 된다. 그러나 정제를 만들 때 공기가 흡입되면 빛의 산란을 일으켜 **바탕값**(background)이 커지므로 진공 중에서 만들어야 하며, 이 경우에도 수분 제거에 주의를 기울여야 한다. 한편, 폴리스티렌과 같이 투명한 필름을 얻을 수 있는 고분자 물질은 적당한 두께로 만든 다음 다른 전처리 없이 직접 측정하면 된다.

11.1.5.2 액체시료

액체 시료는 순수한 상태 또는 적당한 용매로 묽게 하여 측정한다. 순수한 시료는 한두 방울을 NaCl 또는 KBr 등으로 된 시료판에 떨어뜨린 다음, 그 위에 다른 한쪽의 시료판을 덮고 용기홀더(cell holder)에 걸면 된다. 이 때 시료의 두께는 스펙트럼의 흡수세기에 영향을 끼치므로, 일정한 두께로 조절하기 위하여 Pb 등의 얇은 금속막(spacer, 두께는 0.1~0.01 mm)을 시료판 사이에 끼운다. 보통 탄화수소 등과 같이 비극성일 경우에는 0.1 mm 정도, 극성이 클 경우에는 0.025 mm 정도의 두께가 좋다. 또, 휘발성 시료일 때에는 밀폐식 시료 용기를 사용해야 한다.

한편, 적당한 용매로 묽게 한 용액 시료일 경우 농도는 2~10 % 정도가 적당하며, 이것은 특수하게 고안된 용기에 넣어 측정해야 한다. 가능하면 용매만을 담은 표준용기(reference cell)를 사용해야 한다. 즉, 시료 용액을 담은 용기와 용매만을 담은 용기를 나란히 기기의 시료 및 표준용기 걸이에 걸어 측정하면 용매에 의한 스펙트럼이 어느 정도 상쇄되기 때문에 시료만의 스펙트럼을 얻을 수 있다. 그러나 용매의 스펙트럼이 완전히 보정되지 않는 경우도 있다는 점을 고려해야 한다. 여기서 가장 중요한 것은 적당한 용매의 선택이다. 용매 선택에서 고려해야 할 점은, 첫째로 용매는 시료와 반응을 일으키지 않아야 하고, 둘째로 적외선 전 영역에 걸쳐 용매에 의한 흡수 피크가 여러 개 나타나는 것은 곤란하다. 몇 가지 주요한 용매의 적외선 흡수 영역을 보면 CCl_4는 830~676 ㎝$^{-1}$ 영역에서만 흡수를 일으키고, $CHCl_3$은 3030 ㎝$^{-1}$, 1220 ㎝$^{-1}$, 830 ㎝$^{-1}$및 670 ㎝$^{-1}$ 등 여러 곳에서 흡수되는데, 이들이 흡수하는 영역에서 시료의 주요한 특성 스펙트럼이 나타난다면 해석하기 곤란하다.

위의 경우, 만약 주어진 시료가 CCl_4와 $CHCl_3$에 모두 잘 녹으며, 830~670 ㎝$^{-1}$ 사이의 스펙트럼이 그다지 중요하지 않다면 $CHCl_3$보다는 CCl_4를 선택하는 것이 좋다. 그리고 시료 중에 수분이 함유되어 있으면 용기의 창(KBr, NaCl 등)을 녹여 곤란하게 되게 때문에, 비수용성 재질로 된 AgBr, KRS-5 등으로 된 용기를 사용해야 한다.

한편, 용매로 묽게 한 시료는 용매의 농도가 높기 때문에, 시료의 피크가 겹치거나 가려질 경우가 있게 된다. 따라서, 용매의 스펙트럼을 어느 정도 보정할 필요성이 있다. 이것은 용매만을 담는 표준용기를 기준으로 하여 시료의 스펙트럼을 작성하면 어느 정도 보정이 된다.

11.1.5.3 기체시료

직접 적당한 용기에 넣어 측정한다. 용기의 길이는 수 ㎝에서 수 m에 이르며, 양쪽 끝에는 적외선을 흡수 또는 산란시키지 않는 재질, 즉 KBr 등으로 된 창(window)에 부착되어 있다. 직접 또는 진공 펌프를 이용하여 50~760 mmHg 정도의 압력으로 용기에 넣게 되는데, 포화 탄화수소나 CO_2 등과 같은 비극성 기체는 10 ㎝의 용기에 상압 정도로, 그리고 극성이 강한 시료는 정밀성을 높이기 위하여 10 ㎝의 용기에 50 mmHg 정도로 조절하여 넣는 것이 좋다. 또, 수분을 많이 포함한 시료는 적당한 방법으로 반드시 탈수 시켜야 한다.

11.1.6 IR 응용분야

11.1.6.1 물질의 구조 확인

각 화합물의 작용기에 대한 특성적인 스펙트럼이 얻어지므로, 이를 확인하면 그 구조를 확인할 수 있다는 것은 이미 설명하였다. 합성에서 방응 물질을 알고 있을 때 생성물질의 확인은 여러 개의 흡수띠를 해석하지 않아도 반응 물질의 어떠한 흡수띠가 없어지고 새로운 것이 나타나느냐의 여부로 생성물을 예상할 수 있다.

전혀 미지의 단일 시료일 경우에는 IR스펙트럼만으로는 확인이 곤란하므로, 확인에 도움을 줄 수 있는 여러 가지 실험적 자료를 얻는 것이 좋다. 가령, 원소분석과 분리량을 측정하여 그 결과로부터 분자식을 구하고, 끓는점, 녹는점, 선광도 및 특수한 시약과의 반응성 등과 같은 물리 화학적 성질을 측정, 비교함과 동시에, NMR, UV-Vis 및 MS 등의 스펙트럼을 함께 이용해야 할 것이다. 그러나 혼합물이거나 고분자 물질인 경우에는 스펙트럼이 매우 복잡하여 위와 같은 과정으로는 확인이 곤란하다. 따라서, 이 경우에는 적당한 방법으로 분리한 다음 스펙트럼을 얻어 해석해야 할 것이다.

IR스펙트럼은 광학 이성질체를 제외하고는 물질이 다를 때에는 동일한 조건에서 측정한 스펙트럼은 서로 다르다. 따라서, 흡수띠를 해석하기 곤란한 경우일지라도 두 밀질의 스펙트럼 자체를 비교하면 같은 물질인지의 여부를 쉽게 판단할 수 있다. 또, Sadtler 또는 Aldrich 등에서 제공된 많은 유기 화합물의 표준 스펙트럼과 비교해도 좋다. 그러나 반드시 유의해야 할 점은 같은 물질이라 하더라도 그 조건에 따라서는 흡수 위치나 모양이 변한다는 사실이다.

11.1.6.2 반응속도 및 반응과정의 연구

반응 물질 및 그 중간체, 그리고 생성 물질에 특성적인 흡수 피크를 나타내는 작용기가 있을 때, 이들에 의한 흡수 피크의 소멸 및 생성 과정을 추적함으로써 반응의 완결 및 속도, 그리고 그 메커니즘을 측정할 수 있다. 예를 들면, 2가 알코올을 산화시켜 케톤의 C=O 피크가 증가할 것이다. 또, 1가 알코올이 산화될 때 알데히드를 거쳐 산이 생성되는지, 아니면 직접 산으로 반응이 진행되는지의 여부도 확인 가능하다.

이와 같은 반응의 진행 과정에서 반응 물질과 생성 물질의 농도를 시간에 따라 측정하면 반응 속도의 측정이 가능하다. 이 때, 반응 물질과 생성 물질의 농도는 두 물질의 특성 흡수 피크의 세기로 구할 수 있다.

11.1.6.3 수소결합의 검정

적외선 스펙트럼의 이 분야에 대한 응용은 최근에 들어와 생체 내 단백질 및 핵산의 입체적 구조와 생체 내에서의 다른 물질과의 상관관계를 추정하는 데 많이 이용되고 있다. 분자 내에 존재한 -OH나 -NH등은 대부분이 전기 음성도가 큰 원자들과 수소결합을 하고 있으며, 이러한 경우 O-H의 신축 진동 운동에 의한 흡수 피크를 관찰함으로써 용이하게 알 수 있다.

즉, 수소 결합을 하지 않는 유리 O-H나 N-H의 경우 비교적 흡수 세기가 큰 예민한 피크로 3650~3590cm^{-1} 및 3500~3300cm^{-1}에서 각각 나타나지만, 수소 결합을 하는 경우 -OH나 -NH의 신축 진동의 흡수가 낮은 파수 쪽으로 이동하며, 흡수 피크의 강도가 감소하고 둔하게 나타나는 것이 특징이다. 또, 이들 수소 결합은 물질의 물리적 상태, 시료의 농도, 측정 용매, 측정시의 온도 등 여러 가지 인자에 따라 변화하므로 필요한 조작 조건이 요구된다.

11.1.6.4 정량분석 및 순도측정

적외선 분광법에 의한 정량 분석은 사용하는 용매에 많은 제한이 있기 때문에 표준 시료의 제조가 용이하지 않아 특수한 경우를 제외하고는 별로 사용되고 있지 않지만, 이러한 어려운 점을 극복할 수 있다면 Beer-Lambert법칙에 따라 자외선 분광법에서와 같이 정량에 응용할 수 있다. 특히, 2개의 시료가 혼합되어 있을 경우, 이들 흡수 피크 중에서 서로 겹치지 않는 독특한 피크를 표준으로 하여 측정한다면 서로의 혼합비를 알 수 있다.

이러한 원리는 혼합물 중의 두 물질의 확인에도 이용될 수 있다. 예를 들면, 미반응의 원료나 부산물이 혼합되었을 경우, 이들의 순수한 흡수 스펙트럼과 혼합물질의 스펙트럼을 비교한다면, 각각에 의한 흡수 피크가 서고 겹치지 않은 부분에 모두 존재할 것이므로 혼합물의 단일 성분을 추정할 수가 있다.

11.2 근적외선 분광법(NIR : Near Infrared Spectroscopy)

11.2.1 개요

적외선 스펙트럼에서 근적외선영역은 1800년대 초에 William Herschel에 의해 발견되었고, 1960년대 초 미국 농무성의 Karl Norris가 밀이나 콩의 함수율 측정을 위해 근적외선 분광법을 처음 적용한 것으로 알려져 있다. 현재는 NIR 분석기기와 화학유변 툴(化學誘變: Chemometrics Tool)을 활용한 소프트웨어의 발전으로 인해 농업, 식품, 사료 분야뿐만 아니라 화학, 생화학, 화장품, 의학, 석유화학, 제약, 고분자, 제지산업 등 널리 사용되고 있다.

근적외선은 800~2500 nm (12,500~4000 cm^{-1}) 파장 대역으로서 어떤 분자결합에 근적외선이 조사되면 그 분자 결합이 가지고 있는 고유한 진동 에너지에 해당하는 복사선이 흡수된다. NIR은 주로 O-H, N-H, and C=O와 같은 유기 펑셔널 그룹(organic functional group)의 정량적 측정에 사용되며 검출한계는 일반적으로 0.1% 정도이다.

NIR은 2500 nm 이상의 **중적외분광법**(Middle IR)에 비해 흡광도가 1/10~1/1000에 불과하고 유사한 분자결합을 갖는 유기화합물의 흡수 스펙트럼 대역이 겹쳐서 나타나는 단점이 있다. 그러나 ① 상대적으로 흡수율이 작고 반사율이 크며, ② 침투깊이가 수 mm로 깊고(middle IR은 수 ㎛), ③ 저비용으로 광학 시스템을 구축할 수 있기 때문에 비파괴 성분계측용으로 이용되고 있다.

NIR은 유기화합물의 흡수 스펙트럼에서 흡수 피크의 중첩으로 인해 시료의 주요 성분을 정확하게 측정하는데 한계가 있지만 농산물이나 식품의 품질판정의 경우 어느 정도의 오차가 허용되므로 유용하게 활용되고 있다. 최근에는 소프트웨어에 의한 통계기법이 도입되어 특정성분의 흡수파장이 다른 성분의 흡수파장과 중첩되는 경우 중첩되는 성분의 영향을 배제함으로써 보다 정밀한 측정이 가능하게 되었다. **다변량 분석법**(Multivariate Analysis)으로는 **다중회귀분석법**(Multi-Regression Analysis), **주성분 분석법**(Principal Component Analysis), **최소자승법**(Partial Squares Analysis), **신경회로망 기법**(Artificial Neural Network) 등이 적용되고 있다.

11.2.2 근적외선 분광법의 원리

근적외선 분광법의 가장 큰 장점은 신속한 분석을 통하여 공정/제품의 화학/물리적인 상태를 실시간으로 파악할 수 있게 됨에 따라 정확한 공정/제품 제어를 통한 원가 절감이 가능하며 또한 실험업무의 감소를 기대할 수 있게 된다.

근적외선은 가시광선과 중적외선 사이에 존재하는 빛으로 800~2500 nm (12,000~4,000 cm^{-1}) 사이에 존재하며 가시광선보다는 에너지가 낮고 중적외선보다는 에너지가 높다. 근적외선에서의 흡수는 주로 중적외선에서 유래되는 -CH, -OH, -NH 작용기 분자진동의 **결합대**(combination band)와 **배음대**(overtone band)로 나타나며 근적외선에서의 흡수는 흡광도가 많이 약해지기 때문에 중적외선에 흡수가 강한 -CH, -OH, -NH 작용기의 정보가 주로 나타나게 된다.

이와 같이 근적외선에서는 중적외선에서 나타나는 물질의 정보가 나타나지만, 이 흡수는 결합대와 배음대이기 때문에 띠나비가 증가되며, 이 증가된 띠나비는 흡수대끼리 심한 중첩을 초래한다. 이로 인해 정성적이 스펙트럼분석이 어려웠고 또한 흡광도의 크기가 중적외선과 비교해보면 10~1000배까지 낮다. 이런 낮은 흡광도로 정량적인 분석 또한 어려웠다. 또한 화학 분야에서도 근적외선에서의 정보가 실질적으로 구조분석 및 미량분석에 활용되기가 어렵기 때문에 많은 분석화학자들도 이 분야에 관심이 없었다.

그러나 1980년대 이후 화학유변(Chemometrics)이라고 불리는 검량기법 및 PC의 발달이 근적외선과 접목되면서 근적외선 분광법은 새로운 분광법으로 떠오르게 되었다. 화학유변은 전자공학이나 통계학 등에서 많이 사용되는 방법으로 띠나비가 넓고 중첩이 심한 근적외선 스펙트럼에서도 원하는 조성 및 물성의 검량을 가능하게 한다. 즉 어떤 입력자체의 변수의 수가 너무 많거나 이론적인 해석이 쉽지 않아 기존의 일반 회귀분석으로는 상관관계를 찾기 어려울 때, 알고 있는 출력을 이용하여 입력과 통계적인 상관관계를 만드는 방법이다. 다시 말해 실험적인 검량기법이다. 분광분석에서 입력은 스펙트럼에 해당되며 출력은 조성 또는 물성에 해당된다.

주로 사용되는 화학유변(Chemometrics) 기법은

- MLR(Multiple Linear Regression)
- PCR(Principal Component Regression)
- PLS(Partial Least Squares)
- ANN(Artificial Neural Network)
- SIMCA(Soft Independent Modeling of Class Analogy)
- Factor Analysis
- Cluster Analysis 등이다.

근적외선분광업의 가장 중요한 핵심은 화학유변(Chemometrics)로서 이에 대한 정확한 이해 및 활용이 매우 중요하다. 근적외 광원에서 조사된 빛은 회절발(Grating)이 장착된 단색화기를 통과하면 일정한 영역의 단파장으로 만들어지게 된다. 이는 먼저 적분구(Integrating shpere)의 검출기에 바로 조사되어 기준 빔으로 저장되고 난후, 동일한 파장영역의 빛이 적분구를 통과하여 시료에 조사되면 시료에 화학관능기에 따라 일부는 흡수 및 확산반사 되어 적분구에서 모아지게 된다. 이는 샘플 빔이라고 하여 기준 빔에 대한 차로서 계산되어 컴퓨터에 전해지게 된다. 이러한 과정이 근적외 모든 파장 영역에 연속적으로 이루어지게 되는데, 이를 직선적으로 연결한 것이 근적외 스펙트럼이다. 근적외선 분광법의 장점은 근적외선의 흡광도가 낮고 에너지가 중적외선보다 높기 때문에 **무파도**(transmission)가 높아 시료의 두께에 큰 영향 없이 스펙트럼 측정이 가능하며, 시료의 전처리 없이 분석하고, 액상시료일 경우 투과도를 이용하여 근적외선 전대역에서 사용가능하며, 경로길이(path length)는 보통 1~20 ㎜ 정도로 사용한다.

고체시료일 경우 주로 **반사도**(reflectance)로 측정한다. 위와 같이 중적외선에서의 분자 진동 정보를 얻을 수 있는 동시에 시료를 비파괴, 전처리 없이 다성분을 동시에 신속하게 분석할 수 있다. 결국, 근적외선 스펙트럼의 정성적인 질은 중적외선보다 떨어지지만, 근적외선은 반복 재현성이 우수하고 기기가 매우 안정적이므로 일단 화학유변(Chemometrics)를 이용한 검량식만 완벽하게 만들면 오랜 기간 사용이 가능하며, 기기의 유지보수 노력이 크게 필요치 않다.

11.2.3 근적외선 분광기 구성

11.2.3.1 광원

텅스텐-할로겐 램프를 사용하며 1년 정도 연속사용이 가능하다. 필요에 따라 특정파장의 근적외선만을 발광하는 LED(Light Emitting Diode) 또는 레이저 다이오드를 사용하기도 한다.

11.2.3.2 단색화 장치

- 간섭 필터(Interference filter)
- 회절발(Grating)
- 간섭계(Interferometer : FT방식)
- 조율 가능한 음향광학 필터(AOTF : Acousto Optic Tunable Filter)
- 다이오드 어레이(Diode Array)

11.2.3.3 검출기

- PbS(1.0~3.5 ㎛)
- InGaAs(1.0~2.6 ㎛)
- InAs(1.0~3.8 ㎛)
- InSb(1.0~5.5 ㎛)

11.2.4 측정방식

측정방식에는 크게 고체(분말, 알갱이 등) 또는 빛이 투과하기 어려운 액체를 분석하는 **확산반사**(Diffuse Reflectance)**법**과 대부분의 액체 또는 고압/고농도 기체 측정시에 사용하는 **투과**(Transmission) **방식**이 있다.

11.2.4.1 확산반사

고체 분말 및 알갱이 등을 측정할 때 사용하며 빛이 주사될 때 **거울반사**(Specular Reflection), **확산반사**, **흡수**, **공간침투** 되는 4가지 현상으로 나타난다. 이중 물질의 화학적인 정보를 포함하고 있는 현상은 확산반사로 이를 이용하여 고체 시료를 분석하게 된다. 이때 직접분석과 관계가 없는 여러 가지 현상이 나타나기 때문에 결국 스펙트럼의 재현성이 투과를 이용한 액체 측정보다 나빠지게 되며, 입자크기, 패킹정도 등에 따라 영향을 받는다. 근적외선 확산반사 스펙트럼은 시료의 입자가 작을수록 재현성도 우수해지며, 바탕선(Base line)도 원점에 가까워지게 된다. 또한 고체 시료 측정의 근적외선 분석능력을 향상시키기 위해서는 확산 분산 스펙트럼의 재현성을 높여야 한다.

11.2.4.2 액체측정

고체측정보다 반복/재현성이 우수하며, 상당히 두꺼운 경로길이를 사용할 수 있기 때문에 시료처리 및 On-line화가 매우 용이하다. 광섬유를 이용하여 액체시료를 쉽게 측정할 수 있다. 탐침의 바닥은 거울이 있어, 시료를 투과한 빛이 반사되어 다시 광섬유를 통하여 검출기로 가게 된다. 결국 근적외선이 시료를 두 번 투과하게 된다. 광섬유를 장거리 사용할 때 광섬유 자체가 근적외선의 일부분을 (보통 1300 및 1900~2500 nm) 흡수하기 때문에 신호 대 잡음비가 떨어지게 된다.

11.2.4.3 기체측정

조성이 간단하고 기체의 농도가 높을 경우 고압용기를 이용하여 측정한다.

11.2.5 스펙트럼 전처리

스펙트럼 전처리(Spectral Preprocessing)는 성공적인 정량 검량을 위해서는 기기조건 변화에 따른 스펙트럼의 변화를 제거 또는 보완하여야 한다. 특히 고체를 측정할 경우에는 스펙트럼의 재현성이 나빠지기 때문에 이를 보완할 수 있는 스펙트럼 전처리를 하여 분석결과를 향상시킨다. 크게 **미분법**(Derivative)과 **배수산란보정**(MSC : Multiplicative Scattering Correction) 등 다양한 방법이 있지만 여기서는 미분법과 MSC 두 가지만 언급하고자 한다.

11.2.5.1 미분법

가장 많이 쓰이는 전처리 기법중의 하나이다. 미분함으로써 스펙트럼의 변화는 증폭되고, 동시에 변화만을 보기 때문에 바탕선이 상하로 움직여도 큰 문제가 없다. 결국 바탕선의 변화를 미분을 통하여 제거할 수 있다. 잡음이 많은 스펙트럼에 미분법을 사용할 경우 잡음을 증폭시켜 정량성에 나쁜 영향을 준다.

11.2.5.2 배수산란보정(Multiplicative Scatter Correction : MSC)

MSC 방법은 고체 시료를 측정할 때 주로 사용한다. 고체시료는 특히 빛의 산란(Scattering)으로 스펙트럼에 많은 변화가 일어난다. 산란정도는 파장에 따라 다르며, 파장이 길수록 크게 영향을 받는다. 산란현상은 파장에 따라 일정하지 않아 바탕선의 이동, 기울기 변화, 그리고 심할 경우 곡선 형태의 바탕선도 발생한다. 데이터세트의 평균 스펙트럼을 계산한 후 이를 이용하여 보정한다. 데이터세트 내 각 스펙트럼의 파장별 흡광도들과 평균 스펙트럼 흡광도와의 상관관계를 구하기 위해 회귀분석을 이용하여 기울기와 절편을 구한다. 데이터세트 내 각각의 스펙트럼에 구해진 기울기를 빼주고 절편을 나누어 주어 스펙트럼을 보정하게 된다. MSC방법은 스펙트럼 변화와 농도 간에 선형관계가 존재할 때만 사용하여야 하고, 시료들이 화학적으로 유사할 경우 좋은 결과를 얻는다.

11.2.6 검량 방법

근적외선에서의 흡수는 결합대와 배음대이기 때문에 띠나비가 증가되어, 흡수대끼리 심하게 중첩된다. 따라서 기존의 흡수대 면적이나 흡광도를 이용하는 단순한 회귀분석으로는, 단순한 화학조성일 경우를 제외하고는 검량이 불가능하다. 결국, 검량을 위해서는 **다변량**(Multivariate) **회귀분석법**을 사용하여야한다. 다변량 회귀분석은 말 그대로 여러 변수(다양한 파장)를 이용하여, 스펙트럼과 조성/물성간의 상호관계를 만들어 주는 방법으로 다음과 같은

1) MLR (Multiple Linear Regression)
2) PCR (Principal Component Regression)
3) PLS (Partial Least Squares) regression

의 3가지 종류가 있다. *MLR*은 시료의 조성이 단순할 때 유용하여 측정성분이 독특한 흡수봉우리가 있을 때 사용하고, *PCR*이나 *PLS*는 흡수들의 중첩으로 스펙트럼이 복잡하고 분석이 어려운 경우 사용한다.

근적외선 분광법 전체적인 검량절차는 4단계로서

1. 근적외선 스펙트럼을 얻는 과정으로 시료의 종류(고체, 액체, 슬러리 등)에 따라, 또한 단색화장치 종류에 따라 측정방식이 달라진다.
2. 시료로부터 얻은 스펙트럼을 수학적으로 전처리하는 과정으로 보통 근적외선 스펙트럼은 재현성이 우수하나 때로는 시료 상태에 따라 바탕선 변화 등 약간의 변화가 있게 된다. 이럴 경우 스펙트럼을 전처리 하면 검량 결과를 향상시킬 수 있다.
3. 가장 중요한 과정으로 실제적인 검량식을 만드는 과정이다.
4. 마지막 단계는 개발한 검량식을 검증하는 과정이다. 특히 검량식이 오버-핏팅 되었을 경우 통상적으로 예측결과가 좋지 않으며, 이 경우는 다시 검량식을 만들어 검증하는 과정을 반복하여야 한다.

11.2.6.1 CLS(Classical Least Square)

기본적으로 Beer법칙에 근거하며 $A=\varepsilon bC$에서 ε(Molar Absorptivity)와 b(경로길이)는 일정함으로 상수 K로 치환될 수 있다. 두 가지 물질이 혼합되어 있을 때 스펙트럼은 중첩되게 된다. 혼합물의 조성수 만큼 두 개의 파장(λ_1, λ_2)을 선택하여 각 파장의 흡광도($A\lambda_1$, $A\lambda_2$)와 각 성분의 농도(Ca, Cb)간의 오차(E)가 최소가 되도록 회귀하여, K를 구하는 방법이다.

이 방법은 혼합물내의 모든 성분들의 농도를 알아야 하며, 미지의 성분이 혼합물에 포함되었을 때 전체 스펙트럼의 흡광도에 영향을 주어 농도 계산에 오차가 생기게 된다. 또한 성분간에 화학적인 상호작용이 있을 때에도 오차가 유발된다. 실질적으로 CLS방법은 근적외선 검량으로는 많이 사용되지 않는다.

11.2.6.2 MLR(Multiple Linear Regression)

전체의 조성을 알 수 없어도 아주 복잡한 혼합물 중 몇몇 성분에 대한 조성의 검량이 가능하다. *Beer*법칙을 재배치하여 ε(Molar Absorptivity)와 b(경로길이)를 하나의 상수 P로 표현할 수 있다. 여기서 E는 CLS에서의 흡광도의 오차가 아니라, 농도에 대한 오차이다. 파장(λ_1, λ_2)을 선택하여 각 파장의 흡광도($A\lambda_1$, $A\lambda_2$)와 각 성분의 농도(Ca, Cb)간의 오차(E)가 최소가 되도록 회귀하여, 계수 P를 구하는 방법이다. 결국 MLR은 측정 성분의 농도와 특정 파장의 흡광도간에 선형관계를 가질 수 있게 계수 P를 이용하여 핏팅하는 방법이다. 다른 성분의 농도를 알 수 없어도 위의 방법을 사용하여 측정성분의 농도계산이 가능하다.

MLR은 다변량(Multivariate)회귀분석법의 일종으로 여러 개의 독립변수(Independent Variable, 선택된 파장들)를 이용하여 종속변수(Dependent Variable, 농도)를 계산할 수 있다. 결국, 통계적/실험적으로 만들어주는 방법이기 때문에 많은 수의 시료를 이용해야 한다.

MLR의 2가지 단점은, 첫 번째로는 **다중공선성**(Multicollinearity)의 존재이다. 즉 물질의 흡수띠가 특정한 영역에서만 나타나는 것이 아니라, 특히 근적외선에서는 거의 모든 영역에서 흡수띠가 나타난다. 따라서 몇 개의 파장을 이용하여 검량식을 만들었을 때, 각 파장에서의 흡광도 변화가 서로간에 다중공선성이 존재할 경우가 주로 발생하게 된다. 이 경우 기기 변화가 발생하거나 또는 미지의 성분이 도입되었을 때, 흡광도의 변화가 선택한 파장들에 동시에 영향을 주어 검량식이 불안해지며 예측성능은 떨어지게 된다. 따라서 MLR을 사용할 경우 다중공선성의 존재여부 및 정도를 반드시 확인하여야 하며, 존재 시 다중공선성 정도가 최소화될 수 있도록 독립변수(파장)를 선택하여야 한다. 두 번째 단점은 **오버-핏팅 가능성**이 존재한다는 점이다. 선택하는 파장의 수가 많을수록 검량식의 오차는 줄어들게 되지만, 이 검량식을 이용하여 독립적인 데이터 세트를 예측하였을 때 예측오차가 매우 클 경우가 발생한다. 검량세트 내 스펙트럼을 이용하여 파장수를 늘려가면서 검량할 경우, 실제 농도와 계산된 농도간의 오차가 최소화되도록 검량식이 작성되기 때문에, 때로는 잡음이 많은 영역이나 측정성분과 관계없는 영역의 파장을 선택함으로써 마치 측정성분의 농도변화를 잘 설명하는 것처럼 보일 수 있다. 그러나 다른 시료들을 예측해보면 예측 결과가 만족스럽지 못한다. 이런 오버-핏팅을 방지하기 위해서 파장수를 많이 선택 시 신중해야 하며, 독립적이면서도 검량 스펙트럼 세트와 유사한 별도의 세트를 이용해서 개발한 검량식을 반드시 검증(Validation)해야 한다.

11.2.6.3 PCR(Principal Component Regression)

원래의 스펙트럼을 그대로 사용하는 것이 아니라, 스펙트럼을 어떤 기준스펙트럼과 스켈링 펙터(Scaling Factor)를 이용하여 재설정하여 검량하는 방법이다.

11.2.6.4 PLS(Partial Least Squares)

정량목적으로 가장 많이 사용된다. 스펙트럼 데이터뿐만 아니라 시료의 농도까지 동시에 이용하여 농도변화를 설명할 수 있도록 로딩(Loading)을 설정하는 방법이다. 스펙트럼의 변화는 항상 성분의 농도변화에 따라 가장 크게 나타나지는 않는다. 실질적으로 기기변화에 따른 바탕선 변화, 잡음, 시료 상태에 따라 산란 등이 존재할 때 스펙트럼은 농도의 변화보다는 이런 현상들에 의해 더욱 크게 변화한다.

이럴 경우 PCR를 사용하면 농도변화와 관계된 스펙트럼 변화보다는 성분과 관계없이 기기변화 등에 기인하는 변화를 가장 큰 변화로 판단 및 로딩이 설정되어 분석 성능이 떨어지게 된다. 그러나 PLS를 사용하면 로딩 설정 시 농도 정보가 이용되기 때문에, 측정성분과 관계없는 다른 스펙트럼 변화가 있어도 성분농도를 PCR보다 더 설명을 잘 할 수 있는 로딩이 설정될 수 있고, 이에 따라 분석성능도 향상될 수 있다. 실제로 조성이 매우 복잡한 혼합물의 경우에도 분석 성능이 우수하며, 보편적으로 MLR이나 PCR보다 검량 결과가 우수하다.

11.2.6.5 검증(Validation)

독립/종속 변수간의 상호관계를 중제적/실험적으로 설정하기 때문에 많은 수의 시료를 이용해야 한다. 또한 시료들도 농도 및 분석과 관계된 물리적 성질들이 많이 변하게 준비하여야 한다. 이렇게 시료를 준비하고 각 시료의 함량/물성을 기존의 실험방법으로 분석한다.

근적외선에서 사용하는 검량기법은 주로 1차 분석(기존분석방법) 데이터를 이용하여 근적외선 흡수띠와 상관관계를 만드는 방법이기 때문에, 1차 분석에 오차가 많이 발생할 경우, 근적외선 검량 결과도 나빠지게 된다. 따라서 1차 분석법의 정확한 이해를 통하여 실험오차가 유발될 수 있는 부분을 잘 조절하여 정확도를 향상시키는 노력이 매우 중요하다.

오버-핏팅을 방지하기 위해 독립적이면서도 검량 스펙트럼 세트와 유사한 별도의 예측세트(Prediction Set)를 이용해서 개발한 검량식을 반드시 검증해야 한다. 즉 검량식을 작성한 후 별도의 예측세트를 예측하여 표준예측오차(SEP)를 확인/검증해야 한다.

11.2.7 NIR과 화학유변(化学诱变, Chemometrics)

11.2.7.1 화학유변(Chemometrics)이란 무엇인가?

화학유변(化學誘變) 기술은 분석화학의 한 분야로 1970년대에 태동된 것으로, 화학실험에서 얻은 데이터로부터 통계학적, 수학적 모형을 통하여 중요한 화학적 정보를 추출하는 기술이며, 그 응용범위가 제약, 의약, 식품, 환경, 정유산업, 고분자, 생명과학 등으로 다양해짐에 따라 독자적인 분야로 부상하고 있다. 특정한 물질, 원료, 제품의 성분을 분석하는데 직접적으로 고가의 분석장비(chromatograph 등)를 사용하는 대신에 비교적 간단한 장비인 FT-IR(Fourier transform-infrared), NIR(near infrared), NMR(nuclear magnetic resonance) 등의 분광기를 사용하여 얻은 파장별 흡광도(absorbance) 등의 데이터를 화학유변 기술을 이용하여 분석함으로써 빠른 시간 내에 비파괴분석이 가능하다. 따라서 이 기술의 핵심은 정확한 성분예측을 위한 모델의 개발이라 할 수 있다. 또한 화학유변 기술은 신속하고 정확한 소재성분의 예측을 가능하게 하므로 품질향상과 생산성 향상의 효과를 제공하는 환경친화적 분석기술이다.

11.2.7.2 화학유변의 중요성

화학유변과 같은 계측소프트웨어기술은 산업체의 생산품질 모니터링, 농축산물의 품질평가, 식품가공산업, 재료산업, 정유산업, 생명과학, 의학, 제약분야 등 화학적 물성분석이 필요한 전분야에 걸쳐 응용되는 기술이다. 화학유변 기술의 개발과 그에 따른 관리시스템 구축은 다양한 분야에서의 적용가능성을 확장시키며, 생산비용의 절감과 체계적인 품질관리효과를 가져올 수 있다. 예를 들어, 철강의 주원료인 석탄 및 철광석 등의 물성분석을 FT-IR분광법을 사용하여 생산라인에서 실시간으로 수행함으로써 품질향상은 물론 선철 생산량을 증대시키고 있다. 이전에는 습식분석방법이나 산을 사용하는 DKK분석기를 사용하였는데 모두 환경오염 물질을 유발시키거나 주변기기를 부식시킨다는 문제점과 분석에 장시간이 요하므로 실시간 적용이 불가능하였다.

11.2.7.3 화학유변 기술개발의 중요성

분광법의 최대 약점은 그 결과로 도출되는 스펙트럼의 해석이 어렵다는 점이다. 특히 물성이 복잡하거나 측정하고자 하는 물성이외의 불순물(noise)이 들어있는 경우 더욱 해석을 어렵게 한다. 보통의 경우 단순한 모델로는 성분 해석 및 예측이 곤란하며 복잡한 모델의 개발이 요구된다. 따라서 예측력이 우수한 화학유변 모델의 개발이 계측산업 또는 화학유변 기술의 핵심이라 할 수 있겠다. 또한 모델의 복잡성에 비례하여 분석 결과의 해석이 어려워지므로 보다 간명한 해석방법의 개발 역시 필수적인 과제라 하겠다. 위에서 언급하였듯이 이의 응용분야가 다양하고 분광기의 종류 또한 다양한 반면에 현재 주로 사용되는 기법은 PLS에 국한되어 있는 실정이므로, 해당 분야에 보다 적절한 새로운 화학유변 기술을 개발하는 것이 실질적으로 중요한 문제이다.

11.2.7.4 화학유변 기술의 수요

과거 15년 동안 국내의 계측기기 산업의 연평균 성장률은 약 18%로 전 산업성장률을 훨씬 상회하고 있다. 그러나 아직 업체 수에서는 전체 광공업의 0.6%, 생산액에서는 0.4%를 차지하고 있어 선진국과 타 산업에 비해 상대적으로 취약한 형편이다. 수요는 계속적으로 증가하고 있으나 70% 정도를 수입에 의존하고 있는 만큼 그 비용부담이 커서 응용 및 실용화 확산에 제약을 받고 있다. 또한 사용자 입장에서 구매한 소프트웨어로 일부물성의 예측분석을 실시하고 있으나 실제 분석알고리즘에 대한 정확한 이해가 어렵고 그에 대한 사후적 지원은 받지 못하고 있으므로 주어진 분석기법이외의 통계적 분석을 시도하기는 어려운 상황이다. 따라서 공정관리를 위한 소재특성 평가를 위해 정확한 품질평가를 제공하는 동시에 생산현장에 적용하기 쉬운 분석알고리듬 개발의 필요성이 현재에도 대두되고 있다.

전 세계의 계측기기 산업은 전체 GNP의 3~4%를 차지하고 있어 1995년 현재 세계시장 규모는 약 5천억 달러로 추정되고 있으며, 계속적으로 증가 추세에 있다. 분광기를 이용한 분석기법은 환경 친화적이면서 기존의 분석만큼 정확한 결과를 낼 수 있어서 그 응용 범위가 급속히 증가할 것으로 기대되고 있다. 그러나 현재 수입에 따른 고가의 장비로만 인식되고 있어서 국산화의 시도가 절실한 상태이다. 또한 수입설비의 사용자 역시 소프트웨어도입에 대단히 큰 비용의 지불하고 있어서 많은 불만을 가지고 있다.

점차로 국제적 경쟁이 치열해지고 소비자의 품질요구가 엄격해 짐에 따라 국내에서도 품질 및 생산성 향상을 위한 분광기술 및 화학유변 기술의 생산에의 적용이 가속화될 것으로 전망된다. 농축산업, 식품산업에는 물론 의학, 제약, 정유산업에서의 활용이 확산될 것이며, 제조업 및 환경산업에의 적용이 시도될 것이다. 또한 계측기기의 고속화, 고성능화, 지능화 등이 요구됨에 따라 화학유변 기술의 역할이 보다 중요시 될 것으로 전망되며 응용범위의 확산에 따라 예측력이 향상된 새로운 화학유변 모델의 개발과 분석시스템의 개발이 요구될 것이다.

11.2.7.5 화학유변 기술 경쟁력 확보

분광기를 포함하는 계측기기 산업은 고도의 정밀도를 요구하는 분야로 수입의존율이 약 70%나 된다. 1996년 전체 무역적자 206억 달러 가운데 이 분야가 30억 달러로 15%를 차지할 만큼 무역역조가 심각한 상태이며, 이를 개선하기 위해서는 수입대체와 수출산업화가 시급한 실정이다. 이에 따라 중소기업청은 1996년 처음으로 23개 품목, 30개 업체를 계측기기 일류화업체로 선정한 바 있으며 이들의 기술개발을 위해 각종 지원을 해오고 있다. 또한 1997년에 추가로 19개 품목, 23개 업체를 세계일류화 지원 품목 및 업체로 선정하고 2000년 일류상품화를 목적으로 종합적인 지원을 실시하고 있다. 중소기업청과 더불어 한국표준과학연구원, 한국전자산업진흥회, 계측기기연구조합 등이 기술적 지원을 같이 하고 있다.

이러한 노력에도 불구하고 계측기기 업체의 영세성으로 연구개발 투자가 미진하기 때문에 수년내에 세계수준의 정밀도를 확보하기란 극히 어려울 것으로 전망된다. 그러나 분광기 등에 내장하여 사용하여야 할 소프트웨어 기술인 화학유변 기술은 소규모의 투자로도 큰 부가가치를 올릴 수 있는 분야이다. 국내에서는 현재까지 화학유변 기술 자체에 투자한 예는 SK㈜외에는 거의 없는 편이며 향후에도 정부의 계획은 없는 실정이다.

실제 분광분석연구를 하는 식품, 농축산물 분야의 연구자들에 의하면 현재 국내에서 사용되고 있는 분광분석기기는 UV, 가시광선에 의한 일부를 제외하고는 모두 수입되고 있는데 광학기술 등 상당기술을 요하는 부분을 제외한다면 간단한 구조이며, 분석 소프트웨어가 개발된다면 국내 생산가능성은 높은 것으로 판단된다.

특히, 화학유변 기술에는 화학, 통계학, 응용수학, 산업공학 등의 학문이 근간을 이루고 있으며 이러한 학문의 발전은 국내에서도 꾸준히 이루어져 왔기 때문에 향후 5년간 투자가 이루어진다면 세계수준을 달성할 것으로 기대된다. 이 분야에는 성분의 예측오차가 대표적인 성능척도로 간주되는데 향후 5년 내에 세계수준의 약 90% 이상을 달성할 것으로 전망된다.

11.3 Raman 분광법

IR분광과는 달리 Raman 효과는 흡수과정이라기 보다는 산란(scattering)과정이라고 할 수 있다. 현재 잘 알려진 Raman 산란의 이론은 적외선 흡수와 연관 있는 양자화된 진동변화와 같은 원리로부터 유래됨을 보여준다. 주어진 화학종에 대한 적외선에 의한 스펙트럼과 Raman에 의한 스펙트럼은 서로 많이 닮았다. 그러나 적외선에 대하여 활성인 작용기와 Raman에 대하여 활성인 작용기간에는 많은 차이가 존재하므로 이들 기술은 상호 보완적으로 이용되고 있다. 어떤 것에는 적외선 법이 우세한 도구가 되고 다른 경우에 있어서는 Raman이 유용한 스펙트럼을 제공한다.

11.3.1 Stokes 선과 anti-Stokes선

레이저 광원을 시료에 조사하여 Raman 산란 스펙트럼을 발생시켜 적당한 분광기로 일정각도에서 측정한다. 그림 11.4에 CCl_4 시료를 488.0[nm](20,492 cm^{-1}) 파장의 아르곤 이온 레이저로 조사하여 얻은 Raman 스펙트럼의 일부를 도시하였다. 산란된 복사선에는 Stokes, anti-Stokes 및 Rayleigh 산란의 3가지가 존재한다.

Rayleigh 산란 봉우리의 양쪽면에서 3개의 Raman 봉우리가 발견되고, 양쪽에서 파수의 이동형태가 같음을 알 수 있다. 즉, Stokes 선들은 Rayleigh 봉우리의 파수보다 218, 314 및 459 cm^{-1} 만큼 적은 파수에서 발견된다. 반면 anti-Stokes 선들은 광원의 파수보다 218, 314 및 459 cm^{-1} 만큼 큰 파수에서 나타난다. 동시에 ±762와 ±790 cm^{-1}에서도 추가로 선들이 발견될 수도 있으며, 이와 같은 Raman 이동은

$$\Delta \overline{\nu} = (\overline{\nu_s} - \overline{\nu_0}) \tag{11.10}$$

로 주어진다.

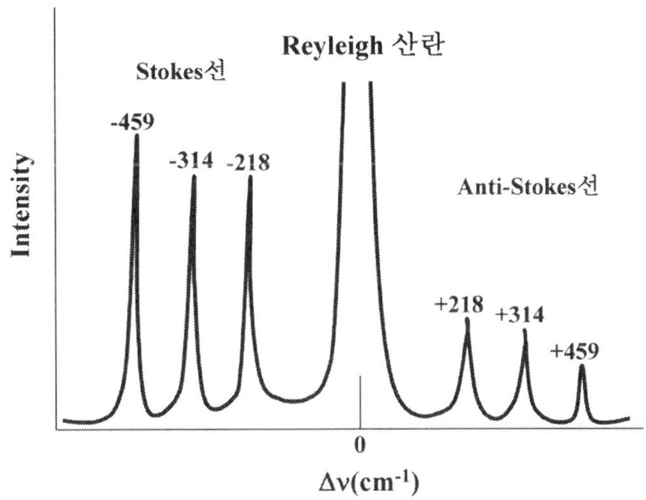

그림 11.4 ▸ 실온에서 액체 CCl_4의 Raman 스펙트럼

일반적으로 그림 11.4에서 보는 바와 같이 anti-Stokes 선은 해당 Stokes 선보다 세기가 약하므로 스펙트럼의 Stokes 부분만이 이용된다. 그리고, 그래프의 횡축을 단순히 cm^{-1}의 파수로만 표시하고 음(-)의 부호도 사용하지 않는다. 형광은 Stokes 이동의 관찰을 크게 방해하지만 anti-Stokes 이동에 대해서는 그렇지 않기 때문에 형광성 시료의 경우는 anti-Stokes 신호가 그 낮은 세기에도 불구하고 더 유용하다.

11.3.2 Raman 및 Rayleigh 산란의 메카니즘

그림 11.5의 에너지 준위도는 Raman 및 Rayleigh 산란 광원의 정성적 형태를 알려준다. 왼쪽 첫 번째의 굵은 화살표는 광원에서 나오는 광자와 상호작용할 때 분자의 에너지 변화를 보여준다. 에너지 증가는 광자의 에너지 $h\nu$와 같으며, 양자화 되어 있지 않으므로 광원에서 오는 복사선 주파수에 따라서 분자의 에너지는 준위도의 윗부분에서 보여주는 바닥상태와 첫 번째 전자 여기상태간의 무한수의 값이나 상태의 어느 것을 취하게 된다. 두 번째로 좁은 화살표는 전자에너지 바닥상태의 첫 번째 진동준위에 있는 분자가 광자를 받았을 때 발생할 것이라 예측되는 변화의 형태를 보여준다. 실온에서 이 상태로 있는 분자의 분율은 매우 적으므로 화살표의 나비에 의해 나타나는 바와 같이 이 과정이 일어날 확률은 대단히 적다.

중간에 있는 화살표들은 Rayleigh 산란을 일으키는 변화를 보여준다. 더 가능성이 있는 변화는 넓은 화살표를 보여준다. Rayleigh 산란에서는 아무런 에너지의 손실이 없다. 그리고 광자와 분자간의 이런 충돌을 탄성충돌이라고 한다.

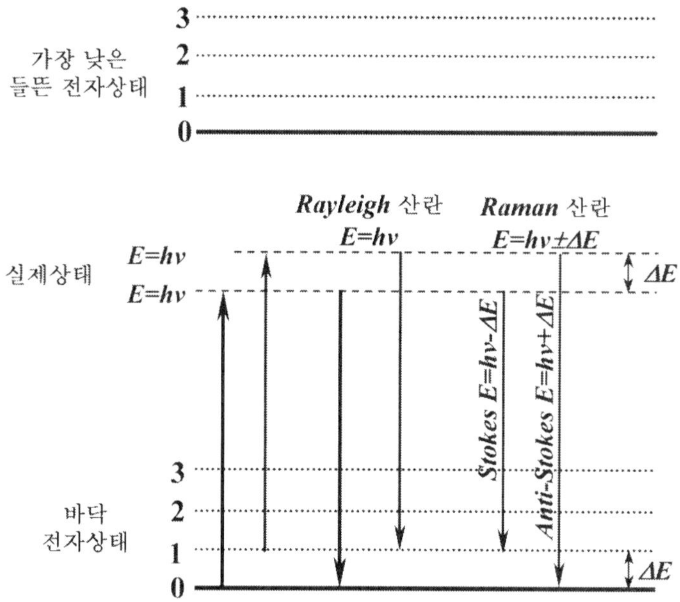

그림 11.5 ▸ Raman 및 Rayleigh 산란의 근원

오른쪽에 Stokes와 anti-Stokes 방출을 하는 에너지의 변화를 보여준다. 이 두 가지는 바닥상태의 첫 번째 진동준위의 에너지 $\pm\Delta E$에 해당하는 주파수만큼 Rayleigh 복사선 에너지와 다르다. 만일 결합이 적외선과 감응하면 그 흡수에너지는 ΔE가 된다. 따라서 Raman 주파수 이동과 적외선 흡수봉우리는 동일하다고 할 수 있다.

또 두 가지 에너지 상태의 상대적 분포는 Stokes 방출이 anti-Stokes 보다 많이 일어날 가능성이 있는 분포라는 것이다. 또 가장 가능성이 큰 사건은 바닥상태의 분자에 에너지 전이가 일어나고 그 분자가 바닥상태로 되돌아가면서 에너지를 재방출하는 것이므로 Rayleigh 산란이 Raman 산란보다 훨씬 일어날 가능성이 크다. 그리고 Stokes 세기에 대한 anti-Stokes 세기의 비가 온도에 비례하여 증가하는데, 이것은 첫 번째 들뜬 진동상태에 있는 분자 분포율이 크기 때문이다.

11.3.3 Raman 및 Rayleigh 산란파

주파수 υ_{ex}를 갖는 복사선을 분석시료에 조사한다고 하면, 이 복사선의 전계 E는

$$E = E_0 \cos(2\pi\upsilon_{ex}t) \qquad (11.11)$$

로 주어진다. 여기서 E_0는 파의 진폭이다. 복사선의 전계가 분석물 결합의 전자구름과 상호작용할 때 결합에서 다음식과 같은 쌍극자모멘트

$$m = \alpha E = \alpha E_0 \cos(2\pi v_{ex} t) \tag{11.12}$$

를 유도한다. 여기서 α는 결합의 편극도라고 하는 비례상수로서, 전계로 결합이 변형되는 정도를 나타낸다.

Raman 활성을 가지기 위하여 결합의 편극도 α를

$$\alpha = \alpha_0 + (r - r_{eq})\left(\frac{\partial \alpha}{\partial r}\right) \tag{11.13}$$

와 같이 핵간의 거리의 함수로 나타내야 한다. 여기서 α_0는 핵간 평행거리가 r_{eq}인 경우의 결합의 편극도이고, r은 어떤 순간의 핵간의 거리이다. 핵간 거리의 변화는

$$r - r_{eq} = r_m \cos(2\pi v_v t) \tag{11.14}$$

와 같이 진도의 주파수 v_v에 따라 변한다. 여기서 r_m은 평형위치에 대한 최대의 핵간의 거리이다. 식(11.14)을 식(11.13)에 대입하면

$$\alpha = \alpha_0 + \left(\frac{\partial \alpha}{\partial r}\right) r_m \cos(2\pi v_v t) \tag{11.15}$$

로 되고, 다시 식(11.15)을 식(11.12)에 대입하면

$$m = \alpha_0 E_0 \cos(2\pi v_{ex} t) + E_0 r_m \left(\frac{\partial \alpha}{\partial r}\right) \cos(2\pi v_v t) \cos(2\pi v_{ex} t) \tag{11.16}$$

를 얻는다. 여기서 삼각함수 공식

$$\cos x \cdot \cos y = \frac{[\cos(x+y) + \cos(x-y)]}{2} \tag{11.17}$$

을 이용하면 식(11.16)은

$$\begin{aligned} m &= \alpha_0 E_0 \cos(2\pi v_{ex} t) \\ &+ \frac{E_0}{2} r_m \left(\frac{\partial \alpha}{\partial r}\right) \cos[2\pi(v_{ex} - v_v)t] \\ &+ \frac{E_0}{2} r_m \left(\frac{\partial \alpha}{\partial r}\right) \cos[2\pi(v_{ex} + v_v)t] \end{aligned} \tag{11.18}$$

로 된다. 이 식에서 첫 번째 항은 여기주파수 v_{ex}로 일어나는 Rayleigh 산란을 나타낸다. 모든 분자는 편극도가 있으므로 모든 분자가 어느 정도의 Rayleigh 산란을 일으킨다. 식(11.18)의 두 번째와 세 번째 항은 $(v_{ex} - v_v)$와 $(v_{ex} + v_v)$의 Stokes와 anti-Stokes 주파수

에 해당한다. 여기주파수 결합의 진동주파수에 의해 변조되었다. Raman 산란은 결합 편극도가 거리의 함수로 변하는 것, 즉 Raman 선이 나타나려면 식(11.18)의 $\partial\alpha/\partial r$가 0보다 커야한다는 것이 매우 중요한 사실이다. 어떤 주어진 결합에 대하여 Raman 실험에서 관찰된 에너지 이동은 이 진동방식이 적외선 흡수와 Raman 산란 모두에 감응하는 것에 관계가 있다고 하면 그 적외선 흡수 띠의 에너지와 같아야 한다.

어째든, 평형 편극도 α_0는 사실 텐서(tensor)이다. 이는 유도쌍극자와 전계의 벡터이므로 텐서 매트릭스로 표현하면

$$\begin{vmatrix} m(x) \\ m(y) \\ m(z) \end{vmatrix} = \begin{vmatrix} \alpha_{xx} & \alpha_{xy} & \alpha_{xz} \\ \alpha_{yx} & \alpha_{yy} & \alpha_{yz} \\ \alpha_{zx} & \alpha_{zy} & \alpha_{zz} \end{vmatrix} = \begin{vmatrix} E_x \\ E_y \\ E_z \end{vmatrix} \tag{11.19}$$

로 된다. 편극도 텐서는 9개의 성분으로 되어 있다. 그러나 $\alpha_{xy}=\alpha_{yx}$, $\alpha_{xz}=\alpha_{zx}$, 그리고 $\alpha_{yz}=\alpha_{zy}$이기 때문에 6개만 고려하면 된다. 식(11.18)에서 미분항이 0이 아니므로 적어도 한 성분의 편극도 α_{xx}, α_{xy}, $\cdots$ 등등은 진동운동시에 r의 변화에 따라 변해야 한다.

Raman 흡수띠의 강도(I : intensity)는

$$I=\left(\frac{16\pi^4 v^4}{3c^3}\right)m^2 \tag{11.20}$$

로 주어지며, m에 의존하므로 편극도의 미분항의 제곱에 따라 결정되며, 입사광 주파수의 4승에 비례한다. 이는 원리적으로 높은 진동수의 레이저가 낮은 진동수의 것을 사용했을 때보다 더 Raman 스펙트럼이 측정되기 쉽다는 말이다. 광증배관 감응성과 레이저광의 에너지가 화합물에 흡수되어 시료가 분해되는 사실 등도 흡수 피크의 강도에 영향을 미친다.

11.3.4 비분극비(depolarization ratio)

레이저 Raman 분광은 스펙트럼을 얻기 위해 입사광과 수직인 방향으로 편광인 입사광을 사용할 수 있다는 점에서 IR분광보다 유리하다. 이 사실은 액체, 기체 그리고 배양된 단결정은 플라스틱 편광판으로 입사광과 수직한 또는 평행한 Raman 산란광을 분석할 수 있기 때문에 매우 중요하며, 대략적인 실험도를 그림 11.6에 도시하였다.

따라서 산란광의 강도의 비는

$$\rho=\frac{I_{\perp}}{I_{\parallel}} \tag{11.21}$$

로 되고, 비분극비라 부른다. 비분극비에 대한 자세한 수학적 전개과정은 여기서는 생략하고 레이저 평면편광을 이용한 최종관계식만을 쓰면

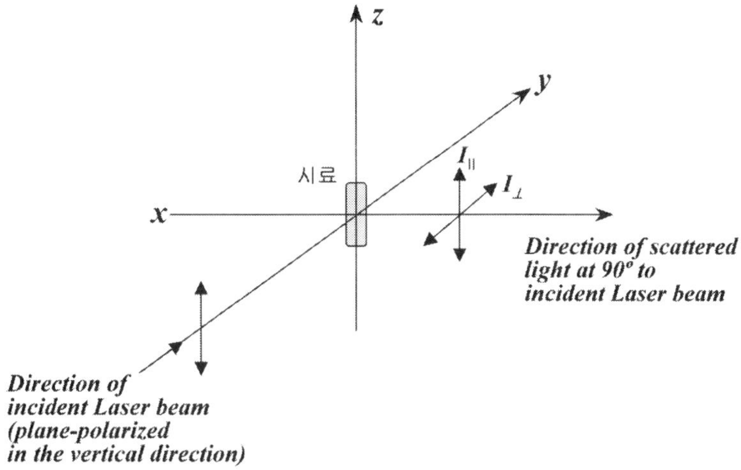

그림 11.6 ▸ 레이저 Raman 실험으로 측정된 비분극비의 계략도

$$\rho = \frac{I_{\perp}}{I_{\|}} = \frac{3\beta^2}{45\gamma^2 + 4\beta^2} \tag{11.22}$$

로 주어진다. 여기서

$$\gamma = \frac{1}{3}(\alpha_{xx}^{'} + \alpha_{yy}^{'} + \alpha_{zz}^{'}) \tag{11.23}$$

및

$$\beta^2 = \frac{1}{2}[(\alpha_{xx}^{'} - \alpha_{yy}^{'})^2 + (\alpha_{yy}^{'} - \alpha_{zz}^{'})^2 + (\alpha_{zz}^{'} - \alpha_{xx}^{'})^2 + 6(\alpha_{xy}^{'} + \alpha_{yz}^{'} + \alpha_{zx}^{'})] \tag{11.24}$$

이다. γ와 β^2에 대한 표현은 각각 편극도의 등방성(대각선 성분)과 비등방성(대각과 비대각 성분)의 부분을 의미한다. 또 $\alpha_{xx}^{'}$는 $d\alpha_{xx}/dr$를 간단하게 나타낸 것이다.

식(11.22)의 가능한 한계를 생각해 보면, $\beta^2 = 0$이면 $\rho = 0$임을 알 수 있다. 이런 조건일 때 Raman 피크는 완전편극(completely polarized) 되었다고 말하고, 단지 완전대칭인 진동이 이런 조건을 만족한다. 다른 비편극된 모든 진동운동형태에 대해서는 $\gamma^2 = 0$이며 식(11.22)는 값이 3/4이 된다. 일반적으로 비편극도에 의한 완전대칭인 진동운동 때문에 생긴 Raman 흡수 대(bands)는 비교적 확인하기 쉽다. 그 이유는 β^2과 γ^2의 크기에 따라서 ρ의 값이 0~0.75 사이의 값을 가진다는 사실이다. 이 사실이 분자들의 진동스펙트럼을 알아내는데 하나의 결정적인 단서를 제공하게 된다.

입사광이 평면편광이 아닐 때 90° 각도에서 산란된 광을 분석하는 유사한 방법이 식(11.22)와 밀접하게 연관되어 있는 식인

$$\rho = \frac{I_{\perp}}{I_{\parallel}} = \frac{6\beta^2}{45\gamma^2 + 7\beta^2} \tag{11.25}$$

로 주어지며, 편광플라스틱 얇은 막을 이용한다. 서로 다른 점은 다만 편광된 흡수띠에 대한 강도의 비가

$$\frac{3}{4}(0.75)\text{에서} \quad \frac{6}{7}(0.857)$$

로 바뀌는 사실뿐이다.

11.3.5 기준좌표(Normal coordinate) 계산

다원자분자에 대한 양자역학적 논의를 적용하면 결과적으로 식(2.126)로부터 진동모드에서는

$$E(n_1, n_2, \cdots) = \sum_{i=1}^{3N-6} \left(n_i + \frac{1}{2}\right) h\upsilon_i \qquad (n_1,\ n_2,\ \cdots = 0,\ 1,\ \cdots) \tag{11.26}$$

로 주어진다. 다원자분자의 진동운동에 관한 수학적 표현의 연구는 한동안 학자들에 큰 관심의 대상이었다. 이원자분자에서와 마찬가지로, 다원자분자에서 원자들의 질량과 관련된 각종 힘상수의 식

$$|GF - E\lambda| = 0 \tag{11.27}$$

을 유도할 수 있었다. 여기서 G는 원자질량들의 행렬이고, F는 힘상수 행렬, E는 행렬수학에서 필요한 고유항 행렬, 그리고 $\lambda = 4\pi^2 c\overline{\upsilon^2}$ 이다. 필요한 수많은 힘상수에 대해 충분한 진동운동의 파수를 모르기 때문에 식(11.25)를 정확히 푸는 것은 대단히 어렵다. 이 문제에 대해 단지 부분적인 해만이 동위원소로 표시한 분자들의 진동스펙트럼을 연구함으로서 얻어질 수 있다. 이런 과정은 기준진동 방식(normal mode)에 대한 어떠한 진동운동을 자세히 알아내는데 큰 도움이 된다.

1969년 Jones는 현재의 고전적인 분석법으로 $Cr(CO)_6$, $Cr(^{13}CO)_6$, $Cr(^{18}CO)_6$에 대한 Raman 스펙트라에 대한 실험을 철저히 수행하였다. 이 연구에서의 기본가정은 동위원소로 치환된 화합물에 대한 힘상수가 치환이전의 것과 같다는 것이다. 이런 기준좌표분석 방법은 측정된 진동운동의 파수와 힘상수를 약간씩 변화시키면서 반복 최소자승법이라는 컴퓨터 프로그램에 의해 계산된 파수가 일치되게 하는 것이다. 이 계산법의 장점은 구조적으로 유사한 분자들간에는 특정한 힘상수 값을 바꾸어 쓸 수 있다는 사실이다. 예를 들어 $Cr(CO)_5(CS)$, $Cr(^{13}CO)_5(CS)$, $Cr(CO)_5(^{13}CS)$의 진동 스펙트라도 성공적으로 해석할 수 있었다. 이는 $Cr(CO)_6$의 힘상수 값들을 이용한 기준좌표 취급을 이용하여 이루어졌고

결과적으로 측정된 값과 계산된 흡수띠의 위치들은 잘 일치하였다.

표 11.3에 고체시료인 $\beta - C_3N_4$ 결정 내에서 관측된 Raman 스펙트라의 몇 가지 예를 수록하였다.

표 11.3 ▸ Raman 스펙트라 G와 D 밴드 예

결정성장방법	실험 NO.	파수, cm^{-1}		
		ω_D	ω_G	C≡N
레이저 Sputtering	실험 1	–	–	2190
	실험 2	1370	1590	2140
	실험 3	1350	1580	–
프라즈마 CVD	실험 4	1369, 1389	1572, 1559	2229
	실험 5	1350	1575	–
	실험 6	1375	1580	–
	실험 7	1291, 1335	1450, 1572	–
	실험 8	1366 ~1370	1562	–
	실험 9	1376	1573	–
이온 주입법	실험 10	1355	1580	–
	실험 11	1260	–	–

11.4 전자분광법

전자분광법의 기본원리는 금세기 초에 알려졌지만 시료의 분석에 폭넓게 이용되어진 것은 전자스펙트럼을 고분해능으로 측정할 수 있는 전자공학의 발달이 있은 최근의 일이다. 전자분광법에는 크게 3가지 종류가 있는데, 이중 가장 많이 쓰이고 있는 방법은 ESCA(electron spectroscopy for chemical analysis) 또는 XPS(X-ray photoelectron spectroscopy)라고 하는 단색 X-선을 조사하여 분석하는 방법이다. 두 번째 종류는 AES(Auger electron spectroscopy)이며, Auger 스펙트럼은 X-선을 사용하기도 하지만 대부분 전자선에 의해서 여기 시킨다. 또 세 번째 종류는 자외선을 분석물에 조사하여 전자를 떼어내게 하는 UPS(ultraviolet photoelectron spectroscopy)이다.

11.4.1 ESCA 또는 XPS

그림 11.7에 ESCA와 AES의 근본적인 원리의 차이를 비교하여 도시하였으며, X-형광을 나타내는 세 번째 그림은 형광이 Auger 방출과 경쟁적이기 때문에 포함시켰다.

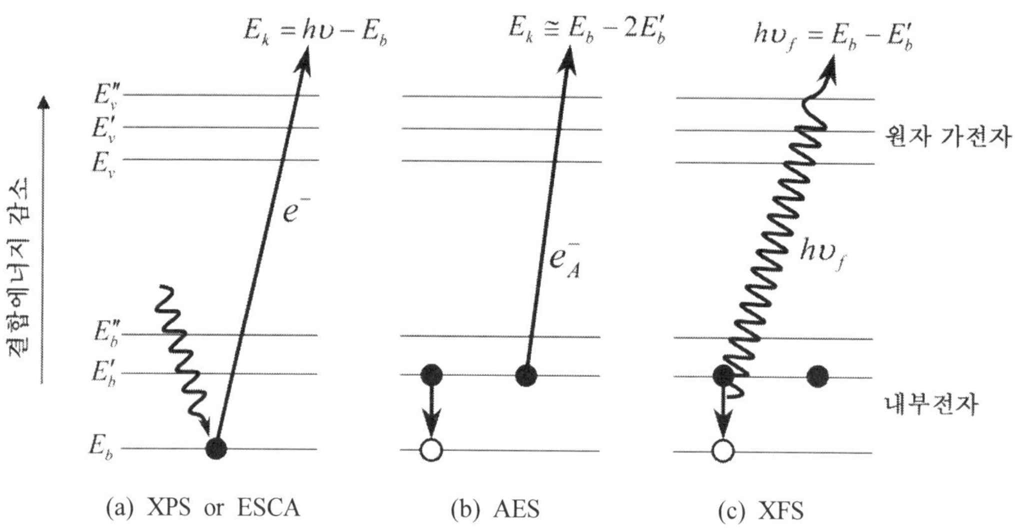

그림 11.7 ▸ **분광법의 비교**: (a) XPS 또는 ESCA; (b) AES; (c) XFS

전자분광법에서 기록하는 것은 방출되는 전자의 에너지인 파장과 진동수에 대하여 방출된 전자의 수인 강도를 도시하게 된다. 물론 전자기 복사선의 스펙트럼에서도 진동수, 파장 또는 에너지를 나타내는 가로축에 대하여 광자의 수(전자기파의 강도)를 세로축으로 도시한다.

그림 11.7(a)에서 세 개의 E_b, E_b', E_b''로 표시된 밑에 있는 선은 내부 K, 그리고 L 각 전자의 에너지 준위를 나타낸다. 위의 세 선은 외부각이나 원자 가전자의 에너지 준위를 나타낸다. 주어진 에너지 $h\nu$의 단색 X-선의 광자가 K궤도 E_b에서 전자 e^-를 방출시키는 것을 보여준다. 이러한 현상을 표시하면

$$A + h\nu \rightarrow A^{+*} + e^- \tag{11.24}$$

로 된다. 여기서 A는 어떤 원자, 분자 또는 이온이 될 수 있으며, A^{+*}는 A보다 양전하가 하나 더 큰 전자적으로 여기된 이온이다.

방출된 전자의 운동에너지 E_k는 전자분광계로 측정한다. 따라서 전자의 결합에너지 E_b는

$$E_b = h\nu - E_k - W \tag{11.25}$$

로 계산할 수 있다. 여기서 W는 분광계의 일함수이고 전자가 형성되고 측정되는 정전기적 환경을 보전해 주는 인자이다.

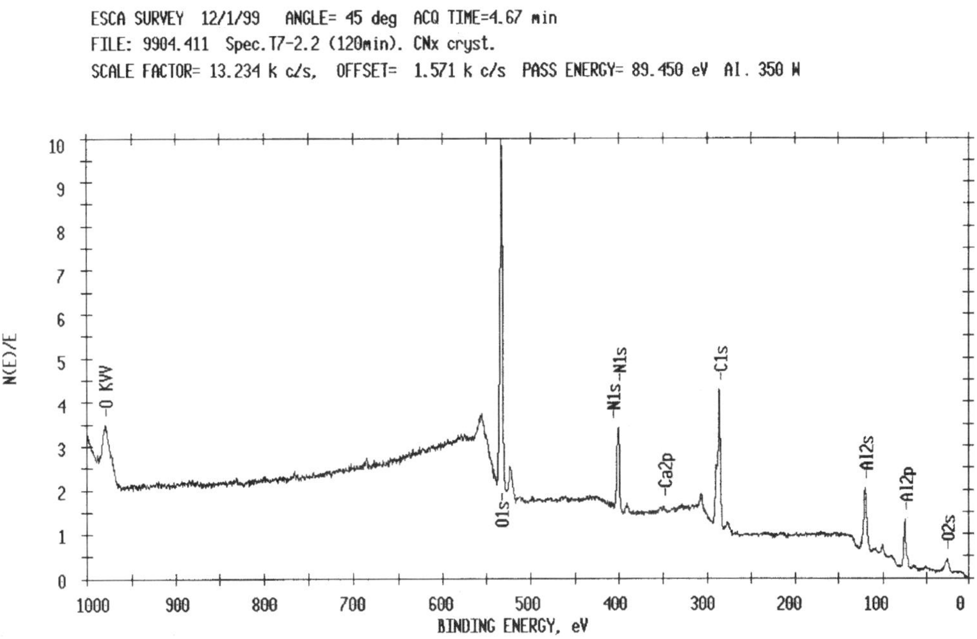

그림 11.8 ▸ 다결정 $\beta - C_3N_4$ 시료의 XPS 스펙트럼

그림 11.8에 결합에너지 E_b의 함수로서 전자 강도를 도시한 주사 ESCA 스펙트럼을 보여주고 있다. 분석물은 다결정 $\beta - C_3N_4$ 시료로서 각 원소의 봉우리는 매우 잘 분리되어 있다. 그리고 산소의 봉우리도 나타나 있는데 이것은 시료의 일부 표면에 산화가 있었다는 것을 말해준다. 1s전자의 결합에너지는 핵의 양 하전이 증가하기 때문에 원자번호가 증가할수록 증가함을 보여주고 있다. 그림 11.8에서 ESCA는 고체 표면에 존재하는 원소의 정성적 확인방법을 제공하고 있음을 알 수 있다.

11.4.2 AES(Auger 전자분광법)

ESCA와 달리 AES는 두 단계 과정 즉, 첫 단계는 X-선이나 전자선에 시료물질을 노출시켜 전자적으로 여기된 이온 A^{+*}의 생성과정이다. X-선으로는 식(11.24)의 반응이 일어나고 전자선의 경우는 여기반응이

$$A + e_i^- \rightarrow A^{+*} + e_i^{'-} + e_A^- \qquad (11.26)$$

로 된다. 여기서 e_i^-는 전자원에서 입사된 전자를 뜻하고, $e_i^{'-}$는 이 전자가 A와 반응한 후 약간의 에너지를 잃은 그 전자를 뜻한다. 또 e_A^-는 A의 내부궤도의 하나에서 방출된 전자를 나타낸다.

그림 11.7(b)와 (c)에서와 같이 여기이온 A^{+*}의 이완은 다음 두 가지 방법 즉,

$$A^{+*} \rightarrow A^{2+} + e_A^- \tag{11.27}$$

또는

$$A^{+*} \rightarrow A^{+} + h\upsilon_f \tag{11.28}$$

중의 하나로 일어날 수 있다. 여기서 e_A^-는 Auger **전자**에 해당하고 $h\upsilon_f$는 **형광광자**이다. 식(11.28)로 나타낸 이완과정에서의 형광복사선의 에너지 $h\upsilon_f$는 여기에너지와 무관하다. 따라서 이 경우 다색복사선을 여기 단계에 사용할 수 있다. 식(11.27)에 나타난 Auger 방출은 에너지를 버리는 이완과정이고 이 과정의 결과로 운동에너지 E_k를 가진 Auger 전자 e_A^-가 방출한다. Auger 전자의 에너지는 에너지 준위 E_b의 빈 궤도자리를 만드는 원래의 광자나 전자에너지와 무관하다. 따라서 형광분광법에서와 같이 단일 에너지의 여기광원이 필요하지 않다.

Auger 전자의 운동에너지는 여기이온의 이완과정에서 방출하는 에너지$(E_b - E_b')$와 그의 궤도에서 2차 전자를 방출하는데 필요한 에너지 E_b'의 차이다. 따라서,

$$E_k = (E_b - E_b') - E_b' = E_b - 2E_b' \tag{11.29}$$

로 된다. Auger 방출은 전자를 방출할 때 일어나는 궤도전이의 형태로 설명된다. 예를 들면 KLL Auger 전이는 먼저 K전자가 방출되고 다음 L전자가 K궤도로 이동하면서 동시에 제2의 L전자 방출이 일어나는 과정이다. 또 다른 형태의 전이는 LMM과 MNN이 있다.

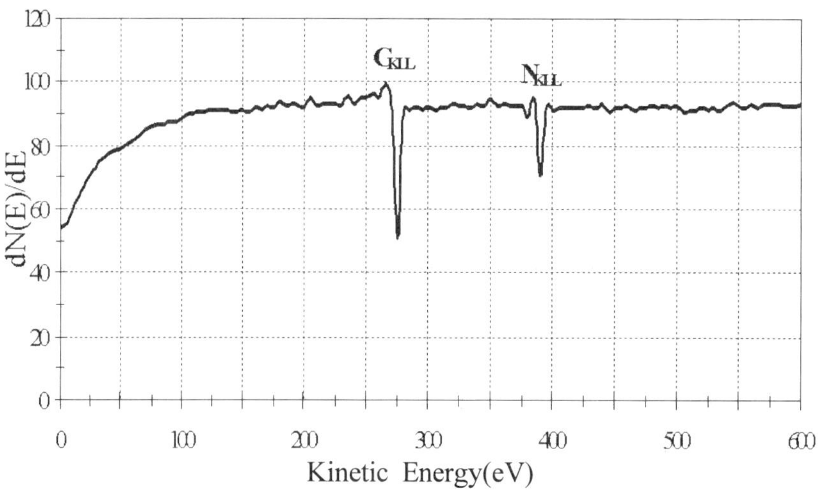

그림 11.9 ▸ 26%인 *N*와 74%인 *C*로 구성된 박막시료의 Auger 스펙트럼

Auger 스펙트럼은 20~1000 eV의 영역 내에서 몇 개의 특유 봉우리로 이루어져 있다. 그림 11.9는 26 %인 *N*와 74 %인 *C*로 구성된 결정질 시료에서 얻은 전형적인 Auger 스펙트럼이다. 전자 운동에너지의 함수로서 나타낸 계수속도의 미분값 $dN(E)/dE$를 종축에 놓는다. 작은 봉우리는 돋보이게 하고 크지만 서서히 변하는 산란전자의 바탕복사선의 영향을 줄이기 위해 미분스펙트럼을 Auger 분광법의 기준으로 사용한다.

11.4.3 ESCA의 응용

11.4.3.1 정성분석

그림 11.8에서 보는 바와 같은 저분해능의 스펙트럼은 시료의 조성원소의 확인에 이용된다. *Mg*나 *Al* K_α선원은 *H*나 *He*을 제외한 모든 원소의 특성 결합에너지를 갖는 중심전자를 방출시킨다. 주기율표 상의 모든 원소는 250~1500 eV의 영역에서 피크가 생기는 하나 이상의 에너지 준위를 갖는다. 대부분의 경우 봉우리는 잘 분리되고 농도가 0.01% 이상만 되면 분명하게 확인할 수 있다. 보통 스펙트럼 겹침에서 오는 문제는 다른 파장영역에서 생기는 다른 봉우리를 조사하여 해결할 수 있다.

11.4.3.2 화학적 이동과 산화상태

스펙트럼 중의 봉우리 하나를 더 높은 에너지 분해능의 조건하에서 조사해 보면 피크 중심의 위치는 그 원자의 화학적 환경에 따라 약간씩 변한다. 즉, 원자 가전자 수의 변화와 시료의 결합 형태는 내부전자의 결합에너지에 영향을 준다는 것이다.

또 결합에너지는 산화상태가 더 양으로 될수록 증가된다. 이러한 화학적 이동은 외각전자가 있을 때 내부전자에 대한 핵의 인력이 감소한다고 가정하면 잘 설명된다. 외각전자 하나가 제거되면 내부전자의 유효 전하는 증가하고, 따라서 결합에너지가 증가하게 된다. ESCA의 가장 중요한 응용 중의 하나가 여러 가지 종류의 무기화합물에 포함되어 있는 원소들의 산화상태를 확인하는 것이다.

11.4.3.3 화학적 이동과 구조

그림 11.10은 구조가 한 가지 원소의 피크 중심 위치에 미치는 영향을 보여준다. 탄소원자에 포함된 1s전자에 해당하는 각 봉우리는 구조식의 바로 위에 위치하고 있는 탄소에 상당한다. 여기서 결합에너지의 이동은 1s 중심전자가 받는 유효핵전하에 미치는 여러 가지 작용기의 영향을 고려하면 설명할 수 있다. 예를 들면 결합되어 있는 모든 원자들 중에 *F*원자는 탄소원자에서 전자밀도를 끌어내는 능력이 가장 크다. 따라서 탄소 1s전자가 받는 유효핵전하는 최고이며 결합에너지도 가장 크다.

ESCA에서 방출되는 광전자는 고체의 약 10~50 Å 이상의 층을 통과할 수 없으므로, 표면에 관한 연속적 정보를 얻는데 유용하다. 이것을 이용하는 몇 가지 예를 들면 촉매표

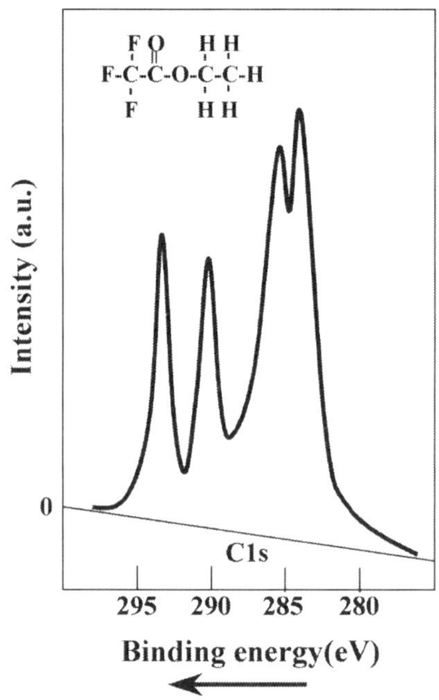

그림 11.10 ▸ ethyl trifluoroacetate의 탄소 1s의 스펙트럼

면의 활성자리와 독의 자리의 확인, 반도체 표면의 오염 정량, 사람 피부의 조성분석, 그리고 금속과 합금의 산화 표면층의 연구 등이다. 또 이 방법은 화학구조를 밝히는 유력한 방법이며, 원소의 산화상태를 식별할 수 있는 능력을 가지고 있다.

11.4.3.4 정량분석

그림 11.8에 $\beta-C_3N_4$ 시료의 XPS 스펙트럼 페턴을 도시하고 있으며, 이것을 예를 들어 정량분석하는 방법을 고찰한다. 그림에 보인 것처럼 공기 중으로부터의 산소와 가 결합된 결합에너지인 291.9 eV와 290.9 eV를 제외한 나머지 결합에너지 값들을 질소의 결합에너지와 세 쌍으로 연결하여 화학적 정량분석을 하여 분자구조를 산출하였다. 각각의 결합에너지 쌍을 나누어서 시료내에서 이들 쌍들이 어떤 화학적 구조를 가지고 있는지 알 수 있다. 286.5 eV와 398.9 eV에 있는 C1s와 N1s 결합에너지 피크 쌍의 분자구성은 XPS 스펙트럼의 C/N 비가 21.08 : 26.33이므로 $C_{44}N_{56}$이다. 이것은 우리가 원하는 화학적 구조인 $\beta-C_3N_4$ 상($C_{43}N_{57}$)과 매우 근접하고 있으므로, $\beta-C_3N_4$ 결합상태인 C-N 결합에 대한 결합에너지 값이라 할 수 있다.

기본원자구조가 $\beta-C_3N_4$와 매우 유사한 우로트로핀(urotropine: $N_4C_6H_{12}$)에 있어서도 N1s 결합에너지 피크 중심이 399.6 eV 이다. 이 값은 질화탄소 시료의 결합에너지 값보다 0.7 eV 높은 값이다. 이처럼 결합에너지가 차이가 나는 것은 이들 두 결합구조에 있어서 질소원자의 위치의 차이에서 기인한 것이다. $N_4C_6H_{12}$에 있어서의 질소원자는 tetrahedral 위치에 있는 반면 $\beta-C_3N_4$에 있어서의 질소원자는 trigonal 위치에 있기 때문이다. trigonal 구조를 가진 질소원자에 있어서의 외부 단결합 쌍의 존재는 결합에너지를 낮은 쪽으로 내리는 결과를 초래한다. 이 추정은 이온 기술을 이용해 질화탄소를 제조한 다른 실험의 예에서도 N1s의 결합에너지가 398.5±0.2 eV에서 보여진다고 보고하였다. 이 값은 보고된 우로트로핀(399.6 eV)의 N1s 결합에너지 값과 비교해 1.1±0.2 eV 만큼 작은 값에 불과하다.

N1s와 C1s의 피크가 400.3 eV와 288.5 eV에 있는 두 번째 쌍의 결합에너지는 C=N과 C-N 결합이라 한다. 분자구성은 XPS 스펙트럼의 C/N 비가 19.82 : 12.75 이므로 $C_{61}N_{39}$이다. 이것은 또 다른 화학구조인 $\beta-C_4N_3$ 상($C_{57}N_{43}$)과 매우 근접하고 있으므로, $\beta-C_4N_3$ 결합상태인 C-N 결합에 대한 결합에너지 값이다. 또 이것에 가까운 결합에너지 값을 C-C 결합을 C-N 결합에 의해 대체된 sp^3 결합된 질화탄소의 것으로 볼 수 있다.

가장 작은 질소량을 가진 세 번째 쌍인 N1s와 C1s의 피크가 401.8 eV와 285.5 eV에 있는 결합에너지를 해석해 보면, XPS 스펙트럼의 C/N 비가 7.48 : 3.21 이므로 분자결합은 $C_{70}N_{30}$로 된다. 이 결합에너지 값을 C-C 결합이 C-N 결합에 의해 대체된 형태의 DLC(diamond-like carbon) 또는 GLC(graphite-like carbon)이다. 분자구조가 $C_{88}N_{12}$인 낮은 질소함량을 가진 그라파이트 내에서 N원자의 역할은 단지 그라파이트 층간을 연결하는 역할만을 한다.

11.4.3.5 표면 단면분석(depth profiling)

단면분석은 표면을 아르곤 이온건으로 에칭하면서 표면의 조성원소를 측정하는 방법이다. ESCA나 AES가 원소 검출에 사용될 수 있으며, 에칭속도는 시간과 관계가 있으므로 표면단면의 원소조성을 얻을 수 있다. 이러한 정보는 부식화학, 촉매작용, 그리고 반도체 접촉점의 성질과 같은 여러 가지 연구에 매우 중요하다.

그림 11.11에 앞에서 설명한 다결정 시료 $\beta-C_3N_4$의 단면분석 결과를 보여주고 있다.

11.4.4 AES의 응용

AES와 XPS는 화합물의 물질조성에 관하여 유사한 정보를 제공한다. 이 두 방법들은 서로 경쟁적이라기 보다 서로 보완적인 성질을 가지고 있다. 어떤 응용에서는 AES가 더 믿을 수 있고 효과적이지만 또 다른 응용에서는 ESCA가 더 믿을 수 있고 효과적일 때가 있기 때문이다.

AES의 장점은 원자번호가 낮은 원자에 대하여 감도가 높고, 공간 분해능 또한 높기 때문에 고체 표면을 자세히 관찰할 수 있다는 점이다. 지금까지 AES는 ESCA에서 설명한 산화상태의 정보를 얻기 위해 중점적으로 이용되지는 못했다.

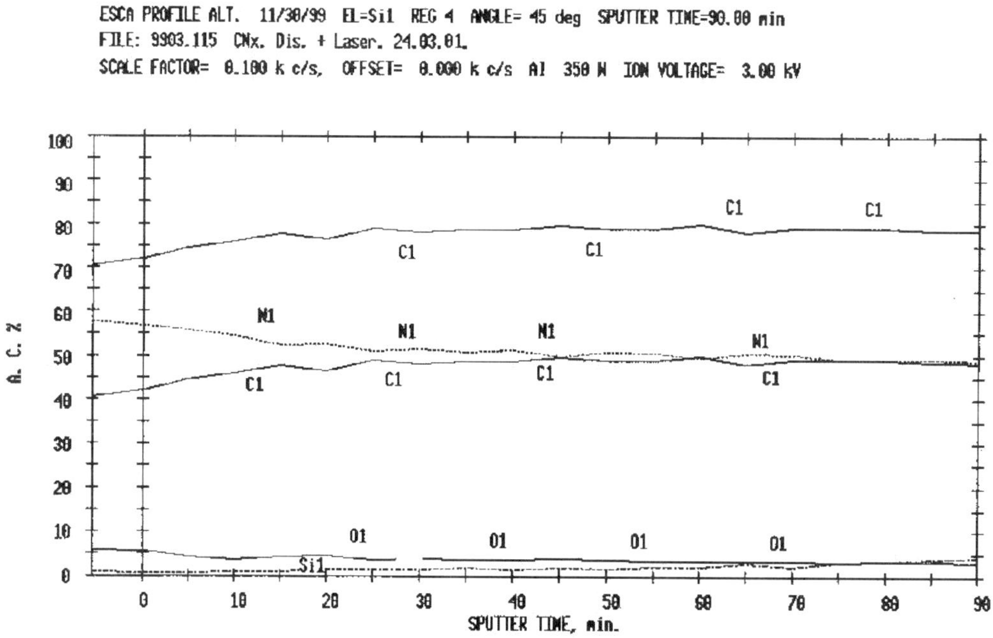

그림 11.11 ▸ 다결정 시료 $\beta-C_3N_4$의 단면분석 결과: (a) 탄소; (b) 질소; (c) 산소

11.4.4.1 정성분석

일반적으로 Auger 스펙트럼은 전자총의 전자선으로 표면의 좁은 면을 충격하여 그림 11.9와 같은 미분전자 스펙트럼을 얻는다. 표면연구에 관한 AES의 이점은 낮은 에너지의 Auger 전자(20~1000 eV)는 고체의 몇 개의 원자 층(3~20 Å)만을 투과할 수 있다는 점이다. 따라서 전자총에서 나온 전자는 시료표면의 깊은 밑까지 침투하지만 표면 4~5 개층 이내의 원자에서 나오는 Auger 전자들만이 분석기에 도달하게 된다. 따라서 AES 스펙트럼은 ESCA 스펙트럼보다 고체의 진정한 표면조성을 더 잘 나타낼 수 있다.

11.4.4.2 정량분석

전자 빔 전압 3 kV, 빔 전류 5~10 mA인 JEOL JAMP-10 Auger 전자 분광기(AES)를 이용하여 박막시료 내에 질소함유량을 측정하였다. AES로 측정된 C_{KLL}(271.9 eV)와 N_{KLL}(385.9 eV)의 피크 강도로부터 다음의 식을 이용하여 질소 함유량을 계산하였다.

$$\%N = \frac{I_N/S_N}{I_N/S_N + I_C/S_C} \times 100(\%) \qquad (11.30)$$

여기서, I_N, I_C는 각각 질소와 탄소의 피크 강도이고, S_N, S_C는 각각 질소와 탄소에 대한 장비의 감도 펙터이다. 그림 11.9는 질소함량이 26 %인 한 박막시료에 대한 AES 피크 스펙트럼을 보여주고 있다.

11.4.5 SEM(scanning electron microscopy)

현재 여러 분야에서 고체표면의 물리적 성질과 화학적조성에 관한 자세한 정보는 점점 더 중요성이 증가하고 있으며, 이러한 중요한 정보들은 **주사전자현미경**(scanning electron microscopy : SEM)법과 **전자마이크로분석기**(electron probe microanalysis, EPMA)에 의하여 얻어지고 있다.

SEM은 상을 얻고 전자마이크로분석기를 조작할 때 고체시료의 표면을 초점이 잘 맞춰진 전자선으로 **레스터 형식**(raster pattern)으로 주사한다. 레스터 형식은 음극선관에서 사용하는 것과 같은 주사형식인데 이 경우 전자선은 직선으로 표면을 훑어가고, 또 출발점으로 다시 돌아와 일정 증가분만큼 아래쪽으로 이동한다. 이 과정을 원하는 면적의 표면이 모두 주사될 때까지 반복한다. 강력한 전자선으로 주사할 때 여러 종류의 신호를 표면으로부터 얻게 된다. 이 신호들은 후방 산란된 전자, 이차전자 그리고 Auger 전자들이거나, X-선 형광, 그리고 여러 가지 에너지를 갖는 광자들이다. 이 신호들은 모두 표면 분석에 사용되는데 특히 많이 사용되는 두 가지는 SEM에 이용되는 후방산란 전자 및 이차전자이고, EPMA에 이용되는 X-선 형광이다.

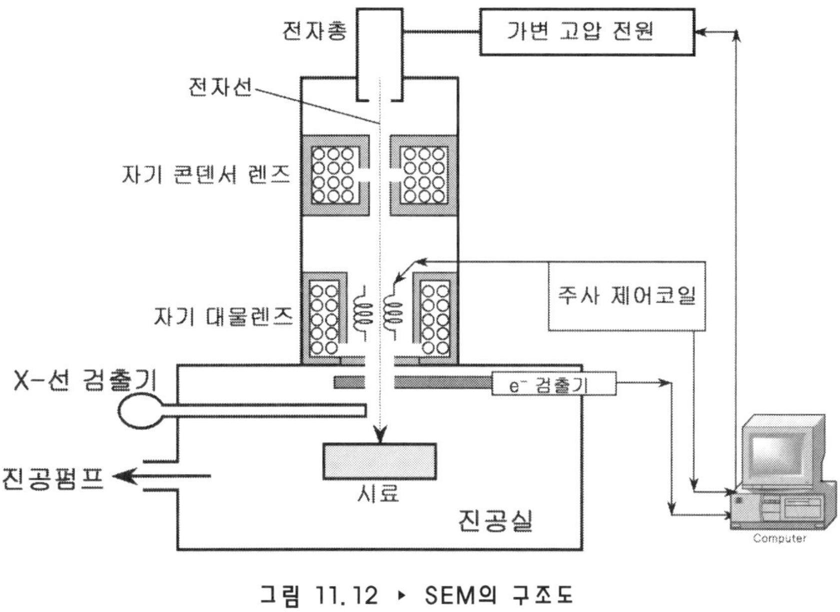

그림 11.12 ▸ SEM의 구조도

11.4.5.1 구조와 원리

그림 11.12는 SEM과 EPMA의 두 분석기를 복합시킨 기기의 원리도이다. 전자발생원과 전자초점 조정장치는 공동으로 사용하지만 SEM은 전자 검출계를 이용하는 반면 EPMA는 X-선 검출계를 사용한다.

강력한 전자는 전자발생원인 전자총으로 시스템에 조사되며, 가장 많이 사용하는 전자총으로는 그림 11.13과 같다. 이것은 1~50 kV의 전위로 유지 가열된 필라멘트로 이루어져 있으며, 필라멘트에 대해 음으로 되어 있는 그릿 컵 또는 Wehnelt 원통으로 둘러 쌓여 있다. 전자총 하부에 위치한 전극에 의한 자계의 효과는 방출된 전자를 직경 d_0인 **크로스오버**(crossdver)라고 불리는 작은 점에 수렴하도록 한다.

그림 11.13의 자기컨덴서와 대물렌즈는 크로스오버($d_0 = 10 \sim 50\ \mu m$)에서의 상을 축소시켜 5~200 [nm]의 시료 위에 나타나는 작은 점 크기로 만들도록 한다. 컨덴서렌즈계는 전자선이 대물렌즈를 통과하도록 하고, 대물렌즈는 시료의 표면에 부딪치는 전자선의 크기를 조절한다. 대표적인 렌즈는 원통형 대칭이고 10~15 [cm]의 높이를 갖는다.

SEM으로의 주사는 대물렌즈 안에 있는 두 쌍의 전자기코일로 조작한다. 한 쌍은 전자선이 시료를 가로질러 x방향으로 이동시키고 다른 쌍은 y방향으로 이동시킨다. 주사는 전기신호를 한 쌍의 주사코일에 가함으로서 조절된다. 즉, 전자선이 렌즈계 중심축의 한쪽에 오도록 시료를 조사하도록 한다. x코일에 가한 전기신호를 시간에 따라 변화시킴으로서 전자선이 시료를 가로질러 직선으로 움직이고, 그리고 원래 위치로 되돌아오게 한다. 이런 직선주사가 끝난 후에 y코일을 이용하여 전자선을 조금 이동시키고 다시 x코일을 이용하여 전자선 주사를 계속하도록 하여 전체 시료표면을 조사하도록 한다. 주사코일 신호는 재현성이 있는 디지털 주사로서 저장한다.

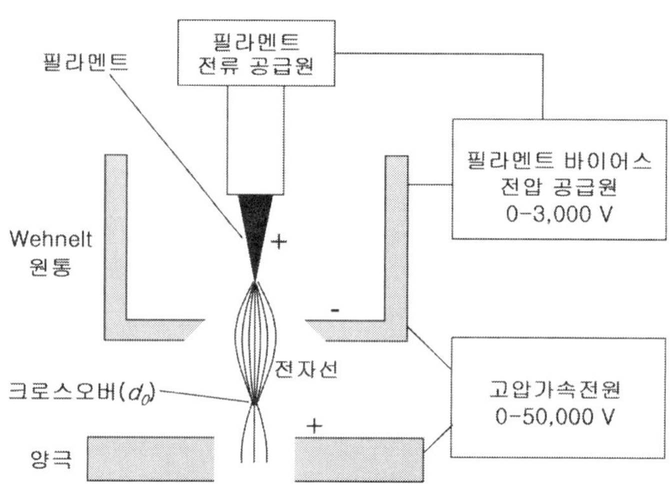

그림 11.13 ▸ 전자총의 개념도

전자선은 x와 y방향으로 이동시키는데 사용되는 컴퓨터 모니터의 수평과 수직 주사에도 사용된다. 시료의 상은 모니터 판 위의 점들의 세기를 제어하는 검출기의 출력에 의하여 만들어진다. 그러므로 이러한 주사법은 시료표면의 특정 지점에서 생긴 신호와 모니터 표시판 위의 해당 점 사이의 상호관계에서 시료의 지도가 만들어진다.

다른 형태의 현미경과는 달리 SEM에서는 시료의 실상은 존재하지 않는다. 시료에 관한 모든 정보는 시료표면지도로부터 직접 얻는다. SEM상의 확대(M)은

$$M = \frac{W}{w} \tag{11.31}$$

로 주어진다. 여기서 W는 모니터 표시판면의 넓이이고, w는 시료를 통과하는 단일 주사의 넓이이다. W는 일정하므로 점점 확대하려면 w를 감소시켜야 한다. 확대와 주사선 넓이와의 역비례관계는 무한히 작은 점으로 초점을 맞춘 전자선을 사용하면 무한대로 확대된 상을 얻을 수 있다는 것을 의미한다. 그러나 여러 가지 요인 때문에 계기에 따라서는 차이가 있지만 확대는 10× 에서 200,000× 사이로 제한된다.

11.4.5.2 전자선과 고체와의 상호작용

고체연구를 위한 SEM과 EPMA의 유용성은 전자가 고체와 상호작용할 때 얻는 여러 가지 신호 때문이다. 이때 얻은 세 가지 신호, 즉 후방산란 전자, 이차전자, 그리고 X-선 형광에 대하여 생각해보자. 고체와 전자선의 상호작용은 두 가지 범주로 나누어 볼 수 있다. 에너지를 크게 변화시키지 않고 전자의 진행궤도에 영향을 미치는 탄성 상호작용과 전자의 부분 혹은 전체 에너지를 고체에 이전시키는 비탄성 상호작용이다. 들뜬상태의 고체는 이차전자, Auger 전자, X-선, 그리고 때로는 긴 파장의 광자를 방출한다.

탄성산란에서 전자가 원자와 충돌하면 전자의 방향은 바뀌지만 속도는 거의 영향을 받지 않으므로 전자의 운동에너지는 사실상 일정하게 유지된다. 전자선의 에너지는 가장 일반적인 20 keV라고 가상한다. 전자는 1.0 [μm] 혹은 더 깊이까지 침투한다. 일부분의 전자는 비탄성충돌로 에너지를 잃고 고체 안에 남아 있게 된다. 그러나 대부분은 무수한 충돌을 하고 마지막에는 후방 산란된 전자로서 표면으로부터 떠나게 된다. 후방 산란된 전자선이 입사하는 전자선보다 더 큰 직경을 가진다는 것은 중요하다. 즉 입사전자선은 5 [nm]이고 후방 산란된 전자선의 직경은 SEM의 분해능을 제한하는 요인 중의 하나이다.

비탄성 상호작용에서 발생한 신호 중 가장 많이 사용되는 이차전자 생성에 대하여 고려해 보자. 고체의 표면에 수 keV의 에너지를 갖는 전자선으로 충격을 가할 때 50 eV 또는 그보다 작은 에너지를 갖는 전자가 후방산란 전자와 함께 표면에서 방출한다. 이러한 이차전자의 수는 후방산란 전자수의 1/2에서 1/5정도보다 작을 경우가 보통이다. 3~5 eV 에너지를 갖는 이차전자는 에너지가 큰 전자가 고체 내부에서 약하게 결합된 전도전자와 상호작용하여 몇 eV의 전도띠 전자를 방출시킨다. 이차전자는 5~50 [Å] 깊이에서 생기

고 입사전자보다 다소 큰 직경인 전자선이다. 이러한 이차전자는 검출기 덮개에 약간 음의 바이어스를 걸어주어 검출기에 도달하지 못하도록 할 수 있다.

11.4.5.3 SEM 응용

i) 반도체분야

1) 상호연계(Interconnection) 및 게이트 전극(gate electrode)
   - 게이트와 전극간의 깊이(depth) 및 넓이(width)를 명확히 구분
   - 셀(Cell)의 명확한 미세구조 관찰

2) 금속화(Metallization)
   - 메탈구조의 명확한 관찰
   - 메탈과 메탈 사이의 인터페이스의 명확한 구분

3) 드라이 에치(Dry etch)
   - 드라이 에치 후 표면에 잔류 물질의 관찰
   - 에치 된 구조의 크기 및 모양의 명확한 관찰
   - CD(Critical-Dimension)의 정확한 측정

4) 포토 리소그라피(Photo lithograph)
   - PR(Photo-Resist) 공정 후 크기 및 구조의 관찰
   - PR 두께의 측정
   - CD의 정확한 측정

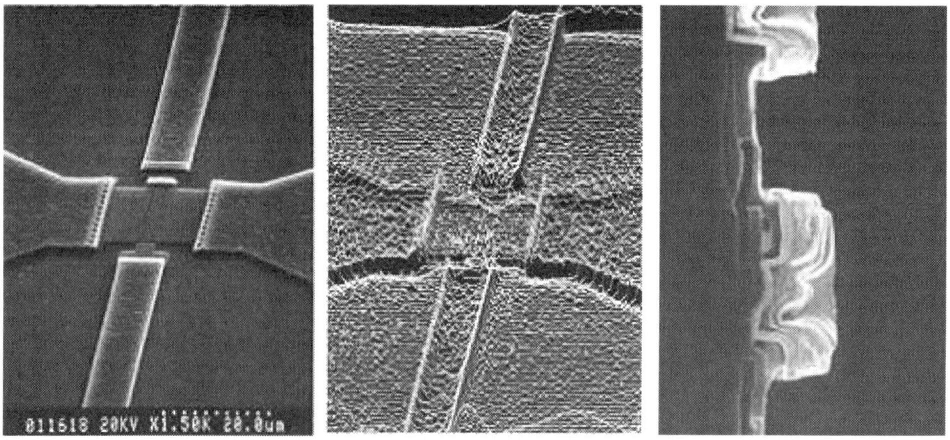

(a) (b) (c)

그림 11.14 ▸ (a) 반도체 소자의 표면; (b) Y-modulation; (c) 반도체 소자의 단면

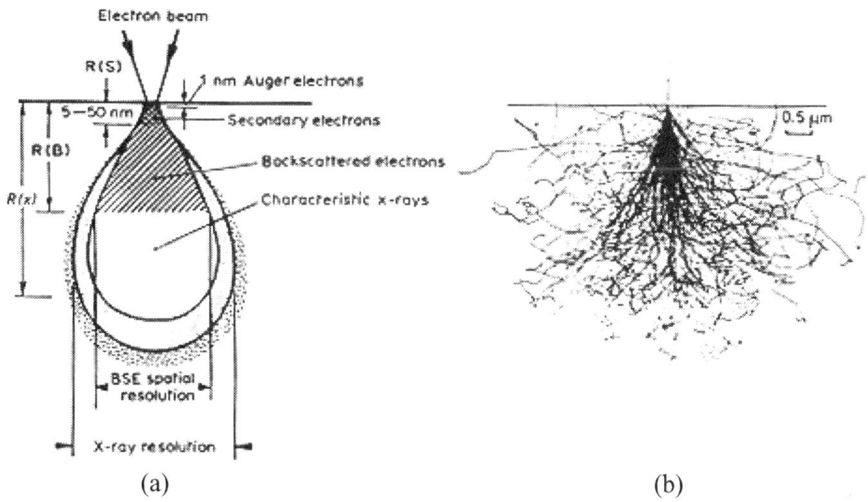

그림 11.15 ▸ (a) 시편과 입사 전자빔의 상호작용; (b) 시료의 전자 (electron path) 계산

ii) 폴리머분야

PMMA와 같은 폴리머들은 매우 빔에 민감하며 라스터 된 지역(rastered area)로 부터의 상떨림현상은 질량 손실에 의해 흔하게 나타난다. 반결정성 고분자들은 전자빔의 노출에 의해 그 결정성을 잃고 시편의 형태를 변화시킬 수 있다. 낮은 가속전압은 **챠징효과**(charging effects)와 **빔 침투**(beam penetration)와 빔 충격을 감소시킨다.

최적화 방법은 시료에 대한 SEM의 최적화에 고려해야 될 중요한 몇 가지는 **노이즈**와 **필드 깊이**(depth of field: focus내에 있는 시편의 두께 혹은 깊이)와 해상도이다. 이런 변수들은 빔 전압, 빔 전류, 파이널 렌즈 구경과 동작거리 등에 의해 달라지며, 최대 해상도의 조건은 높은 가속전압, 짧은 동작거리와 작은 파이널 렌즈구경으로 얻어지는 정밀탐침, 낮은 노이즈에 최적인 높은 빔 전류, 탐침 사이즈(probe size)가 작고 낮은 전류일 때는 긴 노출시간이 필요하다 등이며, 또한 최대의 필드 깊이(depth of field)를 위한 조건은 긴 동작거리, 작은 파이널 조리개 사이즈(small final aperture size), 큰 탐침 사이즈(large probe size)이다.

SEM에서는 두꺼운 금속코팅과 매우 낮은 가속전압이 폴리머에 도달하는 전자의 대부분을 막을 수 있다. 두꺼운 코팅과 낮은 빔 전압은 SEM 이미지의 해상도를 낮추게 된다. 만일 5~10 kV의 전자가 사용되고 이들이 폴리머를 관통한다면 shape의 fine scale change가 일어나게 된다. SEM에서 손상을 최소화하고 이미징(imaging)을 향상시킬 수 있는 조건은

1) 낮은 가속전압
2) 낮은 빔 전류

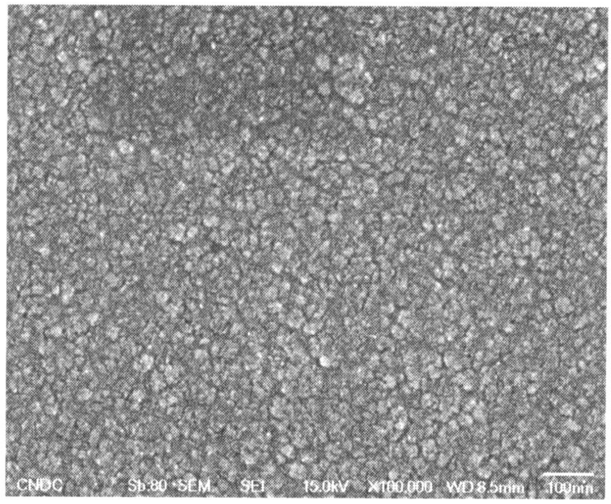

그림 11.16 ▸ 고체시료의 표면 SEM 사진

3) 큰 탐침 사이즈 (large probe size)
4) 넓은 영역에 대한 낮은 배율
5) 짧은 노출 시간
6) 노출사이의 빔 블랭킹(beam blanking)

이다.

SEM은 고체표면을 이해하는데 필요한 고체표면에 관한 형태학적 및 지형학적 정보를 제공한다. 그러므로 고체표면의 성질을 연구하는 첫 번째 단계는 SEM의 조사이다. 그림 11.16에 SEM으로 얻은 $\beta - C_3N_4$ 시료의 표면사진을 보여주고 있다.

11.4.6 STM(Scanning Tunneling Microscope)

원자현미경 계열 현미경중 처음으로 등장한 STM의 기본 원리는 아주 간단하다. 가느다란 텅스텐 선을 전기 화학적으로 식각시키면 그 끝이 아주 뾰족하게 되어 맨 끝에는 원자 몇 개만이 있게 된다. 이처럼 예리한 바늘을 고온에서 강한 전기장으로 더욱 예민하게 하고 부식 중에 생긴 산화막을 없애면 훌륭한 STM 탐침(探針)이 된다. 이러한 탐침을 전도체인 시료 표면에 원자 한, 두개 크기의 간격(~0.5 nm)으로 가까이 접근시키면 비록 두 개의 도체가 떨어져 있지만 그 간격이 아주 작아서 양단간에 적당한 전압을 걸어주면 전자가 에너지 벽을 뚫고 지나가 전류가 흐르는 양자역학적 터널링(Tunneling) 현상이 일어난다. 이는 마치 우리가 땅바닥의 작은 틈새를 뛰어넘을 수 있는 것과 비슷한 이치이다. 이 틈새가 점점 멀어지면 뛰어넘을 수 있는 확률이 급격히 낮아지는 것과 마찬가지로 STM의 탐침과 시료 간격이 멀어지면 전자의 터널링 확률이 급격히 낮아져 전류가 급격히 줄어든다. STM의 탐침은 피에조 세라믹으로 만들어진 스캐너(scanner)에 의해 상하, 좌우, 전후로 움직여지며, 이 구동장치는 0.01 nm 이상의 정밀도를 가지고 있다. 탐침을 통해 흐르는 전류가 일정한 값이 되도록 탐침의 높이를 조정하면서 좌우, 전후로 주사(走査)해 가면 탐침이 시료 위를 저공비행하듯이 따라가게 된다. 이 때 각 지점에서 탐침을 상하로 움직여준 값을 기록하여 얻어진 수치를 컴퓨터 화면에 밝기로 나타내면 시료의 지형을 나타내는 사진이 된다. 일단 이 사진이 얻어지면 위에서 본 형상뿐 아니라 각 부분의 굴곡도는 물론 단면도, 입체도 및 각종 통계자료를 얻을 수 있다.

고체의 표면이 노출되었을 때 고체표면의 원자들은 스스로 재배열을 하게 된다. 이러한 재배열은 고체 표면의 전기광학적 성질을 좌우한다. 최근 여러 가지 소자는 반도체를 비롯한 고체의 초박막을 이용한다. 따라서 원자의 재배열을 연구하는 것은 대단히 중요한 연구 과제이다. 그런데 STM이 발명되기 이전에는 간접적으로만 원자의 배열을 추정할 수 있었다. 금속을 어떤 고체의 표면에 근접시킨 다음 금속과 고체 사이에 바이어스를 걸어주면 두 물질이 접촉되어 있지 않더라도 양자역학적 **터널링**(tunneling) **현상**에 의하여 전류가 흐르게 된다. STM은 텅스텐 또는 백금-이리듐 합금으로 된 탐침을 고체 표면에 근접하여 고체표면의 원자와 탐침사이의 터널링 전류를 측정하고 이때 탐침을 고체 표면에 대하여 평행하게 주사(scan)하여 터널링 전류의 변화를 측정함으로서 고체표면의 원자배열을 알아내는 장치이다. 탐침의 끝단에 원자 하나나 둘 정도가 올라 앉아 있을 정도로 뾰족한 탐침을 만들면 탐침이 원자 바로 위에 있으면 터널링 전류가 증대하고 탐침이 원장화 원자 사이에 있으면 전류가 감소한다. 이러한 전류의 소밀을 화상으로 기록하면 고체 표면의 원자 배열을 알 수 있다. 터널링 전류를 극대화하기 위해서는 탐침을 고체 표면에 근접하여야 하는데 이는 전압에 의하여 길이가 달라지는 압전 세라믹을 이용한다. 또한 고체 표면에서 x-y 방향으로 주사하여야 하므로 세 가지 방향으로 가지가 나있는 **tripod 압전 소자**를 이용한다. 이러한 압전 소자를 이용한 탐침의 고체 표면 근접운동 및 주사운동은 피드벡 선도(feed back loop)를 이용하여 수행한다. 얻어진 터널링 전류의 변화는 이미지 프로세스를 이용하여 컴퓨터의 화상으로 나타나게 된다. STM 이미지를 얻기 위해서는 외부의 진동으로부터 STM 장치가 격리되어 있어야 한다. 이를 위하여 이 장치는 이중 스프링으로 STM 장치가 걸려있고 스프링의 감쇄진동에 의하여 외부 진동으로부터 격리될 수 있게 되어 있다. SFM은 탄력성이 있는 **탐판**(cantilever)를 고체 표면에서 주사할 때 고체 표면의 원자와 탐판의 인력에 의하여 탐판의 휘어짐을 측정함으로서 고체 표면의 원자배열을 측정하는 장치이다. 이때 탐판의 휘어짐을 여러 가지 방법으로 검출하는데 작은 레이저 다이오드에서 나오는 광이 탐판에 반사된 다음 **위치 감응 포토다이오우드**(position sensitive photodiode)에 도달하게 되어 이로부터 탐판의 휘어짐을 검출하고, 이를 이미지 프로세싱하여 표면 이미지를 얻는다. STM은 터널링 전류를 이용하므로 측정하고자 하는 시료가 전도성이 강해야하므로 절연체는 측정할 수가 없다는 단점이 있지만, SFM은 시료의 전도성에 관계없이 측정할 수 있다는 큰 장점이 있다.

11.4.6.1 STM 측정원리

STM은 전도성 고체의 표면 원자 배열을 측정할 수 있고 SFM은 시료의 전도성 여부에는 관계없이 측정할 수 있다. 응용범위로서는 고온초전도체, 세라믹, 다이아몬드 박막, 유기박막 등의 표면 형상, 전도성 고체의 원자배열 및 표면 재결합(surface reconstruction) 현상 연구, 반도체 소자의 표면형상 관찰 등이다. 인간의 감각능력은 매우 제한된 범위만을 받아들일 수 있기에 오랜 옛날부터 인간은 더 먼 곳과 더 작은 것을 보기 위해 노력해 왔다. 여기에서 만들어진 것이 망원경이나 현미경 등이었고 육안으로는 구분이 불가능했던 먼 곳의 별이나 작은 세포 수준에서의 관찰로 근본적인 의문점들을 해결하고 과학을 발전시켜 왔다.

광학현미경의 경우 이미 오래 전부터 생물의 세포를 관찰하는 등의 용도로 매우 유용하게 사용되어 왔으며 20세기에 들어와 개발된 전자현미경은 그 월등한 성능으로 과학의 전 분야에서 핵심적인 역할을 해왔다. 광학현미경이나 전자현미경은 근본적인 원리는 동일한 것으로 빛이나 전자빔의 직진성과 렌즈에 의한 굴절성을 이용해서 시료의 작은 범위를 확대하는 것이므로 빛이나 전자빔의 파동성이 두드러지기 시작하는 영역에서는 기존의 원리를 그대로 적용할 수 없고 따라서 현미경의 성능이 발휘되지 못한다. 이를 극복하기 위해서 고배율로 올라 갈수록 사용하는 빔의 파장을 짧게 해야 하며 가령 광학현미경에서는 사용하는 빛을 가시광에서 자외선으로 바꾸어 배율을 높이고, 전자현미경에서는 사용하는 전자빔의 에너지를 더욱 높여 고배율을 실현한다. 이렇게 하여 전자현미경의 경우 고성능의 경우 수 nm 수준의 고배율을 얻기도 하지만 여러 가지 제한 때문에 원자수준의 분해능을 얻는 것은 거의 불가능하다고 여겨졌다.

1980년대에 등장한 STM의 경우 그 작동 원리는 기존의 현미경과는 전혀 다르게 출발하였다. 현재의 STM의 전단계로 비교적 성공적인 결과를 보여준 것은 1972년 Young 등이 Topografiner라는 이름으로 소개한 것이 있다. 기존의 다른 현미경들은 2차원의 영상만을 보여주기 때문에 실제로 3차원적인 형상을 얻기 위해 제작된 이 장치는 현재의 STM의 특성을 거의 모두 갖추고 있었다. 다만 아쉬운 것은 시료와 탐침의 사이가 수십 nm 이상 멀리 떨어져 있었고 이 때문에 거리측정을 위해 사용하는 수단을 STM에서와 같은 **터널링 전류**가 아니라 **필드 에미션 전류**(field emission current)를 사용하여 그 정밀성에서 불만족스러웠다. 이 장치의 성능은 수직해상도가 3 nm, 수평해상도가 약 400 nm 수준이었으며 그래이팅(grating)의 3차원 형상을 측정하였다. 이것을 제작한 사람들도 시료와 탐침의 거리를 더욱 가까이 하면 터널링 전류의 영역으로 들어간다는 것을 알고 있었고 실험결과도 가지고 있었지만 시료와 탐침의 사이를 1 nm 이하의 거리를 두고 일정하게 유지하는 것은 불가능한 것이라고 생각하였던 듯하다. 이들의 이 분야의 연구는 이 정도의 수준에서 끝이 났다.

현재의 STM은 1970년대 후반 IBM의 쥬리히연구소에서 Binnig과 Rohrer 등에 의해 별도로 시작되었다. 금속 표면의 얇은 산화막을 연구하기 위해 장치를 개발하기 시작하였으며 3년 정도의 비교적 짧은 시간에 모든 시행착오를 마치고 훌륭히 작동하는 장치를 만들었다. 그 첫 작품으로 20여년 이상 논란이 되어온 Si(001)-7×7 구조를 관찰하여 실제공간에서 원자들의 배열을 깨끗하게 보여주었다. 이들이 결과를 발표하였으나 뒤따라 시작한 다른 연구자들은 거의 3년이 지나도록 아무도 원자수준의 분해능을 보이는 STM을 성공시키지 못하였고 이에 따라 일부에서는 이들의 STM연구결과가 사기극이 아닌가 하는 의심들도 있었다고 한다. 그러나 1985년경부터 IBM 연구소와 AT&T Bell 연구소 등에서 후속적인 연구결과들이 발표되기 시작하면서 그동안 표면과학에서 오랫동안 풀리지 않았던 문제들이 많이 해결되었다. 또한 과학에 대한 STM의 업적이 인정되어 개발자들은 매우 빠른 시간인 1986년에 노벨상을 수상하였다.

STM은 개별 원자들을 실제공간에서 관찰할 수 있을 정도의 분해능을 제공하므로 여기서 중요한 역할을 하는 2가지 요소인 위치검출기능과 구동장치도 같은 정도의 정밀도를 가지게 되며 이들 분야에 대해서는 특별히 언급할 필요가 있다. 일반적인 모든 정밀 장치에서도 마찬가지이지만 STM에서도 우선 위치측정 능력이 매우 정밀해야 한다. 이를 위해 STM에서는 터널링 전류를 이용한다. 이것은 시료와 탐침의 사이가 1 nm 이내로 접근한 상태로 유지될 때 그 사이를 흐르게 되며 거리에 매우 민감해서 아래 식

$$I(x) \propto \exp(-kx) \tag{11.32}$$

와 같이 거리의 변화에 지수함수적으로 반비례하여 변화한다. 따라서 이 터널링 전류는 시료와 탐침의 거리변화에 매우 민감하게 변화하며 가령 시료와 탐침의 일함수가 4~5 eV 수준이라면 대략 0.1 nm의 거리변화에 10배 정도의 전류변화를 보이게 된다. 즉, 0.5 nm의 거리에서 1 nA의 전류를 유지하고 있었다면 0.6 nm의 거리에서 터널링 전류는 0.1 nA 수준으로 급감하고 0.4 nm의 거리에서는 약 10 nA로 크게 변한다. 따라서 터널링 전류를 이용하면 0.01 nm 이하 수준의 거리변화도 매우 민감하게 검출할 수 있게 된다. 그 다음 단계로는 개별 원자들을 실제로 구분하는 성능을 실현하기 위해서 탐침을 적어도 0.01 nm 수준의 정밀도로 구동시키는 장치를 실현시켜야 한다. STM에서는 이를 위해 압전재료를 이용한다. 압전재료는 전기적 신호를 기계적 신호로 바꾸거나 기계적 신호를 전기적 신호로 바꾸는 능력이 있기 때문에 오래전부터 초음파 탐촉자나 Fabry-Perot 간섭계의 미세한 거리조정, 혹은 음반의 요철신호를 소리신호로 변환시키는 변환기로도 사용되는 등 광범위한 분야에서 유용하게 사용되어 왔다.

압전재료 중 가장 저렴하고 다루기 쉬워서 널리 쓰이는 PZT의 경우 형태에 따라 수 nm/V의 감도를 가지도록 만들 수 있어서 0.01 nm~수 mm 수준의 변이는 전기신호로 쉽게 제어할 수 있다. 위의 두 가지를 모두 갖추어도 시료와 탐침 사이의 거리가 외부 진동 등에 의하여 계속 변하면 안 된다. 따라서 외부 진동의 차단은 매우 중요한데 이를 위하여 STM을 개발한 Binnig 등은 처음에는 초전도체의 Meissner 현상을 이용하여 STM 전체를 공중부양 시키는 등의 시도를 하기도 하였다.

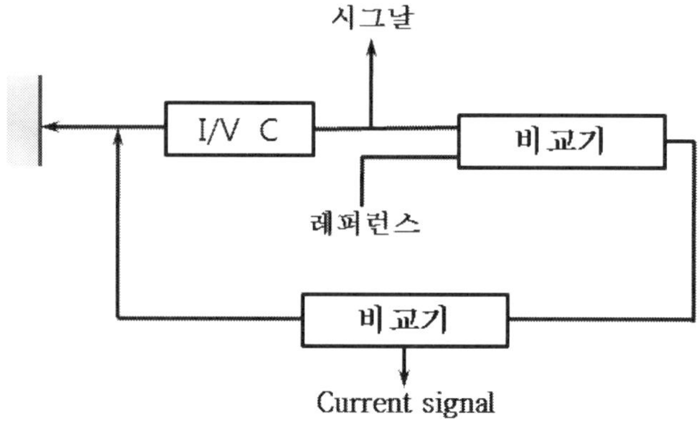

그림 11.17 ▸ STM의 구성도

차츰 경험이 쌓이고 기술이 발달함에 따라 그 다음 단계에는 2단계의 용수철로 매달거나, 용수철을 1단계로 하는 대신 주변 뼈대를 튼튼하게 하여 외부진동에 강하게 하는 등의 방법으로 최근에는 매우 간단히 외부진동을 차단한다. 당초 1970년대 초반에 Young 등이 원자수준의 분해능까지 가지 못했던 가장 큰 이유는 외부진동의 완벽한 차단을 하지 못했기 때문이었다.

이러한 준비를 모두 갖춘 상태에서 STM의 장치구성을 기능상 그림으로 나타내면 그림 11.17과 같다. 그림 11.17에서 왼쪽의 시료와 탐침은 1 nm 이하의 거리로 일정하게 유지되며 그 사이에는 보통 1 V 전후의 전압이 걸리고 1 nA 전후의 터널링 전류가 흐르도록 유지된다. 만약 터널링 전류가 정해진 기준값보다 커지면 회로에 의해 생성된 전압이 PZT 구동기를 움직여 시료와 탐침 사이의 거리를 멀리하여 전류를 줄이고, 그 반대로 터널링 전류가 기준 값보다 작아지면 거리를 가깝게 하여 전류를 증가시켜 항상 터널링 전류가 일정한 값을 유지하게 한다. 이러한 상태가 유지되도록 하면서 PZT 구동기는 탐침을 xy 면의 일정한 영역을 주사하면 xy면의 위치에 따라 시료의 표면은 굴곡을 가지게 되므로 그 거리를 일정하게 유지시켜 주기 위하여 제어회로는 탐침을 움직인다.

결과적으로 xy 위치에 따른 탐침의 움직임은 시료의 표면의 높이정보에 해당하므로 이 값을 읽어서 시료의 표면거칠기를 측정한다. 여기서 또 다시 근본적인 문제점이 등장하는데 그것은 STM의 수평해상도이다. 개별 원자들을 관찰하기 위해서는 수직해상도뿐만 아니라 수평해상도도 매우 좋아야 하며 적어도 0.1 nm 수준을 달성해야 한다. 앞서 언급한 바와 같이 터널링 전류의 대단한 감도는 수직 분해능을 0.01 nm 수준으로 달성하게 해 주지만 이것이 또한 수평분해능도 동시에 달성시킨다. 간단한 방법으로 준비된 탐침 끝부분의 곡률반경은 대부분 수십 nm 이상이 되는데 이정도로도 STM의 원자분해능을 얻기는 쉽다. 그림 11.18은 시료에 접근해 있는 탐침의 끝부분에서의 원자들의 배치를 도식적으로 나타낸 것이다.

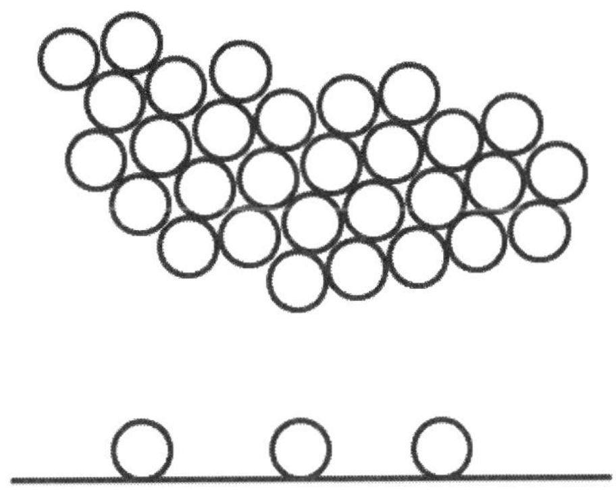

그림 11.18 ▸ 시료에 접근한 탐침의 끝부분에서의 원자들의 배열

각 원자들은 일정한 크기를 가지고 있으며 이에 따라 가장 끝 부분의 원자와 그 다음의 원자와는 약간의 높이 차이를 가진다. 만약 그 차이가 0.1 nm 라면 앞에서 설명한 바와 같이 그들을 통하여 시료로 흐르는 터널링 전류는 약 10배 정도의 차이를 가진다. 다시 설명하면 시료와 탐침 사이에 흐르는 터널링 전류는 대부분이 탐침의 가장 끝 부분의 원자를 통하여 흐르고 나머지 극히 일부만이 다른 원자들을 통하여 흐르는 것과 같다. 따라서 곡률반경 수십 nm 이상의 탐침이라고 하더라도 실제로는 단원자로 이루어진 탐침과 거의 같은 효과를 가지게 되며 이것이 결국 STM 에서 원자수준의 분해능을 가지게 되는 근본적인 이유이다.

탐침을 pm 수준의 정밀도로 움직이기 위해 PZT 구동장치를 사용한다. 이것은 속이 빈 얇은 튜브 형태이며 안쪽과 바깥쪽에 금속 전극이 코팅되어 있다. 바깥쪽의 전극을 그림과 같이 4개로 나누어 각각 x, +x, −y, +y가 되도록 배치하여 전압을 걸어준다. 가령 x와 +x 전극에 반대되는 전압을 걸어주면 한쪽은 줄어들고 한쪽은 늘어나서 결국 탐침은 한쪽 방향으로 비스듬히 기울게 되며 구동장치의 크기가 수 cm인데 비해 탐침의 변이는 nm 수준이므로 실제로는 수평방향의 평행이동과 비슷한 효과를 얻는다. y축 방향으로도 마찬가지로 처리하여 결국 튜브형태의 구동기로 xy-평면에서의 탐침의 수평이동을 실현시키며 z 축의 움직임은 4전극에 공통으로 전압을 늘리거나 줄여서 실현한다. 구동기는 nm 수준의 정밀도를 가지고 탐침을 3차원 공간에서 움직인다. 원자분해능을 가지는 STM의 성능은 수직분해능이 0.01 nm, 수평분해능이 0.1 nm 수준을 쉽게 달성한다. 사용하는 터널링 전류는 보통 0.1∼1 nA 전후이며 외부진동은 0.01 nm 이내로 엄격하게 차단되어야 한다. STM의 개발자들에 의해 가장 먼저 해결된 문제는 앞에서 언급한 바와 같이 Si(111)-7×7의 원자구조였으며 그 후에도 초창기에는 주로 표면과학분야에서 금속이나 반도체 표면의 원자구조를 연구하는데 사용되었다. STM의 강력한 성능은 곧 많은 사람들의 관심을 끌게 되었고 뒤이어 AFM을 비롯한 많은 종류의 비슷한 장치들이 개발되었으며 이들을 통칭하여 SPM(Scanning Probe Microscope)라고 부르기도 한다. 이들은 모두 탐침을 nm 수준의 영역에서 미세하게 제어하며 아주 작은 신호들을 검출할 수 있는 능력을 갖추어서 본격적인 나노기술시대를 이끌어가고 있다.

STM에 국한시켜서 그 특성을 살펴보면 STM은 본질적으로 표면거칠기를 측정하는 장비이다. 다만 그 수직, 수평 분해능이 극도로 높아서 개별 원자들의 높낮이를 구분할 수 있을 정도라는 것이다. 현대의 첨단 고부가가치 생산품들 중에는 반도체 부품 등 작고 미세한 가공을 통해 만들어지는 것들이 많이 있다. 각 부품의 구조는 다시 얇은 박막을 여러 겹으로 쌓아 다시 잘라내는 등의 가공을 하기도 한다. 최종 생산품의 수율을 높이기 위해서는 각 공정의 불량률을 최소화해야 하며 많은 경우 불량은 서로 다른 매질들의 경계인 접합면에서 일어난다. 서로 다른 물질의 접합면에서는 다른 물성 때문에 많은 결함을 발생시키며 이는 기계적으로 취약하게 하여 제품의 수명을 단축시키기도 하고 또 전자를 붙잡는 트랩(trap)을 많이 발생시켜 전기적인 성능을 떨어뜨린다. 따라서 이러한 불량을 개선하고 고품질의 계면형성을 위해서 최근 표면/계면 현상에 대해 많은 연구가 진행되고 있다.

표면에서는 여러 가지 독특한 화학적, 기계적, 전기적 등의 성질이 발현되는데 이들을 이용하면 매우 효율적인 반응을 진행시키거나 소자를 만들 수도 있다. 표면에서 나타나는 성질들은 여러 가지 방법들을 동원하여 연구할 수 있는데 가장 근본적인 것은 결국 표면 부근에서의 원자들의 배열에 의해 그 물성이 결정되며 따라서 표면/계면에서의 원자들의 구조를 연구하는 것은 오래 전부터 큰 관심거리였다. STM이 나오기 이전에는 실제공간에서 원자배열을 직접 관찰하는 것이 불가능하다고 여겨졌기 때문에 전자빔이나 X-선의 회절 등을 이용하여 원자배열을 추정하는 연구가 많이 진행되었다. 그러나 이 경우에는 전체적으로 존재하는 규칙성은 대체로 알 수 있었지만 어쩔 수 없이 존재하는 불확실성 때문에 세부적인 것은 알 수 없었고 더욱이 불규칙하고 국소적인 결함이나 원자구조는 전혀 알 수 없었다. STM의 등장으로 원자들의 배열을 실제공간에서 관찰할 수 있게 됨에 따라 그전에 회절에 의한 연구결과들 중 많은 부분이 잘못된 것임이 밝혀졌고 여러 분야에서 많은 연구들이 근본적인 수준에서 다시 이루어졌다.

11.4.6.2 연구분야

STM의 개발 후 초기의 주된 연구 분야는 반도체에 몰려 있었다. 반도체중 가장 많이 쓰이는 것은 Si(001) 면이므로 이 면 위에서의 Si의 원자구조들이나 이 면 위에 금속이나 다른 반도체 물질 등이 올라갈 때의 변화 등이 초기에 집중적으로 연구되었다. STM은 많은 종류의 여러 가지 연구에 적용될 수 있지만 여기서 그중의 구체적인 내용을 일부 소개한다. 원자가 덩어리(bulk) 상태의 가운데에 있을 때와 달리 표면에 노출되었을 때는 전혀 다른 주위 환경에 따라 대개의 경우 원자구조 자체가 바뀌게 된다. 이에 따라 표면에서의 전기적, 자기적, 화학적, 기계적 등의 물성들이 덩어리 상태와는 달리 많이 바뀌게 되며 이를 잘 이용할 경우 성능 좋은 소자들을 만드는데 활용할 수 있다. Si와 같은 반도체의 경우 이웃하는 원자들간의 결합은 방향성이 강한 공유결합이므로 특히 표면에서의 재결합(reconstruction)이 두드러지며 표면의 방향에 따라 다양한 구조가 나타난다. 이에 따라 Si 표면의 전기적 화학적 성질도 다양하게 변하며 실제 소자의 생산을 위해서 만들어야 하는 이종접합을 결함 없는 고품질로 만들기 위해서는 처음 이종접합이 생기기 시작하는 아주 초기 상태의 연구가 중요하게 된다. 따라서 가장 처음 깨끗한 표면상태의 원자구조 및 그 위에 다른 이종 물질이 올라갈 때 형성되는 새로운 원자구조 등의 연구에 많은 사람들이 노력을 해 왔다. 또한 기판으로 사용될 깨끗한 표면 위에는 반드시 결함이 생기고 이것은 다시 그 위에 성장되는 물질에 결함을 파급시켜서 최종 생산품의 품질을 떨어뜨린다. 여기에 그 중 간단한 예를 들어본다. Si(001) 면에서 Si 원자들은 2×1 구조를 이루며 현실적으로 완벽한 상태는 존재하기 어려우므로 반드시 결함을 포함한다. 그 중 대표적인 것이 다이머 공동(dimer vacancy)과 스탭(step)이다. 이들은 특히 본질적인 결함으로 외부의 오염이나 부주의로 생긴 것이 아니므로 언제나 반드시 생기며 이들에 대한 연구는 Si 원자들간의 본질적인 상호작용을 이해하는 데도 매우 유익하다. 깨끗한 Si(001)-2×1 면 위의 다이머 공동은 Hamers 등에 의해 먼저 연구되었고 그 후 Wang 등에 의해서 약간 다른 형태로 이론적으로 계산이 되었다.

한편 이와는 별도로 Si(001) 면이 미량의 Ni나 Cu 등에 의해 오염이 되면 2×n 구조가 형성되는 데 이것은 오랫동안 연구되어 왔으나 구조가 정확하게 밝혀지지 않았다. 원자구조가 정확하지 않으면 다른 연구도 항상 요점을 피해가기 마련이므로 오랫동안 잘못된 연구결과가 계속되었다. 이러한 부분적이고 비규칙적인 구조는 현재의 수단으로는 STM 이외에는 마땅한 연구수단이 없다. STM의 결과는 3차원의 표면 형상에 관한 결과를 수치로 주므로 이것을 해석하면 원자구조를 도출할 수 있다. 2×n 구조에 나타나는 공동은 깨끗한 Si(001)-2×1 구조에 나타나는 다이머 공동과 같은 구조라는 것을 알 수 있고 결국 이것은 미량의 Ni나 Cu에 오염된 Si(001)면은 다른 특별한 구조를 만드는 것이 아니라 다만 훨씬 많은 수의 같은 종류의 다이머 공동을 생성시킨다는 의미이다. 따라서 여기서 새로이 제기되는 문제점은 많은 수의 다이머 공동들이 가까이 있을 때 이들간의 상호작용이 어떤 것인가 하는 것이다. 또 다른 Si(001)-2×1 구조상의 본질적인 결함은 단원자층 스탭(step)이며 이의 원자구조를 해명하는 데에는 많은 어려움이 있다.

지금까지 많은 관찰과 이론 논문들이 많이 나왔으나 결정적으로 완벽한 것이 없었다. 그 이유는 완벽한 수준의 실험결과를 얻는 것이 어렵기 때문이기도 하고 또 스텝(step) 주위의 구조가 복잡하기 때문이기도 하다. 시료준비를 좀 더 엄밀하게 하고 STM에 의한 관찰을 더 잘 하면 매우 신뢰성 있는 결과를 얻을 수 있는데 이 결과들을 Si(001)-2×1의 몇 가지 기본적인 성질들과 논리적으로 연결하면 링크가 있는 일반적인 단원자층 스텝(step) 주위의 원자구조에 대하여는 약간은 복잡하지만 아주 규칙적이고 합리적인 결과들을 얻을 수 있다. 지금까지 설명한 것은 STM의 표면 형상측정 능력만을 활용하여 얻을 수 있는 여러 가지 기능을 설명하였으나 이외에도 표면의 국소적인 전자구조 등은 다른

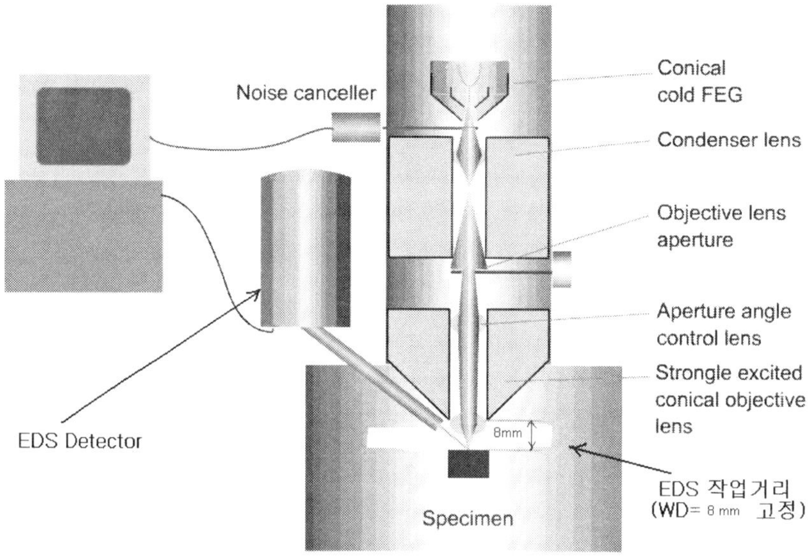

그림 11.19 ▸ 에너지 분산 스펙트로미터

포토에미션(photoemission) 실험과의 보완적인 면에서도 매우 유리하며 장래 STM을 이용한 원자제어 기능, 나노가공 등에도 많은 역할을 할 것으로 기대된다.

11.4.7 EDS(Energy Dispersive Spectrometer)

에너지 분산 스펙트로미터(Energy Dispersive Spectrometer : EDS 또는 EDAX)는 그림 11.19과 같이 전자현미경에 부착되어 시료의 성분을 분석하는 장비로서 고 에너지의 전자빔이 시편과 반응하여 시편의 구조 및 화학조성 정보를 간직한 다양한 시그널 중 특성 X-ray를 이용하여 시편의 성분을 분석한다. 입사 빔에 의한 내각 전자의 방출로 원자에 발생하는 여기과정 동안 생성되는 특성 X-ray를 이용하는 성분 분석 방법은 특성 X-ray의 에너지를 이용하는 EDAX와 특성 X-ray의 파장과 양을 측정하여 정성분석과 정량분석을 하는 파장 분산 분광학(Wavelength Dispersive Spectroscopy : WDS)가 있다.

EDS는 X-ray 검출에 주로 Si(Li) 또는 Ge 반도체 소자가 가장 널리 이용되고 있다. EDS는 WDS에 비하여 피크의 분해능과 정량분석 시의 정밀도가 떨어지는 단점이 있으나 조작이 매우 간단하여 초보자도 쉽게 사용할 수 있으며 신호수집 시간이 짧아 많은 양의 데이터를 처리할 수 있으므로 보다 많이 사용되고 있다.

11.4.7.1 X-ray 검출기

현재 EDS는 Si(Li) 디텍터가 널리 사용되고 있으며 이는 20 keV 범위까지 검출이 가능하다. 윈도우를 통하여 받아들인 X-ray는 Si(Li) 검출기를 거쳐 X-ray에 의해서 유발되는 전류만큼 그 X-ray가 존재하는 동안 지극히 작은 전류인 펄스로 흐르게 되고 이를 증폭하여 적절한 계량장치로 X-ray 광자의 양을 측정한다. 윈도우 검출기는 검출기 내부의 진공을 유지하기 위하여 8~12 μm의 두께로 되어있어 2 keV 이상의 X-ray는 100% 통과시키지만 그 이하는 상당량이 흡수되어 Na보다 작은 원소는 검출하지 못한다. 하지만 최근의 울트라 씬 윈도우(UTW : Ultra Thin Window - 0.6 μm)나 슈퍼 울트라 씬 윈도우(SUTW : Super Ultra Thin Window - 0.3 μm) 검출기는 윈도우 재질이 폴리머로 되어있어 가벼운 원소(Be, B, C, O) 검출과 정량분석에 널리 사용되고 있다.

Si(Li) 단결정에 바이어스 전위를 걸어 주면서 X-ray에 노출되면 밴드갭의 천이에 의해 전자-전공 쌍을 형성하며 이에 해당하는 전류로 흐르게 된다. 이때 검출기에 흐르는 전류 펄스는 조사된 X-ray의 에너지에 비례하고 이 펄스로부터 X-ray의 에너지를 측정할 수 있어 Si-단결정 소자를 X-ray 에너지 분산모드로 검출하는데 사용한다. Si 반도체에 Li를 첨가시키는 이유는 Li 원자가 Si원자 내에서 유동도가 매우 빠르기 때문에 Si 단결정 내에 들어 있을 수 있는 불순물들을 완전히 제거할 수 있어 전자-전공 쌍을 형성하는데 항상 일정한 에너지가 소모 되므로 역산에 의하여 흡수된 X-ray의 에너지를 항상 재현성 있게 계산할 수 있다. Si(Li) 검출기를 통과한 X-ray의 전류 펄스는 지극히 미미한 신호이기 때문에 증폭을 해야 한다. 이를 위해 FET(Field Effect Transistor)라는 소자를 이용하여 1단계 증폭시킨 후 주 증폭 장치로 신호를 보내주게 된다. 이 소자는 가능한 Si(Li) 검출기에 가깝게 위치하여 잡음이 적게 끼어들 수 있도록 설계되어 있고 Si(Li) 반도체와 FET는 냉각 구리막대(cold finger : CU-rod)에 연결되어 열적 잡음의 최소화를 위해 저온(80~90 K)으로 냉각된다.

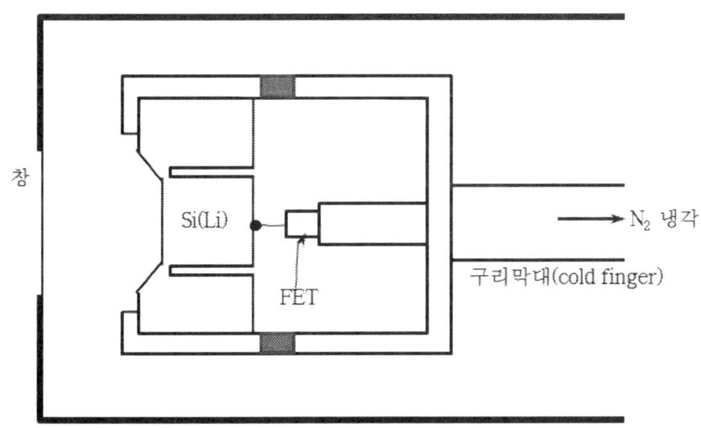

그림 11.20 ▸ Si(Li) 고체검출기의 구조

그림 11.21 ▸ EDS 시스템

11.4.7.2 검출신호의 처리

FET를 거쳐 증폭된 전류 펄스는 주 증폭 장치로 보내지게 된다. 시간에 따른 펄스 스펙트럼으로 펄스 프로세서(AMP)에서 출력된 신호는 아날로그 형태로 이 신호를 컴퓨터가 처리하기 위해서는 디지털화 하여야 한다. 이런 역할을 하는 것이 AD 컨버터(ADC : Analog Digital Converter)라 하고 이를 거쳐 디지털 신호는 시간에 따른 스펙트럼으로 되는데 이를 X-ray 에너지 스펙트럼화하여 사람이 관찰할 수 있는 형태로 만드는 역할은 MCA(Multi-Channel Analyzer)가 한다. MCA는 X-ray 에너지에 해당하는 여러 개의 선반을 설정해 놓고 각각 디지털 신호를 해당하는 선반에 순차적으로 쌓는 역할을 하고 일정한 시간(Live Time)동안 검출되어 ADC를 거친 펄스들이 MCA를 거치고 나면 그 시간 동안 발생된 X-ray 모두가 한 개의 스펙트럼으로 된다. 이때 스펙트럼을 에너지의 함수로 만들기 때문에 EDS라 부른다. 최신의 EDS 아날라이저(EDAM-Edax Data Acquisition Module)는 기존의 AMP, ADC, MCA 및 기타의 여러 개의 PCB가 FA(Filter Amplifier)와 EDI로 그 기능들이 통합되었고 크기도 일반 PC처럼 매우 소형화 되었다. 또한 기존의 SCSI에서 PCI방식으로 전환되어 속도 및 안정성이 획기적으로 향상 되었다.

11.4.7.3 EDS 스펙트럼 정성분석

X-ray 스펙트럼은 X-ray의 강도(Y축)가 에너지 함수(X축)로 표시된 그래프이다. 에너지의 채널 번호로 피크의 최대값인 채널이 그 X-ray의 에너지가 된다. EDS 시스템의 컴퓨터에는 모든 특성 X-ray의 위치가 기억되어 있고 K-, L-, M- 그룹의 X-ray들은 서로 구분되어 스크린에 나타나게 된다. 스펙트럼의 피크위치가 대략 10 eV 이내의 오차를 가지므로 피크로부터 원소를 알아내는 것은 매우 쉽다. 다만 다른 원소에서 발생하는 X-ray의 위치가 분해능(128 eV)보다 가까우면 피크들이 겹쳐져 나타나게 되는데 이럴 경

우는 마이크로스코피의 가속전압을 조절하여 겹칠 가능성이 전혀 없는 다른 X-ray를 검토함으로써 정확한 정성분석을 할 수 있다.

11.4.7.4 EDS 정량분석

EDS 정량분석을 위해서는 먼저 정성분석을 통하여 필요한 원소를 얻은 다음 "Quantify 버튼"을 클릭하는 단 하나의 과정으로 모든 것이 해결된다. 시스템의 알고리즘(ZAF)에 의하여 모든 계산이 자동으로 이루어지며 W%의 허용오차는 1%이하로 비교적 정확하다. 또한 정량분석을 하기 전에 HPD(Holographic Peak & Deconvolution)를 이용하여 실제 얻어진 피크가 이론상의 피크보다 얼마나 벗어나는지 확인할 수 있고 또한 교정할 수도 있다.

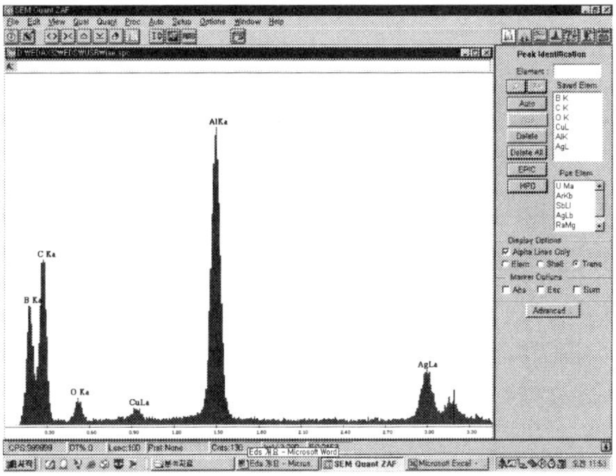

그림 11.22 ▸ EDS 정성분석

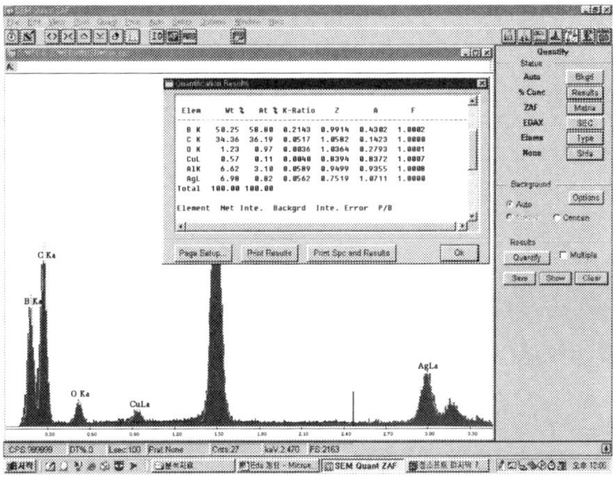

그림 11.23 ▸ EDS 정량분석

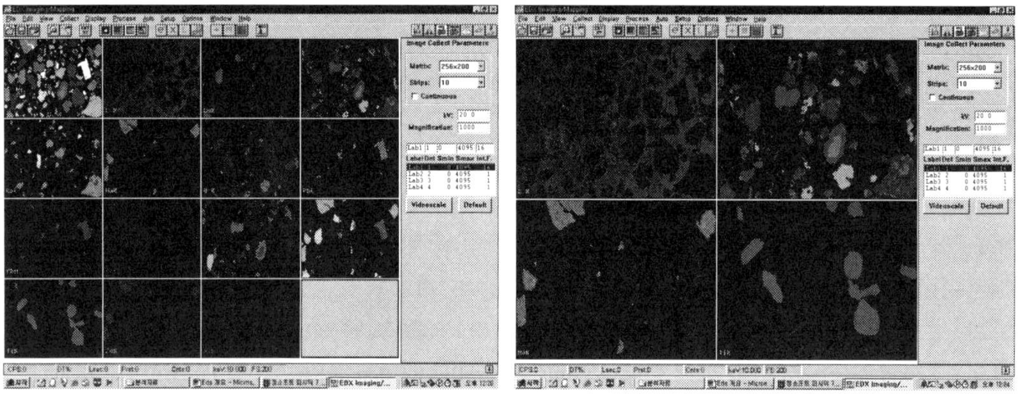

(a) 16화면 (b) 4화면

그림 11.24 ▸ EDS 맵핑과 라인스캔

11.4.7.5 EDS 맵핑과 라인스캔(Mapping & Linescan)

맵핑과 라인스캔은 마이크로스코피의 이미지를 EDS 시스템으로 넘겨받아 각각의 원소의 위치 혹은 분포를 전체화면 혹은 특정한 선에 대하여 이미지 내지는 그래프로 확인할 수 있는 매우 유용한 프로그램이다. 조작이 매우 간단하여 초보자도 쉽게 사용할 수 있으며 특히 EDS에서 제공되는 맵핑은 인접한 피크들에 대한 해상도를 더욱 향상시킨 신기술이다. 맵핑의 경우 최대 15개의 원소까지 한 번에 분석 할 수 있다.

11.4.7.6 EDS의 장점

SEM과 TEM은 오직 화상촬영만을 위한 장비인데 반하여 EDS 시스템은 수십종의 다양한 소프트웨어를 이용하여 정성, 정량분석, 맵핑, 라인스캔 등 미지의 시료분석에 필요한 다양한 정보를 빠른 시간 내에 사용자에게 제공함으로써 더 이상 부속장비가 아닌 필수장비로 그 활용이 갈수록 중요해지고 있다. 특히 WDS와 비교하여 조작이 매우 간단하여 초보자도 쉽게 사용할 수 있고, 분석 시 이동부가 없어 매우 안정적이고 낮은 전자빔 전류로도 분석이 가능하며 검출가능한 모든 원소를 동시에 전부 검출할 수 있어서 분석이 매우 빠르다. 또한 Be(4)~U(92)까지 거의 모든 원소를 검출할 수 있으며 정량시의 오차도 1% 이내로 매우 안정되어 있다.

11.4.8 WDS(Wavelength Dispersive Spectroscopy)

WDS(Wavelength Dispersive Spectroscopy)는 격자(gratings)에 의해 가시광선을 회절 시키는 것과 유사하게 X-선을 회절 시키기 위하여 결정을 사용하는데, 규칙적으로 배열된 원자들 혹은 분자들이 X-선에 대하여 격자의 역할을 함으로서 X-선 **회절현상**을 발생시킨다. 그러나 가시광선의 2차원적인 회절격자와는 달리 결정은 특정한 각도에서 1개의 파장만을 회절 시키는데 이는 결정 내 원자들이 3차원적으로 배열되어 있기 때문이다. 3차원 공간상에서의 회절을 **브레그 회절**(Bragg diffraction)이라고 부른다. 브레그 회절소선은 마치 거울면에 의하여 빛이 반사될 때, 임사각도와 반사각도가 같은 것처럼, 주어진 입사각도와 격자사이의 거리(lattice spacing)에 대하여 특정한 파장을 가진 X-선 만이 회절 된다. 이 말은 대부분의 크리스탈 스펙트로미터(crystal spectrometer)가 반드시 1개의 파장에 대해서 고정되어 있어야 한다는 말과 같다. 결정은 원자간 거리 혹은 분자간 거리의 2배보다 짧은 파장의 X-선 만을 회절 시키기 때문에 1가지 종류의 단결정이 모든 범위의 X-선을 분석할 수 없다. 짧은 파장의 X-선은 대개 1~5Å의 격자상수를 가지는 단결정을 사용하지만 경량원소로부터 나온 X-선을 탐지하기 위해서는 보다 큰 격자상수를 가지는 물질이 필요한데, 대개 커다란 분자로 구성된 유기물결정을 사용한다. 이러한 유기물결정의 격자상수는 대개 13Å이하이어서 F(fluoring)보다 원자번호가 작은 원소의 분석에는 이용이 불가능하다. 아주 가벼운 원소들을 분석하기 위해서 인공적으로 만든 결정이 사용되는데 라그무어-블러젯 박막(Langmuir-Blodget films)이 대표적이다. 라그무어-블러젯 박막은 중금속원자를 포함하는 비누로 만드는데, 이러한 비누분자들은 친수성(hydrophilic end) 분자 끝이 물 쪽을 향하고 소수성(hydrophobic end) 분자 끝은 물의 반대쪽을 향하므로 1분자두께로 일정한 두께의 층을 형성할 수 있다. 만일 기판을 여러번 비누물속에 담갔다가 꺼내면, 한번 담굴 때마다 1층의 비누층이 딸려오게 되어서 분자들이 정렬된 일정한 두께의 인공결정층을 형성하여 X-선을 회절 시키게 할 수 있다. 또한 증기증착(vapor deposition)방법을 이용하여 한층은 원자번호가 크고, 그 다음 층은 원자번호가 작은 원소로 구성된 여러 층의 다층(sputtered multilayer)을 형성할 수 있는데, 이러한 다층은 약 15~200Å까지 임의로 제작이 가능하다. 일반적으로 다층은 비누거품으로 제작된 박막보다 안정하며 X-선에 대한 반사율이 높다.

WDS의 장점은 분해능이 높고 잔상이 작다는 것인데, Mn K-α 피크의 경우 EDS는 130 eV의 분해능을 가지지만, WDS는 20 eV의 분해능을 가진다. 또 Mn K-α 피크의 FWHM을 비교하면 EDS는 80 eV이지만 WDS는 3 eV로서 매우 샤프(sharp)한 피크를 형성한다. 이러한 분해능의 장점으로 인하여 미량원소의 정밀분석의 경우, 꼭 필요한 기자재이고 특히 의학이나 생물학의 경우와 같이 Ca(calcium)의 잔상이 높은 상황에서 K(potassium)을 분석할 때에는 더더욱 중요한 역할을 한다. 그러나 WDS는 처리량(throughput)이 낮기 때문에 비교적 작은 입체각(solid angle)에서만 신호를 포착할 수 있고 또 스펙트럼을 얻기 위해서 천천히 주사를 해야 하므로 데이터의 취득시간(acquisition time)이 EDS보다는 길다는 단점이 있다.

WDS 스펙트로미터는 스펙트럼을 형성하기 위하여 각 스캔(angle scan)을 한다. 즉, 결정이 이동하면서 회전하고 또 검출기는 거울 반사(mirror reflection)에 의한 X-선을 수집하기 위하여 결정의 2배 속도로 움직여야 하는데, 그 결과 $\theta \sim 2\theta$ 스캔의 형태로 데이터를 취득하게 된다. 이와 같이 데이터를 수집하기 위해서는 전자현미경내에 많은 공간이 필요하고 또 정교하게 검출기를 제작하여야 한다. 전자현미경내에 광학계를 X-선 영역에 설치할 수 없기 때문에 결정의 매우 좁은 영역만에서 나온 X-선이 사용되고 따라서 **수집효율**(collection efficiency)이 낮다. 검출기들은 일반적으로 비례 카운터(flow proportional counters)를 사용하는데 이는 카운트 비(count rate)가 크고 소프트 X-선도 탐지할 수 있다.

EDS는 스캐닝을 할 필요가 없으므로 한 번에 전체의 스펙트럼 영역을 탐지할 수 있으나, 한번에 1개의 X-선 포톤을 탐지하고 또 관찰자의 관심영역내의 X-선 만을 선택할 수 없는 단점이 있다. 따라서 관찰자의 관심 영역 밖의 스펙트라에 의해서 EDS의 최대 카운트 비가 초과될 수도 있다. 이에 반하여 WDS는 매우 높은 잔상이나 신호 카운트 비에서 유용한 정보를 취득할 수 있으나 대신 한번에 1개의 파장만을 검출할 수 있다. 동시 WDS(Simultaneous WDS) 스펙트로미터는 동시에 여러 파장의 X-선 스펙트럼을 검출할 수 있지만 X-선를 취득하는 시편의 수집영역(collection area)이나 파장의 범위가 제한되는 단점이 있다.

11.4.9 AFM(Atomic Force Microscope)

STM의 가장 큰 결점은 전기적으로 부도체인 시료는 볼 수 없다는 것인데, 이를 해결하여 원자현미경을 한층 유용하게 만든 것이 AFM이다. AFM에서는 텅스텐으로 만든 바늘 대신에 마이크로머시닝으로 제조된 캔틸레버(Cantilever)라고 불리는 작은 막대를 쓴다. 캔틸레버는 길이가 100 ㎛, 폭 10 ㎛, 두께 1 ㎛로서 아주 작아 미세한 힘에 의해서도 아래위로 쉽게 휘어지도록 만들어졌다. 또한 캔틸레버 끝 부분에는 뾰족한 바늘이 달려 있으며, 이 바늘의 끝은 STM의 탐침처럼 원자 몇 개 정도의 크기로 매우 첨예하다. 이 탐침을 시료 표면에 접근시키면 탐침 끝의 원자와 시료표면의 원자 사이에 서로의 간격에 따라 끌어당기거나(인력) 밀치는 힘(척력)이 작용한다.

접촉모드(Contact mode)의 AFM에서는 척력을 사용하는데 그 힘의 크기는 1~10 nN 정도로 아주 미세하지만 캔틸레버 역시 아주 민감하므로 그 힘에 의해 휘어지게 된다. 이 캔틸레버가 아래위로 휘는 것을 측정하기 위하여 레이저 광선을 캔틸레버에 비추고 캔틸레버 윗면에서 반사된 광선의 각도를 포토다이오드(Photodiode)를 사용하여 측정한다. 이렇게 하면 바늘 끝이 0.01 nm 정도로 미세하게 움직이는 것까지 측정해낼 수 있다. 바늘 끝의 움직임을 스케너에 퓌드벡하여 AFM의 캔틸레버가 일정하게 휘도록 유지시키면 탐침 끝과 시료 사이의 간격도 일정해지므로 STM의 경우에서와 같이 시료의 형상을 측정해낼 수 있다. 그림 11.25는 AFM의 구조도이며 캔틸레버라고 불리는 작은 막대 끝부분에 달려있는 탐침과 시료 표면의 원자 사이의 힘에 의해 캔틸레버가 아래, 위로 휘게 되는데, 이때 레이저 광선이 캔탈레버 윗면에서 반사되는 각도를 포토다이오드로 측정함으로써 표면의 굴곡을 알아낸다.

비접촉 모드(Non-contact mode)의 AFM에서는 원자 사이의 인력을 사용하는데 그 힘의 크기는 0.1~0.01 nN 정도로 시료에 인가하는 힘이 접촉모드에 비해 훨씬 작아 손상되기 쉬운 부드러운 시료를 측정하는데 적합하다. 원자간 인력의 크기가 너무 작아 캔틸레버가 휘는 각도를 직접 잴 수가 없기 때문에 비접촉모드에서는 캔틸레버를 고유진동수 부근에서 기계적으로 진동 시킨다.

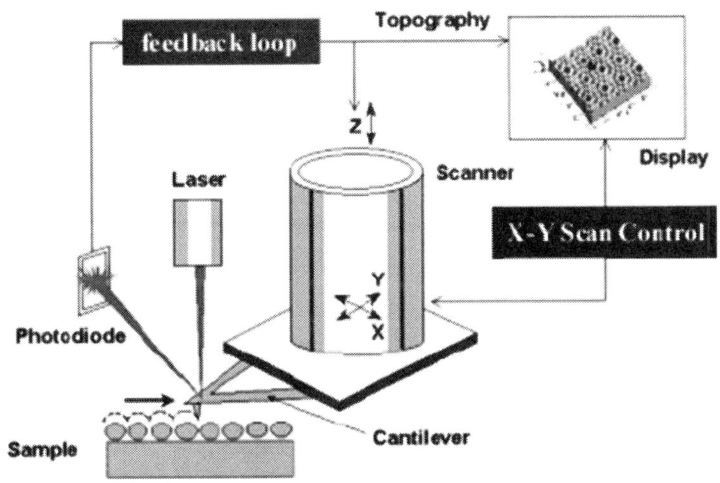

그림 11.25 ▸ AFM의 구조도

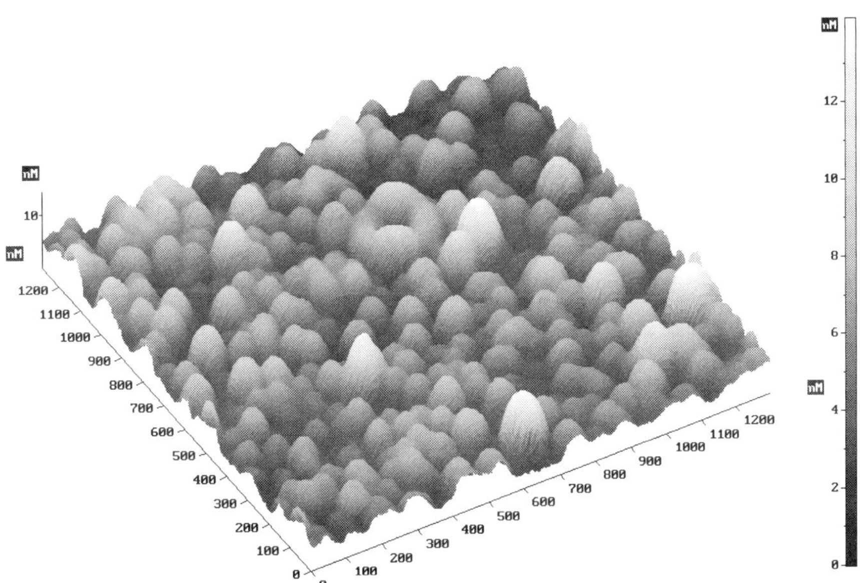

그림 11.26 ▸ 에피성장 InAs/GaAs quantum dot의 AFM 사진

시료표면에 다가가면 원자간의 인력에 의해 고유진동수가 변하게 되어 진폭과 위상에 변화가 생기고 그 변화를 lock-in 엠프로 측정한다. 원자간에 상호 작용하는 힘은 시료의 전기적 성질에 관계없이 항상 존재하므로 도체나 부도체 모두를 높은 분해능으로 관찰 할 수 있다.

11.5 질량분석법

원자량과 분자량은 제1장에서 논의하였듯이 일반적으로 원자질량단위(amu)로 표시한다. 원자질량단위는 탄소 동위원소($^{12}_{6}C$)를 12 amu로 놓고 이것에 대한 상대적인 값으로 나타낸다. 그러므로 amu는 하나의 중성 탄소 동위원소($^{12}_{6}C$) 원자질량의 1/12로 정의한다. 그러므로 염소 동위원소($^{35}_{17}Cl$)와 같은 원자량은 탄소 동위원소($^{12}_{6}C$)를 기준으로 놓고 두 동위원소의 질량을 비교하여 얻는다. Cl-35 동위원소는 탄소동위원소 질량보다 2.91407배의 질량을 갖는다. 그러므로 Cl 동위원소의 원자질량은

$$\text{원자질량}\,^{35}_{17}Cl = 12.0000[amu] \times 2.91407 = 34.9688[amu]$$

와 같다. 탄소 동위원소($^{12}_{6}C$) 1 mol은 12.0000[g]이므로 염소 동위원소($^{35}_{17}Cl$)의 원자질량은 34.9688 [g/mol]이다. 또 화합물의 정확한 질량은

화학식 : $^{12}C^{1}H_4$ $\quad m = 12.0000 \times 1 + 1.007825 \times 4 = 16.031[amu]$

화학식 : $^{13}C^{1}H_4$ $\quad m = 13.00335 \times 1 + 1.007825 \times 4 = 17.035[amu]$

화학식 : $(^{12}C^{1}H_3)^{2}H_4$ $\quad m = 12.0000 \times 1 + 1.007825 \times 3 + 2.0140 \times 1 = 17.037[amu]$

와 같이 구별할 필요가 있다. 질량분석계에서는 보통 소수점 이하 3~4자리의 정확한 질량을 사용한다.

어떤 상황에서는 질량측정값으로 정수의 정밀도를 가지는 **명목질량**(nominal mass)이라는 값을 사용한다. 앞에서 언급한 세 이성체의 명목질량은 각각 16, 17, 17 amu이다.

자연에 존재하는 원소의 **화학적 원자량** 또는 **평균원자량**(A)은

$$A = A_1 p_1 + A_2 p_2 + \cdots + A_n P_n \tag{11.33}$$

로 주어진다. 여기서 A_1, A_2, $\cdots$, A_n은 그 원소 n개의 동위원소의 원자질량이고, p_1, p_2, $\cdots$, p_n은 자연에 존재하는 그 동위원소의 존재비이다. 화합물의 **평균** 또는 **화학적 분자량**은 화학식에 나타나는 원자의 화학적 원자량의 합이다. 따라서 CH_4의

화학적 분자량은 12.01115+4×1.00797=16.0434 amu이다.

또 다른 새로운 용어는 원자나 분자이온의 **질량 대 전하비**이다. 이 값은 한 이온의 원자나 분자질량 m을 그 이온의 전하 z로 나누어 얻는다. 즉,

$$\text{화학식} : {}^{12}C^{1}H_{4}^{+} \qquad m/z = 16.035/1 = 16.035$$

$$\text{화학식} : {}^{13}C^{1}H_{4}^{2+} \qquad m/z = 17.035/2 = 8.518$$

을 갖는다. 질량분석계에서 대부분의 이온은 1가 전하를 가지므로 질량 대 전하비는 보통 질량이 되기도 한다.

11.5.1 질량분석계의 구조와 원리

질량스펙트럼 측정의 원리는 간단하고 이해하기 쉽지만, 그 기기장치는 그렇게 간단하지는 않다. 고분해능 질량분석계의 전자회로와 기계장치는 복잡하고 장비가격뿐만 아니라 작동비 및 유지비 또한 비싸다.

그림 11.27은 질량분석계의 주요 부분장치를 보여주는 계통도이다. 질량분석법의 특징은 광학법의 경우와 달리 검출기에 이르기까지 모든 부분을 고진공(10^{-4}~10^{-8} torr)으로 유지해야 한다. 따라서 전자분광계와 같이 정교한 진공시스템이 질량분석계에서도 중요한 부분이다.

11.5.1.1 시료 도입장치

시료 도입장치의 목적은 진공의 손실을 최소로 하며 매우 적은 양의 시료(μmole 이하)를 질량분석계로 보내어 기체이온으로 만든다. 도입장치에는 고체나 액체시료를 기화시키는 장치가 포함된다. 최근의 질량분석계는 여러 가지 종류의 시표에 적합한 형태의 도입장치 즉, 배치식 도입장치, 직접 도입장치, 그리고 기체 크로마토그래피 도입장치를 설치하고 있다.

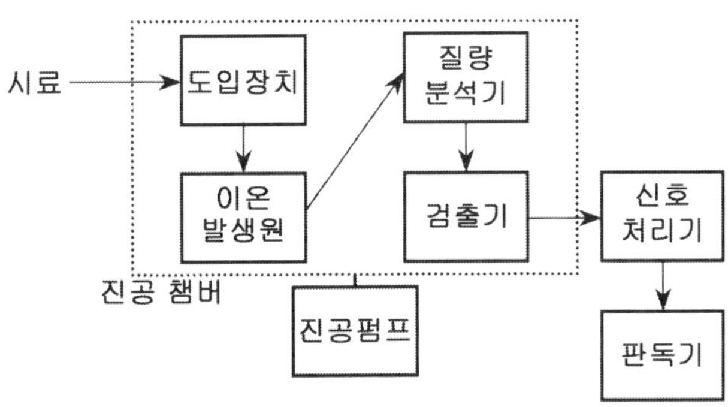

그림 11.27 ▸ 질량분석계의 장치도

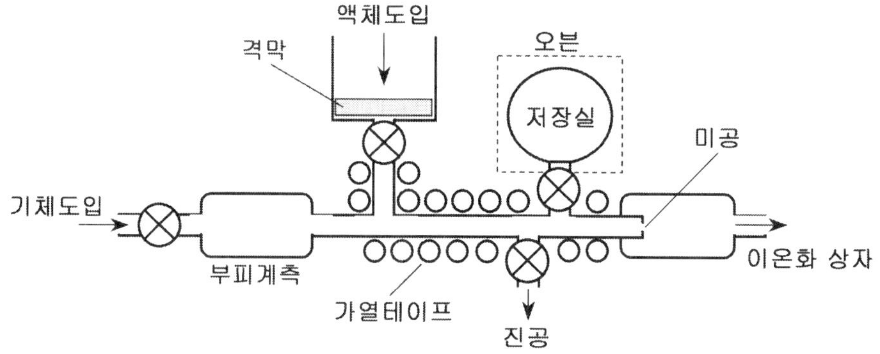

그림 11.28 ▸ 시료도입장치

그림 11.28은 기체 또는 액체시료에 적용할 수 있는 전형적인 배치식 도입장치의 약도이다. 기체시료의 경우 두 밸브 사이에 있는 계측 가능한 통에 봉입된 부피를 측정한 소량의 기체가 저장용기 쪽으로 팽창 도입된다. 액체시료의 경우는 작은 부피의 시료를 마이크로피펫으로 저장용기 속으로 주입시킨다. 시료의 양은 저장실의 압력이 10^{-4} - 10^{-8} torr 정도 되도록 조절한다. 기체화된 시료는 작은 구멍의 금속이나 유리막을 통해 분석계의 이온화 지역으로 침투된다. 시료 도입장치는 극성분석물이 흡착되어 손식되는 것을 막기 위하여 유리로 만들 수 있다.

고체와 비휘발성 액체는 진공 봉쇄상태로 되어 있는 시료 직접도입탐침에 의해 이온화 지역으로 주입된다. 이 장치는 이온화 지역으로 시료를 도입한 후에 공기를 장치에서 뽑아 내야 하기 때문에 도입 공기의 부피는 최소가 되게 설계한다. 배치법에 비해 대단히 적은 양의 시료를 소비하기 때문에 시료의 양이 적을 때 이용할 수 있다. 이 장치를 사용하면 몇 ng 정도로 적은 시료의 질량스펙트럼을 얻을 수 있다.

질량분석계는 복잡한 혼합물의 성분을 분리하고 정량하기 위하여 기체 또는 고성능 액체 크로마토그래피와 연결하여 사용한다. 크로마토그래피관을 질량분석계와 연결시키는 데는 특별한 도입장치가 필요하며 여기서는 이것에 관한 설명은 생략한다.

11.5.1.2 검출기

질량분석계에 사용되는 검출기에는 몇 가지 종류가 있으며, 전자증배관은 가장 많이 사용되는 검출기이다. 그림 11.29(a)는 양이온을 검출하기 위하여 설계한 불연속 **다이노드** (dynode) 전자증배관의 개략도이다. 음극과 몇 개의 다이노드는 에너지가 큰 이온이나 전자로 충격을 받으면 전자가 폭발적으로 방출하는 *Cu-Be* 표면으로 도금된다. 20개의 다이노드를 갖는 전자증배관은 10^7배로 전류를 증폭시킬 수 있다.

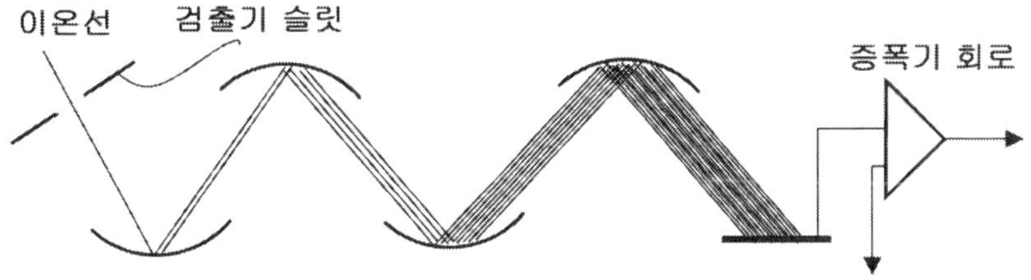

(a)

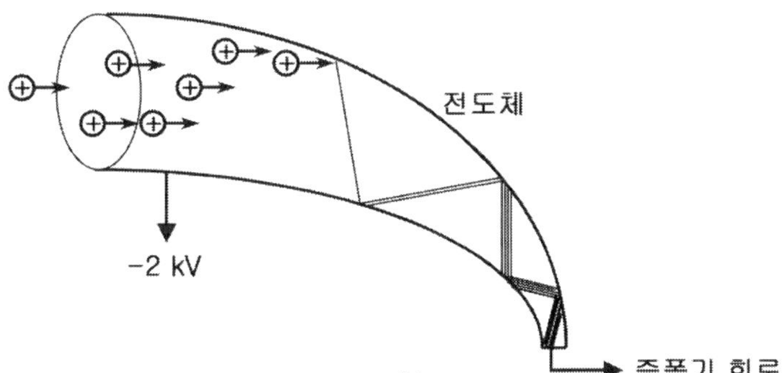

(b)

그림 11.29 ▸ (a) 불연속 ; (b) 연속 다이노드 전자증배관

그림 11.29(b)는 연속적인 다이노드 전자증배관인데 납이 혼입되어 있는 유리로 만든 트럼펫 모양을 하고 있다. 1.8~2 kV의 전압이 검출기에 걸려 있다. 이온이 입구 가까이에 있는 표면을 때리면 전자가 방출되고, 이것이 표면에 따라 돌아 튀면서 더 많은 전자를 방출하게 한다. 이러한 종류의 검출기는 전류를 $10^5 \sim 10^8$배까지 높일 수도 있다. 일반적으로 전자증배관은 견고하고, 전류증폭이 크고 10^{-9}초 정도의 감응시간을 갖는다. 이 검출기는 질량분석계의 자기장 부채꼴의 출구슬릿 바로 뒤에 놓는다.

11.5.1.3 질량분석기

질량분석기의 기능은 광학분광계의 회절발과 같지만, 광자의 파장에 의한 것이 아니고 분석이온의 질량 대 전하비에 의하여 분산이 된다. 이상적 분석계는 미소한 질량차를 구별할 수 있어야 하고 쉽게 측정할 수 있는 이온전류를 얻을 수 있도록 충분한 이온을 통과시켜야 한다. 원리상 이 두 성질은 완전히 양립할 수 없어 설계할 때는 서로 절충시킬 필요가 있다.

질량분석계가 두 질량간의 차를 식별 분리할 수 있는 능력은 보통 그의 **분리능** R로서 다음과 같이 정의한다.

$$R = \frac{m}{\Delta m} \tag{11.34}$$

여기서 Δm은 겨우 분리된 가까운 두 봉우리사이의 질량 차이이고 m은 첫 번째 봉우리의 명목질량이다(두 봉우리의 평균질량이 가끔 사용한다). 두 봉우리 사이의 골짜기 높이가 그들 높이의 수 %를 넘지 않으면 두 봉우리는 분리되었다고 생각한다. (때로는 10%를 판단기준으로 사용된다). 그러므로 4000의 분리능을 갖는 분석계는 m/z 값이 400.0과 400.1인 봉우리를 분리해낸다(혹은 40.00과 40.01).

질량분석계에서 필요한 분리능은 응용면에 따라 크게 다르다. 예를 들면 $C_2H_4^+$, CH_2N^+, N_2^+ 및 CO^+ (각각 정확한 질량 28.0313, 28.0187, 28.0061 그리고 27.9949)와 같은 동일한 질량수를 갖는 입자들을 분리하는 데는 수천의 분리능을 갖는 기기가 필요하다. 한편 질량차가 한 단위 되는 [예를 들면 $NH_3^+(m=17)$와 $CH_4^+(m=16)$] 분자량이 작은 입자들은 50이하의 분리능을 갖는 기기로서 분리할 수 있다.

자계 휨분석기는 자계를 이용하여 이온선을 굴절시켜 180°, 90° 또는 60°되는 원호형 통로를 따르게 한다. 그림 11.30은 90° 형 기기를 보여준다. 전자충격에 의해 생긴 이온이 가속되어 슬릿 B를 통해 금속분석관으로 들어가는데 금속분석관은 약 10^{-7} torr의 압력을 유지하고 있다. 자장의 세기를 변화시키거나 슬릿 A와 B간의 가속전위를 변화시켜 질량이 다른 입자들이 출구 슬릿 위에 초점을 맞출 수 있게 한다. 출구슬릿을 통과한 이온은 수집전극에 도달하여 이온전류를 내고 이는 증폭되어 기록된다.

슬릿 B에서 나오는 질량 m, 전하 z인 이온의 병진 또는 운동에너지 E_{KE}는

$$E_{KE} = zeV = \frac{1}{2}mv^2 \tag{11.35}$$

과 같다. 여기서 V는 A와 B 사이의 전압이고, v는 가속된 이온의 속도, e는 이온의 전하이다. 같은 전하를 띤 모든 입자들은 질량에 무관하게 전계에서 가속되는 동안 같은 운동에너지를 가지게 된다.

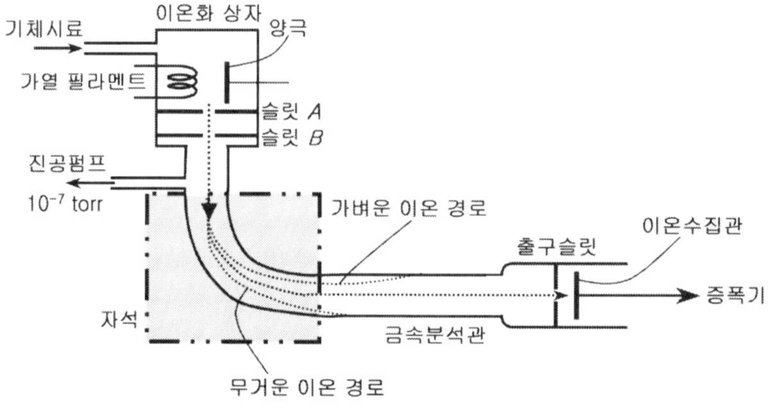

그림 11.30 ▸ 자계 휨분석기의 약도

슬릿을 빠져나온 모든 이온은 같은 운동에너지를 가지므로 무거운 이온은 자계 내에서 낮은 속도로 움직인다. 자계에서 이온의 움직이는 통로는 이 이온에 작용하는 두 힘간의 평형에 따라 결정되며, 자기력 F_M은

$$F_M = Bzev \tag{11.36}$$

로 주어진다. 여기서 B는 자속밀도이고, 한 입자가 원호를 통과하여 수집관에 도달하기 위해서는 F_M과 원심력 F_c는 같아야 함으로

$$Bzev = \frac{mv^2}{r} \tag{11.37}$$

이다. 따라서 속도 v는

$$v = \frac{Bzer}{m} \tag{11.38}$$

로 된다. 식(11.38)을 식(11.35)에 대입하여 정리하면 질량 대 전하비는

$$\frac{m}{z} = \frac{B^2 r^2 e}{2V} \tag{11.39}$$

로 된다. 따라서 질량스펙트럼(질량 대 전하비)을 세 변수(B, V, r) 중 두 변수를 일정하게 유지하면서 한 변수를 변화시켜 얻을 수 있다. 대부분의 질량분석계는 V와 r을 일정하게 유지하면서 자계, B를 변화시켜 이온을 분리한다.

상기한 자계 휨분석기는 **단일초점분석기**라고 불리워진다. 초점에 모이게 하는 자계의 능력은 이온발생원에서 나오는 이온의 병진운동에너지의 분포가 기기의 분해능을 결정하는 중요한 요인이므로, 몇 ppm 정도의 정밀도로 원자와 분자질량을 측정하려면 발생원에서 나오는 이온의 방향과 에너지 분포를 정확하게 조절할 수 있는 기기가 필요하다. **이중초점분석계**라는 용어는 이온다발의 방향과 에너지의 벗어나는 정도를 동시에 최소화할 수 있는 질량분석계에 붙인다. 이중초점장치는 정전계와 정자계를 잘 조화하여야만 얻을 수 있다.

그림 11.31에 이중초점 질량분석계의 개략도를 도시하였다. 자계 휨의 그림에서 d라고 표시된 초점면을 따라 방향초점이 맞추어지고, 에너지 초점은 e라고 표시된 면을 따라 이루어진다. 그러므로 m/z를 갖는 하나의 이온만이 주어진 가속전압과 자장의 세기에 해당하는 d와 e의 교차점에서 이중초점이 맞추어지므로, 이온수집슬릿이 이곳에 위치한다.

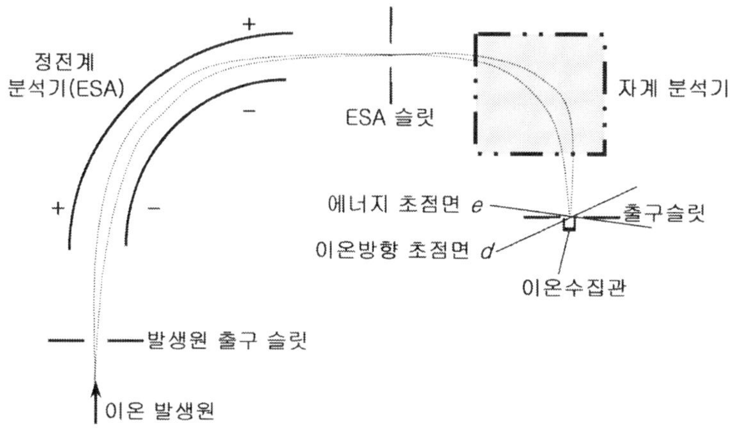

그림 11.31 ▸ 이중초점 질량분석계

11.5.1.4 이온포착기

이온포착기는 기체상태 음이온이나 양이온이 전계 혹은 자계에서 생성되어 한동안 잡아둘 수 있는 장치이다. 그림 11.32에 간단한 이온 포착기의 단면을 도시하였다. 중앙에 도너츠 모양의 고리형 전극과 한 쌍의 덮개형(end-cap) 전극으로 이루어져 있다.

적당한 m/z값을 갖는 이온은 고리전극 주위의 공간 안에서 일정한 궤도로 돌게 된다. 고리형 전극에 걸린 라디오 진동수 전위가 증가함에 따라 무거운 이온의 궤도는 안정화되고 가벼운 것은 불안정해져서 고리전극의 벽에 충돌하게 된다. 라디오 진동수 전위가 주사되면 이온은 불안정해져서 포착된 이온은 하층의 덮게형 전극에 있는 구멍을 통하여 고리전극 공간을 떠나게 되고, 방출된 이온은 검출기로 간다.

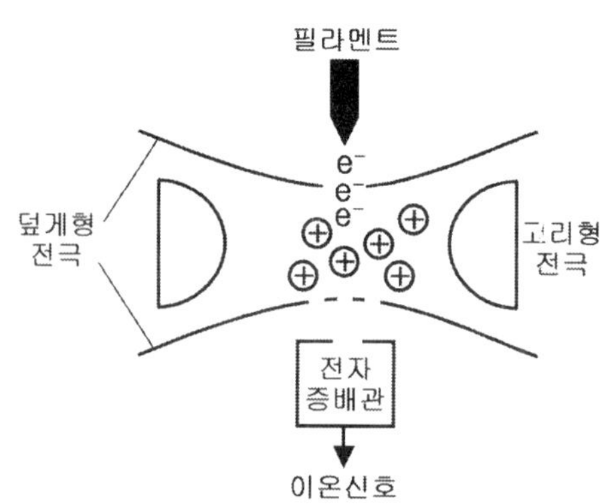

그림 11.32 ▸ 이온포착기

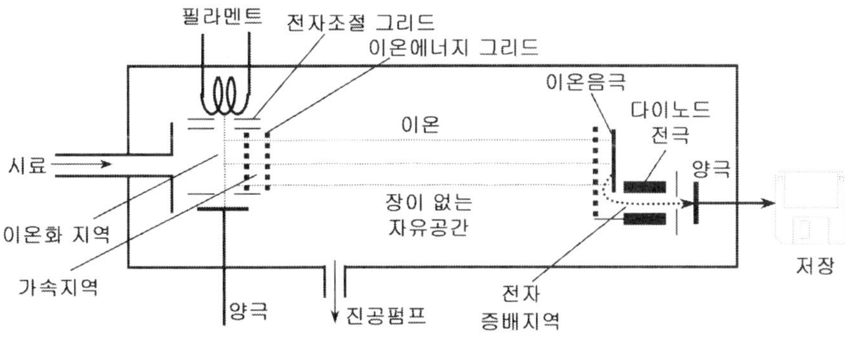

그림 11.33 ▸ Time-of flight mass spectometer의 장치도

11.5.1.5 비행시간 분석계(time of flight analyzer)

보통 10~50 kHz의 주파수와 0.25 μs의 수명을 갖는 전자의 짧은 펄스, 이차이온 또는 레이저광의 주기적인 충격으로 양이온이 생성되고, 이렇게 생성된 이온들은 뒤에 따라 나타나는 이온화 펄스와 똑같은 주파수를 갖는 $10^3 \sim 10^4 V$의 전계 펄스에 의해 가속된다. 그림 11.33에서처럼 가속된 입자는 약 1 m 길이의 아무런 장이 걸리지 않은 자유공간속으로 도입된다. 자유공간에 들어온 모든 입자들은 같은 운동에너지를 가지므로 그들의 속도는 질량에 반비례한다. 따라서 가벼운 입자는 무거운 입자보다 먼저 수집관에 도달하며, 비행시간은 약 30 μs 정도이다.

11.5.2 순수화합물의 확인

11.5.2.1 분자량 결정

이미 설명한 방법들 중에 질량분석계가 분자량을 결정하는 가장 좋은 기기이다. 물론 이 방법은 분자이온이나 어떤 경우에는 $(M+1)^+$ 또는 $(M-1)^+$ 봉우리를 확인할 수 있어야 한다. 가로축에 있는 스펙트럼의 봉우리 위치는 다른 방법에서는 얻을 수 없는 정확도로 분자량을 얻을 수 있게 한다.

질량분석계에 의한 분자량 측정에는 분자이온 봉우리의 위치를 정확히 알아야한다. 따라서 어미이온 봉우리가 없거나 불순물 봉우리에 비해 작게 나타나는 전자충격법에서는 특히 주의해야한다. 의심이 나는 경우에는 화학적 이온화법과 장이온화법에 의한 새로운 스펙트럼을 얻어 보도록 한다.

11.5.2.2 분자식 결정

분자이온 봉우리가 확인되는 질량스펙트럼으로써 화합물의 정확한 분자식을 결정할 수 있다. 화합물의 분자식은 어미이온 봉우리의 정확한 질량을 측정함으로서 알아내는 수가 많다. 그러나 이 경우에는 질량단위의 천분의 몇의 질량차를 검출할 수 있는 고분해능 기기가 있어야 한다. 예를 들면 purine $C_5H_4N_4(m=120.044)$, benzamidine $C_7H_8N_2(m=120.069)$, ethyltoluene $C_9H_{12}(m=120.096)$, acetophennone $C_8H_8O(m=120.058)$ 화합물의 질량 대 전하값을 생각해보자. 만약 측정한 어미이온 봉우리의 질량이 120.070(±0.005)이라면 가능한 분자식은 유일하게 $C_7H_8N_2(m=120.069)$일 것이다. 이 경우의 정밀도는 약 40 ppm이다. 수 ppb의 정밀도는 고분리능 이중초점기로서 쉽게 얻을 수 있다.

11.5.3 스파크 이온화법에 의한 분석

스파크 이온화법 질량분석의 경우 시료의 원자성분을 약 30 kV의 고전압의 RF 스파크를 이용하여 질량분석에 적당한 기체이온으로 만든다. 스파크 장치는 질량분석계에 바로 인접된 진공챔버 내에 있다. 진공챔버는 분리된 고속펌프계가 장치되어 있어 시료를 바꿀 때는 진공을 약 10^{-8}까지 신속히 고진공으로 할 수 있다. 시료 자체를 하나 또는 두 개의 전극으로 이용할 때도 있다. 그렇지 않으면 흑연과 혼합하여 전극으로 만든다. 스파크 플라즈마에서 생긴 기체상태의 양이온은 DC 전압에 의해 가속되어 분석계로 들어간다.

스파크 이온화법은 넓은 범위의 운동에너지를 갖는 이온을 생성할 수 있다. 따라서 그림 11.29과 같은 이중초점 형태가 사용된다. 스파크 이온화법 기기는 사진법과 전기적 검출기를 모두 이용할 수 있도록 설계되어 있다. 검출기는 보통 전자증배관을 사용한다.

11.5.3.1 스펙트럼

스파크 이온화법 질량스펙트럼은 그들의 원자 방출스펙트럼보다 대단히 간단하며 원소의 각 동위원소의 주봉우리 외에 다가전하이온과 이합체 또는 삼합체에 해당하는 몇 개의 약한 선들이 있다. 이러한 추가된 이온들이 있으므로 분석계가 충분히 큰 분리능을 갖지 않으면 방해할 가능성이 있다. 예를 들면 암석이나 유리 같은 규산염 기질에 있는 철을 정량하는 경우 규소가 방해할 수 있다. 이때 철분석은 철($^{56}Fe^+$) 봉우리($m/z=55.93494$)를 이용하는데 규소[$^{28}Si_2^+(m/z=55.95386)$]의 봉우리도 관찰된다. 이 두 봉우리를 분리하는데 필요한 분리능은 식(7.32)을 이용하여 구하면

$$m/\Delta m = 56/0.01892 = 3.0\times 10^3$$

이다. 스파크 이온화 장치를 가진 이중초점 분광계는 이 값보다 상당히 큰 분리능을 갖고 있으므로 이런 방해를 대부분 피할 수 있다.

11.5.3.2 정성분석 응용

스파크 이온화법 질량분석계는 정성과 반정량분석에 이용할 수 있는 강력한 기기로서,

주기율표의 모든 원소를 한번 이온화시켜 확인할 수 있다. 여러 번 되풀이하여 노출시키면 주성분의 농도를 측정할 수 있을 뿐만 아니라 ppb의 농도범위에 있는 성분도 측정할 수 있다. 그러나 사진건반 스펙트럼을 해석하는 데는 다가전하이온, 다중합 화학종, 그리고 분자이온들이 있기 때문에 기술과 경험이 필요하다.

11.5.3.3 정량분석 응용

RF 스파크법은 짧은 시간동안에 재현성이 있는 이온화법이 될 수 없다. 따라서 좋은 정량적 데이터를 얻으려면 수초에서 수백초 동안 출력신호를 적분하는 것이 필요하다. 물론 사진건반은 적분하는 성질의 장치이지만, 전기적 검출법의 경우에는 전류적분이 되도록 여유를 주어야한다. 적분을 하는 것 이외에 실제로는 내부 표준물의 신호에 대한 분석물질의 신호의 비를 분석인자로 사용하여 재현성을 높이도록 하는 것이 보통이다. 시료의 주성분 원소 하나를 표준물로 선택하는 수가 많다. 어떤 경우에는 별도로 순수한 화합물의 일정량을 각 시료에 가한다. 이런 경우에는 내부표준물이 시료에 없어야 한다. 이런 주의를 하면 상대 표준편차를 수%에서 20%까지 실현시킬 수 있다. 스파크 이온화법 질량분석법의 이점은 높은 감도, 시료의 기질에 무관하게 응용할 수 있는 점, 출력신호의 큰 직선 범위, 그리고 정량적으로 검출하고 측정할 수 있는 원소의 종류가 많다는 것 등이다.

11.5.4 SIMS(secondary ion mass spectroscopy)

SIMS는 수 keV~10keV로 가속된 이온 빔을 재료의 표면에 입사시켜 방출되는 2차 이온들의 질량을 측정하여 재료 표면을 구성하고 있는 원소 및 분자의 종류 및 양을 분석해 내는 표면 분석 장비이다. 재료의 표면에 입사된 이온 빔의 이온들은 재료의 원자 및 분자들과 충돌하여 수 백 A의 크기의 충돌 케스케이드(collision cascade)를 형성하는데 표면의 일부는 표면 결합에너지 보다 큰 운동 에너지를 전달 받아 표면 밖으로 방출된다. 이와 같이 재료의 표면에서 스퍼터링 되는 원자 혹은 분자들의 대부분은 전기적으로 중성인 뉴트랄(neutral)들이고 일부는 양이온 혹은 음이온으로 방출이 되는데 이러한 이온들의 질량을 측정하여 재료 구성 물질을 분석해 내게 된다. 2차이온질량분석법(SIMS)은 가장 발달한 질량분석 표면 연구법이고 이에 필요한 기기는 몇몇 제작자들에 의해 공급되고 있다. SIMS는 고체표면의 원자와 분자조성을 결정하는데 유용하다고 인정받고 있는 분석법이다. 두 종류의 기기 즉, 2차이온질량분석기와 미량분석기가 있다. 이들 두 기기는 모두 Ar^+, Cs^+, N_2^+ 또는 O_2^+ 같은 5~20 keV의 이온선으로 표면을 충격하여 분석한다. 이온선은 기체상태의 원자나 분자를 전자충격으로 이온화시켜 **이온건**으로 만든다. 이때 생긴 양이온은 높은 DC 전위를 걸어 가속한다. 이들 1차이온선이 시료의 표면 원자층을 때리면 주로 중성원자가 튕겨나간다. 그러나 이때 양(또는 음)의 2차이온이 작은 분율로 생기고 이것이 질량분석계로 들어가 분석된다.

2차이온 질량분석계는 일반적으로 표면분석과 단면깊이 모습 측정(depth prifiling)에 사용되고 이때 1차이온선의 직경은 0.3~50 ㎛ 범위이다. 이중초점형, 단일초점형 분석계 등이 질량분리에 사용된다. 이들 기기는 표면에 있는 모든 동위원소(수소에서 우라늄까지)에 관한 정성 및 정량적 정보를 알려준다, 보통 $10^{-15}g$ 또는 그 이상의 감도를 갖는다. 시간의 함수로서 하나 또는 몇 개 동위원소의 봉우리들을 관측하면 단면 농도정보를 5~100Å의 깊이 분리능을 가지고 얻을 수 있다.

이온 미량분석계는 1~2 ㎛의 직경을 갖는 1차이온의 집속된 이온선을 사용하는 더욱 정밀한 기기이다. 이온선을 x와 y방향으로 약 300 ㎛ 정도 표면을 따라 움직일 수 있다. 이온선 위치를 정확히 보기위해 현미경이 달려있다. 질량분석법은 이중초점형 분석계로 이루어진다. 어떤 기기에서는 1차이온선을 역시 낮은 분해능 질량분석계를 통하게 함으로서 단일형태만으로 이루어진 1차이온으로 시료를 충격한다. 이온 미량분석기형 SIMS는 고체표면의 상세한 연구를 할 수 있다. 시료에서 생긴 2차이온을 질량분석계로 분리한다. 분자 SIMS 스펙트럼은 다른 형태의 질량분석법에서 얻은 것과 같은 구조적 특성을 나타내는데 이것은 비휘발성과 열적으로 불안정한 시료에도 적용할 수 있는 잇점이 있다. 예를 들면 비타민 B_{12}의 SIMS 스펙트럼은 질량 1355에서 $(M+1)^+$의 강한 봉우리와 수많은 작은 조각 봉우리로 나타난다.

11.5.4.1 SIMS의 구조

SIMS는 2차 빔으로 사용되는 이온 건과 시료에서 방출되는 2차 이온의 질량을 측정하는 질량 분석기, 시료 머니퓰레이터(sample manipulator), 부도체 시료 분석 시 충전(charging)을 막기 위한 전자충전중화기(electron charge neutralier) 등으로 구성되어 있고 스퍼터링 되는 뉴트랄 원자나 분자의 포스트-이온화(post-ionization)을 위한 레이저가 부착되기도 하는데 이들은 진공 챔버 속에 장착되어 있다.

11.5.4.2 SIMS를 이용한 표면 분석

SIMS를 이용한 표면 분석에는 이미징, 표면 구성 원소의 정성 및 정량 분석, 분자구조 분석 및 깊이 방향의 원소 분포 분석인 깊이 분포(depth-profile) 등을 들 수 있다. 정성분석에는 포시티브(positive) 혹은 네가티브 메스 스펙트럼(negative mass spectrum)의 피크 위치가 이용되는데 동일한 기지 메스(nominal mass)를 갖는 이온들이 혼재할 경우 이의 분리를 위해서는 수 천 이상의 질량 해석(mass resolution)이 필요하다. 고분자 재료의 구조 분석은 낮은 질량 범위에서의 프레그먼트 페턴(fragment pattern)을 이용하거나 다이머(dimer), 트리이머(trimer) 등의 반복 패턴의 질량을 직접 측정함으로써 수행되는데 이를 위해서는 10000 amu 정도의 질량을 측정할 수 있는 스펙트로미터가 필요하다.

SIMS를 이용한 원소의 정량분석에는 분석하고자 하는 시료와 매우 유사한 표준 샘플을 이용한 상대적 감도 펙터(relative sensitivity factor)를 이용하는 방법이 일반적이고 이

는 2차 이온의 발생 확률이 원소에 따라 매우 다르며 또한 주위의 원소에 영향 받기 때문이다. 즉,

$$C_A = C_{AS} \times \frac{I_A / I_M}{S} \tag{11.40}$$

여기서, C_A, I_A, I_M은 각각 분석시료에서의 원소 A의 농도, 원소 A의 측정 수, 기지 원소 M의 측정 수를 의미하고 C_{AS}는 표준 샘플에서의 A의 농도, S는 표준 샘플에서의 I_A/I_M으로부터 얻은 상대적 감도 펙터를 의미한다. 이러한 기지 펙터는 측정 원소나 기지에 따라 혹은 측정 원소의 양이 1% 이상일 경우에 크게 달라지는데 바로 이러한 표준 샘플의 필요성 및 기지 효과가 SIMS를 이용한 정량 분석의 어려운 점이다. 이러한 점을 개선하기 위해서 전자충격(electron impact)이나 레이저 등을 이용한 포스트-이온화로 스퍼터링 과정과 이온화과정을 분리하는 방법이 사용되고 있다.

11.5.4.3 박막시료의 깊이 분해능 평가

첨단 신소재의 극소형화, 고집적화 추세에 따라 박막 소재의 개발이 활발하게 이루어지고 있으며 소재 표면의 특성 분석은 고품질의 소재 개발에 있어 필수적이다. 초미세 나노표면 전문지원에 있어서 박막소재의 특성분석에서 표면과 계면의 정확한 원소분포도 측정기법을 확보하기 위하여 SIMS를 이용한 깊이분해능 평가, 스퍼터 깊이(Sputter Depth) 보정 및 회전 스테이지(Rotation Stage)의 사용에 따른 특성을 비교하여 SIMS의 분석기초기술을 확보하고자 하였다. Si 기판 위에 Cu PVD/Cu 전극플레이팅(Electroplating) 시료에 대한 C, O, S와 Cl의 깊이에 따른 원소분포도를 Cs^+ 소스를 사용하여 분석하였으며 회전스테이지를 사용하지 않은 경우의 분석결과(a)와 회전스테이지를 사용한 분석결과(b)를 비교하여 나타내었다.

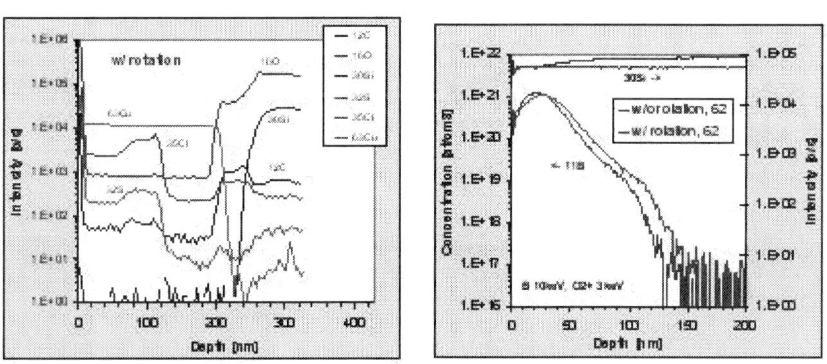

(a) (b)

그림 11.34 ▸ 회전스테이지를 사용하지 않은 경우의 분석결과(a)와 회전스테이지를 사용한 분석결과(b)

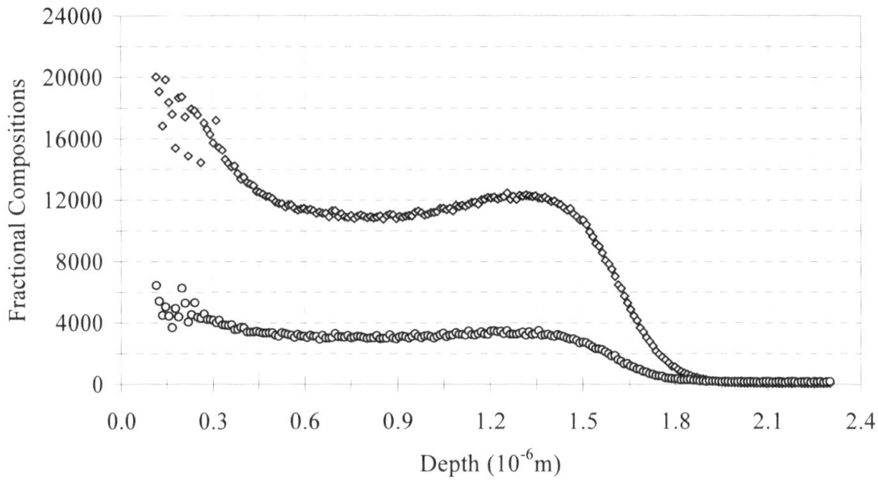

그림 11.35 ▸ 고체시료인 $\beta-C_3N_4$ 대한 SIMS depth profiling

그림 11.34에서 보는 바와 같이 회전 스테이지를 사용함으로써 깊이분해능이 증가하였음을 알 수 있으며 이로 인하여 분석 시 방해성분의 효과를 제거할 수 있음을 볼 수 있다. 그림 11.35에 Cameca Ims 4f.(프랑스) 장비(1차 빔은 O_2^+; 에너지 8 keV, 전류 1 μA, 라스터 250×250 μm)를 이용하여 고체시료인 $\beta-C_3N_4$ 대한 SIMS depth profiling을 한 예를 도시하였다.

11.6 원자분광법

원자 분광법은 일반적으로 금속소재, 혈액, 뇨, 및 음용수 등에 함유되어 있는 원소들을 분광학적인 방법으로 정성 및 정량 분석하는 방법으로 ppm이나 ppb 이하의 미량 원소들 분석한다. 시료 중의 원소들을 가스 상태의 원자로 변화시키는 원자화 방법에 따라 다양한 원자분광법들이 사용되고 있다. 1955년 오스트레일리아의 분광학자인 Walsh 등의 제안에 의하여 새로운 화학 분석법으로 등장한 **원자흡수분광법**(atomic absorption spectroscopy; AAS)은 금속 원자를 불꽃 전기로의 높은 온도로 가열함으로써 만들어진 기체 상태의 중성 원자에 자외선 또는 가시 광선 영역의 복사 에너지를 쬐어 줌으로써 일어나는 복사 에너지 흡수 현상을 기초 원리로 한 분석 방법이다. 이 방법은 비교적 조작이 간편하고, 방해가 심각하지 않으며 감도가 예민하여 ppb 정도까지의 극미량 금속 원소도 정확하게 분석할 수 있다. 이 분석법은 다른 분석법에서 요구되는 여러 가지 문제점을 효과적으로 해결해 주고 있을 뿐만 아니라, 특히 흡수와 방출이라는 원리의 차이는 있지만 **원자형광분석법**(atomic fluorescence spectrometry, AFS) 및 **불꽃방출분광법**(flame emission spectrometry,

FES)과 쓰이는 장치가 비슷하여 원자 흡수 분광 광도계로 이들 방법을 함께 활용할 수 있으며, 각 방법의 장점을 충분히 이용할 수 있는 이점이 있다. 최근 원자흡수분광법은 기기 장치 및 분석 방법의 개선과 개발로 인해 분석이 가능한 원소가 금속뿐만 아니라 B, P 등과 같은 비금속 원소에 이르기까지 약 70여 종류의 원소로 확대되었고, 검출 한계가 비약적으로 향상되어 화학, 의약학, 금속, 식품 및 지질학 등에 광범위하게 응용되고 있다.

중성 원자에 복사선을 쬐어 주면 원자는 복사 에너지를 흡수하여 기저상태의 전자가 전이를 일으켜 들뜬 상태로 된다. 반대로 들뜬 원자는 흡수하였던 에너지를 방출하면서 원래의 기저상태로 되돌아오게 되는데 이와 같은 전자의 전이 현상을 **원자 흡수**(atomic absorption) 및 **원자 방출**(**또는 형광**, atomic emission)이라 한다. 이 때 원자 흡수 및 원자 방출 스펙트럼이 나타나게 된다. 원자 방출 시 원자가 흡수하였던 빛과 동일한 파장의 에너지를 방출하고 원래의 기저상태로 되돌아올 때에는 **공명 형광**(resonance fluorescence)이라 하고, 기저상태보다 약간 높은 에너지 준위(metastable state)로 돌아올 때에는 직접(direct line) 형광 현상이라 한다.

표 11.4 ▸ 원자분광법의 분류

원자화 방법	온도(℃)	방법	일반 영문명 및 약자
불꽃(Flame)	1700～3200	흡수	Atomic Absorption Spectroscopy, AAS
		방출	Atomic Emission Spectroscopy, AES
		형광	Atomic Fluorescence Spectroscopy, AFS
전열 (Electrothermal)	1200～3000	흡수	Electrothermal Atomic Absorption Spectroscopy, EAAS
		방출	Electrothermal Atomic Fluorescence Spectroscopy, EAFS
유도결합 (Inductively Coupled)	6000～8000	방출	Inductively Coupled Plasma Spectroscopy, ICP
		형광	Inductively Coupled Plasma Fluorescence Spectroscopy, ICP-FS
DC 플라즈마	6000～10,000	방출	Direct Current Plasma Spectroscopy, DCP
전기아크 (Electric Arc)	4000～5000	방출	Arc-Source Emission Spectroscopy, ASES
전기스파크 (Electric spark)	40,000	방출	Spark Source Spectroscopy, SSS
글로우 방전 (Glow Discharge)	40,000 이상	방출	Glow Discharge Lamp , GDL

흡수한 복사 에너지를 다시 복사 에너지의 형태로 방출하는 원자 형광과는 달리 열에너지를 흡수하여 들뜬 원자가 복사 에너지를 방출하면서 낮은 에너지 상태로 돌아오는 경우도 있다. 이러한 방출 현상을 원자 방출이라 하며, 이 때 밝은 선의 원자 방출 스펙트럼이 나타난다. 특히 열 에너지원이 불꽃일 때에는 불꽃 방출이라 한다. 이와 같은 원자 흡수, 원자 형광 및 불꽃 방출의 세 가지 현상을 원리로 한 분석법(AAS, AFS, FES)이 각각 독립적으로 발전되고 있는데, 흡수와 방출이라는 원리의 차이는 있지만 장치가 비슷하기 때문에 하나의 원자 흡수 분광 광도계로 세 가지 방법을 함께 분석할 수 있다. 이 방법들은 각각 장단점을 가지고 있으므로, 용도에 따라 적당히 선택하여 사용해야 한다.

11.6.1 원자흡수분광법(atomic absorption spectroscopy; AAS)

각종 시료들 중에서 금속성분을 분석하기 위해서는 시료의 조성에 따라 습식법이나 비색법, 원자흡수 분광법, 유도결합 플라즈마 분광법 등으로 정량하게 되는데 가장 많이 활용되고 있는 방법 중의 하나가 바로 원자흡수분광법이다. AAS는 금속원소는 물론 준금속과 일부의 비금속 원소들까지 약 70여 개의 원소들을 정량 할 수 있는 분석 방법으로서 기체상태의 중성원자가 복사선을 흡수하는 사실에 기초를 둔 방법이다. AAS는 다른 방법에 비해 신속, 정확하고 간편하며 시료의 전처리 방법이 복잡하지 않다. 또한 간섭영향이 비교적 적고 선택성이 좋으며 극미량의 낮은 농도는 물론 높은 농도까지도 분석이 가능하므로 여러 분야의 화학분석에 이용되게 되었다.

11.6.1.1 광원

원자 흡수 현상은 원자마다 고유한 파장의 복사선을 원자에 쬐어 줄 때 일어나지만 원자 흡수선의 폭이 대단히 좁기 때문에 광원으로부터 방출되는 에너지를 원자들이 완전히 흡수하기 위해서는 UV-Vis의 수소 램프와 같은 넓은 폭(5Å 정도)의 스펙트럼은 방출하는 연속 광원을 사용할 수 없고, 각 원자마다 들뜨기에 알맞은 폭이 좁은 복사선, 즉 공명선을 방출하는 특수한 장치의 광원이 필요하다. AAS에서는 주로 저압 음극 방전 장치로 된 그림 11.36과 같은 음극램프(hollow cathode lamp, HCL)를 광원으로 사용한다.

HCL은 분석하고자 하는 원소의 순수한 금속이나 합금을 음극으로 하고, 낮은 압력(약 1~10 mmHg)의 아르곤 또는 네온과 같은 불활성 기체를 채워 놓은 관이다. HCL의 양극에 높은 전압을 걸어 주어 기체를 방전, 이온화시키고, 이 때 생기는 불활성 기체의 양이온으로 음극을 때리게 하면 음극 표면의 금속 원자가 음극 표면으로부터 떨어져 나오면서 원자 그름을 만든다. 튕겨 나온 원자는 불활성 기체와 충돌하여 그 원자의 고유한 공명 흡수선을 방출한다. 양극 사이에 흘려주는 전류의 세기는 100~200 V에서 5~10 mA가 가장 적당하며, 충전 기체의 선택은 음극 물질에 따라 달라진다. 즉, Fe나 Ni와 같이 휘발성이 큰 금속은 강한 Ne의 방출선이 이들 원소의 방출선과 겹치므로 Ne는 오히려 부적당하다.

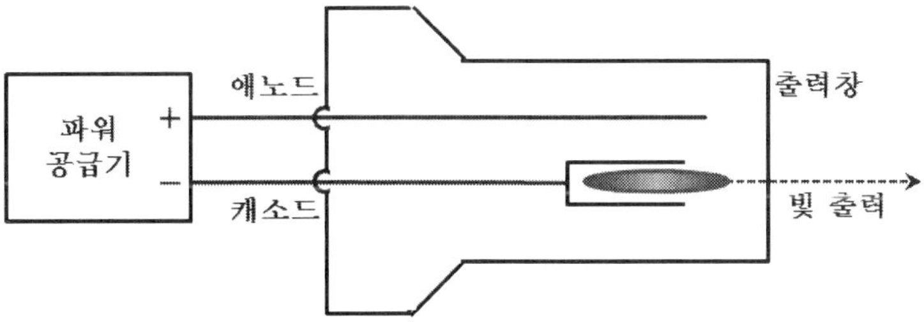

그림 11.36 ▸ 음극램프(hollow cathode lamp, HCL)

일반적으로, Ne나 He보다 Ar를 주로 사용하는데, 이것은 Ar의 이온화 전압이 낮고 질량이 큰 관계로 음극 물질의 튕김을 크게 하기 때문이다. 충전 기체의 압력이 커지면 이온선(ionic line)의 세기도 따라서 커지므로, 이를 줄이기 위하여 3 mmHg 정도의 낮은 압력이 적당하다.

HCL은 사용 횟수가 증가함에 따라 음극 물질이 소실되고 충전 기체의 압력이 감소하므로 자연히 소멸되어 재생되지 않는다. HCL의 수명은 음극 물질의 종류에 따라 다르며 걸어 주는 전류량에 비례하는데 보통 약 100 mA에서 1000 시간 정도 사용할 수 있다. 또 HCL을 사용하지 않고 방치해도 그 수명이 단축된다. 이는 램프 내의 비활성 기체가 음극 물질 표면을 덮게 되어 음극 물질의 활성을 감소시키기 때문이다. 따라서 램프를 주기적으로 활성화시킬 필요가 있다.

음극 물질로 되어 있는 HCL을 **단일원소등**(single element lamp)이라 하는데 가격이 비싸고 각 원소를 분석할 때마다 해당 원소의 lamp로 갈아 끼워야 한다. 이러한 불편함 때문에 공명 흡수선이 서로 겹치지 않는 3~4개 원소들의 합금을 음극 물질로 한 **다중원소등**(multielelment lamp)이 몇 가지 제작되어 이용되고 있다. 그러나 사용하기는 편리하지만 단일원소등에 비하여 감도가 낮다. 또 HCL의 방출선 강도를 증가시키기 위해서 전자를 쉽게 방출할 수 있는 물질을 입힌 보조 음극을 가진 **강한 밝기등**(high brightness lamp)을 사용하면 낮은 전압에서도 많은 전자가 생성되어 방출선의 세기는 보통 등보다 10~100배가량 증가되므로 감도도 좋아진다. 한편 As, Se, Te 등과 같이 비교적 휘발성이 큰 원소들은 안전하고 수명이 긴 속 빈 음극 등을 만들기가 곤란하다. 현재 이들 원소의 HCL도 상품화되고 있지만 주로 **전극 없는 방전등**(electrodeless discharge lamp, EDL)을 광원으로 사용한다. EDL은 적은 양의 순수한 금속이나 요오드화물을 넣은 실리카제 진공관을 낮은 압력의 불활성 기체와 함께 라디오 주파수(RF)의 코일이 감긴 공동에 넣고, RF 코일에 27 MHz의 주파수가 발생하도록 전력을 걸어서 이를 유도 방전시킨다. 이 때, 안정되고 고른 출력을 얻기 위해서는 측정하기 전에 미리 약 30분 이상 작동을 해 주어야 한다. EDL은 속 빈 음극등에 비하여 수명이 훨씬 더 길며, Na, K, Cs, Rb 등에서는 20배 이상의 방출선 세기를 얻을 수 있는 장점을 가지고 있다.

11.6.1.2 원자화 장치

AAS에서 감도에 영향을 주는 가장 중요한 요인은 중성 원자를 만드는 원자화 과정이다. 원자화 과정은 이온이나 분자 상태의 시료로부터 효율적인 방법으로 중성 원자를 만들고, 이를 재현성 있게 광로(optical path)에 분무시켜야 한다. 원자화 방법은 기기 제조회사마다 여러 형태의 **원자화 장치**(atomizer)를 고안하여 자사의 강점으로 내세우고 있으며, 열 에너지원에 따라서 **불꽃방법**(flame method)과 **비불꽃방법**(non-flame or flameless method)으로 구분한다.

불꽃 방법은 분무시킨 시료 방울을 불꽃의 열에너지로, 불꽃 없는 방법은 불꽃이 아닌 전기로와 같은 다른 에너지원에 이용하거나 전혀 열에너지를 이용하지 않고 화학적인 방법으로 원자 증기를 만드는 방법이다. 불꽃 원자화기(flame atomizer)는 조작이 편리하여 AAS에서 보편적으로 사용되고 있지만 높은 불꽃 온도에 의하여 들뜬 원자 및 이온 등이 비교적 많이 생성될 뿐만 아니라 원자가 불꽃 내 연소 기체나 주위의 공기에 의해 산화물 등의 여러 가지 화합물을 형성하게 되므로 열분해가 불완전해진다. 실제 원자화 효율은 시료 중에 있는 원자의 약 10% 정도 밖에 되지 않는다. 따라서 원자화 효율을 높이기 위하여 불꽃 대신 전기 에너지 또는 화학적 반응 등에 의한 방법으로 원자화를 시키는 불꽃 없는 원자화 장치가 등장하였다. 이것은 불꽃형보다 원자화 효율, 즉 감도가 월등히 높으며 위험도가 적고, 액체뿐만 아니라 고체 시료를 전처리 없이 직접 분석할 수 있는 이점이 있어 최근 공해 분석 등의 특수 분야에서 그 이용도가 크게 증가하고 있다.

불꽃에 의한 원자화는 시료 용액을 가급적 많고 작은 방울로 **분무**(nebulization) 시키고, 적당한 온도의 불꽃으로 용매를 증발, 화합물을 열분해하고, 증기 상태의 중성 원자를 만드는 과정을 거친다. 현재 주로 사용하는 원자화기는 시료를 방울로 분무시키는 **분무기**(nebulizer), 분무된 시료 방울과 연료 및 보조 기체를 섞이도록 하는 **분무실**(spray chamber), 그리고 불꽃을 만드는 **버너**(burner head) 등의 세 가지 부분으로 되어 있다. 먼저 분무기에서는 시료 용액을 흡입하여 작은 방울의 에어로졸로 만들어 분무실 내로 분무한다. 분무실에서는 여기에 연료 및 보조 기체를 혼합시켜 버너 쪽으로 흘려보낸다. 이때 시료의 방울 크기가 고르지 않거나 너무 크면 원자화 효율에 영향을 끼치게 되므로, 일정한 크기의 방울보다 큰 것들은 분무함 안에 있는 **흐름 막이**(flow spoiler) 장치에 의하여 응축되어 폐기통으로 버려지도록 고안되어 있다.

일반적으로 사전 혼합식 버너는 비교적 안정한 불꽃을 만들고 불꽃 폭이 넓기 때문에 감도는 물론 재현성이 좋다. 그러나 시료 주입 속도가 느리고 분무함에서 혼합 용매의 선택적 증발에 의한 오차를 가져올 가능성이 있으며, 또한 불꽃이 분무실 안으로 역류해 들어가서 폭발될 가능성이 있다. 이 같은 위험을 제거하기 위하여 현재 시판되는 기기에는 압력을 조절하는 적당한 안전장치가 부착되어 있다. 버너의 재질 역시 안정성을 고려하여 C_2H_2-air 불꽃의 경우에는 스테인레스강을, C_2H_2-N_2O 불꽃의 경우에는 높은 온도에 견딜 수 있는 내화성 물질로 된 것을 사용해야 한다. 원자화 효율에 영향을 주는 인자 가운데 중요한 것은 시료의 방울 크기와 흡입 속도, 불꽃의 온도 및 불꽃에서 만들어지는 화합물의 열적 안정성 등이다.

불꽃 없는 원자화 방법에는 불꽃 대신 다른 에너지, 즉 속 빈 음극램프에 의한 방전, 전기 아크, 레이저, 고주파 및 초단파 플라스마, 필라멘트나 고온 전리로 등에 의하여 원자화시키는 방법과, 화학적인 방법으로 원자 증기를 만드는 방법이 있다. **고온 전기로**(high temperature furnace)**법**은 온도를 3단계로 조절하여 원자화시키는데, 100℃ 이하의 온도에서 시료 용매를 증발시키는 건조 단계(dry stage), 증발 건조된 무기 또는 유기 화합물을 열분해 시키는 회화 단계(ash stage, 1500℃ 이상), 회화된 시료를 2500℃ 정도의 고온으로 처리하여 중성 원자를 만드는 원자화 단계(atomized stage)로 나눌 수 있다. 원자화기의 온도는 전극에 가하는 전압과 시간을 조절함으로써 조절이 가능한데, 각 단계에서 조작하는 온도와 시간은 시료와 분석하려는 원소의 종류 및 성질에 따라 임의로 선택해야 한다. 또, 원자화기를 가열하는 동안 시료나 원자화기 자체의 산화를 방지하고, 흑연관으로부터 증발 또는 확산되는 증기를 제거하기 위하여 Ne나 Ar과 같은 불활성 기체를 흘려주어야 한다. 시료를 대단히 적은 양을 가하기 때문에, 원자화기에 시료를 가할 때 그 부피가 일정하지 않으면 분석에 오차를 수반하게 되고 재현성이 나빠진다. 일반적으로, 시료는 마이크로피펫 또는 미량 주사기 등으로 원자화기에 주입하는데, 기기 생산 회사에서 부피별로 제작하여 판매한다.

차가운 증기 생성법(cold vapor generation method)은 Hg 등과 같은 휘발성이 큰 원소를 원자화할 때 적당한 시약을 시료에 가하여 화학적 방법으로 중성 원자를 만드는데 원자의 생성 효율이 대단히 좋아 감도가 높다. Hg를 분석할 때 원자 증기를 만드는 과정을 보면 시료 용액에 $SnCl_2$나 히드록실아민 등과 같은 환원제를 가하여 중성 상태의 Hg 원자를 만들고, 공기를 용액에 불어넣어 Hg 원자 증기를 광로에 내보낸다. 이 방법으로 ppb 또는 그 이하의 Hg를 분석할 수 있으므로 환경오염 시료의 분석에 널리 이용되고 있다.

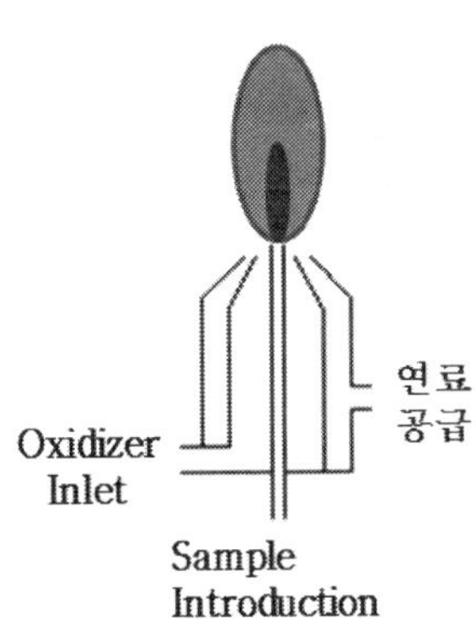

그림 11.37 ▸ 불꽃원자화 장치

단색화 장치란 슬릿, 거울, 렌즈, 프리즘 또는 회절발 등을 이용하여 원하는 파장만을 골라내는 장치이다. AAS에서 주로 많이 사용하는 단색화 장치는 회절발을 이용한 것이다. 이 장치에는 홑빛살 및 겹빛살형이 있는데, 최근에는 겹빛살형이 많이 채택되고 있으며, 아울러 바탕 보정기를 장치한 기기도 시판되고 있다. 회절발은 mm당 500~3000개의 홈(groove)을 가진 것을 주로 사용한다. 또, 슬릿도 중요한 부분인데, 슬릿 나비가 좁으면 스펙트럼의 분해능이 커지는 대신 흡수선의 세기가 감소하므로, 적당한 슬릿 나비를 선택해야한다.

11.6.1.3 검출기

AAS의 검출기는 UV-Vis 분광 광도계와 마찬가지로 자외선 및 가시광선의 파장 범위에 예민한 광전 물질로 만들어진 광전 증폭관을 주로 사용한다. 9~13개의 **다이노우드**(dynode)를 가지는 증폭관이 보통 사용되는데 이것은 106~108 배까지 증폭시킨다. 전압은 300~1000 V를 걸어 주는데, 각 다이노우드에 균일하게 나누어지도록 한다. 광전 물질의 감도는 파장에 따라 변한다. 또, 광전 증폭관을 직접 흡수 스펙트럼에 노출시키지 않고 해당 원소 증기에 노출시켜 방출되는 형광선을 측정하는 검출기가 개발되고 있는데, 이를 **공명 복사선 검출기**(resonance radiation detector)라 한다. 판독 장치에서는 검출기로부터 검출되어 나오는 신호를 흡광도로 바꾸어 미터나 기록계에 보내 준다. 최근에는 마이크로프로세서나 컴퓨터를 이용하여 기기의 조건 및 작동도 자동화되고, 아울러 검출기로부터 나오는 신호를 농도로 환산하여 직접 시료의 함유량을 알려주는 편리한 장치가 시판되고 있다.

11.6.1.4 간섭(Interference)

AAS에서 어떤 원소의 원자흡수 공명선이 다른 원소의 방출선과 겹치는 경우에 일어나는 방해 현상인데, 원자흡수의 특이성 때문에 이러한 현상은 거의 일어나지 않는다. 즉, 다른 원소의 흡수띠가 분석원소의 흡수 스펙트럼과 겹치는 경우는 드물다. 이러한 방해가 있을 때는 방해 물질을 제거하든지 다른 분석 파장을 이용해야만 한다. 또한 시료를 고온에서 처리할 때 일어나는 화학 반응은 대단히 복잡하며, 그로 인하여 직접 간접적으로 여러 가지의 방해 작용이 생길 수 있다. 방해 영향은 이론적으로 예측하기 곤란하며, 실험적으로 측정하여 조절해야 한다.

점도나 표면장력과 같은 물리적인 요인들로부터 방해를 받는 것으로서 매트릭스 효과라고도 한다. 일반적으로 기준 용액은 분석원소만을 아주 낮은 농도(ppm 수준)로 함유하고 있다. 그러나 시료 용액은 가용성 염류의 양이 ppm 수준인 경우는 극히 드물고 대부분 많은 양의 염류를 함유하고 있고, 이로 인하여 물리적인 영향을 일으키게 된다. 이런 물리적인 방해를 제거하기 위해서는 기준 용액과 시료 용액의 조성을 똑같이 만들면 되지만 이는 대단히 어려운 일이며, 대부분 표준물 첨가법을 사용하여 물리적인 방해를 제거하고 있다.

기준 용액은 대부분 불꽃 내에서 해리하여 완전히 원자화 하지만, 시료 용액은 분석원소가 시료 용액 내의 양이온이나 음이온과 결합하여 열에 안정한 화합물을 만들어 원자화를 방해할 수도 있다. 이러한 때에는 해방제를 첨가하여 열에 안정한 화합물의 생성을 막거나 더 높은 온도의 불꽃을 사용하여 생성된 화합물을 분해시켜 원자화의 감소를 막는다. 하지만 더 뜨거운 불꽃을 사용함으로서 분석 원소의 이온화 방해를 야기 시킬 수도 있다. 높은 온도의 불꽃에 의해 분석원소가 이온화를 일으켜 중성원자가 덜 생기는 방해이다. 이러한 경우에는 분석원소보다 이온화를 더 잘 일으키는 원소를 가해 줌으로써 막을 수 있다.

불특정 방해란 불꽃 내에서 형성된 입자들에 의해 광원으로부터의 복사선을 산란시킴으로써 흡광도가 증가한 것으로 계산되는 경우와, 불꽃 내에서 시료의 불완전한 원자화로 분자가 형성되고 이로 인해 광원으로부터의 복사선을 흡수하는 경우의 두 가지에 기인한 불특정 흡수를 말한다. 이 방해는 불꽃에서는 비교적 적지만, 250 nm 이하의 파장에서 측정하는 원소의 경우나, 가용성 물질의 양이 1 % 이상인 경우, 유기물의 농도가 높은 경우 또는 분석원소의 농도가 1 ppm이하인 경우에 이 영향은 더 커진다. 이러한 경우에는 바탕보정을 해야만 하는데 가장 많이 쓰이고 있는 방법은 연속광원법이고, 두 분석선 보정법, Zeeman 보정법, Smith-Hieftje 방법 등이 있다.

11.6.1.5 정량분석

AAS는 정량 분석에 주로 이용하는데 원자 흡수 스펙트럼이 매우 예민하여 단순하고 감도와 검출 한계가 좋기 때문에 시료 중의 미지 원소의 존재 여부를 확인하는 데에는 다른 방법들에 비해서 매우 정확하다. 그러나 광원을 원소마다 계속 바꿔 끼워야 하는 등의 조작이 번거롭기 때문에 정성 분석에는 효율적으로 이용되지 못하고 있다. AAS에서는 UV-Vis 등과는 달리 일정한 농도에 대응하는 흡광도가 항상 일정하지 않고 측정 시의 조건에 따라 달라지기 때문에 시료를 분석할 때마다 시료와 동시에 표준 용액의 흡광도를 측정하여 표준곡선을 만드는 것이 좋다. 또한 Beer-Lambert 법칙에 따르면 흡광도와 농도는 직선 관계로 비례하지만 직선에서 벗어나는 경우도 많다.

표준 곡선법에서는 여러 가지 방해 작용 때문에 표준 시료 용액의 매트릭스가 시료 용액과 같거나 비슷하게 만들어야 하는 어려움이 있다. 따라서 AAS에서는 표준물 첨가법이 많이 이용된다. 2개 이상의 시료 용액을 일정량 취하여 메스플라스크 옮겨 넣고 그 중의 하나는 물 또는 용매로써 눈금까지 묽히고, 나머지에는 일정량의 분석 원소가 함유된 표준 용액을 가한 다음 묽힌다. 이렇게 만든 용액의 흡광도를 측정하고 다음 식에 따라 시료의 농도를 계산하면

$$C_X = S_S \cdot \frac{A_x}{(A_T - A_X)} \tag{11.41}$$

이 된다. 여기서, C_X는 시료 용액의 농도, C_S는 첨가한 표준물질의 농도, A_X와 A_T는 묽힌 시료 용액과 표준물질 첨가 용액의 흡광도이다.

AAS에서 감도는 원자 증기에 쬐어 주는 입사선의 1%(흡광도로 0.0044에 해당함)를 흡수하는 시료의 농도(μg/ml 또는 ppm)로 정의한다. 검출 한계는 흡수 **신호 대 잡음과의** 비(signal to noise ratio, S/N)가 2가 되는 시료의 농도를 의미한다.

11.6.1.6 응용

AAS를 화학 분석에 이용함에 있어서 중요한 특징은 선택성이 좋고 감도가 높으며, 반복하는 유사 분석을 단시간에 할 수 있고, 방해 물질이 비교적 적어서 시료를 용해시킨 후 다른 화학적인 처리 없이 직접 측정이 가능할 뿐만 아니라 때로는 시료를 파괴하지 않고 분석할 수 있다는 점이다. AAS로 분석이 가능한 원소는 알칼리 금속 및 알칼리 토금속 등의 약 65 종류의 원소인데, 몇 가지 원소에 대한 검출 한계는 불꽃 원자화 장치에서는 10^{-6}~10^{-9}g, 불꽃 없는 원자화 장치에서는 10^{-10}~10^{-12}g 정도이며, 오차 범위가 1% 이내이므로 다른 흡광 분석법이나 질량 분석법 등보다 정확성이 있고 적용 범위가 매우 넓다.

이와 같이, AAS를 이용하여 여러 가지 시료 중에 있는 극미량 성분의 분석이 가능해짐으로써 농학, 미생물학, 의학, 식품 화학, 금속 공학, 석유 화학 등의 여러 분야에서 널리 활용하고 있으며, 특히 순수한 물질의 순도 결정, 생체 시료의 분석 및 공기나 음식물 등에 함유된 유해 금속의 오염도를 측정할 수 있게 됨으로써 식품, 환경, 위생, 범죄 수사 및 법화학 분야에서도 널리 이용하고 있을 뿐만 아니라, 지구 화학, 요업 분야의 연구에도 없어서는 안 될 중요한 기기이다.

위에서 설명한 바와 같은 많은 이점과 응용면을 가지고 있는 반면, 피할 수 없는 결점은 광원을 보유하고 있는 원소만이 분석이 가능하며, B, P 등을 제외한 비금속 등은 분석이 거의 불가능하다. 또, 원소를 바꿔서 분석할 때에는 그 때마다 광원을 갈아 끼워야 하기 때문에, 여러 가지 원소를 동시에 분석할 수 없다는 결점이 있다. 그러나, 이러한 결점을 개선하고 감도를 높이기 위한 장치의 고안이나 방법의 개발이 현재 진행되고 있으므로, 화학 분석에서뿐만 아니라 그 밖의 특수 분야의 연구에 많은 가능성을 보이고 있다.

11.6.2 유도결합 플라즈마(Inductively Coupled Plasma)

유도 결합 플라스마는 통상적인 연소 불꽃보다는 훨씬 높은 온도를 낼 수 있는 플라스마를 이용하여 주로 방출 분광법이나 질량 분석법으로 원소들을 분석한다. 플라스마는 제4의 물질이라고 일컫는 일종의 이온화된 가스를 말하며, 높은 온도와 안정성으로 기존의 불꽃을 이용한 분광 분석법을 대체하고 있다. 플라스마의 주요 단점은 기기 구입과 작동 시 비용이 많이 드는 점이다.

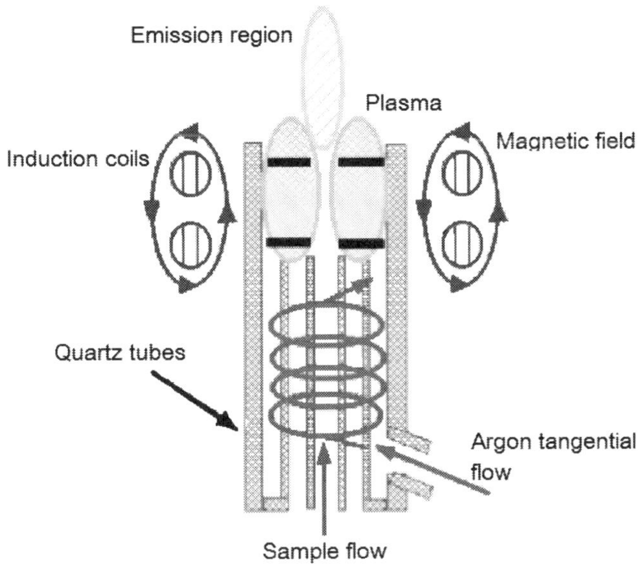

그림 11.38 ▸ 유도 결합 플라스마 버너의 구조

그림 11.38 ICP 버너의 구조를 보면 두 가닥의 라디오 주파수 유도 코일은 열려진 석영 장치의 윗부분 주위를 둘러싸고 있다. 고순도 아르곤 가스를 플라스마 기체 도입부를 통하여 공급한다. 테슬라 코일(Tesla coil)로부터 생성된 전자들이 중성 아르곤 가스들을 이온화시킨다. 이때 생성된 아르곤 이온들은 13.56 MHz 또는 그의 배수(27, 40.12)인 부하 코일 주변에서 발진된 강한 라디오 주파수의 장에 의하여 유도 자장이 형성되고 이때 이러한 유도 자장의 역방향으로 이온이나 전자들은 가속된다. 가속된 이온은 원자들과의 충돌에 의하여 모든 기체에 에너지를 전이시킨다. 한번 이 과정이 시작되면 이온들은 6,000에서 10,000 K의 온도가 유지된다. 이 기기의 개발의 어려운 점 중의 하나는 플라스마가 워낙 고온이어서 석영으로 만든 토오치가 녹아 버리기 때문이었다. 이를 해결하는 방법으로 냉각 기체를 나선형으로 주입시켜 플라스마와 토오치가 직접 맞닿지 않도록 하였다.

대부분의 원소들은 플라스마 안에서 +1가 상태의 이온으로 존재하며 따라서 이온으로부터 나오는 방출선이 분석 신호가 된다. 수용액 시료인 경우 플라스마 안에서 주로 관찰되는 바탕선 들은 Ar^+, O^+, ArH^+ 및 H_2O^+이다. 최근에는 질량 분석법과 연결하여 원소들을 분석할 수 있는데 이러한 방법은 ppb 이하의 검출 한계를 보이며, 동위원소에 관한 정보도 얻을 수 있으므로 생체 시료의 극미량 원소 분석이나 해양, 토질, 공해 시료 등의 분석에 많이 사용되고 있다. 특히 인체에 존재하는 극미량 원소들의 양과 질병과의 관계에 관한 연구나 유해 중금속의 영향에 관한 연구가 많이 이루어지고 있다.

ICP에서 시료는 대개 용액 상태에서 분무되어 에어로졸 상태로 플라스마에 도입되는데 이상적으로 플라스마에 도입되는 시료는 입자경 10 μm 이하로 미세하게 분무되어야 한다.

그러나 시료 분무에 사용할 수 있는 아르곤 가스의 유량은 1 L/min로 거의 고정되어 있기 때문에 매우 정교하고 분무능이 좋은 분무기가 사용된다. 또한 최근에는 시료 용액을 약 1 MHz의 주파수로 진동하는 압전기 결정 속으로 도입시키는 **초음파 분무기**(ultrasonic nebulizer)를 사용하면 약 10~20배 정도 감도를 좋게 할 수 있다. 분무기에는 입자경이 큰 시료 방울 등이 생기는데 이것은 분무실(spray chamber)에서 제거되고 실제로 흡입된 시료 중 플라스마에 도입되는 양은 약 2%이다.(AAS인 경우 10% 이하) 시료를 일정한 양으로 주입하기 위해서는 연동펌프(peristaltic pump)를 사용한다. ICP 광원의 특징은 첫째 불꽃의 온도가 매우 높고 둘째 플라스마가 도너츠 모양을 하고 있다는 점이다. 이러한 특성 외에 검출 감도가 높으며 분석 가능한 **농도 범위**(dynamic range)가 넓고 공존하는 다른 물질들에 의한 **매질 간섭**(matrix effect)이 적으며 동일 조건에서 여러 원소의 동시 분석이 가능하다. 또한 비활성의 아르곤 가스를 사용하기 때문에 안전하며 다른 광원에서는 분석이 힘든 원소들의 분석이 가능하다.

11.6.2.1 ICP의 장·단점

■ 장 점

1) 높은 온도의 광원을 시료 원자의 들뜨기 원으로 사용하므로 보다 많은 시료를 들뜨기화, 이온화 시켜 높은 감도를 갖는다.
2) 주기율표상의 거의 모든 원소(약 80 여개)의 분석가능. 특히 P, B, W, Zr, V, 희토류 원소와 같은 내화물원소의 미량분석가능.
3) 불활성 기체인 알곤 플라즈마를 사용하므로 화학적 방해가 적음.
4) 원자 흡광법과 같은 정밀도(1~5%).
5) 원자방출 분광법 이므로 다색화분광기와 컴퓨터를 이용하여 동시에 많은 원소 분석가능.
6) 검정곡선은 일반적으로 10^4~10^5까지의 분석범위가 선형성을 갖는다. 따라서 주성분, 미량성분까지 동시 정량 가능.

■ 단 점

1) 높은 온도에서 원자들은 많은 복사선을 방출하므로 분광학적인 방해영향이 있다.
2) 알칼리 금속과 같이 이온화 에너지가 낮은 원소들은 검출 한계가 높으며 또한 이들이 공존 원소로 존재할 때 이온화 방해영향을 준다.
3) 분자량이 작은 유기 용매들은 증발현상이 크므로 이들 용매를 주입 시 안정된 플라즈마를 유지하기 어렵다.

11.6.2.2 ICP생성

그림11.38에서 보는바와 같이 구리 관으로 만들어진 유도코일에 라디오주파수(radio frequency)의 전류가 흐르면 표피효과에 의해 바깥부분은 뜨거워지며 자장과 전장이 유도된다. 코일에 의해 유도된 전자장 하에서 토치의 바깥 관에 냉각기체를 통과시키고 유도코일 하단에 설치된 테슬라코일에 의해 스파크를 일으키면 중성상태의 아르곤 기체는 순간적인 방전에 의해 이온화를 일으켜 아르곤이온과 전자를 생성 시킨다.

이때 생성된 전자를 seed전자라 하며 일단 생성된 전자는 유도된 전하장하에서 계속적인 에너지를 받으면서 플라즈마 전체에 확산되어 ICP가 유지되게 된다. 즉, ICP는 유도코일에 의해 유도된 전자장이 결합된 플라즈마를 의미한다. 플라즈마가 생성되면 에어로졸상태의 시료 용액을 시료운반 기체에 실어 토치의 중심관으로 넣어 플라즈마의 중심부를 관통케 함으로써 시료원자를 발광시키게 된다. ICP법에서 들뜬 상태의 시료원자 수는 전자와 들뜬 상태의 아르곤 원자의 수에 의해 좌우 된다. 아르곤 원자와 전자의 수는 플라즈마의 온도에 영향을 받으므로 플라즈마내의 전자 밀도와 온도는 시료원자의 들뜨기 메커니즘을 규명하는데 필요한 매개변수이다. 또한 공존원소에 의한 이온화 방해영향도 전자와 직접적인 관계가 있어 방해 메커니즘을 이해하는데도 두개의 매개변수를 알아야 한다. 플라즈마의 온도는 들뜨기 온도, 전자온도, 기체온도 그리고 이온온도 등으로 구분된다. 전자온도 > 들뜨기 온도 > 기체온도 순으로 온도가 높으며 전자온도가 기체온도의 2배 이상까지 높으며, 들뜨기온도란 플라즈마 내의 모든 화학종들이 열적평형을 이룬다고 가정하에 방출선의 세기와 온도를 구한다. 전자온도는 전자의 운동에너지가 관련된 온도로 아르곤의 이온화에너지 부근에서 방출되는 아르곤의 연소 세기인 430 nm 근처의 스펙트럼선으로부터 구한다. 기체온도는 플라즈마내 분자들의 운동에너지와 관계된 온도이다.

11.6.2.3 응용

ICP로 분석할 수 있는 원소의 범위는 매우 넓어 이론적으로 아르곤을 제외한 주기율표의 모든 원소를 분석할 수 있다. 그러나 실제로 F, Cl, Br 등은 보통 직접 분석이 안되며 산소, 질소 등은 감도가 낮아 ICP로 분석이 곤란하다. 이러한 몇몇 원소를 제외하면 거의 모든 원소가 ICP로 분석이 가능한데 특히 다른 방법으로는 분석이 곤란한 희토류 원소나 Li, Be, B 등의 원소도 분석이 가능하다. ICP로 분석 가능한 농도 범위(dynamic range)는 매우 넓은데 특히 한 원소가 여러 파장의 빛을 발광하고 각 파장마다 그 강도가 다르기 때문에 적당한 파장으로 바꾸어 주면서 고농도에서 저농도까지 광범위한 농도 범위에서 분석이 가능하다. 대부분의 원소에 대하여 ICP의 검출 한계는 1~100 μg/L(ppb)이다.

11장 연습문제

1. 적외선 흡수분광법이란 무엇이며 그 원리에 대하여 설명하라.

2. 적외선 흡수분광법에서 진동의 종류를 들고 간략히 설명하라.

3. 적외선 흡수분광법의 진동스펙트럼에서 배진동수선(overtone lines)과 조합수선(combination lines)에 대하여 설명하라.

4. CO의 적외선스펙트럼은 2170 cm^{-1}에서 최대 흡수 봉우리를 보여준다.
   (a) CO 결합에 대한 힘의 상수는 얼마인가?
   (b) 얼마의 파수에서 ^{14}CO의 해당 봉우리가 생기는가?

5. O-H 기본신축진동의 파장은 약 1.4 μm 이다. O-H 신축에 대한 첫 번째 배진동 봉우리의 대략적인 파수와 파장은 얼마인가?

6. N-H 기본신축진동의 파장은 약 1.5 μm 이다. N-H 신축에 대한 첫 번째 배진동 봉우리의 대략적인 파수와 파장은 얼마인가?

7. 적외선 흡수분광법과 Raman 분광법의 차이점에 대하여 간략하게 설명하라.

8. 레이저 광원을 시료에 조사하여 Raman 산란 스펙트럼을 발생시켜 적당한 분광기로 일정 각도에서 측정할 때, Stokes 선과 anti-Stokes선에 대하여 설명하라.

9. Stokes 세기에 대한 anti-Stokes의 비가 왜 시료의 온도에 따라 증가하는가?

10. 다음의 광원을 사용할 때 사염화탄소에 대한 Stokes와 anti-Stokes Raman 선들($\bar{v}$= 218, 314, 459, 762, 790 cm^{-1})은 몇 nm의 파장에서 나타나는가?
    (a) 헬륨-네온 레이저(632.9 nm)
    (b) 아르곤이온 레이저(488.0 nm)

11. 진동상태에 대해 Boltzmann식은

$$\frac{N_1}{N_0} = \exp(-\Delta E/kT)$$

이다. 여기서 N_0와 N_1은 낮은 것과 높은 에너지 상태 각각의 분포이고 ΔE는 상태간의 에너지 차이다. 20과 40℃의 온도에 대해, (a) 218 cm^{-1}, (b) 459 cm^{-1}, (c) 790 cm^{-1}에서 CCl_4에 대한 Stokes선과 anti-Stokes선의 세기비를 계산하라.

12. Raman 및 Rayleigh 산란에 대하여 메카니즘과 산란파에 대하여 논하라.

13. Raman 산란에서 비분극비(depolarization ratio)와 기준좌표(Normal coordinate) 계산에 대하여 논하라.

14. XPS 또는 ESCA와 AES의 근본적인 원리의 차이점를 에너지 준위도를 도시하여 비교 설명하라.

15. ESCA 봉우리와 AES 봉우리를 구별하는 방법을 설명하라.

16. ESCA의 화학적이동에서 얻은 정보가 X-선 흡수끝에도 포함되어 있는 이유를 설명하라.

17. 주사전자 마이크로분석기의 CRT면이 20 cm이다. 확대를 (a) 1000, (b) 200,000로 하려면 시료를 가로지르는 주사 넓이를 얼마로 하여야 하는가?

18. XPS 또는 ESCA와 AES의 응용분야에 대하여 설명하라.

19. AES로 측정된 C_{KLL} (271.9 eV)와 N_{KLL} (385.9 eV)의 피크 강도로부터 질소 함유양을 계산하는 방법에 대하여 설명하라.

20. XPS 또는 ESCA와 AES 분석에 있어서 표면 단면분석(depth profiling)이란 무엇인가?

21. SEM(scanning electron microscopy)의 구조와 원리에 대하여 장치도를 도시하여 설명하라.

22. 질량분석계의 구조와 원리에 대하여 설명하라.

23. 질량분석법에서 정확한 질량과 명목질량(nominal mass)의 차이점은 무엇인지 예를 들어 설명하라.

24. 질량분석계에서 분리능이란 무엇이며 또 그 향상 책에 대하여 아는 바를 논하라.

25. 자계힘 질량분석계가 $3.00 \times 10^3\,V$의 가속전압에서 작동할 때, CH_4^+의 봉우리를 검출계에 초점을 맞추고자 할 때 0.126 T의 장이 필요하였다.
   (a) 가속전압을 $3.00 \times 10^3\,V$로 일정하게 유지할 때 1가 이온의 질량 16~250 범위를 주사하는데 필요한 장의 세기 범위는 얼마인가?
   (b) 장의 세기를 0.126 T로 일정하게 유지할 때 1가 이온의 질량 16~250 범위를 주사하는데 필요한 가속전압의 범위는 얼마인가?

26. 이중초점 질량분석계는 왜 좁은 봉우리와 높은 분리능을 나타내는지 설명하라.

27. 비행시간 분석계(time of flight analyzer)에 대하여 그림을 도시하고 설명하라.

28. 스파크 이온화법에 의한 분석방법에 대하여 논하라.

29. 유도결합 플라즈마(ICP : inductively coupled plasma) 이온화법과 질량분석계를 결합한 방법에 대하여 논하라.

30. SIMS(secondary ion mass spectroscopy)에 대하여 설명하라.

부록 A 물리상수

광속(진공속에서)	$c = 2.99792458 \times 10^{8} [m/s]$
전자의 전하크기	$e = 1.602177 \times 10^{-19} [C]$
플랑크 상수	$h = 6.62608 \times 10^{-34} [J \cdot s]$
	$\hbar = h/2\pi = 1.05457 \times 10^{-34} = 0.6582 \times 10^{15} [J \cdot s]$
볼쯔만 상수	$k = 1.38066 \times 10^{-23} [J/K] = 8.617 \times 10^{-5} [eV/K]$
아보가드로 수	$N_0 = 6.023 \times 10^{23} [particles/mol]$
파라데이 상수	$F = eN_0 = 9.648531 \times 10^{4} [C/mol]$
기체 상수	$R = kN_0 = 8.31451 [J/K \cdot mol] = 0.0821 [Latm/K \cdot mol]$
쿨롱의 법칙상수	$1/4\pi\epsilon_0 = 8.988 \times 10^{9} [N \cdot m^2/C^2]$
전자의 정지질량	$m_e = 9.10939 \times 10^{-31} [kg] = 0.5110 [MeV/c^2]$
양성자의 정지질량	$m_p = 1.67262 \times 10^{-27} [kg] = 938.3 [MeV/c^2]$
중성자의 정지질량	$m_n = 1.67493 \times 10^{-27} [kg] = 939.6 [MeV/c^2]$
원자의 질량($C^{12} \equiv 12$)	$u = 1.66054 \times 10^{-27} [kg] = 931.5 [MeV/c^2]$
보어 마그네톤	$\mu_b = e\hbar/2m_e = 9.27402 \times 10^{-24} [A \cdot m^2]$ 또는 $[J/T]$

핵 마그네톤	$\mu_n = e\hbar/2m_p = 5.05079 \times 10^{-27}[A \cdot m^2]$ 또는 $[J/T]$
전자의 콤프톤 파장	$\lambda_C = h/m_e c = 2.43 \times 10^{-12}[m] = 0.0243[\text{Å}]$
미세구조 상수	$\alpha = e^2/4\pi\epsilon_0\hbar c = 7.29735 \times 10^{-3} \simeq 1/137$
실온에서의 kT	$k \cdot 300K = 0.0258[eV] \simeq 1/40[eV]$

부록 B 단위(Units)

B.1 Energy Conversion Factor

	Joules	Ergs	Calories	Electron volts
1 joule=	1	10^{7}	2.3901×10^{-1}	6.2418×10^{18}
1 erg=	10^{-7}	1	2.3901×10^{-8}	6.2418×10^{11}
1 calorie=	4.1840	4.1840×10^{7}	1	2.6116×10^{19}
1 electron volt=	1.6021×10^{-19}	1.6021×10^{-12}	3.8291×10^{-20}	1

B.2 단위의 크기

명 칭	기 호	크 기	명 칭	기 호	크 기
exa	E	10^{18}	dci	d	10^{-1}
peta	P	10^{15}	centi	cm	10^{-2}
tera	T	10^{12}	milli	mm	10^{-3}
giga	G	10^{9}	micro	μ	10^{-6}
mega	M	10^{6}	nano	n	10^{-9}
kilo	K	10^{3}	pico	p	10^{-12}
hecto	h	10^{2}	femto	f	10^{-15}
deka	da	10^{1}	atto	a	10^{-18}

부록 C 국제단위체계

양	단 위	표 시	차 원
길이	미터	m	
질량	킬로그램	kg	
시간	초	s 혹은 sec	
온도	켈빈	K	
전류	암페어	A	
주파수	헤르츠	Hz	1/s
힘	뉴턴	N	$kg\text{-}m/s^2$
압력	파스칼	Pa	N/m^2
에너지	주울	J	N-m
전력	와트	W	J/s
전하	쿨롱	C	A-s
전위	볼트	V	J/C
컨덕턴스	지멘스	S	A/V
저항	옴	Ω	V/A
커패시턴스	패럿	F	C/V
자속	웨버	Wb	V-s
자속밀도	테슬라	T	Wb/m^2
인덕턴스	헨리	H	Wb/A

부록 D 오류함수

$$erf(z) \equiv \frac{2}{\sqrt{\pi}} \int_0^z e^{-t^2} dt$$

$$erfc(z) \equiv 1 - erf(z)$$

$$erf(0) = 0$$

$$erf(\infty) = 1$$

$$erf(z) = \frac{2}{\sqrt{\pi}} z \quad (z \ll 1\text{일 때})$$

$$erfc(z) \fallingdotseq \frac{1}{\sqrt{\pi}} \frac{e^{-z^2}}{z} \quad (z \gg 1\text{일 때})$$

$$\frac{derf(z)}{dz} = \frac{2}{\sqrt{\pi}} e^{-z^2}$$

$$\int_0^{\infty} erfc(z) dz = \frac{1}{\sqrt{\pi}}$$

$$\int_0^z erfc(z') dz' = z\,erfc(z) + \frac{1}{\sqrt{\pi}} \left(1 - e^{-z^2}\right)$$

z	$erf(z)$	z	$erf(z)$
0.00	0.00000	1.00	0.84270
0.05	0.05637	1.05	0.86244
0.10	0.11246	1.10	0.88021
0.15	0.16800	1.15	0.89612
0.20	0.22270	1.20	0.91031
0.25	0.27633	1.25	0.92290
0.30	0.32863	1.30	0.93401
0.35	0.37938	1.35	0.94376
0.40	0.42839	1.40	0.95229
0.45	0.47548	1.45	0.95970
0.50	0.52050	1.50	0.96611
0.55	0.56332	1.55	0.97162
0.60	0.60386	1.60	0.97635
0.65	0.64203	1.65	0.98038
0.70	0.67780	1.70	0.98379
0.75	0.71116	1.75	0.98667
0.80	0.74210	1.80	0.98909
0.85	0.77067	1.85	0.99111
0.90	0.79691	1.90	0.99279
0.95	0.82089	1.95	0.99418
1.00	0.84270	2.00	0.99532

찾아보기

§ M

§ N

§ O

§ P

§ R

§ S

§ T

§ X

§ 가

§ 자

[저자약력]

김종일
(재)충남테크노파크 디스플레이센터 수석연구원
한국기술교육대학교 정보기술공학부 교수
LG전자기술원 선임연구원

김창교
순천향대학교 전자정보공학과 교수
순천향대학교 디스플레이신기술연구소장
순천향대학교 산학협력단장

이명의
한국기술교육대학교 정보기술공학부 교수
현대전자 산업전자연구소 선임연구원
미국 U.C.Berkeley 방문 교수

재료물성 및 분석

2009년 2월 1일 초판 인쇄
2009년 2월 5일 인쇄 발행

저　　자　김종일 김창교 이명의
발 행 인　송기수
발 행 처　도서출판 GS 인터비전
편 집 처　GS인터비전
인 쇄 처　삼성문화
등록번호　제2008 - 27호
I S B N　978-89-93668-04-9 (92560)

주　소　서울시 중랑구 묵동 신도브래뉴1차 102동 1301호
전　화　02-976-7898
팩　스　02-6468-7898
E-mail　gsinter@yamil.com

정 가　**24,000원**